U0733938

2014—2015

动力与电气工程

学科发展报告

REPORT ON ADVANCES IN
POWER AND ELECTRICAL ENGINEERING

中国科学技术协会　主编
中国电机工程学会　编著

中国科学技术出版社

·北　京·

图书在版编目（CIP）数据

2014—2015动力与电气工程学科发展报告 / 中国科学技术协会主编；中国电机工程学会编著 . —北京：中国科学技术出版社，2016.2

（中国科协学科发展研究系列报告）

ISBN 978-7-5046-7082-3

Ⅰ.① 2… Ⅱ.①中… ②中… Ⅲ.①动力系统—学科发展—研究报告—中国— 2014—2015 ②电气工程—学科发展—研究报告—中国— 2014—2015　Ⅳ.① O19–12 ② TM–12

中国版本图书馆 CIP 数据核字（2016）第 025921 号

策划编辑	吕建华　许　慧
责任编辑	夏风金
装帧设计	中文天地
责任校对	杨京华
责任印制	张建农

出　　版	中国科学技术出版社
发　　行	科学普及出版社发行部
地　　址	北京市海淀区中关村南大街16号
邮　　编	100081
发行电话	010–62103130
传　　真	010–62179148
网　　址	http：//www.cspbooks.com.cn

开　　本	787mm×1092mm　1/16
字　　数	600千字
印　　张	27.5
版　　次	2016年4月第1版
印　　次	2016年4月第1次印刷
印　　刷	北京盛通印刷股份有限公司
书　　号	ISBN 978–7–5046–7082–3 / O·189
定　　价	110.00元

2014—2015
动力与电气工程学科发展报告

首席科学家　周孝信

编　审　组

　　组　长　郑宝森

　　副组长　周孝信　谢明亮

编　写　组

　　组　长　梁曦东　陈小良

专题编写组

　　组　长（按姓氏笔画排序）

　　　　王伟胜　王成山　朱法华　汤　涌　吴金城

　　　　闵　勇　汪映荣　赵争鸣　高克利　盛　况

　　　　蔡宁生

　　成　员（按姓氏笔画排序）

　　　　卜广全　王月明　王文卓　王为民　王志峰

　　　　王明政　王海茹　王煦嘉　戈志华　孔祥玉

党的十八届五中全会提出要发挥科技创新在全面创新中的引领作用，推动战略前沿领域创新突破，为经济社会发展提供持久动力。国家"十三五"规划也对科技创新进行了战略部署。

要在科技创新中赢得先机，明确科技发展的重点领域和方向，培育具有竞争新优势的战略支点和突破口十分重要。从2006年开始，中国科协所属全国学会发挥自身优势，聚集全国高质量学术资源和优秀人才队伍，持续开展学科发展研究，通过对相关学科在发展态势、学术影响、代表性成果、国际合作、人才队伍建设等方面的最新进展的梳理和分析以及与国外相关学科的比较，总结学科研究热点与重要进展，提出各学科领域的发展趋势和发展策略，引导学科结构优化调整，推动完善学科布局，促进学科交叉融合和均衡发展。至2013年，共有104个全国学会开展了186项学科发展研究，编辑出版系列学科发展报告186卷，先后有1.8万名专家学者参与了学科发展研讨，有7000余位专家执笔撰写学科发展报告。学科发展研究逐步得到国内外科学界的广泛关注，得到国家有关决策部门的高度重视，为国家超前规划科技创新战略布局、抢占科技发展制高点提供了重要参考。

2014年，中国科协组织33个全国学会，分别就其相关学科或领域的发展状况进行系统研究，编写了33卷学科发展报告（2014—2015）以及1卷学科发展报告综合卷。从本次出版的学科发展报告可以看出，近几年来，我国在基础研究、应用研究和交叉学科研究方面取得了突出性的科研成果，国家科研投入不断增加，科研队伍不断优化和成长，学科结构正在逐步改善，学科的国际合作与交流加强，科技实力和水平不断提升。同时本次学科发展报告也揭示出我国学科发展存在一些问题，包括基础研究薄弱，缺乏重大原创性科研成果；公众理解科学程度不够，给科学决策和学科建设带来负面影响；科研成果转化存在体制机制障碍，创新资源配置碎片化和效率不高；学科制度的设计不能很好地满足学科多样性发展的需求；等等。急切需要从人才、经费、制度、平台、机制等多方面采取措施加以改善，以推动学科建设和科学研究的持续发展。

中国科协所属全国学会是我国科技团体的中坚力量，学科类别齐全，学术资源丰富，汇聚了跨学科、跨行业、跨地域的高层次科技人才。近年来，中国科协通过组织全国学会开展学科发展研究，逐步形成了相对稳定的研究、编撰和服务管理团队，具有开展学科发展研究的组织和人才优势。2014—2015 学科发展研究报告凝聚着 1200 多位专家学者的心血。在这里我衷心感谢各有关学会的大力支持，衷心感谢各学科专家的积极参与，衷心感谢付出辛勤劳动的全体人员！同时希望中国科协及其所属全国学会紧紧围绕科技创新要求和国家经济社会发展需要，坚持不懈地开展学科研究，继续提高学科发展报告的质量，建立起我国学科发展研究的支撑体系，出成果、出思想、出人才，为我国科技创新夯实基础。

2016 年 3 月

动力与电气工程学科是现代科技领域中推动经济社会发展的核心学科和关键学科，主要包括工程热物理、热工学、动力机械工程、电气工程等专业门类。近年来，随着能源与资源、环境污染和气候变化之间的矛盾日益突出，能源与电力的开发利用与资源环境的协调发展成为世界普遍关注的焦点。作为能源与电力工业的基础学科，动力与电气工程学科主要研究和解决电能的产生、传输、分配与控制的科学机理、关键技术、工程方法和技术途径，它的发展与进步同样备受关注。动力与电气工程学科自身发展及与其他学科的交叉融合是推动能源与电力工业技术进步的重要源泉，同时能源与电力发展的新需求、新形势也会带动学科各相关专业的发展进步。

进入21世纪以来，以传统化石能源为基础的能源发展方式难以为继，世界各国都在积极探索新的能源与电力生产、传输、配置及消费模式。电力作为清洁高效的二次能源，将长期处于我国能源发展战略的中心地位。"十二五"期间，我国在发电、输变电、配用电等领域均取得了较快发展，不仅有效缓解了能源供需的矛盾，还在节能减排、提高能源利用效率、应对气候变化等方面成效显著。面对国际能源供需格局新变化、能源发展新趋势，新一轮能源革命在世界范围内孕育、发展，在通信、信息技术、云计算、大数据和互联网＋等交叉学科和新兴技术的推动下，传统的电能生产、转换、传输、存储、配置、使用等将面临新的挑战，动力与电气工程学科和电力科技迎来了重要的战略发展期。

中国电机工程学会是我国能源与电力行业有着悠久历史的学术团体，一直致力于服务广大电力科技工作者和促进学科与行业科技进步。2009年1月，在中国科学技术协会学会学术部的领导和组织下，学会第一次组织完成了《2009—2010动力与电气工程学科发展报告》的编撰。近年来，学会充分发挥各分支机构、会员单位、相关高校、科研机构及广大会员的专家智力优势，积极探索建立了学科发展研究的常态机制，形成了包括学科发展研究、专业发展研究报告的编撰体系。为总结"十二五"期间动力与电气工程学科进展，分析"十三五"电力科技的发展趋势，为电力行业、企业"十三五"电力科技发展服务，2014年7月，学会组织了专家研究团队，启动了2014—2015动力与电气工程学科发展研究工作。在各相关单位和各位编写专家的大力支持下，历时一年半完成了报告编撰工作。

本报告由一个综合报告和八个专题报告组成，八个专题分别是清洁高效发电技术、电力环保技术、可再生能源发电技术、核能发电技术、输电技术及系统、智能配用电技术、电力电子技术、输变电装备及技术等技术领域。本报告立足我国电力工业的科技发展与进步，总结了过去五年动力与电气工程学科领域的重大技术进展，对比分析了国内外相关领域关键技术的发展差距和技术路线，并对学科发展趋势进行了分析预测，提出了本学科领域未来应重点关注的技术方向、重大课题设置建议及促进学科发展的政策建议。

　　本报告由中国科学院院士周孝信担任首席科学家，国内有关高等院校、科研院所、电力企业及设备制造厂商等单位一大批国内著名专家、学者共同参与了报告的编写工作。正是因为他们在繁忙的本职工作之余，倾心尽力为学科发展与行业科技进步笔耕不辍才成就了本报告。在此，特向各位编写专家以及参与研讨和通过各种方式提出宝贵意见和建议的专家表示最诚挚的感谢。动力与电气工程学科涉及的专业技术领域和范围非常广泛，尤其是近年来学科间的交叉、融合明显加快，还衍生了许多新的专业、新的技术。尽管在本报告制订编写框架之初和编写过程中征求了多方面的意见，但限于篇幅，内容不能面面俱到，难免挂一漏万。此外，由于编制时间仓促、资料不全等原因，报告中肯定存在不足和疏漏，相关观点也仅代表专家组的意见，如有不妥，肯望读者提出宝贵意见和建议，为学科发展报告滚动修订提供不竭动力。

　　新一轮能源革命已经启航，进一步提升我国在世界能源新格局中的核心竞争力是历史赋予我们的战略发展机遇。希望本报告能为政府、行业和各电力企业制订未来科技发展战略与规划，为广大能源与电力科技工作者把握学科发展规律与发展趋势提供借鉴和参考。

中国电机工程学会

2015 年 11 月

>>>> 目录

序 / 韩启德
前言 / 中国电机工程学会

综 合 报 告

动力与电气工程学科发展研究 / 3
　　一、引言 / 3
　　二、最新研究进展 / 5
　　三、国内外进展比较 / 27
　　四、发展趋势及展望 / 32

专 题 报 告

清洁高效发电技术发展研究 / 55
电力环保技术发展研究 / 110
可再生能源发电技术发展研究 / 156
核能发电技术发展研究 / 197
输电技术及系统发展研究 / 229
智能配用电技术发展研究 / 284
电力电子技术发展研究 / 329
输变电装备及技术发展研究 / 364

ABSTRACTS IN ENGLISH

Comprehensive Report / 411

    Current Status and Development Trend of Power and Electrical Engineering / 411

Reports on Special Topics / 414

    Current Status and Development Trend of Clean and Efficient Power Generation Technology / 414

    Current Status and Development Trend of Power Environmental Protection Technology / 415

    Current Status and Development Trend of Renewable Energy Power Generation Technology / 417

    Current Status and Development Trend of Nuclear Power Generation Technology / 418

    Current Status and Development Trend of Power Transmission Technology and System / 419

    Current Status and Development Trend of Intelligent Power Distribution and Utilization Technology / 421

    Current Status and Development Trend of Power Electronics Technology / 422

    Current Status and Development Trend of Power Transmission and Transformation Equipment / 424

索引 / 427

综合报告

动力与电气工程学科发展研究

一、引言

电能是目前最便于控制与变换的能量形式，对保证当代社会的正常运行具有不可替代的重要作用，是维系现代人类文明的基础，其利用水平是社会文明程度的重要标志之一。作为动力与电气工程学科的主要研究领域，电能的产生、传输、分配与使用是能源领域最为重要的分支之一，是推动能源与电力工业技术进步的重要源泉，长期以来一直得到社会各界的广泛关注与高度重视。伴随着我国经济的腾飞，我国的能源与电力工业也经历了前所未有的高速发展，这同样离不开动力与电气工程学科自身的巨大技术进步。

随着中国经济发展进入"新常态"，经济结构逐步由要素驱动、投资驱动向创新驱动转变，电力需求增速将放缓，但增长动力更加多元化，这也迫切要求动力与电气学科发展能够主动适应新形势。2014 年，中央明确提出能源生产与消费革命的宏伟目标，电力作为清洁高效的二次能源，将长期处于我国能源发展战略的中心地位，动力与电气工程学科正面临着全新的机遇与挑战。

从电能的生产环节来看，在大幅增加风电、太阳能、地热能等可再生能源和核电等清洁能源，保证 2020 年实现我国非化石能源占一次能源消费比重达到 15% 目标的同时，发展化石能源清洁高效利用也是实现我国绿色低碳战略的重要途径。我国固有的资源禀赋决定了当前及未来一段时间内煤炭仍将是主要的一次能源形式，是我国的基础能源。因此，清洁高效发电技术和电力环保技术仍将成为节能减排、缓解环境压力的关键一环。

从电能的传输环节来看，我国资源与负荷中心的逆向分布决定了大容量、远距离输电的内在需求，而大规模间歇式可再生能源的消纳也对电网结构与控制水平提出了新的挑战，特高压交流、特高压直流、柔性直流等先进输电技术是近十多年我国电力系统发展的重中之重，与之相关的大规模交直流混联系统的调度与控制技术、先进输变电装备技术、大容量电力电子技术等也取得了令人瞩目的成就。

从电能的分配与使用环节来看，先进配用电技术的发展提高了终端用户能效与供电可靠性，支撑了未来分布式光伏的高比例接入与电气化交通的进一步普及，同时直流配网与节能等技术也成为关注热点。随着智能电网发展与电力市场改革的推进，以需求侧响应为代表的用户互动技术得到了快速发展。

大容量电力电子技术贯穿发电、输电、配用电各环节，在过去5年取得了重要进步，在发电侧的新能源并网、输电侧的直流技术与柔性交流输电技术、配用电侧的直流配网技术与先进节能技术等方面都有重要应用。

中国建设和运行着世界上规模最大、增速最快、先进技术广泛应用、运行特性复杂的电力系统，从而整体上带动了我国动力与电气工程学科的快速发展。过去5年间，我国在特高压输电及装备、发电装备制造与煤炭清洁高效燃烧、特大电网调度运行与安全控制等多个方面取得了国际领先或国际一流的科技成就；在风力发电设备、柔性直流输电技术、新一代核电技术等方面实现了自主创新和技术突破。部分标志性成果经历了由"中国制造"到"中国创造"的转变过程。"智能电网"、"能源互联网"等概念的不断兴起，不仅成为社会各界高度关注的热点，也正是本学科大有作为的新兴领域。

学科是社会分工在科学技术领域的一种体现，本学科发展报告的定位是面向本学科相关行业技术进步与技术发展所进行的回顾、总结、思考与建议。报告将从电能生产、电能传输、电能配用以及贯穿上述各个环节的大容量电力电子技术四个方面展开（基本结构如图1所示），对我国动力与电气工程学科过去5年的主要进展进行梳理与总结。通过国内外研究进展的比较，希望从宏观上对本学科的技术发展水平进行初步的判断。在此基础上，进一步分析了本学科发展的主要推动因素，并结合国家重大战略需求对学科未来发展趋势进行判断，提出了推动学科更好更快发展的若干建议。

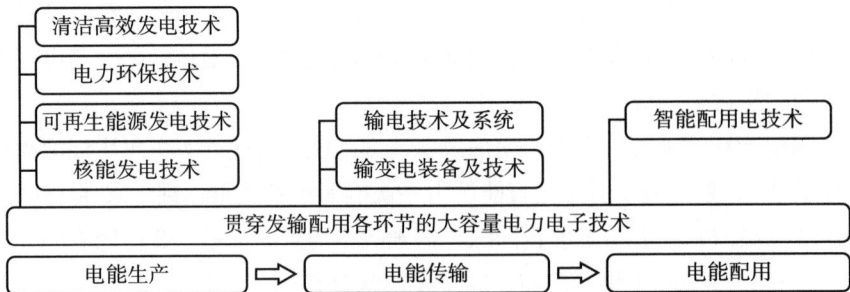

图1 学科发展报告的基本结构

二、最新研究进展

（一）电能生产环节

目前用于发电的能源主要有煤炭、石油、天然气、核能、水能、风能、太阳能等。"十二五"期间，中国的总装机容量和年发电量超过美国，跃居世界第一位。截至2014年底，我国全国发电装机容量136019万kW，其中，火电91569万kW（含煤电82524万kW、气电5567万kW），占全部装机容量的67.4%；水电30183万kW（含抽水蓄能2183万kW），占全部装机容量的22.2%；核电1988万kW，占全部装机容量的1.5%；并网风电9581万kW，占全部装机容量的7.0%；并网太阳能发电2652万kW，占全部装机容量的2.0%。

截至2014年底，我国年发电量超过5.5万亿kW·h，其中全口径火电发电量4.17万亿kW·h，占发电总量的75.5%，同比下降0.7%；水电发电量1.07万亿kW·h，占发电总量的19.4%，同比增长19.7%；并网风电发电量1563亿kW·h，占发电总量的2.8%，同比增长12.2%；全国核电发电量1262亿kW·h，占发电总量的2.3%，同比增长13.2%；并网太阳能发电量231亿kW·h，同比增长171%。

由于煤炭资源占我国已探明化石能源资源的绝大部分，且我国在燃煤火电经济性、可调度性、可靠性、技术成熟度上具有较强的比较优势，所以目前我国仍主要以燃煤发电为主，但燃煤火电带来的环境问题日益严峻，因此清洁高效发电技术和电力环保技术得到了高度重视与快速发展，这也将是本节阐述的重点。除燃煤外，随着"十二五"规划的建设，我国可再生能源装机容量和核电装机容量均增长迅速，尤其以风力发电和太阳能发电为代表的新能源得到了跨越式发展，在本节也将针对这些领域的学科进展进行总结。

1. 清洁高效发电技术

受资源结构限制，在当前和未来一段时间内，我国一次能源结构将仍以煤炭为主，因此清洁高效发电技术对于降低能源消耗、减少环境污染、优化能源结构和促进可持续发展具有重要意义。"十二五"期间，我国清洁高效发电技术取得了积极进展。

（1）粉煤（PC）发电技术。

我国在超超临界发电技术方面发展迅速，目前已经完全具备锅炉、汽轮机等主要本体设备及给水泵等辅机设备的设计制造能力，设备性能参数、系统设计体系和运行维护水平基本达到或接近国际先进水平。为了进一步提高超超临界机组的能源利用效率，我国已开始尝试将再热温度提高至610℃甚至620℃。截至2013年底，我国煤电机组中超（超）临界机组比重已达35.5%，相比2010年提高了8.7%，600℃超超临界机组台数居世界首位，机组发电效率可超过45%。我国已具备独立设计制造1000MW级超超临界机组的能力，2013年装机容量大于300MW的燃煤机组平均供电煤耗为311.3g/（kW·h），远低于美国，与日本相当，处于世界领先水平，其中上海外高桥电厂三期工程的2台1000MW机组，供电标准煤耗率达到了 274.8g／（kW·h），为目前世界最高水平。

二次再热超超临界机组，可以在 600℃等级一次再热超超临界机组基础上将发电热效率提高约 2%，发电煤耗降低约 14g／（kW·h），较大幅度降低温室气体和污染物排放。我国从 2009 年开始二次再热技术研究，突破了高参数 28 ～ 31MPa/600℃/620℃/620℃的 600MW 和 1000MW 机组研制关键技术，目前已具备自主开发和制造能力，首台 1000MW 超超临界二次再热示范机组于 2015 年 9 月 25 日在国电泰州电厂通过 168h 满负荷试运行，是现今国内首台世界最大的二次再热五缸四排汽汽轮机组，额定参数为 31MPa/600℃/610℃/610℃，设计发电煤耗 256.2g／（kW·h），综合参数为世界最高水平。

在国家科技支撑计划等项目支持下，我国在褐煤和准东煤清洁高效利用方面也取得了进步。根据国内褐煤丰富但水资源匮乏的特点，国内部分设计院、发电集团及制造企业等开展了大量的褐煤预干燥及水回收技术，即煤中取水发电技术研究工作，近期新建的 600MW 等级褐煤锅炉机组基本采用了超临界参数，华能九台电厂 2×660MW 超临界机组是目前国内褐煤发电的最高水平，机组燃用全水分 32.8% 褐煤，蒸汽参数 25.4MPa/569℃/571℃，电厂发电效率达到 43.75%，供电煤耗为 298.28g／（kW·h）。新疆地区也将准东煤 20% 的掺烧比例提高到 80% 甚至更高比例，超越了国外燃用类似准东煤的最好水平。

700℃超超临界机组是目前燃煤发电技术发展的前沿，能源局、科技部都进行了专项立项支持，并于 2010 年成立了国家 700℃超超临界燃煤发电技术创新联盟，制定了详细的技术路线和示范计划，初步确定示范电厂机组初参数为 35MPa/700℃/720℃，力争 600MW 示范机组发电效率高于 50%。

（2）循环流化床（CFB）发电技术。

相比粉煤发电技术，循环流化床（CFB）发电技术具有煤种适应性强、负荷调节范围大、燃烧稳定、低成本实现低 SO_2 和低 NO_x 排放等优点，是国际上公认的商业化程度最好的清洁煤发电技术之一。在我国，高效、低污染地利用劣质煤发电对于大型循环流化床锅炉有着重大需求。经过多年科研攻关，我国在超临界循环流化床发电技术方面取得重要进展。针对循环流化床燃煤锅炉普遍存在的风机压头高带来的厂用电高和高浓度物料循环引起的燃烧室局部磨损影响机组可用率两大缺陷，根据清华大学建立的循环流化床定态设计理论于 2007 年提出了提高物料循环质量、降低物料床存量的低床压降节能型循环流化床技术，并在"十二五"国家科技支撑项目的支持下发展到 100MW 等级以上容量，进入电力市场。2014 年 4 月 14 日，具有自主知识产权的 600MW 四川白马示范工程通过 168 小时满负荷试验，这是世界上第一台 600MW 超临界循环流化床锅炉（目前国外最大容量的 CFB 锅炉为波兰 Lagisza 电厂的 460MW 机组），其成功运行在世界上引起巨大反响，表明我国在循环流化床燃烧技术的研究和开发以及工程实施达到了世界领先水平。

（3）整体煤气化联合循环（IGCC）发电技术。

IGCC 在热力学原理上更符合能量梯级利用的原则，供电效率高，污染物排放水平极低，节水性能优良，易于实现碳捕集与封存（CCS），适合发展多联产系统，还可与煤制氢、燃料电池等组成更先进的多元化能源生产系统，集成新技术后发电效率提高潜力大。我国 IGCC 技术在国家多个重大专项的持续支持下也取得了重要进展，首座 IGCC 示范电站——华能天津 250MW IGCC 示范电站于 2012 年 12 月投入商业运营，2014 年累计运行时间超过 5500 小时，累计发电 10.4 亿 kW·h，标志着我国已经掌握了 IGCC 发电技术，在洁净煤发电技术取得了重大突破。

（4）燃气轮机联合循环（NGCC）和分布式发电技术。

燃气轮机联合循环和分布式发电技术具有高效、清洁、低污染、启停灵活、自动化程度高等优点，是目前发达国家电力工业的重点发展方向。目前国内 E 级和轻型燃气轮机设计平台已基本建立，2013 年 11 月，R0110 重型燃气轮机顺利完成 168 小时联合循环试验运行考核，机组各项性能指标完全达到设计要求。我国陆续研制成功了如透平叶片材料 K488 和 K4104、透平轮盘材料 GH2674 等一系列高温部件新材料，国内三大燃机制造企业也基本掌握了 F 级燃气轮机用静止部件、低温部件制造技术。在高效低污染稳定燃烧技术方面具备了 E 级燃气轮机燃烧室相关试验研究的条件，在燃气轮机分布式能源系统集成优化技术方面基本掌握了太阳能热发电技术和工艺，中国华能集团三亚太阳能"热互补"联合循环示范电站建成投产。总体来看，燃气轮机的引进和自主研发使我国在燃气轮机设计、制造、燃烧等基础领域取得了明显进展，但相比发达国家仍存在巨大差距。

（5）太阳能与燃煤电站互补发电技术。

太阳能与燃煤电站互补发电是将太阳能与燃煤电厂热力系统通过不同方式耦合集成，寻求实现燃煤电站清洁高效发电及降低太阳能热发电成本的双赢。我国学者已经在太阳能集热系统与火电机组一体化热发电系统的耦合机理与集成方案优化方面取得了前期成果。我国"十二五"能源科技规划明确列入了 300MW 槽式太阳能与火电互补示范电站，2012 年相关科技部"863"计划课题启动，首个光煤互补示范电站在甘肃嘉峪关已完成部分施工工作。

（6）热电联供与多联产系统。

热电联供机组同时实现发电与供热，有效减少冷源损失，由此火力发电能源综合利用效率理论上可以提高到 80% 以上。"十二五"期间我国在供热模式上突破了常规的抽汽供热，在大机组高背压循环水直接供热、高背压空冷汽轮机低位能供热、大温差吸收式热泵供热、热电联供运行优化技术及 NCB 供热技术等方面取得进展。先后成功实现了 300MW 高背压供热改造，基于吸收式热泵技术的 135MW 和 300MW 机组供热改造等一系列具有标志性意义的热电联供改造工程。

（7）发电装备制造技术。

在湿冷汽轮机方面，我国 600MW 和 1000MW 等级的超（超）临界汽轮机技术已经日臻成熟，其中超超临界 1000MW 机组已投运 60 多台，机组总数量居世界第一，且投运的超临界和超超临界机组电厂效率、供电标准煤耗等性能指标均达到国际先进水平。在供热汽轮机方面，截至 2014 年底，我国热电联产机组装机容量接近 3 亿 kW，规模居世界之首，自主研制的世界上最高进汽参数、最大功率 660MW 双抽供热汽轮机于 2014 年在华润电力焦作有限公司投入运行。在空冷汽轮机方面，我国目前 300MW 以上空冷机组总计超过 300 台，总容量 1.36 亿 kW，为世界其他国家总和的 4 倍，世界首台最大容量、最高参数 1000MW 超超临界直接空冷汽轮机组于 2011 年在宁夏灵武电厂成功投入商业运行，年节水 2580t，成为我国空冷汽轮机组发展新的里程碑。

在煤粉锅炉制造方面，2013 年 12 月，国内首台 660MW 高效超超临界机组在安徽田集电厂投产，参数为 28.3MPa/605℃/623℃，2015 年 2 月，国内首台 1050MW 高效超超临界机组在重庆神华万州电厂投产，参数为 29.4MPa/605℃/623℃，我国的超（超）临界锅炉技术在容量、蒸汽参数、性能、热效率、排放水平等方面与国外发达国家技术水平相近。在循环流化床锅炉制造方面，我国成功自主研制了世界首台最大容量超临界循环流化床锅炉——四川白马示范电站 600MW 机组锅炉，锅炉蒸汽参数为 25.4MPa/571℃/569℃，标志着我国在大容量、高参数循环流化床洁净煤燃烧技术方面走在了世界前列。

（8）二氧化碳捕集、利用和封存（CCUS）技术。

在众多温室气体减排技术方案中，CCUS 是一项新兴的、可实现化石能源大规模低碳利用的技术。《中国应对气候变化科技专项行动》明确将开发 CO_2 捕集、利用与封存技术作为控制温室气体排放和减缓气候变化的重要任务。截至"十二五"末，我国第一代 CCUS 技术已经具备了大规模示范的条件，并启动了华能、中石油、中石化、延长石油、神华等一批规模为 10 万～30 万吨的捕集、利用或封存的示范项目，但目前与国际领先水平仍有差距。

2.电力环保技术

在日益严峻的环保压力下，我国排放标准与排放要求日益严格，2014 年 9 月国家发改委、环保部和能源局联合印发《煤电节能减排升级与改造行动计划（2014—2020 年）》，提出燃煤发电机组大气污染物基本达到燃气轮机组排放限值要求，成为世界上最严格的燃煤机组排放要求；加之燃煤发电机组环保电价的刺激作用，近年来我国电力环境保护技术取得了突飞猛进的发展，逐步形成了以低氮燃烧器 + 烟气脱硝为主的 NO_x 控制技术格局，以各类高效电除尘器、袋式除尘器和电袋复合除尘器为主的烟尘控制技术格局，以石灰石 – 石膏湿法为主，海水法、烟气循环流化床法、氨法等为辅的脱硫技术格局，并在多污染物协同控制和深度净化方面实现了突破。

（1）低氮燃烧与烟气脱硝技术。

在低氮燃烧技术方面，我国大力普及低 NO_x 燃烧器（LNB）技术。在引进消化吸收及自主创新的基础上，我国已经开发形成了"双尺度"低氮燃烧技术、高级复合空气分级低 NO_x 燃烧技术、三级燃烧技术等系列先进燃烧自主技术和燃烧器。近年来随着对低氮燃烧技术的研发，国内已经基本具有自行设计、自行制造和自行安装调试的能力，低氮燃烧技术已成为中国燃煤电厂 NO_x 控制的首选技术之一。目前我国单机 200MW 以上的燃煤机组已基本全部完成采用低氮燃烧技术改造。

由于低氮燃烧技术的脱硝效果不能满足日益严格的排放要求，因此经常与烟气脱硝技术联合使用。选择性催化还原法（Selective Catalytic Reduction，SCR）是目前我国火电厂NO_x控制的主流技术，截至 2013 年年底，我国火电烟气脱硝容量超过 4.3 亿 kW，约占当年火电总装机容量的 49.4%，其中 SCR 技术约占 98%。以前研究的选择性非催化还原法（Selective Non-Catalytic Reduction，SNCR）目前在循环流化床锅炉方面应用较为成功。近些年的 SNCR/SCR 联合脱硝技术也得到重视，作为一种结合了 SCR 技术高效、SNCR 技术投资省的特点而发展起来的新型组合工艺，将 SNCR 工艺中还原剂喷入炉膛的技术同 SCR 工艺中利用逸出氨进行催化反应的技术结合起来，从而进一步脱除 NO_x。

（2）烟气除尘技术。

"十二五"期间，我国燃煤电厂烟尘排放控制要求经历了从"50mg/m³"到"30mg/m³"再到"10mg/m³"的三级跳，排放标准快速提高，特别是进入 2014 年，按照修订后的《火电厂大气污染物排放标准》（GB13223-2011），对燃煤电厂除尘设施进行了大范围改造，低低温电除尘、湿式电除尘、电袋复合除尘、移动电极电除尘等高效除尘技术开始在一些新建机组和改造机组上大规模应用。

我国低低温电除尘技术达到国际先进水平，2010 年 12 月在广东梅县粤嘉电厂首次应用，2012 年 6 月成功应用于 60 万 kW 大型燃煤机组，后续在江西中电投新昌 70 万 kW 机组、天津国投北疆 100 万 kW 机组等一大批大型火力发电机组推广应用，不但实现了 20mg/m³ 以下的低排放，且有较强的 SO_3、$PM_{2.5}$、汞等污染物协同脱除能力，还通过烟气余热回收利用，降低发电机组的供电煤耗超过 1.5g/（kW·h），达到了节能减排的双重目的。

2012 年 2 月我国第一台具有自主产权的燃煤锅炉湿式电除尘器在福建上杭瑞翔纸业成功投运，后续在河北三河电厂 33 万 kW、山东黄岛电厂 67 万 kW、河北定州电厂 66 万 kW 机组等大型电站中推广应用，全部实现小于 3mg/m³ 的超洁净排放，其中河北定州电厂出口平均烟尘浓度仅为 2mg/m³。截至 2014 年年底，国内已成功投运的湿式电除尘器有近百台，湿式电除尘技术已成为我国电力行业烟尘超低排放治理的最重要技术之一。

移动电极电除尘技术在北方联合电力达拉特发电厂 33 万 kW 机组应用测试，出口烟尘浓度为 29.2mg/m³。目前，相关技术已在数十套大中型机组应用，截至 2014 年年底已签订的 30 万 kW 及以上机组移动电极电除尘器的合同装机总容量超 5000 万 kW。

我国电袋复合除尘技术解决了大型化应用、气流均布、滤料选型配方等多项关键技术难题，工程推广应用十分迅猛，连续突破应用到 30 万 kW、60 万 kW、100 万 kW 等级机组。截至 2014 年年底，累计配套应用 60 万 kW 等级机组 80 台，100 万 kW 等级机组 12 台，总装机容量已突破 20 万 MW，已形成了一个全新的除尘产业，成为电力环保烟尘治理的主流除尘设备。2014 年电袋复合除尘技术的研究成果获国家科技进步奖二等奖，成为全国环保除尘领域技术创新的标志性成果。

（3）烟气脱硫技术。

为有效改善环境，2011 年 GB13223-2011 修订颁布，我国 SO_2 排放限制严于美、日等发达国家和地区，成为世界最严格的标准，给电力行业和脱硫产业提出了更高的要求。截至 2013 年年底，根据中电联的统计数据，在各种脱硫技术应用中，石灰石 – 石膏法占92.3%（含电石渣法），海水法占 2.8%，烟气循环流化床法占 2.0%，氨法占 1.9%，其他脱硫工艺市场占比 1.0%。SO_2 的减排进入精细化管理阶段，由"十一五"主要依赖工程减排向"十二五"工程减排、结构减排、管理减排、多行业齐头并进的方向转变。

在石灰石石膏湿法脱硫技术方面，通过双循环脱硫工艺等，可实现脱硫效率达 98.5%以上，是目前我国的主流脱硫技术。氨法脱硫工艺不仅可以实现 98% 以上的脱硫效率，还可以生产硫酸铵等重要化肥原料，作为一种资源回收型技术路线具有广阔前景，目前已经成功应用到 300MW 机组。海水烟气脱硫技术效率可达 99% 以上，截至 2014 年年底，国内投运的海水法脱硫机组容量共计 21754MW，其中广东华能海门电厂 4×1036MW 机组是当前世界单台机组容量最大的海水烟气脱硫工程之一，2014 年 6 月建成投产的浙江神华国华舟山电厂 4 号机组（1×350MW）海水脱硫工程，是国内首个环保达到"近零排放"要求的机组。

3. 水力发电技术

我国水力资源丰富，理论蕴藏量达到 10 亿 kW，理论蕴藏量年发电量 60829 亿 kW·h。目前我国水电装机容量占全球水电装机的四分之一以上，截至 2014 年年底，我国水电装机3.018 亿 kW，年发电量 10661 亿 kW·h。按照技术可开发的发电量计算，开发程度为 39%。近年来，依托国内陆续开工建设并相继建成的一大批世界级工程，在全球清洁可再生能源和水利资源开发建设工程的规划设计、施工、运行管理等方面形成了较为完备的技术体系，高坝大库、大容量、长引水洞、大型地下洞室等水力发电技术方面总体处于国际领先水平。

（1）混流式水轮机组。

我国混流式水轮机组的设计和制造能力发展迅速。2011 年 5 月，三峡工程地下电站首台 70 万 kW 混流式水轮发电机组正式投入商业运行。该机组全部实现国产，并应用了世界首创的空气和蒸发冷却技术，部分指标达到国际领先水平。2013 年溪洛渡电站 77 万kW 和 2014 年向家坝 80 万 kW 混流式水轮机组投运，除了机组设计、制造等核心技术国产化外，两个水电站的主要机电设备，如大容量发电机断路器、调速系统、励磁系统、主变压器等设备均实现了国产化。其中向家坝水电站的 80 万 kW 混流式水轮机组是目前世界上单机容量最大的水轮机组。

目前，白鹤滩水电站 16 台 100 万 kW 机组及其辅助设备已由东方电气集团东方电机公司和哈电集团哈尔滨电机厂分别承建，标志着我国的巨型混流式水轮机组开始向 100 万kW 的单机容量迈进。

（2）冲击式水轮机组。

经过多年的技术攻关，在 2010 年年底，重庆水轮机厂在利用超高水头的冲击式水轮发电机组关键技术上取得突破。该技术解决了水轮机转轮强度和疲劳的问题，利用新技术工艺解决了原有技术的发电效率低等问题，打破了维奥、安德里兹和 GE 等国外企业在超高水头水轮机组上的技术垄断。该技术使冲击式水轮机可以利用 1000m 以上水头进行发电，从而为中国西南地区的大量小水电资源的开发利用提供了保障。

（3）抽水蓄能机组。

我国已完成 21 个省市的抽水蓄能电站选点规划，已查明优良站址 250 处，总装机容量可达 3.1 亿 kW。在大型抽水蓄能机组的发展上，通过"十二五"国家科技支撑计划项目等项目的支持，我国在大型抽水蓄能机组设计和制造上取得重大突破。随着哈尔滨电机厂和东方电机相继完成大型抽水蓄能机组的技术突破，我国已经完全掌握了 30 万 kW 级以上抽水蓄能机组的关键技术，填补了我国在大型抽水蓄能机组上的多项技术空白。两家单位共同承建了吉林敦化抽水蓄能电站，其单台抽水蓄能机组容量达到 35 万 kW，水头高达 700m，预计最快将于 2019 年投运。

（4）大坝工程技术。

"十二五"期间，我国在复杂地质条件下的水电工程超高坝设计与建设上取得了重大突破，建成了一批高水平大坝工程。在 300m 级高拱坝、250m 级高混凝土拱坝等高坝设计理论及方法、筑坝材料、基础处理、施工技术、大体积混凝土防开裂、高边坡变形控制及加固、大坝抗震技术等方面成果丰富。水电工程复杂地下工程技术趋于成熟，掌握了复杂地质条件下的地下大跨度厂房设计、施工技术和长距离复杂地质高边坡处理成套技术。混凝土坝、土石坝、碾压混凝土坝及拱坝等工程技术处于世界领先水平。

4. 可再生能源发电技术

随着全球能源安全、环境保护和气候变化问题的日益突出，发展可再生能源发电已经成为世界各国的共识。我国是世界上可再生能源发电发展速度最快的国家之一，在本领域取得了一系列重要成果。

（1）风力发电技术。

我国风电发展迅猛，到 2014 年年底，我国风电累计装机达到 11476 万 kW，居世界首位。同时，风电也是我国乃至世界上增长最快的发电形式，2013 年我国风电发电量 1371 亿 kW·h，成为继火电、水电之后我国的第三大电源。

在 MW 级风力发电机组整机和部件设计制造方面，我国已经形成核心竞争力，主流机型单机容量在 2 ~ 3MW，形成了 4MW 以下的风电机组整机及关键零部件的装备设计制造技术体系，初步掌握 5MW、6MW 风电机组整机集成技术，实现了整机由百 kW 级向 MW 级的跨越。风电机组整机及零部件国产化率达到 85% 以上，技术成熟度和国内市场占有率大幅提升，并开始出口欧美，风电装备企业在全球十大整机制造商中占据 4 席。结合我国低风速区域占据 60% 以上风能资源的特点，成功研制超低风速型风机。

我国目前是世界上唯一开展 10GW 级大规模集中式风电基地建设的国家，面临的大规模风电并网和消纳难题是世界级的，也因此带动了风功率预测、低压穿越、电压控制、有功调度等一系列关键技术的快速进步。为了更好地消纳风电，我国也开始了风能的综合利用，包括推动北方地区的风电供热与制氢技术研究。

张北国家风光储输示范工程建立了风光储联合发电标准体系，是国内首个智能源网友好型风电场、国内容量最大的功率调节型光伏电站、世界上规模最大的多类型化学储能电站，在世界范围内首创了新能源发电的风光储输联合运行模式。

目前国内已建成的海上风电多为离岸较近的潮间带风电场，主要集中在江苏与上海，总容量约 60 万 kW。我国在海上风电的基础设计能力、工程实施水平、运行维护体系等方面与国际先进水平有较大差距。

（2）太阳能光伏发电技术。

2014 年我国光伏新增装机容量 13GW，居世界第一，累计装机容量达到 32.9GW，仅次于德国，位居世界第二。光伏产业已经成长为我国产量世界第一、具有国际竞争力的战略性新兴产业，为我国光伏发电规模化发展奠定了基础。

目前已经形成以晶硅太阳能电池为主的产业集群，形成包括多晶硅原材料、硅锭/硅片、太阳电池/组件和光伏系统应用、专用设备制造等比较完善的光伏产业链。生产设备部分实现国产化；薄膜太阳能电池技术产业化步伐加快。目前，我国多晶硅电池平均转换效率达到 18% 左右，单晶硅电池平均转换效率接近 20%，汉能薄膜电池效率最高达到了 21%，均处于全球先进水平。截至 2014 年年底，中国太阳电池产量连续位居世界第一，光伏发电技术进步迅猛，光伏产业规模扩大，效率快速提高，成本大量降低，英利、天和光能、晶科能源、晶奥等国内光伏组件制造企业在全球光伏组件市场份额中居前。已掌握并网光伏发电系统设计集成技术，研制成功光伏自动跟踪装置、数据采集与进程监控系统等关键设备，突破光伏发电功率预测、光伏发电调度运行等并网关键技术。建成了甘肃、青海、新疆百万千瓦光伏发电基地。

（3）太阳能热发电技术。

太阳能热发电是将太阳能转化为热能、通过热功转换进行发电的技术。"十二五"期间，我国开展了高效规模化太阳能光热发电的研究工作，在太阳能光热发电基础理论、装备开发和系统集成技术领域取得了突出进展。在工程实施方面，槽式光热电站先后在广东深圳、河北张家口、青海德令哈等地开工，成功自主研制开口宽度 6.7m、聚光比大于 90 的槽式聚光器，开发了具有自主知识产权的槽式高温集热管生产线，实现批量生产。2012 年，中科院电工所完成了我国首座 MW 级塔式光热电站的集成示范，规模亚洲最大，标志着我国掌握了具有完全自主知识产权的相关技术，2013 年，5MW 太阳能预热加天然气过热塔式示范电站成功并网发电，2014 年 8 月，100MW+10MW 熔盐塔式电站在敦煌正式开工建设。2013 年，1MW 碟式光热示范项目建成，50MW 碟式斯特林项目和 100MW 碟式生物质混合发电项目也在推进中。2012 年，$1.5MW_{th}$ 线性菲涅尔式示范项目通过测试，首个 10MW 线性菲涅尔式聚光太阳能发电示范项目开工建设。

（4）其他可再生能源发电技术。

生物质发电是通过一定工艺将生物质所含化学能转化为电能的技术。截至 2014 年年底，我国投运的农林废弃物类生物质燃烧发电项目总数达 177 个，总装机约 440 万 kW，其中流化床燃烧技术项目占半数以上，2010 年后投运的项目中采用流态化技术的占 65% 以上，已经成为市场主流。广东粤电湛江生物质发电项目 2×50MW 机组成功投运，是目前单机容量和总装机容量最大的生物质发电厂，为国内生物质燃烧发电行业树立了标杆。

海洋可再生能源发电技术是指依靠某类装置或设备、运用一定的方式与方法将海洋可再生能源转换为电能或其他可利用形式能量的技术。2010 年起财政部设立了海洋可再生能源专项资金，有力推动了海洋能的研究和工程示范，目前我国海洋能利用整体处于示范应用向产业化应用转化的阶段。在海洋能原型装置设计制造、海试测试与运行等方面均取得了突出成果，代表性成果包括 500kW 海洋能多能互补综合示范基地、100kW 波浪能原型装置、300kW 潮流能原型装置等，装置工程样机的装机容量达到了国际先进水平。

地热发电具有热能供应持续稳定、发电效率高、利用系数高、运营成本低、工程占地少等优势。中国地热资源丰富，但地热发电的装机总量不高，目前为 27.78MW，居世界第 19 位，发展潜力巨大。目前正投资建设总装机容量 32MW 的西藏羊易地热电站，2011 年已经试验成功 400kW 发电，2012 年又增设了 500kW 快装机组。

5. 核能发电技术

核能发电是我国能源战略的重要选择，是解决我国环境污染、实现温室气体减排目标的重要途径。安全发展核电，对保障国家能源安全、保障电力供应、调整能源结构、保护生态环境、带动产业发展、促进科技进步和增强综合国力发挥着重要作用。

（1）压水堆核电技术。

我国从自主研发的第一个核电型号 CNP300（秦山一期）开始，就确定了中国核电将主要采用压水堆技术路线。

"十二五"期间，我国实现了 AP1000 为代表的三代核电关键设备的国产化与自主化。在浙江三门、山东海阳各建设了两台 AP1000 机组，在引进、消化吸收、再创"三步走"战略的指导下，我国依托美国西屋公司 AP1000 的技术转让和三门、海阳依托项目，开始实施 CAP1000 标准设计，实现设备自主化和国产化，相关成果已经开始应用于三门二期、海阳二期和陆丰一期等项目，为我国下一步先进压水堆核电站全面创新打下坚实的技术基础。

在 CAP1000 的基础上，CAP1400 是具有自主知识产权的大型先进非能动压水堆核电技术，是核电技术引进、消化基础上的再创新，是国家科技重大专项的标志性成果之一。2014 年年底，CAP1400 的六大关键验证试验已经全部圆满完成，山东荣成石岛湾示范项目施工设计完成 75%，关键设备基本都实现自主化设计和国产化制造，国产化率有望突破 85%，示范工程核安全审评工作基本结束，满足开工条件。

具有自主知识产权的三代百万千瓦级压水堆核电技术"华龙一号"充分借鉴引进

AP1000 先进的安全设计理念，采用"非能动"技术作为能动安全措施的补充，使核电站安全系统的设计发生了革新的变化。"华龙一号"以福清 5、6 号机组和防城港 3、4 号机组为示范工程，福清 5 号机组已经获得国家核准于 2015 年 5 月 7 日正式开工建设，防城港 3、4 号机组正在进行安全审评工作。

（2）重水堆核电技术。

重水堆可以回收利用压水堆的乏燃料（回收铀）和钍资源。2014 年，中核集团联合加拿大坎杜能源公司开展和完成了压水堆回收铀在重水堆应用示范验证试验，确认重水堆利用回收铀合理可行，为我国发展压水堆 – 后处理 – 重水堆 – 快堆联合的核燃料闭式循环打下了技术基础。2015 年年底具备全堆应用条件，届时将使用等效天然铀型回收铀燃料替换天然铀燃料发电，每年可为国家节省 200t 天然铀资源，相当于国内的一个中型铀矿。

此外，重水堆是目前唯一能大规模生产钴 –60 同位素的商用堆型。秦山第三核电有限公司联合上海核工程研究设计院，自主开发了重水堆生产钴 –60 技术。自 2008 年投产以来，已累计生产约 4000 万居里的钴同位素，为我国相关核技术产业的发展做出了贡献。目前，已经启动了医用钴 60 同位素生产的技术研发工作。同时，重水堆可规模化生产同位素氚，可作为"核能三步走"之聚变堆核燃料的来源，对我国核能长期可持续发展具有重要意义。

（3）高温堆核电技术。

通过高温气冷堆重大专项的研发，我国在先进核能系统设计与核心装备技术上取得了一系列自主创新的突破。我国于 2012 年建成了世界上规模最大的高温氦气回路试验平台——大型氦气试验回路，为高温气冷堆示范工程的设备验证和未来科研工作提供了重要保障；高温气冷堆核电站的心脏装备——世界首台大功率电磁轴承主氦风机工程样机研制成功，无论功率还是技术水平都属于世界领先，这是电磁轴承技术在世界上首次用于反应堆设备。

高温气冷堆核电站示范工程是我国核电重大专项的重要成果之一，预期在 2017 年建成具有自主知识产权的 20 万 kW 级模块式高温气冷堆商业化示范电站，为发展第四代核电技术奠定基础。在 HTR-PM 示范工程的基础上，已经启动产业化规模的 60 万 kW 模块式高温气冷堆热电联产机组总体方案研究。

（4）钠冷快堆核电技术。

中国实验快堆（CEFR）核热功率 65MW，实验发电功率 20MW，是目前世界上为数不多的具备发电功能的实验快堆，2010 年 7 月实现首次临界，2011 年 7 月实现 40% 功率并网发电，2014 年 12 月 15 日实现满功率运行。中国实验快堆采用了负反馈设计、非能动安全系统等安全设计，其安全特性指标部分已达到第四代先进核能系统的安全目标要求。中国实验快堆的建成标志着我国核能发展"压水堆—快堆—聚变堆"三步走战略中的第二步取得了重大突破，也标志着中国在四代核电技术研发方面进入国际先进行列。

（5）核聚变技术。

我国的受控核聚变研究始于 1958 年。核工业西南物理研究院现在运行的磁约束托卡马克核聚变实验装置是"中国环流器二号 A（HL-2A）"装置，新的"中国环流器二号 M（HL-2M）"核聚变实验装置于 2014 年全面进入加工制造阶段。中国科学院等离子体物理研究所现在运行的磁约束托卡马克核聚变实验装置是"先进实验超导托卡马克（Experimental Advanced Superconducting Tokamak）"，又名东方超环（EAST）。基于这两个平台，中国取得了一系列令国际瞩目的前沿性、创新性研究成果。

正在法国卡达拉奇建造的国际热核聚变实验堆（ITER）是世界上第一个聚变反应堆，我国是 ITER 计划的七方之一。2013 年 6 月，由中国科学院等离子体物理研究所研制完成的 ITER 极向场 PF5 导体成功交付 ITER 现场，是中方交付 ITER 现场的首件产品，也是 ITER 七方中首件交付 ITER 现场的大件产品。

（二）电能传输环节

我国资源与负荷中心的逆向分布决定了大规模远距离输电的电能传输方式。截至 2014 年年底，全国电网 220kV 及以上输电线路回路长度为 57.20 万 km，公用变电设备容量为 30.27 亿 kVA，构成了特高压 / 超高压交直流混联的复杂电网。为了支撑电能传输环节的安全、可靠、优质与经济运行，一方面依赖于输变电装备自身的技术进步，另一方面也离不开输电技术本身的重大突破以及对于整个复杂电力系统的运行控制。本节也将从这两个层面分别阐述。

1. 输电技术及系统

我国能源资源与用电需求分布特点决定了大规模、远距离输电仍是满足我国能源资源大范围优化配置的首要任务。"十二五"期间，随着特高压大容量交直流输电工程的推进，电力系统运行出现了很多新的特点，对电力系统输电技术、大电网安全运行与协调控制技术等提出了更高要求。

（1）特高压交流输电技术。

在特高压交流输电技术研究方面，解决了特高压同塔双回输电系统的过电压与绝缘配合、雷电防护、外绝缘优化、电晕特性、无功补偿及潜供电流等多项关键技术难题，掌握了多项核心技术。

目前国外商业化运营的特高压交流输电工程仍然是空白，而我国在 2009 年建成投运了代表世界最高水平的 1000kV 晋东南—南阳—荆门特高压交流试验示范工程后，又研制成功了世界首套特高压串联补偿装置，在多个特高压交流工程中得到应用；2013 年实现了国际上首个特高压同塔双回输电工程——皖电东送淮南—上海特高压工程的安全投运，自此我国的特高压交流工程全部采用同塔双回的方案；2014 年第三个特高压交流工程——浙北 - 福州特高压工程的成功投入商业运行，标志着我国不仅全面掌握了特高压交流输电技术，而且在多个技术领域实现了"中国创造"和"中国引领"。

（2）特高压直流输电技术。

特高压直流输电是指 ±800kV 及以上电压等级的直流输电及相关技术。随着我国大容量、远距离直流输电的快速发展，已有多回 ±800kV 特高压直流输电工程投入运行，为我国能源资源优化配置、国民经济快速发展起到了至关重要的作用，并实现了技术输出。先后中标承担了巴西美丽山水电站 ±800kV 特高压直流 I 期和 II 期输电工程，2015 年 5 月正式启动了工程建设，有力推动了我国具备国际竞争力的工程承包和电工装备企业走出国门，打造"中国创造"的国际品牌。

在 ±800kV 特高压直流输电取得显著进展的同时，我国还开始了更高电压等级——±1100kV 特高压直流输电工程的规划、系统设计与设备研制，已经在主回路设计、设备选型、设备制造标准以及过电压与绝缘配合等相关研究中取得一系列成果。我国在特高压直流输电技术的工程应用和建设、运行领域走在了世界前列，但在换流阀、换流变压器、直流套管、直流场开关器件等关键电气设备的制造和可靠性方面仍落后于 ABB、西门子等国外知名厂家。

针对交直流混联系统安全稳定运行挑战，通过优化直流控制保护系统控制策略和参数，改善直流系统在交直流系统故障过程中的动态特性，从而进一步改善与之相连的交流系统稳定运行特性。我国已经结合特高压大容量直流输电工程的建设，提出了直流控制保护系统关键环节的优化配合策略和参数优化原则，能适应接入特定系统需求，可在一定程度上改善交直流系统稳定水平。

（3）电压源换流器直流输电技术。

电压源换流器直流输电技术属于新一代电力技术，我国目前和国际先进水平基本处于同一水平，甚至在某些领域还引领了相关技术的发展。目前大容量电压源换流器直流输电技术在向高压大容量方向快速发展，迅速接近常规直流输电工程的水平。目前国外电压源换流器直流输电工程的发展水平为 ±320kV/400MW。2013 年年底，世界首个多端柔性直流输电示范工程——南澳岛 200MW/±160kV 三端柔性直流输电示范工程投运；2014 年，浙江舟山 400MW/±200kV 五端柔性直流输电示范工程正式投运；2015 年底在厦门建成并投运 ±320kV/1000MW 点对点柔性直流输电工程。电压源换流器直流输电系统的关键设备主要是换流阀、控制保护装置与直流电缆，目前最先进技术仍掌握在少数国外厂商手里。

电压源型换流器与常规直流输电技术结合，可构成混合直流输电系统，可在较低成本条件下接近电压源换流器直流输电性能。目前世界范围内大规模的混合直流输电工程还没有开始建造，我国也对这一技术高度关注已经开始了前期预研。随着直流断路器、电力电子换流器等关键设备的进步，构建和发展直流电网成为可能。欧洲制定了基于直流输电网络化的欧洲超级电网计划，国内也开展了相关理论与应用研究，重点已经从直流电网的可能性和必要性转化为如何实现其商业化和实用化。直流断路器作为其中的核心技术受到重视，ABB 和 Alstom 都完成了样机研制，我国也在研制电压 ±200kV、切断直流故障电流 10kA、切断时间 5ms 以内的直流断路器技术。

（4）灵活交流输电技术。

灵活交流输电（Flexible AC Transmission System，简称FACTS）技术适应于交流电网灵活控制的需求，一直以来都是国内外电力工业界研究的热点。

在串联型FACTS控制器技术方面，我国已基本掌握了可控串补的关键和核心技术，具有独立进行系统技术设计的能力，TCSC成套技术已实现国产化，在装备制造技术方面已实现了TCSC装备的出口。在基础理论和工程应用方面，与国外先进水平没有差距。

在并联型FACTS控制器技术方面，2011年8月，南方电网500kV东莞变电站±200Mvar STATCOM工程投运，在直挂电压等级、设备容量、串联级数、响应时间等方面实现了世界领先的技术突破，填补了国际空白；750kV可控高抗在西北电网一、二通道中的应用，显著抑制了电网电压和无功的波动范围，大大提高了西北电网风电集中接入的系统安全、经济运行水平。

统一潮流控制器（UPFC）是一种典型的串并联组合型FACTS控制器，在此方面我国与国外相比有一定差距，目前还没有UPFC工程的实际应用，规划中2015年年底将在南京投运基于电压源换相技术的220kV UPFC工程，系统建成后其指标将是国际上最高的。

在短路电流限制器技术方面，2013年4月，220kV超导故障电流限制器在天津石各庄变电站成功实现挂网运行，该台设备为世界上同类设备中电压等级最高、容量最大的超导型故障电流限制器。

（5）特高压交直流电网规划与分析技术。

我国特高压交直流电网建设取得了世人瞩目的成就，作为支撑技术，在大电网规划技术、交直流混合电网运行控制技术以及源网协调技术三方面也取得了重要进展。

我国的大电网规划经济性量化评估技术、大电网规划评估指标体系和指标计算分析方法等研究达到了国际先进水平，先后提出大规模同步电网构建原则和安全稳定保障策略、受端电网受入高压直流规模和安全稳定保障措施、大规模间歇式电源集中接入电网和远距离外送情况下电源配置和送电方式等一系列规划原则。

在交直流混合电网运行控制技术方面，结合全国联网、特高压交直流输电工程研究了相关的安全稳定机理，在大容量直流馈入受端电网的电压稳定机理、基于复杂系统理论的连锁故障机理及分析方法等方面取得重要进展。相关领域研究与国外基本同步，无明显差距。

"十二五"期间，我国在源网协调技术方面取得了丰富的研究成果。大电网低频振荡在线监控与扰动源定位技术核心技术取得突破，大电网低频振荡阻尼控制技术基础理论体系初步建立，发电机控制系统协调优化技术获得成功应用，机组涉网保护协调优化技术初见成效，次同步振荡/次同步谐振风险评估与抑制技术稳步发展。

（6）交直流电力系统仿真计算技术。

在仿真建模方面，"十二五"期间主要侧重于高压直流、新能源、负荷等进行细化建模。开展了实际直流系统的电磁和机电暂态模型的研究工作，形成了比较完善的机电暂态模型；在风机机电暂态仿真模型、负荷模型等方面取得初步成果；建立了比较完善的发电机、励磁、调速等传统设备的实测建模流程与体系。

在仿真技术方面，"十二五"期间重点开展了多时间尺度动态过程统一仿真研究，提出了"电磁暂态－机电暂态－中长期动态"统一仿真方法，并开发了仿真软件。在实时仿真技术方面也取得关键突破，完成了全数字实时仿真装置 ADPSS 的研究开发，在硬件技术、并行计算技术等方面获得关键技术突破，目前处于推广应用阶段。结合智能调度技术支持系统建设，开展了在线稳定评估与辅助决策系统，2012年起在各级调控中心投入运行。

（7）交直流电力系统保护与控制技术。

提出了一系列适应超／特高压交流系统的保护控制理论，重点研究了超／特高压交流系统的故障特征及其对现有继电保护的影响，并提出对应解决方案，全面提升了超／特高压交流系统的安全运行水平。研制了特高压系统控制保护设备并得到广泛应用，成功开发了"继电保护统计分析及运行管理系统"。

提出了智能变电站层次化保护控制体系，并在层次化保护控制关键技术研究、设备研制和工程应用方面取得了大量成果。针对新能源并网新问题，提出了一系列新能源并网保护与控制技术方面的理论，分析了新能源接入系统的故障特征及其对原有继电保护的影响，并提出了解决方案。提出了含微电网的配电系统继电保护与自动重合闸策略的改进方法、适应微电网短路特性的故障识别和保护方法以及微电网分层分区协同保护的保护方案。

（8）电网调度控制系统技术。

国家电网公司研发了具有广域和全景特征的智能电网调度控制系统，其一体化支撑平台将以往独立建设的十余套应用系统，集成整合为一体化平台支撑的四大类应用，已成功应用于国家电网 32 个省级以上主调、9 个省级独立备调和 35 个地级调度，实现了国家电网范围内省级以上电网的实时工况共享和业务协同。

依托智能电网调度控制系统一体化支撑平台，重点研究和突破了大电网实时监控和安全协调控制、多级调度协同的电网故障综合分析与告警和全网联合在线安全预警、智能电网全维度快速仿真等关键技术，实现了电网运行信息的实时共享和在线安全预警，提高了特大电网安全状态评估的及时性，有效支撑大电网调度的一体化协调运行，达到国际领先水平。

随着节能发电调度办法的试行，国内开展了节能发电调度关键技术研究和应用推广工作，建立了适应节能调度、成本调度等不同调度模式的调度支持系统，研发了安全约束机组组合（SCUC）和安全约束经济调度（SCED）等核心应用软件。开展了大电网多周期发电计划的协调滚动优化和适应风电等大规模能源接入的调度计划研究。

从 2012 年起，我国开展了电网调度控制系统入网检测的第三方测试工作，建立了电网调度自动化实验室。基于国产的电力系统全数字实时仿真装置（ADPSS），实验室构建了全系统试验验证平台，并首次将"白盒测试"引入电网调度控制系统检测中，实现了对多级系统协调闭环控制、雪崩环境模拟等典型复杂电网控制功能及性能的试验验证。

（9）智能变电站技术。

我国一次设备的整体研制水平有了显著提高，极大地缩小了与国外设备厂家的差距。通过在一次设备上外挂或内嵌监测传感器，实现对变压器、开关设备、避雷器等的状态监测，在智能化变压器、智能化断路器、智能 GIS 等系列产品的研究上均取得突破，但在状态监测数据评估分析与利用方面仍有差距。

在集成式二次设备技术方面，我国等同采用了 IEC 61850 规范，并将其转化为 DL/T860 标准，基于此标准的工程数量已达数百个，研发成功了保测一体、合智一体、多功能测控、多合一等多个集成式二次设备。

在一体化监控技术方面，主要开展了一体化业务平台、智能化高级应用、二次设备运行状态监测、层次化保护控制、数字化计量等方面研究。与国外不同，我国更强调智能变电站作为节点对智能电网的支撑作用，而不是简单满足就地监控的需求，因此在智能高级应用、与主站之间的协同互动技术等方面取得了重要进展。

2. 输变电装备及技术

我国国民经济高速发展，电力需求不断增加，特高压和智能电网建设快速推进。十年来我国充分利用国内市场优势，积极引进和消化吸收国际先进技术，在此基础上实现自主创新，输变电装备研发与制造的技术水平得到了快速提升，部分高端装备实现了"中国创造"和"中国引领"。

（1）变压器类。

根据特高压和智能电网建设需求，我国变压器类设备实现了电压等级、变电容量的进一步提高，结构种类不断完善；特高压套管和特高压出线装置等关键组部件已实现国产化；目前已经建立了完整的超/特高压变压器研制体系；配电变压器方面，在非晶合金新材料、超导变压器技术应用上也取得了显著进步。

在 1000kV 特高压交流变压器方面，我国于 2013 年和 2014 年成功研制了局部解体和全部解体式单相 1500MVA 特高压变压器，彻底解决了大件运输条件对于特高压变压器的限制，成为特高压大容量变压器制造领域的重要进展。

在特高压换流变压器方面，我国通过合作、技术引进，已掌握了高端换流变的制造能力，并在工程上进行应用。为实现特高压交流出线装置国产化，我国研发了特高压出线装置绝缘裕度试验系统，能够实现出线装置脱离变压器本体条件下，进行 $10h$，$1.5U_m/\sqrt{3}$ 工频电压下的绝缘裕度考核试验。

在植物绝缘油、非晶合金变压器研究方面，我国的研究起步较晚，但发展迅速。且非晶合金变压器具有明显的低损耗优势，是新一代节能型变压器，已批量应用于实际的输变电装置中。这些技术在较低电压和容量的配电变压器上具有一定的应用前景，值得进一步深入研究以发挥该类技术的优势。

（2）开关类。

受特高压交流输电工程建设推动，我国在特高压开关技术，尤其是特高压气体绝缘金属封闭开关设备（GIS）、特高压串补用开关设备和特高压站电容器组开关方面取得了显著进步。受智能电网建设推动，我国在隔离断路器技术方面得到了长足发展。

2011年之后，国内开关制造企业着眼于国产化和技术提升开展了大量卓有成效的工作，研制成功特高压63kA GIS/HGIS。2010年开始，国家电网公司结合国际首套特高压串联补偿装置——特高压交流试验示范工程串补装置，首次组织开展了特高压串补用开关设备的研制工作。平高、西开等公司从2012年开始参与国家电网公司新一代智能变电站建设，自主研制了126kV和252kV智能隔离断路器，在世界上首次集成了有源和无源电子式电流互感器、SF6气体状态和机械特性等智能元件。2012年11月，西电集团研制的额定电压100kV、转换电流5.1kA的直流转换开关通过了国家能源局组织的鉴定。

（3）互感器与电容器。

针对特高压GIS设备对罐式电压互感器的要求，发明了1000kV罐式电容式电压互感器（罐式CVT），并攻克了绝缘结构设计、关键技术参数确定、VFTO抑制、等效试验方法、运行误差获取等一系列技术难题，完成了1000kV罐式CVT研制、型式试验及长期带电考核。

中国电科院首次研制成功1000kV罐式CVT，额定电压：$1000/\sqrt{3}/0.1/\sqrt{3}/0.1/\sqrt{3}/0.1/\sqrt{3}/0.1$kV，额定电容量：500pF，准确级：0.2/0.5/0.5（3P）/3P，该设备已挂网运行，至今运行情况良好。1000kV罐式CVT的研制填补了国内外空白，打破了国外在1000kV GIS用电压互感器制造领域的技术垄断。我国通过研究提出适用于1000kV电压互感器误差试验的方法，同时，推荐试验设备配置，指导工程建设。在此基础上，研制了1600kV标准电容器、量值溯源用1000kV标准电压互感器和现场试验用1000kV标准电压互感器三台装置，均为世界上首台，技术指标达到国内外领先水平。

（4）避雷器。

目前已有162只交流瓷外套特高压避雷器在10个特高压变电站安全稳定运行，我国在特高压交流避雷器的研制和工程应用方面达到世界领先水平。近年来，国外避雷器的研究成果主要是线路避雷器的小型化及高性能电阻片的研发。

随着交流特高压输电工程在中国的发展，瓷套式及罐式特高压避雷器研制成功并应用于多个工程。交流特高压避雷器采用四柱并联结构，标称放电电流下的压比低于1.45，与750kV和500kV避雷器相比，残压比分别降低了15%和21%；额定电压的选取突破了传统避雷器额定电压的选择原则，充分利用了高性能氧化锌电阻片良好的工频电压耐受时间特性和工程中实际过电压水平及持续时间，降低了系统的绝缘水平，大幅降低了设备制造难度和工程造价或提高了系统绝缘的安全系数。

直流输电工程近年在我国发展很快，先后建设了十多条直流输电工程，中国直流系统避雷器相关生产制造能力也随之成长。目前，我国已能独立研制生产包括换流阀用避雷器、直流母线用避雷器、MRTB用避雷器及中性母线避雷器在内的所有直流系统避雷器，电压等级最高至±800kV。直流系统避雷器的研制，重点通过高性能电阻片的研发和直流背靠背老化试验装置验证，确保避雷器在不同电压波形下电阻片的长期耐受能力；通过采用具有憎水性、耐污能力强的硅橡胶复合外套，解决了直流电压下外套的绝缘耐受问题，特别是直流电压下的污闪问题。

（5）电缆与气体绝缘输电管道。

国内外在电力电缆技术方向的发展和研究成果，主要体现在交流 500kV 交联聚乙烯（XLPE）电力电缆及附件技术、直流 ±400kV XLPE 电力电缆技术、高应力绝缘电缆的研发。

我国电缆行业的发展起步较晚，2000 年前制造水平比较滞后，近几年来我国 500kV 超高压 XLPE 电缆与附件技术有了较为明显的发展。国内已经有多家制造厂具备生产交流 500kV XLPE 电缆及附件的能力。2014 年北京海淀 500kV 送电工程的第一条国产交流 500kV XLPE 电缆线路的顺利投运，标志着我国已经实现了交流 500kV XLPE 电缆及附件的国产化。我国第二条 500kV XLPE 电缆线路为 2014 年 6 月投运的北京海淀 500kV 送电工程，线路全长 6.7km，电缆截面 2500mm^2，该线路也是双回路电缆并行敷设，其中一回电缆和附件为国产的电缆和附件，分别由青岛汉缆公司和江苏安靠公司提供，这也是第一条采用国产交流 500kV XLPE 电缆和附件实现长距离输电的电缆线路，该工程的顺利投运标志着我国已经初步掌握了交流 500kV 交联电缆及附件的制造和工程应用技术。

国内已经研究出了电缆线路不停电作业技术相关的操作设备和工器具，主要包括旁路柔性电缆、旁路电缆终端、快速连接头、旁路开关等，该技术从 2012 年已经在各省电力公司得到广泛应用，并取得了较好的效果。

（6）绝缘子。

硅橡胶复合绝缘子由于其质量轻、耐污闪性能好、运行维护简便的优点，从上个世纪末开始在我国电网得到大面积推广。从 2007 年第一个特高压交流工程建设开始，我国解决了 420kN、550kN 等大吨位复合绝缘子的机械强度稳定性、脆断防护等关键技术，实现了 100% 国产化。在我国的交直流特高压输电线路上，硅橡胶复合绝缘子的用量达 60%，我国已经成为第一个在特高压交直流输电线路上以有机外绝缘为主的国家。目前，我国硅橡胶复合绝缘子的制造水平和综合技术性能国际一流，生产规模首屈一指，840kN、1000kN 的硅橡胶复合绝缘子也在 2011—2015 年通过了技术鉴定。国外的复合绝缘子几乎无法进入中国市场。我国也成为特高压及常规工程用复合绝缘子的主要出口国。

2009 年向家坝 – 上海特高压直流工程建设以来，420kN、550kN 等大吨位盘形悬式绝缘子完成了从自主研发到全部国产化的进程，解决了高强度瓷配方、头部结构设计等技术难题。2011—2015 年，随着皖电东送、浙—福、锦—苏、哈—郑、溪—浙、灵—绍、糯扎渡等"两交五直"特高压工程的全面建设，大吨位绝缘子开始在我国输电线路中大规模使用。550kN 盘形悬式绝缘子累计已在特高压线路挂网运行超过 300 万片，运行数量世界第一。我国大吨位盘形悬式绝缘子的制造水平已达国际一流水平。

特高压支柱瓷绝缘子则突破了配方和烧成难题，已实现 1000kV 瓷支柱的国产化并用于我国特高压工程。复合支柱绝缘子也实现了自主研发并大量用于我国特高压交直流输变电工程。

特高压空心绝缘子包括空心瓷绝缘子和空心复合绝缘子，主要用于 GIS 开关等特高压设备类套管。2014 年，西电公司完成了 1100kV GIS 用瓷套管的鉴定，但其质量可靠性与 ABB、NGK 等公司还存在不小的差距，特高压瓷套仍处于被国外公司垄断的状况。国内的空心复合绝缘子于 2011 年完成了自主研发并工程应用，其制造水平处于国际领先水平，并已经开始在我国特高压工程中批量使用。

高吨位、大尺寸绝缘子的发展也直接推动了我国高压绝缘子试验能力的提升。目前，国家电网公司特高压交直流试验基地的试验设备已完全能够满足特高压绝缘子的试验要求，包括 1000kV 整柱支柱绝缘子的弯曲破坏试验，550 ~ 1000kN 绝缘子的拉伸破坏负荷试验，特高压线路绝缘子整串（支）电气性能试验，特高压线路绝缘子整串（支）机械振动试验等。

（7）套管。

作为特高压输变电工程关键组件之一，套管主要用于供一个或多个导体穿过与其电位不同的物体，诸如接地的墙壁或箱壁，起着绝缘和机械支撑作用。

随着国网公司不断推进超特高压套管的国产化进程，我国已自主研制了 1100kV 特高压油浸式油 – 气变压器套管，通过了国标规定的全套型式试验；2012 年，中国电科院、国网电科院联合国内套管厂家成功研制了世界首支 1100kV 特高压干式油 – 气套管样机和我国首支 1000kV 特高压油浸式油 – 气套管样机，并通过了全套型式试验。然而由于担心其长期运行可靠性，国产特高压交流套管并未得到广泛的工程应用，目前进口套管在我国特高压工程上仍处于垄断地位。

我国的 1000kV 级 GIS 用电瓷式绝缘套管于 2014 年研制成功，目前尚未投入工程运行，其性能的长期运行可靠性仍有待工程检验。我国特高压 GIS 用硅橡胶复合绝缘套管基本已达到国际领先水平，并在特高压工程中得到批量应用。

依托特高压工程时间，我国科研单位突破了特高压交流套管局部放电试验难题；掌握了超长回路条件下直流穿墙套管温升试验方法；建成了特高压交流套管全工况试验研究平台，具备了对特高压等级交流油 – 空气套管、油 SF_6 – 套管进行额定电压和额定电流联合作用下的性能考核试验能力。

（8）导线、金具。

随着我国导线技术的发展，近年来陆续研发了多种新的导线，导线及其配套技术、施工机具、施工技术等导线工程应用的关键技术均取得了巨大进步，近年来应用的新型导线主要有节能导线、大截面导线、扩径导线及碳纤维导线等。

我国于 2012 年开始应用钢芯高导电率铝绞线、中强度铝合金绞线和铝合金芯高导电率铝绞线三种节能导线，并在导线、金具、施工机具以及施工技术等方面研究取得重大进展。近年来，我国先后完成了 $900mm^2$、$1000mm^2$、$1250mm^2$ 大截面钢芯铝绞线的研制及工程应用研究工作，前两种规格的导线先后在宁东～山东 ±660kV 直流输电工程，锦－苏、哈－郑和溪－浙 ±800kV 特高压直流输电工程中得到全面应用。

针对特高压线路工程对金具的要求，研制了八分裂间隔棒、八分裂悬垂联板和固态模锻式悬垂线夹等多种金具，成功应用于 ±800kV 直流特高压和 1000kV 交流特高压输电线路。

（9）输电杆塔。

随着新技术、新材料、新工艺的不断发展，以及在安全可靠、经济环保上更高的要求，新型杆塔正在不断地进行创新。新材料（如高强钢、钢管、大规格角钢及复合材料等环保新型材料）在输电杆塔上的应用也越来越广，与之相应，新塔型不断出现。

国家电网公司于 2007 年启动了 Q460 高强钢试点应用工作，目前国内已经具备高强钢管塔用直缝焊管的加工能力，其供货规格、产能、周期、加工质量可以满足高强钢管塔的工程要求。铁塔厂在技术装备、能力等方面也已经具备生产高强钢管塔的能力，输电线路应用高强钢管塔已具备条件。中国电科院在国内首次开展 Q420 和 Q460 高强带颈对焊法兰节点的轴拉承载力试验研究，验证了其应用于输电线路钢管塔的可行性及安全性。

（三）电能配用环节

智能配用电系统是智能电网的最主要特征之一，通过在电网能量链终端综合运用先进信息与控制技术为用户提供多样化的优质用电服务需求，节能降耗，提高能效，并支撑各种分布式新能源、微网、储能、电动汽车等新元素的可靠接入。我国智能配用电技术起步较晚，但进步明显，在国家"863"计划等相关课题的支持下，先后在多个省市建立了一大批示范工程。

1. 配网及微网系统

（1）配电系统智能控制。

配电系统的智能化主要体现在智能终端、配电自动化和配电调度等几个方面。

在智能终端方面，我国目前已经基本实现配电智能终端的国产化，技术水平也由最早用于监控的配电远动装置发展到基于光纤以太网通信技术的分布式智能终端设备。采用 IEC61850 协议提高了配电终端的标准化、互操作和即插即用能力，实现 DTU/ 光纤配线架 / 通信终端等集中组屏，广泛采用嵌入式操作系统技术以提高终端可靠性、可扩展性以及实时响应能力。

在配电自动化方面，新加坡、日本代表了国际最高水平，自 2009 年 8 月开始，我国开展了一系列配电自动化试点工程，主要目标是针对不同可靠性需求，采用合理的配电自动化技术配置方案，提高配电自动化技术水平，同时编制完成了《配电自动化规划设计导则》和《配电网运行控制技术导则》等标准。在科技部"863"项目支持下，开展了分布式电源接入环境下的配电自动化及配电网自愈系列研究，并在广东佛山等地建成了示范区，示范区内配电网 2 秒内可实现转供电，供电可靠率达 99.999%，并有效解决分布式能源大量接入配电网带来的控制保护、运行问题。

在智能调度方面，主要挑战来自于大量分布式电源深度渗透，传统配电网向能量双向流动的主动配电网发展，尤其是分布式可再生能源发电的间歇性和随机性更加大了问题的复杂性。我国学者在相关理论研究方面取得了大量进展，基于新一代智能电网调度控制系统基础平台（D5000平台）的配网智能调度控制系统也已经开始了示范应用，在配抢一体、信息集成和应用功能实用化等关键技术方面得到了验证，故障处理时间由建设前的数十分钟乃至数小时下降到建设后的10分钟以内。

（2）微电网。

微电网是由分布式电源、储能系统、能量转换装置、负荷、监控和保护装置等组成的、能够实现自我控制、保护和管理的自治系统。"十二五"期间，我国学术界与工业界重点针对微电网关键问题开展了深入研究，包括：计及用户冷/热/电综合能量需求和管网约束的综合能源网规划设计问题、支持间歇性可再生能源发电即插即用的微电网能量管理技术、适用于微电网灵活运行方式的微电网控制与保护技术、微电网多时间尺度仿真方法及平台技术。

"十二五"期间，我国先后资助了多个微电网领域的"973"/"863"/科技支撑计划课题，基本覆盖了微电网相关的所有技术方向，从理论研究和关键技术方面取得了一系列重要进展。目前我国建设或建成的微电网示范工程已达数十个，研究目标与验证的关键技术各有侧重，边远地区示范工程主要解决缺电问题，海岛微电网示范项目主要解决独立自主供电问题，城市地区主要解决节能减排和可再生能源高效利用问题。

2. 智能用电

（1）电动汽车充、换电设施规划与运行。

电动汽车是我国重点发展的战略性领域，各部委相继出台了多项政策促进电动汽车及其相关设施与产业的发展。科技部、国家自然基金委也先后资助了多个"973"项目、"863"项目和国际合作研究项目，有力促进了本领域的技术进步。我国在杭州、青岛、北京、天津、重庆等多个城市开展了电动汽车充、换电设施示范工程，集中体现了我国在本领域的最新研究成果。

从技术发展水平上看，尽管我国在充换电设施方面进行了大量投资，但与欧美发达国家比，尚无法有效匹配充电需求与充电设施，存在覆盖率和利用率偏低的问题。我国也开展了将电动汽车通过V2G技术与电网互动的研究，但目前尚处于仿真分析与实验室验证阶段，与欧美已经完成示范应用的发展水平有一定差距。

（2）高级测量体系AMI。

AMI是一个用来测量、收集、储存、分析和运用用户用电信息的完整网络和系统，主要由智能电表、通信网络、量测数据管理系统三个部分组成，是实现电力用户与电力企业双向信息流通的基础。各国智能电网发展的重点都包括了通过开发和实施AMI来满足与用户双向可靠信息采集与传输，是智能电网产业升级的关键一环。2013年年底，中国各行业累计安装了 3.7 亿只智能电表，到 2015 年底，有望突破 5 亿只，用量全球领先。中国也出台了一系列相关国家标准，促进了产业发展。但总体来看，目前适应中国国情的 AMI 体系仍处于初步示范阶段。

（3）需求侧响应。

用户通过需求侧响应实现与电力企业的双向互动是智能电网的重要特征之一。欧美由于有相对较完善的电力市场体系，因此已经建立起基于市场价格信号和激励机制的用户互动体系。我国用户参与需求侧响应也开展了相应的试点示范，但主要是通过传统营销业务体系，体现在有序用电、可中断负荷响应等负荷控制技术方面，难以适应未来灵活多变的互动用电场景。随着电改 9 号文的发布，未来需要进一步与配用电侧电力市场机制改革相衔接，在需求侧响应决策、仿真技术和用能评测管理技术等方面开展系统性研究。

（4）先进节能技术。

能效分析及用能管理成为节能减排的重要手段，相关技术受到各国重视。美国西太平洋国家能源实验室提出了"电网友好"技术，促进了需求响应机制的实现。美国 OPOWER 公司开展的家庭能源服务业务，为超过 95 家能源公司和 5000 家庭及商业用户提供服务。我国科研单位和企业也研制了多种类型的能源管理系统，能够对电力用户的电器设备进行实时的用电量分析，借助该家庭用电监测系统，电力用户可以实时收集、存储和分析电能使用的详情，有效降低电能源的损耗。随着需求侧管理的普及，能源管理技术将在节能减排和削峰填谷等方面发挥更大作用。

（5）智能用电示范工程。

智能小区、智能楼宇和智能园区的建设是智能用电模式的集中实践。"十二五"期间科技部启动了多项相关领域"863"计划研究课题，覆盖了智能用电关键技术、信息通信支撑技术、智能园区技术等多个方面。我国也先后在河北、北京、上海和重庆四省市开展了智能楼宇和小区试点工程建设，在甘肃白银、山东东营和江苏南京开展了智能园区建设试点，在天津泰达经济技术开发区开展并完成中国首个智能电网需求响应项目。分布式电源接入、用电设备的监测及有序用电指导等技术，在开展的工程项目中得到集中展示和应用。

（四）大容量电力电子技术

电力电子技术使用功率半导体器件，通过信息流对能量流的精确控制实现电能的有效变换和传输，在电气节能、新能源发电、电力牵引、智能配用电以及军工装备等应用领域取得了高速发展。

1. 电力电子器件

（1）高压大容量功率半导体器件。

绝缘栅双极型晶体管（Insulated Gate Bipolar Transistor，简称 IGBT）是目前自动控制和功率变换的关键核心部件。发改委和工信部分别于 2010 年和 2012 年发布专项政策，明确支持 IGBT 芯片、模块和封装的设计研发及产业化。

2011年，中国北车永济电机公司发布了11类处于国际领先水平的IGBT产品，其中六种产品填补了国内空白，中国北车成为世界上第四个、国内第一个能封装6500V以上大功率IGBT产品的企业。2014年，世界第二条、中国首条8英寸IGBT专业芯片生产线正式投产，中国南车成为国内唯一自主掌握IGBT芯片设计–芯片制造–模块封装–系统应用完整产业链的企业。随着2015年南车集团与北车集团合并为中车集团，未来我国IGBT半导体器件技术将进一步实现优势互补与产业融合。

（2）宽禁带半导体器件。

2014年，中国科学院物理研究所、北京凝聚态物理国家实验室与北京天科合达蓝光半导体有限公司合作，成功研制出6英寸SiC单晶衬底，标志着我国的SiC单晶生长研发工作已经达到国际先进水平，为SiC基电子器件的国产化提供了材料基础。在SiC肖特基二极管、SiC JFET、SiC BJT和SiC MOSFET等碳化硅电力电子器件方面，国内也都取得了新的进展，但总体来看与国际先进水平仍有较大差距。

氮化镓（GaN）是另一种有前途的第三代宽禁带半导体材料。我国企业已经推出了6寸GaN外延材料和2000V高电压开关器件，在大面积GaN外延材料生长和器件设计制造技术上走在了世界前沿，并形成了自主的知识产权。北大方正微电子有限公司已经开始在其6英寸Si基生产线上对外承接6英寸GaN功率器件代工业务，应该也是世界上第一个6寸GaN基功率器件代工厂。国内基于GaN材料的器件研究起步较晚，在产业化方面与国外仍有较大差距。

2. 电力电子应用

（1）电力电子装置的应用基础理论。

由清华大学和海军工程大学分别承担的国家自然科学基金重点项目"大容量电力电子系统电磁瞬态过程及其对可靠性的影响"和"大容量特种高性能电力电子系统理论和关键共性技术研究"突破了基于"理想开关、集中参数和信号PWM调制"的传统研究方法，从电磁能量变换、瞬态换流回路以及系统可靠性的新视角提出了一整套大容量电力电子变换系统电磁瞬态分析方法。基于相关理论先后研制了650 ～ 5000kW/6kV高压大容量多电平变换频器、15 ～ 315kW/400V系列低压高性能牵引变换器，以及3 ～ 500kW/400V系列高性能光伏并网逆变器。2014年，清华大学等单位联合申报并获批的"大容量电力电子混杂系统多时间尺度动力学表征与运行机制"成为我国第一个国家自然科学基金立项的大容量电力电子领域的重大项目。

（2）变频器与变流器。

我国国产高压大容量变频器的性价比和可靠性不断提高，目前市场份额已经超过国外同类产品。在超大功率变频调速应用方面已居国际领先地位，先进的电压源型装置目前世界上只有西门子和荣信掌握了30MVA以上技术，荣信研制的基于IEGT的大功率高压变频器，功率可达32MVA/10kV，已经在我国南水北调工程应用。

迅猛发展的高速铁路成为我国在国际上的新名片。在高铁牵引变流器技术方面，中国两大高速列车制造商——南车与北车都掌握了自主核心技术，并积极开展了电力电子牵引变压器与永磁同步电机驱动技术的研究。在船舶电力推进技术方面，海军工程大学研制的十五相推进电机变频驱动系统取得重要进展。

（3）现代电网中的电力电子装置。

我国 SVC、SVG 等装置的制造水平已达国际前列。2013 年，全球最大容量的 35kV/±200MVA STATCOM 在南方电网投运，这是世界首例基于 IEGT 技术的 STATCOM，填过了国际空白。同年，南瑞继保承担的韩国电力公司 ±200MVar SVC 工程成功并网，这是迄今为止韩国最大容量的 SVC 工程，也标志着我国电力电子技术得到国外市场的认可。

我国在基于 MMC 的 VSC-HVDC 技术方面取得了一系列标志性成果。2011 年，亚洲首条柔性直流输电示范工程——上海南汇风电场柔性直流输电工程正式投运；2013 年底，世界首个多端柔性直流输电示范工程——南澳岛多端柔性直流输电示范工程投运；2014 年，世界上电压等级最高、端数最多、单端容量最大的多端柔性直流输电工程——浙江舟山 1000MW/±200kV 五端柔性直流输电示范工程正式投运。

（4）高精度伺服控制中的电力电子技术。

随着"中国制造 2025"、"工业 4.0"等概念的提出，伺服系统作为高性能运动控制的执行部件，近年来得到了主流工控企业的高度重视。广州数控、埃斯顿、汇川、合康东菱、清能德创等公司进一步加强了在精密伺服驱动领域的布局，通过与清华大学、哈工大、华科等高校院所产学研合作，在高动态特性、高转矩密度、高功率密度等方面持续提升，逐步增加了国产伺服在工业机器人、数控系统等高端领域的份额。此外，在航空、航天及国防领域，近几年国产化高性能交流永磁伺服系统在太阳能帆板、空间机械臂等机构驱动方面逐步取得成功应用，通过电力电子控制技术，在提升驱动能力和抑制谐振等方面获得了新的进展。

三、国内外进展比较

（一）国内外技术进展比较

1. 清洁高效发电技术

在提高燃煤机组热效率方面，以超（超）临界发电技术、劣质煤高效利用技术、循环流化床发电技术等为代表，我国已经处于国际先进水平，在部分关键参数方面能达到世界领先或者最高水平。我国在循环流化床燃烧技术的研究和开发以及工程实施达到了世界领先水平；在准东煤清洁高效利用方面也取得重要进展，超越了国外同类技术的最好水平。

在发电装备制造方面，以汽轮机和锅炉为代表，我国也已经走在世界前列，过去五年间创造了多项世界第一。

在整体煤气化联合循环（IGCC）、太阳能与燃煤电站互补发电等新兴技术方面，国外目前也没有形成大范围的推广应用，只有少数示范应用电站，我国通过科技项目与示范工程建设，在关键技术和应用经验方面都取得了重要进展，显著缩小了与国际先进水平的差距。

在燃气轮机联合循环与分布式发电技术方面，由于其高效、清洁、低污染、启停灵活等突出优点，目前是发达国家的主要发展方向，尽管近年来我国在燃气轮机设计、制造和燃烧等基础领域取得了明显进展，但与国外先进水平仍存在巨大差距，这严重制约了天然气在我国一次能源结构转型中发挥更大作用。

2. 电力环保技术

低氮燃烧＋烟气脱硝是目前我国燃煤电厂 NO_x 排放控制的主要技术手段，借鉴国外经验的基础上，我国分别从生成源控制和尾气处理两个技术途径，形成了"双尺度"低氮燃烧、高级复合空气分级、三级燃烧等系列先进的低氮燃烧自主技术及装备，以及以 SNCR、SCR、SNCR/SCR 为主的烟气脱硝技术及产品，通过两个途径的匹配组合和优化设计，可以实现 NO_x 超低排放，使得我国 NO_x 控制水平跻身世界先进行列。

烟气除尘是我国研究最早的污染控制技术，已经形成了以高效电除尘技术为主、电袋复合除尘、袋式除尘技术为辅的技术格局，其中移动电极、新型电源（如高频电源、三项电源、脉冲电源等）、低低温、细颗粒凝聚等技术的发展使得电除尘技术进一步完善，为烟尘超低排放提供了技术支持。随着火力发电烟气污染物排放标准的日益严格，新环保法的实施以及日益严格监管，长期可靠保持低排放的先进除尘技术将进入快速规模化应用时期。而国外除尘新技术研究应用处于相对停滞状态。

我国近年来脱硫技术发展很快，并且在引进技术消化吸收的基础上，实现了技术和装备的国产化，但技术和装备发展水平、运行和管理的精细化水平与国外还有一定差距，近十几年来我国排放标准发展的驱进速度很快，倒逼着技术和装备升级，也推进了相关技术的研究发展进程。但我国技术发展及应用相对单一，以石灰石石膏湿法为主，吸收剂主要为石灰石，需要消耗大量石灰石矿山，长久发展下去对生态环境必将造成不利影响。

在烟气脱汞技术与多污染物控制及深度净化技术方面，我国起步较晚，与国际先进水平比相对滞后，在政策、标准、法规和技术体系方面都存在空白，距离大规模商业应用有一定距离，未来提升空间较大。

3. 水力发电技术

我国 200m 以上超高坝建设尚处于起步阶段，发展较国外滞后 20 年以上。200m 以上超高坝也主要集中在双曲拱坝、混凝土重力坝、心墙堆石坝和混凝土面板堆石坝等四种坝型上，与国外超高坝的坝型发展趋势一致。其主要面临的挑战包括：超高坝建设面临复杂条件而可靠性要求高，国内外超高坝数量少、缺乏相应技术标准，200m 以上超高坝的成套技术尚不够成熟，高坝关键技术课题多、需要联合协同攻关，全寿命周期管理等新课题。

4. 可再生能源发电技术

总体来看，在风力发电和太阳能光伏发电两项已经成熟应用的可再生能源发电技术方面，中国在过去五年取得了巨大进步。风电装机容量和光伏装机容量都居世界前列，相关设备制造技术也已经实现技术输出，形成了具有国际竞争力的产业格局。但在一些新兴技术方面，比如海上大容量风电机组的制造、海上风电场规划设计与运维、先进的太阳能电池关键技术等方面仍有差距。此外，我国目前的风电和光伏发电仍然以大规模集中并网为主，在分布式并网方面仍需要向德国等先进国家借鉴。

在其他新的可再生能源发电形式方面，目前国内外都处于试点验证和小范围工程应用阶段。国家通过各种政策与项目支持，保证了在新型可再生能源发电技术方面的投入，我国相关研究也基本上一直追踪国外最新进展，但在关键技术和工程实施方面仍有一定差距，尚未达到大规模推广应用的水平。

5. 核能发电技术

压水堆技术是我国核能发展的主要技术路线。目前第三代核电已经成为国内外核电发展的主流，其共同特征是采用更安全的非能动/能动专设安全设施；采取严重事故应对措施实现熔融物包容和防止蒸汽爆炸；以及更高的建造和运行经济性。在第三代核电技术的发展上中国已经处于世界前列，全球首台非能动第三代核电站 AP1000 将在中国建成首堆。随着福岛事故的负面影响，国内国外都提出了针对性的研究，中国的《核电中长期发展规划（2005—2020 年）》、新提出的第四代核电站的性能要求以及美国最近颁布的新的能源政策等，都贯穿了增强安全性的要求，实际消除核电厂大量放射性物质的释放。

中国在高温堆核电技术方面形成了自主创新的设计与装备制造能力，取得了一系列世界领先的成果，建成世界上规模最大的高温氦气试验回路，作为高温气冷堆核电站示范工程关键部件和系统工程试验验证的关键平台，已研制成功世界首台套大功率电磁轴承主氦风机工程样机，处于世界领先水平。在钠冷快堆核电技术方面，中国近年来进展迅速，但与美国、俄罗斯、法国、日本、印度等国在运行经验和技术掌握上，仍有较大差距。在小型模块化反应堆方面，我国研发进展与国际基本处于相近水平，而且充分契合了我国的实际国情与需求，但在关键设备制造方面有差距。在聚变能源技术方面，国际热核聚变试验堆（ITER）是目前全球规模最大、影响最深远的国际科技合作项目之一，中国作为七方之一参与了项目研发与建设，为我国核聚变技术保持跟踪世界前沿水平奠定了基础。

6. 输电技术及系统

在特高压交直流输电技术方面，中国创造了多项世界第一和世界之最，整体上实现了"中国创造"和"中国引领"，完成了在电网科技领域从追赶到超越的历史性转变。但也必须看到，在特高压交直流若干关键设备的研发与制造方面，以 ABB、西门子为代表的欧美公司有更长时间的研究积累，我国国产设备水平还有差距。

中国电网的规模和结构复杂性在世界上首屈一指，为保证其安全与经济运行，我国学术界和工业界面对的是世界上其他国家难以想象的重大挑战和物理问题，因此，在特大规模交直流混合电网的规划分析、保护控制与调度运行方面，中国相关研究水平和工程应用水平处于国际领先位置。在电压源换相直流输电技术、智能变电站技术等方面，国内外基本处于同步发展阶段，研究水平也相当，但中国具有比国外更好的工程应用平台，在工程应用水平和运行水平方面具有优势。

7. 输变电装备及技术

近五年以来，在示范工程取得成功的基础之上，我国特高压输变电装备及技术得到了进一步得到应用。特高压变压器、开关、互感器、电容器、避雷器、绝缘子、套管、导地线、金具和杆塔相继研制成功，并投入工程应用；1500MVA、1000MVA 特高压变压器完全由国内研制成功，特高压并联电抗器和平波电抗器在工程中得到应用。而国外在 20 世纪七八十年代开展过程相关技术研究，近期受限于无相关工程，并未取得明显的相关设备的研制进展。特高压直流转换开关的关键技术，国内产品已经达到国际先进水平，但技术性能和可靠性仍有待进一步提高。国内直流断路器与国际先进水平相比尚存在很大的差距，不能满足高压直流输电工程的需求，需要深入开展的直流开断技术研究和关键组部件技术攻关以实现国产化自主设计。我国的棒形悬式复合绝缘子、空心复合绝缘子的制造水平和生产规模在世界首屈一指，综合技术性能国际一流。我国节能导线技术整体达到国际领先水平。我国钢芯高导电率铝绞线已完成研制，并有大量工程应用。

8. 智能配用电技术

欧美智能电网的发展重点在配用电侧，在智能配电网、微电网、电动汽车、智能用电等多个方面都取得了快速的进步。而我国电力发展过程中对配用电侧长期重视不足，一直是我国电力系统中相对薄弱的环节。借智能电网发展的东风，我国也在配用电技术方面进行了技术革新，而且具有一定的后发优势。目前在核心关键技术方面，我国与欧美先进水平的差距已经缩小，但在工程实用化水平和应用效益方面仍有差距。

从技术研究水平来看，经过多个"973"/"863"/自然基金的资助，在配网智能调度与控制方法、微电网规划与运行技术、电动汽车与电网互动、智能用电关键技术等方面，我国学术界基本上追踪了国际上最新的研究进展，尤其在含高渗透率间歇式可再生能源的主动配电网规划、运行与控制等技术方面，国内外研究起点和研究进度基本保持一致，处于与国际先进水平相当的程度。

我国已经完成的智能配用电示范工程集中体现了先进技术的应用，但尚未进入大规模推广应用的示范阶段。从配电自动化的覆盖率和技术水平上，我国目前与新加坡、日本、韩国、欧洲有较大差距，制约了目前我国的整体供电可靠性指标。在微电网层面，美国引领了全球发展，在建或投运的微电网工程约占全球微电网工程数量的一半，欧洲、日本也都从自身的能源供给需求出发开展了微网建设。目前我国微电网技术研究基本覆盖了所有关键技术，有数十个示范工程建成或者在建，侧重点各不相同，下一步亟须解决的是进一步降低成本，提高工程实用化水平，实现推广应用。我国电动汽车的实际发展速度目前滞后于原有计划，充电设施规划与国际先进水平有差距，通过 V2G 实现调频和削峰填谷等车网互动方面和真正实用化仍有距离。我国的智能电表数量居全球领先地位，但在如何充分利用这些基础设施与用户实现互动、如何基于海量数据进行分析、如何结合需求侧响应促进智能用电发展方面仍不足，这也是下一步的重点工作。

9. 大容量电力电子技术

在电力电子器件方面，国内与国际先进水平仍有较大差距。目前国内 600V 和 1200V IGBT 芯片已经可以量产，但耐压更高电流更大的工业级和牵引级高压大功率 IGBT 仍然依赖进口，在芯片制造的栅极技术、终端结构技术和集电极技术上差距明显，在关键的薄片技术上至今仍没有完全掌握。在新兴的 SiC/GaN 宽禁带半导体器件方面，我国取得了一些积极进展，但总体上仍处于产业化的初级阶段。

在电力电子装置方面，国内在若干方面已经达到或接近国际先进水平。在重载和高速牵引领域，国产 IGBT 牵引变流器芯片已经满足实用要求，可大幅度降低进口 IGBT 产品的垄断程度；国产高压变频器从功能上已经可以与进口变频器直接竞争，但在工艺技术方面仍有差距；在多端柔性直流输电与 STATCOM 装置方面，我国的工程应用水平已经领先于世界；在新能源并网、电动汽车驱动等方面也取得了积极进步，部分指标接近国际先进水平，但总体仍有一定差距。

（二）国内外研究方向与技术路线的对比

对于任何一个国家而言，能源电力都是关系国计民生的重要基础，其相关领域的科学研究与技术发展也都备受关注。但由于不同国家发展阶段、机制体制与能源结构的差异，在关注的重点问题上也存在着明显的多样性。本节将对我国与欧美等发达国家在动力与电气学科的研究方向与技术路线进行对比。

1. 电能生产环节

可再生能源发电是国内外共同关注的重点，世界各国能源转型的基本趋势都是实现由化石能源为主向以可再生能源等低碳能源为主的可持续能源体系转型，德国、丹麦、美国等国家均提出了以可再生能源为主的能源转型发展战略目标和路线图，至 2050 年可再生能源占一次能源和电力需求的比重将分别达到 50% 和 80% 以上。2013 年全球所有新增发电中有 56% 来自可再生能源发电，风电和光伏已经成为全球增长速度最快的电源。

中国目前无疑是世界上可再生能源发展最为迅速的国家，但受风能与太阳能资源的分布影响，与欧洲广泛采用分布式接入不同，我国的可再生能源发电目前主要以大型风电基地和光伏基地的形式集中并入输电网，大部分可再生能源发电基地远离负荷中心，受调峰能力、电网结构等限制，可再生能源消纳问题是目前我国电力领域面临的首要难题之一，由此也极大促进了过去 5 年内大量相关研究。

从后续技术路线来看，随着国家鼓励政策的持续支持和能源互联网概念的兴起，以分布式光伏为代表的可再生能源未来有望在我国取得更大的发展；而欧美也提出超级智能电网等概念，开始关注如何在更大地域范围实现可再生能源基地的规模化开发与消纳。应该说，国内外在可再生能源发电与消纳方面，技术路线各有侧重与交叉，彼此起到了良好的相互借鉴。

中国与国外在发电领域技术发展路线的另一个显著差异是清洁高效发电技术。中国目前以及未来一段时间内仍将以煤炭作为主要能源形式，这是由我国固有资源禀赋所决定的。但同时，我国也面临着保证可持续发展的巨大环境压力，因此如何清洁高效利用煤炭资源是无法回避的重大问题。因此，清洁高效发电技术与电力环保技术是我国所关注的重点。而从欧美来看，由于其天然气发电的比重高，环保压力小于中国，因此相关技术并未达到如国内的重视程度。

2. 电能传输环节

欧美等发达国家的电力需求普遍进入了饱和期，输电网进行改造和建设的动力明显弱于我国，近年来欧洲的关注重点是以多端柔性直流输电为代表的新型输电技术，并计划应用于规划中的未来超级电网。

我国资源逆向分布的固有格局决定了能源跨区输送难以避免，为此，特高压交直流输电技术与输变电装备是我国过去5年的发展重点，无论是技术水平还是工程应用都取得了突破性进展，已经成为我国电力行业在国际上的重要名片。近年来，柔性直流输电技术也得到充分重视，并实施了多个示范工程。

而在大电网运行与控制方面，高比例可再生能源馈入的大规模交直流混联电网是全世界面临的共同难题，中国与欧美的研究方向与技术路线基本类似，但中国电网规模更大、电压等级更高、特性更复杂、控制手段更多样化、先进的采集装置和控制设备应用更广泛，在相关领域的研究也更为深入。

3. 电能配用环节

配电网与微电网技术一直是欧美智能电网发展的重点，而在中国则是相对薄弱的环节。最近几年，我国也显著加强了在智能配用电技术方面的投入，从研究方向与技术路线上基本与欧美相同，重点是通过智能技术的应用提高供电可靠性和可再生能源渗透率，并支撑电动汽车的未来大规模推广。欧美电力市场相对完善，因此大量面向用户侧的智能技术都是基于市场体系构建的，而随着我国近期电力市场改革的重新启动，尤其是售电侧市场的放开，如何将市场手段与智能电网技术相结合将是未来重要发展方向，欧美相关经验可以充分借鉴。

值得注意的是，近年来我国学者和工业界在世界上引领性的开展了能源互联网相关关键技术的研究，以"互联网＋智慧能源"为着眼点，通过互联网促进能源系统扁平化，充分体现了以用户为中心的目标，有望推动我国配用电侧技术水平实现跨越式的发展。

四、发展趋势及展望

（一）学科发展的动力及原因

多年以来，我国在动力与电气工程学科领域取得了令人瞩目的科技成就，并形成了鲜明的中国特色。进一步分析推动学科发展的动力及原因有助于我们更深入地把握学科发展脉络，从而引领未来能源与电力技术发展。综合分析来看，影响我国动力与电气工程学科发展特点的形成、发展速度与水平的主要因素可以归纳为以下八个方面。

（1）能源结构与分布的固有禀赋。

学科发展首先必须与国情特点相适应。我国煤炭资源丰富，储量居世界前列，而天然气储量相对匮乏，开采和利用难度较大，这直接决定了过去及未来较长一段时间内，我国一次能源结构以煤炭为主，因此清洁高效发电技术一直是我国发展的重点，也取得了一系列世界级的研究成果。而欧美国家由于大部分实现了由燃煤发电向燃气发电的转化，因此相关的煤炭清洁燃烧发电技术研究较少。

我国资源禀赋的另一个重要特点是资源的逆向分布，我国76%的煤炭资源、2/3的可开发水电资源、90%以上的陆地风能资源分布在西部地区，但主要的能源消费中心在东中部，2014年东部十二省份的电力消费占全国的51.9%，相比之下欧美发达国家则不存在类似问题，跨区资源优化配置是我国电力的长期需求，也是独特需求。因此，大力发展远距离大容量交直流输电技术成为中国重要的技术发展路线，也由此带动了输变电设备、特大电网规划、特大电网运行与控制等一系列重要学科方向的发展。

（2）可持续发展的严峻形势。

"十二五"之前我国二氧化碳的年排放总量已经居世界第一，随着经济的高速发展和人民生活水平的不断提高，环境保护与可持续发展问题越来越得到高度关注。中国政府已经正式承诺2030年左右二氧化碳排放达到峰值且将努力早日达峰，计划到2030年非化石能源占一次能源消费比重提高到20%左右，并陆续出台了一系列严格的环境保护法案。为了达到这一目标，实现考虑环境因素的可持续发展，可再生能源发电及消纳技术、清洁高效发电技术、电力环保技术、水力发电技术、核能发电技术等都亟须取得重要突破，来自可持续发展的压力已成为这些技术取得快速发展的重要推动力。

（3）电力工业自身的跨越式发展。

动力与电气工程学科的发展依托于背后的电力工业。自2002年以来，中国电力工业迎来了十余年的持续高速发展，迅速改变了我国长期供电不足的局面。全国电力装机容量从2002年的3.57亿kW连续快速增长，持续数年每年新增装机容量接近1亿kW，目前已经达到13.6亿kW，居世界首位。这种跨越式的高速发展使我国电力工业界和学术界面临着世界上最复杂和最庞大的电力系统，充满技术挑战与重大需求，而且由于后发优势，为大量相关新技术、新设备、新方法的广泛应用提供了舞台，这种难得的历史机遇成为这些年我国动力与电气工程学科取得快速进步的主要推动力。

（4）重大工程带动自主创新。

我国作为一个快速工业化的发展中国家，重大工程对学科发展的带动作用十分关键。比如特高压工程的实施有力带动了输变电设备、电网运行与控制技术的进步，大规模风电基地的建设带动了我国风机设备、风电并网等技术的进步，高铁的推广普及在电气工程领域带动了我国电力电子器件与技术的进步。依托重大工程加快了成果转化，构建了创新平台，凝聚了人才队伍，对学科发展起到了重要的促进作用，是发展中国家凝聚优势力量、利用后发优势、实现科技跨越式发展的必由之路。

（5）国家的导向性科研投入。

"十二五"期间，国家进一步加大了在电气工程学科的科研投入，仅科技部智能电网相关项目就超过20项，总课题数超过100个，国拨经费总额达到12亿元，覆盖国家电网公司的五大院和多数省级电网公司、中国南方电网公司的科研院和全部省级电网公司、20多所高校和10余家企业；国家自然基金委电工学科"十二五"期间累计投入10亿元左右。在发电、核能等其他领域国家也投入了大量科研经费。国家的导向性科研投入对本学科的发展毋庸置疑起到了巨大的促进作用。

（6）市场需求的推动。

随着我国电力市场（尤其是配售电侧电力市场）改革的逐步推进、能源互联网概念的兴起、"大众创业、万众创新"整体氛围的日趋浓厚，未来电力行业的投资主体和参与主体将日益多元化，新的思维体系、技术需求和商业模式将成为促进我国动力电气学科发展的一个新的驱动力，尤其在配电技术、用电技术、分布式光伏、需求侧响应等与最终用户紧密相关的领域，更应该重视市场需求驱动的学科进步，政府逐步由直接投资转变为制定公平公正和灵活完善的市场机制，为大众创新提供制度保障。

（7）基础学科与原创性技术的突破。

动力与电气工程学科取得的进步离不开电磁学、数学、半导体物理、材料等基础学科的突破。但目前阶段，我国动力与电气学科的主要创新模式是依赖于重大工程或者试点应用带动技术进步，作为发展中国家，这种模式能够结合应用中最为迫切的重大需求，可以凝聚人力物力，发挥了重要的积极作用。相比较之下，由于基础学科和原创性技术突破而推动的学科进步在我国动力与电气学科仍较为欠缺。这直接导致了现阶段本学科发展的一个典型特点：侧重于最终工程应用的系统级技术，水平往往较高，甚至领先于全球；有赖于长期积累的设备级技术，大部分与国际最高水平仍有差距；而与基础科学结合紧密的器件层面或材料层面的技术，则往往明显落后于国际最高水平。

（8）学科交叉创新。

积极与其他学科进行交叉创新，是一个学科保持活力、产生技术突破的重要方式。长久以来，电气学科与信息、材料等其他学科进行了有益的学科交叉尝试，在大电网运行控制与保护、电工材料、高压输变电装备等领域取得了重要的成果。未来随着能源互联网、新一代能源系统等概念的逐步演化，电气与其他能源学科、信息科学、数据科学、材料科学的交叉创新将变得更为重要。值得注意的是，动力与电气工程等能源领域相关学科成果的应用周期普遍较长，这和信息学科、材料学科日新月异的发展速度有明显的时间常数上的差异，这也是本学科必须加强与这些学科交叉创新的压力与原动力。

从"十二五"促进我国动力与电气工程学科发展的角度来看，上述八个因素所起的作用各有侧重。固有的资源禀赋是我国学科发展的"约束力"，直接决定了我国动力与电气学科发展的重大需求和技术方向；可持续发展的严峻形势是学科发展面临的"压力"，影响了技术路线与发展速度；电力工业自身的跨越式发展是学科进步的"推动力"，为学科发展提供了重要舞台和广阔空间；重大工程、国家投入和市场需求则是带动学科发展的"牵引力"，引领、带动了学科的发展；而基础创新与交叉创新则是支撑学科技术进步的"内生动力"。从我国现有的发展阶段来看，市场需求、基础创新与交叉创新这三个因素发挥的作用略逊于前五个因素，仍有必有很大的提升空间。我国动力与电气工程学科若想从"追赶"逐步走向"超越"和"引领"，仅有前五个因素是不够的，这三个因素必须起到关键的作用。可以想象，未来这八个因素如果能更有效地形成合力，那么将必定会促进我国动力与电气工程学科的新一轮快速发展，最终实现学科水平从"追赶"到"超越"再到"引领"的跨越发展。

（二）学科发展战略需求

从世界范围来看，当前世界能源处于大调整、大变革时期，能源转型成为世界各国能源发展的大趋势。化石能源枯竭及其开发利用带来的环境和气候变化，对传统世界能源格局提出重大挑战。人类处于从化石能源向新能源和可再生能源的转型期，创建一个更加清洁、安全、高效、智能的未来能源体系是世界能源发展的必然趋势。世界各国都在积极探索未来能源转型发展路线，美欧日等国家已经陆续出台了以保障能源供应安全、提高能源使用效率、支撑新能源发展为重点的能源发展战略。例如，美国《全方位能源战略——实现可持续经济增长的途径》、欧盟《能源路线图 2050》、日本《能源战略计划（第四版）》等。各国的能源发展战略旨在打造全方位、多元的能源保障体系，推动能源和经济发展方式的转型。

"十三五"期间，我国经济将进入平稳较快发展的新常态，能源需求将稳定增长，资源短缺、碳排放、环境污染和气候变化将是未来很长一段时间面临的重要挑战。面对国际能源供需格局和能源发展的新局面和新趋势，为保障国家能源安全，新一轮旨在改变我国当前能源生产和消费格局的能源革命应运而生。《中共中央关于制定国民经济和社会发展第十三个五年规划的建议》明确指出推动低碳循环发展。推进能源革命，加快能源技术创新，建设清洁低碳、安全高效的现代能源体系。提高非化石能源比重，推动煤炭等化石能源清洁高效利用。加快发展风能、太阳能、生物质能、水能、地热能，安全高效发展核电。加强储能和智能电网建设，发展分布式能源，推行节能低碳电力调度。改革能源体制，形成有效竞争的市场机制。

我国动力与电气工程学科的发展需要服务于中国能源发展的总体战略，增强能源自主保障能力，优化能源结构，促进科技创新，推进能源消费革命、能源供给革命、能源技术革命与能源体制革命。坚持"节约、清洁、安全"的战略方针，加快构建清洁、高效、安全、可持续的现代能源体系。

电能生产环节的重中之重是优化能源结构，坚持发展非化石能源与化石能源清洁高效利用并举，逐步降低煤炭消费比重，提高天然气消费比重，大幅增加风电、太阳能、地热能等可再生能源消费比重。我国已经提出 2020 年、2030 年能源总量控制、污染治理及温室气体减排的基本目标，需要突破技术瓶颈，化石能源的低碳、清洁、高效开发利用和新能源技术开发利用技术是能源生产领域技术研发的重点，特别是风能、太阳能、小水电等可再生能源的开发利用技术，非常规油气资源开发利用技术，煤炭清洁高效利用技术和碳捕捉技术，新一代核能利用技术及制氢等关键技术尤为重要。

电能传输环节需要适应世界能源发展格局转变，充分发挥电网在能源远距离输送和大规模可再生能源消纳方面的重要作用。能源结构转型将加速我国能源开发的西移和北移，而随着我国"一带一路"国家战略的部署与全球能源互联网概念的提出，与周边国家能源与电力实现互联互通成为解决我国能源问题的重大战略选择，同时也为我国能源与电力装备技术和基础设施率先"走出去"，特别是特高压输电技术装备等实现国际化应用带来新机遇。为了支撑远距离大容量输电和大规模消纳新能源，迫切需要在特高压交 / 直流输电技术及装备、直流电网关键技术及装备、全球能源互联网技术、多可再生能源基地直流组网技术、大电网调度运行与控制技术等方面取得新的突破。

而在电能配用环节，各类分布式能源的发展对配电网的灵活接入和主动适应能力也提出更高要求，为此，需要积极推进电能替代，推进各类节能节电措施，显著降低单位 GDP 能耗，完善需求侧响应和用户互动，支持高渗透率分布式光伏接入。重点关注的技术方向包括：含高比例分布式可再生能源的主动配网及微网技术、结合能源互联网的用户互动技术、智能用电与节能技术等。

此外，相关基础支撑技术的进步可能对本学科有重要的推动作用，在新一代电力电子器件技术及其应用、电工新材料及储能技术、信息物理融合技术及其安全性等方面需要给予重点关注。

在全面技术进步的基础上，建设安全、低碳、清洁、高效的新一代能源系统，将成为我国能源和电力领域的技术需求与未来趋势，这不是简单的某个环节的技术进步，而是贯穿能源生产、供给与消费的全过程，打破目前我国各类能源计划单列、条块分割、各自垄断的固有藩篱，为各种一次、二次能源的生产、传输、使用、存储和转换提供先进装备和可靠网络。能源体制革命与互联网渗透发展的新形势，为电力行业的技术融合创新提供了新机遇。包括电力行业在内的能源领域进一步市场开放，伴随着互联网、云计算等 ICT 技术、新材料和新能源技术的深度渗透和融合，电力技术和装备升级面临着跨越式发展的新机遇，电力与其他能源、能源用户之间的融合互动推动平台技术的进一步创新。为此，需要重点关注新一代能源系统这一重大技术方向。

可预见的是，未来 5 ~ 10 年是我国能源与电力发展的重要战略机遇期，能源与电力科学技术发展总体趋势是低碳化、提高能源利用效率、提高清洁替代和电能替代比例，基础平台是智能电网和能源互联网，目标是改变我国传统的能源生产与消费模式，确保国家能源供应安全。

（三）动力与电气工程学科发展趋势

1. 清洁高效发电技术

进一步提高燃煤机组热效率是清洁高效发电技术的核心目标。未来五年乃至更长时间内，我国将重点发展再热温度达到 610℃或 620℃的超超临界机组、二次再热临界机组以及 700℃超超临界机组发电技术。其中 700℃超超临界发电技术是目前国际正在开发的最先进燃煤发电技术，与当前的 600℃超超临界发电技术相比，发电效率可提高至 50%，并显著降低煤耗和碳排放，该领域的技术突破将成为我国实现节能减排国家目标的重要战略举措。除了发展高参数大容量机组之外，采用清洁燃煤技术，发展整体煤气化联合循环（IGCC）发电技术能够实现能量的梯级利用，提高整个发电系统效率，也是未来重要发展方向。

同时，结合我国煤炭资源特点，高效、低污染地利用劣质煤发电具有不可替代的作用，CFB 锅炉具有能够稳定燃烧粉煤锅炉难以燃用的各种劣质煤、环保特性好、负荷调节范围广等技术优点，未来五年乃至更长时间内，应重点着力开发和装备 600MW 级超临界和超超临界 CFB 锅炉。同时，褐煤和准东煤高效发电技术的工程实用化研究也对提高我国发电效率、节约水资源、降低煤耗和碳排放具有重要意义。

从国际经验看，提高天然气在一次能源中的比例是缓解环境问题的有效手段。燃气轮机联合循环和分布式发电技术具有高效、清洁、低污染、启停灵活、自动化程度高等优点，但我国目前在燃气轮机与分布式发电方面与国际先进技术差距显著。国外燃气轮机已经从 E、F 级逐步向 G/H 级、J 级方向发展，我国目前仍以国际引进为主，亟须在燃气轮机设计、高温部件材料和制造、低污染稳定燃烧、分布式能源系统优化集成等核心技术方面开展自主研发，尽快掌握核心关键技术，缩小与国际先进水平的差距。

通过节能减排关键技术的进步，可以缓解我国能源供需矛盾尖锐的问题，其核心是大力提高一次能源利用效率和终端用能效率。进一步发展热电联供力度存在巨大的节能潜力，而多联产替代分产系统也将有效提高一次能源的综合利用效率。同样，二氧化碳捕集、利用与封存（CCUS）技术对于我国应对日益严峻的温室气体减排压力也具有重要的战略意义。

结合清洁高效发电技术的发展趋势，"十三五"期间应重点开展以下八项关键技术研究。

（1）700℃超超临界发电关键技术。

在"十二五"研究成果基础上，继续进行所筛选材料的高温部件试验验证；继续进行自主知识产权的低成本、高强度高温合金材料开发、性能与工艺评定；重点突破锅炉水冷壁、集箱、过热器/再热器等关键部件制造技术；汽轮机大型合金铸、锻件材料筛选和部件制造技术；研究汽轮机转子与汽缸、制造技术；重点研发大口径镍基合金管道；重点研究 700℃超超临界发电机组概念设计和可行性。

2020 年，形成具有核心竞争力的自主知识产权 700℃超超临界燃煤发电技术。完成 700℃机组关键材料和关键部件的研制，同时完成 600MW 等级 700℃先进超超临界发电系统的方案设计，择机启动示范工程建设。

（2）超超临界循环流化床发电技术。

重点突破 CFB 锅炉烟气污染物超低排放技术；进一步提高 CFB 机组发电效率的措施；重点研发无烟煤及褐煤 CFB 机组、超超临界 CFB 发电机组。

2017 年，掌握 CFB 锅炉烟气污染物超低排放技术。2020 年，完成 600MW 等级超超临界 CFB 发电机组初步设计，效率和设备利用率达到同级别煤粉机组水平。

（3）整体煤气化联合循环发电技术。

继续改进 IGCC 主要部件和系统的性能，提高可用率，降低成本。重点研究高温条件下的除灰脱硫方法，研究以空气为气化剂的气化炉以及与其相应的 IGCC 系统。研究 IGCC+CCUS 技术，研究煤基多联产 IGCC 电站技术。重点研发单机功率更大、燃气初温更高、热耗率更低的燃气轮机，提高气化炉的性能、运行可用率和可靠性。

2017 年，优化 IGCC 示范机组，使机组运行技术指标达到设计值。完成 IGCC+CCUS 技术和煤基多联产 IGCC 电站的可行性研究。2020 年，掌握建设 400 ~ 500MW IGCC 机组工艺及工程技术，机组净效率达到 43%；烟气烟尘浓度 < 0.2mg/m^3；烟气中二氧化硫的排放浓度 < 0.2mg/m^3；NO_x 排放浓度 < 50mg/m^3；单位 kW 造价降低 30%。

（4）高钠钾煤发电技术。

继续开展准东煤燃烧、结渣和沾污等特性参数的基础性研究工作，开展煤质特性及锅炉适应性研究和现役锅炉掺烧准东煤的试验研究工作。重点突破掌握高钠钾煤锅炉沾污、结渣及碱金属腐蚀防治技术和高钠钾煤锅炉燃烧器及燃烧系统设计技术。重点研发适合燃用高钠钾煤的关键燃烧技术与设备。

2020 年，掌握 600 ~ 1000MW 机组高钠钾煤锅炉的设计技术，建设高钠钾煤发电示范工程，锅炉效率高于 94%，炉膛出口 NO_x 浓度低于 180mg/m^3。

（5）褐煤干燥发电技术。

重点研究褐煤预干燥及取水系统集成技术；预干燥后入炉煤的燃烧、结渣等特性；褐煤机组烟气余热回收集成发电技术。重点突破燃用干燥褐煤锅炉设备及制粉系统的设计与选型技术。

2017 年，研究掌握低成本褐煤干燥及水分回收技术，建设示范装置，掌握褐煤干燥发电技术。2020 年，掌握大型褐煤干燥发电技术，建设示范工程。

（6）燃煤电厂二氧化碳捕集与处理技术。

重点研究新一代高效低能耗的 CO_2 吸收剂和捕集材料技术，研究并验证增压富氧燃烧、化学链燃烧等新型富氧燃烧技术。重点突破开展百万吨级 CCUS 技术关键技术、设备、材料和系统优化技术。示范应用多种源汇组合的 CCUS 全流程系统，因地制宜地对不同 CO_2 浓度气源的捕集、利用技术进行组合匹配，获得不同 CO_2 气源条件的最优技术组合方案。

2017 年，掌握低能耗二氧化碳捕集关键技术，开发二氧化碳高效利用和封存一体化技术，进行 CCUS 全过程技术示范，进行富氧燃烧和化学链燃烧的中试研究。2020 年，形成二氧化碳捕集技术体系，集成和完善 CCUS 产业化技术，初步建成 CCUS 技术产业项目。进行富氧燃烧和化学链燃烧的工程示范。

（7）煤基多联产技术。

重点研究半焦燃烧发电技术；多联产系统烟气污染物一体化脱除技术；多联产系统节水技术及废水处理技术。重点研发以低阶煤热解为基础的煤、电、化工整体优化多联产系统；低阶煤高效干馏设备。

2017 年，突破低阶煤干馏关键技术和设备，建成以褐煤低温干馏为基础的煤电化工一体化中试装置。2020 年，建成以褐煤低温干馏为基础的煤电化工一体化示范工程。

（8）燃气轮机联合循环及其分布式发电技术。

重点突破燃气轮机热通道部件修复技术，燃气轮机高温部件冷却技术，透平叶片气膜冷却和内部肋通道冷却结构、内部冷却通道多目标优化设计技术；重点研究燃气轮机燃烧调整技术，燃气轮机全参数测试技术；重点研发重型燃气轮机的试验验证平台。

2017 年，完成大流量高压比全尺寸压气机试验平台建设方案、全尺寸全温全压燃烧室燃烧试验平台建设方案、高温部件可靠性与耐腐蚀性验证平台建设方案及整机试验验证平台建设方案。2018 年，掌握热通道部件的寿命评估与管理技术，重点突破 F 级燃气轮机热通道部件修复技术及工艺、F 级燃气轮机分管式燃烧稳定性与污染物排放控制技术、燃烧测试技术、掌握透平叶片冷却与传热测试技术、透平叶片的动态振动与应力动态振动与应力测试技术。2020 年，实现 F 级燃气轮机热通道部件修复的国产化；现役 F 级燃气轮机透平第一级静、动叶备件的仿制及自主化；F 级燃气轮机（分管式）燃烧调整的自主化；建成燃气轮机全参数测试系统。

2. 电力环保技术

随着环保法的修订出台、标准（GB 13223–2011）进入实施阶段，各种环境保护配套政策和监管举措的相继出台，以火电为主的电力工业可持续发展迫切需要电力环境保护技术、装备及管理政策和措施与时俱进，应快速从粗放式环保发展模式转向源头控制、清洁燃烧、高效治理、循环经济发展模式，从传统的减量化、无害化向高效减排、资源化方向迈进。

在氮氧化物控制技术方面，未来五年仍将以高性能低氮燃烧技术和烟气脱硝技术（SCR）为主，同时脱硫脱硝一体化技术将逐步应用（如湿法脱硫脱硝一体化技术、低温 SCR 硫脱硝一体化技术等）。在烟尘控制技术方面，预计今后五年，以当前处于国际领先水平并持续改进的电除尘技术为主，同时规范发展袋式除尘技术和电袋复合除尘技术。在二氧化硫控制技术方面，预计未来五年仍然以当前我国广泛应用的、持续改进的传统脱硫技术（如石灰石石膏湿法、海水脱硫、半干法等）升级、提效为主，同时基于吸附再生、吸收再生的资源化脱硫技术将是今后研究和攻关的重点。在汞污染物控制技术方面，未来五年以现有非汞污染物控制设施（包括脱硝、除尘、脱硫、湿式静电等设施）对汞的协同控制为主，并开展基于现有非汞污染物控制设施拓展的单项脱汞技术示范。

传统污染控制技术大都以污染物无害化或减量化为目标，相对减少了对环境的直接危害，但往往派生二次污染，如传统石灰石石膏法脱硫在部分地区产生的大量石膏不能全部综合利用，需要堆放，不仅产生固废二次污染，而且会造成硫资源流失，脱硫废水更是成为处理难题，与此同时，我国每年需要进口硫黄近 1000 多万吨；NO_x 减排有氨逃逸问题等。因此，污染物资源化减排是今后发展的重要方向，治理技术高效，污染控制从减量化、无害化向资源化迈进，并进入超低排放阶段。

"十三五"期间，发电厂电力环保领域应重点开展燃煤电厂烟气污染物一体化脱除技术关键技术研究。重点研究一体化脱除副产物的处理技术，氧化催化湿法一体化脱除关键技术，活性焦烟气脱硫、脱硝、脱汞一体化技术。重点研发湿法一体化脱除系统、活性焦一体化联合脱除系统。2017 年，掌握湿法污染物一体化脱除技术，完成中试试验。掌握活性焦污染物一体化脱除技术，掌握一体化脱除副产物的处理技术。2020 年，完成湿法污染物一体化脱除技术的工程示范，以及活性焦污染物一体化脱除技术的工程示范。

3. 水力发电技术

水电是中国重要的可再生能源，开发利用丰富的水力资源对提高清洁能源利用比重、改善能源结构、保证国家能源安全、满足电力增长需求和减少温室气体排放、保护环境等具有重要意义。我国的大坝设计和建设、地下大型洞室设计和建设、大型水轮发电机制造以及远距离输电技术等均已跻身世界先进水平。未来需要继续深入研究大型水电工程安全与风险管理，水电工程复杂地质条件勘测与评价技术，高坝工程防震抗震技术，超高坝建设技术，大型地下洞室群关键技术，大型水电工程施工技术，环境保护、移民安置与生态修复技术，高性能大容量水电机组技术，流域梯级水电站联合调度运行技术，数字化、智能化水电等问题。

"十三五"期间，水力发电领域应重点开展以下五个方面的关键技术研究。

（1）超高坝建设技术。

重点研究高拱坝关键技术，包括超高坝安全性评价方法与安全标准研究、超高坝坝基岩体质量要求及建基面选择的原则研究、超高拱坝体型与结构多目标优化设计程序开发等；高重力坝关键技术，包括超高重力坝的安全标准和共性技术研究、超高混凝土重力坝新材料关键技术研究、提升高碾压混凝土坝温度控制及防裂技术水平等；高心墙堆石坝关键技术，包括形成高心墙堆石坝建设成套技术、超高土心墙堆石安全评价方法与安全标准技术等；高面板堆石坝关键技术，包括提出与高坝相适应的超高面板堆石安全评价方法与安全标准、坝体结构及协调变形控制技术等；高坝工程泄洪消能关键技术，包括超高坝洪水安全标准和结构安全标准等；高边坡工程关键技术，包括复杂高边坡安全标准研究、高边坡岩土工程特性研究、高边坡抗滑稳定分析体系研究等；基于全寿命周期管理的高坝设计技术，包括基于全寿命周期的大坝性能设计理论与方法研究、高坝结构的损伤演化和性态预测研究等。

2020年，全面掌握超高坝建设关键技术。完成超高坝安全性评价方法与安全标准、高碾压混凝土坝施工技术要求和质量控制标准、超高土心墙堆石安全评价方法与安全标准制定等。

（2）大型地下洞室群关键技术。

重点研究地下洞室群围岩稳定分析技术，包括地下洞室群三维可视化技术、复杂应力环境下岩体本构关系、松动圈损伤理论与测试技术研究、围岩变形稳定数值分析方法等；深埋长大隧洞特殊工程问题处理技术，包括深埋岩体的力学特性及承载机理研究、深埋隧洞岩爆灾害预测与防治技术、高压地下突涌水预测及处理技术、深埋隧洞软岩问题研究等；地下洞室群的开挖支护技术，包括地下洞室群围岩稳定控制技术、地下洞室群锚固机理及支护时机研究、超大洞室群支护技术研究等；监测反馈分析与安全评价技术，包括多源信息监测及分析技术、快速反馈分析理论与评价方法研究、地下洞室群工程安全评价研究。

2020年，预期掌握大型地下洞室群系列关键技术，解决地下洞室群工程建设中所面临的关键科学与技术难题。

（3）环境保护、移民安置与生态修复技术。

重点研究绿色水电评价体系、建设征地移民安置及其关键技术、陆地生态影响及保护关键技术、水生态影响及保护关键技术、水环境影响及保护关键技术、施工期环境影响及保护关键技术等。

2020年，掌握环境保护、移民安置与生态修复等关键技术，提出相应的环境保护对策措施，妥善处理好水电建设与环境保护的关系，实现合理开发水资源和维持河流生态系统功能。

（4）高性能大容量水电机组技术。

重点研究大型混流式水电机组开发技术，包括大型混流式水电机组水力设计研究、大型混流式水电机组水轮机结构设计研究、大型混流式水轮机水力稳定性研究等；大型抽水蓄能机组开发技术，包括大型抽水蓄能机组水泵水轮机水力设计研究、大型抽水蓄能机组稳定性和可靠性研究、大型抽水蓄能机组发电电动机电磁方案与结构研究、大型抽水蓄能机组发电电动机通风冷却系统研究等；大型灯泡贯流式水电机组技术，包括大型灯泡贯流式水电机组水力开发与试验研究、大型灯泡贯流式水电机组结构设计研究、大型灯泡贯流式水电机组发电机电磁设计与结构研究等；大型轴流转桨式机组开发技术，包括轴流转桨式水轮机水力性能研究、轴流式水轮发电机设计技术研究；重点研发大型冲击式水电机组，包括研制冲击式水轮机、开展模型试验研究、水轮机参数选择、喷管和配水环管结构优化研究、转轮制造技术研究。

2020年，实现400MW冲击式机组的自主开发和生产。未来实现我国高性能大容量水电机组及相应配套的自主设计、制造与安装。

（5）数字化、智能化水电与研发。

重点研究基础设施建设及基础空间信息处理与整编，包括满足"中国数字水电"相关业务应用系统的计算机软硬件及网络优化配置方案，搭建基础硬件设施环境等；水电厂数字化、智能化基础及关键技术，包括水电数字化、智能化技术体系，传感器数字化技术，一体化管控平台技术，现地测控设备及通信技术，主设备状态监测与状态检修技术等；基于厂网协调的智能水电厂 AGC/AVC 控制技术，包括考虑电网、电厂和机组安全约束下的水电厂 AGC/AVC 优化控制目标、数学模型和求解算法，研究水电厂 AGC 与电网调度 AGC 协调控制技术，提高响应速度和准确度等；梯级水电站群智能优化调度控制工程化技术，包括研究梯级水电站群智能优化调度工程实用化的数学模型及求解算法，研究水库蓄水效益和防灾弃水风险之间的关系以及当前时段决策对未来时段余留效益的影响，研究梯级水电站群经济运行与梯级水电站群水库中长期优化调度等。

重点研发海量空间数据处理及基础、专业数据库体系。逐步构建工程地质库、水文水资源库、水保环保数据库、征地移民数据库、工程施工数据库、电网信息数据库、三维建筑物模型库共七个专业数据库。建设数据管理与维护系统、综合信息查询系统、三维可视化演示系统等基础信息平台。形成流域生态环境保护与水土保持系统、流域水库征地移民系统、数字水电站及工程总布置系统、交通设计及可视化系统、工程建设管理系统开发、地质灾害风险预警系统、流域水文水情分析与洪水演进仿真系统、水资源调度及梯级调度管理系统、水库溃坝影响范围与应急预案研究及流域整体安全分析共 9 个业务系统。

2020 年，掌握数字化、智能化水电站研发系列关键技术，建成海量空间数据处理及基础、专业数据库体系及基础信息平台。

4. 可再生能源发电技术

在风力发电方面，风电开发重点将进一步向海上风电转移，10MW 级大容量风机是下一代海上机型的研制目标。与之对应，大型海上风电场开发成套关键技术也亟须取得突破，包括海上风电场（群）的规划设计、海上施工、集电系统及并网关键技术、全景监视及综合控制、运维关键技术等。而随着我国越来越多的大规模风电场群投运，目前遇到的问题也非常突出，其优化运行技术亟须新的发展，尤其在风功率预测、风场一体化监控与预警、风电基地大数据分析等方面需要突破。

大型光伏电站未来仍将是我国光伏应用市场最重要的组成部分，电站规模正向 GW 级、集群化发展，电站技术也沿着高能效、低成本、智能化方向发展。随着未来电力市场改革和能源互联网概念的蓬勃发展，用户侧的分布式光伏有可能在未来几年出现井喷式发展，分布式光伏发电的微电网技术将成为新的热点，而高渗透率光伏接入条件下的主动配电网运行以及与输电网之间的协调也将提出新的挑战。

在光热发电方面，中国的气候和环境特点决定了其技术路线将逐渐向塔式、碟式等高聚光比、高光热转换效率的技术倾斜。电站建设也将向规模化、集群化发展。随着蓄热储能技术的成熟与成本下降，具有更稳定功率输出特性和更好功率调节特性的光热电站将成为我国新能源利用的新的增长点，不仅自身可以承担一定的调峰调频功能，未来光热电站与其他能源形式的整合与集成，比如光热－天然气联合发电、光热－生物质联合发电、光热－风电联合发电、光热－燃煤电站梯级利用等都将具有发展前景。

生物质发电、海洋能、地热能发电等技术，短期来看还达不到类似于风电和光伏的大规模应用，作为未来潜在的新能源形式，亟须跟踪国际最新进展，突破瓶颈理论，尽快掌握具有自主知识产权的装备设计、制造和运维关键技术。

"十三五"期间可再生能源发电领域应重点研发以下5个技术领域的关键技术。

（1）海上风力发电技术。

重点突破8MW及以上高可靠性海上风机的关键部件技术，包括100m级超大型风电叶片、传动链，以及与之配套的轴承、基础、塔架等关键部件的设计、制造及试验技术等；海上风电场施工建设和运维关键技术；大型海上风电集电系统及并网关键技术。重点研发海上风电场全景监视及综合控制系统，包括海上风电场气象预报预警系统、海上风电场风功率预测、状态监测及尾流影响分析系统。

2020年，形成具备8MW及以上大型海上风机制造能力；突破海上风电施工和建设、并网运行关键技术。建成海上风电场全景监视及综合控制系统。力争到2020年年底，我国海上风电并网容量超过3000万kW。

（2）太阳能光热发电技术。

重点突破光热电厂系统集成技术和机组运行技术，塔式、槽式光热发电关键技术。重点研发熔盐吸热介质的槽式集热管、熔盐吸热介质的线性菲涅耳集热系统、太阳能超临界CO_2布雷顿循环发电系统和设备。推广应用太阳能光热发电系统。

2020年，突破光热电厂系统集成技术和机组运行技术；全面掌握塔式、槽式光热发电关键技术；研制成功槽式集热管、线性菲涅耳集热系统等；建成西部多个太阳能光热发电示范项目。

（3）新能源发电功率高精度预测技术。

重点突破新能源资源数值模拟与气象预报技术、面向新能源电站集群的功率预测技术、面向分布式新能源的网格化功率预测技术、分散式风电/分布式光伏发电区域联合预测技术。重点研究基于数值天气预报集合预报结果的概率预测方法，基于数值天气预报不确定性的概率预测方法，大规模新能源基地发电功率快速波动事件下预测方法。重点研发高精度的新一代新能源功率预测系统。

2020年，突破新能源资源数值模拟与气象预报技术、新能源功率多时空尺度预测技术，建立多时空尺度、多建模方法功率预测体系，研发出具有自主知识产权的新一代新能源功率预测系统，显著提高新能源功率预测精度，可广泛应用于电力调度机构、风电场、光伏电站。

（4）新能源发电优化调度技术。

重点突破考虑新能源功率预测不确定性的随机优化调度建模方法，基于场景缩减的新能源随机优化调度模型求解方法，大规模新能源随机机组组合及并行化求解技术。风光等多种新能源联合发电和调度运行技术。重点研究新能源发电耦合特性与运行状态破坏机理、新能源发电电网适应性主动控制技术、新能源与储能协调控制技术。重点研发多种电源联合优化调度运行系统。

2020 年，突破新能源相关性分析理论及具有相关性的随机优化调度技术。掌握新能源发电耦合特性与运行状态破坏机理、以及新能源发电电网适应性主动控制等关键技术。建成含风电、光伏、水电、火电等多种电源联合优化调度运行系统，实现新能源预测不确定性、极端天气、连锁故障等因素导致的电网安全运行风险的在线预警。

（5）源端综合能源电力系统关键技术。

重点研究以电网为主干、涵盖大规模可再生能源、供热/供气网的综合能源电力系统仿真技术、网络规划技术与调度运行技术，研究跨省跨区能源交换策略、大型能源电力系统安全控制策略、系统大范围故障的恢复策略；研究源端综合能源电力系统的规划技术和调度运行模式与策略，深化研究可再生能源制氢技术；研究支撑可再生能源大规模并网运行的先进储能技术。重点研发综合能源电力系统的仿真平台。示范应用可再生能源制氢工程。

2020 年，建立新一代能源系统在源端的综合规划和统一建模及协调运行控制的基础理论。突破大容量、低成本、高安全新型储能技术和储能系统集成及工程化技术。构建源端综合能源电力系统的仿真平台。建成多个可再生能源制氢示范工程。

5. 核能发电技术

世界核能总的发展路线是：现有核电机组在确保安全的前提下延长使用寿命 → 新建第三代轻水堆机组 → 开发第四代核能系统 → 核聚变堆。从长远来讲，我国核电发展执行"热堆 – 快堆 – 聚变堆"三步走的方针。在轻水堆技术方面，核电安全性仍是社会关注的首要问题，非能动技术和严重事故下的缓解措施是新一代核电技术的重要特征，通过在小型化、简化系统、安全壳技术、模块化技术、事故容错燃料技术等方面的技术进步进一步提高其先进性。

在高温气冷堆技术方面，近期来看多模块高温气冷堆热电联产技术是发展方向，从中长期目标来看，发展超高温气冷堆技术是未来趋势，通过产生更高的反应堆出口温度实现氦气透平循环，以实现更高效的安全发电和更大范围工艺热应用（如煤气化、天然气重整等），同时实现大规模核能制氢。

在钠冷快堆技术方面，主要发展趋势包括：开发闭式燃料循环技术，缓解核废料给环境带来的长期压力；重视反应堆安全性能的提升，致力于降低发生堆芯熔化及大规模放射性释放的频率，提高反应堆应对严重事故的能力；提高包括快堆电站在内的核燃料循环系统的经济性。

"十三五"期间，核能发电技术要实现新的突破，应重点开展以下三个方面的关键技术研究。

（1）第三代大型先进核电技术及装备。

重点研究多模块高温气冷堆热电联产技术，包括石墨国产化、电磁轴承技术、多模块协调控制技术、热电联产技术等。高放废物处理技术，包括乏燃料后处理技术、钍燃料循环、高放废物处置以及开发新型嬗变装置以实现"分离－嬗变"闭式燃料循环等。重点研发大型先进压水堆技术和相关系统，包括用于核电厂的全数字化仪表控制系统；核电厂的关键设备，如反应堆冷却剂循环泵（也称主泵）、主蒸汽隔离阀、安全阀等特殊阀门；先进的更安全更可靠的核燃料；核电厂乏燃料后处理工艺技术。研究应对核电厂严重事故的缓解措施。

2020年，使我国的大型先进压水堆技术在设计、建造、设备制造和供货、运行维护、在役检查等各个环节完全实现自主化、国产化，不受制于人，能以完全拥有自主知识产权的中国核电品牌走向国际市场。彻底解决核能中长期发展的瓶颈问题——核废料的安全处置。

（2）第四代核电技术。

重点研究超高温气冷堆技术，包括新型耐高温燃料技术、新型耐高温耐辐照石墨材料、高温氦气透平发电技术、高温电磁轴承技术、高温氦/氢热交换器技术、高温核能制氢技术等；先进反应堆与氦气透平技术匹配特性，研究氦气透平系统与不同类型先进反应堆匹配特性；先进轴流式氦气透平机械基本特性。研究氦气条件下，低雷诺数、边界层发展等因素对轴流式叶轮机械性能的影响。研究设计氦气压气机和透平的三维高性能叶片，提高叶轮机械效率。完成适用于先进反应堆的氦气透平压气机组的方案设计。

2020年，掌握第四代核电关键技术和先进反应堆的方案设计。

（3）模块化小型核反应堆技术。

重点研究在区域、地区、微网等不同层次的能源和电力系统协调运行的条件下，含模块式小型反应堆的系统优化决策模型、方法和技术；以目前已在建设或开发的高温气冷堆示范工程、ACP100模块式小型反应堆等为基础，研究其动态运行和控制技术。

2020年，掌握小型模块化反应堆动态运行和控制技术，示范应用于我国北方城市集中供热、沿海缺水城市海水淡化等。

6. 输电技术及系统

在输电技术方面，特高压交流输电在同塔双回、串联补偿、过电压抑制与绝缘配合优化等方面需要进一步开展深入研究，重点是如何有效节约输电走廊，降低电磁环境影响，提高单位走廊输电能力；在直流输电领域，一方面亟须突破 ±1100kV 特高压直流输电关键技术与工程应用，另一方面多端直流输电和高压大容量电压源换相直流输电技术将成为未来发展热点，在突破直流断路器、直流变压器和高压大容量电力电子元器件与换流器等关键设备技术基础上，进一步发展直流电网技术。

随着越来越多的特高压直流线路和交流线路投运，中国将进入特高压电网时代，尤其交直流混合网络的运行特性复杂，以华东、华南地区等为代表的多路直流馈入受端电网模式将面临直流换相失败或者闭锁后的系统稳定运行挑战，为此亟须突破面向特大规模交直流混合电网的电磁－机电混合仿真、考虑直流系统控制保护特性的广域控制、STATCOM等快速动态无功补偿装置的协调电压控制等关键技术。

输电技术及系统依然是未来需要进一步研发的重点领域，"十三五"期间，要重点开展以下五项关键技术研究。

（1）大电网柔性互联技术。

重点突破500kV以下基于架空线的柔性直流输电技术；重点研发大容量柔性直流换流器、统一潮流控制器、环网控制器、电力电子变压器、直流电缆等先进输变电装备。

2020年，研制超高压柔性直流输电及组网成套装备，突破基于架空线的柔性直流输电技术。

（2）大规模可再生能源并网调控技术。

重点突破大规模可再生能源基地电力外送与调控、大规模分布式能源灵活并网运行控制、常规／供热机组调节能力提升、新型大容量电力储存、海洋平台电力系统互联与稳定控制、海上风电／光伏发电接入和送出等一批核心关键技术。重点研发大规模风电场（海／陆）与光伏电站集群控制与调度系统、大容量可再生能源并网装备、百兆瓦及以上大规模储能系统、风光水气火互补协调调度与控制系统等一批关键装备和系统。示范应用大容量电力储能系统、海上大规模风电并网和送出工程。

2020年，实现2亿kW风电、1亿kW光伏的并网消纳，示范百兆瓦级化学储能系统，建成海上百万千瓦级风电并网和送出工程，研制出适应于新能源大规模并网消纳的新一代交直流电网智能调度、经济运行与安全防御系统。

（3）未来我国西部直流电网技术。

重点研究直流组网的理论和技术；研究西部大规模水电、风电、光伏发电集群的直流汇集技术；研究西部直流电网的运行控制技术，包括西部交直流大电网安全分析与仿真技术、适应西部大规模可再生能源接入和送出的控制保护技术等。重点研发西部直流电网的关键装备，包括大容量直流换流器、500kV及以上的高压直流断路器、直流电网潮流控制器等。示范应用西部多可再生能源基地直流组网及送出工程。

2020年，掌握西部直流电网构建的基础理论和关键技术，开展西部高比例可再生能源接入的直流电网示范工程前期工作。

（4）电网安全稳定运行和控制技术。

重点突破特高压交直流电网的全电磁暂态建模和仿真技术、交直流电网安全稳定特性及薄弱环节量化分析技术、交直流混联电网控制保护协同技术、大电网监视／分析／控制技术及优化调度技术；重点研究适应交直流复杂电网结构及大规模新能源接入的控制保护理论、天地协同通信体系架构及关键技术；重点研发新一代大电网仿真和调控系统平台。

2020年，建成大规模交直流电网全电磁暂态仿真平台，大幅提升交直流混联电网的仿真精度和效率。建成物理分布、逻辑集中的调控系统支撑平台；形成天地协同信息通信网络体系。

7. 输变电装备及技术

特高压交流变压器在现场组装变压器、分体式变压器、单柱容量等方面需要进一步提高，并需要加强关键原材料、组部件的国产化。特高压开关技术需要满足 ±1100 kV 直流输电工程对转换电流等参数提出的更高要求，并减小国内水平与国际先进水平之间的差距。

随着新一代智能变电站的建设，隔离断路器亟须在设备电压等级提升、电子式互感器的高度集成、运维检修规程等方面开展工作，研制高电压等级、更高集成度、电网适应性好的智能集成开关设备，并通过示范应用进一步积累经验，稳步进行推广应用。

我国在直流电缆的试验技术、生产制造上达到了国际先进水平，但在直流电缆及附件的基础材料技术上与世界先进水平存在较大差距。今后我国电力行业和石化行业应加强合作，组织行业力量攻关高压交联电缆的绝缘材料生产制造。

"十三五"期间要实现输变电装备创新发展与自主化，需重点开展以下几项关键技术研究和装备研制。

（1）大容量、远距离输电技术与装备。

重点突破 ±1100kV 特高压直流输电关键技术，特高压直流高端开关类/线圈类装备制备、工艺和应用技术、特殊环境下超/特高压外绝缘技术，特高压工程防雷与过电压绝缘配合优化技术。重点研究 ±1100kV 以上电压等级的直流输电关键技术、特高压直流增大容量分层接入技术、超/特高压电磁环境与电磁干扰防护技术、特高压设备状态评价/预警诊断等运维技术、超/特高压交直流接地技术、输变电设备运行与防灾技术。重点研发 ±1100kV 特高压直流换流变压器、高压大容量直流开关、直流穿墙套管和换流变阀侧套管。示范应用 ±1100kV 特高压直流输电技术。

2020 年，研制成功 ±1100kV 特高压直流穿墙套管，提升直流输电重大装备、核心部件的国产化水平，核心部件自制率达到 70% ~ 95%。建成 ±1100kV 特高压直流输电示范工程。建立特高压设备状态评价方法及状态检修标准体系，显著降低特高压设备的运维成本。

（2）直流条件下的绝缘技术及装备。

开展直流局部放电基理研究，突破高压直流电缆、环保型输电管道、超导直流输电电缆、直流断路器、高压限流器和超导直流限流器等输电装备的结构和系统设计、关键部件制造和工艺、系统集成和运行控制及维护等技术，形成系列关键技术和产品制造、设备测试和评价能力，并建立相应的规范和标准。

（3）先进电工新材料、新装备。

突破高压直流电缆用绝缘材料、纳米复合绝缘材料、中高频高性能超薄磁材料、高电压低损耗碳化硅材料的配方体系和批量化制备技术，研制具有自主知识产权的先进输变电装备用电工新材料，并应用于 500kV 高压直流电缆及附件、高性能绝缘成型件、大容量中高频变压器以及 10kV 碳化硅单极器件和 20kV 碳化硅双极开关器件的研制。

（4）高温超导变压器技术。

力争突破大电流、低损耗技术以提高超导线材效率；研制高性能的高温超导材料，在提高高温超导线材的机械加工性能的同时，发展绕组制作技术；开展高温超导材料的低温绝缘优化设计和高电压试验；提高冷却系统的冷却效率。

（5）电能无线传输关键技术及装备。

研究高效大功率微波管关键技术、大功率微波定向发射、大功率微波接收天线及电能接收系统的结构与优化设计、微波功率调制技术、波束控制技术和直流 / 高频功率高效转换技术，评估电能无线传输安全有效性，研究大气层与微波的相互作用机理及天气对微波电力传输的影响，优化微波电力传输距离及传输中继系统设计。

8. 智能配用电技术

未来配电系统将以配电网高级自动化技术为基础，应用和融合先进的测量和传感技术、控制技术、计算机和网络技术、信息与通信技术等，集成各种具有高级应用功能的信息系统和智能化的开关设备与配电终端设备，支持高渗透率可再生能源发电的即插即用，在正常运行状态下实现可靠的监测、保护、控制和优化，并在非正常运行状态下具备自愈控制功能，最终为电力用户提供安全、可靠、优质、经济、环保的电力供应和其他附加服务。

微电网将向满足用户冷、热、电多种用能需求的综合能源网络发展，需重点解决微网内基于电力电子接口的电源和 FACTS 装置控制耦合等难点问题。通过与配电网实现协调互动，成为提高电网供电可靠性的重要环节，在微网能量优化、虚拟电厂等技术方面有广阔空间。未来微电网将承载信息与能源双重功能，成为用户间对等分享能量与信息的底层平台，是未来能源互联网的有机组成部分。

电动汽车充电设施规划与运行方面需要进一步提高充电设施的智能化，使之具备潜在的移动储能单元特征，并通过 V2G 技术实现与电力系统的良好互动。通过进一步与物联网技术相融合，构建真正网络化的充电服务与运营管理平台，降低整体运维成本，提高运营效率。完善电动汽车充电设施相关技术标准和接口规范，利用标准化推动电动汽车产业发展。

在智能用电方面，充分发挥前一阶段智能电表的建设成果，构建满足中国现实需求的 AMI 系统架构与业务体系，结合大数据技术对海量智能用电数据进行分析和深度挖掘。在合理市场机制保障下，需求侧响应技术将是未来提高我国智能用电水平的发展重点，而智能家居、智能楼宇等技术也将成为提高终端用户能效的重要支撑。

未来五年，在深化电力体制改革和新一轮能源革命大背景下，智能配用电应重点开展以下关键技术研究。

（1）受端综合能源电力系统关键技术。

重点研究受端综合能源电力系统规划运行技术，研究包含天然气、电力、供冷、供热的区域综合能源电力系统的规划技术，研究特定能源资源分布和冷、热、电负荷特性下地区及微型能源系统的优化运行策略。重点研发受端综合能源电力系统的仿真平台。示范应用受端综合能源电力系统。

2020 年，掌握受端多种能源网融合规划、高渗透率分布式能源接入和利用的一系列关键技术，解决冷、热、电等多元耦合系统的优化控制、安全性分析等问题，提升综合能源利用效率。构建受端综合能源电力系统的仿真平台。建成多个冷、热、电综合能源电力系统的示范工程。

（2）多元用户供需互动用电技术。

重点突破电网与用户互动技术、高功率密度的电动汽车无线充电技术等。重点研发大规模用户与电网供需互动系统、满足用户个性化需求的定制供电装备、具备能源信息一体化特征的能源配送装备。示范应用智能用电、电动汽车充电及动力电池梯级利用工程。

2020 年，建成百万用户级供需互动用电系统，有效降低峰值负荷，满足 500 万辆以上电动汽车的充换电需求。

（3）互联网＋智慧能源应用平台。

实现互联网与能源互联网、智能电网、智能用电相关产业高度融合。建立区域能源系统运行监控标准体系；提出家庭能源网络的互联方法及用电设备的使用策略和智能控制方法。掌握可信嵌入式智能电力设备等关键装备的制造及检验方法，保障互联网＋智慧能源的安全稳定运行。

（4）研究智能分布式能源系统关键技术。

形成自主化太阳燃料制备技术及装备，掌握具有低热值燃料和灵活燃料适应性的燃烧与发电技术，实现动力余热驱动的功冷并供等关键技术。完成基于磁力耦合传动技术的混合动力设备集成和系统样机研制；完成储能调节的分布式冷热电联供系统优化设计方法及技术验证系统。突破多能源互补、冷热电联供分布式能源系统的能量协调控制与远程诊断技术，实现全工况网络流态协同管理，建立智能型能源系统示范。

（5）研究多能互补的分布式能源与微网关键技术。

形成多种能源互补、能源梯级利用、主动调控的分布式能源系统创新技术，开拓清洁燃料与可再生能源互补利用新模式，推广新型分布式能源系统应用，建成典型性工程示范，实现基于节能环保理念的新一代分布式能源系统。掌握多能互补、交直流供配、多微电网群控、智能自愈等关键技术，建成多能互补微电网示范系统，实现微电网规模化发展下的电网友好接入和高效运营，促进分布式可再生能源的规模化发展。

9. 基础支撑技术

电力电子技术和储能技术将在未来动力与电气工程学科中占据重要地位，而在此基础上，构建基于信息物理融合系统的多能互补新一代能源系统也将成为未来重要发展方向。

电力电子器件将向着更大电流密度、更高工作温度、更强散热能力、更高工作电压、更低导通压降和更快开关时间的技术目标发展。高压大功率 IGBT 模块会向高结温、高密度、高集成化和智能化进一步发展；SiC 器件率先在低压领域实现了产业化，未来目标是在高压应用场景下替代传统硅器件；硅基 GaN 电力电子器件适用于超高频中小功率应用领域，而 SiC 基 GaN 则在高压领域有重要的发展前景。

在电力电子装置方面，未来宽禁带功率半导体器件的全面应用将促使电力电子装置更新换代，适用于宽禁带功率半导体器件的变换器主电路新型拓扑技术和利用谐振的软开关技术等将进一步提高电力电子装置的性能。而高频磁技术理论、先进的封装技术和优良的热设计方案等将是支撑未来电力电子装置更广泛应用场景的关键。

储能技术将向着更高功率密度、更高能量密度、更高安全性、更加环境友好、更高效率的技术目标发展。抽水蓄能在未来一段时间内仍然是大容量电力系统储能的首要选择；压缩空气储能会逐渐成熟，并在电力系统中得到应用。熔盐储热技术与太阳能光热发电技术一起，成为太阳能利用的新形式。蓄冷空调技术会随着阶梯电价和需求侧响应技术的不断成熟而得到更多推广。飞轮储能和超导储能会不断降低成本，逐步应用于一些高动态响应需求的场合；电动汽车的广泛应用也将提供虚拟储能集群的潜在可能。

在电化学储能方面，随着材料技术的不断发展，例如石墨烯等技术的应用，新型的具有更高功率密度和能量密度的蓄电池会不断出现；超级电容储能技术会随着能量密度的逐渐提高逐步成为蓄电池储能的有益补充，在快速充放电的场合得到更多应用；燃料电池会随着技术的不断进步成本进一步降低，并逐步在电动汽车、舰船等领域得到推广应用，在电力系统中可与制氢、储氢技术相配合得到一定的应用。

基础性、前瞻性技术是引领能源与电力科技发展的关键技术，"十三五"期间应重点突破以下五个方面技术。

（1）新型储能器件技术。

在基础科学方面，掌握新型储能技术中关键材料设计、结构优化设计和器件响应行为，掌握储能器件服役过程中性能演化行为及其演化机理；完成对新型储能器件的综合技术指标、技术经济性评价和在规模储能中的应用前景分析；促进新型储能技术的核心材料、器件、应用、关键制造技术形成完整的自主知识产权体系。

（2）大规模储能关键技术。

研究适合大规模储能的锂离子电池、液流电池、压缩空气储能技术。研究提升储能单元使用寿命、能量转换效率、能量密度、安全性能的关键材料及创新结构，研究降低储能单元、模块、系统成本的关键技术，研究储能单元与模块的典型失效机制及其逆向分析技术，以及动力电池的梯次利用关键技术。

（3）大功率电力电子器件及装置应用的基础理论与关键技术。

揭示碳化硅材料对芯片电气特性的影响机理，掌握 10kV 级碳化硅器件的芯片元胞结构、关键界面载流子特性、多物理场分布、多芯片并联均流方法、导通和开关损耗、驱动保护方法；突破高电压大功率 IGBT 与装备协同优化设计技术，模块化串联用硅 IGBT 和 FRD 器件和直接串联用硅 IGBT 和碳化硅 FRD 器件的设计与制备及压接型封装技术，实现高电压大功率 IGBT 器件系列定制化的研制；揭示高电压大功率电力电子器件组合特性和相互影响规律，建立高电压大功率电力电子装置与系统的集成方法及协调控制与保护策略。

（4）电网信息物理系统分析与控制的基础理论与方法。

研究深度融合电网的物理过程和信息过程的电网信息物理系统，研究计算过程、网络通信和电力物理特性有机融合的问题，针对电力系统提升感知、分析、决策与控制能力的需要，研究电网信息系统与物理系统的融合机理、模型及其验证方法；研究基于信息系统与物理系统融合的电网控制规律和电网分析方法。

（5）新一代能源系统关键技术研究。

建立以电网为主干的国家能源开发、转换、存储、传输系统的规划理论及跨省跨区能源交换机制优化方法及平台技术；基于信息系统与能量系统的深度融合理论，研究支持多种能源形式开放互联的多能流能量管理与运行控制关键技术；探索面向复杂能源市场的新一代能源系统运营关键技术。

（四）推动学科发展的建议

（1）学科发展应与国家能源战略相适应，不断进行内部完善与变革求新，成为能源消费革命、能源供给革命、能源技术革命与能源体制革命的有力支撑，尤其要重视电力市场改革重启后对整体学科发展的新需求。

（2）分类有序部署重大能源电力关键技术研发。发挥产学研用在创新链条中的不同作用，智能电网技术、清洁高效燃煤发电技术、核能技术等一批应用型技术建议由企业主导研发；全球能源互联网、新一代能源系统等基础前瞻性的技术由高校、科研院所、企业共同研究。在研发时序安排上，建议按应用型技术优先的原则有序推进。

（3）加强基础性、前瞻性研究和实验能力建设。在深化智能电网重大技术研发的基础上，将能源互联网、我国新一代能源系统等前瞻性研究纳入到国家科技规划，集中优势力量、统筹协调推进重大基础、前瞻性项目整体攻关。针对重点技术，建立国家级实验室平台体系。加大在材料、器件等基础层面的科技投入，重视本学科潜在的突破性技术进步。

（4）加大研发资金投入。充分发挥国家创新引导和企业创新主体的不同定位，国家通过科技研发计划，加大对基础性和前瞻性技术研发的支持力度，建立可持续发展的稳定经费保障机制。

（5）提供优惠政策激励措施。对具备良好的电网适应能力和电网支撑能力的清洁高效燃煤电站、新能源基地、新一代核电站、智能电网示范工程等提供财政、税收、上网价格等优惠政策扶持。

（6）积极扩展学科外延。以"互联网＋"行动计划为契机，加强电力领域技术与信息技术、新材料技术、交通建筑能效技术等其他领域技术的融合发展，推动并培育战略性新兴产业。从传统的以电为主向冷、热、电、气的综合能源生产、传输、消费与管理过渡，充分利用多种能源形式的协同来支撑可再生能源消纳，满足用户不同品味能量需求，提高终端能效。结合"互联网+"智慧能源的全新思维和全新商业模式，积极推进能源互联网和新一代能源系统发展。

（7）加强学科人才梯队建设，进一步推进学术带头人的年轻化，鼓励团队攻关，探索学科交叉人才培养的新模式。在科技管理中突破传统的封闭格局，为跨主管部门、跨学部的学科交叉创新创造有利条件。

（8）发挥学会横向联系和支撑平台作用。依托学会在学术引领和资源服务方面的优势，积极搭建沟通交流平台，推动电力行业内外交流与合作，建立产业技术跟踪和产学研用联动监测系统，促进电力行业持续创新。

撰稿人：梁曦东　陈小良　郭庆来　周　缨　曹枚根　王海茹　孟玉婵

专题报告

清洁高效发电技术发展研究

一、引言

在当前和较长的一段时期内，我国的一次能源和发电能源都将以煤炭为主，而由此造成的环境污染问题也日益凸显。发展和采用清洁高效发电技术对降低能源消耗、减少环境污染物排放、优化我国能源结构及促进能源可持续发展具有非常重要的意义。

"十二五"期间，我国清洁高效发电技术在提高能源利用效率、煤炭清洁高效利用、发展清洁能源和可再生能源发电技术以及强化节能减排等方面取得了积极进展。

首先，在提高燃煤机组热效率方面，粉煤发电技术不断向高参数、大容量、高效及低排放方向发展，粉煤发电技术尝试并发展了超超临界技术、二次再热技术和超低排放发电技术等，正在研发 700℃超超临界发电技术。

我国已具备独立设计制造 600℃超超临界机组的能力，600℃超超临界机组台数居世界首位，机组发电效率可超过 45%，已达到国际先进水平。截至 2013 年年底，我国已建成投产的 600MW 级和 1000MW 超超临界机组共计 120 台以上，其中 1000MW 等级超超临界机组累计投产已达到 62 台套，2013 年，我国煤电机组中超（超）临界机组比重已达35.5%。国产首台高效超低排放超超临界 1050MW 燃煤汽轮机组于 2015 年 2 月在神华万州电厂成功投运，该机组主蒸汽压力 28MPa，再热蒸汽温度 620℃，是目前世界在役最高参数 1000MW 机组。国内首台再热温度为 620℃的 660MW 超超临界汽轮机组于 2013 年12 月投运于安徽田集电厂。

高参数 28 ~ 31MPa/600℃ /620℃ /620℃，660MW、1000MW 二次再热机组正在研制，机组性能和可靠性指标达到国际先进水平。国电江苏泰州 1000MW 高效超超临界二次再热机组，是当前国内首台世界最大的二次再热五缸四排汽汽轮机组，额定参数为31MPa/600℃ /610℃ /610℃。国内首台最高参数 31MPa/600℃ /620℃ /620℃、超超临界

660MW 二次再热机组于 2015 年 6 月 27 日在安源电厂成功投入商业运行。

自主研制的世界上最高进汽参数、最大功率 660MW 双抽供热汽轮机 2014 年在华润电力焦作有限公司投入运行。目前我国能够自主研制超临界、超超临界 600MW 及 1000MW 大型空冷汽轮机，研发成功 661mm、770mm、863mm、910mm 等不同长度的先进空冷汽轮机末级长叶片。超超临界 660MW 中间再热三缸两排汽空冷凝汽式汽轮机，于 2013 年 1 月在内蒙古布连电厂投运，末级叶片长度达 910mm，为目前世界最长空冷机组末级叶片。自主研制的超超临界 1000MW 空冷汽轮机，首台机组安装在宁夏灵武电厂，于 2011 年 1 月成功投入商业运行，是目前世界最高参数、最大容量的空冷汽轮机组。

目前，我国东方、上海、哈尔滨发电装备制造集团都能制造 600MW、1000MW 级超超临界火电机组，基本形成了较为完整的研发、设计、制造技术体系。但是，我国超超临界机组锅炉和汽轮机高温部件材料及系统高温管道材料的研发和生产能力目前与国外相比差距显著，设备制造方面尚存在进一步提升的空间。为了进一步提高超超临界机组的能源利用效率，我国未来五年或更长时期内将尝试和发展再热温度达到 610℃或 620℃的超超临界机组、二次再热超超临界机组以及 700℃超超临界发电技术。为此，需要进一步支持和强化基础材料科学研究，加大研发投入、人才培养，有效整合电站主机设备制造企业、科研院所、高校、冶金企业联合攻关，发挥各自技术优势。

整体煤气化联合循环（IGCC）发电技术是将清洁的煤气化技术与高效的燃气－蒸汽联合循环相结合的发电技术，发电效率高且提升空间大，可实现污染物近零排放。目前，世界范围内共有 6 座处于商业示范运行的纯发电 IGCC 电站，我国于 2012 年在天津建成了 250MW IGCC 示范电站。华能天津 IGCC 示范电站是我国首座 IGCC 示范电站，电站的平稳运行标志着我国已经掌握了 IGCC 发电技术。目前 IGCC 技术在投资成本、可靠性方面尚不足以与常规燃煤发电技术形成竞争，但随着 IGCC 技术的进步与发展，以及高等级大容量燃气轮机技术的引入以及高效煤气化、中高温净化、膜分离等关键技术的突破，降低成本提高可靠性均成为可能。为应对日益严格的煤电排放标准及气候变化，IGCC 技术仍是中长期有发展前景的洁净煤发电技术。

其次，在劣质煤清洁高效利用方面，2014 年四川白马 600MW 超临界循环流化床机组运行成功，蒸汽参数为 25.4MPa/571℃/569℃，机组供电效率为 43.2%，是世界上首台 600MW 超临界循环流化床锅炉，表明我国在循环流化床燃烧技术的研究和开发以及工程实施方面达到了世界领先水平。针对不同劣质燃料特点，着力开发和装备与之适应的低成本污染控制 600MW 级超临界及超超临界 CFB 锅炉，是"十三五"期间乃至未来更长时期内我国 CFB 锅炉清洁燃煤发电技术的总体发展方向。

在褐煤清洁高效利用方面，近期新建的 600MW 等级褐煤锅炉机组基本采用了超临界参数，华能九台电厂 2×660MW 超临界机组是目前国内褐煤发电的最高水平。根据国内褐煤丰富但水资源匮乏的特点，国内部分设计院、发电集团及制造企业等开展了大量的褐煤预干燥及水回收技术暨煤中取水发电技术研究工作，目前有待在 600MW 等级褐煤机组上应用并积累经验。

准东煤清洁高效利用方面，新疆地区燃用准东煤或掺烧准东煤机组为约 40 台左右，已经将准东煤 20% 的掺烧比例提高到 80%，甚至更高比例，超越了国外燃用类似准东煤的最好水平。未来仍需要对准东高钠煤的利用进行深入研究，开发合适的燃烧和控制技术，例如入炉前提钠技术、旋风炉液态排渣技术等。

无烟煤清洁利用方面，国内已有 22 台 600MW 级超临界"W"火焰锅炉机组投入运行，燃烧贫煤的四川白马 600MW 超临界循环流化床机组于 2014 年运行成功。目前"W"火焰锅炉 NO_x、SO_2 排放浓度很难达到超低排放要求。未来根据研发成果进一步论证后，适时开展超超临界"W"火焰锅炉机组的示范工作和启动高硫无烟煤超（超）临界循环流化床锅炉的研发和示范工作。

再次，在清洁能源和可再生能源发电技术方面，燃气轮机联合循环（NGCC）和分布式发电技术具有高效、清洁、低污染、启停灵活、自动化程度高等优点，"十二五"期间我国在燃气轮机设计、高温部件制造、低污染稳定燃烧、热通道部件修复和分布式能源系统集成优化等技术方面取得了显著成绩。

目前国内 E 级和轻型燃气轮机设计平台已基本建立。2013 年 11 月，R0110 重型燃气轮机顺利完成 168 小时联合循环试验运行考核，机组各项性能指标完全达到设计要求。在高温部件新材料方面，我国陆续研制成功了如透平叶片材料 K488 和 K4104、透平轮盘材料 GH2674 等一系列高温部件新材料；在高温部件加工制造方面，国内取得了包括高梯度定向凝固、锻造、粉末冶金、铸锻后连接、加工、高温涂层喷涂及检验等新技术最新研发成果；国内三大燃机制造企业也基本掌握了 F 级燃气轮机用静止部件、低温部件制造技术。国内相关科研机构已开展了燃气轮机低污染燃烧技术的研究，目前已建设了数个功能较为全面的试验平台，促进了国内高效低污染稳定燃烧技术的发展。在热通道部件修复技术领域，我国起步较晚，陆续开展了 B 级、E 级、F 级燃气轮机部分高温部件焊接和涂层修复技术的基础性研究，并在透平叶片等单一部件修复领域取得了较好的应用效果。

我国已实施百余项天然气分布式能源项目，总装机容量约 5000MW，预计到 2020 年，装机容量将达到 50000MW。2012 年，华能三亚太阳能"热互补"联合循环示范电站建成投产，标志着我国基本掌握了太阳能热发电技术和工艺。与发达国家相比，我国天然气分布式能源技术核心设备制造自主化程度低、产业政策不完善、缺乏行业设计标准和规范，新型分布式能源系统研究尚处于起步阶段，缺乏多学科交叉的基础课题研究。

要推动我国燃气轮机联合循环和分布式发电技术的全面发展，需统一规划，以产业发展为导向、以核心技术研究为重点，以示范工程为依托，产、学、研联合，开展先进燃气轮机关键技术研究。

在太阳能热与燃煤电站互补发电技术方面，位于甘肃嘉峪关的我国首个太阳能热与燃煤电站互补示范电站——0.3MW 槽式太阳能与燃煤电站互补发电示范工程在"太阳能热与常规燃料互补发电技术"（"863"计划）课题的支持下，正在进行组织建设。

我国对于太阳能热与燃煤电站互补发电技术的研究起步较晚，许多相关问题有待研究解决，如尚无指导互补系统的通用设计原则及运行调节方法，互补系统中关键设备的研发仍处于试验阶段等。因此要实现互补发电技术的规模化应用，仍需要大量的技术研究工作及相应的政策支持，如加强对已有太阳能热与燃煤电站互补发电科研技术成果的总结，研究制定太阳能热与燃煤互补电站发展规划，出台电价、财税、融资等相关激励政策，在有条件的地区推广应用太阳能热与燃煤电站互补发电等。

最后，在强化节能减排方面，不断扩大供热机组应用规模以及采用成熟、先进技术对现役机组进行升级改造取得了良好的节能效果。先后成功实施了 300MW 空冷机组高背压供热改造以及基于吸收式热泵技术的 135MW 和 300MW 机组供热改造等一系列具有标志性意义的热电联供改造工程。目前在役的热电联供机组仍以抽汽式供热为主，普遍存在供热蒸汽参数高、㶲损失大等问题，同时供热管网设计参数偏高。下阶段的工作中，应重点突破大型热电联供机组低位能高效利用系列关键技术；加强热电联供机组建设的区域能源规划，通过多能源和多热源互补，提升大型热电联供机组调峰能力，并提高热电联供机组全周期运行经济性；建立涵盖装备制造、电力、市政、环境等跨多行业的联合研发机构和产业技术创新联盟，开展热源、热网和热用户的协同优化研究；同时，继续加大对热电机组的政策支持力度。

在多联产方面，我国科研工作者主要集中于应用基础研究和一些工程技术问题上，提出了多种形式的多联产系统，包括多燃料输入、多产品的输出、新型化工合成工艺创新等；同时为客观评价多联产系统，我国学者在使用全生命周期评价、多目标综合评价等方法对多联产系统的综合评价方面也取得了重大进展；除气化技术外，兖矿与科研结构联合解决了中低热值燃气轮机与甲醇联产系统匹配过程中出现的难点问题。国内科研机构相对比较注重理论研究，国外更注重关键过程的实验研究，我国在多联产核心技术方面的研究与国外有较大差距，需要加强国际合作与交流，对于国外先进的技术可以采取技术引进与再创新策略，同时也对一些关键技术开展独立的理论与实验研究。应该进一步开展基于合成气成分与能量综合利用的多联产系统深度集成优化、基于新型化学链等技术的合成气成分调整与 CO_2 捕捉技术、分离膜材料研究、化工合成与分离过程一体化技术研究、煤气化器的成分与能量合理转化理论与实验、新型汽化器设计与运行研究、高效流化床气化技术研究、高温汽化器耐火材料研究、空分技术、新型煤气化氧载体开发、多联产系统综合评价与整体优化体系的模型构建与大数据处理等。

此外，在二氧化碳捕集、利用和封存（CCUS）技术方面，截至"十二五"末，我国第一代 CCUS 技术已经具备了大规模示范的条件，并启动了华能、中石油、中石化、延长石油、神华等一批规模为 10～30 万吨的捕集、利用或封存的示范项目。在捕集技术方面，国内外技术上的差距主要在吸收剂性能、大规模系统集成等方面；CO_2 运输部分与国外相比，主要技术差距存在于管道输送关键设备、材料的选择，管道运行管理的安全控制以及源汇匹配的管网规划与优化研究等方面；利用 CO_2 开采石油与国外的主要技术差距在油藏工程设计、技术配套、关键装备等方面；在 CO_2 地质封存基础研究方面，我国对大多数主要封存盆地的实际封存潜力与能力、目标地层的封存特性、特别是 CO_2 与地层间长期作用过程的预测等研究水平落后于国外。下一阶段，应注重加强各环节基础理论研究，实现低成本捕集、大规模减排、高综合效益重大技术突破，持续进行新一代捕集和利用技术研发，提升 CCUS 全流程系统安全性，将是我国 CCUS 领域未来的研究重点。而这些进展的取得离不开科学合理的顶层设计和引导、各级主管单位和经营主体人财物的投入以及各种配套环境的完善。

本专题主要介绍"十二五"期间我国清洁高效发电技术的最新研究进展、发展趋势分析与展望以及创新发展机制分析与建议，内容分为粉煤（PC）发电技术、循环流化床发电技术、整体煤气化联合循环（IGCC）发电技术、燃气轮机联合循环（NGCC）和分布式发电技术、太阳能与燃煤电站互补发电技术、节能降耗技术、热电联供与多联产系统、发电装备制造技术以及 CCUS 技术，共 9 个技术分支。

二、清洁高效发电技术最新研究进展

（一）粉煤（PC）发电技术

当前，全球燃煤发电中超过 90% 采用粉煤发电技术。"十二五"期间是我国粉煤发电技术对世界主要煤电发达国家的追赶"冲刺"过程，发电效率、环保性能同步得到了提升，达到了世界先进水平。2013 年，上海外高桥电厂三期工程供电标准煤耗率达到了 276.8g/（kW·h），为世界最高水平；2015 年 2 月成功投运的神华万州电厂是目前世界在役最高参数 1000MW 级机组；我国最新的燃煤机组排放标准是世界上最严格的。针对日益凸显的"雾霾"等环境污染问题，我国粉煤发电机组更是相继试水"超低排放技术"，达到燃机排放限值要求。"十三五"期间仍是粉煤发电技术发展的关键时期，我国煤电装机每年仍将净增长 4000 万 ~ 5000 万 kW，应大力促进粉煤发电技术的清洁高效发展。粉煤发电的清洁高效利用总体是朝着提高能源利用效率和降低污染物排放的方向发展，本技术分支主要从超超临界发电技术、二次再热发电技术、700℃超超临界发电技术、超低排放污染物控制技术、褐煤发电技术、准东煤发电技术以及无烟煤发电技术 7 个方向进行介绍。

1. 超超临界发电技术

我国超超临界机组起步较晚，但发展迅速，截至 2013 年底，我国已建成投产的 600MW 级和 1000MW 超超临界机组共计 120 台以上，其中 1000MW 等级超超临界机组累计投产已达到 62 台套，600℃超超临界机组台数居世界首位，机组发电效率可超过 45%，已达到国际先进水平。2013 年，我国煤电机组中超（超）临界机组比重已达 35.5%，相比2010 年提高了 8.7 个百分点。

从 20 世纪 50 年代开始，世界上以美国、苏联和德国为主的工业化国家就已经开始了对超临界和超超临界发电技术的研究。目前超超临界技术领先的国家主要是日本、德国和丹麦等，日本的超超临界机组容量大都在 700 ~ 1000MW，欧洲近年来的机组容量也大都在 900MW 以上，超超临界发电机组最高热效率已达到 47%。

当前，我国已具备独立设计制造 1000MW 级超超临界机组的能力，超超临界机组的能效水平也已达到国际先进。为了进一步提高超超临界机组的能源利用效率，我国已开始尝试将再热温度提高至 610℃甚至 620℃。截至 2013 年底，已有多个工程项目（包括投产、在建、前期阶段）的再热温度采用 610℃或 620℃。随着我国燃煤火电机组中超（超）临界机组比例的提高，燃煤火电机组效率逐年提高，煤耗逐年下降；2013 年我国燃煤火电机组供电煤耗率约为 323g/（kW·h），优于美国、德国、韩国、澳大利亚，但与日本还有一定的差距。根据美国能源信息署（EIA）公布的数据，2013 年美国装机容量大于 300MW 的 211 台燃煤机组平均供电煤耗值为 335.7g/（kW·h）。根据华能集团综合装机结构、调峰影响等因素的测算结果，我国装机容量大于 300MW 的燃煤机组平均供电煤耗值为 311.3g/（kW·h），远低于美国，与日本相当，处于世界领先水平。

超超临界发电技术水平的先进性指标主要包括：高温材料、设备制造、系统设计、运行维护等 4 方面内容。①在高温材料方面，我国超超临界机组锅炉和汽轮机高温部件材料及系统高温管道材料的研发和生产能力目前与国外相比差距较大，大部分高温材料依靠进口；②在设备制造方面，我国已完全具备锅炉、汽轮机等主要本体设备及给水泵等辅机设备的设计制造能力，且设备性能参数基本达到或接近国际先进水平，仅部分设备的核心部件需要进口；③在系统设计方面，我国凭借丰富的工程设计经验和完善的设计质量控制体系，已经步入超超临界机组系统设计国际先进行列；④在运行维护方面，我国也已走在世界前列，以上海外高桥三期工程为代表的机组达到了世界最先进水平。

2. 二次再热发电技术

二次再热超超临界机组，可以在 600℃等级一次再热超超临界机组基础上将发电热效率提高约 2 个百分点，发电煤耗降低约 14g/（kW·h），较大幅度降低温室气体和污染物排放。但二次再热机组的锅炉调温方式、受热面布置等比一次再热机组复杂，汽轮机结构变化较大，机炉连接的汽水管道系统更复杂，投资明显提高。因此，二次再热技术效率提高带来的燃料耗量降低的优势能否抵消投资成本的增加成为关键。

据不完全统计，全球至少已有 52 台二次再热机组投入运行。20 世纪 60 ~ 90 年代电厂燃料成本便宜，二次再热技术效率提高带来的燃料耗量降低的优势很难抵消投资成本的增加，二次再热技术一直未能成为发达国家燃煤火电厂的主流技术。近年来随着技术的提高，机组参数达到主汽压力 28 ~ 35MPa、温度 600℃，再热汽温 610℃或 620℃等级，采用二次再热的汽轮机热耗可在目前超超临界机组的基础上降低 200kJ/（kW·h）。受一次能源价格不断上涨等因素的影响，目前国内外发电企业和主机制造企业不约而同地重新开展了二次再热机组的研发，如丹麦 Dong Energy 和日本电力开发公司 EPDC 等，目前 DONG Energy 正在开发建设 900MW 二次再热机组示范项目。欧盟、美国和日本的 700℃（或超 700℃）参数的主机方案，无一例外地将二次再热机组作为主要技术路线。

我国从 2009 年开始进行二次再热技术研究，2012 年 9 月我国第一台 1000MW 等级超超临界二次再热发电示范项目——国电泰州二期工程三大主机正式签约，参数 31MPa/600℃/610℃/610℃，已投入商业运行；2012 年 11 月华能集团下属的莱芜扩建工程 2×1000MW 机组工程将机组初参数改为 31MPa/600℃/610℃/610℃，安源 2×660MW 机组工程将机组初参数改为 31MPa/600℃/620℃/620℃，三大主机亦正式签约。目前国内在建或计划建设的二次再热机组工程还有：国电蚌埠 2×660MW 机组（初参数 31MPa/600℃/620℃/620℃）、粤电惠来 2×1000MW 机组（初参数 31MPa/600℃/610℃/610℃）、国华北海 1000MW 机组（初参数 31MPa/600℃/620℃/620℃）、粤电汕尾 1000MW 机组（初参数 31MPa/600℃/620℃/620℃）等。国内各大发电公司正在通过依托工程，逐步推进二次再热机组的建设。国内首台最高参数 31MPa/600℃/620℃/620℃、超超临界 660MW 二次再热机组已于 2015 年 6 月 27 日在安源电厂成功投入商业运行。

国内二次再热发电技术应用虽然起步较晚，但国内主机制造厂通过多年来对一次再热超超临界机组的技术开发和积累，已具备自主开发和制造超超临界二次再热机组的能力，国内可采用具有自主知识产权的高参数、大容量、二次再热超超临界机组，且其技术水平与国际先进水平相当。以国内近期将建成的二次再热示范项目泰州二期工程为例：从技术先进性角度看，泰州二期项目机组单项参数为世界领先水平，综合参数为世界最高水平，同时也是世界最大容量的二次再热机组；发电热效率比当今世界最好水平的机组提高约 1%，达到 47.94%，设计发电煤耗 256.2g/（kW·h），比当今世界最好水平低 6g/（kW·h）。与国外相比，国内尚需在二次再热机组运行控制技术方面积累经验。

3. 700℃超超临界发电技术

700℃超超临界机组是燃煤发电技术发展的前沿，具有煤耗低、环保性能好和技术含量高的特点。机组蒸汽参数的提高，可显著提高电厂效率，降低煤耗、减少温室气体和污染物排放，是实现火力发电行业可持续发展的不可缺少的途径。

从上世纪 90 年代开始，欧洲以及日本、美国等国家采用由政府协调组织电力用户、原材料供应商及制造公司联合开发的模式开展了 700℃高效超超临界发电技术长期发展计划。①欧洲 1998 年启动了"700℃先进超超临界燃煤发电技术"开发计划（简称"AD700 计划"），目标是建成一座蒸汽参数为 35MPa/700℃/720℃的燃煤示范电厂，全厂热效率达到 53%（LHV）左右，2020 年左右实现机组商业化。目前用于开展试验验证工作的宿主机组已经确定，为 ENEL 公司所属的意大利富西纳 Andrea Palladio 电站的 4 号机组，试验台已于 2012 年 8 月安装完成，4 个验证回路的焊接和评价工作正在进行之中。②日本于 2008 年 3 月启动"先进超超临界发电技术研发"（简称"A-USC 计划"），技术研发的重点是高温材料（如镍基合金和先进的 9Cr 钢）及其在实际电厂的应用技术。目前已经完成了材料筛选；大口径、小口径管、弯管、集箱、汽轮机转子的试制；管道、小口径管、汽轮机转子的焊接等工作。2016 年年底前，将基本完成材料和制造技术的开发工作，其后将开展锅炉部件和汽轮机转子的验证工作。③美国于2001年提出开发蒸汽参数为35MPa/760℃的先进超超临界燃煤机组（简称"760-USC计划"），发电效率达到46%~48%（HHV）。目前，锅炉材料的研究和制造工作大部分已经完成，已开始进行现场试验。世界上首个运行温度达到760℃的蒸汽回路也已安装完成，并投入运行8000小时以上；大尺寸铸件和汽轮机气缸锻件的研发工作也正在进行之中，后续将进行名为"ComTes1400"的部件试验。

2010年7月23日，国家700℃超超临界燃煤发电技术创新联盟成立，制定了我国700℃超超临界技术的开发计划和技术路线，确定了国家700℃计划机组的初参数、容量，提出了我国700℃超超临界发电技术研究计划，按计划2018年开始示范电厂建设。目前已经初步确定示范电厂机组初参数为35MPa/700℃/720℃，单机容量为600MW级，发电效率高于50%。国家能源局以科研项目"国家700℃超超临界燃煤发电关键技术与设备研发及应用示范"进行了立项，科技部"863"计划新材料技术领域高品质特殊钢核心技术一期重大项目科研课题"先进超超临界火电机组关键锅炉管开发"也正在研究之中。根据我国700℃超超临界发电技术研究计划，尚有部分其他研究课题处在立项落实专项资金阶段。

经过十多年的联合研发，欧洲以及日本、美国等国家目前已基本完成材料筛选及性能测试、大型铸锻件试验件生产、高温部件验证平台制造、大型耐热合金部件验证的工作。我国700℃超超临界燃煤发电技术起步较晚，但如果能积极发挥后发优势，有效整合电站主机设备制造企业、科研院所、高校、冶金企业联合攻关，发挥各自技术优势，可以取得技术突破，形成具有核心竞争力的自主知识产权700℃超超临界燃煤发电技术。

4. 超低排放污染物控制技术

"十二五"以来，面对近年来国内频繁发生的重污染雾霾天气，部分发电企业相继试水"超低排放"燃煤电厂，部分现役燃煤机组被列入"超低排放"改造计划。超低排放发电，即在满足现行国家和地方环保排放标准的前提下，对成熟除尘、脱硫、脱硝技术进一步提效，统筹考虑各技术对污染物的协同脱除效果，必要时采用烟气污染物控制新工艺，使燃煤机组烟尘、二氧化硫和氮氧化物的排放浓度分别低于10mg/m³、35mg/m³和50mg/m³。

欧美发达国家暂无针对燃煤电厂烟气污染物治理的超低排放要求，亦无超低排放电厂运行实例。德国2013年5月修改了大型火电厂污染物排放标准，要求烟尘日均排放限值由20mg/m³降低至10mg/m³，但是100MW以上机组二氧化硫和氮氧化物的排放浓度限值仍为200mg/m³。日本针对燃煤电厂虽无超低排放的要求，但其烟尘超低排放技术为我国烟尘超低排放提供了借鉴，特别是低低温静电除尘器和湿式静电除尘器的应用；此外，日本有超低排放电厂的运行实例，如日本中部电力公司碧南发电厂，锅炉安装低氮氧化物燃烧器，5台机组（3×700MW+2×1000MW）分别选用三菱重工、巴布科克日立和石川岛播磨重工的SCR脱硝装置，脱硫采用石灰石-石膏湿法脱硫工艺，并在脱硫塔后设置湿式静电除尘器，烟尘、SO_2和NO_x的排放浓度分别为5mg/m³、28mg/m³和28mg/m³。

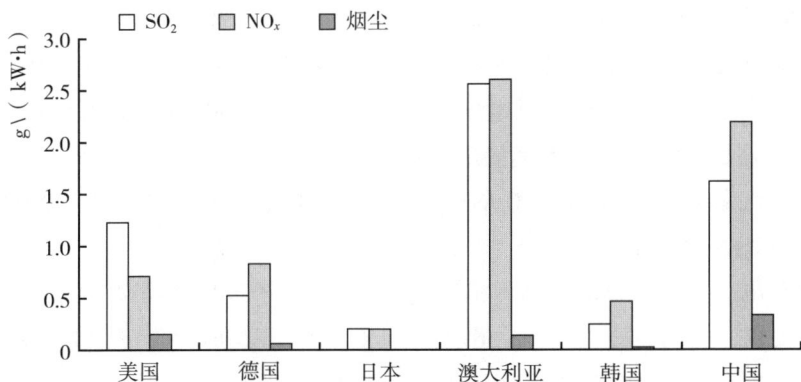

图 1　各国火电厂单位发电量大气污染污染排放

各国火电厂单位发电量大气污染污染排放如图 1 所示，其中我国为 2013 年数据，其他国家为 2012 年数据；与发达国家相比，我国污染物单位排放浓度依然偏大。但是，随着我国更多"超低排放"火电机组投入运行，火电污染物排放量有望向发达国家看齐。截至 2015 年 4 月，我国已投入运行的燃煤超低排放机组共有 34 台发电机组，隶属于 11 个发电集团公司、22 个发电厂，其中 30 万千瓦级机组 17 台、60 万千瓦级机组 7 台、100 万千瓦机组 10 台，二氧化硫、氮氧化物、烟尘排放浓度均达到燃机排放限值。目前，神华国华舟山电厂 4 号机组（350MW 超临界）、浙能六横电厂 1 号机组（1000MW 超超临界）作为新建工程超低排放机组已相继投入商业运行；已有 13 台拟改为超低排放的现役机组被国家能源局确定为 2014 年环保改造示范项目，其中浙能集团嘉兴电厂 8 号机组（1000MW 超超临界）、神华国华三河电厂 1 号机组（350MW 亚临界）、天津华电军粮城 9 号机组（350MW 亚临界）等机组现已完成改造实现超低排放运行。我国修正后最新的燃煤火电机组排放标准已经是世界上最严格的。以超低排放为目标，进一步提高标准是否必要，从投入产出比的角度是值得认真分析的。在严格执行 2013 排放标准的条件下，在没有污染控制技术新的突破时，以加大现有污染控制技术容量或影响火电机组安全可靠为代价的超低排放运行应当加以控制。

5. 褐煤发电技术

褐煤水分大，能量密度低，如直接参与燃烧，大量的水分在燃烧汽化的过程中吸收大量热量，使得锅炉效率普遍低于 91%。此外，褐煤的热值低导致耗煤量大，高含水率导致烟气量大，高烟气量导致其锅炉体积庞大，磨煤机和引风机等辅机的电耗也相应增加，也增加了烟气除尘、脱硫出力，导致建设投入高、厂用电率上升。因此，常规燃褐煤发电机组具有能耗高、厂用电率大、初始投资高等缺点。

国外开展燃褐煤机组设计集成技术研究的主要是德国，德国是目前褐煤开发利用规模最大，技术最成熟的国家。德国开采的褐煤约 90% 用于发电，2013 年德国褐煤机组发电量为 1620 亿度，约占总发电量的 26%，德国利用热值为 2200kCal/kg 的高水分褐煤实现了大容量 1000MW 等级超超临界机组的高效、节能电厂目标，主要实施了燃褐煤的 BOA 计划（包括超超临界参数、褐煤干燥、冷端优化、锅炉系统优化、汽轮机系统优化、热力系统优化、环保系统优化区域供热等），其中核心技术是褐煤干燥技术与火电机组的耦合，大幅度降低了褐煤机组煤耗水平。德国 Neurath 电厂 F 和 G 机组装机容量 $2 \times 1100MW$，是目前世界上单机容量最大褐煤发电机组，燃用全水分 48% ~ 60% 的高水分褐煤，蒸汽参数 27.2MPa/600℃/605℃，电厂净效率达到 43% 以上，2011 年年均供电煤耗达到 292g/（kW·h）[1]。

华能九台电厂 $2 \times 660MW$ 超临界机组是当前国内褐煤发电的最高水平，机组燃用全水分 32.8% 褐煤，蒸汽参数 25.4Mpa/569℃/571℃，电厂发电效率达到 43.75%，供电煤耗为 298.28g/（kW·h）[2]。华能九台电厂 1 号机组作为我国自主研发的国产首台 66 万千瓦超临界参数褐煤锅炉机组，顺利投入商业运行，填补了我国火力发电超临界褐煤锅炉建设的一项空白，标志着我国褐煤锅炉发电技术迈上了新台阶。同时，随着我国大型褐煤煤电基地的开发，国内先后投运了一批 600MW 等级超临界参数褐煤机组，近期新建的 600MW 等级褐煤锅炉机组基本采用了超临界参数[3]。国内目前尚无 1000MW 等级的褐煤锅炉发电机组投运，国内三大锅炉制造厂正在开发 1000MW 超超临界褐煤锅炉，已经分别完成了 1000MW 超超临界褐煤 π 型和塔式锅炉的初步设计方案[4,5]，并取得了自主知识产权，有望在未来投入工业应用。我国褐煤主要产地内蒙古地区的水资源极度匮乏，难以满足国家大型煤电基地的建设需求。为此，国内部分设计院、发电集团及制造企业等开展了大量的褐煤预干燥及水回收技术，即煤中取水发电技术研究工作。目前较成熟的褐煤预干燥及水回收技术主要有：①基于炉烟干燥及水回收风扇磨仓储式制粉系统的高效褐煤发电技术；②蒸汽管回转式干燥机磨前预干燥及水回收高效褐煤发电技术；③蒸汽滚筒干燥机集中预干燥及水回收高效褐煤发电技术。神华国华电力公司采用具有自主知识产权的蒸汽管回转式褐煤干燥技术，以印尼超高水分褐煤（61.3%）为燃料，于 2011 年在 2 台 150MW机组上完成了工业示范。

根据国内褐煤丰富但水资源匮乏的特点，国内近期研究的褐煤预干燥技术均同时考虑了水回收技术研究暨前述的煤中取水褐煤发电技术的研究，对实现内蒙古煤电基地高效、节能、节水、环保建设意义重大，东北电力设计院联合电力规划设计总院和上海机易电站设备有限公司研发的"煤中取水高效褐煤发电工程技术研究"课题于 2013 年 8 月在北京通过专家评审，目前有待在 600MW 等级褐煤机组上应用并积累经验。

6. 准东煤发电技术

新疆准东煤田煤炭资源丰富，煤田面积 5351.89 km^2，预测煤炭资源储量 3900×10^8t，累计探明煤炭资源地质储量 2136×10^8t，是我国目前最大的整装煤田。准东煤属于高水分、中高挥发分、中等热值、低灰、高碱类金属、低软化温度、易研磨煤种；由于其较高的碱金属（主要是钠）、碱土金属（主要是钙）含量和特殊的燃烧性能，还具有严重结焦和严重沾污特性。

准东煤燃烧结渣和结焦的问题，已成为阻碍新疆煤炭基地健康发展和燃煤电厂长周期安全高效环保运行的瓶颈。目前，新疆地区 300MW 以上机组 50 余台投入运行，含超临界、超超临界参数，其中，燃用准东煤或掺烧准东煤机组为约 40 台左右，尚无 100% 全烧准东煤的电厂锅炉，准东煤一般与其他低钠沾污性弱的煤按一定比例进行掺烧。随着西安热工研究院有限公司和上海发电设备成套设计研究院等国内研究机构及三大锅炉厂近 5 年不断摸索研发，以及借鉴国内外成熟的经验，已经将准东煤 20% 的掺烧比例提高到 80%，甚至更高比例，并超越国外燃用类似准东煤的最好水平。部分电厂满负荷时可以燃烧 80% 左右准东煤，低于 80% 负荷时可以纯烧准东煤，但锅炉需要高频率、长时间投入吹灰器，对锅炉受热面的损伤尚需评估。

美国北粉河盆地煤（Northern PRB Coal）的次烟煤与我国准东煤的煤质相似，均属低硫高钠煤，其燃煤发电相关研究已有 40 多年。最具有代表性的为蒙大拿州高钠次烟煤，该州 Spring Creek 矿井煤灰中的钠含量高达 8.2%[6]。由于高钠煤的结焦特性，蒙大拿煤在美国主要用于中西部少数发电厂和工厂特定炉型，如液态排渣旋风炉等；液态排渣旋风炉中约 70% ~ 80% 的灰分作为底渣从锅炉底部排出，仅有 20% ~ 30% 的灰分以飞灰的形式排出，可大大降低结焦的可能性，因此非常适合低灰熔点高钠煤。此外，国外缓和煤中钠的主要技术还有三类：①洗涤溶液脱钠技术。通过使用离子交换剂去除钠液，或使煤中有机结合态钠生成含钠矿物相。②添加剂技术。在煤燃烧形成化合物过程中，通过添加金属试剂化合物或矿物质，与钠或钠的化合物发生反应，形成熔点较高的化合物，改变灰的性质。美国燃料公司的标靶喷射 TIFI（Targeted In-Furnace Injection）技术[7]，即是通过在锅炉特定位置喷射试剂化合物的方法缓解结焦和积灰问题；该技术 2005 年就应用于美国低硫高钠煤燃烧锅炉。③受热面处理技术。对受热面管壁多采用 Ni 基涂层、Ni-Cr 涂层和铝化物涂层等涂层处理方法[8, 9]，这些涂层一方面通过形成结构致密的氧化膜来降低腐蚀氧化速率，另一方面可以减弱金属与积灰之间的黏结强度，一定程度上缓解受热面的结渣。

美国对于高钠煤采取的有效措施有：炉膛放大、水力吹灰、精选煤、配煤。近几年，国内对缓和煤中钠技术也进行了初步研究，例如：①上海机易电站设备有限公司研发的燃前脱钠提质处理技术[10]，在合适的预处理条件下可将该煤种中的 Na 含量降至 2% 以下（以灰分计），Na 脱除效率高达 70% 以上；②浙江大学等研究的掺烧高岭土技术[11]，向准东煤中添加不同比例的高岭土和刚玉混合添加剂，可显著提高准东煤灰熔点。但是，上述两项技术仍处于研究阶段，缺乏工业应用业绩。目前，我国已将 60 万 ~ 100 万 kW 等级燃高碱煤锅炉研制列入国家科技支撑计划 2015 年度项目，包括开发适合准东煤 60 万 ~ 100 万 kW 等级燃高碱煤锅炉关键技术和研发适合全烧准东煤的液态排渣锅炉关键技术及制造工艺等。

7. 无烟煤发电技术

我国火电厂燃用的无烟煤约占全国发电用煤的 3% ~ 4%，加上低挥发份贫煤可达 10% 左右。无烟煤具有着火稳定性差、着火温度高、着火时间长，燃烧效率和燃烬率低等特点。由于"W"火焰燃烧在解决低挥发份煤种着火、稳燃和燃烬方面有其独特的优势，目前国内燃用无烟煤的 300MW 以上机组多数选用"W"火焰燃烧锅炉，少数燃用极低挥发分（V_{daf}=5% 及以下）无烟煤的机组选用了循环流化床锅炉。

截至 2014 年 8 月，国内已有 49 台 300MW 级亚临界"W"火焰锅炉机组、20 台 600MW 级亚临界"W"火焰锅炉机组和 22 台 600MW 级超临界"W"火焰锅炉机组投入运行，在建和设计的机组约 20 台。已投运的珙县、福溪、桐梓、塘寨、南宁等超临界"W"火焰锅炉机组额定负荷运行时发电煤耗在 289 ~ 292g/（kW·h）范围内，供电煤耗在 310 ~ 330g/（kW·h）范围内。经初步了解，运行锅炉均不同程度存在烟温偏差大、结焦、水冷壁拉裂泄漏、受热面高温腐蚀、空预器低温腐蚀等现象。目前"W"火焰锅炉 NO_x、SO_2 排放浓度可满足《火电厂大气污染物排放标准》（GB13223–2011）对新建燃煤锅炉的排放要求，但若达到超低排放要求还有一定差距。

（二）循环流化床（CFB）发电技术

相比粉煤发电技术，循环流化床（CFB）发电技术具有煤种适应性强、负荷调节范围大、燃烧稳定、低成本实现低 SO_2 和低 NO_x 排放等优点，是国际上公认的商业化程度最好的清洁煤发电技术之一。在我国以煤为主要一次能源的发电格局中，高效、低污染地利用劣质煤发电具有不可替代的作用。尤其是随着煤炭洗选率的提高，大量副产低热值燃料如矸石、洗中煤、煤泥以及采煤副产的尾煤，其规模化清洁高效利用，对于大型循环流化床锅炉有着重大需求。

国外 CFB 锅炉的发展历程及趋势如图 2 所示。目前国际上大型 CFB 锅炉技术正在向超临界参数发展，超临界循环流化床锅炉制造主要由美国福斯特惠勒电力集团（简称 FW 公司）进行。

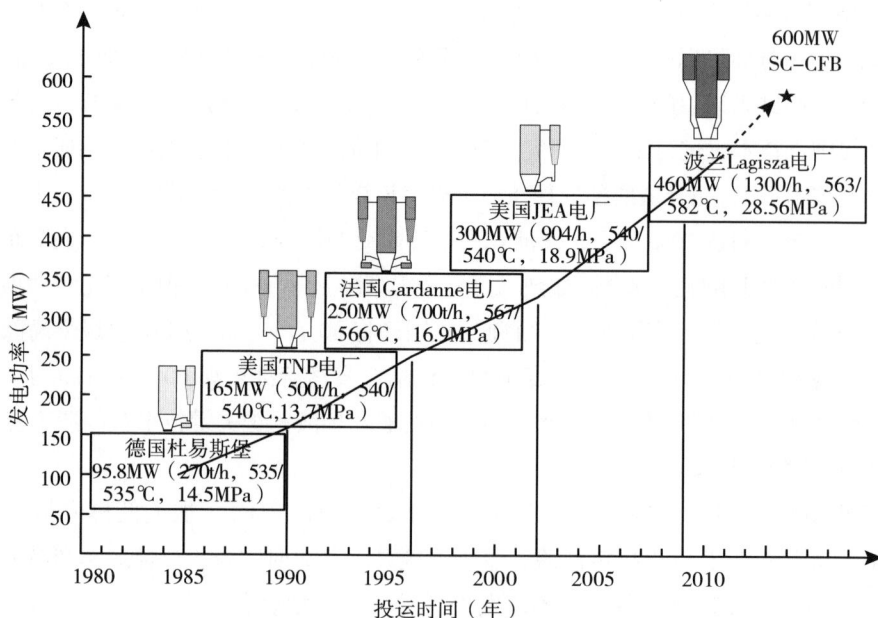

图 2　国外 CFB 锅炉的发展历程及趋势

FW 公司于 2003 年 11 月获得了世界上首台 460MW 超临界 CFB 锅炉的订货，建于波兰南部的 Lagisza 电厂。该锅炉为紧凑式设计，水冷壁采用垂直管圈结构，炉膛下部为光滑管，中间和上部采用内螺纹管，锅炉布置有整体式流化床换热器（INTREXTM），其内布置过热器，锅炉尾部烟道布置回转式空气预热器。该台超临界 CFB 锅炉燃用热值为 18 ~ 23MJ/kg、含硫量为 0.6% ~ 1.4% 和灰分为 10% ~ 25% 的烟煤，机组供电效率设计值为 43.3%。该工程项目于 2012 年投入运行，其基本蒸汽参数、带负荷能力和控制特性达到设计要求。遗憾的是燃烧时温度超过设计预期近 40℃，导致 NO_x 排放超过设计值，后来增加了 SNCR 予以补救。2013 年，FW 公司再次接到韩国 4×550MW 燃用印尼烟煤的超临界循环流化床订货。其设计特征与 460MW 循环流化床类似，仅仅取消了双曝光 6 中间吊屏。将燃烧室改为凹凸型，补充蒸发受热面的不足。

在波兰 Lagisza 460MW 超临界 CFB 锅炉成功投运之后，美国 FW 公司又中标俄罗斯 330MW（1000/817t/h，24.8/3.82MPa，565/565℃）超临界 CFB 锅炉，机组设计供电效率 41.5%，该锅炉燃用无烟煤和烟煤，安装在俄罗斯的罗斯托夫（Rostov）地区的 Novocherkasskaya 电站。

2011 年 7 月，美国 FW 公司获得了为韩国南方电力公司 Smacheok 绿色电力项目设计制造 4 台 550MW（1575/1283t/h，25.7/5.3MPa，603/603℃）超临界 CFB 锅炉的订货合同，设计燃料为烟煤和生物质的混合燃料。

法国 Alstom 在设计 Provence 的 250MW 机组时，已经考虑到循环流化床锅炉容量放大的问题，其发展目标是将机组容量增加至 600MW，已经完成了 600MW 超临界循环流化床锅炉的设计，拟由法国电力公司实施示范工程，但示范工程一直没有落实。

欧盟曾经支持由西班牙的 Endesa Generación 电力公司、FW 芬兰公司及芬兰、德国、希腊和西班牙的共六家公司，合作研究 CFB800（800MW，30.9MPa/604/621℃）。

早在"十五"期间，清华大学在国家科技支撑计划和"863"计划的资助下，开展了超临界循环流化床锅炉前期研究，形成了 600MW 等级超临界循环流化床锅炉的概念设计。国家"十一五"科技支撑计划中，清华大学、西安热工研究院（华能清洁能源研究院）、中科院工程热物理研究所联合了国内几乎所有的从事循环流化床锅炉研究的单位及三大锅炉制造厂，组成了大规模团队，对 600MW 超临界循环流化床锅炉技术开展了全面深入的攻关。同时国家发改委也于 2006 年立项在四川白马实施 600MW 超临界循环流化床工程示范。2008 年，国家发改委直接指定由四川白马循环流化床发电示范电站有限公司承担自主知识产权的 600MW 超临界循环流化床锅炉发电示范工程，并指定由东方电气集团锅炉股份有限公司提供锅炉设备。

该循环流化床锅炉的基本设计参数为：

过热/再热蒸汽温度：	571℃ /569℃
过热蒸汽压力：	25.4MPa
再热蒸汽压力：	4.413MPa

主蒸汽流量:	1900t/h
再蒸汽流量:	1552.96 t/h
锅炉热效率:	91.01%
二氧化硫排放值:	< 380mg/m³
氮氧化物排放值:	< 160mg/m³

东锅的 600MW 超临界循环流化床锅炉的基本特点可概括为：

（1）燃烧室水冷壁采用本生垂直管圈低质量流率技术，充分利用低热流密度的特点和水动力自补偿特性。

（2）充分利用 300MW 亚临界燃烧技术经验，采用中间隔墙双布风板炉膛结构，燃烧室高度 55m。

（3）六个内径 8.5m 的汽冷式旋风分离器。

（4）6 个外置换热床，其中设置中温过热器和高温再热器。

（5）有效利用燃烧室内空间，上部布置有末级过热器。

（6）采用 6 台水冷滚筒冷渣器。

2012 年，白马示范工程得到国家能源局的项目核准。2013 年年底示范工程完成安装，进入调试。2014 年 4 月 14 日通过 168 小时满负荷试验。经过一年商业运行，白马电厂组织了鉴定测试。测试结果表明该锅炉性能全面达到或优于设计预期，如表 1 所示。

四川白马 600MW 超临界循环流化床锅炉是世界上的第一台 600MW 超临界循环流化床锅炉，其成功运行在世界上引起巨大反响，表明我国在循环流化床燃烧技术的研究和开发以及工程实施达到了世界领先水平。近期我国已经有 4 台 600MW 和 30 余台 350MW 超临界循环流化床的订单。2015 年 6 月，由东方电气集团锅炉股份有限公司设计制造的 350MW 超临界循环流化床锅炉在山西国金电厂投运，同年由上海锅炉厂设计制造的同容量 350MW 超临界循环流化床也将在山西朔州投运。

表 1　四川白马 600MW 超临界循环流化床锅炉设计指标与实际运行指标的比较

项目	设计指标	运行指标
主蒸汽温度	571℃ /569℃	567.5℃ /569.7℃
机组厂用电率，%	7.5%	7.1%
NO$_x$	< 100mg/m³	< 100 ~ 160mg/m³
SO$_2$	< 380mg/m³	< 200 ~ 300mg/m³
燃烧室温度	890℃	890℃
锅炉热效率	91.01%	> 91.52%

目前，国内最大容量的 CFB 锅炉为四川白马 600MW 超临界机组，蒸汽参数为 25.4MPa/571℃ /569℃，机组供电效率为 43.2%；国外最大容量的 CFB 锅炉为波兰南部的 Lagisza 电厂的 460MW 机组，蒸汽参数为超临界参数（27.5MPa/560℃ /580℃），机组供

电效率为 43.3%。我国循环流化床燃烧技术的研究和开发以及工程实施达到了世界领先水平。

我国基于长期的循环流化床研发及运行经验，针对循环流化床燃煤锅炉普遍存在的风机压头高带来的厂用电高和高浓度物料循环引起的燃烧室局部磨损影响机组可用率两大缺陷，根据清华大学建立的循环流化床定态设计理论，于 2007 年提出了提高物料循环质量、降低物料床存量的低床压降节能型循环流化床技术。该技术经过 8 年的实践，在热电市场迅速扩张，并在"十二五"国家科技支撑项目的支持下发展到 100MW 等级以上容量，进入电力市场。大量工程实践表明该技术使循环流化床锅炉风机节电 30%，接近煤粉炉的水平，锅炉效率平均提高 1%，年可用率大于 8000 小时，连续运行时间超过 6000 小时。

在低床压降节能型循环流化床技术基础上进一步改进物料循环质量，可以实现循环流化床超低排放的技术突破。近期在 260 蒸吨 / 小时和 560 蒸吨 / 小时容量循环流化床的工程实践上证实，NO_x 原始排放可以低于 $30mg/m^3$ 而无需任何脱氮措施。炉内石灰石脱硫钙硫比大大降低。采用经济的炉内添加石灰石脱硫或补充一级尾部烟气半干法脱硫，即使不再补充熟石灰，仅利用锅炉飞灰残余的煅烧石灰石即可以达到新的环保标准。

（三）整体煤气化联合循环（IGCC）发电技术

除了粉煤发电技术和 CFB 发电技术之外，IGCC 也是清洁高效发电技术的一项重要分支。IGCC 在热力学原理上更符合能量梯级利用的原则，其优点在于：供电效率高，污染物排放水平极低，节水性能优良，易于实现碳捕集与封存（CCS），适合发展多联产系统，还可与煤制氢、燃料电池等组成更先进的多元化能源生产系统，集成新技术后发电效率提高潜力大。

目前，国内外处于商业示范运行的纯发电 IGCC 电站有 6 座，分别为美国的 Tampa、Wabash River 电站，荷兰 Buggenum 电站，西班牙 Puertollano 电站，日本的 Nakoso 电站，以及我国的华能天津 IGCC 示范电站。国外近期 IGCC 发展主要集中在美国，包括：美国杜克能源的 640MW Edwardsport IGCC 已经投产，美国南方电力 582MW Kemper IGCC 也将建成，美国 Summit 电力 400MW IGCC 和氢能源 400MW IGCC 多联产即将开工。

IGCC 技术的进步主要表现在朝着大型化、高效率、多联产等方面发展。从 IGCC 的发展看，可大致分为三代：第一代 IGCC 以美国冷水电站为代表，主要目的是验证 IGCC 的可靠性。第一代 IGCC 电站采用水煤浆纯氧气化技术、激冷流程、常规湿法净化、E 级燃机以及单压蒸汽系统，设计功率 100MW。第二代 IGCC 以目前正在商业化运行的 IGCC 电站为代表，例如美国的 Tampa 电站和荷兰的 Buggenum 电站。第二代 IGCC 电站采用水煤浆或者干煤粉纯氧气化技术、全热回收、常规湿法 + 部分高温净化、F 级燃机、双压 /三压蒸汽系统及部分 / 整体化空分，功率在 250MW 级。第三代 IGCC 目前正处于研发中。其特点是将常温净化改为高温净化，采用 G/H 级燃气轮机，并对整体系统进行优化，从而使全厂热效率进一步提高 1 ~ 2 个百分点。

美国最早于 2003 年提出 FutureGen 项目，经过十年的不断发展与调整，先后支持多个项目，用于开发 IGCC 及燃烧前 CO_2 捕集技术、富氧燃烧技术的近零排放示范电站。杜克能源 640MW Edwardsport IGCC 投产，南方电力 582MW Kemper IGCC 也将建成，Summit 电力 400MW IGCC 和氢能源 400MW IGCC 多联产、梅勒多西亚 200MW 富氧燃烧电站都即将或于近期开工，各新建电站都包含了 CO_2 捕集和利用环节。

欧盟也十分重视 IGCC 的发展。欧盟于 2004 年开始执行 HYPOGEN 项目，该项目从 2004 年开始，到 2015 年完成建设和示范运行，总投资达到 13 亿欧元，目标是建成以煤气化为基础的生产 192MW 电力和氢的近零排放电站，并进行 CO_2 的分离和处理。德国提出了 COORETEC 计划，旨在研究开发以化石燃料为基础的近零排放发电技术。西班牙 Puertollano IGCC 电站正在示范小规模燃烧前 CO_2 捕集技术，英国正在建设世界上最大的 930MW IGCC 电站。

日本非常重视 IGCC 的研究开发，走的是一条自主开发的道路。从煤气化技术到燃气轮机技术，在政府和企业的共同努力下，取得了较大的进展。目前，日本已建成采用三菱公司吹空气的气流床气化技术和 M701DA 燃气轮机的 IGCC 电站，净出力约 220MW，供电效率 42%，于 2008 年开始示范运行。

加拿大 2003 年开始制定 2020 年洁净煤技术路线图，将 IGCC 和多联产作为洁净煤技术的战略选择。澳大利亚也曾制定 ZeroGen 计划，将基于 IGCC 及燃烧前 CO_2 捕集封存系统作为未来近零排放的发展方向。

2004 年国际能源署（IEA）开始研究未来煤电的路线图，主要技术方向也是基于煤气化的发电、制氢及 CO_2 捕集和封存。

我国 IGCC 的技术研究开发工作在"八五"期间开始起步，完成了 200 ~ 400MW 等级 IGCC 示范电站的预可行性研究。"九五"国家科技攻关计划中，重点安排了 IGCC 工艺、煤气化、热煤气净化、燃气轮机和余热系统方面的关键技术研究。进入"十一五"，国家科技部在 IGCC 研发和示范方面的工作全面展开。2006 年部署了"以煤气化为基础的多联产示范工程"和"重型燃气轮机创新工程"两个重大专项，2007 年又部署了 IGCC 显热回收设备研制三个目标导向类专题课题。

我国在 IGCC 发电技术方面的重大工程应用与实践集中体现在华能天津 IGCC 示范电站，该 250MW IGCC 示范电站是我国自主研发、设计、建设、运营的技术示范项目，也是探索 IGCC 技术的试验项目。其中，气化炉由中国华能集团自主设计，在我国属于首次设计制造；燃气轮机是由德国西门子公司和上海电气集团公司联合制造的首台燃用柴油、合成气的低热值燃机；其他主要设备也均采用国产设备。该电站于 2009 年 9 月开始建设，2012 年 12 月投入商业运营，经过近三年的调试与运行，系统可靠性全面提高，实现长周期运行，总结出宝贵的工程建设经验，积累珍贵的运行数据。目前 IGCC 发电机组已经达到满负荷（265MW），最长连续运行 1507 小时，全年（2014 年）累计运行时间超过 5500 小时，全年（2014 年）累计发电 10.4 亿 kW·h；机组运行稳定可靠，标志着我国已经掌握了 IGCC 发电技术，对推进我国自主 IGCC 发电技术成熟和在国内的进一步发展有重大意义。

（四）燃气轮机联合循环（NGCC）和分布式发电技术

燃气轮机联合循环和分布式发电技术具有高效、清洁、低污染、启停灵活、自动化程度高等优点，是目前发达国家电力工业的重点发展方向。

"十五"以来，燃气轮机联合循环（NGCC）和分布式发电技术已成为我国清洁能源发电技术的重要分支。目前，燃气轮机的引进和自主研发使我国在燃气轮机设计、制造、燃烧等基础领域取得了明显进展，但相比发达国家仍存在巨大差距。未来我国需要大力发展燃气轮机设计、高温部件材料和制造、低污染稳定燃烧、高温部件修复、分布式能源系统优化集成等核心技术。

1. 燃气轮机的设计技术

目前发达国家已经形成了成熟的燃气轮机设计体系。随着全三维叶片设计理念的发展，压气机设计领域发展了弯掠叶片、多排可调叶片等多种先进设计方法和气动布局，透平设计领域开发了内部强化换热、气膜冷却和蒸汽冷却等先进冷却技术，极大提高了压气机和透平效率。先进的 G/H、J 级重型燃气轮机燃气初温已经达到 1500 ~ 1600℃左右，压气机级压比基本达到 1.25 左右，单循环发电效率达到 40% ~ 41%[12]；先进的轻型燃气轮机单循环热效率可达 42%，分布式供能系统热效率在 70% 以上。

国内 E 级和轻型燃气轮机设计平台已基本建立。通过 R0110 重型燃气轮机的成功研制，突破了重型燃气轮机性能、结构、强度设计和试验技术关键，基本建立起了 E 级燃气轮机研发设计平台；通过"十一五"973 计划的实施，建成了 F 级燃气轮机全尺寸转子综合试验系统，初步构建了盘式拉杆组合透平转子系统设计体系。此外，继首台拥有自主知识产权的地面燃气轮机 QD128 投入使用后，轻型燃机也取得突破性进展。中航工业动力研究所完成了小功率燃机 QD70 的改型工作，并转入示范应用阶段；中档功率燃机 QD185 于 2010 年年底完成调试，并已经具备发电能力。

与发达国家相比，我国在燃气轮机设计技术方面仍存在很大差距，包括：①缺乏重型燃气轮机整机及部件设计、试验规范；②缺乏大型、高参数、测量技术先进、用于关键技术验证的试验研究设施；③缺乏重型燃气轮机整机和部件的试验验证平台。

2. 燃气轮机的高温部件材料及制造技术

在高温部件材料技术方面，发达国家已经形成了成熟的燃气轮机用高温材料体系和高性能涂层材料。燃气轮机单晶合金叶片已经历了三代单晶的开发及应用历程：第一代单晶以 PWA1483 和 CMSX-11B 为主；第二代单晶以 CMSX-4 和 MC2 为主；第三代单晶 TMS-75 已在新型燃气轮机中应用。目前燃气轮机透平叶片表面应用最多的高温防护涂层主要有铝化物涂层和热障涂层两类，为克服传统热障涂层在 1200℃或更高温度服役时易发生相变、烧结等缺点，研究者开始在传统热障涂层成分的基础上掺杂其他改性物质（Nb_2O_3、

CeO_2、Gd_2O_3 等），探索适合应用于陶瓷顶层的新型热障涂层材料。在制造技术方面，发达国家已掌握了先进高温合金和热障涂层加工制造技术，能够制备高性能热障涂层，并生产带有复杂冷却通道的大尺寸先进单晶透平叶片。单晶制备、液态金属冷却定向凝固、薄壁细晶铸造、高温等离子喷涂、物理气相沉积等新技术的应用，极大地提高了高温部件的性能和合格率。

近年来，我国陆续研制成功了一系列高温部件新材料，如透平叶片材料 K488 和 K4104，透平轮盘材料 GH2674 等[13, 14]。在高温部件加工制造方面，国内取得了包括高梯度定向凝固、锻造、粉末冶金、铸锻后连接、加工、高温涂层喷涂及检验等新技术最新研发成果。国内三大燃机制造企业也基本掌握了 F 级燃气轮机用静止部件、低温部件制造技术，涵盖压气机叶片、气缸、透平缸、静叶持环、轴承箱、轴承座、转子、燃料喷嘴和燃烧室壳体等部件。目前，东汽已能自主生产转子，国产化率最高，上汽合资公司制造的热端部件，仅限于现场对毛坯铸件进行型面加工、冷却孔及密封片槽道加工等，而高温燃烧部件、透平转动部件、控制系统等核心部件制造技术仍被国外垄断。

总之，与发达国家相比，我国在燃气轮机高温部件材料及制造技术方面仍然存在较大差距，主要体现在：①材料设计和制备技术落后，部件合格率低，使用寿命短；②缺少关键部件试验验证平台，新材料的实际运行数据和经验少；③新材料和制造技术基础研究不够；④研发力量分散，缺乏高端人才。

3. 高效低污染稳定燃烧技术

近年来，美国、欧洲、日本等国通过其旨在推动燃气轮机技术发展和扶持燃气轮机产业的政策和发展计划，形成了多种降低污染物排放的燃烧新技术，包括贫预混多喷嘴分级燃烧、燃料再热式燃烧、富燃 / 淬熄 / 贫燃燃烧、驻涡燃烧、贫预混低旋流燃烧、烟气再循环燃烧、柔和燃烧、催化燃烧等技术[15, 16]。其中，贫预混多喷嘴分级燃烧技术发展最为成熟、应用最为广泛；燃料再热式燃烧、富燃 / 淬熄 / 贫燃燃烧等低污染燃烧技术已在西门子和阿尔斯通的部分燃机上得到了应用；驻涡燃烧、贫预混低旋流燃烧、烟气再循环燃烧、柔和燃烧、催化燃烧等低污染燃烧技术还处于技术研发阶段，尚未应用于实际燃气轮机机组。

国内以中科院工程热物理研究所为代表的相关科研机构已开展了燃气轮机低污染燃烧技术的研究，主要包括燃烧室燃烧机理的研究、燃烧稳定性研究、燃烧室污染物排放特性的研究。目前国内已建设了数个功能较为全面的试验平台，如：中科院燃气轮机单筒全尺寸燃烧室高压试验台、中国一航燃气涡轮研究院高压试验台等，基本具备了 E 级燃气轮机燃烧室相关试验研究的条件，并努力向 F 级燃气轮机燃烧室试验研究发展。

与发达国家相比，我国在低污染稳定燃烧技术研究方面还存在较大距离，主要包括：①国内主要集中在低污染稳定燃烧基础理论研究上，仍未形成可供工程应用的 DLN 燃烧室设计技术；②缺少全尺寸、全温、全压燃气轮机燃烧试验验证平台，低污染稳定燃烧试验研究基础薄弱；③研发力量分散，缺乏具有低污染燃烧室设计经验的专业技术人才。

4. 燃气轮机高温部件修复技术

近几年，除 GE、Siemens、Mitsubishi、ALSTOM 等国外主要燃机制造商外，如 Chromalloy、Sulzer、Wood Group、Liburdi 等一些专业修复公司相继开展了 F 级燃气轮机高温部件修复技术的系统研究，已形成一系列以焊接技术为主导的燃气轮机修复新技术和设备体系，包括：无损检测、激光焊、裂纹清理、真空钎焊、瞬时液相扩散焊、恢复热处理、涂层退除、热障涂层等离子喷涂、超音速火焰喷涂和电子束物理气相沉积等新技术[17-19]。目前已具备成熟的 F 级燃气轮机热通道部件修复能力，同时正致力于开发更高级别燃气轮机热通道部件修复技术，其修复技术代表了国际领先水平。在新技术推广应用方面，激光焊已成为 F 级燃气轮机热通道部件主要熔焊修复方法，钎焊逐渐取代熔焊用于高温部件表面龟裂区、氧化区等损伤的修复，同时催生了一批新型专用焊料，如 IN 939、Mar M247、MAR-M509B、Ni-Zr 系等。随着修复技术逐渐成熟和发展，国外已形成了完善的热通道部件修复规范及标准，涵盖 GE 9FA、Siemens V94.3A、MHI M701F、Alstom GT26 等主力机型。

我国在热通道部件修复技术领域起步较晚，陆续开展了 B 级、E 级、F 级燃气轮机部分高温部件焊接和涂层修复技术的基础性研究，并在透平叶片等单一部件修复领域取得了较好的应用效果。沈阳大陆激光公司采用熔覆技术对 PG6551B 型燃气轮机透平一级静叶排气边开裂及烧损故障进行修复，中科院金属所与中航世新合作研发的 ZrO_2 陶瓷涂层，已用于 MS6001、MS6581、251B、4E 等型燃气轮机的高温部件，黎明燃气轮机成套设备有限公司在 2013 年与鞍钢第二发电厂签订了三菱 M701F 机组高温部件修复合同，并在国内首次将"热障涂层 + 纳米封闭层"技术用于 F 级燃气轮机火焰筒等燃烧室部件高温涂层重建。为了全面突破燃气轮机热通道部件检修技术，国内主要发电集团积极寻求与国外检修公司合作。2014 年，华电集团公司与瑞士 Sulzer 公司合资成立华瑞（江苏）燃机服务有限公司，共同开展燃气轮机热通道部件修复技术研发。

总之，我国在燃气轮机高温部件修复方面存在的主要差距有：①我国修复实验设备配置落后，自动化程度低，工艺精度与稳定性差；②自研焊料与涂层材料不达标；③缺乏最新燃气轮机高温部件修复工艺标准和规范；④缺乏具备燃气轮机高温部件维修能力的综合性人才；⑤科研力量分散，尚未对 F 级燃气轮机高温部件修复技术进行全面、系统、深入的研究。

5. 燃气轮机分布式能源系统集成优化技术

国外对燃气轮机分布式能源系统的集成优化理论进行了研究，提出了基于线形规划（LP）、混合整数规划（MIP）、混合整数线性规划（MILP）、混合整数非线性规划（MINLP）等算法的系统优化设计方法。结合系统变工况特性及全年多目标综合性能评价的优化设计方法，已成为当前传统燃气轮机分布式能源系统集成及设备容量配置的主要手段。随着可再生能源技术的发展，多能源互补和多联产已成为当今世界燃气轮机能源动力系统的主要发展趋势，其中，太阳能 - 天然气耦合能源动力系统（以下简称 ISCC）是近年来的研究热点。国外开展 ISCC 研究较早，技术成熟。2010 年，美国建成了世界上最大的"热互补"ISCC 电站，其装机容量为 1125MW，并投入商业运营。针对"热化学互补"ISCC 发电技术，国外侧重研究 900 ~ 1200℃的高温太阳能热化学互补的转化和利用，已构建了高温太阳热能与天然气重整相结合的发电系统[20]。

在常规天然气分布式能源技术方面，我国经过十几年的摸索和吸收国外先进技术，已有百余个项目投入商业运行，在系统优化配置与运行、系统变工况协调控制等方面积累了宝贵经验。在 ISCC 研究领域，我国起步较晚，但近年来在理论研究及工程实践上已取得一定进展，已有相关示范项目投入运行。2012 年，华能三亚太阳能"热互补"联合循环示范电站建成投产，标志着我国基本掌握了太阳能热发电技术和工艺，推进了"热互补"ISCC 电站的发展。针对高温太阳能"热化学互补"依赖于高聚光比和成本高的问题，近年来中科院工程热物理研究所提出并构建了中低温太阳能"热化学互补"联合循环机理与方法，不仅提高了太阳能利用的热功转换效率，还大幅度减小了聚光和集热部件的成本。

我国在分布式能源技术研究和应用方面，存在如下差距：①缺乏统一完善的系统优化集成标准和成熟的系统设计体系；②多能耦合、多联产型分布式能源系统多处于理论研究阶段，缺乏示范项目支撑，商业化程度低；③中小型燃气轮机、微型燃机等核心设备自主化程度低。

（五）太阳能与燃煤电站互补发电技术

大力发展可再生能源，应用先进的减排技术，是实现发电领域减排的重要措施，对治理雾霾、解决环境污染将发挥很大的作用。将太阳能作为燃煤电站的辅助能源，使可再生能源太阳能与技术成熟的燃煤电站两者优势互补，既可以减少燃煤电站的煤炭消耗，改善其对环境的污染，同时又能增加发电功率，缓解用电高峰时期的电力短缺。因此，太阳能热与燃煤电站互补发电系统是满足我国近、中期大规模开发利用太阳能，同时实现火电机组大幅度节能减排的能源新技术。

太阳能热与燃煤电站互补发电是将太阳能与燃煤电厂热力系统通过不同方式耦合集成，寻求实现燃煤电站清洁高效发电及降低太阳能热发电成本的新途径，以达到节约能源、保护环境的目的。

20 世纪 70 年代，Zoschak 和 Wu[21] 提出将太阳能热与燃煤火力发电系统集成。目前，美国、印度、希腊等国家的研究人员也针对太阳能与燃煤电站互补发电技术进行研究。MehdiJafarian 等人[22] 提出了一个由太阳能和燃煤机组混合（CLC）而成的新系统。Johan Lilliestam[23] 等人分析了太阳能和燃煤发电机组集成系统对 CO_2 进行捕集和封存时的发电成本，结果表明，当燃煤发电机组和太阳能分别对碳捕集系统提供能量时，这两种技术都比现有的发电成本高，但是太阳能热发电（CSP）技术的成本在未来将会大规模降低。Warrick Pierce[24] 对南非某互补发电系统与单纯太阳能热发电系统的性能进行对比分析，结果表明，互补发电系统相比单纯太阳能热发电系统有较大的经济优势。

在理论研究的基础上，一些示范工程也相继开始建设。世界第一座太阳能热与燃煤互补示范电站位于美国科罗拉多州，其应用集热功率为4MW的抛物槽式太阳能集热器与44MW燃煤电站集成，于2010年初成功运行测试，结果表明互补系统可增加系统效率5个百分点，每年减少2000吨CO_2排放，测试结束后电站于同年年底关闭。坐落于澳大利亚昆士兰州的发电功率为750MW的Kogan Creek火电厂于2011始改造，利用线性菲涅尔式太阳能聚光集热器对其进行热互补，耗资7000万美元，预计建成后发电功率增加44MW。此工程为南半球最大的太阳能工程项目，也是全世界最大的互补发电项目。除此之外，美国Arizona州Tucson电力公司的Sundt互补发电项目目前也在建设中。全球光热与燃煤火电站配套的发电站目前还很少，规模也不大，且基本上都在建设当中。

随着理论研究的深入，相关国家政策和大型科研项目也相继开展起来，其中国家"十二五"能源科技规划中明确指出：在2012—2017年间，建设300MW级槽式太阳能与火电互补示范电站，包括高精度、低成本太阳能集热器及其工艺等。2012年，国家"863"计划"太阳能热与常规燃料互补发电技术"课题启动。华北电力大学在国内最早开展太阳能热与燃煤机组互补发电研究。针对太阳能集热系统与火电机组一体化热发电系统的耦合机理与集成方案进行优化研究，得到了热力性能最优的集成方式[25, 26]，并以LEC作为指标，对互补发电系统不同集成方案、不同集成面积、不同工况以及蓄热量的经济性能进行了分析[27-31]。

在实际工程方面，在该"863"课题的支持下，中国大唐集团新能源股份有限公司组织完成了我国首个光煤互补示范电站——0.3MW槽式太阳能与燃煤电站互补发电示范工程由建设[32]。

下面从理论研究、工程实践及政策层面进行比较分析：

（1）理论研究方面，目前国内外对太阳能热与燃煤电站互补发电技术的研究，主要集中于可行性分析、经济性评估和案例分析，这些研究主要针对互补发电系统的稳态运行，而对系统的全工况动态运行及不同运行模式下的运行调节技术研究较少。

（2）工程实践方面，在国外，互补发电系统的示范电站相对较多，且有部分已投产运行，具有一定的实际运行经验。而目前国内仅有大唐天威一个示范性电站，因此国内在工程实践方面，与国外相比存在着较大的差距。

（3）政策扶植方面，国外太阳能光热发电的一些政策相继出台，一定程度上促进了太阳能热与燃煤电站互补发电技术的发展，而国内尚未制定太阳能光热发电的相关明确政策，这在一定程度上阻碍了太阳能热与燃煤电站互补发电技术的发展。

（六）节能降耗技术

为解决能源供需矛盾尖锐、结构不合理和能源利用效率低的问题，《国家中长期科学和技术发展规划纲要（2006—2020年）》明确提出：坚持节能优先，降低能耗。攻克主要耗能领域的节能关键技术，大力提高一次能源利用效率和终端用能效率是我国能源发展的重大战略。为进一步提升煤电清洁高效发展水平，国家能源局颁布了煤电节能减排升级与改造行动计划（2014—2020 年）。该计划要求到 2020 年，现役燃煤发电机组改造后平均供电煤耗低于 310g/（kW·h），其中现役 60 万 kW 及以上机组（除空冷机组外）改造后平均供电煤耗低于 300g/（kW·h）。该计划拉开了新一轮燃煤机组节能升级改造的序幕。本技术分支将从新建机组的参数提升和设计优化、供热技术、汽轮机通流技术、烟气余热利用系统（低压省煤器）以及现有成熟节能技术的推广应用等几个方面介绍节能降耗技术的最新进展。

1. 新建机组参数提升和设计优化

近几年，我国一直致力提高火电机组蒸汽参数，超超临界机组主蒸汽压力从早期的 25.0MPa 和 26.25MPa 逐步提高到 27MPa、28MPa，直至二次再热机组的 31MPa，再热蒸汽温度由 600℃逐步提高到 610℃、615℃、620℃。

不断优化汽轮机冷端系统，660MW、1000MW 超超临界湿冷机组凝汽器面积分别达 40000m²、60000m²，部分 1000MW 机组冷却水塔面积已达 13000 m²，个别机组汽轮机设计排汽压力已达 4.0kPa。

超超临界机组普遍采用外置式蒸汽冷却器，并采用串联布置方式，普遍采用低压省煤器、给水泵和前置泵同轴、凝结水泵变频、动调风机等，以提高机组的设计水平。

2. 供热技术

（1）热泵供热技术。

热泵供热是利用热泵原理吸收汽轮机部分排汽的供热技术，热泵由蒸发器、压缩机、冷凝器、膨胀阀、制冷剂组成。热泵供热有四个过程：①汽轮机低压缸部分排汽进入蒸发器，放出热量并凝结后回到热井，制冷剂吸收蒸汽热量后气化；②制冷剂经压缩机后形成高温高压气体，并进入冷凝器；③制冷剂在冷凝器凝结放出热量，并加热热网回水；④制冷剂经膨胀阀释放压力，回到低温低压的液化状态。由此可见，通过制冷剂的不断循环，最后将低温热源的热量送入高温热源后经热网循环水带走。热泵供热相对抽汽供热具有节能效果好、机组功率影响小、运行灵活等优点，但投资较大。

（2）低真空供热技术。

低真空供热是通过提高凝汽器压力，用凝汽器作为第一级热网加热器，将热网约 50 ~ 55℃回水加热到 70 ~ 75℃，设置尖峰热网加热器，利用中低压联通管抽汽提高热网水供水温度。采用低真空供热机组相当于一台背压机组，机组功率不可调，由供热量确定，冬季供热期间机组供电煤耗可低于 150g/（kW·h），节能效果显著。但是，要求供热面积比较大，有足够的热用户。

2013 年国电吉林热电厂与国电科学技术研究院合作，在一台 220MW 机组上实施供热改造，采用双转子冬夏季互换，采暖期低压转子 3 级叶片。改造后，机组最大供热能力提高 60%，采暖期增加供热量 119 万 GJ，供热高峰期机组发电煤耗下降 106g/（kW·h），每年节约标煤 8.02 万吨。

（3）能量梯级利用供热技术。

对于特殊供热参数需求的机组或早期设计为纯凝汽式的机组，由于汽轮机某段抽汽参数不能满足热用户的要求，需要进行减温减压，或早期设计为纯凝汽式的机组，需要进行中低压联通管打孔抽汽供热改造，通过增加一台背压机组，背压汽轮机的排汽加热热网循环水，实施能量的梯级利用，有效降低机组能耗指标。

3. 汽轮机通流技术

为提高汽轮机性能，国内部分采用冲动式汽轮机技术的制造厂，采用一系列技术对 600～1000MW 高效超临界汽轮机进行优化设计，高压缸采用筒形缸结构带红套环密封、优化汽轮机通流级数、开发适应宽负荷下的叶型及提高汽轮机通流效率，采用节流调节带补汽阀的调节方式，增加一台低压加热器，汽轮机保证热耗率明显降低。国内采用反动式汽轮机技术的制造厂，开发了新型切向进汽筒型高压模块、新型切向进汽中压模块、新型切向进汽低压模块、新型高效低压叶片，采用了焊接转子技术和耐磨涂层结构汽封，汽轮机热耗率大幅度降低。

4. 低压省煤器技术

我国现役火电机组普遍存在锅炉排烟温度高，排烟热损失大的问题，影响了机组的经济运行。低压省煤器与暖风器系统是在空气预热器之后、脱硫塔之前烟道加装烟气冷却器回收烟气余热，回收的热量一部分用来加热流过暖风器的冷空气，其余热量用来加热凝结水和／或城市热网低温回水。

国内外高桥三厂 1000MW 超超临界机组首先采用了低压省煤器与六抽供暖风器系统技术，低压省煤器布置在引风机后烟道，该系统取得了较好的节能效果。国电福州电厂 2×600MW 超临界机组于 2014 年进行了两级（三段）低压省煤器与暖风器联合系统改造，第一级低压省煤器布置在电除尘器之前，回收热量全部用来加热凝结水。第二级低压省煤器分两段布置，高温段布置在一级低压省煤器后，低温段布置在脱硫塔前，回收热量加热暖风器，该系统取得了较好的节能效果。

5. 现有成熟节能技术推广应用

为提高能源利用效率，节约成本，提升企业竞争力，各大电力公司十分重视节能降耗工作。在新建机组中大量采用超临界和超超临界机组，普遍重视机组设计优化工作。对在役机组大量采用新设备、新工艺、新技术进行节能改造和运行优化调整，同时采用各种行之有效的节能管理措施，如通过加强对标管理、开展小指标竞赛等手段，降低机组能耗指标。

外三电厂机组投产后采用一系列节能技术对设备和系统进行改造，机组供电煤耗达到全世界最低。外三电厂通过对主蒸汽、再热蒸汽管道弯头设计优化，降低了系统阻力；采用 100% 汽动泵技术，前置泵与汽动给水泵同轴，提高了给水泵组效率；采用零号高加，在低负荷下提高了给水温度和 SCR 入口烟气温度，保证了 SCR 正常投运，并降低了机组能耗指标；在原设计中未配置暖风器，通过加装暖风器，并采用六抽汽源供汽，提高了一次、二次风温度及空气预热器低温原件的温度，有效预防了空气预热器堵灰和腐蚀，并结合低压省煤器的应用，降低了机组能耗指标；采用凝结水调频技术，减少了调节汽门节流损失，提高了机组变负荷相应速度。

6. 低温余热利用与节水一体化技术

我国现役燃煤电站脱硫系统入口烟温一般都在 140℃ 左右，排烟热损失大，并导致脱硫系统水耗高、脱硫效率下降等问题。低温余热利用与节水技术，是在脱硫塔前后分别加装具有良好低温防腐性能的氟塑料换热装置，其中脱硫塔前换热器 FGC2 可将烟气温度降到 90℃ 左右，有效降低脱硫系统入口烟气温度和流速，在回收烟气余热的同时，大幅降低脱硫水耗、提升脱硫效率；脱硫塔后换热器 FGC3 继续降低烟气温度，凝结烟气中的饱和水，具有回收水分和降尘作用。

2014 年，国电津能热电有限公司与技术开发单位烟台龙源电力技术股份有限公司共同在 300MW 机组上实施了国家科技支撑计划的示范工程。性能试验显示，全年平均降低发电煤耗 3.57g/（kW·h），脱硫水耗降低 38t/h，除尘效率 28.6%。同时，该项技术还明显提高了机组脱硫效率。

国外发达国家电力需求增长缓慢，新建火电机组较少，但在新建机组中非常重视设计优化工作，注重设计细节，尤其是设备及系统布置、辅机裕量，如德国新建机组花费长时间开展设计优化工作，以保证机组在运行中辅机裕量设计合理，运行性能达到最佳。

（七）热电联供与多联产系统

提高能源转换利用效率、实现能量充分利用和污染物一体化控制是煤炭等化石能源高效利用、实现节能减排的重要途径，这其中重要的措施是采用热电联供和多联产。热电联供机组既发电又供热，可有效减少冷源损失，采用热电联供技术，火力发电能源综合利用效率理论上可以提高到 80% 以上。多联产系统是一种综合考虑资源、能源和环境效益的能源动力系统，追求物料合理转化、能量充分利用和污染物一体化控制的综合目标，出产电力、化工产品（合成氨、尿素、烯烃）、液体燃料（甲醇、F-T 液体燃料、二甲醚等）和洁净的气体燃料等多种产品。多联产系统既可以满足市场对电力、液体与气体燃料或化工产品等主要能源产品的需求，又可以与生态和谐发展，是未来最主要的能源技术之一。

1. 热电联供

近年来，我国北方新增机组中，除 1000MW 超超临界机组外，基本以热电联供机组为主。截至 2014 年年底，我国发电总装机容量达到 13.6 亿 kW，其中热电联供机组装机达到近 3 亿 kW。

现有技术条件下，采用热电联供技术进行集中供热的标煤消耗约为 39.8kg/GJ。与之相比，区域锅炉房和分散小锅炉的供热煤耗分别为 50kg/GJ 和 60kg/GJ。如果从新增热电联供装机、对现役凝汽式火电机组开展供热改造，以及对部分供热小锅炉进行热电联供改造等方面入手，进一步推动热电联供技术应用，可形成 1 亿吨标准煤以上的节能潜力[33]。

"十二五"期间，我国热电联供技术发展迅猛，主要表现在供热模式上突破了常规的抽汽供热，取得的重大进展包括：大机组高背压循环水直接供热，高背压空冷汽轮机低位能供热，大温差吸收式热泵供热，热电联供运行优化技术及 NCB 供热技术。

（1）大机组高背压循环水直接供热。

汽轮机排汽具有很大的汽化潜热，但排汽温度低，为实现汽轮机排汽余热的高效利用，必须适当提高汽轮机的排汽参数，对凝汽式机组的安全运行造成威胁。采用高背压供热与汽轮机低压双转子互换技术，使得大机组排汽余热能在供热期获得了高效利用，且保证了机组运行的安全性。山东泓奥电力科技有限公司和华电国际电力股份有限公司十里泉发电厂提出的低压缸高背压转子互换循环水供热节能系统，采用低真空循环水供热技术，即：在供热工况时，采用新设计的动静叶片级数相对减少的低压转子，将汽轮机排汽背压提升至 54kPa，凝汽器作为一级热网加热器，循环水可加热到 80℃，利用抽汽补充加热。非供热期工况换回凝汽式低压转子，运行背压恢复至 5 ~ 7kPa。供热期由于汽轮机排汽余热完全被利用，汽轮机热效率可由 41% 上升至 97%[34]。

在成果转化和工程应用方面，2011 年，华能烟台电厂的一台 150MW 机组和华电十里泉电厂 135MW 的 5 号机组先后实施了"低压缸双背压双转子互换"供热改造，随后多台 135MW 等级机组进行了高背压供热改造。2013 年 11 月，我国首台 300MW 高背压循环水供热改造项目，华电青岛电厂 2 号机通过双低压转子互换，完成高背压供热改造，顺利投产，改造后 2 号机组供热期发电煤耗降至 150g/（kW·h），该厂 14 年全年平均煤耗降至 297g/（kW·h），供热能力显著增加，节能降耗效果明显。2014 年，金桥热电改造后新增供热面积 600 万平方米、供热期供电煤耗下降至 180g/（kW·h），多项节能减排指标都大幅下降。华电石家庄裕华热电 2 号机改造后，承担供热基本负荷时，供热量 425.6MW，发电功率 270MW，该机组供热期发电煤耗降至 140g/（kW·h）。2015 年 300MW 机组高背压双转子互换供热改造陆续启动。

（2）高背压空冷汽轮机低位能供热。

近年来，我国北方火力发电普遍采用节水效益显著的空冷技术。空冷汽轮机低压缸级数较少、末级叶片短，因而低压转子可以适应高背压运行。国电科学技术研究院和北京国电蓝天节能科技开发有限公司提出"空冷机组低位能分级混合供暖系统"、"空冷机组低温热源采暖加热系统"技术，并应用于空冷汽轮机，在供热期将运行背压提高到 34kPa，做功后的低位能蒸汽引入到低温热源加热器，将热网循环水加热后供给热用户。供热的初末寒期可利用汽轮机排汽低位能直接加热一级热网水，供热严寒期利用汽轮机抽汽做尖峰加热。非供热期仍采用纯凝工况运行。

在成果转化和工程应用方面，国电榆次热电有限公司与国电科学技术研究院合作，2012 年对某 300MW 空冷机组进行汽轮机低位能供热改造。在供热期，空冷高背压汽轮机排汽直接加热热网循环水,汽轮机的冷源损失大幅减少。供热改造后单台机组最大年供热能力可达511万GJ,机组供热能力增加约44.5%。同时,大幅降低了供热期的发电煤耗。2013年,华电石家庄鹿华热电有限公司为扩大机组的供热能力,将其中一台300MW空冷供热机组进行了高背压供热改造,2015年山西兴能电厂正在进行300MW空冷汽轮机低位能分级加热系统供热改造,增加机组的供热能力,改造完成后该机组将作为太原市集中供热的重要热源点。

(3)大温差吸收式热泵供热。

围绕吸收式热泵供热技术,清华大学等单位提出多项专利技术,基于吸收式换热的大温差集中供热新工艺流程,在热源侧蒸汽驱动多级吸收式热泵,提取循环水热量加热热网水,然后利用抽汽将热网水加热到130℃。同时,在热力站配置吸收式换热器,在不改变二次网温度参数的条件下,使一次网回水温度低至25℃,加大一次网供回水温差,提高热网供热输运能力。

在成果转化和工程应用方面,华电大同第一热电厂应用清华大学"基于吸收式换热热电联供集中供热新技术",在2×135MW机组上进行了工程示范应用。在热源侧,采用蒸汽驱动多级吸收式热泵,提取循环水热量加热热网水。同时,在热力站配置热泵组,使供回水温差达到105℃左右。该项目于2011年投产。改造后,新增供热面积200万平方米,每采暖季可回收187.5万GJ的汽轮机凝汽余热,节约7.5万吨标准煤。山西大唐国际云冈热电有限责任公司的2台220MW和2台300MW机组也先后进行了供热改造。2012年6月国务院印发《"十二五"节能环保发展规划》,将基于吸收式换热热电联供集中供热新技术列为9项重点节能产业关键技术之一。

(4)热电联供运行优化技术。

针对目前热电联供技术应用中,普遍存在的大机组供热抽汽参数高、㶲损失大的问题,近年来,华北电力大学等单位提出了系列专利技术。如专利技术"抽凝机组加装背压机的供热节能装置及其节能方法"提出在热网加热器前加装背压机,抽出的蒸汽先在背压机中做功参数降低后后再加热热网水,实现温度对口、能量的梯级利用。同时,热网加热器采用串联布置,增加了供热抽汽的做功量,降低㶲损失。在运行中,将供热机、热网加热器、热网和热用户看作一个整体,研究整个供热系统联合特性,提出"基于热电联供系统联合特性的全工况研究方法"。专利技术"最佳冷源热网加热器及其参数的确定方法"、"一种新型供热汽轮机系统及其调节方法"等,提出进一步减小供热抽汽节流损失、提高供热机组发电量的余热能高效梯级供热技术。上述部分成果已经开始在工程实际中进行示范应用。

(5)凝汽抽汽背压式(NCB)供热技术。

为扩大300MW机组的供热能力,解决排汽温度高和末级叶片颤振的问题,哈尔滨汽轮机厂提出NCB抽汽、背压和纯冷凝运行的新型供热机组,设计了新型的NCB供热汽轮机。将发电机放在汽机的前部,低压缸与中压缸的连接采用3S联轴器,供热期低压转子脱离,中压缸排汽全部到热网加热器;非供热期机组纯凝运行,低压转子可自动连接。冬季背压机运行，非供热期凝汽式机组运行。该项技术供热工况没有冷源损失，余热全部利用。但对供热期发电量影响较大，供热排汽参数偏高、汽轮机运行受热负荷影响较大，而且仅适用于新建机组，不适合于现场改造。华能高碑店电厂和京能草桥电厂蒸汽联合循环机组 300MW 蒸汽轮机采用此项技术，常规燃煤供热机组尚无应用。

在国内外研究进展比较方面，目前国外大型热电联供技术的应用和发展都已趋于成熟。国内热电联供技术则仍处于快速发展时期，不论是热电联供机组的设计、运行优化，还是对已有机组的供热改造，近年来都提出了众多新思路和新方法。

我国集中供热的一次能源能耗高于欧洲同纬度甚至更高纬度国家，原因是欧洲国家的集中供热还覆盖了夏季制冷和四季生活热水供应，热电联供机组全年运行效率较高，而目前我国热电联供机组用于制冷所占比例很小。同时，我国虽在积极发展热电联供机组，但仍以区域锅炉房为主，目前我国热电联供在城市集中供热的总供热量中占比只有 1/3 左右，和国外发达国家相比仍存在巨大差异。从热源侧看，国外热源形式多种多样，且国外燃煤电站机组所占比例较我国低。

国外的热网大多也采用间接连接，一级热网设计参数较高。丹麦等北欧国家的一级热网供水设计温度为 120℃，德国为 130 ~ 140℃，东欧国家为 150℃，但热网实际运行参数普遍较设计值低。最先进的热网实际运行温度已可低至 60 ~ 70℃的水平。我国供热的设计温度尚在 120℃，虽然运行温度低于这个水平，但仍难以低于 80℃。国际能源署（IEA）正在开展面向未来能源系统的低温直接供热项目，以降低局域换热站供回水温度为主要措施。我国也在积极改善局域换热站的传热性能，降低一级热网水供回水温度。

2. 多联产

多联产的研究内容丰富多样，我国科研工作者对多联产系统进行了多方位的研究，并且取得了丰硕的成果，其研究主要集中于应用基础研究和一些工程技术问题上。

（1）多联产系统的工艺流程集成与能量转化机理研究。

多联产生产流程与产品生产方式的创新作为多联产系统集成、优化与节能减排的主要研究部分，国外主要研究对象为合成气的成分调整技术工艺创新，如提出了多种流程的煤气化与天然气重整相结合的多联产系统，对于传统干式煤气化合成气成分调整方式存在能量损失等缺点，提出直接在煤气化器出口注射水，使得部分转化反应无需催化剂发生，强化水煤气转化程度，降低系统能量损失。国内学者基于传统系统制甲醇的变换反应过程导致的能量品位损失问题，提出了带膜分离的新型煤基电——甲醇并联多联产系统[35]，在该系统中，取消水煤气变换反应器，采用膜分离技术分离合成气，分离得到的富氢合成气合成甲醇，少氢合成气进行燃烧发电。国内外对比而言，国外对于合成气的调整技术主要为天然气重整技术、直接注射水调整技术与加强催化剂研究，而国内偏向于膜技术、新型化工产品合成工艺研究。

在多联供多联产系统研究方面，国外对于多联供多联产系统的研究集中于煤与生物质、固态废弃物联合气化研究，并充分考虑给料与产品的灵活性、系统的技术经济性以及市场因素对系统的影响；国内则偏向于焦炉煤气、天然气与煤联供等系统集成机理与优化的研究，充分发挥燃料的价值，注重资源的充分利用。

（2）多联产系统的优化与评价研究。

随着多联产研究的深入，系统的评价与优化成为必然趋势，优化与评价能够提高系统的热力学性能与经济性能，提升多联产系统的市场适应性与竞争性。国外对多联产系统的优化与评价集中于考虑当时市场环境下，对多联产系统设备、流程、给料与产品灵活性、系统热力学性能与经济性优化与评价，以及设备灵活性的技术可行性分析。国内学者在多联产系统的优化与评价研究方面主要有：基于夹点技术对 IGCC– 甲醇联产系统进行夹点节能优化分析，基于全生命周期方法对煤基分级转化多联产进行评价研究，多联供多联产系统多目标评价研究，基于低阶煤热解多联产技术综合评价及决策支持的研究。比较而言，国外对于多联产系统的评价比较偏向于经济性的研究，主要考虑系统盈利性与环境友好性，而国内比较偏向于全方位的评价与系统优化，在本技术方向国内研究比较成熟，评价体系比较完整。

（3）多联产系统的关键过程工艺开发与工业示范。

煤基多联产系统的发展基于以煤气化等技术为核心的关键工艺流程，煤气化技术作为能源利用领域的一大难题，世界各国正在加大力度攻克这一难题，并取得了一定的阶段性成果。

国外对于煤气化技术的研究主要分为三部分：煤气化子系统供料端优化、气化器与电站支持系统优化和合成气处理过程优化。国内在多联产系统关键过程工艺方面的研究，除煤气化技术外主要在于工业示范。针对多联产系统实际运行过程中出现的问题，以兖矿国泰化工有限公司 24 万吨 / 年甲醇和 80MW 发电的煤气化发电与甲醇联产系统作为工程范例，开展了燃气轮机子单元运行优化与改造的研究，实现了联产系统燃气轮机子单元自动开 / 停车及长周期稳定运行，取得良好的运行效果。

（八）发电装备制造技术

发电设备范围很广，以下所述的发电设备特指燃煤发电设备，即燃煤发电厂的主机设备，具体有锅炉、汽轮机和发电机。因发电机技术相对成熟，在此未做论述，主要介绍指燃煤发电厂的锅炉和汽轮机。我国锅炉、汽轮机制造技术近年来取得长足进步，某些方面已达到国际先进水平，但总体技术与国际先进水平仍有差距。提高锅炉参数和效率，发展低氮和特殊煤种燃烧技术，降低污染物排放将是锅炉技术发展主流；提高汽轮机进汽参数，研发效率更高的汽轮机通流技术，更加安全可靠的汽轮机结构，更大单机容量和更加先进热力系统将是汽轮机的发展方向。本技术分支将从湿冷汽轮机、供热汽轮机、空冷汽轮机、煤粉锅炉和 CFB 锅炉制造技术几个方面进行介绍。

1. 湿冷汽轮机制造技术

进入 21 世纪以来，我国发电装备制造业已具有相当基础。目前，我国东方、上海、哈尔滨发电装备制造集团都能制造 600MW、1000MW 级超超临界火电机组，基本形成了较为完整的研发、设计、制造技术体系。

由我国自主制造的超临界、超超临界燃煤机组在电网中已有近 300 台投入运行，其中超超临界 1000MW 机组已投运 60 多台，机组总数量居世界第一，且投运的超临界和超超临界机组电厂效率、供电标准煤耗等性能指标均达到国际先进水平[36]。

目前国外在建的 1000MW 等级一次再热汽轮机组进汽参数为 27MPa /600℃ /610℃，以及 28.5MPa/600℃ / 620℃，其设计全厂净效率分别高达 45.9% 和 46.1%，对应的供电煤耗分别为 268g/（kW·h）和 267g/（kW·h），此性能指标代表了目前燃煤电厂国际先进水平。

西门子和阿尔斯通汽轮机技术处于国际领先水平，为了进一步提升燃煤机组热力循环效率，两家公司都在开发汽轮机参数为 30MPa/600℃ /610℃ /610（620）℃的二次再热汽轮机组，并持续开展 700℃项目的研发工作。

汽轮机作为高温高压、高转速以及大容量能量转换的原动机，产品的先进性是设计技术、制造工艺以及热力系统优化等技术的综合体现。通过"十二五"期间开展的科研攻关和技术创新，在提高蒸汽参数、通流部分优化设计、结构优化、冷端优化、热力循环及系统优化等技术领域都取得了较大的进展。

（1）提高蒸汽参数。

提高蒸汽参数是提高效率幅度最大、最为主要的技术措施。随着蒸汽温度的提高，对材料的高温蠕变断裂强度，抗氧化能力的要求均进一步提高。目前国内制造企业都采用了先进铁素体材料，实现了 l2%Cr 和 9%Cr 高温材料的升级。已投入运行机组的最高参数为 28MPa/ 600℃ /620℃，即将投入运行的二次再热机组的参数已达到 31 MPa/600℃ /620℃ /620℃。

近 10 多年的研究表明，面对为提高抗氧化性能而增加 Cr，与为提高强度稳定性，保证强化相而降低 Cr 的矛盾，除非在寻求新强化相或抗氧化元素方面取得突破[37]，采用高温耐热钢材料汽轮机的极限温度不会超过 620℃等级。

（2）先进的通流部分设计技术。

超超临界汽轮机在追求更高参数提高机组经济性的同时，不断研究开发新技术以实现更高效的通流设计，主要包括：全三维设计技术；先进的低型损静叶、动叶型技术；先进的汽封技术；级流型优化设计技术；进排汽流道降低流动损失优化设计技术。这些技术的采用使汽轮机的通流设计水平上了一个新台阶，实现了焓降、速比、反动度等流动参数的优化匹配。同时建立了先进的试验研究平台，如多级空气透平试验台、汽封试验台等，对新设计方案进行试验验证，提升了汽轮机行业研发试验能力和水平。

（3）结构优化技术。

随着超超临界汽轮机进汽压力温度的进一步提高，高温高压部件，如高压主汽、调节阀、高压汽缸及螺栓的工作应力将大幅度增加。仅仅依靠提高材料在相同温度下的强度等级已不能满足汽轮机安全可靠性的要求，结构优化成为进一步提高蒸汽压力温度参数的关键技术之一。在大容量超超临界国产机组中推出了新型的圆筒型高压缸内缸，这种内缸采用先进的红套环紧箍圆筒形汽缸，并采用耐高温的新 12Cr 铸钢材料，内缸外表面布置有隔热罩。

（4）末级长叶片研发技术。

由于汽轮机排汽损失占整个汽轮机出力的 1.5% ~ 3%，降低排汽损失始终是决定汽轮机效率高低的关键技术之一。从节省电力建设的投资、运行维修费用、降低汽轮机制造成本和降低排汽损失提高汽轮机效率等方面考虑，需选配与设计背压相适应的末级长叶片。国内汽轮机制造厂商研发了较完整的长叶片系列。自主研制的 1200mm 钢制末级长叶片投入运行，达到了国际先进水平。目前正在进行更加先进的 1400mm 末级钢叶片开发。

新型末级长叶片采用自带围带、凸台拉金连接结构或自带围带、凸台套筒拉金连接结构，叶片在离心力的作用下通过扭转恢复形成整圈连接，通过连接件之间的摩擦和碰撞，减少了产生响应的振型数，增加了叶片刚度和结构阻尼，降低了叶片对动应力和颤振的敏感性。并可通过自带围带和拉筋的质量和间隙进行调频。采用新型高阻尼结构长叶片后，汽轮机组的叶片事故明显减少，降低了发电企业的强迫停机率，从而大幅度减少发电企业的设备维护费用和强迫停机带来的巨大经济损失。

（5）热力系统优化技术。

对汽轮机热力循环而言，采用二次再热是降低热耗提高效率的重要手段。采用二次再热循环，机组可获得约 1.6% 的热耗降低收益。增加汽轮机热力系统回热级数到 9 级或 10 级可获取约 0.2% 的热耗降低收益。配置外置式过热蒸汽冷却器，通过锅炉给水温度提高约 10 ~ 20℃，可获得约 0.4% 的热耗降低收益。

（6）重大工程应用与实践。

国内首台再热温度为 620℃ 的 660MW 超超临界汽轮机组于 2013 年 12 月投运于安徽田集电厂，汽轮机进汽参数为 27MPa/600℃/620℃。

国产首台高效超低排放超超临界 1050MW 燃煤汽轮机组于 2015 年 2 月在神华万州电厂成功投运，该机组主蒸汽压力 28MPa，再热蒸汽温度 620℃，采用 9 级回热系统，出力提升至 1050MW，更加清洁、更加高效、更低煤耗，是目前世界在运最高参数 1000MW 机组。

高参数 28 ~ 31MPa/600℃/620℃/620℃，660MW、1000MW 二次再热机组正在研制，机组性能和可靠性指标达到国际先进水平。国电江苏泰州 1000MW 高效超超临界二次再热机组，是现今国内首台世界最大的二次再热五缸四排汽汽轮机组，额定参数为 31MPa/600℃/610℃/610℃。

2. 供热汽轮机制造技术

先进、高效大型汽轮机热电联产技术的能源利用率比单纯发电约提高一倍以上，综合热效率大于 55%。因此，在热负荷需求较大的区域，迫切需要大力建设先进、高效大型供热汽轮机组。

先进、高效大型供热汽轮机组技术的实现，难度远大于相同类型的凝汽式汽轮机组，需要解决一批重大的关键技术主要有：汽轮机总体结构及关键供热部件（旋转隔板、座缸调节阀、蝶阀）高效、高可靠性设计；抽汽口前后通流部件结构强度、热力气动特性优化技术；大型两级可调供热汽轮机组多参数牵连调节控制系统研发及先进的凝汽器补水除氧技术等。

突破大型供热汽轮机组总体结构和关键供热部件高效、高可靠性设计制造核心技术。开发了中压调节阀调节高压供热抽汽新技术，创新研发出高可靠性节流型大直径（2000mm）旋转隔板和座缸式大口径（直径 376mm）供热调节阀，开发汽轮机旋转隔板、汽轮机抽汽调节阀专利技术。研制出大型供热汽轮机抽汽口前后特殊通流级的先进高效动静叶型及强度振动性能优异的新型自带冠阻尼叶片。自主开发了"热定电"、"热电分调"、"牵连调节"等多种控制技术，在大型供热汽轮机组上实现两级可调供热抽汽、多种抽汽参数组合的先进控制模式。开发了抽汽补水进凝汽器除氧装置专利技术，焊接式平面膜式喷嘴专利技术。

完成先进高效大型供热汽轮机系列产品研制。提升供热汽轮机组进汽参数和功率等级，进汽参数覆盖亚临界 16.7MPa/537℃/537℃至超超临界 25MPa/600℃/600℃，功率等级范围 330 ~ 660MW，研制了目前世界上最大功率 660MW 双抽供热汽轮机。形成了大型供热汽轮机系列化、模块化的设计准则和标准结构设计要素，提高了供热汽轮机机组设计热效率和可靠性。"先进、高效、大型供热汽轮机组关键技术研究及应用"项目获 2012 年度中国机械工业联合会科技进步奖一等奖。

超临界 600MW 双抽供热汽轮机已在江苏南热发电有限公司投入运行。该机组采用中压调节阀门参与高压供热抽汽调节，实现高参数抽汽新技术，机组热效率高、可靠性好。

自主研制的世界上最高进汽参数、最大功率 660MW 双抽供热汽轮机于 2014 年在华润电力焦作有限公司投入运行。该机组采用新型高温高压大直径节流型旋转隔板调整高压供热抽汽，机组先进高效、供热能力大。

3. 空冷汽轮机制造技术

对于我国"三北"富煤缺水地区的大型电站而言，节水环保、运行可靠、经济性好的超临界、超超临界空冷汽轮机是其发电设备的首选。中国目前 300MW 以上空冷机组总计超过 300 台，总容量 1.36 亿 kW，为世界其他国家总和的 4 倍。

电站空冷技术的应用已有半个多世纪的历史，德国是世界上最早采用空冷系统的国家。20 世纪 50 年代末，匈牙利发展了喷射式凝汽间接空冷技术之后，各国纷纷大量采用直接空冷技术和表面式凝汽器间接空冷技术。目前，国外采用直接空冷系统容量最大的机组是澳大利亚的 Kogen Creek 1×750MW 汽轮机组，已于 2007 年底投入运行；其次为南非的马丁巴电厂 6×665MW 汽轮机组。采用间接空冷系统容量最大的机组是南非肯达尔电厂 6×686MW 汽轮机组。

目前我国能够自主研制超临界、超超临界 600MW 及 1000MW 大型空冷汽轮机，这些机组技术先进，采用全三维通流设计技术、先进动静叶型及流型，效率高、经济性好；轴系设计中采用高稳定性可倾瓦轴承、椭圆轴承，高刚度、抗汽流激振能力强的转子技术；低压缸采用先进的结构设计技术，刚性好变形小，低压缸轴承座采用落地布置方式，有效地避免了空冷汽轮机背压频繁变化引起低压缸中心标高变化，进而对轴系稳定性带来的不利影响。

末级叶片技术先进性是空冷汽轮机先进性的重要标志。通过攻关，研发成功 661mm、770mm、863mm、910mm 等不同长度的先进空冷汽轮机末级长叶片。

超超临界 660MW 中间再热三缸两排汽空冷凝汽式汽轮机，于 2013 年 1 月在内蒙古布连电厂投运。末级叶片长度达 910mm，为目前世界最长空冷机组末级叶片。

自主研制的超超临界 1000MW 空冷汽轮机，首台机组安装在宁夏灵武电厂，于 2011 年 1 月成功投入商业运行，是目前世界最高参数、最大容量的空冷汽轮机组。

我国自 20 世纪 80 年代开始引进和建设空冷机组，90 年代大同电厂引进匈牙利 200MW 混合式凝汽器间接空冷系统，国电内蒙古丰镇电厂 4×200MW 空冷系统机组安装发电等使我国空冷汽轮机技术持续不断向前发展。21 世纪以来，我国在建的空冷机组中以直接空冷技术为主，特别是在我国掌握了超临界机组的设计制造技术并投入实际运行后，通过将超临界技术应用于空冷机组的研制中，我国成功设计并制造了大型 600MW 超临界空冷机组。通过多年的发展，国内已较好地掌握了大型空冷汽轮机组的设计、制造、安装和运行技术。

2011 年 1 月，世界首台最大容量、最高参数 1000MW 超超临界直接空冷汽轮机组在宁夏灵武电厂成功投入商业运行，该机组的成功投运是我国空冷汽轮机组发展新的里程碑，也充分证明了我国空冷汽轮机技术达到国际先进水平。

4. 煤粉锅炉制造技术

2008 年开始，三大设备制造厂开始研发更高参数的超超临界锅炉，锅炉参数提升到 29.4MPa/605℃ /623℃或 613℃。2013 年 12 月，国内首台 660MW 高效超超临界机组（田集电厂）投产，参数为 28.3MPa/605℃ /623℃。2015 年 2 月，国内首台 1050MW 高效超超临界机组（神华万州电厂）投产，参数为 29.4MPa/605℃ /623℃，煤耗量和污染物排放得到进一步减少，温度偏差的控制技术进一步提高，厚壁元件的制造技术进一步提高，标志着我国电力工业技术装备水平和制造能力进入了新的阶段。后续将有一批再热温度为 623℃或 613℃的锅炉投入运行。1200MW 等级高效超超临界锅炉也将列入国家近期研制计划。

2010 年开始，三大设备制造厂开始研发二次再热超超临界锅炉，锅炉参数提升到 33.5MPa/605℃ /623℃ /623℃或 613℃ /613℃。660MW、1000MW 二次再热锅炉各厂都正在研制，2015 年有多台机组投入商业运行。锅炉设计技术又将完成了一次大跨越，锅炉的性能和可靠性指标将达到国际先进水平。

锅炉布置型式按各公司传统，有 Π 型布置、塔型布置和 T 型布置。日本超超临界锅炉大部分采用 Π 型布置；德国、丹麦大部分采用塔式布置；俄罗斯主要采用 T 型布置，这主要是由各自的传统技术所决定的。

燃烧方式按各公司传统，有切圆燃烧和对冲燃烧。日本 IHI、日立公司制造的超超临界 Π 型炉均采用了前后墙对冲燃烧方式，三菱重工的锅炉燃烧方式全为八角双切圆燃烧方式，两种燃烧方式都是为了减少炉膛出口烟温偏差。欧洲的超超临界塔式炉不存在烟温偏差问题，燃烧方式既有四角切圆燃烧，又有对冲燃烧，还有个别的八角双切圆燃烧和八角单切圆燃烧。

近年来，低铬耐热钢和改良型 9% ~ 12%Cr 铁素体型钢的研制及使用成功，促进和保证了超超临界机组的发展，并降低了超超临界机组的造价，在经济上具备竞争力。目前，这些新型钢已在欧洲和日本的电厂推广应用，使机组的主蒸汽温度最高达 610℃，再热器蒸汽温度达到 610 ~ 620℃。

660MW 等级超临界或超超临界基本都为 Π 式布置，1000MW 容量等级超超临界锅炉均有两种形式：Π 式布置和塔式布置。这两种锅炉形式均能够满足超（超）临界高参数的要求，根据不同煤种的燃烧特征，结合实际工程经验和行业标准确定适用的炉型和炉膛尺寸，燃烧方式有：前后墙对冲燃烧、"W" 火焰燃烧和切向（圆）燃烧。350 ~ 1000MW 等级超（超）临界锅炉多采用对冲燃烧方式，锅炉适应燃料为烟煤（含强结渣性烟煤和劣质烟煤）、贫煤、中低水分褐煤、高碱金属煤（如准东煤等）。"W" 型火焰锅炉就是为解决低挥发分无烟煤的着火和燃尽而设计的独特炉型。国内厂商 W 火焰锅炉的设计制造技术已经达到国际先进水平，已有多台自主研发的 600MW 超临界 W 火焰锅炉投入商业运行，并已经完成了 660 ~ 1000MW 超超临界 W 炉总体方案布置，目前正进行方案设计。切向燃烧是目前应用广泛的燃烧技术模式，相对比其他的燃烧方式，同等条件下该燃烧方式更加高效、环保。

自主研制的万州 1050MW 高效超超临界锅炉是目前容量最大、参数最高的锅炉。锅炉为超超临界参数变压运行直流炉，一次中间再热、单炉膛、平衡通风、固态排渣、露天布置、全钢构架。锅炉采用 Π 型布置，前后墙对冲燃烧方式，采用煤水比调节过热汽温、烟气挡板调节再热汽温。

至 2012 年，中国已是世界上 1000MW 超超临界发电机组发展最快、数量最多、容量最大和性能先进的国家。1000MW 超超临界机组锅炉的最大连续蒸发量为 2955 ~ 3100t/h，蒸汽参数 28MPa/605℃/603℃，设计热耗率约 7300 kJ/（kW·h），设计供电标煤耗 280g/（kW·h），设计电厂净效率 44%。目前我国已经投运一次再热机组使用的最高参数为 28MPa/600℃/620℃。

国内锅炉厂商已完成 600 ~ 1000MW 机组蒸汽参数为 32.55MPa、605℃/623℃/623℃二次再热锅炉的开发设计，锅炉燃用优质烟煤效率可达到 94.5% 以上，处于国际先进水平。

总体上讲，我国的超（超）临界锅炉技术在容量、蒸汽参数、性能、热效率、排放水平等方面与国外发达国家技术水平相近，但在产品精细化设计制造方面还存在着一定的差距。

5. 循环流化床 CFB 锅炉制造技术

大型化、高参数是目前各种循环流化床锅炉的发展趋势，大型 CFB 锅炉技术正在向超临界参数发展。国际上在 20 世纪末开展了超临界循环流化床的研究。世界上容量为 100 ~ 300MW 的 CFB 电站锅炉已有百余台投入运行，最大投运机组是建在波兰的 460MW

超临界机组。另外一个趋势就是加强研究增压循环流化床锅炉，发展增压循环流化床锅炉型蒸汽 – 燃气联合循环与常压循环流化床锅炉，和增压鼓泡流化床锅炉相比较，它具有炉膛截面热强度高和环保性能更好的优点。

我国成功自主研制了世界首台最大容量超临界循环流化床锅炉——四川白马示范电站600MW 机组锅炉，标志着我国在大容量、高参数循环流化床洁净煤燃烧技术方面走在了世界前列。

（九）CO_2 捕集、利用和封存（CCUS）技术

2013 年我国 CO_2 排放量为 10.0 Gt，占世界总量的 31.6%，为世界 CO_2 排放量最大的国家，并且人均 CO_2 排放量首次超过欧盟。我国重视应对气候变化工作，2014 年承诺将 CO_2 排放峰值控制在 2030 年左右。在众多温室气体减排技术方案中，CCUS 是一项新兴的、可实现化石能源大规模低碳利用的技术。《国家中长期科学和技术发展规划纲要（2006—2020 年）》在先进能源技术重点研究领域提出了"开发高效、清洁和 CO_2 近零排放的化石能源开发利用技术"。《中国应对气候变化科技专项行动》明确将开发 CO_2 捕集、利用与封存技术作为控制温室气体排放和减缓气候变化的重要任务。

碳捕集、利用与封存技术总体上仍处在研发和示范阶段。虽然中国起步相对较晚，但无论在相关基础研究、核心技术的研发和掌握上，还是在大规模的示范项目上，均与国际领先水平相当。因此抓住发展机遇，加强 CCUS 技术研发与示范，促进能耗和成本的降低，推动相关安全保障体系的建立，对于我国在国际间碳减排的合作与谈判方面具有重要的战略意义。

根据全球碳捕集与封存研究会（GCCSI）的统计[38]，截至 2014 年 12 月，全球共有55 个大规模 CCUS 项目，13 个项目处于运行阶段，9 个项目处于建设阶段，其他 33 个项目处于项目规划的不同阶段。22 个运行和在建项目这一数字比 2011 年增加了 50% 以上，充分表明了 CCUS 技术在规模化应用的态势是明确而且显著的。

近年来国际 CCUS 技术推广取得显著进展，主要表现为政府支持结合私有投资开展商业规模 CCUS 技术示范，主流示范项目规模达到百万吨 / 年级，涉及燃煤电厂、炼钢厂等中低浓度 CO_2 排放源。通过区域性跨行业、跨领域合作，示范项目建立了全流程运营模式，以电厂 CO_2 捕集和油田 EOR 结合为代表，优化了 CO_2 源汇匹配，进一步提升了 CCUS 项目的经济、环境和社会综合效益，也增强了 CCUS 技术的市场竞争力。

在区域分布上，加拿大和美国处于大规模 CCUS 技术应用的领导地位，英国在大规模CCUS 项目方面也处于国际前列。在行业分布上，近期电力行业 CCUS 技术发展较为活跃，全球首个燃煤电站百万吨 / 年 CO_2 捕集项目——边界大坝（Boundary Dam）电站烟气 CO_2捕集工程于 2014 年 10 月 2 日正式投入运营。美国南方电力公司基于整体煤气化联合循环发电（IGCC）的肯珀郡（Kemper）CCUS 项目计划于 2016 年完成建设。除此之外，与Kemper 项目同样得到美国能源部支持的德克萨斯清洁能源项目（TCEP）也紧随其后，将

于 2016 年开工建设。这一系列大规模工程项目对全球 CCUS 技术的发展至关重要，全球范围内电力行业 CO_2 排放约占总量的 50%，然而该领域应用 CCUS 技术一直存在成本和能耗等问题的制约，上述工程项目表明 CCUS 技术已经具备在电力、钢铁、水泥等碳排放源上大规模应用的可行性。

边界大坝项目位于加拿大萨斯卡彻温省，项目业主为 SaskPower 能源公司，项目对该燃煤电站 3# 机组进行燃烧后 CO_2 捕集改造，3# 机组装机容量为 140WM，每年排放 110 万吨 CO_2，改造后约 90% 即约 100 万吨 / 年将被捕集分离。与此同时改造后排放的 SO_2、NO、PM10 和 PM2.5 分别降低 100%、27%、90% 和 70%，达到超净排放。捕集得到的 CO_2 由石油公司购买，通过 CO_2 管道运输到油田用于 CO_2 增产石油（CO_2–EOR）。

美国 Kemper 项目位于密西西比州，项目业主为美国南方电力公司，项目采用基于 IGCC 的燃烧前 CO_2 捕集方式，电站发电装机 582MW，CO_2 捕集量约 300 万吨 / 年，占排放总量的 65%，捕集的 CO_2 管道运输进行 EOR。

美国 TCEP 项目位于德克萨斯州，项目业主为美国 Summit Power 公司，项目采用基于 IGCC 的燃烧前 CO_2 捕集方式，IGCC 煤气化产生的合成气除部分用于发电外还供给化工多联产。发电装机 400MW，产生的 CO_2 中 90% 用于捕集，捕集规模约 300 万吨 / 年，捕集的 CO_2 管道运输进行 EOR。

受 2010 年前后经济危机的影响，欧盟原来确定的多个百万吨级 CCUS 项目现处于暂停状态，但这些项目中有的已经完成了前端工程设计（FEED），即融资确定后可立即进入建设实施阶段，且 CO_2 后续利用和封存所涉及的评估工作也已基本完成。虽然其在示范建设上进展较慢，但是已经具备了百万吨级大规模捕集工程的设计能力和技术支撑。

截至"十二五"末，我国第一代 CCUS 技术已经具备了大规模示范的条件，并启动了华能、中石油、中石化、延长石油、神华、华中科技大学等一批规模为 10 万 ~ 30 万吨的捕集、利用或封存的示范项目。捕集方面，建成了多套中等规模的燃烧后、燃烧前、富氧燃烧示范装置，具备了设计规模化捕集系统的能力，如华能上海石洞口第二电厂 CO_2 捕集系统。在国家"十二五"科技支撑计划的支持下，华中科技大学、东方电气集团、四川空分集团等单位联合在应城完成了 35MWt 的富氧燃烧全尺寸电厂示范项目。运输方面，形成了百万吨级长距离管道的设计能力。利用方面，发展出了 20 多种利用技术，其中强化采油、制合成气、制甲醇、土壤改良、矿化利用等具备了大规模示范的能力。封存方面，完成了全国地质封存潜力评价，建成了 10 万吨 / 年咸水层封存示范工程。

尽管近些年来中国在 CCUS 技术链的各环节都进行了大量的研发工作，但是，在 CO_2 驱油与地质封存相关理论、CO_2 封存的监测、预警等核心技术，以及大规模 CO_2 运输与封存工程经验等方面，相比国际先进水平仍然存在着较大的差距。

在捕集技术方面，制约燃烧后捕集技术商业化应用的主要因素是能耗和成本较高。国内外技术上的差距主要在吸收剂性能、大规模系统集成等方面。吸收剂性能包括捕集能耗、吸收剂消耗、长期运行的环境安全性等方面。就系统集成而言，国内尚缺乏大规模捕集工程所涉及的系统改造和集成的设计经验。燃烧前技术方面，由于我国 IGCC 技术尚处于研发示范期，相关关键技术尚未成熟，因此系统内各工艺流程的集成和参数匹配尚需经验累积，燃烧前工艺流程和捕集设备的放大尚需进一步研究。富氧燃烧需要在 35MWt 的工程示范电厂上，进行长时间的性能考核，积累运行和维护经验，在配套的压缩纯化工艺上还有待技术验证。新一代富氧燃烧技术的基础与放大研究都需要进一步深入。

CO_2 运输部分，与国外相比，主要技术差距存在于管道输送关键设备、材料的选择，管道运行管理的安全控制以及源汇匹配的管网规划与优化研究等方面。

利用 CO_2 开采石油与国外的主要技术差距在油藏工程设计、技术配套、关键装备等方面。利用 CO_2 开采煤层气的技术差距主要体现在深部煤层 CO_2 的注入驱替技术，井组及水平井注入 CO_2 技术，还需要探索适合我国低渗透软煤层特点的成井、增注技术以提高注入规模提升增产效率。规模化、低成本转化利用是制约 CO_2 化工、生物及矿化利用技术发展的主要因素，部分核心技术和关键材料尚需突破。

在 CO_2 地质封存基础研究方面，我国对大多数主要封存盆地的实际封存潜力与能力、目标地层的封存特性、特别是 CO_2 与地层间长期作用过程的预测等研究水平落后于国外。在 CO_2 地质封存工程技术方面，大流量高压注气泵组、低成本长寿命井下监测系统、自动化低能耗浅层气水监测系统、废弃井探查检测与修复技术、风险预测预警与应急处置技术等关键设备和技术尚待突破。我国 CO_2 地质封存集中在陆上，在近海海底地质封存技术方面差距巨大。

国内外 CCUS 技术主要指标差距如表 2 所示。

表 2　国内外 CCUS 技术主要指标差距

技术环节		工程数量		规模	
		国外	国内	国外	国内
捕集	燃烧后捕集	>5	4	100 万吨 / 年	12 万吨 / 年
	燃烧前捕集	2	1	100 万吨 / 年	6 ~ 10 万吨 / 年
	富氧燃烧	>3	2	约 6 万吨 / 年	5 ~ 10 万吨 / 年
运输	CO_2 管道输送	15	2	总长 6600km，年输送 20Mt 的 CO_2	短距离低压 CO_2 输送管线
利用	CO_2 驱油	> 150	10	430 万吨 / 年	< 20 万吨 / 年
	CO_2 驱煤层气、页岩气	> 5	1	> 20 万吨 / 年	≈ 200 吨 / 年
	CO_2 驱水	–	–	正在建设	预可研阶段
	CO_2 化工利用	> 10	>5	5 万吨 / 年	1 ~ 2 万吨 / 年
	CO_2 生物利用	> 10	8	14.7 万吨 / 年生物柴油	0.5 万吨 / 年生物柴油
	CO_2 矿化	> 5	4	30 万吨 / 年	5 万吨 / 年
封存	陆上咸水层	2	1	100 万吨 / 年	10 万吨 / 年

三、发展趋势分析与展望

（一）粉煤（PC）发电技术

当前，我国在粉煤发电技术方面已具备独立设计制造600℃超超临界机组的能力，机组发电效率可超过45%，已达到国际先进水平。为了进一步提高超超临界机组的能源利用效率，我国未来五年或更长时期内将尝试和发展再热温度达到610℃或620℃的超超临界机组、二次再热超超临界机组以及700℃超超临界发电技术。面对越来越严格的环保要求，我国越来越多的"超低排放"火电机组也逐渐投入运行，为削减成本、提高经济效益，多种污染物的一体化脱除技术将是未来发展趋势。近年来，我国褐煤和准东煤等劣质煤的清洁高效发电技术得到了不断提高，目前均有超临界参数的机组投入运行，针对不同的煤质特性，开发和试验600～1000MW等级机组并积累设计、运行经验是未来发展趋势。

1. 超超临界发电技术

近期（2～3年）再热温度达到610℃或620℃的超超临界机组将陆续投产，探索出初步的运行经验。适时开展再热温度达到610℃或620℃的超超临界机组后评价工作，为后续再热温度610℃或620℃的超超临界机组的有序发展奠定基础。

2. 二次再热发电技术

二次再热发电技术的发展趋势为在现有600℃高温材料特性的基础上，最大限度地发挥材料的高温特性，根据锅炉、汽轮机各种运行工况对高温部件的材料性能要求，确定合理的机组初参数及合适的机炉参数匹配原则，开发大容量二次再热机组成套技术，验证和形成具有自主知识产权的二次再热发电机组关键技术。

3. 700℃超超临界发电技术

建设700℃超超临界燃煤发电工程将全面提升燃煤发电设备的设计和制造水平，带动相关产业的发展，为装备制造行业和火力发电企业带来巨大的经济效益，为电力行业的节能减排开辟新路径，是我国实现节能减排国家目标的重要战略举措。近几年应结合采用二次再热、热力系统优化等一系列新技术，为我国正在研发的700℃发电机组提供技术储备。

4. 超低排放污染物控制技术

为削减成本，提高经济效益，多污染物的一体化脱除技术的研究和试验正得到世界各国的重视，开发和示范燃煤机组烟气多污染物（SO_x、NO_x、Hg 等）一体化脱除技术将会是我国燃煤电厂污染物控制技术的发展趋势。

5. 褐煤发电技术

根据国外发展经验，结合我国内蒙古地区褐煤丰富但缺水的资源条件，我国燃褐煤发电机组的未来技术发展趋势应为采用超（超）临界参数、褐煤煤中取水发电技术、烟气余热回收等集成发电技术，使褐煤机组实现综合提效，显著提高褐煤机组的发电效率，节约水资源，降低煤耗并降低污染物排放，使褐煤机组煤耗、厂用电率及污染物的排放指标达到国际先进水平。满足国家对建设内蒙古煤电基地建设，应"注重环保，高度节水，集成应用当今最先进技术，实现可持续发展"的要求。

6. 准东煤发电技术

新疆准东煤储量巨大，煤质燃烧特性好，合理开发利用准东地区煤炭资源，研究准东煤锅炉燃烧技术，对保证准东煤电基地特高压直流外送配套电源项目安全稳定运行具有重要意义。总体看，我国由于高钠煤应用较少，仍未有一套在大容量机组上100%燃烧准东煤的可靠方案。今后需开展准东煤燃烧发电的进一步研究工作，重点措施应为：

（1）深入开展准东煤燃烧、结渣和沾污等特性参数的基础性研究工作，制定准东煤相应的评价指标和体系以及国内行业通行的准东煤锅炉燃烧热力指标选取范围，指导锅炉设计选型；

（2）加强现役锅炉掺烧准东煤的试验研究工作，归纳和总结掺烧准东煤的技术和经验，为大型锅炉大比例掺烧或全烧准东煤提供技术支持和设计依据；同时应加快全烧准东煤燃烧技术的研究和相关技术的现场验证工作，以保证锅炉在全烧准东煤的条件下能够安全稳定运行；

（3）加快进行入炉煤提钠技术的试烧试验，根据试烧试验最终成果，依托具体工程开展工程化应用研究工作，并在此基础上进行工程化示范；

（4）由于准东煤田煤源广，各矿煤质成分不一，结焦和沾污程度不同，因此锅炉型式不可能完全相同，具体工程锅炉设计应根据各矿区煤的结焦、沾污特性进行分析研究，也可尝试开发新炉型，如旋风炉液态排渣技术。

7. 无烟煤发电技术

目前国内超超临界"W"火焰锅炉机组尚处于研发阶段，不具备规模建设的条件，现阶段无烟煤机组工程建设仍采用超临界"W"火焰锅炉。后续根据研发成果进一步论证后，适时开展超超临界"W"火焰锅炉机组的示范工作。鉴于我国西南地区无烟煤同时也是高硫煤，建议适时启动高硫无烟煤超（超）临界循环流化床锅炉的研发和示范工作。

（二）循环流化床（CFB）发电技术

充分利用循环流化床劣质燃料适用性的特点，开发和装备与之适应的高参数600MW级超临界及超超临界CFB锅炉提高能源转换效率，同时结合近年我国在低床压降节能型循环流化床开发时证实的提高可用率、降低厂用电的经验以及在低成本污染控制方面的创新与突破，形成适应我国劣质煤坑口电站的先进发电设备，是"十三五"期间乃至未来更长时期内我国CFB锅炉清洁燃煤发电技术的总体发展方向。

"十三五"期间，我国电力工业应重点发展600MW级燃用劣质燃料，低成本，经济排放控制技术的高效CFB锅炉发电机组，加快660MW超超临界CFB锅炉的研制及工程示范，形成我国大容量高效环保型的CFB锅炉系列产品，具体举措如下。

1. 加快燃用劣质燃料的 300 ~ 600MW 高效、低成本排放控制 CFB 锅炉研制和工程应用

劣质燃料的一个重要特点是长距离运输不经济。因此，科学的方法是根据当地劣质燃料资源的储量情况，建设适当容量的 CFB 锅炉，以取得资源的最优利用效果。300MW 亚临界、600MW 超临界 CFB 锅炉辅以低成本污染控制技术，对区域资源的适应性强，应用场合广泛。

将已经得到工程证实的节能型超低排放循环流化床技术与大容量超临界循环流化床相结合可以形成中国独立知识产权的，技术、经济、环保性能优异的劣质煤发电技术。目前，我国燃用贫煤的 600MW 超临界 CFB 锅炉已成功投运，运行效果良好。在此基础上，进一步将超临界 600MWCFB 锅炉与低床压降节能型循环流化床技术并轨，可以在较短的时间内取得研发成果，开展工程示范，取得经验后加以推广应用。

2. 开展 600MW 等级超超临界循环流化床发电技术的自主研发和示范工程

在 600MW 超临界循环流化床示范工程基础上继续提高发电效率，开展 600MW 等级超超临界循环流化床示范工程是当前国内外循环流化床燃烧技术的大势所趋。除了燃用劣质煤、洗中煤、煤泥等循环流化床传统燃料之外，利用 CFB 锅炉技术燃用褐煤，具有锅炉燃烧效率高、燃料制备系统简单可靠、炉内无结焦危险等优点，可以达到比同容量煤粉锅炉更高的锅炉热效率，并且可以避免 CFB 燃用其他高灰分劣质燃料可能出现的炉内受热面磨损、大量高温灰渣的冷却处理等技术难题，因此，大型 CFB 锅炉是未来褐煤燃煤发电设备合理的技术选择之一。

CFB 锅炉燃用褐煤，有其技术方面的特殊性。褐煤由于水分含量高，锅炉相应的烟气量将比同容量烟煤锅炉增大 15% 左右，炉膛及相关设备尺寸相应增大，会带来相应的一些技术问题；褐煤含灰量低，对 CFB 锅炉炉内燃烧、流动、脱硫等过程都会有不同程度的影响，需要结合示范工程开展研究工作。

我国在无烟煤 600MW 超超 W 火焰煤粉炉技术开发上遇到了重大障碍，该技术在燃烧室水冷壁安全、燃烧效率、特别是 NO_x 排放方面存在问题。循环流化床锅炉燃烧无烟煤具有一定的优势，白马 600MW 超临界循环流化床的成功则进一步给无烟煤高效低污染发电指出了新路。可以预计，600MW 超超临界无烟煤燃烧锅炉可以从性能上全面超过 600MW 超 W 火焰炉。

（三）整体煤气化联合循环（IGCC）发电技术

目前，国内外处于商业示范运营的六座 IGCC 电站主要采用 E 级与 F 级燃气轮机，电站容量在 20 万 ~ 30 万 kW 之间，供电效率能达到 40% ~ 43%，折合供电煤耗在 286 ~ 307g/（kW·h），这些 IGCC 电站采用燃气轮机的设计与生产年代较为久远，在当今超超临界机组大面积推广的背景下，其性能优势逐步丧失。进入 21 世纪以来，联合循环发电技术在世界范围内得到了迅猛发展，全球对燃气轮机的需求量大增，国际燃气轮机制造商都在投入大量的资金和技术，研发大功率、高参数、高性能的燃气轮机，燃气轮机技术又迈上了一个新台阶。GE与Siemens公司近年来研制出的H级燃气轮机燃用天然气时，单循环效率＞40%，联合循环效率＞60%，新一代的F级燃气轮机燃用天然气时，单循环效率将近39%，联合循环效率达到59%。

另一方面，随着我国自有干煤粉气化炉技术的发展，干煤粉气化炉在IGCC发电领域的性能优势保证了IGCC供电效率的提升。

结合我国在天津IGCC电站设计、建造与运营过程中积累的经验，集成先进的H级燃气轮机与大容量干煤粉气化炉的IGCC，供电效率能够达到47%，折合供电煤耗低于261g/（kW·h），电站初投资也将随着IGCC的大型化与批量化大为降低。此外，通过提高汽水循环参数、优化系统、引入新技术（低能耗制氧技术、燃料电池技术）等措施，IGCC性能进一步提高的潜力值得期待与关注。

整体煤气化联合循环（IGCC）发电技术发展趋势主要为四个方面：

1. 改进IGCC主要部件和系统的性能、提高可用率、降低成本

（1）发展单机功率更大、燃气初温更高、热耗率更低的燃气轮机，以它为核心来优化配置IGCC的各系统。根据美国ATS（Advanced Turbine Systems）计划，目前世界上已经制造成功H型燃气轮机，燃气初温均为1427℃，单循环效率＞40%，联合循环效率＞60%。显然，把它们改烧合成煤气而组合成为IGCC时，IGCC的单机功率可以提高到500 ~ 550MW，供电效率有望达到50%，而比投资费用则能降低到\$1000/kW ~ \$1200/kW的水平。这种IGCC足以与目前最先进的超超临界参数的常规燃煤电站竞争。

（2）当采用H型燃气轮机来组成IGCC时，底循环汽轮机的主蒸汽参数就由目前的高压、超高压参数向亚临界或超临界参数方向发展。

（3）提高气化炉的性能、运行可用率和可靠性。目前IGCC电站的运行可用率在很大程度上取决于气化炉的可用率。在改善气化炉的性能方面应特别侧重于提高碳转化率和冷煤气效率。在改善运行可用率方面则应侧重于提高高温炉衬（砖）和喷嘴的使用寿命，合理地设计气化炉的排渣系统。此外，还应增强气化炉对煤种的适应性，探索不同煤种所宜选用的气化炉类型。目前已有业绩的Shell炉、GE-Texaco炉和Destec炉也仍需不断改进。

（4）目前在IGCC电站使用深冷法制氧设备，这种设备价格高，制氧能量高。为了降低电站的厂用电耗率，以便提高IGCC的供电效率，各国研究人员对高温离子膜（ITM）分离技术做了大量的研究。

（5）研究高温条件下的除灰脱硫方法，这是今后简化IGCC系统，提高IGCC性能并降低其比投资费用的一个重要方向。

（6）研究以空气为气化剂的气化炉以及与其相应的IGCC系统。

2. 进行CO_2捕集

与CO_2分离、捕集、封存技术相结合，满足低碳经济发展对于电力行业的要求，提高IGCC系统应对温室气体排放控制的竞争力。

3. 发展 IGCC 融合化工原料合成的煤基多联产 IGCC 电站

这种生产组合模式就是当今已被广泛使用的以"合成气园"为基础的多联产技术的生产概念。

4. 集成多种先进技术

IGCC 是由多种技术集成的系统，能够利用多种先进技术使之不断完善。煤气化技术、煤气净化技术、燃气轮机技术、汽轮机技术以及制氧技术等的发展都能为之发展提供有力的支撑。同时，IGCC 工艺过程适合与其他技术进行集成，例如燃料电池技术。

（四）燃气轮机联合循环（NGCC）和分布式发电技术

目前，国外燃气轮机已从 E/F 级逐步向 G/H 级、J 级方向发展，其联合循环发电效率已超过 60%，我国在引进 100 余台以 F 级和 E 级为主的先进燃气轮机联合循环发电机组的基础上，结合自主研发，在燃气轮机设计、制造、燃烧等基础领域取得了明显进展，但相比发达国家仍存在巨大差距。大力发展燃气轮机设计、高温部件材料和制造、低污染稳定燃烧、高温部件修复、分布式能源系统优化集成等核心技术是我国 NGCC 和分布式发电技术的未来发展战略需求。

1. 燃气轮机的设计技术

未来重型燃气轮机透平初温将达到 1700℃，其简单循环和联合循环效率分别为 43% 和 63%。为了满足先进燃气轮机高负荷、高效率的发展要求，非定常设计体系（四维）以及全维设计体系将被广泛采用。

燃气轮机设计技术涉及面较广，涵盖了燃气轮机总体设计、压气机模化加减级、燃烧室设计、冷却系统设计和透平冷却叶片设计等技术。根据国外燃机技术的发展趋势和我国技术发展现状，我国应以提升设计能力、部件材料和制造技术为核心，坚持科学发展、需求牵引和继承创新的设计体系建设总体思路。建立国家重型燃气轮机试验基地，进行重型燃气轮机可靠性试验、不同燃料长寿命试验和大部件试验，逐步形成和完善重型燃气轮机设计、试验验证体系。结合国家重大专项，突破 F 级重型燃气轮机关键设计技术，形成一整套整机与部件的气动、结构、强度、燃烧、试验和测试系统专业的设计和试验规范，形成燃气轮机的工程设计与试验方法，建立和发展 F 级重型燃气轮机研发设计体系。同时要鼓励燃气轮机学科前沿的探索性、前瞻性课题的基础研究，力争在燃气轮机新概念、新方法、新技术的原始创新方面有所突破，实现 G/H 级重型燃气轮机的自主创新与全面发展。

2. 燃气轮机的高温部件材料及制造技术

目前，高温部件金属材料的使用温度已接近极限，不可能满足未来燃气轮机透平叶片温度不断提高的设计要求。但是由于非金属材料和制造成本高昂、关键技术尚未解决，在未来很长的一段时间里，燃气轮机高温部件材料仍然将以高温合金为主。因此，未来燃气轮机高温部件材料及制造技术的发展重点是高温合金和新型非金属材料的设计及其制造技术。

一方面，随着 F 级以上燃气轮机的陆续投产，增加了对大尺寸定向、单晶叶片，以及轮盘锻件和粉末冶金轮盘的需求，对于先进镍基单晶高温合金和粉末高温合金的开发，以及新型高梯度定向凝固技术、大尺寸高温合金锻造和粉末冶金技术的开发将是未来高温合金材料及制造技术的主要研究方向。另一方面，从目前国外应用现状及发展前景来看，未来燃气轮机高温部件非金属材料将以陶瓷基复合材料、金属间化合物、C/C 复合材料为主体。为适应未来重型燃气轮机发展趋势和提高我国重型燃气轮机材料制造技术水平，我国须大力加强材料制造技术研究，具体为：①加强大尺寸单晶高温合金铸件定向凝固技术研究，提高带有复杂冷却通道的大尺寸透平叶片（特别是单晶叶片）生产合格率；②加强新型耐高温热障涂层及其制备技术研发；③积极探索开发新型耐高温基体材料，如：陶瓷基复合材料、金属间化合物、C/C 复合材料。

3. 高效低污染稳定燃烧技术

高效低污染稳定燃烧技术也是未来制约燃气轮机是否可投入商业运营的关键技术。其中，富燃 / 淬熄 / 贫燃燃烧、烟气再循环燃烧、柔和燃烧、催化燃烧等新一代低污染燃烧技术将是未来燃气轮机的发展和应用趋势。

基于国内重型燃气轮机燃烧技术的现状，高效低污染稳定燃烧技术的研发应分为三个阶段，包括：低污染燃烧理论与机理研究；分级预混低污染燃烧技术研究；贫燃预混、柔和燃烧、富燃 / 淬熄 / 贫燃燃烧等新一代低污染燃烧技术研究。第一阶段的关键技术及难点在于燃气轮机不同工作状态下 NO_x、CO、UHC 等污染物的生成机理和影响因素研究；第二阶段的关键技术及难点在于分级预混燃烧火焰稳定技术和分级燃料喷嘴设计，目前国外主要采用扩散燃烧作为燃机在启机和低负荷时分级预混燃烧的火焰稳定技术，而驻涡燃烧等新一代火焰稳定技术仍处于研发阶段，鉴于国内的研究基础，该阶段可通过大量燃料喷嘴实验解决；第三阶段的关键技术及难点在于新型低污染燃烧技术的研究基础薄弱，无任何技术资料可供借鉴和参考，其可行的解决方案是集合全国燃机研发单位，各单位基于自己的研发基础重点研发一项新型低污染燃烧技术，采取集中优势力量逐个击破的方针对新型低污染燃烧技术进行突破。

4. 燃气轮机高温部件修复技术

随着燃气轮机机型的不断更新升级，高温部件修复技术将向 H、G、J 级燃气轮机高温部件修复技术方向发展，包括新型单晶高温合金、稀土高温合金和陶瓷基复合材料的损伤检测和焊接工艺、冷却通道改进和新型涂层工艺，修复工艺仍以熔焊或钎焊为主导，各修复技术及设备逐步趋于自动化、廉价化、规范化和标准化。

热通道部件修复是一项复杂系统工程，涉及损伤评估、焊接修复、内孔道涂层重建、热障涂层修复等工艺步骤。鉴于国内外燃气轮机热通道部件修复技术最新研究进展和现状，我国应坚持"重点突破、从易到难、先基础研究后工程应用"的原则，重点突破热通道部件损伤评估、焊接修复和涂层重建等关键技术环节。由于各关键修复技术环节既独立又互相关联，不同部件或同一部件不同部位可能使用不同的修复工艺。为了早日实现燃气轮机热通道部件的全面国产化修复，具体对策和建议为：①先突破高温部件损伤评估技术，后开展高温部件焊接和涂层修复技术。其中，损伤评估技术是热通道部件修复技术的研究基础，也是热通道部件寿命管理和检修周期制定的关键，而焊接和涂层技术相对独立，可并行开展。②先静止部件后转动部件，先低应力区后高应力区；③先系统开展关键技术环节基础性研究，后开展工程应用研究，最后推广形成热通道部件修复规范和标准。

5. 燃气轮机分布式能源系统集成优化技术

随着当今世界能源与环境危机的日益突出，与环境相容相协调是未来能源动力系统发展的必然要求和趋势。多能源输入与多产品输出、化学能与物理能综合梯级利用、污染物控制一体化是未来燃气轮机分布式能源系统发展的主流方向和前沿课题。基于化学能与物理能综合梯级利用原理的能量释放机理、污染物控制与能量综合利用一体化原理、多联产和多能源互补等多功能耦合系统的集成机理将成为未来系统理论研究的主要内容。

随着分布式能源系统朝着多能源互补及多联产方向发展，系统的集成度将更高，优化设计难度将更大，对核心设备的性能要求也越高。因此，完善的系统集成理论和核心装备的自主设计制造是未来我国分布式能源领域研究的重要内容。应当首先开展先进能量系统集成的理论研究，并逐步推进有市场前景示范项目建设，借助示范项目的推广建设，逐步完善系统集成理论，并形成具有自主知识产权的能源装备产业体系，消化吸收国外先进制造技术推动分布式能源产业发展。未来的能源动力系统将更加强调多学科交叉联系与多领域合作，因此，开展能源、环境、化工等交叉学科间的基础理论研究和人才培养，推进示范项目建设并提高装备自主化是实现本技术方向突破发展瓶颈的关键。

（五）太阳能与燃煤电站互补发电技术

目前，太阳能热与燃煤电站互补发电技术已进入可研和工程示范阶段，发展潜力较大，但要实现规模化应用，仍有许多问题有待研究解决，如尚无指导互补发电系统的通用设计原则及运行调节方法，互补系统中关键设备的研发仍处于试验阶段等。

太阳能和燃煤互补发电技术在近期（2～3年）及中长期（5～10年）内的发展战略需求和发展趋势为：

（1）实现变辐照时太阳能的高效转化以及太阳能集热品质与燃煤机组热能品质的匹配，这是太阳能与燃煤机组互补发电系统集成的核心，对互补发电系统动态热力行为及响应规律的研究具有重要意义。

（2）着力研发太阳能热与燃煤机组互补发电系统中的关键技术和设备如集热系统中的槽式太阳能聚光器、高温真空太阳集热管、储热系统等，并争取进行大规模商业化应用的检验。

（3）积极推进示范性电站的建设，积累国内对互补电站整体系统设计和系统集成的经验，建立相关检测体系和标准体系，带动市场规模的扩大，推动相关产业建设。通过示范电站，一方面可为国内提供各种互补发电技术的技术验证、装备制造、产品验证的平台，积累建设经验；另一方面，通过示范电站的建设为以后互补发电技术发展，乃至标杆式的上网电价的确立，提供可以借鉴的经验和范例。

此外，未来五年内，太阳能与燃煤电站互补发电技术还应当发挥行业联盟作用，形成产、学、研的研发及成果转化体系，以太阳能光热产业技术创新战略联盟为基础，着力构建形成自主知识产权的创新体系，以此推动我国互补发电产业的健康、快速发展，建立互补发电技术高端人才培养体系，推动互补发电技术的规模化应用。

（六）节能降耗技术

火电机组节能降耗技术未来发展趋势是机组实施汽轮机通流改造，并采用现有成熟先进的节能技术进行改造，实现深度节能降耗。利用现有成熟先进节能技术进行改造仍将是目前和未来燃煤机组改造的主流方向，主要采取的节能降耗措施包括：汽轮机通流改造、供热改造、弹性可调汽封、蜂窝汽封、刷式汽封、接触式汽封、调节级喷嘴优化、循环水泵提效改造、真空系统节能改造、空冷岛增容改造、热力及疏水系统优化、前置泵改造、引风机与增压风机合并改造、烟道优化改造、风机提效改造、低压省煤器、泵风机变频调节或双速改造等。

（七）热电联供与多联产系统

1. 热电联供

"十二五"以来，我国热电联供在理论研究和技术应用中均取得了长足进步。目前在役的热电联供机组仍以抽汽式供热为主，普遍存在供热蒸汽参数高、㶲损失大等问题，同时供热管网设计参数偏高，极大制约了热电联供技术节能减排效益的发挥，应采取的对策和技术路线如下。

（1）300MW供热汽轮机低抽汽参数设计与装备制造。

我国300MW供热机组仍是未来较长时间内供热的主力机组，但目前300MW等级供热汽轮机设计抽汽参数一般在0.4MPa、温度约250～270℃，远高于一级热网水实际所需要的90～120℃，造成了高品位能量的浪费。下一步工作中应继续加大热电联供装备研发，针对300MW等级供热汽轮机，开展轴系稳定性研究和中低压缸的优化设计，使中压缸排汽压力下降至0.3MPa左右，实现汽轮机抽汽与供热热网之间更为匹配的温度对口、梯级利用。同时汽机厂及锅炉厂联合辅机厂、水泵厂等生产配套的节能产品，促进热电联供机组的健康可持续发展。

（2）基于低位能梯级利用的600MW机组供热改造。

我国已经启动了600MW等级供热机组建设，600MW汽轮机抽汽压力高达0.9～1.1MPa、温度达到340～360℃左右，远高于一级热网的供水温度，造成高品位能的极大浪费，低压缸排汽存在较大的冷源损失。针对600MW等级大型热电联供机组，应着重突破高品位抽汽的梯级利用技术。根据已有的相关专利技术，可以考虑为600MW汽轮机中压缸抽汽设计并设置小汽轮机，通过小汽轮机的作功，降低抽汽压力、回收部分可用能。目前双转子高背压供热方案仅用于 300MW 机组，下一步工作中，应针对 600MW 汽轮机低压缸进行优化设计和改造，发展 600MW 等级的低压缸排汽参数安全提升技术，满足供热期大型汽轮机排汽低位能直接利用的需要，以大幅度减少高压抽汽，提高机组的㶲效率。

（3）大型热电联供机组调峰技术。

我国北方集中采暖地区冬季供热需求和电负荷需求矛盾突出，应采用多种手段，提高大型热电联供机组电力负荷调峰的能力。这些地区往往新能源装机量占比较大，热电联供机组电力调峰改善也将利于电网吸纳新能源发电。改变单一热源的供热模式，如在冬季用电负荷长期偏低的地区，为热电联供机组配置背压机增加供热量，背压机在非供热期停运，政策上给予补贴电量。在风电资源丰富的地区，为热电联供机组配置风电供热锅炉，利用供热锅炉的蓄热能力，提高风电机组的利用小时数。在研发工作中，应加强探索和研发大容量蓄热技术，发展蓄热式热网加热器技术，根据热用户负荷的时变规律和特点，实现大型热电联供机组的分段式产热和集中式供热。

（4）供热参数的低品位化。

我国供热热网目前仍沿用 20 世纪 60 年代参数，住建部制定的一级热网供水标准为 110 ～ 150℃；设计中常用的一级热网供水温度为 120 ～ 130℃，大多数地区实际运行温度 100℃左右。随着建筑节能技术的不断进步，应积极开展与之相匹配的热源、热网和热用户全系统性能优化和能量的梯级利用研究。研究现有供热系统由高温供热向低品位供热转变的可行技术方案。通过供热热源的低品位化，达到供热热源的深度节能，降低热电联供机组的供热能耗。作为保障措施，需要探讨制定并执行新的热电联供行业技术规范，进一步降低供热热网水温度标准。

2. 多联产

在多联产方面，我国科研工作者主要集中于应用基础研究和一些工程技术问题上，提出了多种形式的多联产系统，但在多联产核心技术方面的研究与国外有较大差距，需要加强国际之间的合作与交流，同时也对一些关键技术开展独立的理论与实验研究，应采取的对策和主要技术路线如下。

（1）多联产系统的生产流程与产品生产方式的创新研究。

本技术方向分支主要技术包括合成气化学成分和能量向多联产产品合理转化的系统集成技术、合成气成分调整技术、新型产品生产方式、多联供技术及低能耗 CO_2 捕捉技术。多联产系统的目标直指高热力学性能、环境友好及经济性能，因此，多联产系统的集成优化是长期发展趋势。

（2）多联产系统的优化与评价研究。

多联产系统的优化与评价研究方面应该开展的研究课题有多联产系统综合评价与整体优化体系的模型构建、多联产系统的大数据处理等，由于系统评价与优化需要较高的物理化学、数学与计算机素养，因此跨学科与跨领域合作是一个必然趋势。

（3）多联产系统的关键过程工艺开发与工业示范技术。

多联产系统的关键过程工艺开发作为多联产系统最基础也是最重要的部分，其最关键过程工艺为煤气化技术。本技术方向分支主要依靠实验为支撑，需要解决的关键技术及难点为煤气化器的成分与能量合理转化理论与实验、气化器设计与材料技术、空分技术、新型煤气化氧载体开发等。

（八）发电装备制造技术

1. 汽轮机制造技术

近期（2～3年）及中长期（5～10年）内的发展战略需求和发展趋势为：

（1）超超临界汽轮机：主蒸汽参数28～31MPa/600℃，再热蒸汽温度620℃的一次再热、二次再热机组将批量化制造和投入运行，单轴汽轮机的单机容量可达到1200MW等级，双轴汽轮机单机容量可达到1400MW等级，全转速1400mm等级末级钢制长叶片完成研制，汽轮机热耗进一步降低，效率进一步提高。

（2）660～1000MW等级超超临界一次或两次可调供热抽汽汽轮机将批量投入运行。

（3）1200MW等级超超临界空冷汽轮机将完成研发并投入运行。

700℃等级超超临界汽轮机技术的实现，难度远大于从566℃等级到600℃、620℃等级超超临界机组，目前高温镍基合金的研制虽然借用在燃气轮机中有大量成熟经验的镍基合金材料，但用于汽轮机必须解决大尺寸镍基高温合金铸锻件研制、高温材料部件的制造加工，以及减少材料消耗、降低制造成本的问题。大型镍基合金铸锻件的研制及焊接技术将成为700℃汽轮机能否实现产业化的关键之一。以汽轮机的主要高温部件，高中压主汽调节阀、高中压汽缸、高中压转子、及高温叶片和高温螺栓中技术难度最大的转子为例，其主要的技术攻关项目有：①大尺寸高温合金材料研发。包括长时性能试验及性能优化；②大尺寸高温合金锻件研制。包括大型高温合金冶炼、铸锭、锻造及热处理等技术难题；③大尺寸异种材料焊接技术研发。包括Ni-9%Cr、Ni-12%Cr转子锻件之间异种材料焊接、热处理及无损检测等技术难题。

根据欧盟AD700、日本AUSC、美国AD760及我国的700℃计划，完成这些研究和试验工作，用于产品的时间至少在2026年之后，也就是说在近10年内应用镍基合金的700℃汽轮机组尚不具备商业化应用条件。

2. 锅炉制造技术

在煤电技术向清洁高效方向发展的形势下，发展更高参数、更清洁高效的大容量锅炉技术势在必行，蒸汽参数为700℃超超临界机组、600～1000MW再热蒸汽参数为610℃或620℃的高参数超超临界技术、1200～1400MW大型超超临界锅炉技术、高参数新型循环流化床燃煤锅炉、大规模整体煤气化联合循环发电关键单元技术及装备等将成为未来的主要发展方向。

锅炉制造技术未来 5 年重点发展目标：

（1）跟踪国际上 700℃ 先进超超临界发电技术的发展动态，积极进行 700℃ 锅炉技术研发。包括 600～1000MW 锅炉总体方案的研究，锅炉本体关键部件设计技术及制造技术研究，进行 700℃ 锅炉关键部件的验证试验；在锅炉用材方面，开展 700℃、35MPa 等级蒸汽温度用材、焊接材料及焊接工艺试验研究及应用试验研究，进行相关新材料开发研究。

（2）开展 600～1000MW 等级超（超）临界准东煤锅炉设计开发、特种燃料锅炉设计开发以及 1000MW 超超临界"W"型火焰锅炉研制。

（3）开展 660～1000MW 超超临界循环流化床锅炉研发。

（九）CO_2 捕集、利用和封存（CCUS）技术

应对气候变化问题是我国发展的严峻挑战，我国的独特国情、以煤为主的能源结构和已经开展的 CCUS 示范项目所取得的经验，表明发展 CCUS 技术具有关乎国家减排责任、煤炭可持续利用、中国能源企业国际竞争力等方面的多重意义。

在捕集技术领域，百万吨级成套捕集技术已成为目前工业应用的主流，因此适合于大规模捕集工程且具备节能降耗特点的技术开发将是捕集技术发展的趋势。在燃烧后捕集技术方面，降低吸收剂能耗以及降解损耗是技术革新的重点，同时需要结合工艺设备改进以及系统集成设计的优化，通过综合手段降低捕集系统的能耗和成本。在燃烧前捕集技术方面，需提高系统各流程间集成耦合程度，优化 CO_2 捕集材料和工艺的选择。在富氧燃烧技术方面，应重点进行 35MWt 的富氧燃烧机组的长时间运行性能考核，总结系统运行与维护经验，开发与之匹配的低能耗空分系统以降低系统附加能耗、空分 – 锅炉 – 压缩纯化系统热耦合优化技术、高效率 CO_2 压缩机等专用配套设备；建设百万吨级富氧燃烧碳捕集示范项目，进行富氧燃烧锅炉、低能耗空分、烟气冷凝、CO_2 压缩纯化及一体化脱硫脱硝等关键技术验证和系统运行优化研究。加强新一代富氧燃烧技术（增压富氧燃烧技术与化学链燃烧技术）的基础与放大研究。

CO_2 运输方面，国外已经成熟，国内还没有管网。开展区域性 CO_2 源与利用及封存汇的普查，初步形成示范区域的管网规划和优化设计、形成管材及设备选用导则，完善 CO_2 管输工艺，形成支撑 CCUS 全流程示范工程的百万吨级输送成套技术。

各种 CO_2 利用技术发展水平相差较大，其中 CO_2 强化采油技术国际上已达到商业应用水平，其潜在的利用规模和预期市场产值最大，选择汇源匹配条件和地质蕴藏条件最好的油田进行技术示范将成为大规模 CO_2 利用的主要发展方向，CO_2 驱替煤层气和 CO_2 强化采油是潜在的大规模 CO_2 利用技术方向，对于地质条件的依赖性较强，需结合重点区域开展前驱替技术验证。CO_2 化工利用技术相对成熟，而提高工艺路线的能量综合利用效率是技术发展的核心，CO_2 生物利用最具可持续发展价值，提高 CO_2 生物转化效率和速率是提升减排容量的关键，将以高光效、低成本、废水资源化利用为技术研发核心，以微藻代谢机理为基础，在藻种技术、养殖技术、采收技术的低成本、产业化放大等方面寻求突破。

长期安全性是 CO_2 地质封存的核心问题，鉴于地质条件的多样性，需要进行多个具有代表性的大规模地质封存示范，保障安全性的评价、监测、调控、补救技术与监管体系将是技术示范的重点。在技术路线上，可将地质封存与利用结合起来，提高封存安全性和经济性，例如将封存与采水结合，可以更好地控制地层压力，减少当地水资源压力，分离水溶性矿物质。

四、创新发展机制分析与建议

综上，我国清洁高效发电技术的最新进展主要体现在提高能源利用效率、劣质煤和准东煤清洁高效利用、发展清洁能源和可再生能源发电技术以及节能减排等方面。本节将对清洁高效发电技术的发展驱动力和影响发展的因素进行分析研究，进而提出清洁高效发电技术未来发展的关键策略和发展建议。

（一）发展驱动力分析

随着我国经济社会的快速发展，用电负荷迅速增长，给我国的能源供应带来了巨大的压力。能源问题已成为制约我国经济社会发展的重要因素。而在当前和较长的一段时期内，我国的一次能源和发电能源都将以煤炭为主，燃煤污染物排放量日益增大。煤炭燃烧过程中产生的 SO_2、NO_x、粉尘和 CO_2 是造成酸雨、光化学烟雾、雾霾以及温室效应的主要污染源，也使我国环境污染问题日益凸显。发展清洁高效发电技术，把满足电力需求和控制环境污染进行综合考虑，对降低能源消耗、减少环境污染物排放、优化我国能源结构及促进能源可持续发展具有非常重要的意义，也是解决我国能源和环境问题的核心。发展清洁高效发电技术发展驱动力包括：提高能源利用效率、劣质煤和准东煤清洁高效利用、发展清洁能源和可再生能源发电技术以及强化节能减排等几个方面。

在提高能源利用效率方面，供电效率的提高可以有效降低燃料的消耗，从而降低污染物的排放。对于燃煤电厂而言，发展高参数、大容量的超（超）临界机组，进一步提高再热温度至 610℃ /620℃，有利于提高我国燃煤火电机组的热效率，降低煤耗，同时采用先进的污染物排放控制技术，可将有害污染物排放降至最低。此外，采用二次再热技术其热耗率可较采用一次再热的机组下降 1.4% ~ 1.6%。发展整体煤气化联合循环（IGCC）发电技术也是提高能源利用效率的突破口，能够实现能量的梯级利用，提高整个发电系统的效率，较好地解决常规燃煤电厂固有的环境污染问题，是清洁高效发电技术未来重要的发展方向。

在劣质煤和准东煤清洁高效利用方面，随着煤炭洗选率的提高，大量副产低热值燃料如矸石、洗中煤、煤泥以及采煤副产的尾煤，其规模化清洁高效利用，对于大型循环流化床锅炉有着重大需求。此外，我国褐煤主要产地内蒙古地区的水资源极度匮乏，需要发展高效、节能、节水、环保的褐煤发电技术，使褐煤机组实现综合提效，提高发电效率，节约水资源，降低煤耗并降低污染物排放，满足国家对内蒙古煤电基地的建设要求。新疆准东煤储量巨大，煤质燃烧特性好，合理开发利用准东地区煤炭资源，研究准东煤锅炉燃烧技术，对保证准东煤电基地特高压直流外送配套电源项目安全稳定运行具有重要意义。

我国以燃煤发电为主的电源结构造成了严重的环境污染问题，并且随着煤炭资源的消耗，发展清洁能源和可再生能源发电技术是优化我国能源结构、保障我国能源安全、减轻环境污染的有效途径。燃气轮机联合循环和分布式发电技术具有高效、清洁、低污染、启停灵活、自动化程度高等优点，是我国清洁能源发电技术的重要分支。可再生能源与传统化石能源结合的发电方案，不但有利于改善传统化石燃料发电技术的经济效益与环境效益，同时也提供了一种现阶段可行性较高的可再生能源发电方案，具有较好的发展前景。

我国面临着能源供需矛盾尖锐、结构不合理和能源利用效率低的问题，《国家中长期科学和技术发展规划纲要（2006—2020年）》明确提出要坚持节能优先，降低能耗。攻克主要耗能领域的节能关键技术，大力提高一次能源利用效率和终端用能效率是我国能源发展的重大战略。城市供热行业的节能减排一直是国家和地方规划的重点工作，国家"十五"、"十一五"以及"十二五"发布的节能减排五年规划中，均将供热行业节能减排列为重点。我国热电联供存在巨大的节能潜力、面临广阔的发展前景。此外，由于国际石油供应紧张，迫切需要开发新技术增加液体燃料的生产，同时传统化工产品的生产与发电技术分开导致系统生产效率低，因此多联产替代分产系统成为了必然趋势。最后，中国也将面临越来越严峻的温室气体减排压力，同时中国石油资源需求增长迅速，原油对外依存度不断增高，发展考虑二氧化碳捕集的煤液化或多联产系统以及利用捕集的二氧化碳提高石油采收率将优化能源结构、保障能源安全。因此 CCUS 将可能成为未来中国减少二氧化碳排放和保障能源安全的重要战略技术选择。

（二）影响发展的因素分析

目前，影响我国清洁高效发电技术的因素既有技术层面上的，也有管理和政策层面的，以及经济因素等。

在提高能源利用效率方面，我国已在超超临界发电技术的应用层面达到国际先进水平，但高温材料方面仍然差距较大，设备制造方面尚存在进一步提升的空间。二次再热机组系统复杂，投资高，在目前的技术条件下，与一次再热相比，其获得的效率收益难以补偿投入的增加。在 IGCC 发电技术方面，目前存在的主要问题有：IGCC 示范电站运行不稳定，缺乏成熟的经验；大容量煤气化设备、高温煤气除尘及脱硫技术有待进一步开发；装置系统复杂，造价高 [1400 ~ 1700\$/（kW·h）]；厂用电率高，高达 10% ~ 12%；燃气轮机叶片耐高温及磨蚀的性能需要进一步改进。

在劣质煤和准东煤清洁高效利用方面，新环保标准下，循环流化床高效低成本脱硫方面需要实现技术突破。褐煤预干燥及水回收技术有待在 600MW 等级褐煤机组上应用并积累经验。准东高钠煤的利用上目前主要采用掺烧沾污性弱的煤种的方法，但这种方法只能减缓沾污，无法从根本上解决问题。

在 NGCC 发电技术方面，燃气轮机技术是核心技术，我国在燃气轮机整体设计技术与发达国家还存在一定差距，其主要原因在于燃气轮机设计体系不完善，引进技术未能充分消化吸收，机械、航空部门存在技术壁垒，科研成果转化缓慢；高温部件材料及制造技术整体落后于西方发达国家，其主要原因在于国内研发力量分散，缺乏高端人才，对新技术的开发缺少延续性，同时国外高度保密高温部件材料及制造技术，拒绝技术转让；国内缺少燃气轮机低污染燃烧技术研发经验，缺乏全尺寸、全温、全压燃烧试验平台，且已建设完成的部分试验平台仍处于调试阶段，尚未开展实质性科研工作；我国燃气轮机热通道部件修复技术水平和产业有了一定程度的发展，但仍存在科研力量分散、缺乏统一协作、修复设备落后、缺乏修复工艺标准和规范和专业技术人才等突出问题，严重阻碍了我国燃气轮机热通道部件修复技术的研发步伐。

在分布式发电技术方面，当前制约发展的关键因素在于：①科研力量分散并缺乏核心设备制造技术，项目初投资大。②行政体制障碍。分布式能源属于能源的综合利用，需要涉及燃气、电力、热力等多个部门，各部门缺乏统一协调，导致项目报批困难、手续办理复杂。③售电障碍。目前国家电力法规尚不允许分布式能源项目成为售电主体。④缺乏行业技术标准和规范。适用于分布式能源技术的热负荷计算标准、设备选型规范、燃气规范、电力并网规范以及施工、运维规范均尚未出台。⑤社会效益未得到合理体现。当前的电、热、冷价格不能体现分布式能源的环境效益和贡献，业主承担的技术和资金风险大。

太阳能热与燃煤电站互补发电技术在国家相关政策的扶持及重大科研项目的推动下，相关理论研究已获得较大进展，但是相关的示范项目建设方面仍旧存在较大不足。目前，国外已有一些太阳能热与燃煤电站互补发电的示范电站，国内这方面的案例还很少，一方面是由于国内资金匮乏，另一方面相关学科的基础研究也相对国外差距较大。其中影响技术发展的主要因素有：①基础研究起步晚，发展慢；②示范项目匮乏，缺乏示范和带动作用；③政策倾斜不够；④光伏产业资源过于集中。

在节能减排方面，目前普遍存在机组并网容量大、负荷系数低、利用小时少，严重影响机组运行能耗指标。在技术层面上，我国在役的热电联供机组仍普遍存在供热蒸汽参数高、㶲损失大、㶲效率低等问题。在标准层面，我国供热热网目前仍沿用 20 世纪 60 年代参数，住建部制定的一级热网供水标准为 110 ~ 150℃；设计中常用的一级热网供水温度为 120 ~ 130℃。但目前大多数地区，实际运行的一级热网温度已降至 100℃左右甚至更低。一定程度上，目前的热网设计规范和标准与技术发展水平已不相适应。在管理层面，目前我国热源、热网分属不同行业部门，我国供热改造仍处于粗放型的"发现问题，解决问题"的发展阶段，基本上由热网侧和热源侧各自采取措施，缺乏对热源、热网和热用户进行系统地协同分析。

多联产系统发展的影响因素有人才资源紧缺、资金紧张、实验平台少等。多联产技术的发展不仅需要科研人员提出新理论，更需要新理论的实验与工程实践、工程技术人才解决运行中出现的问题以保证多联产系统的安全高效运转。

我国 CCUS 技术在核心技术、关键装备研制、系统集成与全流程工程规模等方面仍有差距，尚没有百万吨等级的大规模示范。成本和能耗高、长期安全性和可靠性有待验证等问题仍然存在，需通过持续的研发和集成示范提高技术的成熟度。

（三）发展战略与建议

针对影响我国清洁高效发电技术发展的诸多因素，相应的发展战略和建议如下。

在提高能源利用效率方面，建议进一步支持和强化基础材料科学研究，完善 600℃ 等级超超临界国产材料的应用示范机制，确立更加科学的高温材料许用应力及许用温度的选择规范。开展二次再热紧凑型超超临界机组技术研究，提高经济技术指标，提高机组的安全性和可靠性，降低建设成本。有效整合电站主机设备制造企业、科研院所、高校、冶金企业联合攻关，发挥各自技术优势，形成具有核心竞争力的自主知识产权 700℃ 超超临界燃煤发电技术。这需要进一步加大研发投入、人才培养，从国家层面进行科学的部署和管理，设立国家重大科技项目，支持发电装备制造企业国家重点实验室建设和产品试验基地建设。

在 IGCC 发电技术方面，主要策略有：进一步发展适应多种原料的新型气化技术，探索以空气或以富氧为气化剂的气化炉以及高温干法除灰脱硫系统，简化系统，提高气化和系统效率、可靠性，降低投资和运行成本；通过单元技术的成熟和产品结构的多元化，走联产道路，提高 IGCC 技术的竞争力，降低造价和投资，提高资源利用率和经济性，并改善系统调峰性能；自行开发适用于 IGCC 的燃气轮机及其底循环；开发适用于 ICCC 电厂的 CO_2 分离、捕集技术研究，突破关键技术，开发系统工艺，完成示范研究，实现煤基发电的近零排放；在现有深冷空分工艺不断改进、提高负荷跟踪能力和安全可靠性的同时，发展空气的膜分离技术，简化空分装置并降低厂用电率；完善 IGCC 系统中各单元的集成技术、系统优化技术、先进的控制技术，提高系统运行可靠性、负荷跟踪能力与负荷适应性。

在劣质煤和准东煤清洁高效利用方面，在循环流化床高效低成本脱硫方面实现技术突破，单级炉内脱硫或两级炉内外脱硫实现二氧化硫 $<100mg/Nm^3$ 的目标。深入研究煤中取水褐煤发电技术，推动该技术在 600MW 等级褐煤发电机组上的工程应用，同时，完成超（超）临界设计技术集成研究，包括：褐煤预干燥、冷端优化、锅炉及热力系统优化、烟气余热利用、汽轮机热力系统优化等技术研究。对准东高钠煤的利用进行深入研究，开发合适的燃烧和控制技术，例如入炉前提钠技术、旋风炉液态排渣技术等。

在发展清洁能源和可再生能源发电技术方面，要加强燃气轮机核心技术的研发，建议从以下 5 个方面发展。

（1）要推动燃气轮机设计技术的发展，需全面开展燃气轮机总体设计、高性能压气机设计、高性能燃烧室设计、高性能透平设计、热部件冷却等关键技术研究，对能自足自身独立完成的关键技术，依托航空成熟技术优化集成，联合国内力量合力突破；对基础薄弱的关键技术，采用引进消化吸收或国内外合作研究的方式加以掌握。在国家统筹安排下，形成以市场引领、企业主导、产学研用结合的技术创新体制，持续开展关键设计技术开发，依托于相关的产品和示范工程实现关键设计技术验证与改进，形成设计、制造、验证与改进的完善的体系，全面提升我国的燃气轮机设计水平。

（2）为提高我国重型燃气轮机高温部件制造能力和水平，坚持新型材料和新技术自主研发是未来燃气轮机高温部件制造的必然选择。一方面要加大对新型材料和制造技术开发的投资力度，加强材料制造基础研究和试验能力建设；另一方面，针对具有发展潜力的新材料、新技术研发项目，应保证项目研发资金的延续性。

（3）要推动我国燃气轮机高效低污染稳定燃烧技术的全面发展，需全面开展燃气轮机高效、低污染稳定燃烧技术的基础性研究。对上述技术的研发需制定相应的技术方案。在研究中，注重跟踪前沿再创新，形成具有自主知识产权的燃气轮机高效低污染稳定燃烧技术。对于开发的关键技术依托于燃烧试验平台及相关示范工程进行验证，促进科研成果转化和产业化。

（4）要推动热通道部件修复技术及产业化的发展，建立完善和成熟的热通道修复技术开发体系（包括修复平台、人才培养、创新机制）是关键。建议我国统一规划，集中国内研发力量，走自主研究和消化、吸收相结合的道路，以产业发展为导向，以关键技术研究为重点，以示范电站为依托，有机结合基础研究和关键技术验证研究，建立并完善热通道部件修复技术开发平台和创新机制，形成完善的热通道修复技术开发与服务体系，培育一批具有核心竞争力和创新能力的跨专业复合型人才，全面提升我国的燃气轮机检修水平。

（5）在燃气轮机分布式能源系统集成优化技术方面，建议集中研发力量，加强多学科交叉的基础课题研究及人才培养；加快设备国产化步伐，出台相关政策，以多种形式鼓励企业研发分布式能源核心设备，提升装备自主化水平；研究并制定完善的系统优化集成标准和设计体系；制定鼓励分布式能源发展的产业和财税优惠的具体政策，推进示范项目的建设；以市场化为导向，推动多能互补、多联产的新型分布式能源系统研究及商业化发展。

针对影响互补发电技术发展的各项因素，提出互补发电发展战略与建议如下。

（1）加强对已有太阳能热与燃煤电站互补发电技术成果的总结，组织高层专家对太阳能热与燃煤电站互补发电技术成果进行进一步认定，促进形成一套完整的具有自主知识产权的技术体系。

（2）在有条件的地区推广应用太阳能热与燃煤电站互补发电，尽快实现技术成果的产业化转变。通过示范电站的建设，形成完善的包括关键光热发电设备等的设计制造规程，形成设计、建设、施工、验收、运行维护等方面技术标准。

（3）出台电价、财税、融资等相关激励政策，大力推动太阳能热与燃煤电站互补发电及其关联产业发展，建立以自有技术为主导的产业链，使之成为带动产业升级新的经济增长点。

在强化节能减排方面，继续加大应用基础研发的投入力度，对热电联供机组具体建议如下。

加强热电联供机组建设的区域能源规划，科学规划、合理布局热电联供集中供热。在有条件的地区适时发展热电冷联供技术，提高热电联供机组全周期运行效率和经济性。

建立涵盖装备制造、电力、市政、环境等跨多行业的联合研发机构和产业技术创新联盟，开展热源、热网和热用户的协同优化研究。

继续加大对热电机组的政策支持力度。国家有关部门在出台相关政策时，应充分考虑热电联供节能环保的作用，对热电企业承担的社会和公共利益义务，考虑采取税收优惠以及贷款贴息等办法给予适当的支持。

对多联产系统而言，国家相关部门应该对此技术分支设立中长期发展计划，强化理论与实际工程相结合。国内科研机构相对比较注重理论研究，对此应该强化相关研究领域的实验研究，对于已经建立的实验平台提高其在相关领域研究者之间的共享率，提高实验平台的利用率。由于我国在多联产核心技术方向的研究落后于国外，因此需要加强国际之间的合作与交流，对于国外比较成熟的技术可以采取技术引进、吸收、再创新的方式。科技部门应加大本技术方向的资金投入，设立相关技术方向的中长期研究课题。

CCUS 技术发展方面，重点的技术创新建议包括：

（1）新一代高效低能耗的 CO_2 吸收剂和捕集材料研发，研究并验证增压富氧燃烧、化学链燃烧等新型富氧燃烧技术。开展我国特殊地质构造条件下的地质利用技术研发，以及利用 CO_2 开采页岩气、CO_2 驱水、CO_2 增强型地热系统、CO_2 生物固碳、联合地质封存等前沿技术研发。

（2）开展百万吨级 CCUS 技术关键技术、设备、材料和系统优化技术研发。

（3）开展多种源汇组合的 CCUS 全流程系统应用和推广，因地制宜地对不同 CO_2 浓度气源的捕集、利用技术进行组合匹配，获得不同 CO_2 气源条件的最优技术组合方案，整体推进大规模全流程 CCUS 系统应用，循序渐进地验证大规模 CO_2 综合利用的技术经济性。

对于后续发展得相关政策支持提出以下几点建议。

（1）健全科技统筹协调机制，需要政府做好 CCUS 发展的顶层设计，分阶段逐步组织实施 CCUS 重大项目及重大工程，创新驱动 CCUS 及相关产业发展，统筹协调和调动各部门及地方资源，共同推进规划实施。组建由多学科、多领域高层专家参与的国家 CCUS 科技创新专家委员会，为规划实施提供战略决策与技术咨询。

（2）加大政策性资金投入，加大政府对 CCUS 技术研发与示范的支持力度，加强跨行业、跨领域合作，推动关键共性技术的联合攻关和大规模全流程的 CCUS 技术示范工程建设。加强基础研究、技术研发、工程示范等工作的衔接。鼓励各地方与相关行业部门增加投入，寻求税收减免、后补助等财政支持方式，积极利用国际渠道筹措资源。

（3）加强创新团队与人才建设，进一步推动和完善 CCUS 相关学科体系建设，鼓励有条件的高校和教育机构整合相关学科优势资源开设有关课程，加强专业人才培养；支持和鼓励高校、科研机构和大型企业建立高水平的实验室、研发中心和示范基地，培养与引进青年创新人才和工程技术人员。

（4）推进 CCUS 技术标准体系建设，推进 CCUS 技术标准化和长期安全性评估标准制定，研究 CO_2 管道建设、封存选址、监测评价方法与标准，建立适合我国国情的 CCUS 技术标准与规范体系，严格把握 CCUS 示范项目的安全性指标，带动 CCUS 技术规范发展。

（5）强化国际科技合作，把握国际 CCUS 技术发展趋势，积极开展 CCUS 国际科技合作，将 CCUS 技术纳入多边、双边国际科技合作，推动建立国际前沿水平的国际合作平台；基于国际视野推动我国 CCUS 技术研发和国际先进技术的引进、消化和再创新，统筹推动我国 CCUS 技术创新体系跨越发展。

—— 参考文献 ——

［1］Alstom. Neurath F and G set new benchmarks ［R］. Lignite Power.

［2］张殿军. 国产首台 600MW 超临界褐煤直流锅炉介绍［J］. 锅炉制造. 2011：1-2.

［3］Zhao Zongrang. Development of Brown Coal for Power Generation in China ［C］. 2012 APEC Syposium on Energy Efficiency of Low Rank Coal. 2012.07, Beijing.

［4］张殿军，尹向梅. 1000MW 超超临界褐煤锅炉的研究与初步设计［J］. 动力工程学报. 2010, 30（8）：559-566.

［5］魏国华，宋宝军，夏良伟. 1000MW 超超临界塔式褐煤锅炉的研究［J］. 锅炉制造. 2014, 1：17-20.

［6］User Guidelines for Waste and Byproduct Materials in Pavement Construction ［EB/OL］. http://www.fhwa.dot.gov/publications/research/infrastructure/structures/97148/cfa51.cfm.

［7］Computer modeling brings slag control into the 21st century ［EB/OL］. https://online.platts.com/ PPS/P=m&s=1029337384756.1478827&e=1129748331041.-6370217088259509047 /?artnum=C200v510xi171s4x2d33C1_1.

［8］H.P. Nielsen, F.J.K. Frandsen, K. Dam-Johansen. The implications of chlorine-associated corrosion on the operation of biomass-fired boilers ［J］. Progress in Energy and Combustion Science. 2000：283-298.

［9］M.C. Mayora, J.M. Aadre, J. Belzunce. Study of sulphidation and chlorination on oxidized SS310 and plasma-sprayed Ni-Cr coating as simulation of hot corrosion in fouling and slagging in combustion ［J］. Corrosion Science. 2006：1319-1336.

［10］陈川，张守玉，施大钟，等. 准东煤脱钠提质研究［C］. 中国动力工程学会锅炉专业委员会 2012 年论文集. 2012：27-35.

［11］马岩，黄镇宇，唐慧儒，等. 准东煤灰化过程中的矿物演变及矿物添加剂对其灰熔融特性的影响［J］. 燃料化学学报. 2014：20-25.

［12］蒋洪德，任静，李雪英，等. 重型燃气轮机现状与发展趋势［J］. 中国电机工程学报，2014, 34（29）：5096-5102.

［13］潘洪泗，王伟莉，董士良，等. F 级重型燃气轮机压气机叶片材料的国产化研究［J］. 热力透平，2012, 41（4）：264-267.

［14］张健，楼琅洪，李辉. 重型燃气轮机定向结晶叶片的材料与制造工艺［J］. 中国材料进展，2013, 32（1）：12-38.

［15］Fackler K B, Karalus M F, Novosselov I V, et al. Experimental and numerical study of NO_x formation from the lean premixed combustion of CH_4 mixed with CO_2 and N_2 ［J］. Journal of Engineering for Gas Turbines and Power, 2011, 133（12）：121502.

［16］葛冰，田寅申，袁用文，等. 重型燃气轮机先进低 NO_x 燃烧技术分析［J］. 热力透平，2013, 42（4）：251-259.

［17］Bakhtiari R，Ekrami A. Transient liquid phase bonding of FSX-414 superalloy at the standard heat treatment condition［J］. Materials characterization，2012，66：38-45.

［18］Qi J，Wei H. Application of the laser welding technique in aircraft repair［J］. Advanced Materials Research，2014，887-888：1269-1272.

［19］Curry N，Markocsan N. 新型燃气轮机用热障涂层研究［J］. 热喷涂技术，2011，3（2）：62-70.

［20］林汝谋，韩巍，金红光. 太阳能互补的联合循环（ISCC）发电系统［J］. 燃气轮机技术，2013，26（2）：1-15.

［21］Zoschak RJ，Wu SF. Studies of the direct input of solar energy to a fossil fuelled central station steam power plant［J］. Solar Energy.1975；17：297-305.

［22］M.Jafarian，M. Arjomandi，G.s J. Nathan. A hybrid solar and chemical loopingcombustion system for solar thermal energy storage［J］. Applied Energy，2013，103：671-678.

［23］J. Lilliestam，J. M. Bielicki，A. G. Patt. Comparing carbon capture and storage（CCS）with concentrating solar power（CSP）：Potentials，costs，risks，and barriers［J］. Energy Policy，2012，47：447-455.

［24］Warrick Pierce，Paul Gauch é，Theodor von Backström，et al. A comparison of solar aided power generation（SAPG）and stand-alone concentrating solar power（CSP）- A South African case study［J］. Applied Thermal Engineering. 2013，61：657-662.

［25］Yongping Yang，Qin Yan，Rongrong Zhai，et al. An efficient way to use medium-or-low temperature solar heat for power generation - integration into conventional power plant［J］. Applied Thermal Engineering. 2011，31（2-3）:157-162.

［26］Qin Yan，Eric Hu，Yongping Yang，et al. Evaluation of solar aided thermal power generation with various power plants［J］. International Journal of Energy Research，2011，35（10），909-922.

［27］Hong-juan，H.，et al. Performance evaluation of solar aided feedwater heating of coal-fired power generation（SAFHCPG）system under different operating conditions［J］. Applied Energy，2013. 112：710-718.

［28］Hou，H.，et al.，Performance of a solar aided power plant in fuel saving mode［J］. Applied Energy，（2015）.

［29］Junjie，W.，H. Hongjuan，Y. Yongping et al. Research on the Performance of Coal-fired Power System［J］ Integrated with Solar Energy. Energy Procedia，2014. 61：791-794.

［30］J. Wu，H. Hou，Y. Yang，E. Hu，Annual performance of a solar aided coal-fired power generation system（SACPG）with various solar field areas and thermal energy storage capacity［J］，Applied Energy，2015.157：123-133.

［31］侯宏娟，周传文，杨勇平. 槽式太阳集热器传热与流动性能研究［J］. 太阳能学报，2014，35（5）:768-772.

［32］胡永生. 太阳能与燃煤机组互补电站热力特性与集成机理研究［D］. 北京：华北电力大学，2014.

［33］侯宏娟，周传文，杨勇平. 槽式太阳集热器传热与流动性能研究［J］. 太阳能学报，2014，35（5）:768-772.

［34］宋伟明，丁军威. 热电联产电厂供热的直接和间接效益分析［J］. 华电技术，2015，1:1-4.

［35］王学栋，郑威，宋昂. 高背压供热改造机组性能指标的分析与评价方法［J］. 电站系统工程，2014，02:49-53.

［36］赵振可. 煤基多联产系统总体性能分析［D］. 上海：上海交通大学，2011.

［37］郑健富，田辉，程钧培. 能源装备制造业未来10年的展望［J］. 发电设备，2012，26（1）:1-4.

［38］陈学文，何阿平，阳虹，等. 高超超临界汽轮机开发的关键技术及实施路线［J］. 热力透平，2012，41（2）:89-96.

［39］Stéphenne，K. Start-up of World's First Commercial Post-combustion Coal Fired CCS Project: Contribution of Shell Cansolv to SaskPower Boundary Dam ICCS Project［J］. Energy Procedia 2014，63（0），6106-6110.

撰稿人：蔡宁生　孙　锐　杨海瑞　孙献斌　许世森　王为民

　　　　杨勇平　戈志华　肖俊峰　崔利群　王月明　赵文瑛

电力环保技术发展研究

一、引言

电力环保技术是涉及发电与输变电领域污染防治与管理方面的环保技术，发电又分为火力发电、水力发电、核电、风电和太阳能发电等。火力发电环保技术包括 NO_x、烟尘、SO_2、Hg 及其化合物等控制技术，废水处理与回用技术，固体废物利用与处理、处置技术，电厂环境噪声，工频电场和磁场的影响与防护技术等诸多方面。水电开发会对天然河流的水位、流速、流量、泥沙、河势等水文要素产生影响，水电建设对环境的不利影响可分为建设前、建设期和运行期，水电环境影响重在前期预防，环保技术较为单一。核电厂的环境影响主要是核电厂在建造、运行和退役等阶段可能对环境造成的辐射和非辐射影响，各种环保技术主要防止核电厂释放的气态、液态流出物和固体废物对周围环境和公众造成的辐射影响。输变电工程对环境的影响主要是施工和运行过程中产生的工频电场和工频磁场、连续可听噪声及水土流失等不利影响，影响范围较小，且易于控制。

我国存在的三大环境问题，分别是大气环境问题、水环境问题和土壤环境问题，国务院已发布《大气污染防治行动计划》和《水污染防治行动计划》，《土壤污染防治行动计划》也即将发布。三大环境问题中与电力行业密切相关的主要是大气环境问题，因为我国每年消费了世界上一半以上的煤炭，中国消费的煤炭中又有一半由电力行业燃烧用来发电，且比例越来越大，其排放的污染物是影响大气环境的主要因素之一。也正如此，我国的火电环保技术近年来得到了空前发展，跃居世界前列，本专题提及的电力环保技术均指火电厂烟气污染物（NO_x、尘、SO_2、Hg 及其化合物）的控制技术。

从火电厂烟气污染物的控制过程来看，我国的火电发展大致经历了四个阶段。

第一阶段是烟尘控制阶段（2002 年以前）。该阶段以烟尘控制为重点，除尘方式从机械除尘、水膜除尘等多种方式并存，逐步过渡到广泛采用静电除尘器除尘，约 95% 的装机容量采用了静电除尘器。烟气脱硫处于研究与示范阶段，2000年烟气脱硫装机容量比例不足2%。

第二阶段是烟气脱硫的"以新带老"阶段（2003—2007年）。《火电厂大气污染物排放标准》GB 13223-2003要求燃煤电厂开始大规模地推广烟气脱硫，新建燃煤机组几乎全部需要加装烟气脱硫设施，但老机组的烟气脱硫推动非常困难，主要通过新建燃煤机组的环评审批带动老机组进行烟气脱硫改造，即"以新带老"。截至2007年底全国火电厂烟气脱硫容量超过2.7亿kW，占煤电机组容量的50.2%，其中2007年投运的100MW及以上的煤电机组脱硫容量就达1.16亿kW。

第三阶段是主动烟气治理与"上大压小"阶段（2008—2013年）。2007年国家发展改革委与国家环保总局联合印发了《燃煤发电机组脱硫电价及脱硫设施运行管理办法（试行）》，明确从2007年7月1日起脱硫机组执行脱硫电价政策，极大地推动了现有燃煤机组的烟气脱硫。2007年1月国务院批转了发展改革委、能源办《关于加快关停小火电机组的若干意见》，使得"上大压小"迅速推开，到2012年前后各集团公司的小火电机组已基本全部关停，装机容量快速增长。2011年7月《火电厂大气污染物排放标准》GB 13223-2011正式颁布，明确要求燃煤电厂开展烟气脱硝。2011年11月，国家发展改革委出台燃煤发电机组试行脱硝电价政策，对北京、天津、河北、山东、上海、浙江、江苏、广东等14个省（区、市）符合国家政策要求的燃煤发电机组，上网电价在现行基础上每千瓦时加价8厘钱，用于补偿企业脱硝成本。2012年12月国家发展改革委发布了《关于扩大脱硝电价政策试点范围有关问题的通知》，将脱硝电价政策扩大至全国范围，2013年2月环境保护部和国家发展改革委联合印发《关于加快燃煤电厂脱硝设施验收及落实脱硝电价政策有关工作的通知》，要求各地及时落实脱硝电价。这些政策的出台，极大地推动了电力企业主动环保的积极性。截至2013年年底，累计投运的火电厂烟气脱硫容量约7.2亿kW，占全国燃煤机组容量的91.6%；已投运的火电厂烟气脱硝容量约4.3亿kW，占全国燃煤机组容量的54%。

第四阶段是超低排放阶段（2014年至今）。2014年3月国家发展改革委与环保部联合发布了《燃煤发电机组环保电价及环保设施运行监管办法》，燃煤发电机组不仅有脱硫1.5分每千瓦时、脱硝电价1.0分每千瓦时，而且增加了除尘电价0.2分每千瓦时。2014年9月国家发展改革委、环保部和能源局联合印发了《煤电节能减排升级与改造行动计划（2014—2020年）》，提出燃煤发电机组大气污染物基本达到燃气轮机组排放限值要求，是世界上最严格的排放要求，俗称"超低排放"。同年，新修订的《环境保护法》通过，执法环境更加严格。据不完全统计，2014年实现超低排放的至少有14个电厂的19台机组，总容量834.5万kW，其中有3台百万千瓦燃煤机组。截至2015年6月，全国投运与在建的超低排放机组容量超过1亿kW。

由于区域性灰霾的频繁发生，我国排放标准、排放要求日益严格，加之燃煤发电机组环保电价的刺激作用，以及电力企业的自身发展需求，2011年以来我国的电力环境保护技术取得了突飞猛进的发展，并得到广泛的工程应用，许多电厂的烟气治理工程整体排放指标居国际领先水平，形成了中国特色。

在氮氧化物控制方面，主要是采用先进的低氮燃烧技术控制氮氧化物的生成，通过加装改进型催化剂、有效控制温度场、优化流场、精准喷氨等技术革新，实现各种负荷条件下氮氧化物均小于 $50mg/m^3$。在烟尘控制方面，主要采用高频电源供电的低低温静电除尘器、超净电袋复合除尘器、袋式除尘器等技术控制除尘器出口烟尘浓度小于 $10\ mg/m^3$ 或小于 $30\ mg/m^3$。在 SO_2 控制方面，主要采用双循环石灰石 – 石膏湿法烟气脱硫，强化除雾器的除尘除雾效果，实现 SO_2 排放浓度小于 $35mg/m^3$。依据除尘器出口烟尘浓度的控制效果，选择性地在脱硫塔后或顶部加装湿式静电除尘器，确保颗粒物排放小于 $5\ mg/m^3$。

由于我国燃煤电厂煤质多变、掺烧频繁、工况多变等诸多因素，低氮燃烧技术对锅炉效率、飞灰残炭量等存在诸多不利影响。下一步的研究重点包括：燃用无烟煤电厂氮氧化物的控制、低温 SCR 的研发与应用、电除尘器高频脉冲电源、减少二次扬尘的清灰方式、袋式除尘器滤料与结构等、活性焦和有机胺等资源化烟气脱硫、烟气中可凝结颗粒物的脱除、汞污染控制及多污染物协同控制技术、低浓度检测、烟气治理系统的节能、降低运行费用、减少二次污染等。

另外，如何推动电力环保事业健康良性发展，也是一项重要的课题，体制机制创新必不可少，需要开展相应的配套法律、法规、政策、标准及环保激励机制研究，通过建立和完善市场手段，推进环保调度、绿色调度，引导和鼓励企业自主自觉减排。而对于企业，基于现有条件，通过精细化运行、规范化管理实现环保设施持续、可靠、达标、经济运行，也是最切实可行的发展途径。

本专题主要介绍我国燃煤电厂低氮燃烧与烟气脱硝、除尘、脱硫、多种污染物协同控制等技术研究的最新进展与工程应用，比较国内外的研究进展，提出电力环保技术的发展趋势分析与展望，以及创新发展机制分析与建议。

二、电力环保技术最新研究进展

新标准 GB 13223-2011 的颁布，特别是排放限值、发改能源［2014］2093 号文及地方超低排放控制要求的陆续出台，迅速推进了我国火电厂烟气污染控制技术进步及相关产业的更新升级，逐步形成了：以低氮燃烧器 + 选择性催化还原（Selective Catalytic Reduction，SCR）烟气脱硝为主的 NO_x 控制技术格局，以各类高效电除尘器、袋式除尘器和电袋复合除尘器为主的烟尘控制技术格局，以石灰石 – 石膏湿法为主，海水法、烟气循环流化床法、氨法等为辅的脱硫技术格局，并在多污染物协同控制和深度净化方面实现了突破。此外，燃煤烟气中以 Hg 为主的各种痕量金属元素的污染控制技术在我国虽然起步较晚，但已受到高度重视，迅速成为研究热点。结合电力生产过程，目前主要形成了燃烧前、燃烧中和燃烧后三种不同阶段的控制技术路线。

（一）低氮燃烧与烟气脱硝技术

目前，燃煤电厂 NO_x 排放控制技术主要分为生成源控制和烟气脱硝技术两类。生成源控制又称一次措施，其特征是通过各种技术手段控制燃烧过程中 NO_x 的生成，主要有低氮燃烧（LNB）技术、空气分级（LEA、OFA、AS）技术、燃料再燃（FR）技术、富氧燃烧（OIOA）技术等。低 NO_x 燃烧技术应用成本较低，但小机组的 NO_x 生成率较高，且对锅炉存在一定负面影响。烟气脱硝技术是指对烟气中已经生成的 NO_x 进行治理，主要包括选择性催化还原法（Selective Catalytic Reduction，SCR）、选择性非催化还原法（Selective Non-Catalytic Reduction，SNCR）、SNCR/SCR、脱硫脱硝一体化、等离子体法、直接催化分解法、生物质活性炭吸附法等。我国燃煤电厂 NO_x 控制技术详见图1。

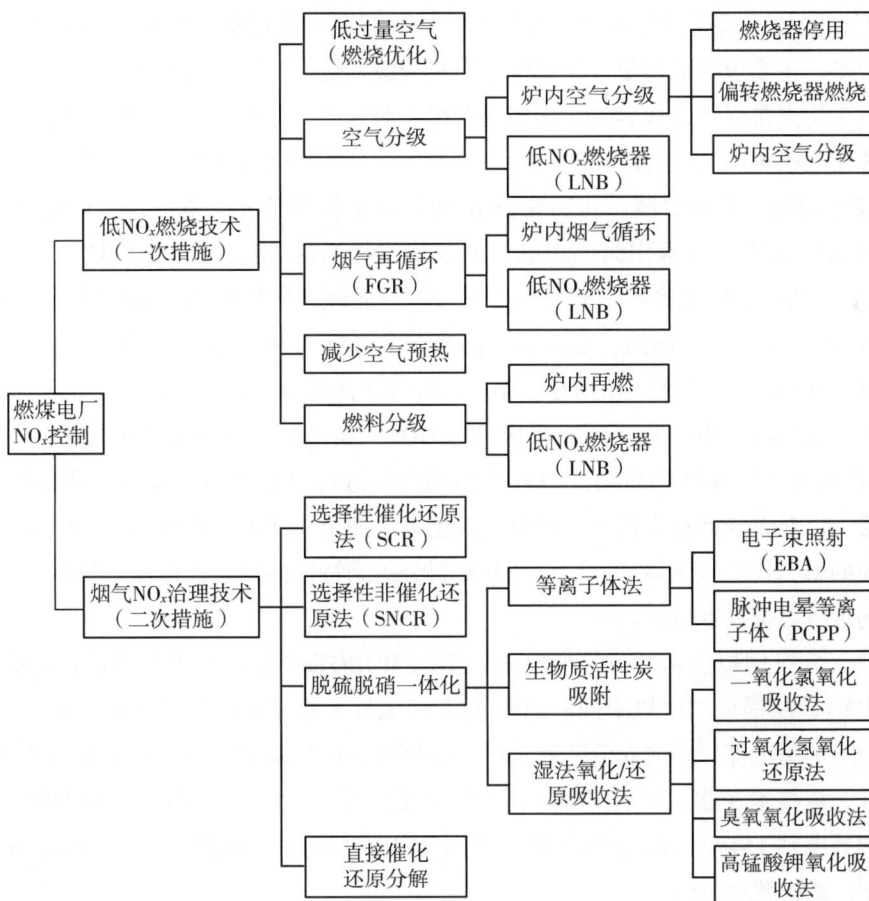

图 1　燃煤电厂 NO_x 控制技术示意图

自《国民经济和社会发展"十二五"规划纲要》提出"十二五"期间单位国内生产总值氮氧化物排放减少10%的约束性指标以来，我国陆续颁布了《节能减排"十二五"规划》《重点区域大气污染防治"十二五"规划》《大气污染防治行动计划》以及《火电厂大气污染物排放标准》（GB 13223-2011）等一系列政策、标准，极大促进了 NO_x 控制技术的发展与进步。在日益严格的环保标准监督下，我国掀起了脱硝设备的升级和改造热潮。2010年全国脱硝装机容量占火电装机容量11.2%，到2013年投运火电厂烟气脱硝机组容量达2亿kW，较上一年增加了1倍。截至2014年底，已投运的火电厂烟气脱硝机组容量超过6.9亿kW，占全国现役火电总装机容量的82%，呈现爆发式增长的趋势。

"十二五"期间，我国氮氧化物控制技术发展迅速，在实现烟气脱硝技术国产化的同时，开展了各种烟气脱硝技术（SCR、SNCR、SNCR/SCR联用）的国际合作，广泛普及低 NO_x 燃烧器（LNB）技术、开发和示范空气分段供给燃烧（CCOFA和SOFA）技术和超细煤粉再燃（MCR）技术，实现燃煤烟气中氮氧化物的有效控制。

1. 低氮燃烧技术

低氮燃烧技术是通过优化燃料在炉内的燃烧状况或采用低氮燃烧器来减少 NO_x 产生的控制技术，主要包括低过量空气燃烧、燃料分级燃烧、空气分级燃烧、烟气再循环技术等。该技术特点是锅炉改造容易、投资的费用相对较少，但由于其氮氧化物去除效率的限制，单独使用很难满足较为严格的 NO_x 控制要求。低氮燃烧技术在发达国家已较成熟，近年来新技术的研究步伐放缓。我国在2010年环保部发布的《火电厂 NO_x 防治技术政策》中提出要将低氮燃烧技术作为燃煤电厂氮氧化物控制的首选，《重点区域大气污染防治"十二五"规划》中也明确指出要大力推进火电行业氮氧化物控制、加快燃煤机组低氮燃烧技术改造。"十二五"期间，低氮燃烧技术在全国范围内得到广泛的推广与应用，目前我国单机200MW以上的燃煤机组已基本全部完成采用低氮燃烧技术改造。

国外于20世纪50年代开始对燃煤过程 NO_x 生成机制及控制方法进行研究，70年代末80年代初研究发展达到高潮，90年代后则重点进行对低氮燃烧器的改进和优化工作。主要经历了以对燃烧运行方式进行调整或优化为主的第一代低氮燃烧器，到以空气分级燃烧为特征的第二代低氮燃烧器，以空气和燃料分级为特征的第三代低氮燃烧器，基本形成了完善的低氮燃烧技术体系。

在空气分级燃烧技术的改进研究上，美国MOBOTEC公司开发了旋转对冲燃尽风技术（ROFA），从锅炉二次风中抽取30%左右的风量，通过不对称安放的喷嘴，以高速射流方式射入炉膛上部，形成涡流，改善炉内的物料混合和温度分布，从而大幅降低 NO_x 生成。目前，该技术在欧美发达国家有良好的应用业绩，容量从50MW到600MW不等。据其在美国某电站154MW机组应用情况，使用ROFA后，NO_x 的排放量由740mg/m³降低到330mg/m³，减排超过50%。

燃料分级燃烧技术方面，目前应用广泛、NO_x 减排效果较好的是二次燃料再燃技术，思路是在燃烧器中补入部分二次燃料、将已生成的 NO_x 还原成氮气的二次燃料再燃技术。其中超细煤粉再燃技术、天然气再燃技术均有很好的工程应用实例，脱硝效果显著，但燃料的分级燃烧技术需要燃料具有易着火、含氮低、热值高等特性，且在实际应用中存在炉膛易结焦、高温腐蚀严重、电耗较高等问题，限制了该技术的推广应用。

低氮燃烧器方面，世界许多先进的锅炉制造公司对低 NO_x 燃烧器技术进行了大量的优化和改进，取得了显著成效，在实际运行中 NO_x 减排量可达 50% ~ 60%。日本的三菱、日立公司，德国的斯坦谬勒公司，美国的 ABB-CE 公司、FW 福斯特惠勒公司、巴威公司，英国的三井巴布考克能源有限公司等在低 NO_x 燃烧器开发与应用上均有良好的业绩。

相关研究表明，采用低氮燃烧技术后，大部分锅炉中飞灰的含碳量上升约 1%。而随飞灰含碳量的增加，容易出现炉内结渣、水冷壁腐蚀等现象，影响锅炉的运行效率和稳定性。为了减少飞灰碳含量、降低 NO_x 排放浓度，很多公司对炉内初级控制措施与低 NO_x 燃烧器（空气分级、燃料分级）的有效整合进行了研究，形成了低 NO_x 燃烧成套系统。该系统不仅能大幅度降低 NO_x 排放量，对改善燃烧条件也有很好的效果。日本三菱公司开发的 MACT 低 NO_x 燃烧系统，在不影响锅炉燃烧效率的前提下，将 NO_x 排放量控制在 150 ~ 160ppm 之间（1ppm=10^{-6}，下同）。美国的 LP Amina 公司整合出炉内分级低 NO_x 燃尽风系统（SOFA）和偏置二次风燃烧技术，对降低飞灰含碳量十分有利，且能有效防止水冷壁的高温腐蚀和结渣。

我国低氮燃烧技术研究起步较晚，在研究初期主要引进美国 CE 公司的 LNCFS 技术和日本三菱重工以 PM 燃烧器为代表的低 NO_x 切圆燃烧技术。但由于我国煤质复杂多变、灰硫含量较高等问题，国外引进的先进技术并不完全适应我国电厂锅炉运行的实际情况，影响了氮氧化物的脱除效果。因此，开发和推广适合我国燃煤特点、炉型特征的国产低氮燃烧技术，对控制燃煤电厂 NO_x 排放具有重要的意义。

近十几年来，我国开展了大量的低氮燃烧技术研究和改进工作。上海理工大学、华中科技大学、宝钢发电厂联合进行燃煤锅炉气体燃料分级低氮燃烧技术的研发，在 350MW 机组上实施改造，NO_x 脱除量达到 200 ~ 350mg/m^3，投资成本小于 50 元 /kW。哈尔滨工业大学对元宝山电厂某 600MW 机组进行超细煤粉再燃技术改造，NO_x 浓度由 600 mg/m^3 下降到 300 mg/m^3，脱硝效率达 50%，减排明显。

低氮燃烧器的研发在国内得到了广泛的关注，大量高校、科研院所和企业致力于开展具有自主知识产权的新型低 NO_x 燃烧器研发。清华大学的多功能船型煤粉燃烧器和双通道低 NO_x 粉煤燃烧器、浙江大学的可调式浓淡燃烧器、哈尔滨工业大学的风包粉系列低 NO_x 燃烧器、华中科技大学的高浓度煤粉燃烧器、上海锅炉厂的低 NO_x 同轴改良型燃烧器等，均在减少 NO_x 的排放量、增加锅炉运行的稳定性等方面展示出较强的优势，已在工程上得到示范应用。应用结果表明，采用上述国产低氮燃烧器在燃用烟煤时的 NO_x 排放水平可控制到 350mg/m^3，具有广阔的应用前景。

目前，在引进消化吸收以及自主创新的基础上，我国已经开发形成了"双尺度"低氮燃烧控制技术、高级复合空气分级低 NO_x 燃烧技术、三级燃烧技术等一系列先进的自主燃烧技术和低氮燃烧器。

（1）双尺度低氮燃烧控制技术。

该技术是由烟台龙源电力技术股份有限公司自主研发的低氮燃烧技术，可以有针对性地解决燃煤锅炉运行和环保方面的难题，具有强防渣、防腐蚀、高效稳燃、超低 NO_x 排放等功能。目前该技术发展较成熟，已在国内外 130 余台锅炉上成功应用，经测试在燃用烟煤或褐煤的四角切圆锅炉上能够将 NO_x 的排放量降低到 $200mg/m^3$ 以下，下一步将向 $100mg/m^3$ 以下的排放目标迈进。2014 年初，在该技术的基础上，烟台龙源研究完成了具有自主知识产权的"双尺度低 NO_x 燃烧控制系统"，该系统实现了环境因素变化情况下锅炉低氮燃烧的智能调风和 NO_x 排放指标的动态向稳，针对生产过程历史数据进行趋势分析，有利于提高火电机组运行的自动化水平，实现电厂节能增效的目标，具有较好的效益前景。

（2）高级复合空气分级低氮燃烧系统。

该系统是上海锅炉厂在第一代对冲同心正反切圆燃烧、第二代引进型低 NO_x 切向燃烧系统 LNCFS 的基础上自主研发的第三代技术，拥有多项专利。2012 年，该技术成果通过专家鉴定，被认定达到国际领先水平。该技术的特点在于建立早期的稳定着火和空气分段燃烧技术，在实现 NO_x 排放值大幅降低的同时，提高了燃烧效率、减轻了炉膛结渣问题。目前，该技术已在台山电厂、渭河电厂、北仑电厂等多台 300MW、600MW 的燃煤发电机组上实现成功应用。

（3）MACT 低氮燃烧系统。

该系统采用燃料分级燃烧，以 PM 型燃烧器作为主燃烧器，80%～85% 的煤粉通过一次燃料主燃烧器送入炉膛下部的一级燃烧区，在主燃烧区上部火焰中形成过量空气系数接近 1 的燃烧条件，以尽可能地提高燃料的燃尽率。二次燃料也采用煤粉，其中 15%～20% 的煤粉用再循环烟气作为输送介质将其喷入炉膛的再燃区，在过量空气系数远小于 1 的条件下将 NO_x 还原，同时抑制了新的 NO_x 的生成。该系统燃烧稳定，在不影响锅炉燃烧效率的情况下，可将 NO_x 的排放控制在 150～160ppm 之间。我国福建漳州后石电厂、浙江玉环电厂均采用该燃烧系统，NO_x 排放浓度在 180ppm 左右。

目前，低氮燃烧技术已成为我国燃煤电厂 NO_x 控制的基本配置技术，在国内新建的大型电站燃煤锅炉的燃烧系统中广泛应用。这些技术大多是随锅炉主设备一起引进的，也有一些是通过借鉴国外先进技术自行设计开发的。近年来，随着对低氮燃烧技术的研发，国内已基本具备自行设计、自行制造和自行安装调试的能力，但与发达国家成熟的低氮燃烧技术体系相比，我国在低氮燃烧领域依然缺乏独立知识产权的产品。

在低氮燃烧技术相关专利申请方面，全球低氮燃烧技术专利申请企业排名前 10 位的企业中日本占有 6 家，美国有 3 家。但随着发达国家的低氮燃烧技术进入成熟稳定阶段，近年来的专利申请数量也有所减少，而中国则成为了低 NO_x 燃烧技术专利申请量增长最迅速的国家，在一定程度上体现了近年来我国在该技术领域的迅速发展。其原因主要在于我国环保标准的日趋严格，对 NO_x 等污染物控制技术的需求不断提高。但与此同时，我国的技术实施领域主要在于改造，设计领域存在计算模型简单、中间试验不完备、商业运行缺乏系列数据积累、模型验证过程不严密等问题，导致这些自主研发技术难以形成制造标准、产品标准化程度较低，加之国内燃煤煤种、煤质、工况多变，掺烧情况普遍，部分机组改造后低氮燃烧的效果仍然不尽如人意。因此，提高自主知识产权技术的适应性和国产设备运行的可靠性，研究采用低氮燃烧技术后对火焰稳定性、燃烧效率、炉内结渣，腐蚀等问题的影响，是今后低氮燃烧技术的重点研究方向。

大量研究表明，现行的先进低氮燃烧技术能有效降低 NO_x 浓度，减排率可达 50%～60%。但随着 NO_x 排放标准的日益严格，单纯依靠低氮燃烧技术并不能满足现阶段的 NO_x 控制要求，需要采用烟气脱硝技术进一步降低 NO_x 排放浓度。

2. 烟气脱硝技术

由于低氮燃烧技术的脱硝效果不能满足日益严格的排放要求，因此经常与烟气脱硝技术联合使用。烟气治理脱硝技术，是指对烟气中已经生成的 NO_x 进行治理，烟气 NO_x 治理技术主要包括 SCR、SNCR、SNCR/SCR、脱硫脱硝一体化、等离子体法、直接催化分解法、生物质活性炭吸附法等。这些方法主要是利用氧化或者还原化学反应将烟气中的 NO_x 脱除。目前应用在燃煤电站锅炉上成熟的烟气脱硝技术主要有 SCR、SNCR 以及 SNCR/SCR 的组合技术，其中 SCR 技术应用最广。

（1）SNCR 技术。

SNCR 技术是指在不使用催化剂的情况下，在炉膛烟气温度适宜处（900～1100℃）喷入含氨基的还原剂（一般为氨或尿素），利用炉内高温促使氨和 NO 选择性还原，将烟气中的 NO_x 还原为 N_2 和 H_2O。由于不需要催化剂和催化塔，该技术具有建设周期短、投资少、对锅炉改造方便、技术成熟等特点，在欧美发达国家、韩国、日本、我国台湾地区以及内地电厂均有一定的应用。据统计，其脱硝效率（30%～60%）未能达到现阶段 NO_x 的控制需求，因此常与其他低 NO_x 技术协同应用。SNCR 脱硝技术的实际应用受到锅炉设计和运行条件的种种限制，且存在反应温度范围窄、炉内混合不均匀、工况变化波动影响大以及 NH_3 逃逸和 N_2O 排放等问题，很大程度上影响了其工业应用。而随着火电行业环保要求的趋严，以及 SCR 技术应用范围的快速扩张，近年来 SNCR 技术的市场应用份额逐年减少，2012 年全国投运火电脱硝项目中 SNCR 技术占比 6.28%，到了 2013 年底该占比下降到 3.29%。

国外，美国、日本、德国等发达国家对 SNCR 技术研究起步较早，根据不同还原剂的需求，先后开发了以氨作为还原剂的 De-NO_x 和使用尿素与增强剂的 NO_xOUT 法，经过长期研究与工艺改善，20 世纪 80 年代中期，SNCR 技术研发成功并开始大量应用于中小型机组，90 年代初期成果应用于大型燃煤机组。随着技术不断发展与突破，目前该技术已成功应用在 600～800MW 燃煤机组。由于电站锅炉炉膛尺寸大、负荷变化频繁，单独使用脱硝效率低、氨逃逸较高，所以目前国外大型电站绝大部分采用 SNCR 技术与其他脱硝技术的联合使用。

在组合技术方面，国外研究者经过大量实验研究，开发了 OFA 与 SNCR 组合技术、SNCR 与再燃技术联合应用、富燃氮还原剂喷射技术（RRI）、SNCR 和 SCR 联合应用以及炉内干法同时脱硫脱硝技术等多项组合技术，极大地提高了 NO_x 脱除效率，扩展了 SNCR 技术的使用范围。将 ROFA 技术和 SNCR 技术组合的 Rotamix 系统，脱硝效率可达 65% ~ 90%；将再燃和 SNCR 有机结合起来的高级再燃技术（AR）能够实现 85% ~ 95% 的脱硝效率，同时可以避免再燃引起的结渣、SNCR 引起的 NH_3 泄漏等问题；RRI 技术的显著优点是可有效减少 NH_3、N_2O 的排放量，得到了美国能源部和美国电力研究所的支持，试验研究与示范表明该技术能达到 50% 的脱硝效率，氨逃逸小于 1ppm。炉内干法同时脱硫脱硝技术是在反应锅炉内同时喷钙和脱氮还原剂，实现 SO_x 和 NO_x 的协同脱除。长期的实践证明，这些组合技术具有很好的工程应用性。

将 CFD 模拟技术应用在燃煤电站 SNCR 系统是国外 SNCR 技术研究的另一个重要内容，在实际工程设计中，通过对锅炉炉膛内的 SNCR 过程进行数值模拟分析，得到影响烟气脱硝效率的最佳参数值，为 SNCR 系统的优化设计提供指导。目前，CFD 模拟技术已经得到了广泛应用，对系统优化、提高效率起到了很好作用。

我国从 20 世纪末期开始 SNCR 技术的研究与应用，在 SNCR 反应机理、关键参数与影响因素、工程应用与系统优化等方面做了大量研究工作。经过多年的研究，对温度、氨氮摩尔比、停留时间、添加剂及循环灰等因素对 SNCR 脱硝技术的影响规律有了较好的认知。针对 SNCR 脱硝技术存在混合不均匀、工况波动影响大、NH_3 和 N_2O 排放等问题，我国研究者从高温 NH_3 非催化还原 NO 动力学机理实验和模型研究等方面开展工作，研究 SNCR 技术合适的反应条件，以加强混合、优化 SNCR 喷嘴布置等方式，使还原剂与气体的均匀混合，提高脱硝效率。目前我国的研究主要集中在系统优化、CFD 模拟技术应用、循环流化床 SNCR 技术研究与工程应用等方面。

系统优化方面，华能集团基于系统原理研究开发了控制策略，以适用于大型 CFB 锅炉的 SNCR 烟气脱硝系统控制。将该控制系统应用于秦皇岛秦热发电有限责任公司 $2 \times 300MW$ 机组锅炉，结果表明该控制系统运行稳定，满足控制要求，平均脱硝效率超过 80%。此外，为进一步提高 SNCR 烟气脱硝系统运行经济性，将进一步优化相关系统控制策略。

随着新《火电厂大气污染排放标准》（GB 13223-2011）的颁布，循环流化床锅炉 NO_x 排放浓度限值 $200mg/m^3$，原有 CFB 锅炉已无法满足要求，需进行脱硝改造。SNCR 脱硝技术系统设备简单，造价相对低廉，且 CFB 锅炉温度正好处于 SNCR 最佳反应温度窗，是 CFB 锅炉脱硝改造首选技术，近年来在我国得到迅速发展。大量的研究围绕 SNCR 脱硝技术特点和对 CFB 锅炉烟气脱硝的适用性展开，研究结果表明 CFB 锅炉采用 SNCR 技术进行烟气脱硝，无论是采用尿素、液氨还是氨水作为还原剂，都可有效控制锅炉烟气 NO_x 浓度，脱硝效率在 40% ~ 70%，同时氨逃逸率低于 8ppm。

国内最早在江苏阚山电厂、江苏利港电厂等电厂的大型煤粉炉上应用 SNCR，随后在循环流化床锅炉得到大量应用。工程实践表明，煤粉炉 SNCR 脱硝效率一般在 30% ~ 50%，循环流化床锅炉配置 SNCR 效率可达 40% ~ 75%。随着超低排放概念的提出，2014 年我国开始在循环流化床锅炉上试点 SNCR 超低排放控制技术。中国石油化工股份有限公司对广州某热电厂 2 台 465t/h 进行脱硝改造，采用选择性 SNCR+ 催化氧化吸收（COA），工程于 2014 年 6 月进行 SNCR 脱硝系统进行 72 小时试运，改造完成后经地方环保部门检测，两台 CFB 锅炉脱硫除尘装置出口 NO_x 排放量稳定控制在 50 mg/Nm^3 以下，排放指标达到超低排放标准，脱硝效率大于 70%，减排效果明显。

由于发达国家 SNCR 技术研究起步早，开展了大量有关 SNCR 反应机理、反应特性、工程应用的研究，收集了较完备的运行关键参数，形成了大量核心专利。而我国相关技术研究起步较晚、减排任务重，相关研究大都借鉴国外经验基础上，结合国内煤种、掺烧等实际情况开展，由于缺乏长期工程数据积累以及部分关键技术设备及零部件与国外产品存在差距，在实际工程应用中存在系统运行不稳定、脱硝效率不高等问题，亟须加强系统优化研究、CFD 模拟技术、关键设备开发研究等相关工作。

（2）SCR 技术。

SCR 技术是指利用 NH_3、CO、H_2、烃类等还原剂，在催化剂作用下有选择性地将烟气中的 NO_x 还原成 N_2 和 H_2O 的过程。在几种主要脱硝技术中，SCR 的脱硝效率最高，基于反应器和催化剂的合理选型和优化布置情况下脱硝效率可以达到 80% ~ 90%，最高可达 90% 以上，是目前世界上商业化应用最多、最为成熟的氮氧化物控制技术。"十二五"期间，燃煤火电厂脱硝改造呈全面爆发的增长趋势，其中 SCR 技术占火电机组脱硝项目的 96% 以上。催化剂是 SCR 技术的核心，目前国内外采用的催化剂主要为 V_2O_5–TiO_2 体系（添加 WO_3 或 MoO_3 作为助剂），该催化剂效率高、稳定可靠，但仍存在催化剂本身具有一定的毒性、价格昂贵、易受煤质成分影响而失活、低温下活性较低以及温度窗口受限等问题，最新的研究表明，钒钛系催化剂的使用还会将 SO_2 氧化为 SO_3，造成新的污染。针对上述问题，国内外开展了新型催化剂配方开发、催化剂中毒与抗中毒问题研究、宽温度窗口催化剂研发以及废旧催化剂的再生利用等方面的大量研究，并且取得了一定成果。

欧洲、日本和美国是当今世界上对燃煤电厂氮氧化物排放控制最先进的地区和国家，除了采取燃烧控制之外，都大量地使用了 SCR 烟气脱硝技术。1959 年美国最早开展 SCR 技术的研究并申请了大量专利，20 世纪 80 年代后期开始应用于工业，90 年代初建立了 SCR 工业示范装置，对燃用高硫煤机组采用 SCR 技术的适应性进行了详细的工业性试验验证，在 1300MW 机组上已有应用。日本率先于 20 世纪 70 年代就将 SCR 技术实现了商业化，并安装在工业锅炉上。德国在 60 多个燃煤机组进行了 SCR 工业性试验研究，并于 1985 年底投运了欧洲的第一台燃煤机组 SCR 装置。经过多年的发展，SCR 技术在国际上已较成熟。

目前，国外在贵金属、金属氧化物、分子筛、碳基等 SCR 催化剂的改进以及添加微量还原性气体（如 H_2、CO、CH_4 等）脱硝提效方面开展了大量研究，低温催化剂、复合型催化剂是研究开发的热点。在基础研究方面，美国密歇根大学主要致力于贵金属催化剂的研究，日本国立材料和化学研究所主要致力于金属氧化物催化剂制备方法的研究，英国剑桥大学、英国雷丁大学、日本九州大学等高校或研究院所在反应机理及动力学、抗毒性能、新型催化剂及载体的研究等方面有了很大的发展，瑞典专家研究了钾、钙和磷对商用钒钨钛催化剂的化学中毒机理。研究还发现了碱金属造成 SCR 催化剂失活主要是由于破坏了催化剂的酸性和氧化还原性能，并提出了相应的抗中毒机理与配方。在 SCR 催化剂的生产上，国际知名的脱硝公司主要有丹麦的 Topsoe 公司（主要生产波浪形催化剂）、美国的 Cornetech（康宁）公司（主要生产蜂窝结构的钛-钒基商业催化剂）、德国的 ARGILLON 公司（主要生产宽使用范围的平板型和蜂窝型催化剂）和 KWH 公司、日本的日立公司（主要提供板型 SCR 催化剂）及 SK 公司等。

近年来，我国在催化剂原料生产、配方开发、国情及工况适应性等方面均取得了很大进步，如浙江大学的硝汞协同控制催化剂、北京龙源高灰分耐磨催化剂、国电环保院的低温脱硝催化剂、南京工业大学的无毒催化剂等新型催化剂技术的研究突破，同时对失活催化剂再生技术、废弃催化剂回收技术、吹灰改进技术、反应器流场优化、低负荷脱硝技术等的研发也取得了令人瞩目的成果。随着电力环保进入超低排放阶段，SCR 超低技术及全负荷脱硝已经成为技术研究和攻关的重点，近年来发展迅速，涌现出了大量新型工艺。

1）催化剂改进技术。

a. 无毒催化剂配方技术。

传统商用催化剂主要以钒钛体系为主，属于有毒有害物质，环保部门已明确要求将此类脱硝催化剂按照危险废弃物处理。近年来无毒催化剂配方的开发已成为一种发展新趋势。例如，将稀土掺入过渡金属复合氧化物以替代有毒的钒钛体系，该技术采用国产原料进行化学活性修饰及纳米化改性，机械强度高、耐水防湿，失效后可多次再生利用，且废弃的催化剂无毒、无二次污染，可制作保温砖或铺地渗水砖，有效地实现了废弃催化剂资源化利用。

b. 拓展 SCR 汞氧化功能。

火电厂大气污染物排放新标准首次将 Hg 列入控制指标，众多研究表明，通过改变传统脱硝催化剂配方、结合烟气中 HCl 含量、适度调整或增加 Mn 及 Fe 等化合物含量，可以提高零价汞的氧化率，充分发挥后续湿法脱硫洗涤装置的洗涤除汞功能，实现多种污染物的协同脱除。

c. 高灰高钙 SCR 技术。

通过优化催化剂载体结构，增加催化剂入口耐磨强度，提高催化剂的耐磨损及耐冲刷性能，以适应对高灰分煤种的适应性。

2）低负荷脱硝技术。

随着我国经济发展转型，火电机组年利用小时数呈下降趋势，多数机组运行负荷不高，甚至长期中低负荷运行，提高低负荷脱硝效果及投运率成为环保管理及火电机组面临的客观问题。目前，研究采用省煤器给水旁路、分段省煤器、热水再循环调节等技术，确保机组低负荷时烟气喷氨脱硝条件，可有效提高机组低负荷段脱硝效果及投运率，但尚有许多工作需要进一步研究和完善。

3）减少氨逃逸技术。

引起脱硝机组氨逃逸的原因有很多，如氨混合不匀、流场不均、通道堵塞、烟温过低、催化剂失活等。通过优化喷氨格栅或涡流混合器设计确保氨混合均匀、结合实际工况进行 CFD 模拟优化流场设计、在 SCR 入口竖向烟道增设大颗粒拦截网以及锅炉热系统调节确保喷氨温度、定期抽检催化剂活性等手段，确保系统运行的优化状态，可有效减少氨逃逸。

4）吹灰改进技术。

采用传统蒸汽吹灰，因其往复间隙运行，有部分电厂出现堵塞情况。针对低灰分煤种燃烧状态较好、无大颗粒灰渣飞出炉膛的情况，采用声波吹灰，既省投资又节能。对中高灰分煤种，建议采用蒸汽吹灰与声波吹灰匹配组合，可有效防止催化剂堵塞。

5）流场优化技术。

经过对多家电厂脱硝装置的调研，发现有部分电厂脱硝效率低、氨逃逸浓度超标，其主要原因是流场不均匀。针对上述情况研究开发了新型导流整流技术，如等压力整流器、新式导流装置等，可有效优化流场改善脱硝效率及减少氨逃逸情况。

6）催化剂再生技术。

目前大多数 SCR 催化剂失活运行时间在 2.4 万～3 万小时，由于该种催化剂在生产及失活后处理过程中会污染环境，国家已将该催化剂列为危险化学品，使之生产、失活后的处理难度加大，国家及行业正大力提倡优先考虑将失活脱硝催化剂进行再生利用。

7）催化剂（回收）资源化技术。

催化剂中含有 V、W、Ti 等金属元素，开发废弃催化剂中金属元素回收技术及装备研究能在很大程度上提高催化剂的资源利用率，具有较好的经济性。

总的说来，SCR 技术在中国起步较晚，研究初期主要通过引进国外技术，购买国际知名脱硝公司 SCR 催化剂，催化剂配方也主要沿用国外学者研发的 $V_2O_5-WO_3/TiO_2$ 或者 $V_2O_5-M_oO_3/TiO_2$ 催化剂。我国燃煤灰分、硫分、碱金属含量高，成分复杂多变，容易造成催化剂磨损、失活、中毒，严重影响了脱硝效率。随着环保要求的提高以及国家对 SCR 技术研发的大力支持，"十二五"期间我国 SCR 技术取得了重大突破。其中浙江大学发现 Ce-Cu-Ti 体系的催化剂具有良好的低温活性和抗硫中毒能力，有望成为钒钛系催化剂的替代。在催化剂生产与再生工艺研究方面，形成了具有自主知识产权的原料、生产设备以及催化剂成套生产工艺与技术，并依托该技术建成了目前世界上最大的脱硝催化剂制造基地，产能已达 7.8 万 m^3/a，"复合载体烟气选择性催化还原法脱硝催化剂及制备方法"获得 2014 年第十六届中国专利奖，2014 年度浙江省科技进步奖一等奖。此外，开发了适用于构型多样、配方差异大、失活机理复杂的废弃脱硝催化剂再生改性技术，使得失活催化剂活性可恢复至新催化剂的 98%，再生催化剂已连续稳定运行超过 5040 小时。研发了国际首套 3000m^3/a 的可移动式再生改性成套装备及核心技术，并获得了 2014 年度国家重点新产品计划立项。清华大学的李俊华课题组针对催化剂中毒与抗中毒问题做了广泛而深入的研究，发现碱金属会造成 SCR 催化剂失活，主要是由于破坏了催化剂的酸性和氧化还原性能，并提出了相应的抗中毒机理与配方研究。该团队的"燃煤烟气选择性催化脱硝关键技术研发及应用"获得了 2014 年国家科技进步奖二等奖。此外，南京工业大学祝杜民课题组的"新型选择性催化还原（SCR）脱硝催化剂技术及产业化应用"获得了 2013 年江苏省科技进步奖一等奖。

我国在 SCR 脱硝技术领域的基础研究和产业化应用方面取得了重要突破和进展，与国外先进技术水平的差距正在逐渐缩小，且有部分技术达到了国际领先水平。

3. SNCR+SCR 技术

SNCR/SCR 组合脱硝技术是将 SNCR 工艺中还原剂喷入炉膛的技术同 SCR 工艺中利用逸出氨进行催化反应的技术结合起来，从而进一步脱除 NO_x。利用这种组合技术可以实现 SNCR 出口的 NO_x 浓度再降低 50% ~ 60%，氨的逃逸量小于 $5mg/m^3$，上游 SNCR 技术的使用降低了 SCR 入口的 NO_x 负荷，可以减少 SCR 催化剂使用量，从而降低催化剂投资；而 SCR 利用 SNCR 系统逃逸的 NH_3，可减少氨逃逸量，是一种结合了 SCR 技术高效、SNCR 技术投资省的特点而发展起来的新型组合工艺。SNCR/SCR 最早由美国 UELTech 公司提出，以其优势在世界范围内得到了应用。美国南加州的某燃煤锅炉应用该组合技术，NO_x 脱除效率可达到 70% ~ 90%；新泽西州某燃煤锅炉应用此技术，脱硝效率可达 90%，氨逃逸率在 2ppm 以下。

SNCR/SCR 在我国中小型锅炉中具有广阔的应用前景，然而运行过程中前段 SNCR 脱硝区域的逃逸氨量控制困难，在保证脱硝效率的同时，还要保证逃逸氨量能够满足后端 SCR 区域脱硝的需求，实际控制比较困难。而氨气与烟气在到达催化剂之前的混合不均匀问题，也会很大程度地影响 SCR 脱硝效率。为解决 SCR 还原剂不足的问题，国内研究者提出在锅炉尾部烟道布置补氨喷枪；针对氨气与烟气混合不充分的问题，解决办法有在反应器进口烟道中增加特殊的流场混合器 / 导流板，使氨气和烟气在烟道内短时间混合充分。优化后的 SNCR/SCR 联合技术在实际工程中取得了较好的效果，在大唐灞桥 2 × 300MW 热电厂 SNCR/SCR 烟气脱硝项目中，SNCR 平均脱硝效率达到 40%，总的脱硝效率可达到 80%，NH_3 逃逸浓度小于 1ppm。

（二）烟气除尘技术

自 GB 13223-2003 颁布实施后，电力工业原先普遍应用的旋风除尘器、文丘里水膜除尘器、斜棒栅除尘器等，因其除尘效率低，无法达到 $50mg/m^3$ 的排放标准而遭到淘汰，取而代之的是高效电除尘器，电除尘技术发展突飞猛进。电力工业已形成了以高效电除尘器、电袋复合除尘器和袋式除尘器为主的格局（图 2）。

图 2　除尘技术分类

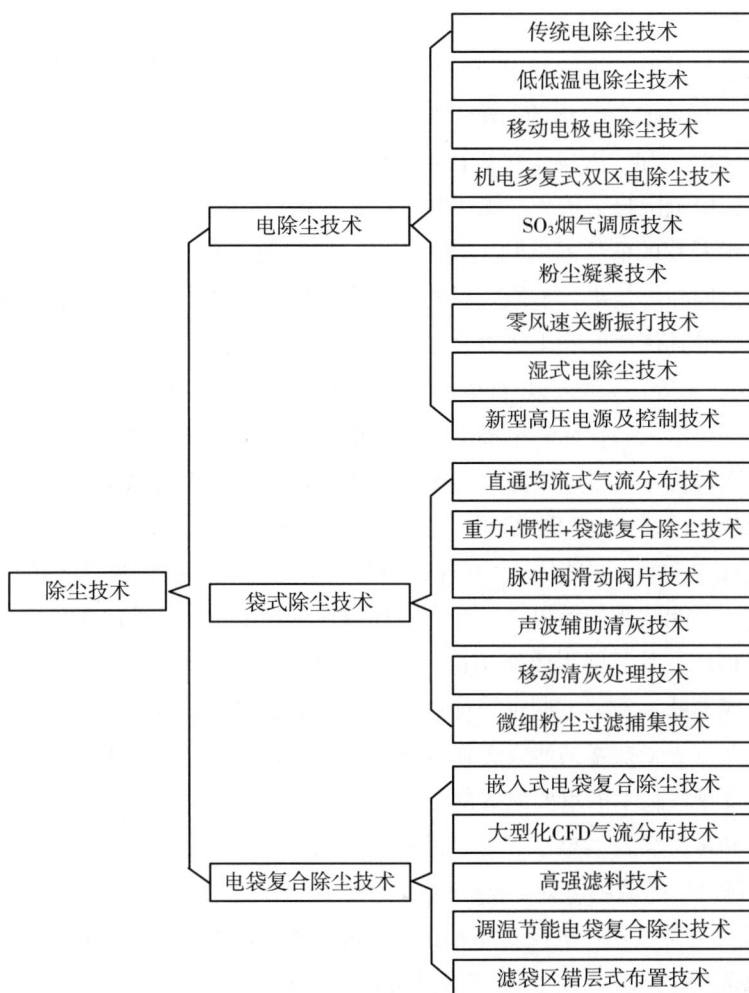

电除尘技术
- 传统电除尘技术
- 低低温电除尘技术
- 移动电极电除尘技术
- 机电多复式双区电除尘技术
- SO_3烟气调质技术
- 粉尘凝聚技术
- 零风速关断振打技术
- 湿式电除尘技术
- 新型高压电源及控制技术

袋式除尘技术
- 直通均流式气流分布技术
- 重力+惯性+袋滤复合除尘技术
- 脉冲阀滑动阀片技术
- 声波辅助清灰技术
- 移动清灰处理技术
- 微细粉尘过滤捕集技术

电袋复合除尘技术
- 嵌入式电袋复合除尘技术
- 大型化CFD气流分布技术
- 高强滤料技术
- 调温节能电袋复合除尘技术
- 滤袋区错层式布置技术

"十二五"期间，我国燃煤电厂烟尘排放限值经历了从 $50mg/m^3$ 到 $30mg/m^3$ 再到 $10mg/m^3$ 的三级跳，电除尘及电袋除尘技术的开发和应用如火如荼，低低温电除尘、湿式电除尘、移动电极电除尘等新技术应运而生，并入选了国家发改委"重大环保技术装备与产品产业化工程实施方案"、环保部"国家鼓励发展的环境保护技术目录"、工信部"国家鼓励发展的重大环保技术装备"、科技部"大气污染防治先进技术汇编"等多项技术目录，成为推动我国火电厂低排放、超低排放的最重要力量。2014 年，按照修订后的《火电厂大气污染物排放标准》（GB 13223–2011），燃煤电厂除尘设施进行了大范围改造，低低温电除尘、湿式电除尘、电袋复合除尘、移动电极电除尘等高效除尘技术开始在一些新建机组和改造机组上大规模应用。随着火力发电烟气污染物排放标准的日益严格，新环保法的实施以及日益严格的监管，长期可靠地保持低排放的先进除尘技术将进入快速规模化应用时期。而国外除尘新技术研究应用处于相对停滞状态。

1. 电除尘技术

电除尘器运行可靠、维护费用低、设备阻力小、除尘效率高，但除尘效率和出口烟尘浓度易受煤、飞灰等成分变化的影响。"十二五"期间，通过优化工况条件，改变除尘工艺路线，解决反电晕和二次扬尘等方面的大量研究，开发出了大批高效新型电除尘技术，使电除尘技术适应范围显著扩大、除尘效率持续提高。主要技术方向有：结合余热利用技术和电除尘技术开发的低低温电除尘技术，具有除尘效率高、去除烟气中大部分 SO_3、提高湿法脱硫的协同除尘效果、节能效果明显、具有优越的经济性等特点，成为燃煤电厂烟尘治理环保提效最具优势的除尘技术之一；湿式电除尘布置在湿法脱硫后，能够同时高效脱除烟尘、SO_3、汞等污染物，并且缓解下游烟道、烟囱的腐蚀，是燃煤电厂烟气污染物控制的最高效的技术之一；移动电极电除尘能够有效解决高比电阻粉尘收尘难的问题，最大限度减少二次扬尘，且增加电除尘对不同煤种的适应性，使电除尘器实现较低的排放浓度；粉尘凝聚技术已在 1000MW 机组中应用，可以用较小的代价实现烟尘（尤其是 $PM_{2.5}$）显著减排；高频电源可以根据电除尘器的工况，给电除尘器提供从纯直流到脉冲的各种电压波形，达到节能减排的效果，已经大面积取代常规电源；脉冲电源已实现国产化，开始工业化试点推广，其节能提效作用得到显现；SO_3 烟气调质系统具有集成度高、安全可靠性高、运行成本低、安装工期短等优点，已在电除尘器提效改造中应用。此外，隔离振打、关断气流振打等新技术的研发工作也在加快推进，并已在个别工程项目中试用，有望成为电除尘超低排放技术的重要组成部分。

环境保护和可持续发展早已成为全世界的共识，国外发达国家早已制订了严格的烟尘排放标准。美国烟尘排放限值为 $20mg/m^3$，电除尘器应用比例约 80%；德国的烟尘排放限值为 $30mg/m^3$，电除尘器使用比例在 85% 以上，电除尘器的比集尘面积为 $120 \sim 150m^2/(m^3/s)$，烟尘实际排放为 $10 \sim 20mg/m^3$。日本大部分地方政府制定的烟尘排放限值低于 $20mg/m^3$，其燃煤电厂几乎全部采用电除尘器。近年来，国外电除尘技术领域研究应用比较成熟的技术主要有低低温电除尘、移动电极、湿式静电技术、高频电源技术等。

日本低低温电除尘技术的研究已有近 20 年历史，主要代表厂家是三菱重工（MHI）、日立（Hitachi）和石川岛播磨重工（IHI）。日本低低温电除尘技术主要通过热媒介气气换热装置将电除尘器入口烟气温度降低至 90℃左右，使烟气中大部分 SO_3 通过物理凝并、化学反应被粉尘颗粒包裹吸附，从而达到大幅降低粉尘比电阻、避免反电晕现象、提高除尘效率及去除大部分 SO_3 的目的。日本低低温电除尘技术在碧南电厂 #4 及 #5 炉 1000MW 机组、常陆那珂 #1 炉 1000MW 机组、橘湾电厂 #2 炉 1050MW 机组等多个项目应用。低低温电除尘器出口烟尘浓度均小于 $30mg/m^3$，可实现烟囱出口烟尘浓度小于 $5mg/m^3$，出口 SO_3 排放浓度小于 $3mg/m^3$。目前，低低温电除尘技术已在日本广泛应用，总装机容量超过了 15000MW。

湿法脱硫后湿式电除尘技术是日本及美国开发的另一项重大技术。该技术采用液体冲刷集尘极表面来进行清灰，对酸雾、细微颗粒物、超细雾滴、重金属汞等污染物的脱除均有良好的效果。这项技术成果在美国已经应用到了 150MW、500MW、750MW 等级燃煤机组，在日本应用机组最大达到 1000MW，烟尘排放浓度小于 5mg/m³。国外研究开发的垂直进风、六边形或矩形管类型的湿式电除尘，能使颗粒物排放浓度低于 0.69mg/m³。

移动电极电除尘技术由日本日立公司开发，主要原理是在电除尘器末级电场采用旋转式阳极板替代传统的固定式阳极板，并在其底部设置旋转钢刷进行清灰，相对于传统振打清灰可有效抑制二次扬尘、提高细颗粒物捕集效率，该技术至今已在超过 9000MW 燃煤机组中应用。SO_3 烟气调质技术，特别适应用于灰尘高比电阻工况，目前已推广应用于 500 多台燃煤锅炉，总装机容量超过了 10 万 MW。电凝聚技术也设立了 10 余套示范应用项目。此外，国外有关单位还研究应用了隔离振打技术、关断气流断电振打技术等电除尘器提效新技术，效果显著。近年来，国外有关学者在将 3D 声学技术应用于电除尘器灰斗清灰、收尘极板配备泡沫陶瓷等方面开展了相关研究，2009 年至今，澳大利亚颗粒技术咨询公司在澳大利亚研究理事会（ARC）支持下，开展了电除尘器气流分布和气固两相流数值模拟研究，取得多项发明专利，研究成果已在电除尘技术中广泛应用。

在除尘供电电源领域，瑞典阿尔斯通公司于 2007 年推出了 SIR4（第四代）大功率高频电源，容量达到 1700mA/70kV 和 1200mA/100kV，其主回路和变换器回路采用并联方式，变换器和整流变压器采用液冷散热工艺，解决了大功率高频电源的温升问题，目前在欧美、澳洲及中国部分电厂都有应用；丹麦 FLSMIDTHS 公司研制的 Coromax 型脉冲高压电源已经发展到第四代，它采用三相高压电源作为基础高压、IGBT 作为开关器件、并联双 L-C 振荡回路、脉冲升压变压器等技术，结构上采用基础高压和脉冲高压一体的形式，已有数百套应用。2014 年国外脉冲高压电源开始进入我国电除尘领域，目前运行设备大约几十台套。

多年来，我国在电除尘技术方面开展了大量研究和开发，特别是"十二五"以来，针对灰霾控制的战略需求，龙净环保、菲达环保等行业龙头企业，以及清华大学、浙江大学等高校，依托"863"计划、国家科技支撑计划等重大项目（课题），对湿式电除尘、低低温电除尘、移动电极电除尘、粉尘凝聚等电除尘新技术进行了深入研究并在工程应用上取得了突出的成效。

（1）低低温电除尘技术。"十一五"末，针对大量火电厂锅炉排烟温度普遍高于设计值带来的烟气体积流量增大、烟尘比电阻升高影响除尘效率、引风机电耗增大及湿法脱硫降温水耗增大、发电成本上升等问题，我国环保企业对低低温电除尘器提效机理、电除尘效率与粉尘比电阻关系、烟气特性与烟气温度内在变化规律等进行了深入研究，并攻克了余热利用装置与电除尘有机结合机理、余热利用装置、烟温调节与电除尘自适应控制等关键技术。该技术成果于 2010 年 12 月在广东梅县粤嘉电厂首次应用，2012 年 6 月成功应用于 600MW 大型燃煤机组，并经第三方测试除尘器出口粉尘排放低于 20mg/m³，且有较强的 SO_3、$PM_{2.5}$、Hg 等污染物协同脱除能力。在此基础上，该技术成果迅速推广，在中电投新昌 700MW 机组、国投北疆 1000MW 机组等一大批大型火力发电机组上应用，不但实现了 20mg/m³ 以下的低排放，还通过烟气余热回收利用，使供电煤耗降低超过 1.5g/(kW·h)，达到了节能减排的双重目的。此外，调温循环节能系统（LGGH）工艺的研究也在加快推进。目前，我国自主开发的低低温电除尘技术已取得十几项专利，经省部级鉴定"综合性能和技术水平达到当前国际先进水平"，并被科技部认定为"国家重点新产品"。

以低低温电除尘技术为核心的烟气协同控制也取得了较大突破，通过烟气冷却器降低烟气温度至酸露点以下，降低粉尘比电阻，同时使低低温电除尘器击穿电压升高、烟气量减小，除尘效率大幅提高，且低低温电除尘器的出口粉尘粒径大，可大幅提高湿法脱硫的协同除尘效果，并通过优化湿法脱硫关键部件结构、布置方式等提高其协同除尘效率达 70% 以上，协同控制技术研究于 2014 年被列入国家科技支撑项目。在"超低排放"的背景下，该技术已取得较成功的应用，如华能长兴电厂 2×660MW 机组，2014 年 12 月中旬投运，经测试，电除尘器出口烟尘浓度约 12mg/m³，脱硫后烟尘、SO_2、NO_x 排放分别为 3.64mg/m³、2.91mg/m³、13.6mg/m³，湿法脱硫的协同除尘效率约 70%。华能榆社电厂 300MW 机组，2014 年 8 月上旬投运，经测试，ESP 出口烟尘浓度为 18mg/m³，经湿法脱硫系统后，烟尘排放浓度为 8mg/m³。

（2）移动电极电除尘技术。我国"十一五"末建成热态移动电极电除尘中试装置、移动电极电场等试验装备，在此基础上完成了大量试验验证，全面掌握了核心技术，攻克了设备的可靠性、零部件的使用寿命、选型设计的准确性等多项技术难点，并对阳极板同步传动方式、清灰刷组件结构等进行了创新设计，提高了设备的可靠性。同时，针对移动电极电除尘的主动轴、链条、链轮、清灰刷、旋转阳极板等关键零部件的设计、材料选取、热处理、加工工艺等做了进一步研究和优化设计，使设备的可靠性和零部件的使用寿命得到了充分的保证。菲达环保承担的"863"计划"燃煤电站 PM$_{2.5}$ 捕集增效优化技术与装备研制"课题中，对该技术进行了深入的研究。该技术成果在北方联合电力达拉特发电厂 330MW 机组应用，第三方测试出口烟尘浓度为 29.2mg/m³。目前，移动电极电除尘技术已在数十套大中型机组应用，截至 2014 年底已签订的 300MW 及以上机组移动电极电除尘器的合同装机总容量超 50000MW。

（3）其他电除尘技术。粉尘凝聚、烟气调质、隔离振打、关断气流断电振打等一批新型电除尘技术，已在国电谏壁 1000MW 机组、广东平海 1000MW 机组、焦作龙源电厂 2×660MW、宣城电厂 600MW 机组等大型燃煤机组烟气除尘工程中应用，较好地实现了细颗粒物的捕集。此外，这些新型电除尘技术在不同烟气工况条件下的组合应用，也成为了我国应用电除尘实现超低排放控制的重要技术。

（4）电除尘供电电源技术。在工业应用中，高频电源可以提高电除尘器的除尘效率，减少烟尘排放 30%～70%，同时，减少电除尘器供电电能 50%～80% 甚至更高。经过几年发展，高频电源已经作为电除尘供电电源的主流产品在工程中广泛应用，产品容量从 32～160kW，电流从 0.4～2.0A，电压从 50～80kV，已形成系列化设计，并在大批百万千瓦机组电除尘器中应用。当前，我国高频电源总体水平已接近国外先进水平，已出口欧洲、非洲等地。脉冲高压电源作为除尘供电电源最重要的方向之一，国内外对其工业应用的研究从未停止过。我国自上世纪 90 年代初制成工业样机试运行以来，经过多年沉寂后重新开始重视和研发该项技术，2014 年终于研制成功基于新型大功率半导体开关器件 IGBT 的 SuPulse 型脉冲高压电源，并已在多个电厂的电除尘器配套应用，大幅度提高了除尘效率，粉尘排放降低约 30%，对于高比电阻粉尘，改善系数可达 1.2 以上。同时，电除尘节能优化控制、三相工频高压电源、中频电源等电源技术的快速发展，也推动了电除尘节能减排性能的深度优化。

国内外研究进展对比如下。

（1）低低温电除尘技术的研究在日本已有近 20 年的应用历史，理论、试验研究及工程运行经验丰富。随着国内环保要求的提高，环保装备制造企业通过自主研发或成立合资公司的方式掌握了该技术核心理论并已经实践应用，但国内基础研究比较薄弱，虽然已有投运项目取得了较好的减排效果，但工程应用经验相对不足，运行时间尚短，长期运行的稳定性有待更长时间的检验。另外，日本电煤煤质相对稳定，且已有较多长期、稳定、高效运行的工程经验。而国内煤种复杂，要达到相同的排放指标，技术难度更高，且国内各厂家设计、制造、安装、运行等技术水平参差不齐，更需关注该技术在工程应用中可能存在的问题，如换热装置的防磨防腐、防积灰、高硫煤低温腐蚀、二次扬尘、湿法脱硫的协同除尘效果等。此外，换热装置和低低温电除尘器自适应控制的逻辑研究等也是国内的一个主要研究方向。

（2）移动电极技术研究在国内外已经较为成熟，各厂家技术大同小异，无较大结构改进，细微差异主要体现在内部运动部件及其配件方面。目前主要还需对其电场内部布置、极板外形结构、齿轮啮合机构和清灰刷结构等方面进行研究并改进。

（3）其他电除尘技术比较。隔离振打系统方面，国外主要针对侧部振打结构，提升结构加工及安装精度要求高，设置空间较大；国内主要针对顶部振打结构，提升结构精度要求较低，设置空间较小。关断气流断电振打技术方面，该技术最早由日本开发但在日本一直处于停滞阶段，而在国内该技术则进入了快速研究、优化阶段，发展空间很大。在粉尘凝聚技术方面，国内研究更加深入、全面，除基于国家 "863" 计划的双极电凝并和湍流凝并的理论、实验及结构优化外，更是开发了可布置在电除尘器进口封头内的凝聚器，解决了该技术要求电除尘器前烟道直管段大于 5m 的难题，扩大了其适用范围。

（4）电除尘供电电源。国内外高频电源的技术路线有所差异，瑞典阿尔斯通小功率高频电源采用单主回路方式及风冷散热措施，大功率高频电源主回路采用并联方式及液冷散热方式；国内高频电源主要采用单主回路设计方式，控制柜冷却方式采用热管风冷、液冷或采用高防护型的机柜热交换器散热方式，变压器采用油浸自冷或强油循环冷却方式。国内外高频电源技术指标和参数基本一致，逆变器形式通常采用全桥串联谐振方式，谐振频率通常为 20 ~ 50kHz，设备功率因数和效率通常大于 0.9，设备具有纯直流供电和间歇供电两种方式。从主要技术参数指标来看，国内外脉冲高压电源基本处于同等水平。比如国内脉冲高压电源的额定负载电容量为 115nF、额定输出脉冲峰值电压为 80kV、脉冲宽度为 65 ~ 125μs、脉冲重复频率为 2 ~ 150pps；而国外脉冲高压电源的额定负载电容量也为 115nF、额定输出脉冲峰值电压为 80kV、脉冲宽度为 5 ~ 125μs、脉冲重复频率为 2 ~ 100pps。

2. 电袋复合除尘技术

电袋复合除尘器是指在一个箱体内紧凑安装电场区和滤袋区，将电除尘的荷电除尘及袋除尘的过滤拦截有机结合的一种新型高效除尘器，按照结构可分为整体式、嵌入式和分体式。它具有长期稳定的低排放、运行阻力低、滤袋使用寿命长、运行维护费用低、适用范围广及经济性好的优点，并能实现 5mg/m^3 以下的超低排放。自 2003 年我国第一台电袋复合除尘器工业应用以来，电袋复合除尘技术快速发展。特别是近 5 年来，电袋复合除尘器解决了大型化应用、气流均布、滤料选型配方等多项关键技术难题，工程推广应用十分迅猛，连续突破应用到 300MW、600MW、1000MW 等级机组。截至 2014 年年底，累计配套应用电袋复合除尘器的 600MW 等级机组共 80 台，百万千瓦等级机组共 12 台，总装机容量已突破 20 万 MW，已形成了一个全新的除尘产业，成为电力环保烟尘治理的主流除尘设备之一。2014 年，电袋复合除尘技术的研究成果获国家科技进步奖二等奖，成为全国环保除尘领域技术创新的标志性成果。

美国是较早研究电袋复合除尘技术的国家。20 世纪 80 年代后期，美国电力研究所开始研究电袋复合除尘技术，提出采用静电除尘器和袋式除尘器前后串联的除尘模式，开发了紧凑型混合颗粒收集器（COHPAC），先后发展为 COHPAC Ⅰ型和 COHPAC Ⅱ型两种结构形式。COHPAC Ⅰ型是在电除尘器后面增加一台袋式除尘器，即分体式除尘器；COHPAC Ⅱ型是将袋式除尘器和电除尘器安装在同一壳体内，即一体式电袋除尘器。该技术主要采用分级除尘的思想，解决了布袋除尘器由于入口粉尘浓度高容易造成破袋问题，设计过滤风速可高达 3.0m/min 以上，颗粒物排放可低于 10mg/m^3。

HamonResearch-Cottrell 公司将 COHPAC 技术用于工业，其中应用的最大项目是美国 BigBrown 电厂 575MW 机组（采用 COHPAC Ⅰ型），袋式除尘器的过滤风速高达 4.2m/min，设计阻力 2120Pa。但该设备实际运行阻力很大，且忽略了燃煤锅炉烟气的滤材匹配选型，使滤袋使用寿命较短。该技术配套应用于燃煤锅炉累计约 1700MW，未能进一步发展应用。

美国能源与环境研究中心（EERC）从 20 世纪 90 年代中期开始开发先进混合颗粒收集器（AHPC），开发出同一壳体内相间交错布置电收尘区和袋收尘区的嵌入式电袋除尘器。该技术采用复合除尘的思路，通过缩短荷电粉尘到滤袋表面的距离，解决了带电粉尘的电荷损失问题，从而强化了荷电粉尘的过滤效应，增加了细颗粒的捕集。实验研究表明，AHPC 对 0.01 ~ 50μm 粒径范围内的粉尘脱除效率均达到 99.99% 以上。该项技术在 2002 年应用于美国 BigStone 电站 45 万 kW 机组改造工程上，设计过滤风速为 3.6m/min，设计压降 2000Pa。投运初期，设备运行良好，除尘效率超过 99.99%。但是，随后出现阻力逐步增大、滤袋大量破损等问题，也未能推广应用。由于美国除尘应用项目较少，EERC青睐于 AHPC 技术在中国的发展，并于 2011 年与中国的龙净环保签订了技术合作协议，在中国继续开展 AHPC 技术的工业化研究。

20 世纪 90 年代末，国内在深入剖析电除尘和袋式除尘的除尘机理、特性以及应用经验的基础上，自主研究开发并集成了电袋复合技术，通过承担国家"863"计划、国家科技攻关计划和国家高技术产业项目等重大项目，历经十余年的技术攻关和实践，成功开发出整体式电袋复合除尘器、嵌入式电袋复合除尘器和分体式电袋除尘器等系列产品。其中整体式电袋复合除尘器技术最成熟，应用最广泛。

（1）整体式电袋复合除尘器研究进展。整体式电袋复合除尘器采用"将电除尘与袋除尘技术有机复合，获得 1+1 > 2 更强优势"的思路，实现分级、复合除尘。通过前级电区去除 80% 以上的烟尘，大大降低后级袋区的负荷，同时电区和袋区紧密复合，强化荷电粉尘的过滤效率，提高烟尘的捕集率，降低运行阻力。近十余年来，我国在建立电袋复合除尘器中试装置的基础上，通过反复的试验和工程验证，攻克并掌握了电袋有机复合及强化耦合的规律、两区最佳复合结构以及两区最佳匹配选型和结构设计技术；开发出电袋复合结构下的气流均布数值模型和数值计算方式，开发了错层式气流分布技术，建立了大型电袋物理模型平台和试验，基本掌握了百万千瓦机组特大型电袋气流均布技术，使各净气分室的流量相对偏差小于 5%、各分室内通过每个滤袋的流量相对均方根差小于 0.25；研制了脉冲喷吹阀性能测试平台并开发了均流喷吹技术，从而最大限度地保证清灰力的均匀性，提高清灰效果，减小滤袋破损几率，延长滤袋寿命；建立了大型全尺寸脉冲喷吹清灰实验平台，开展滤袋脉冲清灰机理试验研究，深入掌握滤袋规格、清灰压力、清灰耗气量等相互关系和变化规律，突破了 4 英寸大口径脉冲阀匹配喷吹 25 条以上 8 ~ 10m 大口径长滤袋的高效清灰技术；开发出了 PTFE 基布＋ PPS 纤维、PPS+PTFE 混纺、P84+PTFE 混纺的多品种高强耐腐、耐高温的长寿命滤袋，以及超细纤维多梯度高密面层、微孔覆膜等高过滤精度滤袋；建立了滤袋生命周期管理档案和数据库，分析总结了不同烟气条件下，不同滤料在运行过程中的性能变化规律，研发出烟气诊断分析、滤料与烟气条件匹配选型技术规范，以及滤料选型专家程序，有效保障了滤袋长寿命和良好的经济性。相关研究成果的应用填补了国内外空白。

整体式电袋复合除尘器可实现烟尘排放小于 $30mg/m^3$ 甚至 $5mg/m^3$ 以下，运行阻力小于 1200Pa，滤袋寿命大于 4 年。整体式电袋复合除尘器被快速推广应用到燃煤锅炉烟尘治理上，最大应用单机容量为 1000MW 机组，共 12 台，其中新密电厂 100 万 kW 机组电袋是迄今为止世界上首台投运的最大型电袋复合除尘器。目前，配套应用总装机容量已突破 20 万 MW，已形成了一个全新的除尘产业。已投运的电袋复合除尘器超过 350 台，实测烟尘排放浓度 4 ~ $30mg/m^3$，其中低于 $20mg/m^3$ 占 50% 以上；运行阻力 560 ~ 1100Pa，平均 852Pa；95% 的项目滤袋寿命大于 4 年。其中部分工程项目实现了 $5mg/m^3$ 以下的超低排放，如珠海电厂 $2 \times 700MW$ 机组，分别实现了 $2.55mg/m^3$、$3.15mg/m^3$ 的烟尘排放。经过十余年开发，我国已经建立了比较完整的电袋复合除尘器技术标准体系，核心技术获专利100多项，其中发明专利超过20项，制订完成了4项国家标准、10项行业标准。电袋复合除尘器2009年被认定为"国家自主创新产品"，2012年获环保部科技进步奖一等奖、福建省科技进步奖一等奖，2014年电袋复合除尘技术成果获国家科技进步奖二等奖。

（2）分体式电袋除尘器研究进展。分体式电袋除尘器将静电除尘和袋式除尘通过出口喇叭、连接烟道进行前后独立串联，其结构与美国电力研究所（EPRI）的COHPAC Ⅱ型分体组合式电袋结构相似。分体式电袋采用分级除尘的思路，解决了袋区浓度高容易破袋的问题，并能较好地实现袋区的在线检修。但带电粉尘经过电场后级长距离的流动并压缩、扩散，电荷已基本释放掉，无荷电粉尘的过滤效应。分体式电袋复合除尘器可实现烟尘排放小于$30mg/m^3$甚至$10mg/m^3$以下。该型式的电袋除尘器有少量工程项目试用，但实践证明占地面积大、运行阻力高，目前已基本未再发展应用。

（3）嵌入式电袋复合除尘器研究进展。我国高校和企业根据静电增强过滤的原理，将电收尘区和袋收尘区相间交错布置同一壳体内，开发了嵌入式电袋复合除尘技术。通过缩短荷电粉尘到滤袋表面的距离，解决了带电粉尘的电荷损失问题，强化了荷电粉尘的过滤效应。2010年我国企业引进美国EERC的嵌入式电袋专利技术，并吸取国外工程应用的失败教训，结合我国自主创新的电袋技术与经验，优化选型设计参数，通过二次开发形成了新结构的嵌入式电袋复合除尘技术。首台50MW机组嵌入式电袋复合除尘器示范工程在燕山钢铁投入运行，烟尘排放浓度小于$5mg/m^3$。但嵌入式电袋复合除尘器占地面积大，结构相对复杂，在产品技术经济性、大型化结构设计方面还有工作要做。

国内外研究进展相比较。美国相对较早研究了电袋复合除尘技术，采用的是单独分级除尘或复合除尘的技术路线，设计过滤风速均在3.0m/min以上，虽然滤袋数量和袋区占地面积小，但实际运行阻力大，滤袋使用寿命短，清灰周期短。相关技术在少量工程项目中应用，最大配套单机容量为60万kW机组，总配套装置容量约2500MW。由于未能深入掌握电袋复合机理、内在联系和复合结构，以及选取合理的设计参数，造成工程项目运行阻力超过2000Pa，滤袋寿命约2年，未能推广应用。另外，发达国家除尘市场空间小，电袋复合除尘器的应用规模远小于我国，也阻碍了国外电袋复合技术的发展。

我国电袋复合除尘技术相比国外，起步较晚，但发展很快。十余年来，我国采用分级、复合的技术思路，系统深入地开展了电袋复合除尘技术试验研究、产品设计、工程优化及配套技术与材料研究，开发了电袋有机复合及强化耦合、复合结构、大型化气流均布、长寿命滤料、高效脉冲清灰技术、烟气工况和滤料匹配选型技术等系列关键技术，基本掌握了100万kW机组特大型电袋复合除尘技术，投运了首台迄今为止世界上最大型电袋复合除尘器，填补了国内外空白。目前，我国电袋复合除尘技术的总体技术水平、大型化技术和工程业绩已领先全球，正在引领电袋复合技术行业的发展。

3.袋式除尘技术

袋式除尘技术是通过利用纤维编织物制作的袋状过滤元件，来捕集含尘气体中的固体颗粒物，达到气固分离的目的，其过滤机理是惯性效应、拦截效应、扩散效应和静电效应的协同作用。袋式除尘器具有长期稳定的高效率低排放、运行维护简单、煤种适用范围广的优点，并能实现超低排放。自 2001 年大型袋式除尘器在内蒙古丰泰电厂 200MW 机组成功应用以来，袋式除尘器在燃煤锅炉上得到推广应用，最大配套应用机组为 600MW。电力行业最常用的袋式除尘器，按清灰方式可分为低压回转脉冲喷吹袋式除尘器和管式中压行喷吹袋式除尘器。随着火力发电污染物排放标准的日趋严格，袋式除尘器在滤料、清灰方式等方面均有改进，尤其是滤料在强度、耐温、耐磨以及耐腐蚀等方面综合性能有大幅度提高，袋式除尘器已成为电力环保烟尘治理的主流除尘设备之一，并且应用规模逐年稳定增长。

国外现阶段袋式除尘技术应用方面，德国鲁奇公司研制的低压回转脉冲袋式除尘器采用低压（85kPa）气体、大流量、模糊脉冲清灰方式，滤袋采用扁圆形结构并以同心圆的方式成圈布置成滤袋束，具有占地面积小、清灰对滤袋的机械损伤少、脉冲阀控制简单、方便检修和更换滤袋等优点，可稳定实现烟尘排放小于 30mg/m³ 甚至 10mg/m³ 以下，滤袋使用寿命大于 3 年，该技术对清灰装置的制造和安装精度要求较高。法国阿尔斯通公司研制的中压行脉冲袋式除尘器采用中压（0.2 ～ 0.4MPa）气体、定位脉冲清灰的方式，滤袋采用圆型结构，按行列排布设计，逐行喷吹清灰。它具有清灰强度大、均匀，清灰效果好，结构布置和使用灵活的优点，可稳定实现烟尘排放小于 30mg/m³ 甚至 10mg/m³ 以下，滤袋使用寿命大于 3 年。近年来在大型化气流均布技术、大口径长滤袋清灰技术、大型化工程应用等方面的研究也取得了较好成果。阿尔斯通电力公司在 2008 年启动开发的 12m 长滤袋技术，现已应用于大型燃煤锅炉袋式除尘器。日本三菱正在尝试开发在袋式除尘器前的烟道上增加烟尘预荷电装置，使颗粒荷电后再达到滤袋表面，增强过滤效应。瑞典、意大利有关学者对袋式除尘器脉冲清灰阀性能进行评估研究，提出了脉冲阀的指示性使用寿命性能。总体来看，袋式除尘器在美国及澳大利亚等部分国家的电力燃煤机组应用较成熟，近年美国电厂除尘提效改造中较多采用袋式除尘器，澳大利亚电厂所用煤种比电阻高、几乎所有的电力燃煤机组均采用袋式除尘器。

国内电力行业应用的袋式除尘技术，主要是从德国和法国引进的，通过消化吸收、试验研究、创新开发和大量的工业应用，历经十余年工程实践和不断的技术改进，我国已突破和掌握多项袋式除尘器关键技术，取得了较好的技术进步。开发出大型袋式除尘器的气流均布数值模型和数值计算方式，组合物理模型试验和工程现场试验，攻克并掌握了大型电袋气流均布技术，实现了各分室的流量相对偏差小于 5%，有效减少了运行阻力和延长了滤袋寿命；建立了大型全尺寸脉冲喷吹清灰实验平台，深入研究脉冲清灰机理，突破和掌握了大口径长滤袋的高效脉冲清灰技术；开发和应用针对不同烟气工况的多种形式纤维混纺的高强耐腐、耐高温的长寿命滤袋，以及超细纤维多梯度高密面层、微孔覆膜等高过滤精度滤袋，大大丰富了滤袋的型式，有效延长了滤袋使用寿命；成功开发配套 600MW 机组的大型袋式除尘器，以及应用于干法脱硫工艺后高浓度（1500g/m³）烟尘的大型袋式除尘器。

外滤分室反吹扁袋除尘器综合内滤分室反吹圆袋除尘器和外滤回转反吹扁袋除尘器的技术特点，应用回转切换定位喷吹技术，是我国创新开发的一种袋式除尘器，拥有自主知识产权。它具有结构紧凑，高效节能的优点，已在我国多家燃煤电厂推广应用，取得良好效果。

我国袋式除尘器通过不断的结构改进、技术创新和工程实践总结，逐步改善了运行阻力大、滤袋寿命短的问题，可实现烟尘稳定排放小于 $30mg/m^3$ 甚至 $10mg/m^3$ 以下，运行阻力小于 1500Pa，滤袋寿命大于 3 年。近十余年，袋式除尘器在我国电力燃煤机组中得到了大量推广应用，最大配套单机容量 600MW，据不完全统计，累计配套总装机容量逾 8 万 MW，成为电力燃煤机组重要的除尘装置。

国外袋式除尘技术发展应用较早，技术较成熟；我国总体技术接近国际先进水平，但是在技术创新突破、结构优化、高精制造、工装设备方面，与国外相比尚有一定的距离。

（三）烟气脱硫技术

根据 SO_2 控制在煤炭燃烧过程中的位置，可将脱硫技术分为燃烧前、燃烧中和燃烧后三种。燃烧前脱硫主要是选煤、煤气化、液化和水煤浆技术，燃烧中脱硫指的是低污染燃烧、型煤和流化床燃烧技术，本报告主要介绍燃烧后脱硫也即所谓的烟气脱硫技术。

按脱硫产物是否回收，烟气脱硫可分为抛弃法和再生回收法；按脱硫产物的干湿形态，烟气脱硫又可分为湿法、半干法和干法工艺。湿法脱硫工艺包括用钙基、钠基、镁基、海水和氨作为吸收剂，其中石灰石（石灰）– 石膏湿法脱硫是目前使用最广泛的脱硫技术。半干法主要是喷雾干燥技术。干法脱硫工艺主要是喷吸收剂工艺，按所用吸收剂不同可分为钙基和钠基工艺，吸收剂可以干态、湿润态或浆液喷入。

国内早在 20 世纪 70 ~ 90 年代早期就开展了亚钠循环法、磷铵肥法等自主技术的研究，90 年代中至本世纪初我国脱硫进入了工程示范阶段，先后完成了石灰石 – 石膏法、海水法、电子束法、喷雾干燥等基于进口技术的 6 个示范工程和 3 个中德项目，以及以简易湿法为代表的国产技术示范。

随着 GB 13223-2003 的修订出台，基本将各时段燃煤机组全面纳入 SO_2 浓度限值控制。从此，我国烟气脱硫进入了快速发展阶段，通过近 10 年来对脱硫工艺化学反应过程和工程实践的进一步理解，以及设计和运行经验的积累和改善，在脱硫效率、运行可靠性、运行成本等方面有很大的提升，对电厂运行的影响明显下降，运行、维护更为方便。

2011 年 GB 13223-2011 修订颁布，我国 SO_2 排放限制严于美、日等发达国家和地区，成为世界最严的标准，给电力行业和脱硫产业提出了更高的要求，加之传统脱硫面临副产物处置难题，今后脱硫的发展将进入高性能资源化阶段，高效率、高可靠性、高经济性、资源化及协同控制新技术的研发、示范及推广是今后发展的主要方向。自此，SO_2 的减排将进入精细化管理阶段，由"十一五"主要依赖工程减排向"十二五"工程减排、结构减排、管理减排和多行业齐头并进的方向转变。

当前电力行业烟气脱硫技术中以石灰石 – 石膏湿法脱硫工艺为主，其他脱硫方法还包括：循环流化床法脱硫、海水脱硫、氨法脱硫、有机胺脱硫等，但因其工艺特性或原料要求等外部条件使得应用范围受到一定限制。

截至 2013 年底，根据中电联的统计数据，各种脱硫工艺市场占比中，石灰石 – 石膏法占 92.3%（含电石渣法），海水法占 2.8%，烟气循环流化床法占 2.0%，氨法占 1.9%，其他脱硫工艺占 1.0%。

随着发改能源〔2014〕2093 号文及各地方超低排放要求的相继出台，脱硫技术的发展步入了超低排放阶段，国内在引进消化吸收及自主创新的基础上形成了多个技术方向的系列超低排放控制技术，如石灰石 – 石膏法的传统空塔喷淋提效技术、单／双塔双循环技术、一塔双区技术、双托盘技术；海水脱硫近零排放技术；氨法脱硫技术等。

1. 石灰石 – 石膏湿法脱硫技术

石灰石 – 石膏湿法脱硫技术采用吸收塔，以石灰石浆液为吸收剂，雾化洗涤烟气中的 SO_2、HF 和 HCl 等酸性气体，其中 SO_2 与石灰石反应形成亚硫酸钙，再鼓入空气强制氧化，最后生成石膏，从而达到脱除 SO_2 的目的，脱硫净烟气经除雾器除雾后进入烟囱排放。

国外石灰石 – 石膏湿法脱硫技术经过历年发展基本形成了逆流喷淋空塔、鼓泡塔、液柱塔、托盘塔等核心塔技术。

国内在引进消化吸收的基础上，多数技术已经得到推广应用，石灰石 – 石膏湿法脱硫作为主流技术，其应用市场占比已经超过 90%。近五年来，随着排放标准趋严以及技术发展，逐步形成了系列超低排放技术，总结起来主要包括以下几个方向。

（1）传统脱硫技术提效。

基于传统石灰石 – 石膏湿法脱硫技术，开发的各类提效技术，如国电环保院开发的凹凸环技术、分级耦合循环洗涤，组合喷淋技术、深度氧化、超细吸收剂等自主技术，利用流场均化技术、匹配组合喷淋技术，提高吸收塔有效液气比，并通过分级耦合和强化传质提效、辅助净化脱硫液提效节能等技术集成创新，形成了多维度耦合脱硫提效超低排放集成技术。这些提效技术能够提高对负荷与复杂工况的适应性以及对突发状态的应急能力，解决脱硫设施可靠、稳定及经济运行问题。脱硫效率不低于 98%，可实现终端超低排放，SO_2 排放浓度小于 35mg/m^3。

（2）双循环脱硫工艺。

通过两级石灰石浆液吸收以实现 SO_2 超低排放。烟气首先进入一级循环，浆液 pH 值控制在 4.5 ~ 5.3，脱硫效率一般在 30% ~ 70%。酸性环境外加充足的停留时间，保证了亚硫酸钙的充分氧化，提高脱硫石膏品质，且脱硫石膏含水率降至 6%，同时烟气中各类杂质如飞灰、HCl 和 HF 等，也在一级循环中予以脱除，为二级循环中实现高效脱硫提供保障。经过一级洗涤的脱硫烟气进入二级循环，由于不用考虑氧化结晶的问题，所以 pH 值可维持在较高水平，可实现在较低液气比条件下的高效脱硫。根据场地条件、新（改）

建工程等不同情况，可以采取单塔双循环或双塔双循环形式，具有广阔的应用前景。

同时，应用双循环脱硫技术能够实现一定的颗粒物协同脱除效用，这已经在工程运行上得到了验证。如何充分运用双循环技术达到最大限度的颗粒物脱除效果，从而助力超净排放或者近零排放的实现，也日益受到重视。

国内部分电厂如国电泰州电厂 1000MW 机组采用双循环脱硫技术路线，脱硫效率达到 98.5% 以上。

（3）双托盘技术。

在原托盘塔基础上，增加一层托盘，并增加喷淋层和循环泵，提高液气比，增强洗涤效果，该技术吸收塔阻力增加较多，运行经济性有待进一步考察。浙江嘉华电厂采用该技术实现了 SO_2 超低排放。

（4）单塔双区技术。

通过在吸收塔浆池中设置分区调节器，结合射流搅拌技术控制浆液的无序混合，通过石灰石供浆加入点的合理设置，可以在单一吸收塔的浆池内形成上下部两个不同的 pH 值分区，其中上部低值区有利于氧化、下部高值区有利于喷淋吸收。张家港沙洲电力公司 $2 \times 630MW$ 脱硫装置，大唐河北马头电厂 9# 机组 $1 \times 300MW$ 脱硫装置增容改造都采用了该技术方案，脱硫效率 98% 以上。

（5）其他相关技术。

针对脱硫设施运行、管理、维护、监督、考核、评价生产全过程，在研究及应用过程中逐渐总结形成了脱硫设施运行、优化、诊断、评价等系列生产应用及服务性技术，如国电环境保护研究院开发的脱硫设施运行状态评价及性能诊断技术、运行深度优化技术、烟气治理设施运行管理技术等生产应用及服务技术。

总的说来，国外脱硫技术研究相对比较成熟，在最大限度地趋于无害化、减量化的同时，追求运行的经济性、设备的可靠性，有条件的尽可能优先向资源化方向发展。我国近年来脱硫技术发展很快，并且在引进技术消化吸收的基础上，实现了技术和装备的国产化，但技术和装备发展水平、运行和管理的精细化水平与国外还有一定差距。近十几年来，我国排放标准发展很快，倒逼了技术和装备升级，也推进了相关技术的研究发展进程。但我国技术发展及应用相对单一，以石灰石 – 石膏湿法为主，吸收剂主要为石灰石，需要消耗大量石灰石矿山，长久发展下去对生态环境必将造成不利影响。

2. 氨法脱硫技术

氨法空塔脱硫工艺以碱性氨为吸收剂与 SO_2 发生中和反应，实现烟气脱硫，副产品硫酸铵是重要的化肥原料，具有较高的利用价值。由于氨气碱性强于石灰石，故脱硫系统可在较小液气比（6 左右）实现 98% 以上的脱硫效率，且循环浆液量小，系统能耗低。氨法脱硫普遍应用于制酸行业的硫回收，在中小电厂的烟气脱硫应用也已成熟，现已逐步向大型火电厂应用过渡。目前，国内已有数十套氨法脱硫装置成功投运，其中规模较大的是国电宿迁热电有限公司 $2 \times 135MW$ 机组氨法脱硫装置。我国是贫硫国家，每年的硫铵需求量超过 500 万 t，氨法脱硫作为一种资源回收型技术路线在脱硫行业具有广阔发展前景。

20 世纪 70 年代，日本、意大利等国开始研究氨法脱硫工艺并相继获得成功。由于氨法脱硫工艺主体部分属化肥工业范畴，当时该技术未能在电力行业得到广泛应用。随着合成氨工业的不断发展以及对氨法脱硫工艺的不断完善和改进，90 年代后，电力行业氨法脱硫工艺逐步得到推广。国外研究氨法脱硫技术的企业主要有：美国的 GE、Marsulex、Pircon、Babcock&Wilcox；德国的 LentjesBischoff、Krupp Koppers；日本的 NKK、IHI、千代田、住友、三菱、荏原等。

目前，国内氨法脱硫技术已成功运用到 300MW 机组上，技术日趋成熟。其优点在于脱硫效率高，脱硫副产品附加值大，系统能耗低；但设备腐蚀较明显，且对入口烟气含尘浓度要求较高。氨法脱硫适用于具备以下条件的火电厂脱硫机组：火电厂周围有稳定氨来源，具有合成氨厂或产生废氨水的化工厂，可以实现变废为宝，实现双赢；高含硫地区；对脱硫效率要求较高的地区。目前，国内主要的氨法脱硫技术供应商有江南环保工程建设有限公司、国电龙源环保工程有限公司等。国电宿迁热电 2×135MW 机组、扬子石化热电厂 5～9 号炉、田东电厂 2×135MW 机组均采用氨法烟气脱硫。现国内湿式氨法脱硫最大的应用项目是天津永利电力公司的 600MW 机组烟气脱硫装置。

相比石灰石 – 石膏法，氨法更易于实现副产品的资源化利用。但是，氨法对于运行条件要求高，并存在设备腐蚀及伴生废水难以处理的弊端，在一定程度上限制了其资源化的效益。国内氨法脱硫的应用，尤其是在大容量机组上的应用仍受限于这些方面。目前，国内部分脱硫工程技术公司已经在氨法的设备腐蚀、废水处理等方面开展相关的技术攻关。相比之下，国外氨法脱硫尽管有多种方案和技术形式，但大多未针对中国电力行业有相应的调整和应用。

3. 海水法脱硫技术

海水烟气脱硫是利用海水的天然碱性吸收烟气中 SO_2 的一种脱硫工艺。天然海水含有大量 HCO_3^-、CO_3^{2-} 等离子，碱度为 1.2～2.5 mmol/L，pH ≈ 8.0，具有较强的 SO_2 吸收和酸碱缓冲能力。目前，第三代海水脱硫技术通过优化塔内烟气流场分布、液气比，并加装海水均布等装置，提高传质效率，可实现脱硫效率 99% 以上，满足《火电厂大气污染物排放标准》（GB 13223—2011）排放限值 50 mg/Nm³ 的要求。

海水脱硫是以天然海水作为吸收剂脱除烟气中 SO_2 的湿法脱硫技术，是海水直接利用的一个重要领域。该技术由美国加州伯克利大学 Bromley L.A 教授于上世纪 60 年代最先提出，之后挪威 ABB 公司、德国能捷斯·比晓夫公司和日本富士水化株式会社等相继开发出海水脱硫工业化技术。海水脱硫最初主要应用于铝冶炼厂和炼油厂，20 世纪 80 年代末以来，在燃煤、燃油电厂的应用有较快发展，近年来投入运行的海水脱硫装置多数是在燃煤、燃油电厂。

海水脱硫在国外应用较多，挪威、印度、委内瑞拉和瑞典等国家均有工业装置投入运行。位于印度 Bombay 的 Tata 电力公司 Trombay 电厂是最早采用海水脱硫技术的火电厂。

该电厂2套脱硫装置由ABB公司设计建造，分别于1988年和1995年投入运行，烟气处理量均为445000Nm³/h。第一套海水脱硫装置利用该技术脱硫效率高的特点，将未处理烟气和处理后烟气混合，提高脱硫后烟气温度，增加烟气的抬升能力，总体脱硫效率保持在85%以上。

截至2014年底，国内投运的海水脱硫机组容量共计21754MW。其中，2010年投运的浙江舟山电厂#3机组（1×300MW）是国内首个海水脱硫的特许经营项目，至今运行状态良好；华能海门电厂4×1036MW机组是当前世界单台机组容量最大的海水烟气脱硫工程之一；2014年6月建成投产的神华国华舟山电厂4号机组（1×350MW）海水脱硫工程，是国内首个环保达到"近零排放"要求的机组。

海水法烟气脱硫工艺简洁可靠，利用天然碱性海水替代石灰石进行烟气脱硫，既保护了环境，又节约了资源、降低了能耗，其建设与运行成本低，运行维护简便，且能满足SO_2超低排放要求，但有地域限制，仅适用于拥有较好海域扩散条件的滨海火电厂，平均燃煤含硫率宜不高于1%。

海水脱硫在国内有适合条件的电厂已经得到了较好的应用和推广。但是，海水脱硫产生的对于周边海域的环境污染，尤其是对于海水pH值、盐度等局地指标的干扰，在国内重视环境保护的大背景下，日益受到关注。解决海水脱硫的伴生污染问题也是此项脱硫技术的重要研究议题之一。

4. 干/半干法脱硫技术

目前，燃煤电厂烟气脱硫工艺除湿法脱硫工艺之外，有工业化应用业绩的脱硫技术主要有干法或半干法工艺，主要包括烟气循环流化床法（CFB）、喷雾干燥法（SDA）和增湿灰半干法（NID），其中应用最多的是烟气循环流化床法（CFB-FGD）。

随着环保要求趋严，目前在火电行业SDA和NID工艺已经基本淘汰，只有烟气循环流化床法适用于燃用低硫煤、缺水地区及部分循环流化床锅炉。福建龙净在引进消化吸收的基础之上，通过技术创新，形成了LJD-FGD干法烟气超洁净协同控制技术、低温同步脱硝一体化技术等先进的干法脱硫技术。

喷雾干燥法脱硫工艺属于半干法技术，是丹麦尼露（NIRO）公司于上世纪70年代中后期开发的，由于当时湿法脱硫工艺造价昂贵，SDA工艺的投资比湿法工艺低。喷雾干燥法脱硫工艺是将消石灰乳雾化成细小液滴，与烟气混合接触并与SO_2发生化学反应而脱除SO_2。该工艺在美国及西欧一些国家的中低硫燃煤电厂应用较为广泛，在300MW以上机组上有一定的应用业绩。

增湿灰半干法脱硫（NID）工艺也属于半干法技术，是Alstom公司于1995年左右开发的一体化半干法脱硫工艺，采用快速输送床反应器，将增湿灰加入到反应器中进行脱硫反应。该工艺主要用于中小机组、低硫煤和脱硫率要求小于80%的场合，2005年之前由于排放标准的宽松，在我国一些电厂得到一定的应用，近年来由于环保标准的提高，应用受到一定限制。

烟气循环流化床脱硫工艺（CFB-FGD）有喷浆液的半干法和喷干粉的干法两种工艺，目前应用最多的为后者。CFB-FGD 实验室研究始于 20 世纪 60 年代末，1972 年全世界首套 CFB-FGD 装置由德国鲁奇（LURGI）公司研制，在德国 Grevenbroich 电解铝厂得到应用，用于脱除电解铝烟气中的 HF。20 世纪末，CFB-FGD 工艺在欧美大约有 40 多套的应用业绩，最大规模的烟气处理量相当于 200MW 机组。

而在国内，LJD 新型烟气循环流化床干法脱硫及多污染物协同净化技术（简称 LJD-FGD）目前已经有 230 多套应用业绩，最大应用机组为 660MW，突破了循环流化床干法脱硫技术在 600MW 等级机组上大型化应用的瓶颈，实现脱硫效率 95% 以上，SO_2 排放小于 $100mg/m^3$，粉尘排放低于 $20mg/m^3$，成为我国（半）干法烟气脱硫工艺的典型代表。2013年，LJD 干法工艺在总结 100 多套项目应用的基础上，对流化床吸收塔结构及运行进行优化，改善雾化降温喷嘴布置、优化塔内 Ca/S 及悬浮颗粒密度、强化气固传质、延长反应时间等关键技术，开发出新型循环灰阀、高活性石灰消化器、超滤布袋除尘器等关键设备。进一步提高脱硫效率，以满足出口 SO_2 小于 $35mg/Nm^3$ 的超低排放要求。

CFB 锅炉是我国近年来积极推广的清洁环保燃烧技术，虽然通过炉内脱硫，锅炉出口的 SO_2 浓度较低，但是随着新标准及超净标准的出台实施，CFB 锅炉炉后也需增设烟气脱硫设施，特别是燃用高硫煤的 CFB 锅炉。基于锅炉出口烟气 SO_2 浓度较低，而且经过炉内脱硫后烟气中含有大量未完全反应的 CaO 等工况特点，采用干法脱硫工艺作为炉后的二级脱硫工艺，具有很好的性价比，可充分利用这些 CaO 作为吸收剂，实现"以废治废"的目的，并降低运行成本。

在流化床吸收塔内实现脱硫脱硝一体化是提升流化床技术应用范围的目标之一，低温同步脱硝的反应机理是在特殊设计的循环流化床吸收塔内，以激烈湍动的、巨大表面积的颗粒作为载体，额外添加脱硝剂，通过脱硝剂的氧化作用，促进烟气中难溶于水的 NO 转化为易溶于水的 NO_2，然后与钙基吸收剂反应，从而实现 NO_x 的脱除。通过对脱硝剂、添加设备、脱硫脱硝协同技术等关键技术与设备的开发，成功实现了高效脱硫的同时进行同步脱硝，脱硝效率一般达到 40% ~ 60%。本技术工艺简单，附属设备少，工况适应性强、调节灵活，特别是在同步脱硝的同时可提升脱硫效率，对其他污染物的脱除也有促进作用。在 NO_x 超洁净排放的大背景下，低温同步脱硫脱硝一体化技术可作为燃煤电厂 SCR、SNCR 等主流脱硝工艺的有益补充或单独应用，目前已经在广州石化、厦门新阳、兖州榆林、内蒙古国泰等项目中得到应用。

我国烟气循环流化床干法脱硫工艺技术水平总体处于世界先进水平，该技术在我国西部、北方缺水地区有应用优势。但目前因市场等诸多因素，该技术的推广应用步伐缓慢，特别是在 600MW、1000MW 等级的机组上大型化应用极少，随着我国燃煤电站大型化的趋势要求，以及雾霾问题的亟待解决，开发 1000MW 机组大型干法脱硫除尘一体化技术与装置将成为新的研究重点，从而可以为提升燃煤烟气治理成效、改善我国空气质量提供技术支撑。

5. 资源化技术

（1）有机胺脱硫技术。

有机胺 SO_2 回收技术是利用专用有机胺吸收烟气中的 SO_2，再将 SO_2 解吸出来，形成纯净的气态 SO_2；解吸出的 SO_2 送入常规硫酸生产工艺，进行硫酸的生产。该技术特点是脱硫效率高达 99.8%、工艺流程简单、系统运行可靠、无二次污染、可回收利用 SO_2，从而可以降低运行成本、实现循环经济，工艺流程见图 3。

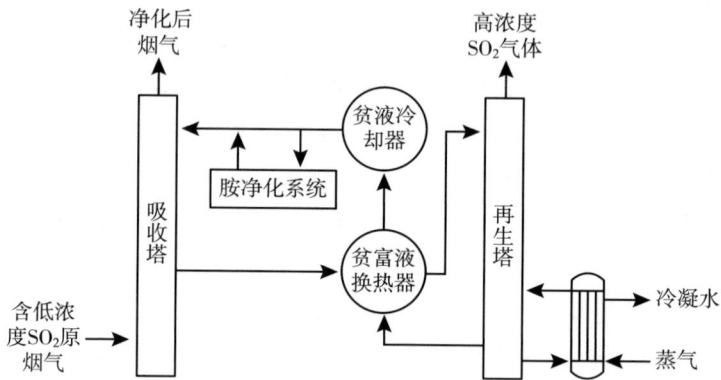

图 3　有机胺脱硫工艺流程

有机胺脱硫技术具有技术先进性、环保实用性和资源循环利用等优点。但是，目前一次投资过大，需下游配套硫酸或硫黄回收系统，设备耐腐蚀性要求高，再生蒸汽消耗量较大，能耗较高。此外，有机胺的抗氧化性以及脱硫过程中生成的热稳定盐脱除等问题尚需进一步研究解决。

有机胺法一般应用于炼油厂脱除 H_2S，该工艺在选择性脱除 H_2S 上已经取得了巨大成功。上世纪 80 年代后，有机胺法才开始应用于脱除 SO_2。1988 年，加拿大联合碳化公司首次进行了 Cansolv 系统脱除 SO_2 的技术开发；2001 年，CANSOLV 可再生胺法脱硫技术成功地商业化。

在国内，目前中铝贵州分公司自备电厂（相当于 200MW 机组烟气处理量）、山莱芜钢铁厂烧结炉（约合一台 125MW 机组烟气处理量）及都匀电厂 2 台 600MW 机组已经建立了示范，都匀电厂 2×600MW 机组也是目前世界上最大的有机胺脱硫工程。由于引进的国外公司的相关技术在国外尚未经过类似的大机组运行检测，相比技术本身，有机胺法的日常经济有效运行是国内工程技术和科研单位关注的重点环节。有机胺液各项指标的监控、调整，关系到脱硫能否正常运行以及脱硫效率是否满足要求。因此，胺液中各项指标控制在合理范围之内，是调试及运行过程中非常关键的工作内容。

（2）活性焦脱硫技术。

活性焦法是通过移动床，利用活性焦吸附解吸 SO_2，进而回收高纯 SO_2 送至硫酸生产工艺制备硫酸。该技术的特点是脱硫效率可达 98% 以上，可同时脱除氮氧化物、重金属等多种污染物。其优点是：节水 80% 以上，适合水资源匮乏地区；腐蚀小，脱硫在 60 ~ 150℃，烟气不用再热；可实现硫的综合利用，对环境没有二次污染。在国外，活性焦脱硫技术在德国、日本等国均有在大型电厂中的应用案例，日本的碧南电厂已有 600MW 机组的应用业绩。在国内，该技术目前主要用于化工冶金行业，在电力行业大型机组上的应用尚需建立示范工程开展系统研究。该技术存在的主要问题是活性焦价格高、运行与维护工作量大、在吸附和解吸过程中防腐尤其是低温区的酸腐蚀需要考虑。在电力行业大型机组尚需建立示范工程开展系统研究，工艺流程见图 4。

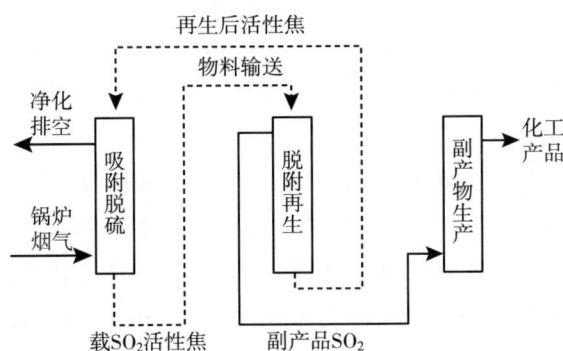

图 4　活性焦脱硫技术

（3）生物脱硫技术。

生物脱硫技术是将洗涤技术与生物脱硫技术集合，用可不断再生的碱溶液将烟气中的 SO_2 洗涤进入液相后，通过生物技术转化成硫黄的资源化脱硫技术。该技术利用高浓度化学需氧量（COD）废水作为微生物的营养源，以污治污，整个处理流程为闭环设计，水耗低，产品利用价值高，具有典型的循环经济特点，工艺流程见图 5。目前，国内宜兴协联

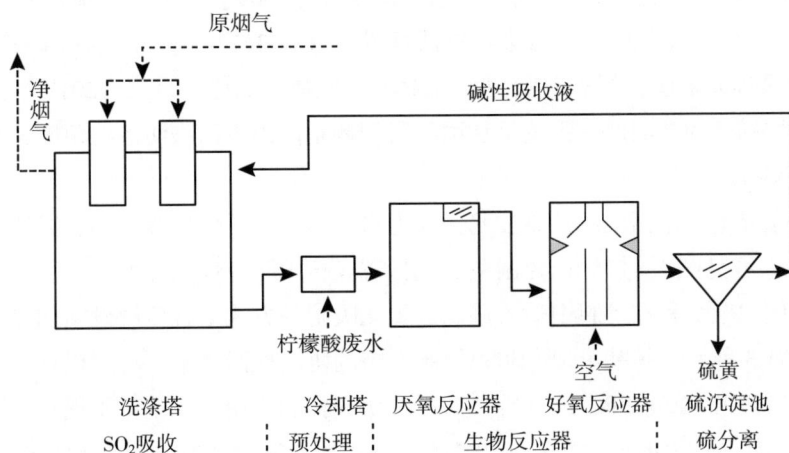

图 5　生物脱硫技术

电厂引进美国孟莫克环境化学公司技术，建立有 2 台 300MW 和 2 台 135MW 机组强碱洗涤生物脱硫系统。

6. 其他脱硫技术

（1）镁法脱硫。

镁法脱硫技术的脱硫原理和石灰石 – 石膏法脱硫技术一致，其脱硫剂为 MgO 或 Mg（OH）$_2$。其脱硫终产物为 $MgSO_4$ 溶液，可直接排放入大海（海水中 $MgSO_4$ 的含量在 0.21% 左右）。镁法脱硫塔出口的烟气温度较低，烟气可以直接通过湿烟囱排放，但对于改造工程，为了尽量利用原设备，减少投资，故可在脱硫塔烟气出口装设升温装置，再引至烟囱排放。脱硫终产物无副产品回收，因此系统较石灰石 – 石膏法简单很多，占地面积相应减少很多。因此，初投资低，脱硫效率高（一般在 95% 左右），该技术在日本、欧洲以及我国台湾地区的中小型电站应用极为普遍，我国内地已有应用。

（2）双碱法脱硫技术。

双碱法是采用钠基脱硫剂进行塔内脱硫，由于钠基脱硫剂碱性强，吸收二氧化硫后反应产物溶解度大，不会造成过饱和结晶及结垢堵塞问题。脱硫产物被排入再生池内用氢氧化钙进行还原再生，再生出的钠基脱硫剂循环使用。该工艺因 Na_2SO_3 氧化副反应产物 Na_2SO_4 较难再生，需不断地补充 NaOH 或 Na_2CO_3 而增加碱的消耗量。另外，Na_2SO_4 的存在也将降低石膏的质量，该技术在大型电站上应用较少，目前小型锅炉技改中有很多应用。

（四）烟气脱汞技术

汞因其具有持久性、易迁移性、高度的生物富集性、毒性强且对人类健康和生态环境危害大等污染特点，已经成为继烟尘、SO_2 和 NO_x 后需要严格控制的污染物。燃煤汞的排放约占全球汞排放量的 40%。我国燃煤消耗量约占全球 50%，已成为全球范围内汞污染最严重的区域之一。

目前，我国汞污染控制工作刚刚开始，国办发【2009】61 号文明确将重金属污染控制列为工作重点，《火电厂大气污染物排放标准》（GB13223–2011）首次将汞及其化合物排放浓度纳入排放限值，标志着我国大气汞污染控制正式提上日程。2013 年我国正式签署了国际汞控制公约。因此，无论是从国际履约还是国内汞污染防治的角度，我国均面临着巨大的汞减排压力。

目前，燃煤电厂汞污染的控制技术大体上可分为三类：燃烧前控制、燃烧中控制和燃烧后控制[8]，详见图 6。燃烧前控制主要包括洗煤技术和煤低温热解技术，燃烧中控制主要通过改变优化燃烧和在炉膛中喷入添加剂氧化吸附等方式结合后续设施加以控制。燃烧后控制主要有 3 种，一是基于现有非汞控制设施的协同控制技术，利用现有非汞污染物控制设施（包括 SCR、ESP/BP、FGD 等）对汞的协同控制作用；二是基于现有设施改进的单项控汞技术，如改性SCR催化剂汞氧化技术、除尘器前喷射吸附剂（如活性炭、改性飞灰、其他多孔材料等）、脱硫塔内添加稳定剂、脱硫废水中加络合（螯合）剂等技术，实现更高的汞控制效果；三是通过专门的多污染物控制技术（等离子、臭氧、活性焦、有机胺、双氧水等）及装备实现汞、硫、氮等多污染物联合脱除。此外，汞的监测和检测技术发展迅速，既可以在线监测，又可以手工采样测试比对，并且发展了间隙采样比对测试的方法。

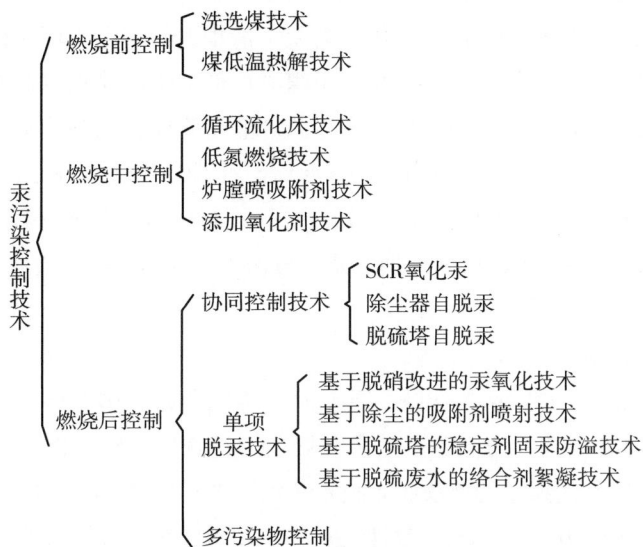

图 6 汞污染控制技术分类

1. 燃烧前控制技术

近年来，美国、日本、德国及澳大利亚等国开展了如微细磁铁矿重介旋流器、静电选、高梯度磁选、浮选柱、油团选、选择性絮凝等深度降灰、脱硫、脱汞等重金属的洗选煤技术研究工作，美国在微泡浮选柱和油团选煤方面已实现工业化。在化学选煤和微生物脱硫方面，美国、澳大利亚、日本也处于研发阶段，目前已经取得一定进展。

国外众多研究学者和机构都对在煤燃烧前利用温和热解方法脱除原煤中的汞进行了研究，考察了不同煤种在温和热解过程中汞的释放特性。有研究表明通过洗选煤和低温热解可脱除 70% 的汞。

我国洗选煤技术及产业发展滞后于国外，且原煤入洗率不高。上个世纪 80 年代后期开始得到一定程度发展，通过技术引进消化形成了相对成熟的国产化技术并得到应用，国内研制的设备已基本满足 400 万 t/a 以下各类选煤厂建设需要，部分工艺指标达到或接近世界先进水平。目前我国选煤技术（淘汰 56%、重介质 26%、浮选 14%、其他 4%）研发已步入世界先进行列。国内大中型选煤厂技术改造已由过去单纯注重降灰转为降灰与脱硫、脱汞等多污染物并举及回收洗选中的黄铁矿，无压重介质旋流器和旋流静态微泡浮选柱等洗选煤技术取得重要成果。

国内从事煤热解的企业和研究机构也自主研发了多套热解工艺和技术，如多段回转炉（MRF）、带式炉、LCC 技术、固体载热法干馏等。

2. 燃烧中控制技术

欧美相关研究机构和人员，开展了大量燃烧中汞污染控制试验，从混煤掺烧、生物质掺烧，再发展到在燃煤或炉内添加氧化剂（如卤族化合物），在燃烧过程中将汞高效氧化（90%），再结合后续环保设施协同控制实现汞污染控制。

在我国，国电环境保护研究院、中国环科院、清华大学等电力环保科研机构及高等院校已经开展了燃煤生物质掺烧、混煤掺烧、燃煤添加剂、炉内喷吸附剂或氧化剂等相关燃烧中汞污染控制技术的研究及试验，但尚未进入产业化阶段，相关技术对现有生产设施的运行影响有待进一步深入研究，今后需要重点结合我国国情开展对机组适应性相关影响因素分析。国内某300MW燃煤发电机组利用溴化钙添加与FGD协同脱汞，烟气中二价汞占总汞的比例从35%显著提高到90%，烟气汞排放浓度下降30%～60%，具有较好的脱汞效果。

3. 燃烧后控制技术

国外针对燃烧后烟气汞污染控制开展了大量研究，如美国环保署（EPA）和能源部（DOE）针对基于现有设施的协同除汞效果开展了大量测试试验工作。开发了许多基于现有设施改进的脱汞技术或独立的单项脱汞技术（见图7），如改性SCR催化剂氧化汞技术，在除尘器前喷射各种配方的活性炭、改性飞灰、钙基吸收剂以及一些新型吸收剂来减少汞的排放；也结合现有设施研究了通过添加氧化剂（如臭氧、卤素等）、脱硫洗涤添加稳定剂或在脱硫废水中添加络合（螯合）剂的方式脱汞。

此外，美国还研究开发了系列多污染物控制技术，可以通过一套装置实现多种污染物的同时控制技术，目前大多数处于研发阶段，相关研究及应用进展见表1。

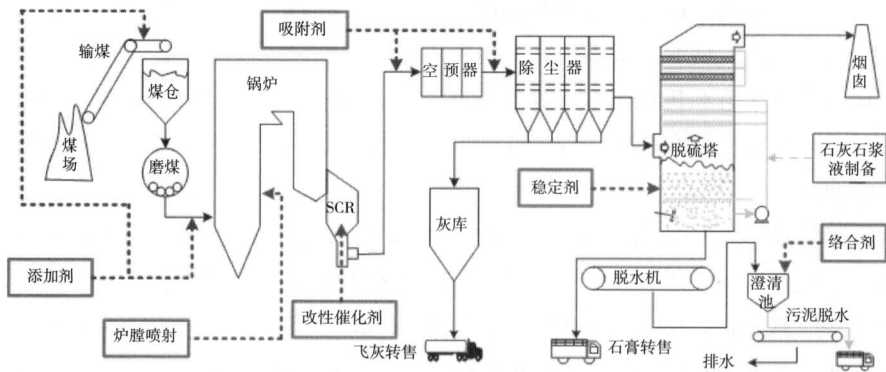

图7　单项脱汞技术流程

表 1　国外多污染物控制技术现状

技术名称	发展阶段	除汞率（%）	其他污染物脱除率（%）	适用性
Enviroscrub / Pahlman	B/P	达 67	SO$_2$: 99% NO$_x$: 93% ~ 97%	新的，改建的
电催化氧化技术（ECO）	D	90	SO$_2$: 98% NO$_x$: 90%	新的，改建的
低温氧化技术（LOTOX）	D/C	达 90	SO$_2$: 95% NO$_x$: 70% ~ 95%	新的，改建的
等离子强化静电除尘	B/P	达 98	SO$_2$: 90+%（与 WFGD 连用）	新的，改建的
K– 燃料技术	D/C	达 70	SO$_2$: 达 30%NO$_x$: 达 45%	大多是 PRB 或褐煤的

注：发展阶段：B = 台架测试；P = 试点阶段；C = 商用；D = 示范

随着 GB13223 首次将汞浓度纳入排放限值，基于现有设施改进的脱汞技术或独立的单项脱汞技术研究发展迅速。浙江大学率先开展了改性 SCR 催化剂氧化汞技术研究，汞氧化率达 90%。国电科学技术研究院开发的微量喷射除汞技术脱汞效率可达 90% 以上，神华国华研究院利用华北电力大学的改性吸附剂喷射技术，汞污染物排放可在现有基础上降低 30% ~ 50%。

国内也有对汞等多污染物联合控制技术的相关研究，但部分技术因受投资、能耗、运维、外部条件、成熟度等诸多因素尚未能规模应用，如臭氧氧化技术、双氧水氧化技术、硫硝汞一体化技术、电子束试验、柔性湿式静电多污染控制技术、等离子多污染物脱除技术等。

国外在上世纪 80 年代就开始了汞污染控制相关工作，研究起步较早，不仅完成了从燃煤汞污染的排放特性、迁移规律、监测方法等基础研究工作，还开展了大量最佳可行技术研究，并形成了全球性减排工艺指南，落实了相应的法律法规配套。国内汞污染控制技术研究发展相对滞后，大多数研究集中在燃煤汞污染的排放测试及现有环保设施的减排摸底等前期研究方面，近几年才陆续开展基于现有环保设施的协同控制研究及专门的脱汞技术试验。目前，国内环保设施的技改或配套程度已经超过了欧美，在各种设施的协同控制作用下，几乎所有设施都能达到现行标准，因此相关控制技术的研究及应用试点进度缓慢。

（五）多污染物控制技术

根据美国电力研究所（EPRI）的统计，多污染物控制技术不下 60 种，其中部分已经实现了工业化，大致可分为炉内多污染物去除技术和烟气多污染物控制技术。炉内去除技术主要有循环流化床、增压循环流化床等技术，这里重点介绍烟气多污染物控制技术。烟气多污染物控制技术主要包括三类。

第一类是组合或传统单一控制设施的拓展技术，即通过单一控制设施（SCR、ESP、FGD）功能拓展或组合进行多污染物协同控制的技术。例如，基于传统半干法脱硫多污染物脱除技术，有烟气循环流化床脱硫脱硝脱汞一体化技术、旋转喷雾技术、$NaHCO_3$ 烟道喷射技术；基于传统石灰石－石膏湿法的氧化硫硝汞一体化脱除技术；基于传统除尘技术改进的拓展功能，如低低温电除尘、袋式改进的多污染物控制技术；基于氨法脱硫的多污染物脱除技术；基于 SCR 改进的硝汞脱除技术；基于低温 SCR 硫硝汞联合脱除技术。

第二类是一体化控制技术，如电子束法、脉冲电晕等离子法、电催化氧化（ECO）技术、臭氧氧化（$LoTO_x$）技术、双氧水氧化法、吸收再生法（活性焦法）、吸收再生法（有机胺法）等。

第三类就是基于湿式静电的深度净化技术。

目前，我国火电厂烟气多污染物控制技术大都是通过基于现有环保设施组合匹配运行实现多污染物协同控制，如经典组合 SCR+ESP+WFGD。近年来，在基于现有单一设施拓展多污染物控制功能上开展了系列研究，但未见规模工业应用。而国外开展了大量一体化控制技术研究，大都处于基础研究或工业性试验阶段，仅活性焦脱硫脱硝技术和有机胺脱硫技术有较大突破。本节重点介绍基于湿式静电除尘器（WESP）的多污染物深度净化技术。

WESP 可实现极低的排放浓度，根据除尘器的布置方式，有卧式与立式两种；根据极板的材料，有金属极板、导电玻璃钢和柔性极板三种类型。在燃煤电厂中 WESP 通常布置在脱硫设备后，其工作原理和干式电除尘器基本相同，都要经历电离、荷电、收集和清灰四个阶段，不同之处在于干式电除尘器采用振打或钢刷清灰，WESP 采用液体冲洗电极表面来进行清灰，具有不受粉尘比电阻影响、无反电晕及二次扬尘等特点。WESP 不仅可以有效除去烟气中的 $PM_{2.5}$，同时还可协同脱除 SO_3、汞及烟气中携带的脱硫石膏雾滴等污染物，抑制"石膏雨"和"烟囱白烟"的形成，可达到其他污染物控制设备难以达到的极低的排放限值（如烟尘排放 $<3mg/m^3$）。

作为燃煤电厂污染物控制的精处理技术设备，WESP 一般与干式电除尘器和湿法脱硫系统配合使用，不受煤种条件限制，可应用于新建工程和改造工程。对于新建工程，当烟尘排放浓度限值不大于 $5mg/m^3$ 时，且采用低低温电除尘器等技术及湿法脱硫设备协同除尘不能满足要求时，可采用 WESP；对于改造工程，应优先改造除尘及湿法脱硫设备，当除尘设备及湿法脱硫设备改造难度大或费用很高、烟尘排放达不到标准要求，尤其是烟尘排放限值为 $10mg/m^3$ 或更低时，且场地允许，可采用 WESP。另外，对燃用中高硫煤机组，当考虑去除 $PM_{2.5}$、脱除 SO_3 和 Hg 等时，可采用 WESP。

WESP 对于颗粒物特别是亚微米颗粒具有很好的脱除效果，且可脱除酸雾、Hg 等多种污染物，受到国内外研究团队的广泛重视。近年来，国外的研究重点主要集中在细颗粒污染物高效脱除，材料选择与处理，SO_2、SO_3、汞等多种污染物协同脱除等方面。

在 WESP 高效脱除细颗粒污染物方面，主要集中于如何通过优化 WESP 结构和电极形式提高颗粒物脱除效率等方面。孟买理工学院 Dey 等人研究了 WESP 对纳米级别颗粒物脱除效率，放电极选用直径为 0.5 英寸的圆杆，研究发现对粒径范围在 80 ~ 600nm 细颗粒物的脱除效率在 40% ~ 90%，对粒径范围在 20 ~ 80nm 细颗粒物的脱除效率仅为40% ~ 70%。台湾交通大学 Lin 等人研究了 WESP 对油状颗粒物脱除效率，设计反应器采用直径 0.1mm 黄金电极，研究发现湿式条件下脱除效率在 96.9% ~ 99.7%。韩国韩世大学 Hak-Joon Kim 等人采用碳刷作为阴极线，研究表明细颗粒物除尘效率可达 99.7%。A. Bologa 等人提出一种新型 WESP 结构，采用圆盘型电极，电极周围分布芒刺线加强放电，实验结果表明一级电场脱除效率最高可达到 90% ~ 97%，二级电场下脱除效率达到 99%。

在 WESP 的材料选择方面，为满足水膜均匀分布，主要分为两种思路，第一种以俄亥俄大学 David J. Bayless 等人为代表，用高分子织物材料或碳纤维织物代替价格高昂的不锈钢材料，大大降低了成本，且由于织物良好的润湿特性，均布性得到了改善。第二种以台湾交通大学 Tsai 等人为代表采用极板表面镀膜的方式改善其润湿性能，使接触角大大减小。两种研究思路均可显著降低耗水量，考虑到柔性材料的强度不及刚性材料，且由于织物表面纹理影响清灰特性，工程应用发展更倾向于镀膜等复合材料发展。

在 WESP 对 SO_2、SO_3、硫酸雾滴、汞等多种污染物协同脱除方面，台湾的 Chao-Heng Tseng 等研究了 WESP 对 SO_2 的脱除效果，结果表明在不使用添加剂的条件下，SO_2 脱除效率达到 70%。Chang 等采用柔性材料作为收尘极，实验结果表明，对硫酸雾滴的脱除效率最大可达到 95.74%。Jeong 等研究不同电极形式放电特性，随后搭建中试试验台，研究 SO_3 分级脱除效率，实验结果得出在 0.6 ~ 1μm 分级脱除效率出现低点。美国 Croll-Reynolds 公司对管式 WESP 性能进行了中试研究，测得汞脱除效率为 77%。

美、日、欧等世界发达国家和地区针对污染治理发展的需要，WESP 的研制起步较早，1907 年开始应用于硫酸和冶金工业生产中，1986 年后应用于燃煤电厂。据不完全统计，已有 100 余套不同类型的 WESP 应用于美国、欧洲及日本等国的电厂，主要作为大气复合污染物控制系统的最终精处理技术装备，用于去除 WFGD 无法收集的酸雾、控制 $PM_{2.5}$ 微细颗粒物及解决烟气排放浊度问题。

美国 Bruce Mansfield 电厂、AES Deepwater 电厂、Coleson cove 电厂、日本碧南等多家电厂测试报告表明，WESP 可达到的主要技术参数指标为：$PM_{2.5}$ 的去除效率 > 90%，粉尘排放浓度 < 5mg/m³，SO_3 酸雾的去除率 > 95%，烟气浊度降低到 10%，甚至达到接近零浊度排放。如日本碧南电厂的 2 套 1000MW 机组、3 套 700MW 机组全部采用了 WESP，投产至今运行情况良好，烟尘排放浓度长期保持在 2 ~ 5mg/m³ 水平，在煤质较好情况最低达到 1mg/m³，运行 20 多年来，壳体和内件未发现问题。

我国大型燃煤电厂用 WESP 的研究开发工作起步较晚，随着环保标准的日益严格，部分燃煤电厂需满足"超低排放"要求，国内相关企业及科研院所加大了 WESP 的研究和开发力度，通过自主研发或引进技术，不仅在核心技术上实现了突破，并迅速得到了工业应用，积累了一定经验。

国内 WESP 研究的重点主要集中在喷淋系统、极配型式、选型设计、水循环系统及防腐等方面的改进、优化，在实验研究、数值模拟的基础上，通过建立示范工程，联合高等院校和科研单位共同攻关。目前，国内已有金属极板 WESP、导电玻璃钢 WESP、柔性极板 WESP 三种不同类型的技术，均得到了工程应用，并各具特色。

1. 金属极板 WESP

金属极板 WESP 的研发得到了国家科技部的高度重视和大力支持，被列入国家"863"计划课题《燃煤电站 $PM_{2.5}$ 新型湿式电除尘技术与装备》和国家国际科技合作专项课题《燃煤电站 $PM_{2.5}$ 控制 WESP 联合研发》，由企业联合高等院校共同研发，高等院校侧重于 WESP 理论方面的研究，企业侧重于 WESP 应用方面的研究。理论研究主要研究 WESP 复合污染物捕集机理，掌握 $PM_{2.5}$ 及 SO_3 气溶胶的形成规律、排放特性及测试方法，分析湿式电场中颗粒物荷电、迁移规律等；应用研究主要研究 WESP 的结构、极配、材料选择、防腐、水膜的均匀分布、水循环利用、高低压配套供电、加工工艺、安装工艺等。

浙江大学在其国家环境保护燃煤大气污染控制工程技术中心建立了湿式静电烟气深度净化技术综合实验研究平台，对 WESP 喷淋系统、极配系统、水循环系统及材料选型等进行优化，实现对脱硫塔后烟气污染物的深度脱除。此外，采用数值模拟方法，研究高湿、高压电场中颗粒荷电、迁移、捕集规律，为 WESP 的设计及优化提供了一定的理论指导。

为迅速掌握 WESP 的核心技术，国内龙头企业建立了 WESP 综合实验装置，用以研究 WESP 的极配、喷淋系统、水膜形成、抗结露、配套高压供电等关键技术。通过实验，获得了许多关键的设计参数，为 WESP 的工程应用提供了一定的参考。

在理论研究和应用研究的基础上，开发出具有自主知识产权、适合中国国情的性能优越的 WESP，目前已授权 WESP 专利多项，已发布行业标准 1 项，上报待批行业标准 3 项，列入标准制订计划项目 2 项，从而填补国内大型燃煤电站 WESP 专利和标准的空白。同时，在 WESP 的研发过程中也发现，影响 WESP 应用的关键是水的二次污染和设备防腐问题。经过 WESP 喷淋冲洗之后排出的水，含有大量酸性物质、细微颗粒物及重金属，直接排放会产生二次污染，而且耗水量大、运行成本高，水必须进行循环利用。防腐是保证 WESP 安全可靠运行的重要问题，需要选择合适的材料，制定防腐措施和施工工艺。

金属极板 WESP 近年来已有数十台工程业绩，且有 1000MW 燃煤机组投入运行，已成为当前国内燃煤电厂应用的主流技术之一。据不完全统计，投运、在建和已经签订合同的燃煤电厂 WESP 项目中，金属极板 WESP 所占比重约 50%，投运项目取得了较好的减排效果。例如，浙能嘉华电厂（2×1000MW）改造工程，2014 年 6 月投运，经测试，WESP 出口烟尘排放为 $2mg/m^3$；神华国华舟山电厂二期 #4 机组（350MW）新建工程，2014 年 6 月投运，经测试，WESP 出口排放：烟尘为 $2.55mg/m^3$、SO_2 为 $2.86mg/m^3$、NO_x 为 $20.5mg/m^3$；广州恒运热电厂 #9 机组（330MW）改造工程，2014 年 7 月投运，经测试，WESP 出口排放：烟尘为 $1.94mg/m^3$，SO_2 为 $4mg/m^3$、NO_x 为 $25mg/m^3$。

金属极板 WESP 能达到的主要技术参数指标如下：一个电场的 WESP 除尘效率和 $PM_{2.5}$ 去除率约为 70% ~ 80%，两个电场的 WESP 除尘效率和 $PM_{2.5}$ 去除率 ≥ 80%，烟尘排放浓度可达 5mg/m³ 甚至 3mg/m³ 以下；SO_3 酸雾去除率 ≥ 80%；本体压力降 ≤ 250Pa。

2. 导电玻璃钢 WESP

导电玻璃钢 WESP 最早为引进的日本住矿株式会社技术包，主要用于化工行业的酸雾处理，近年来通过国内企业的技术创新，逐渐应用于燃煤电厂。导电玻璃钢 WESP 阳极管组的材料为碳纤维增强复合塑料（C-FRP），阴极线材料为铅锑合金或 SMO254。

目前，导电玻璃钢 WESP 已取得了多个项目的成功应用，如国电都匀福泉电厂 660MW 机组、山东黄台电厂 300MW 机组、上海石洞口电厂 300MW 机组及内蒙古蒙西电厂 300MW 机组等。

导电玻璃钢 WESP 可达到的主要技术参数指标如下：粉尘去除率（含石膏）> 70%，SO_3 去除率 > 70%，$PM_{2.5}$ 去除效率 > 70%，雾滴含量 < 25mg/m³，本体阻力 400Pa 左右。

3. 柔性极板 WESP

柔性极板 WESP 阳极采用耐酸碱腐蚀柔性纤维织物，阴极线采用耐腐蚀的铅锑合金材料，正常运行耗水量为零，适用于饱和湿烟气环境。

柔性极板 WESP 的研发被列入国家"863"计划项目《燃煤电站湿式柔性电极多污染物深度净化技术研究与示范》，项目围绕深度控制燃煤电站细颗粒物及其前体污染物（SO_2、NO_x、SO_3、NH_3 等），研究形成适合国情、具有知识产权的新型燃煤多污染物末端治理技术及装备。

柔性极板 WESP 目前已建设了 300MW、600MW 等级的示范工程，并取得了多个项目的成功应用，如国电益阳电厂 300MW 机组、国电九江电厂 350MW 机组及国电民权电厂 2×600MW 机组等。

柔性极板 WESP 可达到的主要技术参数指标如下：粉尘去除率（含石膏）> 70%，SO_3 去除率 > 70%，雾滴含量 < 20mg/m³，本体阻力 200Pa 左右。

目前，WESP 被列入国家工信部、科技部、环境保护部《国家鼓励发展的重大环保技术装备（2014 年）》和国家科技部、环保部《大气污染防治先进技术汇编（2014 年）》目录。菲达环保的"燃煤电站 $PM_{2.5}$ 超低排放控制湿式电除尘技术"通过了浙江省技术市场促进会的科技成果鉴定，并被认定为 2014 年度国内首台（套）产品。

国外发达国家 WESP 已有近 30 年的应用历史，WESP 理论研究和工业应用并重，技术成熟度高，并得到了实际工程的检验，目前研究重点主要集中在细颗粒物高效脱除、材料选择及 SO_2、SO_3、汞等多污染物协同脱除等方面，材料方面金属板 WESP 是主流技术。

国内燃煤电厂 WESP 起步较晚，运行时间最长不超过两年，在理论、材料、试验研究方面较为薄弱，且重视工业应用及借鉴国外技术，相关基础研究较少，重视程度不够，长期运行的高效稳定性及设备寿命有待更长时间的检验。目前主要有金属极板 WESP、导电玻璃钢 WESP 和柔性极板 WESP 三种类型，技术流派多，不同技术各具特色。国内虽已掌握了 WESP 的核心技术，但部分设备，如喷嘴的技术性能与国外尚有差距，污水处理、灰水循环利用等方面还有待更深入的研究。

三、电力环保技术发展趋势分析与展望

随着环保法的修订出台、标准（GB13223-2011）进入实施阶段，各种环境保护配套政策和监管举措的相继出台，以火电为主的电力工业可持续发展迫切需要电力环境保护技术、装备及管理政策和措施与时俱进，应快速从粗放式环保发展模式转向源头控制、清洁燃烧、高效治理、循环经济发展模式，从传统的减量化、无害化向高效减排、资源化方向迈进。技术层面要有突破、管理层面要有创新。

（一）烟尘控制技术

随着我国火电污染物减排进入超低排放阶段，预计今后五年，以当前处于国际领先水平并持续改进的电除尘技术为主，同时规范发展袋式除尘技术和电袋复合除尘技术。其中，极配方式的改进、烟气调质、移动电极、高频脉冲电源、低低温除尘、湿式除尘、烟尘凝聚等基于电除尘发展的新技术将逐步推广应用，滤袋材质及性能将持续改进，有效推动电袋除尘和袋式除尘技术推广应用，$PM_{2.5}$ 等细微颗粒捕集将是今后除尘技术的主攻方向。此外，基于各种除尘技术及装备的多污染物控制功能拓展也是今后研究的重点。

（二）二氧化硫控制技术

基于我国以传统湿法工艺为主的烟气脱硫现状，针对超低排放控制要求，预计今后五年内，二氧化硫控制技术发展仍然以当前我国广泛应用的、持续改进的传统脱硫技术（如石灰石 - 石膏湿法、海水脱硫、半干法等）升级、提效为主，如双循环、双托盘等超低排放改造技术将得到普及，高性能、高可靠性、高适用性、高经济性将是深入研究的重点。同时，已经建立示范工程的有机胺脱硫技术将进一步完善，基于吸附再生、吸收再生的资源化脱硫技术将是今后研究和攻关的重点。

（三）氮氧化物控制技术

预计今后五年，仍然以高性能的低氮燃烧技术和烟气脱硝技术（SCR）为主，提高低氮燃烧的煤种及掺烧复杂工况适应性，提高 SCR 脱硝性能及工况适应性，解决运行状态全负荷脱硝及投运率问题，减少氨逃逸，废旧催化剂回收、处置及资源化，拓展 SCR 多污染物协同控制功能等，都是当前需要研究解决的热点问题。此外，低温脱硝技术瓶颈需要进一步研究突破，多污染物控制技术和可资源化技术是未来发展方向。

（四）汞污染控制技术

根据当前汞排放的控制要求及中长期将日趋严格的现实，结合世界上汞排放控制技术的现状及发展趋势，预计今后五年我国汞控制重点以现有非汞污染物控制设施（包括脱

硝、除尘、脱硫、湿式静电等设施）对汞的协同控制为主；也将会陆续开展基于现有非汞污染物控制设施拓展的单项脱汞技术示范研究，为未来潜在的脱汞需求进行技术储备；如果标准趋严，宜在协同控制的基础上，优先强化源头控制（如采用燃烧前燃煤预处理技术等），同时优化燃烧，控制汞的生成量，有针对性地推进基于现有非汞污染物控制设施的脱汞技术和单项脱汞技术推广应用；从更长远看，随着标准的提高和技术进步，多污染控制技术及资源化将成为发展的主要趋势。

（五）多污染物控制及深度净化技术

多污染物控制技术是目前国内外研究的热点，基于国内火电厂环保设施建设已经基本趋于"SCR+ESP/FF/EF+FGD+WESP"、"SCR+WHR（烟气余热回收利用系统）+ 低低温 ESP+FGD+WESP（可选择使用）+FGR（烟气再热）（可选择使用）"的主要配套现状及趋势，首先，宜进一步深入研究挖掘各单一环保设施对其他污染物的辅助控制功能，推进一体化协同，如基于 SCR 的硝汞联合脱除技术、基于低低温电除尘的烟尘、$PM_{2.5}$ 和 SO_3 等的协同控制技术、基于脱硫改进的硫硝汞尘协同控制；其次，开发基于湿式电除尘的深度净化和协同控制技术，如 SO_2、SO_3、NO_x、SO_3、$PM_{2.5}$、Hg 等重金属深度净化协同控制技术；最后，逐步推进单独的一体化联合脱除技术示范及应用，如活性焦脱硫技术、双氧水氧化技术等。

目前，电力环保已经进入超低排放阶段，要加快监测技术研发，推进超低浓度检测技术及装备发展，以适应新的环境检测及监管需求。此外，随着大规模集中工程建设推进，工程减排所能产生的减排空间逐渐减少。要进一步减排，管理减排的作用将日益突出，一方面应需要开展相应的配套法律、法规、政策、标准及环保激励机制研究，通过建立和完善市场手段，引导和鼓励企业自主自觉减排；另一方面，需要开展精细化运行管理技术的研究，通过精细化运行、规范化管理实现环保设施持续、可靠、达标、经济运行。

四、创新发展机制分析与建议

（一）发展驱动力分析

电力工业是重要的基础性行业，也是社会经济持续发展的重要条件和保证，面对资源约束趋紧、环境污染严重、生态退化加剧的严峻形势，以及生态文明建设的国家需求，必将长期承担大气污染物控制的减排重任。火电主导的电力工业现状短期难以改变，电力需求随经济发展将持续增长，污染控制是火电环保长期而艰巨的任务，环境容量有限，火电环保技术必须持续创新才能满足我国经济发展对煤等资源利用的需求。

1. 环保法律、法规、标准趋严给电力环境保护提出了更高要求

《火电厂大气污染物排放标准》（GB 13223–2011）、特别排放限值、发改能源〔2014〕2093 号文、地方超低排放控制要求的相继出台，对烟尘、SO_2 和 NO_x 的排放提出了更为严

格的要求，倒逼火电厂污染控制技术不断突破和创新、装备持续更新升级，以烟气治理设施为主的环保设施均需进一步健全运行机制、规范运行维护、加强监督管理，以持续提升运行绩效、提高污染物的控制性能和运行的可靠性和经济性。

2. 基于市场的激励政策和经济手段是电力环保技术发展的推动力

政府采用环保电价财政补贴、税收刺激、征收排污费、增加排污权交易、增加环保资金投入等诸多激励政策和经济手段作为法律法规的有效补充，鼓励企业从被动环保走向主动减排，促进电力环保技术创新、产业升级、管理增效，是环保技术发展的持续推动力。

3. 公众环保意识觉醒和社会监督力度加大是鞭笞电力环保技术不断发展的基础动力

随着社会经济高速发展、国民综合素质提高，环境和生态问题日益严重，酸雨、雾霾等各种环境问题成为公众关注的焦点，也直接考验着政府的公信力。电力行业及相关产业是目前各行业中相对管理比较规范、技术水平较高的领域，一直是政府和公众寄予厚望的减排排头兵。社会及管理部门对电力减排最熟悉、要求也最高，面对史上最严标准和环保要求，部分技术发展遭遇瓶颈，急需突破性发展。公众关注和监督参与度的提高，也是促进电力企业减排、环保技术及产业进步不可忽视的力量。

4. 解决环境生态恶化问题是电力环保技术发展的迫切客观需求

随着经济快速发展，粗放式的发展模式导致了影响环境生态、危害民众健康以及危及子孙后代可持续发展的问题如酸雨、雾霾、土壤污染、水质变坏、生态破坏等，尤其是以煤为主的能源结构导致我国大气污染物排放总量居高不下，远超环境承载容量，传统的煤烟型污染尚未得到有效控制，鞭策着环保技术不断突破适应发展需求。

（二）影响发展的因素分析

1. 法规标准

环保法、大气污染物排放标准、环境空气质量标准等系列法律法规标准的制修订及实施，使得排放限值进一步收紧，监管力度进一步加大，促进了对环保产品和服务需求的持续增长，为新兴的环保产业带来了巨大市场，为各类技术的发展和进步提供了机遇。

2. 政策手段

行政管理和经济手段并用，进一步刺激、引导、监督企业自觉进行污染控制和减排，如各类电价补偿机制、环保返还款、建设和技术准入等，提高了企业减排的积极性、刺激了环保技术需求，促进了环保技术、装备及产业升级。

3. 科技创新

近年来，国家加大基础研究投入，科技发展突破了行业壁垒束缚，校企合作、行业合作、产学研用结合，给科技创新带来了新的活力，涌现了一批创新型企业、科研院所，科技创新促进技术进步，如化工、冶金等行业应用的有机胺脱硫、氨法脱硫、硫酸工业的湿式静电技术等在电力行业得到了成功的应用和推广。从国家层面应该鼓励科研走出高校科研院所，面向企业、应用和未来。

4. 学术平台

各种基础研究平台及学术交流机制的建设将引领或者紧跟国际前沿，不断加强平台建设、人才培养和国际合作与交流，畅通信息，促进技术交流与进步，推进各项技术的持续和快速发展。

（三）发展战略与建议

1. 管理层面

（1）创新体制机制，建议通过规范行业准入、强化过程监督、建立事后评价、完善财税体制，推进电网环保调度和绿色调度，研究出台更多符合我国国情的激励政策和市场经济调节手段。

（2）引导发展方向，鼓励和推进电力环保技术从污染物控制的减量化、无害化向资源化、循环经济方向发展，从单一的工程减排向管理减排与工程减排并重转变，管理也是一门技术，不仅要重视治理技术和装备的创新，更要重视运行和优化技术研究和水平提升、重视管理规范化和精细化研究，"建设好"、"运行好"、"管理好"环保设施均需要技术的持续创新。

（3）建设科技平台，通过加大电力环保技术基础研究、应用基础研究、产业化衔接研究和技术推广等科技创新技术平台的投入，鼓励建立企业研究院，科研经费向企业倾斜，加强平台间合作与交流，构建"产、学、研、用"一体的技术创新机制体制，科研要基于生产、科研要服务于生产、生产要促进科研。

（4）完善市场配套，通过开展相关研究，建立市场主导的环保减排机制，通过经济手段，引导电力企业自主自觉减排；建立和完善规范的环保技术和产品市场准入机制，建立环保企业及关键岗位技术水平评估机制，推进产品成套技术及要求标准化，构建良性的市场竞争环境。

（5）跟踪新兴问题，关于新能源、可再生能源、输变电等领域潜在的、可能涉及的各类新兴环保问题，应建立并启动相应的跟踪和研究机制，与时俱进，防患于未然。

2. 技术层面

（1）低氮燃烧与脱硝技术。

针对低氮燃烧，重点开发煤种高适应性低氮气燃烧技术及运行优化调整技术，尽快突破化学链燃烧等无氧燃烧技术；针对烟气脱硝，重点发展高效多功能的 SCR 技术、流场均化技术、无毒催化剂技术、回收资源化技术。

（2）除尘技术。

基于现有技术及装备，针对烟尘超低排放及 $PM_{2.5}$ 控制发展需求，建议开展现有技术及装备优化升级研究的同时，开展超低浓度颗粒物检测技术及湿烟气颗粒物检测技术攻关，研究超细颗粒物凝聚、流场均化等技术。

（3）脱硫技术。

基于我国国情，现阶段应重点开展基于传统工艺的技术及装备升级，满足超低排放控制要求，兼顾运行的经济性。同时，开展二氧化硫资源化控制技术研究和试点，推动火电行业循环经济的发展和应用，如有机胺脱硫、活性焦脱硫、生物脱硫等工艺。

（4）脱汞技术。

由于基础研究薄弱，加之近年大规模的烟气治理设施建设，燃煤电厂汞污染排放现状和排放规律不清楚，减排技术研究滞后，我国急需填补相应的政策、法规、标准和技术体系空白。建议出台相关排放指标、技术标准、扶持政策，尽快建立并完善相应的监测、统计、核算标准，开展相关控制技术研究和工程示范。技术引进与自主研发同步进行，从燃烧至排放整个生产流程上多点切入，新型燃烧、独立减排、协同控制、联合脱除、综合治理全面突破，建立高效率、低排放、经济运行、无二次污染的汞等重金属控制与减排技术体系。

（5）多污染物控制技术。

进入"十二五"，我国火电污染物控制的重点从 SO_2 转向 NO_x，并且将汞的控制纳入排放指标，而且随着经济和环境形势发展，必然有越来越多的新兴污染物纳入控制，而西医式的"一对一"污染物控制模式，在场地、资金、维护、管理等诸多方面存在局限，因此，基于现有污染控制设施改进的多污染物控制技术开发及控制功能的拓展是近期宜优先发展的主要方向之一，通过多污染物深度净化技术实现 $PM_{2.5}$ 及其前体污染物深度脱除也是超低排放的发展趋势要求，一体化控制技术、资源化控制技术将是未来发展的重要趋势。

此外，电力环保"建设好"是基础，"运行好"是关键，运维、监督和管理是"运行好"的必要条件。开展运维技术的精细化研究，通过深度优化、挖潜增效，提高电力环保设施的可靠性、经济性将是今后要重视的发展方向；而监督环保运行状态靠的是仪器手段，目前低浓度污染物监测和检测技术，尤其针对低浓度、高湿度烟气环境的超低浓度检测技术急需突破；管理的规范化研究也是保障环保设施有序健康运行不可忽略的要素。

参考文献

［1］朱法华，王圣，赵国华，等. GB13223-2011《火电厂大气污染物排放标准》分析与解读［M］. 北京：中国电力出版社，2013.

［2］中国电力企业联合会. 电力行业发展报告 2011［M］. 北京：中国电力出版社，2010.

［3］中国环境保护产业协会脱硫脱硝委员会. 我国脱硫脱硝行业 2013 年发展综述［J］. 中国环保产业，2014，09:4-15.

［4］刘建明，等. 火电厂氮氧化物控制技术［M］. 北京：中国电力出版社，2012.

［5］王海涛. 低氮燃烧技术在煤粉锅炉上的应用分析［J］. 广东科技，2013，14:191+165.

［6］孙保民，王顶辉，段二朋，等. 空气分级燃烧下 NO_x 生成特性的研究［J］. 动力工程学报，2013，04:261-266.

［7］刘创，白玉海，王红波，等. 600MW 锅炉机组低氮燃烧系统优化改造［J］. 热能动力工程，2013，03:276-280.

［8］何宏，郭涛，陈奎. 双尺度低氮燃烧技术在国产 330MW 机组的应用［J］. 宁夏电力，2013，05:49-53.

［9］ 肖琨，张建文，乌晓江，等. 空气分级低氮燃烧改造技术对锅炉汽温特性影响研究［A］. 中国动力工程学会锅炉专业委员会. 中国动力工程学会锅炉专业委员会 2012 年学术研讨会论文集［C］. 中国动力工程学会锅炉专业委员会，2012.

［10］ 严祯荣，杨荣，罗晓明. 超超临界锅炉 PM 型燃烧器的浓淡分布特性研究［J］. 工程热物理学报，2010，08:1379-1382.

［11］ 邵思蜜. 电厂低 NO_x 燃烧技术专利分析［J］. 情报探索，2015，04:70-73.

［12］ 王凡，刘宇，卢长柱，等. 层燃锅炉低氮燃烧技术研究［J］. 环境工程，2014，01:140-143.

［13］ 于英利，于洪涛，刘永江，等. 大型电站锅炉低氮燃烧技术改造方案的选择［J］. 电站系统工程，2014，01:36-38.

［14］ 赵伟，孙少华，刘路遥，等. 燃气电厂氮氧化物排放控制技术对比分析［J］. 电力科技与环保，2015，01:25-27.

［15］ 岑可法，姚强，骆仲泱，等. 燃烧理论与污染控制［M］. 北京：机械工业出版社，2004.

［16］ R. Y. QU, et al. Relationship between structure and performance of a novel cerium-niobium binary oxide catalyst for selective catalytic reduction of NO with NH_3［J］. Applied Catalysis B-Environmental, 2013, 142.

［17］ X. GAO, et al. Low temperature selective catalytic reduction of NO and NO_2 with NH_3. over activated carbon-supported vanadium oxide catalyst［J］. Catalysis Today, 2011, 175（1）.

［18］ H. CHANG, et al. Improvement of Activity and SO_2 Tolerance of Sn-Modified $MnOx$ - CeO_2 Catalysts for NH_3-SCR at Low Temperatures［J］. Environmental Science & Technology, 2013, 47（10）.

［19］ Y. J. ZHENG, et al. Deactivation of V_2O_5-WO_3-TiO_2 SCR catalyst at biomass fired power plants: Elucidation of mechanisms by lab- and pilot-scale experiments［J］. Applied Catalysis B-Environmental, 2008, 83（3-4）.

［20］ Chen, JH; Cao, FF; Chen, SZ; et al. Adsorption kinetics of NO on ordered mesoporous carbon（OMC）and cerium-containing OMC（Ce-OMC）［J］. Applied Surface Science, 2014, 317:26-34.

［21］ 俞晋频. 改性 SCR 催化剂汞氧化试验研究［D］. 浙江大学，2015.

［22］ 刘汉强，杨建辉，甄志，等. 高灰烟气催化剂性能影响研究［J］. 电力建设，2015，04.

［23］ 蒋亚彬，董月红，薛洋企，等. 低温 SCR 催化剂脱硝效率分析［J］. 电力科技与环保，2014，02:17-19.

［24］ 付伟良，沈岳松，祝社民，等. W 掺入对 $Ti_{(0.8)}Zr_{(0.2)}Ce_{(0.2)}O_{(2.4)}$/$Al_2O_3$-$TiO_2$-$SiO_2$ 催化脱硝性能的优化［J］. 无机材料学报，2014，12:1294-1300.

［25］ 石祥瑞. 锰系催化剂脱硝性能及其抗硫性能的研究［D］. 哈尔滨工程大学，2013.

［26］ 石晓燕，丁世鹏，贺泓，等. 改进钒基 SCR 脱硝催化剂的抗碱金属中毒性能［J］. 环境工程学报，2014，05:2031-2034.

［27］ 刘欢. 燃煤锅炉烟气 SCR 脱硝反应器流场的数值模拟与优化研究［D］. 长沙理工大学，2013.

［28］ 张文志，曾毅夫. SCR 脱硝系统烟道内流场优化［J］. 环境工程学报，2015，02:883-887.

［29］ 胡劲逸. 基于氨逃逸浓度场的 SCR 喷氨协调优化控制［D］. 浙江大学，2015.

［30］ 吴卫红，吴华，罗佳，等. SCR 烟气脱硝催化剂再生研究进展［J］. 应用化工，2013，07:1304-1307.

［31］ YU Yan-ke, et al. Deactivation mechanism of de-NO_x catalyst（V2O5-WO3/TiO2）used in coal fired power plant［J］. Fuel Chem Technol, 2012, 40（11），1359-1365.

［32］ X. S. DU, et al. Catalyst Design Based on DFT Calculations: Metal Oxide Catalysts for Gas Phase NO Reduction［J］. Journal of Physical Chemistry C, 2014, 118（25）.

［33］ X. A. GAO, et al. A Ce-Cu-Ti oxide catalyst for the selective catalytic reduction of NO with NH_3［J］. Catalysis Communications, 2010, 12（4）.

［34］ X. S. DU, et al. Experimental and theoretical studies on the influence of water vapor on the performance of a Ce-Cu-Ti oxide SCR catalyst［J］. Applied Surface Science, 2013, 270.

［35］ X. S. DU, et al. Investigation of the effect of Cu addition on the SO2-resistance of a Ce-Ti oxide catalyst for selective catalytic reduction of NO with NH_3［J］. Fuel, 2012, 92（1）.

［36］ Y. PENG, et al. Deactivation Mechanism of Potassium on the V_2O_5/CeO_2 Catalysts for SCR Reaction: Acidity, Reducibility and Adsorbed–NO_x［J］. Environmental Science & Technology, 2014, 48（8）.

［37］ Y. PENG, et al. Design Strategies for Development of SCR Catalyst: Improvement of Alkali Poisoning Resistance and Novel Regeneration Method［J］. Environmental Science & Technology, 2012, 46（22）.

［38］ Y. PENG, et al. Alkali Metal Poisoning of a $CeO_2–WO_3$ Catalyst Used in the Selective Catalytic Reduction of NO_x with NH_3: an Experimental and Theoretical Study［J］. Environmental Science & Technology, 2012, 46（5）.

［39］ H. Z. CHANG, et al. A novel mechanism for poisoning of metal oxide SCR catalysts: base–acid explanation correlated with redox properties［J］. Chemical Communications, 2014, 50（70）.

［40］ Sung–Woo, et al. Hybrid selective noncatalytic reduction（SNCR）/selective catalytic reduction（SCR）for NOxremoval using low–temperature SCR with Mn–V_2O_5/TiO_2 catalyst［J］. Journal of the Air & Waste Management, 2015, 65（4）: 485–491.

［41］ 张涌新, 徐秀林, 郑贤明. 选择性非催化还原法脱硝工艺及其应用［J］. 能源工程, 2013, 01:64–69.

［42］ 黄中, 徐正泉, 肖平, 等. 循环流化床锅炉在低热值燃料发电领域的应用及关键技术［A］. 中国动力工程学会. 能源清洁高效利用及新能源技术——2012动力工程青年学术论坛论文集［C］. 中国动力工程学会, 2013.

［43］ 吴迪, 张光学, 池作和, 等. 循环流化床锅炉SNCR还原剂喷射系统布置方式研究［J］. 电站系统工程, 2012, 05:14–17.

［44］ 黄中, 徐正泉, 肖平, 等. 循环流化床锅炉在低热值燃料发电领域的应用及关键技术［A］. 中国动力工程学会. 能源清洁高效利用及新能源技术——2012动力工程青年学术论坛论文集［C］. 中国动力工程学会:, 2013:4.

［45］ 王凤君, 姜孝国, 张志伟. 循环流化床锅炉深度脱硝技术［J］. 锅炉制造, 2013, 01:37–39.

［46］ 马双忱, 张华仙, 朱思洁, 等. 环保新标准的循环流化床锅炉改造分析［J］. 电力科学与工程, 2015, 04:66–72.

［47］ 王凤君, 姜孝国, 张志伟. 循环流化床锅炉深度脱硝技术［J］. 锅炉制造, 2013, 01:37–39+43.

［48］ 黄光明. SNCR+COA脱硝技术在循环流化床锅炉应用［J］. 广东化工, 2015, 07:42–44.

［49］ 陈淑贤. SNCR+SCR联合脱硝技术应用中变化［J］. 广州化工, 2013, 07:174–175.

［50］ 胡敏. 大型电站锅炉深度低氮燃烧耦合SNCR和SCR脱硝研究［D］. 浙江大学, 2012.

［51］ 孙路长. SNCR/SCR联合脱硝技术在中小型锅炉上的应用研究［J］. 资源节约与环保, 2014, 12:21.

［52］ 王凤君, 姜孝国, 张志伟. 循环流化床锅炉深度脱硝技术［J］. 锅炉制造, 2013, 01:37–39+43.

［53］ 李建军. SNCR/SCR混合法脱硝工艺探讨［J］. 科技创新与应用, 2015, 03:83.

［54］ 刘建民, 薛建明, 王小明, 等. 火电厂氮氧化物控制技术［M］. 北京: 中国电力出版社, 2012.

［55］ 孙克勤, 等. 火电厂烟气脱销技术与工程运用［M］. 北京: 化学工业出版社, 2007.

［56］ 薛建明, 王小明, 刘建民, 等. 湿法烟气脱硫设计及设备选型手册［M］. 北京: 中国电力出版社, 2011.

［57］ 许月阳, 薛建明, 管一明, 等. 燃煤电厂应对新标准二氧化硫控制对策研究［J］. 中国电力. 2012.4（45）: 73–77.

［58］ 徐长香, 傅国光. 氨法烟气脱硫技术综述［J］. 电力环境保护, 2005, 21（2）: 17–20.

［59］ 郭鲁钢, 王海增, 朱培怡, 等. 海水脱硫技术现状［J］. 海洋技术学报, 2006, 25（3）: 10–14.

［60］ 关于印发《燃煤电厂除尘技术路线指导意见》的通知. 中电联研究【2013】473号.

［61］ 中国环保产业协会电除尘委员会. 新标准下我国燃煤电站烟气除尘技术发展趋势［J］. 中国环保产业, 2012（9）: 38.

［62］ Peter Wieslander, et al. 利用计算机流体动力学（CFD）优化袋式除尘器［C］// 第12届国电除尘会议, 2011.

［63］ Peter Wieslander, et al. 用于大型燃煤电厂的12m长滤袋高性能布袋除尘器［C］// 第13届国电除尘会议, 2013.

［64］ Michael R.Beltran. 收集亚微米颗粒、雾、空气中有毒物质的湿式电除尘器［C］// 第 13 届国电除尘会议，2013.

［65］ 孙超凡，于兴鲁，钱炜，等. 电袋复合除尘技术研发现状及展望［J］. 广东电力，2013，26（12）.

［66］ 黄炜，林宏，修海明，等. 电袋复合除尘技术的试验研究［J］. 中国环保产业，2011（7）.

［67］ 廖增安，罗如生，蒙骝，等. 燃煤电厂余热利用低低温电除尘技术研究与开发［C］// 第十五届中国电除尘学术会议论文集，2013.

［68］ 林国鑫，陈小利，郑岩峰，等. 湿式电除尘技术在长兴岛电厂的应用［C］// 第十五届中国电除尘学术会议论文集，2013.

［69］ 陈颖，谢小杰，毛春华，等. 高频电源的技术进展与应用情况［C］// 第十五届中国电除尘学术会议论文集，2013.

［70］ 低低温电除尘技术是实现燃煤电厂节能减排的有效技术之一［EB/OL］. 中国环保产业协会官网. http://www.caepi.org.cn/p/1718/350699.html，2014-5-28.

［71］ 国外环保型电厂发展对我国未来技术发展方向的启示［EB/OL］. 电力英才网专刊. http://info.epjob88.com. 2009-5-4.

撰稿人：朱法华　许月阳　高　翔　黄　炜　郦建国　庄　烨
莫　华　姚宇平　郭　俊　林　宏　龙　辉

可再生能源发电技术发展研究

一、引言

人们通常将自然界中不断再生并可以重复利用的能源称为可再生能源，包括风能、太阳能、水能、生物质能、地热能、海洋能等。由于水力发电技术已经基本成熟，开发程度较高，国际上有关可再生能源的研究通常不包含水力发电。可再生能源发电技术是利用各种可再生的一次能源生产电力的技术，是多学科交叉的新兴学科。随着全球能源安全、环境保护和气候变化问题的日益突出，发展可再生能源发电已经成为世界各国的共识。21世纪以来，以风力发电、太阳能光伏发电为主的可再生能源发电装机规模迅猛增加。

风力发电技术已成为当前最成熟、最具规模化开发和商业化发展的可再生能源发电方式之一，至 2014 年底全球风电累计装机容量 363 GW，发展速度居各可再生能源之首。2006 年 1 月 1 日起实施《可再生能源法》后，我国风电进入规模化发展阶段，装机容量也于 2014 年底达到 114609MW，是世界上风电第一大国。先后出现了 90 余家风电制造企业，在获得国际认可的风电机组试验检测能力的助力下，我国风电制造业水平迅速提升并走出国门参与国际市场竞争。在单机容量逐渐增大、开发转向海上的同时，我国风电开发水平在风场选址、风能资源数值模拟和发电功率预测等方面快速提高，风电场运营管理更加精细。针对我国风资源独有的"大规模发展、集中式建设、远距离输送"的特点，预计到 2020 年，我国将建成甘肃、蒙东、蒙西、新疆、吉林、江苏、山东、河北等千万千瓦级可再生能源基地，主要开发区省级电网可再生能源能源发电占比将超过 50%，风电并网安全稳定与智能控制、以风力发电为主的可再生能源与储能优化调度及风险防御是保证我国电网安全运行和高效消纳的关键。根据国家发改委能源研究所发布的《中国风电发展路线图 2050》[1]，风电将继续成为实现低碳能源战略的主力能源技术之一。

近年来，太阳能光伏发电技术发展迅猛，截至 2014 年，全球累计光伏装机容量超过

188.8GW，晶体硅电池和薄膜电池已成规模，并通过大功率并网逆变器、精细化设计集成以及自动化运维等关键技术研发，提升光伏电站效率，并降低成本。在相关政策支持和世界光伏市场的有力拉动下，我国太阳能电池产量连续位居世界第一，是全球光伏发电安装容量增长最快的国家。我国已形成一个包括太阳能电池／组件和光伏系统应用、专用设备制造等比较完善的光伏产业链，商业化晶体硅电池效率逐渐提高，薄膜电池的生产技术方面也取得重大进展，研制了MW级光伏逆变器、光伏发电功率预测系统等关键设备。光伏产业已经成长为我国为数不多的产量世界第一、产业技术国际领先，具有国际竞争力的战略性新兴产业，为我国光伏发电规模化发展奠定了基础。

太阳能热发电技术商业化发展有将近30年的历史，全球光热发电装机容量稳步增长，截至2014年底，总运行装机容量达到约4533MW，主要集中于美国和西班牙。我国起步较晚，总体来说处于产业化起步阶段，主要面临着两道难关：技术不成熟，发电成本高。我国多家研究机构一直从事太阳能热发电单元技术和基础试验研究。近几年，我国在太阳能热发电聚光集热技术、高温接收器技术等方面取得了突破性进展。主流技术路线中，槽式发电技术相对比较成熟，随着成本下降而具有良好的商业化前景，塔式、蝶式和线性菲涅尔式太阳能热发电技术近年来也取得了突破。

我国生物质发电现阶段主要形式多采用生物质燃烧发电，混烧技术还处于起步阶段，发展热点集中在单一燃料的较大规模固定式发电项目。与国外不同，我国生物质以农业废弃物资源为主，为适应不同燃料的燃烧特点，我国在引进国外水冷振动炉排燃烧技术的基础上开创性地提出了流态化燃烧技术，走出了一条适合我国生物质燃料特性的成功道路。在技术发展方面，研究热点主要包括生物质流化特性、流态化条件下燃烧特性、碱金属相关的迁徙转化以及工程上出现的沉积、积灰、结渣和腐蚀等问题。国内在机组规模、适用劣质生物质燃料方面已经达到并超过国际先进水平，但是在机组运行品质和整体效率方面还有差距。

我国的海洋能开发利用起步较早，发展过程及趋势整体与世界基本上是同步的。2010年起，财政部设立了海洋可再生能源专项资金，有力地推动了海洋能的研究与工程示范。近年来，海洋能开发的关键技术主要聚焦于装置的能量摄取机理、流固耦合的强非线性水动力学、高可靠性安全设计与控制技术、装置海上施工与运维技术、海洋能发电厂的阵列技术等。领域内重大进展与创新主要体现在两方面[3]：①装置（电站）的装机容量与发电量的实质性跨越式提高；②装置是否具备长期可靠运行能力。总体看，我国的潮汐能利用技术已趋于成熟，但受制于岸线占用与生态资源环境影响等社会经济问题；波浪能与海流能的技术研发与小型样机示范取得显著进展；温差能仍停留于实验室原理试验与小型示范装置阶段。

至2014年年底，世界地热发电装机总量达到12.64GW，我国装机总量27.78MW，居世界第19位[5]。我国利用地热发电始于20世纪70年代，最先主要采用中低温地热水发电技术，30年前就创造67℃发电的世界最低温度纪录。近年，我国中低温地热发电技术最具代表性的突破是螺杆膨胀发电机的研发利用，此类设备极适合中低温地热发电系统和人口分散的边远无电地区。西藏羊八井地热电站则是我国高温地热发电的一颗明珠。据国土部最新数据，我国已查明地热能发电潜力6700MW，发展潜力很巨大，规模化、科学化发展地热发电，定能为缓解我国能源压力做出贡献。

虽然开发所利用的能量形式千差万别，但可再生能源发电技术存在共有的技术环节一般包括：可再生能源资源测量与评估技术，可再生能源发电装备制造技术，可再生能源发电特性仿真、试验与实证技术，可再生能源电站设计与施工技术，可再生能源电站运行与控制技术等多个方面。可再生能源发电的关键技术主要在装备制造，主要围绕提升发电效率、提高设备寿命和可靠性、降低设备成本等方面开展科研攻关。目前，风力发电、光伏发电、生物质能发电和地热发电的成本与燃煤发电差距不大，虽然仍然需要电价补贴，但其市场竞争力不断加强，预计2020年前后可以实现平价上网。而太阳能热发电和海洋能发电基本处于中试阶段或商业化的应用初期，未来技术进步和成本降低的空间较大。根据我国《国家应对气候变化规划（2014—2020年）》，到2020年并网风电装机容量将达到2亿千瓦。太阳能发电装机容量达到1亿千瓦，太阳能热利用安装面积达到8亿平方米。全国生物质能发电装机容量达到3000万千瓦，生物质成型燃料年利用量5000万吨，沼气年利用量440亿立方米，生物液体燃料年利用量1300亿立方米。

二、可再生能源发电技术最新研究进展

（一）风力发电技术

风力发电是通过风力发电机组将风能转换为电能的发电方式。经过一个多世纪的发展，风力发电技术日臻成熟并得到广泛应用，我国的风电开发已从小型陆上风电场向各种复杂环境下的陆上和海上风电规模化开发转变。风力发电技术主要涉及两个方面，一是风力发电机组自身的技术研发。随着技术发展，风力发电机组单机容量和关键技术不断提高，风电设备正朝着特性化和大型化方向发展。二是风电场的建设、并网和运行等环节中的关键技术。风电场逐风而建，大规模风电基地一般建设在偏远荒漠、近海和高山，由于风能的不可控和风电场所处地域的环境和气候复杂性，如何使大规模并网风电机组安全可靠运行，同时与电网需求相互协调是一个需要持续研究的综合性课题。

2010年底，我国风电累计装机容量达到4473.4万千瓦，首次超过美国，跃居世界第一；2013年我国风电装机容量、发电量均已超过核电，成为继火电、水电后的第三大主力电源，累计装机于2014年底达到11460.9万千瓦。国外的风电研究已有百余年历史，虽然近年来我国风能科技产业技术进步显著，但其中大部分成果是通过引进消化吸收、集成创新实现的，在部分高端技术、关键装备等方面与国际先进水平差距明显，彰显出原始创新和技术突破能力的不足。同时，在大型风电装备的研制方面，与先进国家相比，存在较大差距，例如大型风电机组设计技术、部分关键零部件等需要从国外引进或购买。

1. MW 级风力发电机组成为主流

大型风电机组整机及部件设计制造是增强风电装备制造业核心竞争力，打破国外垄断的重要技术方向。目前，我国形成了 4MW 以下的风电机组整机及关键零部件的装备设计制造技术体系，主流机型单机容量在 2 ~ 3MW，采用变速、变桨与齿轮箱增速或直驱两种传动链技术相结合的技术方案。我国已经实现了 4MW 以下风电机组的商业化应用，5 ~ 6MW 海上样机也进入试运行阶段，2014 年我国新安装的风电机组平均功率继续增加到 1767kW，实现了整机百 kW 级向 MW 级跨越。另外，MW 级以上风电机组配套的轴承、变流器、变桨系统等关键部件也实现国产化，风电机组整机及零部件国产化率达到 85% 以上，技术成熟度和国内市场占有率大幅提升，并开始出口欧美，风电装备企业在全球十大整机制造商占据 4 席。在风电机组单机容量向大型化方向发展的同时，针对市场的需求，风电设备厂家也不断开发适应不同风场的特性化机组。2013 年，一批超低风速型风电机组问世，如联合动力 97m 风轮直径的 1.5 MW 机组、远景能源 106m 风轮直径的 1.8 MW 机组、金风科技 GW115/2000 直驱永磁机组等[8]。低风速型风电机组的推出，使得占中国风能资源 60% 以上的低风速区域具备了很好的开发价值，为我国因地制宜开发风电创造了条件。

近年的风电技术发展中，无齿轮箱的直驱方式是一个研究热点，分为励磁直驱和永磁直驱两种形式。采用励磁直驱无齿轮箱系统的德国 ENERCON 等公司，拥有国际市场 10% 左右的市场份额，机组性能稳定、技术成熟。永磁直驱方式是近年来开发的风电机组技术，该技术没有齿轮箱，避免了一些机械故障点，并能解决永磁部件在长期强冲击振动和大范围温度变化条件下的磁稳定性问题，在风电产业中，直驱风机的数量持续增长。2013 年，全球超过 15 个风机供应商（我国有 8 家）为风电市场提供直流驱动风机的安装方案，直驱风机占所有风机供应的 28.1% 的份额。

目前，国外主要的整机制造商也已经完成 4 ~ 7MW 级风电机组的产业化，2013 年，德国和丹麦已经安装的风电机组的平均容量增加至 1923kW[8]。8MW 级的风电机组样机已进入安装测试阶段，欧美整机设计公司均进入到 10MW 级整机设计阶段，并开始探索研究 20MW 机型方案。2012 年，西门子和 Alstom 已经安装了 6MW 的直驱型样机；三星的 7MW 样机也在苏格兰进行测试运行；2014 年，全球最大的风电设备商丹麦的 Vestas 公司安装了 V164-8MW 样机，并发布了 200m 叶轮直径的 10MW 风力发电机组开发计划；挪威 Sway Turbine 公司、美国 AMSC 公司和美国 Clipper 公司都完成了 10MW 级机组的设计工作。

2. 风电开发转向海上

我国有丰富的近海风能资源，海上风况平稳，靠近电力负荷中心，是我国风电发展的一个重要方向。2010 年建成我国首个海上风电场——上海东海大桥 10 万 kW 海上风电场，至 2014 年年底，已有 65.7 万 kW 海上风电建成投运，其中潮间带风电装机容量达到 43.4 万 kW，近海风电装机容量占 34.4%。

目前整体来看，我国海上风电综合实力较弱：海上风电机组单机容量以 3 ~ 4MW 为主，6MW 风电机组多处于样机试验阶段；风电机组基础多以单桩、重力式等适用于近海、潮间带地区的基础形式为主，基础设计和施工能力较弱；海上风电场施工设备与西欧国家在数量、性能、吨位上均差距较大，且工程经验严重不足；在海上风电场输变电系统方面，目前国内已建成海上风电场多数为离岸距离较近的潮间带风电场，且均未建设海上变电站；在海上风电运维方面，我国目前的主要运维手段、监控方法主要借鉴陆上风电场的经验和设备，海上风电交通设施与国外相比差距较大，尚未形成适用于海上风电的运维体系；在海上风电检测方面，欧洲针对海上风电机组对水文、气象、电网等的影响开展了多项检测研究活动。我国在海上风电检测方面，针对环境、机组、电网的专业检测技术能力尚未形成，亟须加强相关检测能力建设。

欧洲海上风电起步早，开展了多项基础研究，发展较快，截至 2014 年底全球已建成海上风电 877 万 kW，其中 92% 位于欧洲。以英国、德国为代表的海上风电发达国家在大规模发展海上风电初期，均建设了海上风电示范项目。目前，欧洲 6MW 海上风电机组已形成产业化能力并批量安装，8MW 海上风电机组进入样机试运行阶段，更大容量的海上风电机组也已经开始进行设计；在海上风电机组基础、风电场施工设备、风电场输变电系统、风电运维等方面已有多年研究基础。以英国为代表的欧洲国家在海上施工能力方面不断取得突破，海上风电的开发范围达到水深 40m、离岸距离 100km。2014 年，欧洲新增 148 万 kW 海上风电，累计海上风电装机达到 805 万 kW，分布在欧洲 11 个国家的 74 个海上风电场。西班牙、丹麦等国建立了国家级的大型风电机组样机测试、地面传动和叶片测试的公共平台，目前，正组织 20MW 风电机组的设计方案研究。

3. 风力发电运行控制初成系统

我国风能资源的分布决定了风电开发"大规模发展、集中式建设、远距离输送"的特点。我国是世界上唯一开展大规模风电基地（装机容量超过 1000 万 kW）建设的国家，随着集中式开发的风电场群规模迅速扩大，在风电开发高度集中的"三北"地区，风电和电网建设不同步，当地负荷水平较低，灵活调节电源少，跨区市场不成熟等原因，"三北"地区的风电并网瓶颈和市场消纳问题已开始凸显，弃风现象比较突出。自 2010 年起我国出现明显的弃风现象，风电并网和消纳正逐步成为制约风电发展的最主要因素，远距离消纳和安全稳定问题愈发突出。为实现风力发电高效、稳定并网运行，我国的风电开发要从注重规模向注重质量转变，风资源数值模拟与发电功率预测、风电并网安全稳定与智能控制、风电与储能优化调度及风险防御是实现我国高比例可再生电网安全运行和高效消纳的关键。目前我国陆上风电上网电价降至 0.49 ~ 0.61 元 /（kW·h）。

（1）风能源资源数值模拟与发电功率预测领域。

风资源数值模拟是一种对风资源分布状态、发展演变趋势进行分析的计算机仿真技术，是掌握资源波动机理、提供高精度数值天气预报的关键；发电功率预测是一种提前预知电站输出功率波动情况、降低发电不确定性的方法，是实现优化调度与高效消纳的基础。国外的研究工作主要强调对复杂地形、极端天气事件以及海上风电的预测，提出了基于中小尺度气象模式耦合的预测方法、多数值天气预报源的集合预测方法以及大气模式与海洋模式耦合的海上风电功率预测方法。针对我国风电特点，国内研究者在风电功率预测方面提出了基于微尺度计算流体力学（CFD）模型的物理预测方法和自适应组态耦合统计预测方法。

（2）风电并网安全稳定机理与智能控制领域。

风电并网安全稳定机理研究，通过分析大规模风力发电单元间的相互作用、风电场集群与电网的相互影响，发现风力发电单元的耦合特性并揭示运行状态破坏的机理；并网智能控制主要包括风力发电单元的自适应控制、储能与风力发电的主动协同控制。国外主要开展单个发电单元特性和控制策略的研究，在风电机组机电和电磁暂态建模技术方面已经取得了突破，在储能改善风力发电输出特性、提高风力发电故障穿越能力、风力发电与储能联合功率控制和优化管理等方面，已有多项示范工程，但大多基于特定场景尚不具备推广条件。我国风力发电以大规模集群接入高电压等级输电网、远距离外送的发展模式为主，我国科研机构和高校针对发生的大规模风电脱网事故，基于实际故障数据分析和事故仿真复现，开展了大规模风电连锁故障脱网原因分析以及抑制措施研究，开展了利用储能技术改善风力发电电网适应性的方法研究，为指导我国大规模风力发电并网安全稳定运行提供了重要技术支撑。此外，开展了风力发电与储能联合运行的示范工作，推动了储能技术在可再生能源发电领域的应用。

（3）风电与储能优化调度及风险防御领域。

风电与储能优化调度是风电并网安全消纳的关键环节，是在满足电力系统安全稳定约束下，根据发电预测结果和储能系统状态，预留风力发电运行空间，协调风电、常规电源与储能运行；通过分析运行的潜在安全隐患，提前建立主动防御措施，最终在保证电网安全稳定运行的前提下实现风电的最大化利用。国际上，对于可再生能源比重大的国家，调度主要基于电力市场实施，通过遵守电力市场的相关规则，参与市场运行。国外可再生能源弃风、弃光现象较少，主要得益于燃气机组、水电等灵活调节的发电资源。此外，国外也非常关注通过储能与可再生能源联合调度运行实现波动的平抑以及最大化消纳的方法。我国燃煤火电比重大、灵活调节电源缺乏、电力市场机制不健全，风电消纳的客观条件和调度运行机制与国外差别巨大，无法直接借鉴国外经验。在风电发电优化调度方面，针对我国电力系统运行机制和电源结构特点，提出了时序递进的风力发电运行不确定区间调度方法，将风力发电功率预测有效纳入调度运行。研发了基于功率预测的多时间尺度风力发电优化调度模型和技术支持系统，并在"三北"地区推广应用，提高了风电消纳能力。为减少风力发电波动性和不确定性对电网安全运行的影响，我国开展了风光储发电单元有功和无功控制以及风光储电站与电网协调运行控制技术研究，支撑建成了具有世界领先水平的国家风光储输示范工程，对风力发电与储能运行特性及联合控制技术进行了积极探索。但由于我国电源和电网结构特点，短期内弃风仍然较多，高比例新能源的调度运行技术有待进一步优化，考虑新能源不确定性的随机规划方法有待进一步突破。

（二）太阳能光伏发电技术

太阳能光伏发电是将太阳光辐射能量直接转化为电能的一种发电形式。光伏发电系统主要由太阳电池板（组件）、控制器和逆变器组成，具有结构简单、发电过程清洁、便于安装等优点。太阳能光伏发电技术被认为是未来世界上发展最快和最有前途的一种可再生能源技术。目前，光伏产业已经成为我国为数不多的产量世界第一，产业技术国际领先，具有国际竞争力的战略性新兴产业，且具有显著的价格竞争优势。国家能源局2015年正式下发的《2015年光伏发电建设实施方案的通知》，将2015年全国新增光伏电站规模设定为17.8GW。国内光伏公司在几年前布局建设的光伏电站从2014年开始逐渐正式并网发电，而2015年并网发电机组的数量将会进一步提升。然而我国大规模光伏发电发展较晚，光伏发电和电力系统缺乏统一协调规划，大规模光伏开发面临并网与消纳的困难，目前还没有系统性地进行全国范围内的针对大规模光伏电力的输送和消纳规划。

从长期发展来看，我国太阳能光伏发电的潜力很大，仅借助目前已经规划的煤电、水电及风电的输送通道远不能适应规划目标的太阳能光伏电力接入、远距离输送和大范围消纳的需要。一方面，青海省等局部地区光伏电站大规模集中接入电网，与当地电网规划不同步，且缺乏灵活调节电源规划，导致光伏发电本地无法消纳且电网送出困难，光伏电站出现弃光现象。另一方面，高比例分布式光伏发电系统并网接入技术和相关政策有待研究，相关配电网规划亟待统一协调。解决这些问题要针对太阳能发电的发展规划，统筹太阳能光伏发展规模、当地负荷消纳能力、电源调节能力、电网输送能力四者之间的关系，系统性地研究、制定输送和消纳规划。调动更广泛的用户侧资源参与系统平衡调节，也是提高太阳能光伏发电消纳能力的有效途径。为提高电力系统适应大规模太阳能光伏发电并网的能力，必须全面掌握太阳能光伏发电的运行特性，提高太阳能光伏与整个电力系统的协调规划与运行能力，建设智能电网，最大限度地发挥电网资源优化配置的作用，全面解决太阳能光伏发电接入电力系统的关键技术问题。

1. 太阳能电池关键技术

从20世纪80年代开始，太阳能电池的实验室研发技术得到快速发展，截至2014年，单晶硅太阳能电池实验室最高转换效率达到25.6%，多晶硅太阳能电池实验室最高效率达到20.76%，铜铟镓硒薄膜电池、碲化镉薄膜电池、硅基薄膜电池等实验室最高效率分别达到21%、20.4%、16.1%[9]，并均形成产业规模。随后，染料敏化电池、有机电池也实现了规模化生产，一些如热载流子电池、量子点电池、多叠层电池等新型电池概念被提出。

随着晶体硅太阳能电池的效率提升和成本下降，其市场份额达到80%以上，成为太阳能电池主流技术。在提高传统结构晶体硅太阳能电池转换效率的研究方面，出现了双层减反射膜技术、激光或机械刻槽埋栅技术等很多新技术，高效晶体硅电池市场仍被日本、德国占据。目前国际上晶硅电池在提高效率方面主要集中在光陷阱、表面钝化和PN结设计等几个方面进行研究，围绕着这些技术出现了 PERC、PERL、PERT、PERF、双面电池、N 型电池等电池结构，其主要工艺及装备等都在发展中，有待于提升效能。薄膜电池（CdTe、CIGS 和硅薄膜等）具有重量轻、可折叠、易与建筑一体化、利于连续化大面积生产等特点，在军事、民用等多个细分市场上具有较好的前景。国际上，First Solar 公司的 CdTe 电池组件效率突破 17%，产能接近 2GW；CIGS 电池最高效率 21.7%，组件效率已经突破 16%；硅基薄膜电池组件稳定效率在 9% ~ 11% 之间，目前趋势是通过多结叠层扩展吸收太阳光谱域实现更高效率，采用高频高功率等方式实现高速沉积以降低生产成本。

进入 21 世纪以来，在世界市场强力拉动下，中国光伏产业规模逐步扩大，已形成一个包括多晶硅原材料、硅锭 / 硅片、太阳能电池 / 组件和光伏系统应用、专用设备制造等较完善的光伏产业链。截至 2014 年底，中国太阳能电池产量连续位居世界第一，商业化单晶硅电池效率达到 20.5%，商业化多晶硅电池效率 18.5%；高纯多晶硅材料的制备和清洁生产技术方面取得重大进展，光伏产业实现多晶硅材料自给率 50% 以上。在技术上，我国太阳能产业已掌握了碲化镉产业化生产技术，建立年产 2MW 具有自主知识产权的碲化镉薄膜太阳能电池组件生产线，组件最高效率达 13%，建立了 10kW 碲化镉薄膜太阳能电池示范电站，实现了 0.5MW 染料敏化太阳能电池中试线建设及成套关键设备研制和工艺技术，获得了从电池关键设备和材料研制、高效电池制作和电池组件制作的完整中试技术，研发了具有自主知识产权的全套电池关键技术和关键装备[10]。在 HIT 电池的研究方面，国内与国外公司还有很大差距，在整个电池机理、制备工艺、乃至设备等诸多方面还有大量的研究工作有待开展。在薄膜电池方面，欧美发达国家技术上目前处于领先和垄断地位，我国仍以引进国外先进技术为主。我国柔性 CdTe 电池效率 9%，但是没有生产线方面的研究。我国碲化镉小面积太阳能电池效率和产能较低，生产线关键性设备的可靠性及运行重复性低。硅基薄膜电池方面，我国虽然初步实现了生产线国产化（铂阳精工等），但主要以组装为主，设备自动化程度和可靠性有待提高；而且核心部件仍需依赖进口或委托国外加工；重要的生产原料仍然依赖进口。在新型电池方面，钙钛矿电池利用时间不到 5 年，电池材料、器件设计和工艺技术是钙钛矿电池走向实用化面临的关键问题。国际上 GaInP/GaAs/InGaAs 等聚光电池在聚光后如果散热不好效率衰减会超过 20%，系统效率较低，成本较高，因此开发新材料和器件结构设计对新型太阳能电池的性能提升至关重要。

2. 太阳能光伏发电系统关键技术及关键设备

光伏发电系统由光伏阵列和平衡部件（包括控制器、蓄电池组、逆变器、交流配电系统及数据采集与监控系统等）组成。世界各国正在促进能源转型，并逐步加大太阳能可再生能源的研究与利用。国际上，光伏发达国家已经开展高比例可再生能源技术研究和区域性示范，可再生能源微电网的研究与示范工程，2013 年风电、光伏等可再生能源总发电量已达到总用电量的 35%。美国已经建成了包括一些大学校园微电网在内的数十个实际微电网工程。加拿大政府针对微电网研究启动了 ICES（Integrated Community Energy Solutions）研究计划，先后建立了包括 Kasabonika 微电网等在内的诸多示范工程。欧洲一些国家也建成了多个微电网示范工程。对微电网的发展和研究主要围绕着系统可靠性、分布式电源可接入性、微电网运行灵活性开展研究[12]。其中一些国家大型光伏电站的系统能效比已达到80%以上，已实现光伏平价上网。

随着光伏电站规模扩大数量增多，提高光伏电站的整体发电效率、保证光伏电站电量损失最低成为光伏行业的热点问题。光伏发电系统的性能指数（PR）是评定光伏电站整体发电性能的重要指标，可以有效地判断光伏电站系统的建设和运营水平。影响PR的主要因素有光伏组件、温度系数、灰尘和遮挡、光伏组件的匹配、逆变器效率和电能传输损失等。目前我国光伏电站的PR系数偏低，只有75%，而国外光伏电站PR已达到85%。提高PR的有效途径包括光伏电站精细化设计，提高光伏电站智能检测和维护技术水平等。

支撑光伏电站效率提升和成本下降的主要技术包括：

（1）新型系统结构及其关键设备的研制。提高直流侧电压等级，研制高效率、高可靠性的大功率并网逆变器、DC/DC变换器、太阳自动跟踪装置等关键设备。

（2）精细化设计集成技术。开发出PVSYST、RETSCREEN等专业化的辅助设计分析软件，建立光伏组件、逆变器等关键设备产品数据库，在设计阶段即从电站布局、组串匹配、设备选型等方面降低系统整体损耗和成本。

（3）自动化运维技术。研制出智能汇流箱及专家诊断系统、无水自动清洗机器人等智能化装置，提高电站运行水平和故障诊断能力，从而总体提高了系统运行效率。

我国面向光伏发电规模化利用，光伏发电系统关键技术取得多项重大突破：

（1）在大型并网光伏发电系统技术方面，我国是大型地面光伏电站建设规模最大的国家，近几年光伏电站设计集成和关键设备的技术水平均有较大提高。我国光伏电站及关键设备技术已接近国际先进水平，并促进我国光伏电站建设成本和上网电价的大幅下降。但目前我国光伏电站精细化设计和运维技术水平偏低，高可靠、高效率智能化关键设备技术水平不高，光伏高压直流并网技术缺乏研究，GW级光伏电站集群运行控制技术还有待研究。

（2）在分布式并网光伏发电系统技术方面，我国分布式光伏的规模化应用起于2009年的"金太阳示范工程"和"光电建筑应用"，这两个项目连续实施了5年，截至2013年底，我国分布式光伏（包括离网光伏）的累计装机达到3.38GW，但仅占光伏累计装机的17.2%。目前，分布式光伏行业掌握了MW级光伏与建筑结合系统设计集成技术，研制出250kW以下的系列化光伏并网逆变器，研制出多种建筑一体化光伏组件，建成浙江义乌商贸城1.3MW建筑并网光伏系统、上海太阳能工程示范中心1MW光电建筑系统等一批分布式光伏示范系统，"十二五"期间，国家"863"计划部署了区域性高密度、多接入点建筑光伏系统设计集成技术及与配电网协调控制技术研究，已取得100kW储能双向变流器、功率可调度光伏并网逆变器等阶段性成果。

（3）我国在光伏微电网方面取得了一定的发展，跟国际处于同一发展水平。受国家"863计划"及"金太阳示范工程"资助，数MW级的微电网先后建成并投入运行，我国借此在微网系统架构设计、不同类型蓄电池的使用和管理、远程监测、故障诊断及远程升

级、能量管理、微网核心设备等方面积累了一定经验。在技术方面，掌握了 10MW 级水 /
光 / 柴 / 储多能互补微电网设计集成技术，在国际上率先研制出 200kVA 电压源型光伏逆
变器、150kW 充电控制器等关键设备，并建成青海玉树水 / 光 / 柴 / 储微电网互补发电示
范工程。但微网之间的互联仍旧是空白，还需攻关。

3. 太阳能电池和光伏系统实证与测试技术

经过 20 余年发展，太阳能光伏发电技术出现了新的发展趋势，建设太阳能电池与光
伏系统实证测试平台可为新型太阳能电池产业化进程提供有力的前期技术支撑。国际上早
已开展实证技术公共研究平台的部署，并且为光伏发电技术创新和推广应用发挥了重大作
用。美国国家可再生能源实验室新建 MW 级可再生能源系统集成研究平台，美国圣地亚哥
国家实验室近年来建立了针对能源安全问题的智能发电系统研究平台，德国弗劳恩霍夫协
会风能与能源系统研究所建有针对 6MVA 以下可再生能源系统技术的 SysTec 研究平台和
多种分布式电源及微电网技术的 DeMoTec 研究平台，丹麦技术大学 /Risø 实验室、丹麦哥
本哈根工程大学和 Østkraft 公司共同发起创建了电力与能源研究实验平台 PowerLabDK、总
发电装机 60MW 的 Bornholm 岛全尺度智能电网技术研究和示范平台、SYSLAB 智能微电
网技术试验研究系统等。我国现有研究平台尚缺少源网荷物理模拟设备、电能质量同步测
量装置等关键测试系统、以及高性能的系统仿真分析装置，研究测试平台功能比较单一、
集成度不高，相比国际先进水平差距较大，难以支撑系统级关键技术研发任务。

我国光伏应用区域具有多元化特点，开展各种典型环境下光伏部件、电站实际公共实
证技术研究，掌握各种典型环境下光伏电站实际运行性能数据、档案、气象数据等关系到
电站的设计、安装、施工、运行、维护，有利于促进光伏电站快速发展和技术进步。我国
通过国家"863"课题"高比例多接入点建筑光伏系统并网与配电网协调关键技术"，建
立了高密度分布式光伏系统防孤岛保护技术研究平台、能量管理技术研究平台、光伏直流
并网发电技术研究测试平台等若干研究平台。依托国家"863"课题"光伏系统和平衡部
件现场测试与实证性示范研究"，在青海建设了百 MW 级大型集中并网光伏电站建设大型
集中并网光伏示范基地，建设旨在掌握不同光伏组件和不同安装方式的设计集成技术，掌
握组件级、系统级不同光伏系统的测试技术，掌握大型并网逆变器测试技术。该基地可为
光伏发电新技术新产品的验证提供实时测试和长期评估环境，为光伏发电技术的规模化利
用提供技术支撑。建成了国家能源太阳能并网研发（实验）中心，拥有小型光伏电站移动
测试平台，具备世界上最完整的 MW 级光伏并网逆变器全系列测试能力和 MW 级光伏电
站的全系列测试能力。

（三）太阳能热发电技术

太阳能热发电是将太阳能转化为热能，通过热功转换进行发电的技术。最早的太阳能
热发电技术可以追溯到 19 世纪，上个世纪 70 年代，欧美国家开始对太阳能热发电进行广
泛性探索和研究，建成了多个太阳能热发电站并投入商业化运行。21 世纪初，随着太阳

能热发电激励政策的推出，太阳能热发电市场进入快速发展时期。

1. 槽式太阳能热发电技术

太阳能槽式发电系统是通过抛物面槽式聚光集热器跟踪太阳，使直射太阳光聚集到吸热管表面，以加热吸热管内传热流体，进而参加热力循环发电的系统。目前，它是商业化程度最高的一种太阳能热发电技术。现在运行的槽式太阳能热电站主要采用导热油作为传热工质，并通过油水换热器产生过热蒸汽，推动汽轮机发电。

国际上，2003年，意大利新能源与环境委员会（ENEA）开始对熔融盐作为传热工质的抛物面槽式太阳能热发电系统进行连续性实验测试研究。2010年底，5MW阿基米德熔融盐抛物面槽式太阳能热发电站在意大利西西里岛建成，并于2011年10月投入商业化运行，集热器出口熔融盐温度560℃，汽轮机入口蒸汽参数10MPa/545℃。2014年7月，中广核太阳能开发有限公司德令哈50MW槽式电站正式开工，先期实验回路项目已经建设完成。

在槽式聚光器方面，美国Luz公司在SEGS槽式电站中，主要应用LS-2型，开口尺寸5m，长度50m，采用机械传动；LS-3型聚光器开口尺寸5.76m，长度100m，采用液压传动的槽式集热器。中国科学院电工研究所所与皇明太阳能集团于2010年开发了抛物面槽式聚光器。2014年7月，科技部国际合作项目成功研制了开口宽度6.7m的槽式聚光器，聚光比达到90以上，成为槽式技术的一大突破，为提高太阳能槽式集热器效率，提高发电工质温度提供了保障。

在槽式集热管方面，目前国际市场上制作技术成熟的厂家主要为Schott和Siemens。Schott公司从2000年左右开始研制高温真空集热管，2005年研制推出了Schott PTR-70型集热管，解决了玻璃与金属匹配封接难题。北京桑达太阳能技术有限公司自2005年开始研发高温真空集热管，提出采用热压封工艺进行玻璃与金属封接的方案，最高运行温度为360℃。2015年7月，"十二五"国家科技支撑计划项目"太阳能热发电槽式高温集热管研发及产业化"项目通过科技部验收，该项目攻克了槽式高温集热管制作中玻璃与金属封接、真空获得与真空维持及太阳选择性吸收膜层制备等关键技术，建立了产品性能检测平台和示范工程，开发出具有自主知识产权的槽式高温集热管生产线，实现了槽式高温集热管的批量化生产。

2. 塔式太阳能热发电技术

塔式太阳能热发电系统主要由定日镜场、支撑塔、吸热器、储热器、换热器和发电机组等组成。塔式太阳能热发电系统组成灵活度高，并具有更高的聚光比，可以达到更高的系统运行温度和系统发电效率。按照传热介质的种类，塔式太阳能热发电系统主要有水/蒸汽、熔融盐和空气等形式。

西班牙Gemasolar电站于2011年5月投入商业化运行，是全球首座采用熔融盐作为传热和储热介质的商业化塔式电站。德国宇航中心（DLR）就空气吸热器及布雷顿电站技术进行示范研究，设计容量19.9MW，采用熔融盐吸热储热技术，实现日后15小时连续发电及电站的24小时连续运行。2009年DLR建成了1.5MW空气太阳能塔式热发电试验系统，配置以蜂窝陶瓷为吸热体的容积式空气吸热器，空气出口温度达到了 780℃。

八达岭太阳能热发电实验电站是我国依靠自己的科技力量设计与建造的首座 MW 级塔式太阳能热发电站，是亚洲最大的塔式太阳能热发电电站，电站由定日镜场、吸热器、蓄热系统、汽轮发电机、辅助锅炉等组成[14]，系统额定发电功率为 1MW，蒸汽轮机额定功率为 1.5MW，电站采用水冷技术[13]，2012 年 8 月发电成功。2013 年 7 月，浙江中控太阳能技术有限公司在青海德令哈完成东西两塔各 5MW 太阳能预热加天然气过热塔式示范电站建设，并成功并网发电。2014 年 8 月，首航光热技术股份有限公司敦煌 100MW+10MW 熔盐塔式电站正式开工。

3. 碟式太阳能热发电技术

碟式太阳能热发电系统是利用碟式聚光器将太阳光聚集到焦点处的吸热器上，通过斯特林循环或者布雷顿循环发电的太阳能热发电系统。碟式太阳能热发电系统通过驱动装置驱动碟式聚光器像向日葵一样双轴自动跟踪太阳。碟式聚光器的焦点随着碟式聚光器一起运动，没有余弦损失，光学效率可以达到约 90%。通常碟式聚光器的光学聚光比可以达到 600 ~ 3000，吸热器工作温度可以达到 800℃以上，系统峰值光电转化效率可以达到 29.4%。

20 世纪 80 年代起，美国、日本、俄罗斯、欧洲和澳大利亚等国先后建立了多套原型单元系统，单套系统发电功率在 2 ~ 50kW 之间。我国在 2006 年完成了 1kW 多碟式太阳能热发电系统，并研制了 10kW 多碟式聚光器。2012 年 7 月建成的 100kW 碟式太阳能光热示范电站和 2013 年 10 月在内蒙古建成的 1MW 碟式光热示范项目，标志着我国碟式太阳能热发电领域取得了突破[13]。2013 年，中国华电集团公司与科林洁能（北京）有限公司在中瑞环境技术研讨会上签署合作开发青海 50MW 碟式斯特林项目，2015 年，大连宏海新能源发展有限公司黑龙江抚远 100MW 碟式生物质混合发电项目也在推进中。

4. 线性菲涅尔太阳能热发电技术

线性菲涅尔式太阳能热发电系统是通过跟踪太阳运动的条形反射镜将太阳辐射聚集到吸热管上，加热传热流体，并通过热力循环进行发电的系统。系统主要由线性菲涅耳聚光集热器、发电机组、凝汽器等组成。

2008 年 10 月，法国 AREVA 太阳能公司在加利福尼亚州的贝克斯菲尔德完成了美国第一个商业化的线性菲涅尔太阳能热发电系统，该系统能产生 25MW 热能，驱动汽轮发电机组产生 5MW 的电力。2009 ~ 2010 年，德国 Novatec Solar 公司先后在西班牙建成两座线性菲涅尔太阳能热发电站，后者拥有 302000m² 反射镜，系统工作温度 270℃，工作压力 5.5MPa，年发电量为 49GWh。2012 年 10 月，中国华能集团公司在海南三亚南山电站完成了 1.5MWth 线性菲涅尔式示范项目[13]。2015 年 3 月，兰州大成科技股份有限公司国内首个 10MW 线性菲涅尔式聚光太阳能发电示范项目获甘肃省发改委备案。

5. 太阳能热发电基础理论研究

在太阳能热发电基础理论研究方面，在国家"973"项目的支持下，开展了高效规模化太阳能热发电的基础研究工作，该研究在太阳辐射能高效聚集与镜场时空协同、吸热过程光－热耦合特性及复杂非稳态传热机理、高温传热及蓄热过程多尺度结构中流动与传递规律、大规模太阳能热发电系统集成及调控策略等方面开展了研究工作。

（四）生物质发电技术

生物质发电是通过一定工艺将生物质所含化学能转化为电能的技术。世界上生物质发电起源于上世纪 70 年代，在世界性石油危机爆发背景下，丹麦开始大力推行以秸秆为主要燃料的生物质发电特别是热电联产项目；此外，芬兰、奥地利等国家也成功地实现了生物质发电的利用。美国能源部在 1991 年就提出了生物质发电计划，建设了大量利用生物质原料燃烧或者混烧发电的项目，发电总装机达到 10000MW 以上，占可再生能源发电装机的 40% 以上。生物质发电技术可以根据工作原理划分为生物质燃烧发电和生物质气化发电两类。

生物质燃烧发电的核心是利用高温燃烧过程将生物质中的化学能转化为热能并通过蒸汽动力循环加以转化利用，是目前工程实践成熟和大规模商业利用高的生物质发电技术[15]，可以分为完全以生物质为燃料的纯烧生物质发电，以及采用煤炭和生物质掺混燃烧发电的混烧生物质发电。由于生物质燃烧发电基于水蒸气动力循环，规模和参数提升对转化效率有明显的促进作用，因而比较适合于应用在 6MWe 规模以上的大型固定式生物质发电工程中，具有效率高、投资省、运行可靠等优势。

生物质气化发电指利用热化学或者生物化学过程将生物质原料转化为可燃气体燃烧发电的技术。利用生物化学分解产生可燃气体发电技术最典型的案例是禽畜粪便发酵制甲烷发电，但因对生物质品种有要求，而在应用上受到限制。采用生物质气化发电技术具有原料适应性广，机组规模灵活，启停方便，在较小规模区域供电或者移动供电等场合有优势[16]，但由于规模和燃气净化条件限制，生物质气化发电大多采用内燃机，单机规模小、效率低、运行可靠性差，因而在大规模发电供电领域难以与燃烧发电竞争。以生物质 IGCC 为代表的基于燃机轮机的生物质气化发电技术代表生物质发电的技术前沿，但还停留在技术示范阶段，国内外均未有成熟商业运行的案例。

1. 生物质层燃燃烧发电技术

采用层燃燃烧模式燃用生物质发电是我国生物质能燃烧发电的主要技术路线之一。

欧美国家在生物质能利用方面起步较早，项目往往面向区域供热或者工业用蒸汽，规模小，不涉及发电。他们的生物质资源燃料品种单一，品质及供应稳定，所以他们注重针对特定燃料性质发展高效高参数的燃烧技术，通过对燃烧和碱金属问题进行研究而提升机组的发电效率，着重研究振动机构的设计优化，燃用高碱生物质沉积腐蚀问题的抑制以及降低燃烧过程氮氧化物的本底排放浓度。层燃燃烧生物质发电的主流还是以丹麦技术为代表的水冷振动炉排生物质燃烧技术，以秸秆发电量占全国总发电量 24% 的丹麦为例，它的秸秆类燃料品种质量稳定，通过对沉积、腐蚀和结渣等问题进行了燃烧组织模式及设备结构的优化，可以比较好地实现以软质秸秆为燃料的高效燃烧发电[15]。目前此类技术已经有较多应用，设计的燃料包括秸秆、木片以及棕榈下脚料等，机组规模从 6MW 到 30MW，参数等级从中温中压到 583℃，310bar 等级。在设计合理燃料品质可控的情况下，层燃燃烧锅炉的效率都能达到 90% 以上。

我国的生物质燃烧技术发展与其他国家有显著区别，经历了一条从引进水冷振动炉排秸秆燃烧技术，吸收消化层燃燃烧技术，然后在此基础上自主创新开发出具有完全自主知识产权、适合我国国情的流态化生物质燃烧技术的道路，为生物质发电产业的健康发展奠定了扎实的基础。我国生物质资源以农业生产废弃物为主，且农业耕作制度与国外有巨大差异，导致我国的生物质燃料品种多、品质低、变化频繁、含碱金属量多，因而燃烧效率和料耗指标方面不是很理想，这注定了我国必然需要走与国外不同的道路。目前国内秸秆类生物质燃烧技术的研究还是以跟踪国外以及针对工业实践中暴露的问题进行针对性研发，研究深度和广度尚显不足。此外，由于我国生物质燃料组织的难度较大，燃料预处理、给送以及大规模燃料组织规划运输的相关理论和工程研究也吸引了一些学者的注意，该方面的研究为我国的特色，并已经取得了长足的进步。

山东单县生物质发电项目采用的就是从丹麦引进的水冷振动炉排秸秆燃烧技术[17]，装机容量为 2.5 万 kW，总投资约 3 亿元，于 2006 年 12 月正式投产，设计年发电能力 1.6 亿 kW·h，以棉花秆和林业废弃物为燃料，是我国第一座生物质直燃发电厂。项目采用的锅炉对燃料和运行工况的变化的适应能力较差，结渣情况较为严重。随着丹麦生物质层燃技术的引进及推广运行，国内多家企业也通过学习、吸收和消化推出了各自的生物质炉排路燃烧技术，并陆续投入使用。

2. 生物质流态化燃烧发电技术

与炉排炉的层燃方式相比，流化床燃烧具有低温燃烧特性、炉膛温度均匀、燃料适应性好等特点，在炉内温度控制和机组负荷控制上也具有一定的优势[15]，国外广泛用于木质生物质的燃烧发电工程，然而由于秸秆类含碱生物质存在密相区聚团隐患，最初被认为不适合采用流态化燃烧技术。经过长期研究和实验，我国通过燃烧组织模式创新克服了该问题，于 2006 年成功示范了秸秆类生物质循环流化床燃烧发电工程。近年的工程实践显示，流化床中强烈的颗粒运动在防止炉腔内水冷壁上出现溶渣等方面具有积极作用，而较低的炉膛温度也能够有效减少受热面沉积和高温受热面腐烛，降低炉内结渣发生的速度。据统计，2010 年之后投运的项目中采用流态化技术的占 65% 以上。

浙江大学一直致力于生物质循环流化床燃烧技术的研究，江苏宿迁生物质发电厂是国内外第一个采用循环流化床燃烧模式燃烧高碱生物质燃烧的示范项目，装机容量 2×12MW，项目锅炉采用浙江大学设计的 2×75t/h 循环流化床锅炉，适用性强维修费用低[17]。该技术能够很好地处理燃烧高碱生物质存在的各类碱金属问题。锅炉运行半年后，水冷壁、高温福射受热面和对流换热面结渣沉积较少，无聚团结渣问题，燃烧效率高，实现了预期设计目标。

目前国内主流的生物质循环流化床发电项目单机容量为 12MW 或者 25MW，对应的锅炉蒸发量在 75t/h 和 130t/h 等级。广东粤电湛江生物质发电项目（隶属广东省粤电集团有限公司）建设了 2×50MW 机组（配备两台 220t/h 循环流化床生物质燃料锅炉），两台机组分别于 2010 年 12 月和 2011 年 2 月成功投产，是目前全国生物质能发电领域中单机容量及总装机容量最大的生物质发电厂。除了在单机容量上的突破，广东粤电湛江生物质电厂与浙江大学合作对大型生物质电厂燃料收集储运组织流程优化、南方地区高水分生物质燃料的燃烧适用性以及大型生物质锅炉炉前料仓稳定可靠给料等专题进行了深入研究，取得了丰硕的成果。该生物质发电示范依托由浙江大学承担的国家"十二五"科技支撑项目课题，目前已经顺利结题，各项指标均达到和超过任务要求，为国内生物质燃烧发电行业树立了标杆。

（五）海洋能发电技术

海洋可再生能源包括波浪能、潮汐能、海流能（包括潮流能）、温差能、盐差能等。海洋可再生能源发电技术是指将海洋可再生能源转换为电能或其他可利用形式能量的技术[2]。海洋能作为能源供应种类可回溯至上世纪 50 年代，但除潮汐能外，海洋可再生能源的各类发电技术基本均处于设计研制与示范工程阶段，只有少部分实现商业化运行，海洋能在全球能源供应中所占比例极小（0.002%）。海洋可再生能源开发利用技术的关键是能量转换，不同能量型式各不相同[25]。

1. 潮汐能

潮汐能是开展研究最早、技术成熟最为成熟、工程装机容量最高的海洋能形式。开发潮汐能需依托海岸线的有利地形，通过修筑大坝拦蓄潮汐变化带来的水体并利用坝内外水头差带动水轮机发电。该发电形式能量稳定、可预测性高、装机容量高，但建设潮汐电站成本高，筑坝带来的水动力、泥沙及生态变化存在较大争议，岸线利用成本高，因此整体发展趋缓，世界各地待建电站均处于工程预可行性评估阶段。目前，全世界潮汐电站的总装机容量仍未超过 600MW，最具代表性的是法国的朗斯电站与韩国的始华湖电站。我国目前仍在运行发电的潮汐电站是位于浙江温岭的江厦潮汐电站，位于浙江玉环的海山潮汐电站也正在进行技术改造工作。

2. 波浪能

波浪能分布广泛、能流密度高，从能量摄取原理看波浪能装置大体可分为振荡水柱式、聚波越浪式、机械液压式三大类。振荡水柱式（OWC）装置利用波浪推动气室结构内的空气做往复呼吸，并带动自整流透平完成发电。早期的振荡水柱装置为漂浮式，主要采用驳船作为测试平台，其后岸式振荡水柱装置则成为发展主流。振荡水柱型装置研究热点主要包括装置复合化开发、气室结构形式优化、空气透平的自启动控制与优化模拟技术等。聚波越浪式（Overtopping）装置利用斜坡道导引波浪爬升翻越至高于平均海平面的水库中，海水返回大海过程中带动水轮机完成能量最终转换。渐缩水道（Tapchan）电站是典型的聚波越浪能量转换形式。丹麦于 2004 年按照其原理建设了离岸式的波龙（Wave

Dragon），是当代最著名的波浪能装置之一。聚波越浪式今后将重点研究与传统海岸工程（斜坡式防波堤）相结合的发电方式，变被动消能为主动吸能并降低造价，如丹麦提出的 SSG 模型。机械液压式（Oscillating Body）装置与波浪直接接触，通过升沉、俯仰等运动形式带动机械或液压机构进行发电，在欧洲被称为第三代装置，由于结构与波浪直接接触，因此能量转换效率较高，可在不同水深条件下工作。机械液压式未来将发展为离岸深水波浪能利用的主要形式，研究将聚焦于振荡体与波浪强非线性相互作用、能量转换与相位控制等关键技术。

我国的波浪能资源分布受到外围大洋岛链的影响，南北地区波浪能功率密度差异大，在技术发展上也呈现出不同特点。南方地区主要应用了多类单体式的机械型结构，利用波浪带动俯仰振荡型结构体与水下浮体间的相对运动，包括系列鸭式装置与 10kW 级鹰式装置。鹰式装置安装于半潜船式支撑结构上，海上浮运收回简易，至 2014 年 4 月已无故障运行接近 6000 小时，在海洋能专项资金支持下，正在进行百千瓦级扩展。我国北方地区则主要研究机构采用多体阵列式结构，采用四组单自由度振荡浮子往复带动双路液压系统完成能量转化，代表性装置为 10kW 级组合型振荡浮子波能发电装置。该装置适用于低能流密度波浪条件，能量转换效率较高、发电出力稳定、易于投放，自 2014 年 1 月投放至今已安全生存超过 6000 小时（经过两次台风考验），在"863"项目支持下将扩展至 $2 \times 100kW$ 规模。从总体来看，我国的波浪能利用技术已发展至百千瓦级大型装置，在深远海与偏远海岛地区，波浪能发电已具备与柴油发电竞争的成本优势。此外，波浪能分布广泛，不受海域限制，可实现"海电海用、就地取能"，还可完成制淡制氢等功能，在我国深远海开发与国防建设等方面具有不可替代的战略地位与作用。

3. 海流（潮流）能

海流能主要是指海洋中由于近岸潮汐变化、大量环流、海面风驱动与地形变化等因素导致的海水水平流动带来的能量。目前，海流能中利用的主要部分为潮流能。由于海流运动形式及摄取型式与风类似，主要采用水平轴式与竖轴式水轮机进行能量转换，但工作介质密度远大于风能。从整体看，水平轴式结构已成为发展主流，并已率先实现商业化运行。从开发技术的成熟度上来说，我国海流能开发（包括装机容量与可靠运行度上）领先于波浪能，基本同步于世界先进发展水平。

垂直轴式海流能装置单机装机容量从 100kW 发展至 300kW。"海能 I"叶轮直径为 4m，叶片 4 组，启动流速为 0.8m/s，最大流速为 2.5m/s。"海能 III"叶轮直径为 6m，启动流速为 1.2m/s，最大流速为 3.0m/s。我国水平轴式海流能装置的装机容量在 10kW 级水平以上，装机容量在 10 ~ 15kW 之间。中国海洋大学的 $2 \times 50kW$ 装置叶轮直径达到 10.5m，启动流速 0.9m/s，额定流速 1.5m/s，于 2013 年 8 月投放于斋堂岛海域。未来我国海流（潮流）能关键技术的发展趋势是以 MW 级装机容量的机组与设备研发作为突破口，优化水轮机叶片及翼型族技术、完善变桨距与偏航最大能量捕获技术，研究多机组阵列结构与海洋环境动力要素的相互作用，探索新型高效的海流能能量转换型式及大型装置的微观选址技术等。

4. 海洋能装置示范场

各类海洋能装置的不断研发，对海洋能装置的专业测试机构与场地也提出了紧迫的要求。欧洲海洋能中心（EMEC）位于英国北部的奥克尼岛，拥有多个原型与大比尺模型装置测试与示范运行场，是世界领先的测试机构。另外英国还拥有 WaveHub 波浪能装置测试示范场，装配有水下变电站与多组电缆路由。英国的 Narec 国家可再生能源中心则拥有陆上液压扭矩测试装置等，用于装置传动部件测试。加拿大的芬迪海洋能测试场则依托于世界上潮差最大的芬迪湾建设了潮流能装置测试示范场。西班牙比斯开海洋能测试平台（BIMEP）为专业的波浪能测试场，可接入阵列或单体波浪能装置，最大接入能力达到 20MW。

我国海洋能开发的重大工程应用与实践均为基于海洋能发电装置的多能互补海岛供电综合示范工程，主要包括大管岛多能互补示范电站与斋堂岛多能互补示范电站，均位于山东省青岛市海域，且具备改造为海洋能测试场能力。大管岛示范工程由国家海洋技术中心研建，包括 30kW 重力摆式波能电站、60kW 风机与 15kW 太阳能发电系统，同时配套了日产 5t 的海水淡化装置。电站整体运行良好，可实现 24 小时不间断供电。斋堂岛示范工程由中国海洋石油总公司牵头建设，电站由 200kW 漂浮式潮流能装置、100kW 固定式潮流能装置、150kW 风机与 50kW 太阳能发电系统组成。通过将海洋能与风能、太阳能进行互补发电，克服不同能种发电时域不同、发电强度不同、电力稳定性不同的缺点，通过智能供电系统实现统一管理、智能调配、调峰调压、稳定输出等功能，是有效化解海洋能能量输出不稳定的有效手段。

（六）地热能发电技术

地热发电具有热能供应持续稳定、发电效率高、利用系数高（90%）[4]、运营成本低、工程占地少等优势，将在未来能源结构中发挥非常重要的作用，我国利用地热发电始于20 世纪 70 年代。按照地热载热体的类型、温度、压力和特性的不同，地热发电主要有三种：高温地热蒸汽发电、中低温地热水发电、增强型地热系统发电[26]。从地热资源看，我国地热能储量巨大，资源潜力接近全球的 8%，盆地型地热资源储量为 2.5×10^{22}J，折合标准煤 8531.9 亿吨。据国土部最新数据，已查明我国地热能发电潜力 6700MW，但目前的装机容量仅为 27.78MW，发展潜力很巨大[27]。

1. 中低温地热发电

目前，世界中低温地热发电及配套设备技术已达到模块化、集成化、产业化发展水平，建立了有机朗肯循环（ORC）、卡林纳循环（Kalina）的发电系统，对有机工质、换热部件、机组模块化、新型循环等方面展开基础与工程应用研究，以有机工质汽轮机、单 – 双螺杆膨胀机、离心式制冷压缩机改装的高效汽轮机等不同技术路线深化研究[28]，达到工程化、产业化发展水平。而我国中低温地热发电处于产业化发展的前端，技术虽然基本成熟，但关键材料与设备的国产化程度较低，由于缺乏大型中低温地热发电技术示范工程的经验和规模化并网发电项目的政策支持，地热资源勘探技术相对滞后，产业链尚未形成，导致地热发电成本较高。

国家"863"项目"中低温地热发电关键技术研究与示范"，重点研发高效工质（纯、多元混合工质）及热力循环系统优化设计，循环系统与汽轮机匹配技术、污垢防阻滞新工艺、与有机朗肯循环系统匹配的外围设备及工艺、高效换热设备及制造工艺等技术的研究。重点解决的关键技术问题包括：中低温有机朗肯循环（ORC）发电技术，以净输出电功率和系统能量损失等作为评价指标，分析、筛选出不同地热流体温度下的最佳循环工质；研制出300kW模块化中低温地热发电机组，建立地热电站热力计算的数学模型。形成具有我国自主知识产权的新型蒸发器、冷凝器；提高中低温地热发电循环系统热效率，提高油田伴生地热发电适用性与经济性目标。此外，TEG（Thermoelectric Generator）半导体温差发电核心技术是热电转换技术，我国科研单位研发出单个半导体温差发电器件在输出功率最大匹配负载，以及在匹配负载下改变热端温度时的T-P曲线及现场试验[28]。

2. 增强性地热发电系统（EGS）

增强型地热系统（EGS）是在干热岩技术基础上提出的人工形成地热储层的方法，从低渗透性岩体中经济地采出深层热能的人工地热系统。经过多年的研发，欧洲的EGS发电技术在人工热储示踪、环路流通、在线腐蚀监测、防垢技术方面取得很大进展。世界上第一个商业化增强型地热发电系统（EGS）于2008年在德国Landau建成，装机容量3MW，电站运行完全实现自动控制，除发电也为周边居民供热。位于法国的Surtoz的EGS地热电站，装机5MW，也进入商业化运行阶段，供电（热）成本为0.28欧元/kWh[6]。2013年美国增强型地热系统占地热项目总投入的70%，目前已有7个EGS发电在建项目，计划于2050年完成1亿kW的EGS发电装机容量[29]。我国在地质勘探、钻井工程、水力压裂、配套钻探技术、环境地质评价等方面对EGS展开多方位的研究并有所突破，但与世界先进技术相比，整体水平仍处起步阶段，一些勘查开发的核心技术没完全掌握，面临许多瓶颈技术和工程问题，需继续研发与实践探索和国际合作。

"十二五"期间，国家科技部"863"计划项目"干热岩热能开发与综合利用关键技术研究"在EGS单向技术方面取得阶段性成果。项目组搭建干热岩人工压裂实验室模拟系统，研制干热岩储层压裂液4种、高温压裂工艺1套、开展压裂-响应现场试验和理论评价工作，建立了干热岩地热资源评价方法、数据库标准及技术经济评价体系，研发THCM耦合模型、高温高压流动换热实验系统，研发防腐防垢新工艺、耐腐蚀新材料及发电系统优化方案设计等，为进一步建设EGS示范基地奠定技术基础。中国地质调查局已完成福建漳州、广东惠州、海南陵水、湖南汝城等干热岩靶区物探及解译，评价了各靶区干热岩赋存条件，完成漳州干热岩钻孔选址。确定黑龙江五大连池火山区干热岩勘探孔位。在青海贵德、共和2个盆地部署ZR1和DR3、DR4地热勘探孔3眼。共和盆地钻孔3000m深度的温度为181℃，贵德盆地钻孔孔底3001m深度的温度为149℃，为EGS示范基地的选址做好前期工作[27]。由中科院郑哲敏院士研究的小型定向爆破技术是替代页岩气开采中水平井的水力压裂技术，中海油服务股份有限公司自主研发的旋转导向钻井和随钻测井系统技术均达到世界领先水平，均可直接用于干热岩人工热储的建立，有效推动我国干热岩开发利用的步伐[30]。

3. 高温钻探关键器具及工艺

高温钻井是干热岩和深层高温地热发电的前提和关键技术，极高的地层温度和地层大量产水给钻井技术带来许多困难，高温钻探技术的最终体现是成井的高成本，钻井技术的突破将有力促进深层高温地热发电产业快速发展。国外经过多年的实践探索，初步形成高温钻井安全控制技术、抗高温固井水泥浆技术、抗高温井下工具、井眼轨道监测与控制技术、抗高温钻头技术与提高钻速技术、高温地热井成井与测试等技术。随着钻探深度的增加和地层压力等因素的变化，传统钻井工艺无论在深度方面还是成本方面都很难达到施工的预期要求，在大量激光技术研究成果基础上，美国等发达国家自20世纪90年代突破传统钻井技术模式，开展激光钻井技术研究，取得很多实质性的进展，已研发出激光钻探新技术，有效降低钻井成本、缩短钻井周期[30]。

整体看来，我国在深层高温地热钻井方面尚没有形成相关的技术储备。"十二五"期间，国土部公益性行业科研专题项目"高温钻探关键器具及工艺研究"主要针对我国在高温钻探过程中钻遇高压、破碎不稳定地层时的孔壁稳定、岩屑悬浮与携带、漏失等问题，开展高温钻探关键器具及工艺配套技术研究，现已研制出系列高温钻探关键装备和工具，能大幅提高高温硬岩钻探效率。国外在超高温高密度钻井液研究与应用方面已比较成熟，今后发展的重点是针对现场实际需要，特别是异常高温高压地层开发的需要，优化钻井液性能。我国在超高温钻井液研究方面还存在较大差距（尽管部分指标接近或领先于国外），下一步我国还在要围绕处理剂研制、钻井液体系配方优化，高温高压下钻井液流变性和滤失量控制方面开展研究工作，加强攻关力度[31]。

三、发展趋势分析与展望

（一）风力发电技术

我国风能资源丰富，现有技术条件下实际可装机容量在10亿kW以上；在水深不超过50m的近海海域，风电实际可装机容量约为5亿kW。风电可以成为我国未来能源和电力结构中的一个重要的组成部分。考虑到我国电网基础条件和各种可能约束因素，2015—2020年，我国的风电开发以陆上为主、近海（含潮间带）示范项目为辅，每年风电新增装机达到2000万kW左右，到2020年，风电累计装机达到2亿kW。2020—2030年，风电市场规模进一步扩大，陆海并重发展，每年新增装机在2000万kW左右，到2030年，风电的累计装机超过4亿kW，在全国发电量中的比例达到8.4%，在电源结构中的比例扩大至15%左右，在改善能源结构、支持国民经济和社会发展中的作用日益加强。

随着风电技术和海上风电的发展，风电机组的整体趋势是单机容量的大型化和多样化。到2014年底，3MW以下风电机组是陆地风电市场的主流机组，3～5MW风电机组主要用于海上风电；2015—2020 年，5 ~ 6MW 风电机组开始在海上风电项目中应用；2020—2030，中国进入海上风电大规模开发阶段，5 ~ 10MW 机组主要用于满足该部分市场需求。2015—2020 年，主要开发应用 3 MW 以下风电机组轻量化和环境适应性技术（低风速、抗冰冻等），优化 3 ~ 5MW 风电机组设计，开展 5 ~ 10MW 海上风电机组进行概念设计和关键技术研究；2020 年前，实现 5 ~ 6MW 风电机组的商业化运行，完成 5 ~ 10MW 海上风电机组样机验证，并完成 20MW 特大型海上风电机组概念设计和关键技术研究；2020—2030 年，实现 5 ~ 10MW 海上风电机组的商业化应用，完成 20MW 海上风电机组的样机技术验证。我国的风电发展路线图见表 1。

表 1 风电技术研发和部署应用途径

		2015—2020	2020—2030	2030—2040	2040—2050
整机	公共技术	风电机组半物理仿真和数值仿真试验平台技术			
		新型风电机组布局和先进运行驱动技术			
	3MW 以下	轻量化和环境适应			
	3 ~ 5MW	设计优化技术			
	5 ~ 10MW	样机试验验证			
	10MW 以上	概念设计和关键技术研究	样机试验验证		
零部件	叶片	先进翼型、分段、新材料			
		海上高尖速比设计			
		叶片智能化控制技术			
	齿轮箱	行星轮均载柔性轴、低噪声			
			新型齿轮箱制造技术		
	发电机	高压发电机技术应用			
		新型冷却技术应用			
		高温超导发电机研究	高温超导发电机技术应用		
	变流器	大功率高压变流技术			
		新型电力电子器件应用			
海上风电建设		潮间带、近海施工和运维技术			
		海上升压站设计、施工和运维			
			深海基础施工和运维技术		
风电场运行	电网适应	精细化风电功率预测技术			
		故障穿越、有功无功控制和调度			
		分布式风电场和大规模储能技术			
	调度	自动化风电调度技术			
			智能化风电调度技术		

随着风电机组尺寸的增大，叶片将越来越长。如何优化载荷、减轻重量、提升环境适应性、友好性和运输便利性将成为未来 10 年内叶片技术发展的主要方向。应大力研发、应

用风机叶片的监测控制技术、新型结构、碳纤维和高模高强玻璃纤维等新型材料。未来10年需加强齿轮箱功率分流方式、均载型式等关键技术的研究，在降低增速比、行星轮均载柔性轴设计和降低噪声方面实现技术突破。采用轴承新结构、新材料、新工艺，以解决轴承寿命、承载能力、可靠性等问题。更广泛地应用通过全功率逆变器并网的发电机，如永磁或电励磁同步电机。同时，随着超导材料在技术和成本方面取得突破，在10 MW及以上的风电机组发电机中尝试应用高温超导技术。中高压发电机应用也是未来一个技术方向，从目前的趋势看，3～5MW风电机组将采用中压发电机，而更高MW级的风电机组将普遍采用高压发电机。此外，风电机组生产需要各种原材料，其中，碳纤维复合材料代表了未来叶片材料的主要发展方向，永磁材料需求将随着直驱风电机组市场规模的扩大而快速增加，其他，包括钢、铝、铜、混凝土、玻璃纤维、环氧树脂等也都需要持续的研究投入。

1. 10MW级风电机组整机及部件研制

面对迅猛增长的海上风电开发需求，大容量风电机组的研发受到重视，风电机组朝着高可靠、超大型化和模块化的方向发展。由于海上机组的施工工程和辅助设施成本占总成本的比重较大，单机容量大型化可以减少海上作业时间和费用，成为下一代海上机型的研制目标。围绕大型海上风电机组的设计，需要解决一些关键问题，具体包括：

研究典型海洋环境下风电机组环境适应性设计技术；研究海上风电机组整机防腐技术，对重点部件进行专项研究并提出海上风电机组防腐设计规范；研究海上风电机组的密封、散热技术，开展波浪载荷、海上冲刷、碰撞、冰载等对风电机组振动特性的研究。

研究10MW级风电机组载荷安全与智能化控制技术，针对超大型机组叶片在转动过程中受力不平衡，研究独立变桨控制技术。对于超大型直驱永磁风力发电机组，采用激光雷达进行主动控制，进行整机系统性匹配的协同设计，实现等强度设计，达到系统最优的设计目标。

研制10MW级高可靠性的关键部件，包括100m级超大型风电叶片、传动链（齿轮箱、发电机、变流器），以及与之配套的轴承、基础、塔架等关键部件的设计、制造及试验技术，为10MW样机提供配套。

2. 大规模风电场群设计与运行优化技术

大规模风电基地建设是我国风能资源开发利用的特点，从已经开发建设的大型风电基地的运行实践来看，项目设计和运营中存在一些亟待解决的问题，需要开展研究，找出问题所在及解决办法。

风力发电功率预测是提高电网接纳风电能力、提高电力系统运行安全性与经济性的有效手段。根据应用需求和研究进展，风资源数值模拟与发电功率预测技术将向着资源详细模拟与定制化预报、多时空尺度功率预测以及概率预测与事件预测方向发展。目前我国尚缺乏面向电力生产的专业气象预报服务，专业化数值模拟与预报技术可拓展应用至母线负荷预测、水文预报、输电线路运行状态安全性评估、输电走廊气象灾害预警、输变电设备灾害预警等多个领域，为智能电网提供全面、定制化气象支撑。

风电并网安全稳定机理与智能控制技术是下一代风力发电单元和电站控制性能升级的

核心技术。我国下一步需要继续开展风力发电并网安全稳定与运行状态破坏机理、风力发电单元电网适应性主动控制、风力发电实证方法的研究工作，以及研究风力发电与储能的主动协同控制技术，提升风力发电对电网安全稳定运行的支撑作用。风力发电耦合特性与运行状态破坏机理的突破将为大规模可再生能源发电基地与电网的安全稳定防御体系建立提供理论支撑。风力发电与储能主动控制技术的突破，能够广泛应用于新能源发电单元和发电站，推动新能源与储能装备技术进步和产业升级。

风电与储能优化调度与风险防御是保障高比例可再生能源最大化消纳和电网安全运行最有效的途径。目前国际上尚未实现高维变量的复杂系统全局最优稳定、可靠求解。因此，新能源发电优化调度方法将向不确定性调度、与储能联合调度以及在线风险预警与主动防御方向发展。具有相关性的风电随机优化调度理论与算法突破可解决随机变量作用下的复杂系统全局最优决策问题，为电力系统提供有效的分析手段，可应用于电力系统运行及其他专业领域，并将继续研发可再生能源与储能滚动协调优化调度系统，建立高比例可再生能源电网运行风险及安全防御体系，研究成果将广泛应用于电力调度机构、风电场、光伏电站和微电网等，可显著提高电网运行安全性。

研制风电场智能传感与数据采集系统，开发具有自动预警、优化功能的风电场运行监控调度管理系统，对大规模基地内风电机组叶片、风轮和塔架等效疲劳载荷影响规律等进行研究，为提高其结构可靠性和经济性提供技术支撑。

开展大规模风电基地实际运行数据分析处理方法研究，分析各个风电机组运行的实际运行数据，了解基地尾流影响实际情况，研究海量数据处理方法，对不同形式存储的原始运行数据进行筛选和处理，形成可用于进行出力特性研究的典型数据集，客观反映风电基地的实际运行状况和尾流影响特性。

3. 大型海上风电场开发成套关键技术

海上风电具有资源丰富、发电利用小时数高、不占用土地资源等特点，具备大规模发展条件。但与陆上风电相比，海上风电还具有单机容量大、设备可靠性要求高、输变电系统复杂、施工难度大、建设周期长、工程造价高，运行环境恶劣等特点，是一项复杂的系统工程。海上风电是我国未来风电发展的主要方向，即将进入快速发展时期。预计到2020年，我国海上风电容量将达到3000万kW。为了有效规避风险，保障海上风电建设健康稳定发展，提高海上风电场建设的经济性，亟须开展大型海上风电场开发成套关键技术研究及示范。

（1）海上风电场规划设计技术研究。综合海上风电场地理位置、海域规划、现有航道，海底管线等影响，考虑风机尾流、风能资源、机组类型、回路的敷设、海缆输送以及风机基础、施工等因素的安全合理性，实现最大的可利用率及高的经济性，并形成一整套海上风电场建设标准规范。

（2）海上风电施工关键技术研究。研究不同海底地质、不同海况下，海上风电场施工设备设计、制造及应用技术；研究海上风电场施工工艺优化方法；研究海上风电场施工方案，形成研究海上风电施工工程管理及施工组织规范和技术标准。

（3）大型海上风电集电系统及并网关键技术研究。研究海上风电变电站总体布置、海上风电变电站设备选型、海上风电变电站结构型式等海上风电变电站技术；研究大型海上风电基地柔性/多端直流组网和运行控制技术等海上风电送出技术。

（4）海上风电运维关键技术研究。开发海上风电场多网融合可视化运维调度管理系统，开发海上风电场大型运维装备，建立运维应用管理体系，降低海上风电运维成本和安全风险的双重瓶颈。

（二）太阳能光伏发电技术

光伏发电是解决我国能源资源紧缺、环境污染问题的重要手段。我国太阳能总辐射资源丰富，总体呈"高原大于平原、西部干燥区大于东部湿润区"的分布特点。其中，青藏高原最为丰富，年总辐射量超过 1800 kWh/m^2，部分地区甚至超过 2000 kWh/m^2。在我国平均日照条件下，光伏发电系统全寿命周期内能量回报超过其能源消耗的 15 倍以上，光伏发电的碳排放量仅是燃煤发电的 5% 左右。如果计及燃煤发电的资源开采、生态恢复、环境保护等成本因素，光伏发电的整体效益则更加可观。

我国面临着大力发展光伏发电的重要契机，太阳能光伏的发展路线：太阳能光伏预计到 2030 年成为主要能源，2050 年成为主导能源之一。光伏发电发展路线图如图 1 所示。

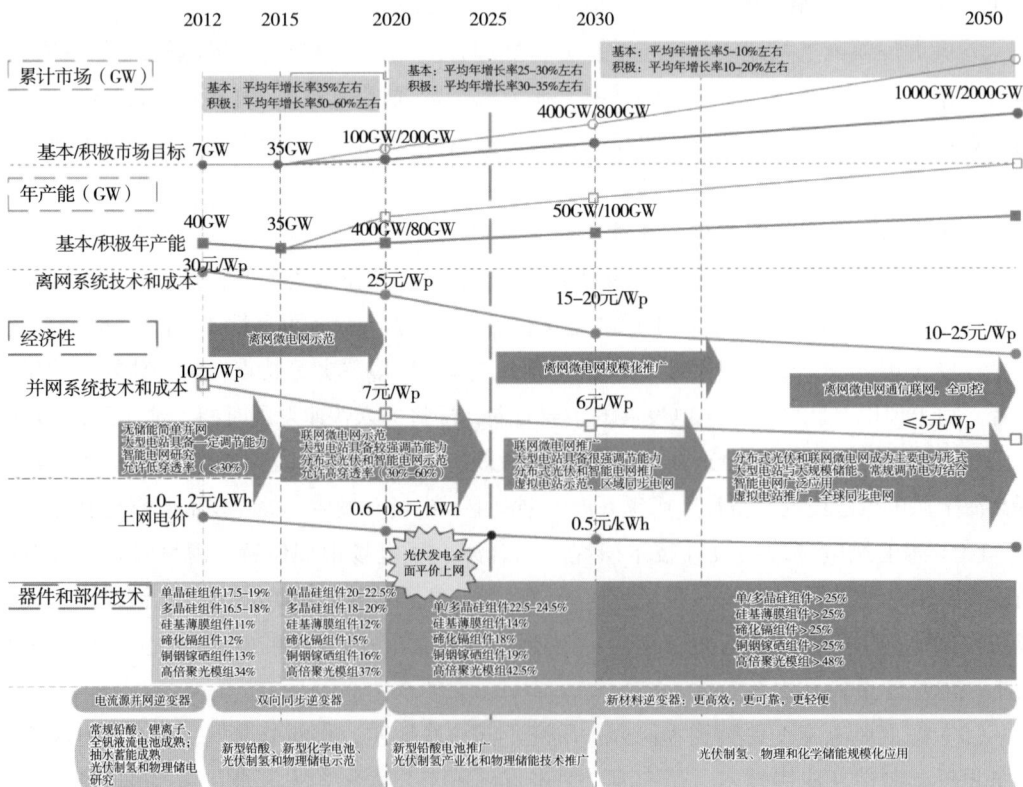

图 1　太阳能光伏发展路线图

按照中国现在的能源和环境现状，综合平衡太阳能与其他能源的关系，考虑可利用资源潜力，预测太阳能光伏应用在基本情境下，光伏发电装机容量到2020年为1000GW，到2030年为4000GW，到2050年为10000GW；在积极情境下，光伏发电装机容量到2020年为2000GW，到2030年为8000GW，到2050年为20000GW[32]。

1. 太阳电池关键技术

提高转换效率及降低制造成本仍是未来太阳电池技术主要发展方向。晶硅电池、薄膜电池［含硅基薄膜电池、CdTe电池、CI（G）S电池］、聚光电池、染料敏化电池、有机电池等由于特性不同，将占领不同特定市场。同时，下一代新型电池，涵盖未来新理念、新材料、新结构的高效电池，将可能在2030年后技术成熟，实现30%的电池转换效率。针对未来高效、低成本晶体硅电池的产业化关键技术开展HIT、IBC等电池关键材料、工艺、装备以及光伏辅材的国产化研究，并形成示范，以实现关键工艺技术的突破，装备及材料国产化率的提升，以及产业化应用水平的提高。

在薄膜电池方面，开展碲化镉太阳电池、CIGS薄膜电池、硅基薄膜电池产业化技术研究，研究成套生产线装备中关键核心装备的设计，定制加工和集成是我国薄膜电池技术要解决的关键问题。

在新型电池方面，经过多年在概念、机理、材料、器件等方面的研究积累，新型高效太阳电池已经发展到从实验室走向中试示范的关键阶段。今后继续开发面向产业化的钙钛矿电池、钙钛矿叠层电池、III-V族化合物电池等新型电池产业化技术，面向前沿的染料敏化电池、有机电池、量子点电池、叠层电池、硒化锑电池、铜锌锡硫纳晶电池、III-V族纳米线电池、单带差超晶格II-VI族电池等新型电池的高效制备技术是新型电池的发展方向。

2. 平衡部件和系统集成技术

集中式光伏电站和分布式光伏系统将是光伏规模化利用的两种主要形式，目前我国集中式光伏电站市场份额约占76%，分布式光伏系统市场份额约19%。对于系统的技术水平而言，系统控制技术和电力电子技术是提高系统的安全可靠性、提高系统发电量的主要部件，需要重点发展，光伏系统和平衡部件技术在各个时间节点的发展路径如表2所示：

表2　光伏系统和平衡部件技术发展趋势及重要时间节点

	2012年	2020年	2030年	2050年
并网光伏系统	无储能简单并网具有一定调节能力	带储能分布式光伏示范 联网微电网示范大电站具有较强调节能力	联网微电网推广分布式 储能广泛应用大电站具备很强调节能力	分布式光伏和联网微电网成为主要电力形式大型光伏电站与大规模储能结合大规模电站与常规调节电力结合
离网光伏系统	直流总线电站，户用系统	离网微电网示范	交流总线多能互补微电网规模化推广	微电网通信联网，全可控

续表

	2012 年	2020 年	2030 年	2050 年
逆变器效率	无变压器：95%~98% 有变压器：90%~95% 电流源并网逆变器	无变压器：98%~99% 有变压器：≥ 95% 双向同步逆变器	新材料逆变器：更高效、更可靠、更轻便	新材料逆变器：更高效、更可靠、更轻便
电网	允许低穿透率（＜30%） 智能电网研究	允许高穿透率（30%~60%） 智能电网示范	智能电网推广虚拟电站示范区域同步电网	智能电网广泛应用虚拟电站推广全球同步电网

（1）大型光伏电站发电技术。

大型光伏电站仍将是我国光伏应用市场最重要的组成部分，电站主要建设在平坦开阔的荒漠戈壁地区，遮挡影响不大，并且通常逆变器等设备效率较高，系统整体效率约在80% 左右，电站规模正在向 GW 级、集群化发展，电站技术沿着高能效、低成本、智能化方向发展。大型光伏电站的关键主要包括以下四个方面：

1）高能效、低成本智能光伏电站设计集成和运行维护技术：针对不同地域、不同气候条件，研发光伏电站精细化设计软件及规范；研究提高直流侧电压的电站拓扑结构，研制 DC/DC 最大功率跟踪装置和高效率并网逆变器；研制智能汇流箱及专家诊断系统，研究光伏电站数据挖掘、预报警、故障诊断等智能化技术；研究无水（少水）自动清洗技术和自动红外巡航检测技术，提高电站运维自动化程度。

2）高可靠智能化平衡部件技术：围绕技术性能和可靠性提高以及成本进一步下降，开展逆变器、太阳自动跟踪装置、智能汇流箱等平衡部件技术研究。重点研究高功率密度、高电压、高效率、高可靠逆变器技术，在低辐照和多机并联条件下逆变器谐波谐振抑制技术，提高逆变器电网友好性。重点研究不同形式太阳自动跟踪器的技术经济性，开发高可靠、高性价比的太阳自动跟踪器。研制智能汇流箱，结合示范工程开发高性价比产品。

3）MW 级光伏高压直流并网发电系统关键技术：MW 级光伏高压直流并网发电系统集成技术研究，解决系统组成、拓扑结构、运行策略等关键问题；光伏高压直流并网变流器关键技术研究，研制 500kW 级光伏高压直流并网变流器样机；研制 kW 级光伏高压直流并网发电系统控制及保护装置。

4）GW 级大规模光伏电站群的运行特性及其对电网的影响研究：光伏电站分钟级功率预测和平滑控制技术；光伏电站集中式防孤岛保护技术；基于功率预测的大规模光伏电站群接入 AGC 系统超前控制技术；大规模光伏电站群无功补偿与电压优化控制技术；基于逆变器与附加无功补偿装置的大规模光伏电站群动态电压无功控制技术。

（2）分布式光伏发电技术。

智能化分布式光伏发电微电网技术是光伏系统的重要发电形式，分布式光伏系统安装在负荷附近，就地发电、就地消纳，技术向着高穿透水平、低发电成本的方向发展。可再生能源微电网技术刚刚起步，提高稳定性和供电质量、降低发电成本将是技术发展的重点。分布式光伏电站及光伏微电网关键技术主要包括以下四个方面：

1）分布式光伏电站优化设计技术：分布式光伏电站系统建模、仿真及设计软件开发，研究各种不同遮挡情况下，针对常规连接、组串连接和接入组件优化器等形式的发电量计算模型；研究分布式光伏电站接入不同电网模型后对电网主要参量的影响，并开展优化布局研究。

2）分布式光伏电站核心装备技术：多功能并网逆变器关键技术研究，逆变器除逆变功能外还可输出无功，同时可作为有源滤波器，研究在弱光条件下提高发电效率技术，高性价比组件优化器技术研发及应用效果研究。

3）光伏微电网系统设计技术：包括微网设计软件开发、微网系统建模及仿真；多能源配比技术、能量协调管理技术；交直流混合微电网技术、联网型光伏微电网与电网关系研究、离网型光伏微网组网技术等。

光伏微电网互联技术研究与示范包括：包括互联系统设计技术、能量管理技术、可控负荷管理技术等；根据海岛、偏远地区、城市分布式发电等需求，开展不同形式的光伏微电网示范及微电网互联工程示范。

3. 光伏电池技术和实证技术研究平台

为了适应光伏发电装置智能化趋势与产业化需求，立足多元化特征，建设具有普适性、灵活性和智能化特点的公共研究平台将是太阳能光伏发电技术未来发展的重点。平台应包括基于半实物仿真系统的新型逆变器性能验证平台、满足智能化逆变器测试需求的试验平台、高精度的直流电弧防护装置实验室/户外检测平台。另外，典型气候环境下（干热、亚湿热、暖温和寒温气候）实证技术公共研究平台可以对组件、部件和系统进行长期实证验证，并对新产品进行实际运行评价，建立不同组件、部件和系统性能参数数据库。而光伏渗透率100%，系统效率80%以上的高能效、高比例光伏系统关键技术研究平台可包括500kW级交直流并网/微网光伏系统、MWh级储能系统、可调度负荷，平台能够针对高比例光伏系统的电能质量同步测量、孤岛检测、能效评估等测试装置，监控系统、能量管理系统、用户侧需求响应系统等智能系统，高性能的系统级模拟设备和仿真分析装置，为高能效、高比例光伏系统的设计集成、控制保护、能效管理等关键技术提供统一的公共研究实验平台。

（三）太阳能热发电技术

近年来，我国的太阳能热发电生产制造产业在关键技术和关键部件的生产制造方面取得了进展，但总体来说，我国太阳能热发电行业，包括产品研发、生产制造和市场应用，均处于起步阶段。其中，塔式技术的进展最快，目前处于项目示范阶段，槽式技术处于中试阶段，碟式和菲涅尔式技术尚处于试验阶段，生产制造产业尚处于起步阶段，与国际先进水平相比还有较大的差距（如表3）。2014年12月24日，国家能源局发布的《国家能源局综合司关于做好太阳能发展"十三五"规划编制工作的通知》对太阳能热发电的规划研究内容包括：太阳能热发电重点区域及规模、重点项目选址及建设条件、技术路线和技术经济性研究等。

表 3　中国与先进国家热发电技术商业化阶段的比较

		试验	中试	示范	商业化	规模化
槽式	中国		■			
	先进国家					■
塔式	中国					
	先进国家					
碟式	中国	■				
	先进国家		■			
菲涅尔式	中国					
	先进国家			■		

（来源：《中国太阳能热发电产业政策研究报告——我国太阳能热发电的技术和政策瓶颈分析》）

1. 太阳能热发电技术路线

太阳能热发电的技术进步反映在成本上，太阳能热发电系统的光电转换效率是影响发电成本最重要的因素，发电工质的参数（温度、压力）会对系统效率产生重要影响。以系统年平均发电效率为引领，以发电工质温度和换热介质种类为主线将太阳能热发电技术分为四代（见图 2）[33]。

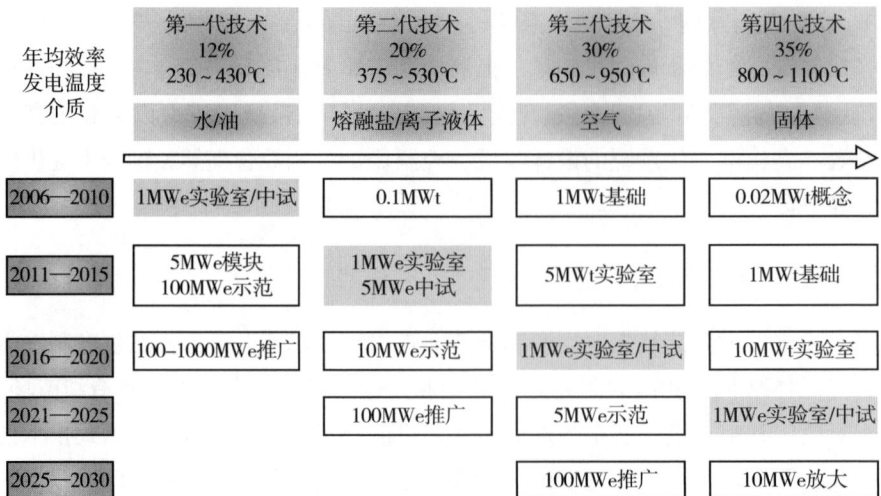

图 2　太阳能热发电技术发展路线图
（来源：中国工程院可再生能源发展路线图，2013 年）

我国的气候和环境特点决定了光热发电技术路线将由槽式逐渐向塔式、碟式等高聚光比、高光热转换效率的技术倾斜。电站建设也将向规模化、集群化发展。光热发电输出电力稳定，电力具有可调节性，随着蓄热储能技术的成熟及成本下降，电站也将实现连续运行模式，满足尖峰、中间或基础负荷电力市场需求，甚至承担区域性电网的调峰功能。随着国家分布式能源政策的实施，新能源发电技术、洁净煤技术的应用，国家也将逐渐以全国能源最优化配置原则布局各区域资源，以期达到资源的最佳利用。光热－天然气联合发电、光热－生物质联合发电、光热－风电联合发电、光热－燃煤电站的梯级利用以及诸多能源方式的整合、系统集成，将成为一种广泛应用的发电方式。利用光热技术的海水淡化、向工业提供所需高温热源、建筑物供暖、制冷等建筑节能，也将成为光热小规模应用主流。

2. 太阳能热电站的系统集成技术及关键技术有待突破

太阳能热电站是由太阳能集热、常规发电、传热蓄热等多个系统组成，集合光学、热学、材料及其机械等多个技术领域，我国目前还没有建成商业化的示范电站，仅仅有2个研究试验电站刚刚运行，对电站整体系统设计和系统集成没有经验，太阳能热发电站系统模拟及仿真技术刚刚起步，缺乏电站整体建设、运营经验和能力。即使是国外的成熟技术和经验，在我国特殊的气候条件和运行环境下是否适合也需要研究和验证。例如目前世界上主流的槽式热电站多建于少风或无风地区，且环境温度较高，而我国适合太阳能热发电的阳光富足地区往往多风，甚至有频繁的沙尘暴，且冬季严寒，因此不能简单照搬国外的技术和经验，而应根据国内条件增强集热系统抗风沙能力和系统保温能力[34]。

我国太阳能热发电处于产业化起步阶段，热发电产业链中的核心技术有待突破。集热系统中的槽式太阳能聚光器、高温真空太阳集热管、储热系统等尚处于试验阶段。大型光热发电系统的详细设计、光场安装、运行维护在我国均属空白。塔式集热系统定日镜/场的精密控制技术、高性能聚光集热器设计与制造的相关工艺、碟式斯特林发动机的设计制造技术均由国外大企业垄断。聚光镜镜面生产工艺上，产品弯曲精度和反射率要依靠国外先进的设备做保证。抛物镜面所采用的超白平板玻璃热弯工艺主要有两类：一类是电加热/模具热弯，可以进行跟踪加热，精密度较高，意大利和芬兰的设备最好；另一类是美国技术，主要加热形式为电辐射式加热炉，辅助加热形式为燃气强制对流加热。槽式真空集热管的制造技术主要来自德国Schott公司和以色列Solel公司，所生产的真空集热管皆为熔封直通式金属/玻璃真空集热管，均实行技术封锁，即使用市场份额也很难换取其技术。这些关键技术和装备的研发和制造，直接关系着我国太阳能光热的产业化进程，目前我国还处于研发和试制阶段，与国外先进水平相比差距较大。

（四）生物质发电技术

在未来，根据国外相关产业的发展趋势结合我国国情，生物质燃烧发电技术的发展应该着眼于进一步提升机组效率和污染物排放控制能力，提高设备对黄色秸秆的适应能力以及适当鼓励在现有高参数燃煤机组上实施混烧等几方面开展工作。在产业技术方面，我国的流态化燃烧技术特别是在燃烧效率、对软秸秆的适应性以及碱金属问题的抑制等方面还将进一步发展完善。

对于生物质发电效率的进一步提升，目前主要的途径是提高机组的参数、改善机组设备，特别是燃烧设备的效率以及通过提升生物质收集存储和预处理等环节的技术降低该过程的能耗。涉及的关键技术，在燃烧效率和污染物控制方面，包括适应劣质燃料和燃料变化的循环流化床高效燃烧技术的优化完善，针对威胁锅炉运行效率和运行品质的沉积、结渣和积灰等问题的探索和解决；针对提升锅炉机组参数所面临的高温腐蚀问题的机理和对策研究；针对低品质燃料和低预出力程度物料的可靠稳定给送技术研发；锅炉燃用典型农业废弃物燃料时氮氧化物控制技术和颗粒物排放机理和控制方案。提高黄色秸秆利用的份额和能力主要针对我国秸秆露天焚烧现状以及生物质电厂在燃用黄色秸秆过程中面临的燃料成本偏高、燃烧技术存在瓶颈的现象提出的，关键技术包括软质秸秆的收集、破碎技术和设备开发；软质秸秆的给送技术；燃烧设备中针对软质秸秆的优化燃烧组织以及结渣和聚团防止；高碱金属软质秸秆燃烧相关灰渣利用技术等。混烧是国际上已经实证的高效生物质能转化利用技术途径，从提升生物质能利用效率角度评估具有很大的优势，值得在我国今后的产业发展过程中予以鼓励和促进，涉及的关键技术主要包括从管理角度出发准确可行的混烧份额计量和监管手段；混烧燃烧设备的预处理和掺混工业开发和优化；混烧过程对于原有燃烧设备灰侧问题和污染物排放特性的影响研究以及相关措施工艺；混烧相关的灰渣利用研究等。

针对上述技术方向发展所需研究的工作，其核心是国家在产业政策上的扶持，这是产业健康发展的关键，在此基础上相关的研究才能顺利展开。对于机组效率和环保方面的提升，在现有国家政策支持力度和法规条例刺激下正在顺利开展。对于黄色秸秆利用方面的发展，目前国内的安徽、江苏等农业生产较集中的省已经出台相关管理政策进行引导，如果从国家层面能有政策出台必将会有更大的促进。而混烧技术的进展则需要国家从产业发展的角度结合我国电力生产的现状出发进行综合评判与决策，如果能出台相关鼓励政策则有望进行激活相关技术的发展，国内的混烧目前还停留在跟踪国外技术，相关研究单位进行技术积累以及企业零星的自发尝试层面。

通过上述研究开发和扶持，到2030年我国生物质燃烧发电领域的技术发展线路图如图3所示：

		已有基础	2013年	2014年	2015年	2016年	2017年	2018年	2019年	2020-2030年
生物质直燃发电技术	技术研发	碱金属和氯诱发沉积、腐蚀、结渣问题初步研究。新型燃烧方法和燃烧装置的提出和示范验证	沉积、腐蚀等机理研究深入并取得效果；燃烧技术完善进步；燃料前处理工艺、设备进步		掌握沉积、腐蚀等问题的应对措施；燃烧过程小颗粒、NOx等排放问题达标。燃烧技术高效、高参数成熟定型；燃料前处理工艺、设备成熟					产业层面的相关技术整合完善；研发下一代生物质直燃发电技术，以更高效率、更合理能源利用以及更低成本为目标
	高新产品	引进的水冷振动炉排炉技术根据国情完善；自有流化床燃烧技术发展完善	提高机组运行水平：通过提高机组参数、机组运行可靠性以及降低运行成本扭转行业性亏损局面				机组效率、可用率与成本等关键指标与同规模煤电机组相当，实现行业性盈利			规模化发展，形成成熟有生命力的产业和产业链，因地制宜，将全国农林业生产产生的其他途径无法处置的农林业废弃物通过燃烧发电供热实现高效能源化利用，促进分布式能源和地区经济繁荣
	支撑条件		国际科技支撑计划等项目支撑							
		国家直接给予电价补贴	电价补贴的同时，政府根据当地情况和机组技术水平规范燃料收购价格					随机组水平提升，逐步降低电价补贴，绿色电力交易		
		企业投资	降低准入门槛，鼓励企业融资，开拓多种经营模式							
		平台建设（专业实验室、研发中心和示范基地）；人才培养（研发人才和工程人员的培养同步，农村科普教育）								

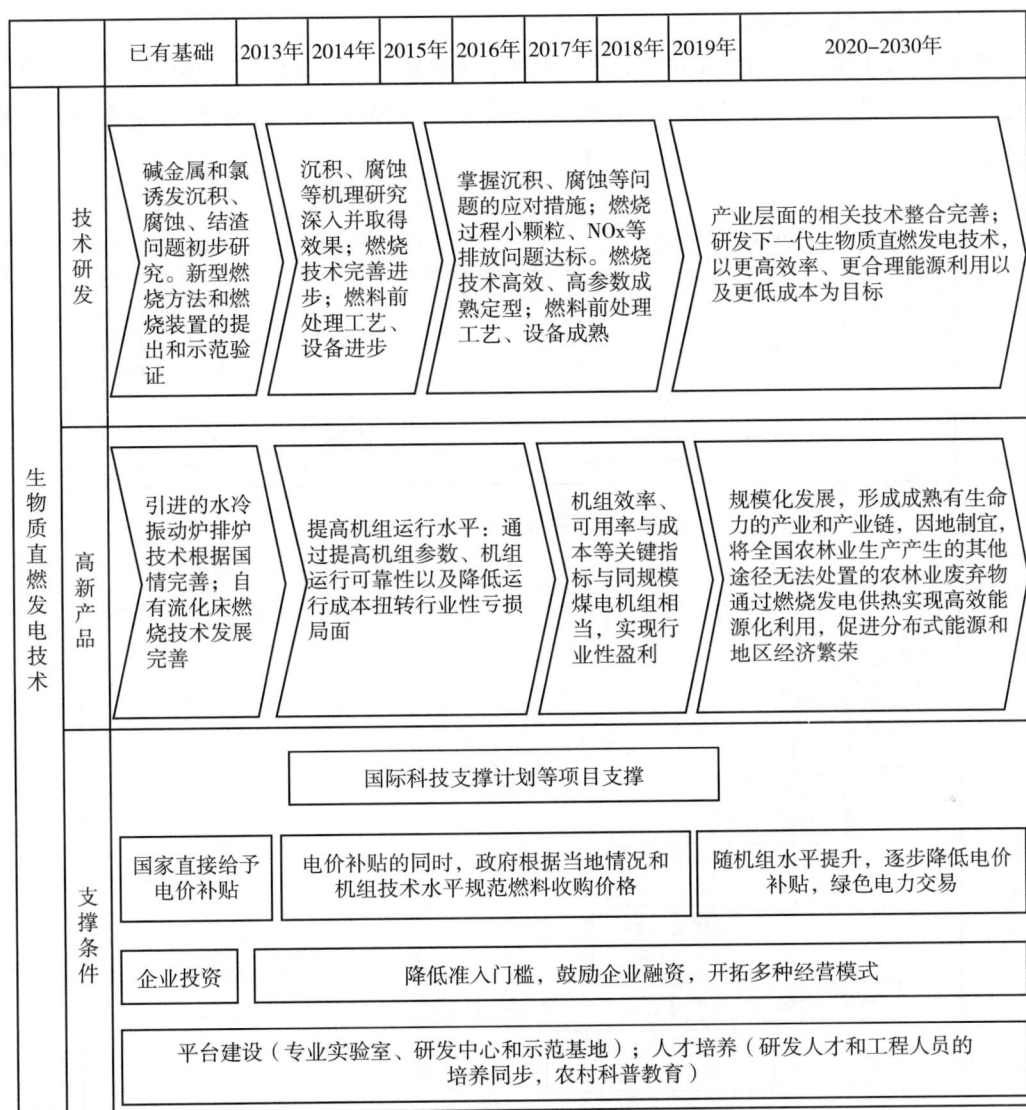

图 3　我国生物质燃烧发电领域的技术发展线路图

（五）海洋能发电技术

21 世纪被称为海洋的世纪，海洋能的开发与利用将渗透并直接作用于人类的生产、生活与国防建设，成为未来能源供给的重要组成部分。未来，我国的海洋能开发仍将以波浪能、潮流能为主，以上述两能种为主的海洋能阵列化开发技术、低成本建造及运维技术、高可靠性生存技术等将成为决定性的关键技术。我国南海广大海域的温差能分布广泛，具有极高的开发潜力，若温差能大型电厂关键技术得以攻克，海洋温差能将在我国南海地区发挥不可替代的重要作用。

1. 海洋能的技术路线图

海洋能按主流的波浪能和潮流能技术发展，大体可分为实尺示范、小型阵列、大型阵列，直至大规模应用阶段，如图4所示，海洋能发展过程中的各关键技术发展路线图如图5所示。

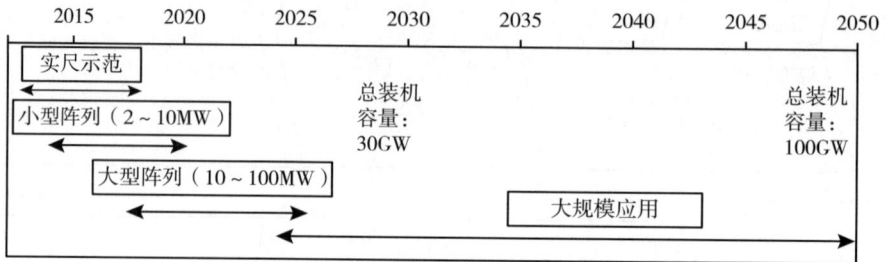

图 4　海洋能规模化应用时间表

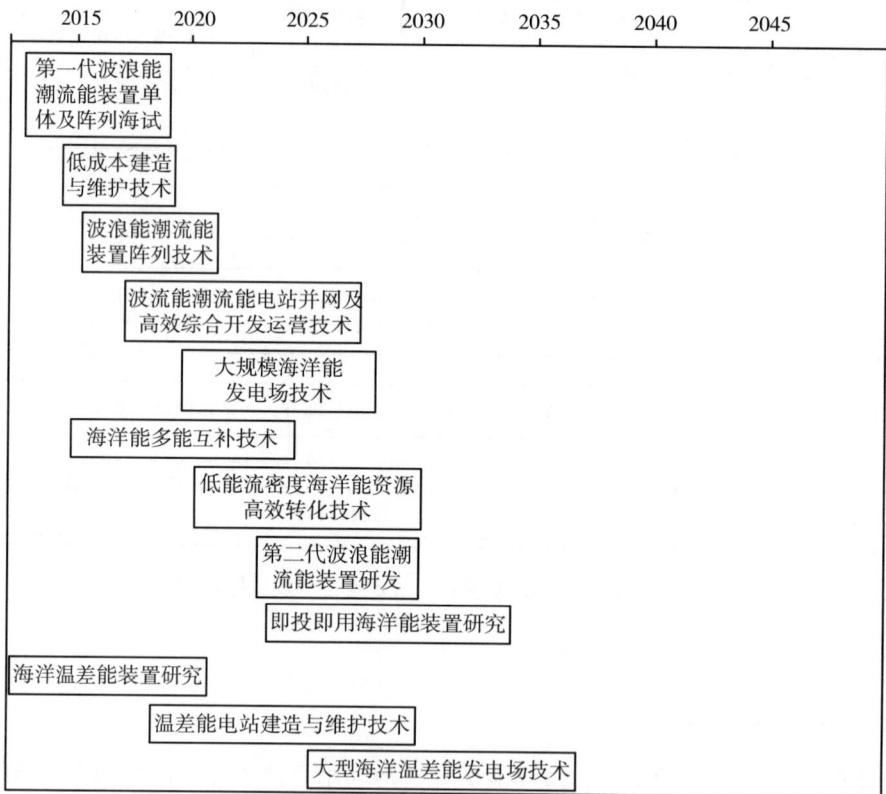

图 5　海洋能关键技术发展路线图

预计到2020年可完成2～10MW装机容量的小型阵列化开发，2030年可突破大规模应用各项关键技术，各主要海洋能门类（波浪能、潮流能、温差能）总装机容量达到30GW，度电成本降至1元以下；至2050年，大规模海洋能发电场技术与小型海洋能装置即投即用技术将成熟，海洋能总装机容量将达到 100GW，其中波浪能 30GW，潮流（潮汐）能 30GW，温差能 40GW。

目前潮汐能发电的度电成本约为 2 元多，潮流能和波浪能发电的成本还无法估算，随着技术成熟和规模的扩大，其成本会逐步降低，发电场装机容量达到 10MW 以上时，度电成本可望降低到 2 元以下（2025 年左右），形成初步的竞争力，吸引资本投入。在 2030 年左右，度电成本目标为 1 元。到 2050 年，海洋能与传统能源成本相当或是更低。温差能发电成本目标可以定为在 2040 年降到 1 元以下。

降低海洋能发电成本可以通过降低建造成本和运营成本来实现，建造时考虑采用低成本建造技术并充分考虑到方便维护，与海洋工程结构物相结合的方式，运营时考虑综合开发，多能互补。在我国的海洋能资源条件下，海洋能的大规模开发除了成本因素之外，低能流密度下海洋能高效开发技术是必须解决的瓶颈问题。我国的潮流能资源和波浪能资源总体上流速偏低、浪高较小，要实现 2030 年和 2050 年大规模开发的目标，必然要对资源条件一般的海洋能资源区进行利用，采用小机型多机组方式，以高效能量转化装置来进行开发。

2. 支撑条件

关键技术的突破一方面需要高校科研院所加强基础科学问题研究，另一方面需要加强产学研合作与产业链上下游联动。为合理高效利用海洋可再生能源，应进一步加强波浪能与潮流能装置的能量转换机理、装置与环境动力强非线性相互作用、阵列式装置水动力学问题、全系统模拟研究、潮汐能电站泥沙水动力学等优势方向的研究力量与支持力度；鼓励海洋能多能互补、海洋能装置结构动力学、锚泊系统非线性动力学、海洋能装置优化运行与策略控制技术等交叉方向；促进基于装置可开发度的海洋能资源评价与预测、多自由度装置流固耦合理论与动力学分析、多体装置的尾流场与优化布置策略、高精度数值模拟计算方法等前沿方向；扶持海洋温差能与盐差能装置设计与转换技术等薄弱研究方向。海洋可再生能源业是海洋新兴产业，具有较长的产业链，它的发展将促进和带动设备制造、安装、材料、海洋工程及设计等一批产业和技术的进步，拉动经济发展，增加就业岗位。加强产学研合作与产业链上下游联动，则对突破海洋能发展过程中的若干关键技术起到重要的推动作用。

3. 对策与措施建议

对于我国海洋可再生能源利用的学科发展布局，应从国家的战略需求与能源结构变革出发，明确学科建设层次，完善学科建设机制，提高学科创新水平，形成与国家能源战略发展相适应，各分支协调发展的健康体制。近期应重点加强波浪能与潮流能的支持力度，鼓励海洋能领域与其他学科进行交叉融合，扶持温差能与盐差能等薄弱方向。

（六）地热能发电技术

1. EGS（干热岩）发电技术

未来 10 年，世界 EGS 技术将走向成熟，成功的干热岩地热技术将对可再生能源利用起到革命性作用。2013 年，美国能源部发布的 EGS 技术发展路线图预测，商业化规模可望在 10 ～ 15 年内实现，至 2050 年能提供 1 亿 kW 的发电装机容量。据国土资源部最新数据，我国大陆 3 ～ 10km 深处干热岩资源总量相当于 860 万亿吨标煤，可以预见，EGS 干热岩的规模化开发定将能为我国节能减排和能源结构调整做出重大贡献[27]。

我国高温岩体地热开发研究起步较晚，资源分布、储层温度等级、人工压裂、配套钻探技术、环境地质评价等系统化研究和国际合作刚刚开始。世界范围的 EGS 工程化研究仍在初级阶段，需要继续开展研发和示范，投资风险大且周期长，政府支持关键技术开发及集成示范研究，才能确保干热岩开发到 2030 年商业运行（图 6）。未来 5 年干热岩开发急需研发的关键技术有：EGS 储层建造与人造热储监测验证技术［连通，热交换面，裂隙网络特别是花岗岩大体积（＞ 0.1 km³）人造热储的生成及控制技术，裂隙的分布联通，热交换能力］；发电防腐防垢技术、新材料与设备研发；干热岩发电系统高效利用关键技术及综合开发技术研究；干热岩发电综合系统的开发与环境评价关键技术研究。突破干热岩地热发电综合技术，形成我国干热岩勘查开发和利用的技术体系。核心部件方面，要实现 EGS 发电及配套工艺技术与设备国产化、EGS 系统优化及预测勘查技术、分项技术中的集成和整体技术测试，建设 EGS 示范基地。

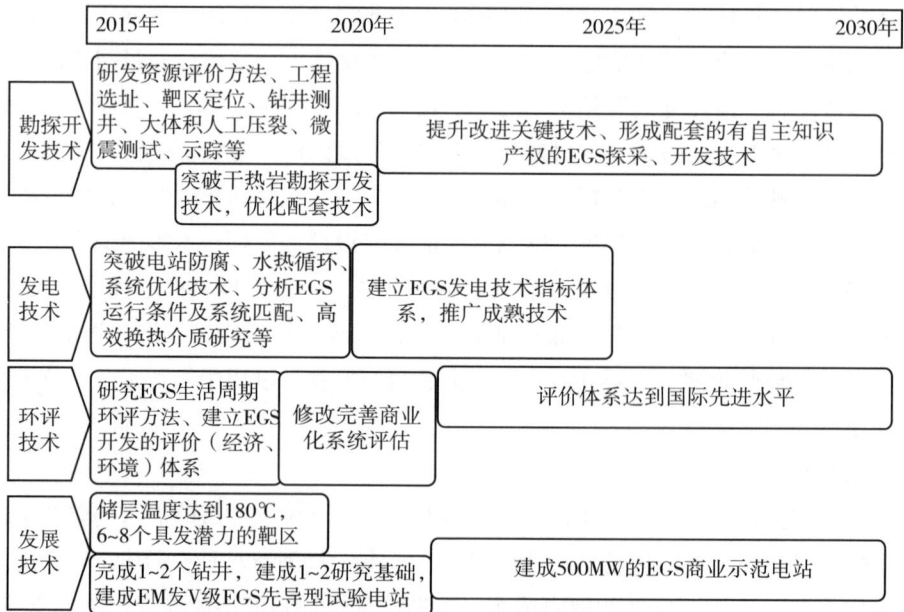

图 6 至 2030 年我国 EGS 技术发展路线图[35]

2. 地热混合动力发电系统

我国地热资源总量极其丰富，约占全球 8%，地热能年运行达 7000 小时以上，不受气候条件影响，输出电功率稳定，总利用系数达 72% 以上[36]。同时，我国太阳能分布广、品位高且利用形式多样，能源技术革命面临多能互补的耦合技术，开发地热能和太阳能利用技术的混合动力发电系统，能加快实现可再生能源稳定、高效、规模化的供电模式。我国地热资源多属于中、低温水热型地热热源，资源分布和品位受地质构造影响，地域性和发电效率制约了地热的高效利用。太阳能热发电技术的发展，实现了较高的集热参数和发电效率。地热能与太阳能的能源特点和利用方式具很强的互补性。目前，该技术已经在美国、智利等国家开展了实验室研究。我国水热型地热发电技术路线图见图7。

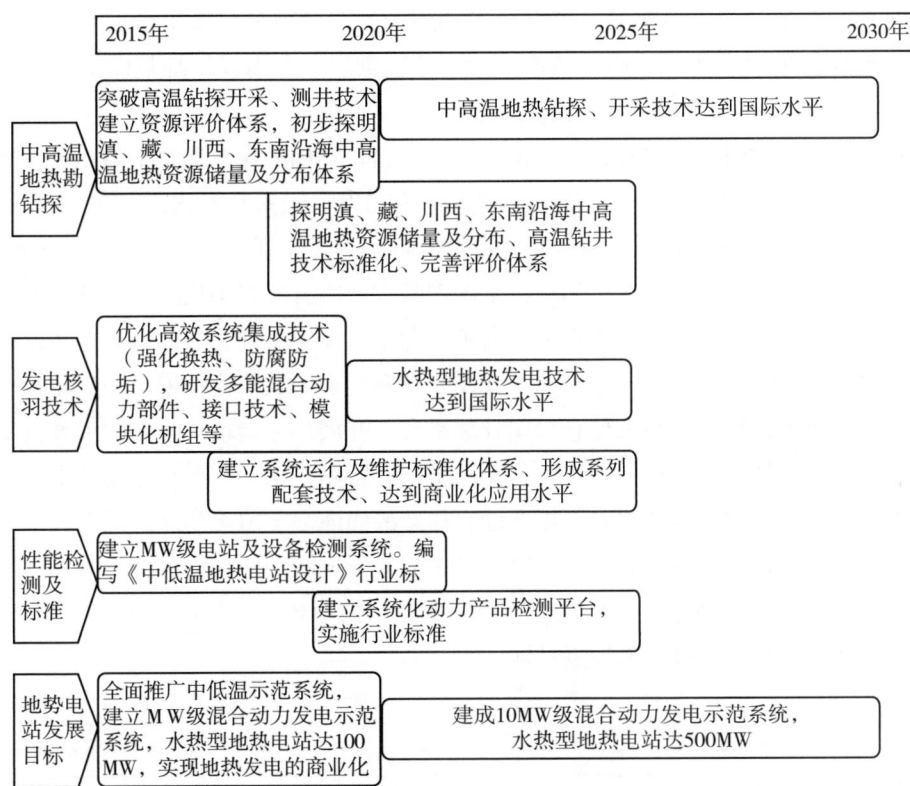

图 7　至 2030 年我国水热型地热发电技术路线图[35]

多能混合动力发电系统结合太阳能发电系统能够较好地解决调峰问题，基础热负荷由地热能承担，减少太阳能发电装置的集热器的面积，替代或减少蓄能装置容量；另外，通过与太阳能耦合，提升地热能的品位和质量，提高循环效率和发电量，降低建设成本，提高运行可靠性和环境可接受性，具有较好的应用前景，同时实现可再生能源技术领域的关键突破和综合技术的提升，是实现可再生能源稳定、高效、规模化的供电模式。但混合动力发电系统对动力机、系统设备、接口、控制、稳定性、变负荷能力等要求高。目前，世界范围的相关核心技术及配套设备研发较少，核心技术及配套设备研发还未成熟，缺乏对相关耦合系统性能评价与分析。据此，未来5年我国研发重点是：多能互补及匹配技术，两相流换热技术，变负荷动力部件及高效换热设备设计及工艺技术，以及系统运行优化控制及策略技术。通过对宽负荷高效混合发电动力装备与集成、混合动力发电系统仿真与控制策略和强化对流低能耗冷却系统等关键技术的研究，提高地热发电的经济性和高效稳定供电，实现可再生能源稳定高效输配电的目标[37]。

3. 地热储可持续开发利用关键技术及示范

我国水热型地热资源丰富但开发条件复杂、难度大、利用项目大多小而分散；而城区地热的集中开采、利用虽然已上规模，但又未开展区域性集中回灌试验和工程。随着开发利用规模的迅速加大，地热储可持续开发利用的问题变得愈加突出，资源枯竭和地质环境破坏的风险增大，势必阻碍地热产业的可持续发展，急需发展地热储增效与保护关键技术[38]。

经过半个世纪的研究与实践，国外地热防腐防垢、热储酸化改造技术均比较成熟，已形成高温地热储理论与技术体系。地热尾水回灌率在发达国家基本达到100%，在欠发达国家也已达到80%。科学的回灌和地热储技术使新西兰怀拉开等地热田已持续开发50多年，还在持续利用。结合我国地热储层技术的现状，未来五年我国地热储可持续开发利用的基础研究重点应是：砂岩地层的水敏、岩敏、化学等反应机理、酸化对裂隙通道作用机理、产能评价及热储工程计算方法研究，开发复杂介质热储数值模拟模块和热储自动化管理技术，建立热田运行的大数据信息采集处理平台。开展地热储增效与保护关键技术，单井测试技术、示踪技术、尾水回灌技术、孔隙型地层防垢技术、压裂与酸化技术，特别是物理过滤、脱气等关键技术的研发，提高砂岩热储的回灌率与岩溶热储的回灌效率。通过开展热储测试、示踪、回灌、储层改造等技术集成，形成我国地热储可持续开发利用的创新理论与技术体系与大数据信息化技术平台，保障我国地热产业的可持续发展[35]。我国地热储可持续开发利用关键技术发展目标见图8。

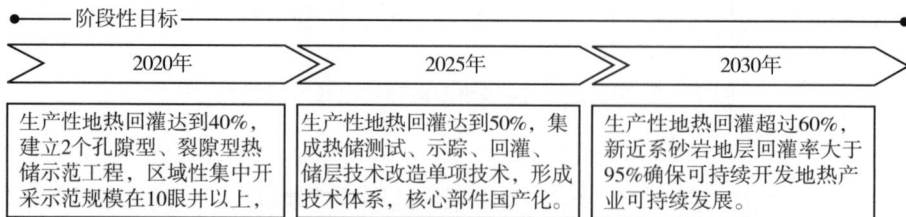

图 8 至 2030 年我国地热储可持续开发利用关键技术发展目标[35]

四、创新发展机制分析与建议

2013 年全国一次能源消费总量 37.5 亿吨，同比增长 4%，其中非化石能源占一次能源消费的比例由 2012 年的 9.1% 提高到了 9.8%。在能源紧缺和大气污染问题日益凸显的背景下，我国可再生能源发电装机以年均 15% 的速度保持增长，实现能源结构向自主、自立、清洁和可持续的方向调整，加快可再生能源发电技术的研发速度，提高清洁能源利用率成为当前尤为紧迫的重要课题。

（一）发展驱动力分析

1. 风力发电技术

20 世纪末至今，能源危机与环境保护成为全球最受关注的重要议题，风力发电技术作为发展成熟度最高的新型能源利用形式得到了迅速的发展。在过去 10 年中，我国风电的迅速发展主要依赖国家政策组织领导和统筹协调机制。风电产业围绕能源战略目标，建立了公共服务体系和协调机制，充分发挥部门和地方的作用，在风力发电与相关领域的广泛开展资源共享的基础上集中组织资金和技术力量，开展重点技术研究与开发，保证各项任务的顺利落实。此外，风电的迅猛发展离不开有力的科技资金投入，稳定的科技投入机制以及风电发达国家的技术引导。

2. 太阳能光伏发电技术

世界各国能源转型的基本趋势是实现由化石能源为主向以可再生能源等低碳能源为主的可持续能源体系转型。欧美等国率先提出面向 2050 年的、以可再生能源为主的能源转型发展战略目标和路线图，一致预测可再生能源占一次能源和电力需求的比重分别将达到 50% 和 80% 以上。德国能源转型战略明确提出"太阳能和风能决定一切"的积极愿景。可以预计，到 2030 年太阳能将成为主要能源，2050 年成为主导能源之一。当前我国可再生能源发电装机以年均 15% 的速度保持增长，太阳能发电虽然较前些年而言增长迅猛，但太阳能发电装机比例和发电量占比也仅仅只有 1.2% 和 0.2%。在我国能源紧缺和大气污染日益严重的背景下，实现能源结构向自主、自立、清洁和可持续的方向调整，加大太阳能等清洁能源的利用率尤为紧迫。

3. 太阳能热发电技术

从资源富集程度和发展潜力来看，太阳能发电未来发展前景广阔。为保证可再生能源发电系统电力输出稳定，安全可靠的接入电网，大规模太阳能光热发电具有较大潜力，并可以与光伏、风电、抽水蓄能等形成互补，构成混合发电系统，向电网提供清洁、安全、稳定的电能。太阳能热发电产业链长，在发展过程中可拉动钢材、铝材、玻璃、水泥、矿料、电料、耐火、保温、机电、机械、电子等十几个行业产业的发展，成为经济发展的新方向、新支点、新动力，也将是我国经济发展的有效支点。

4. 生物质能发电技术

生物质发电行业的直接驱动力是国家对于生物质能源加大开发力度，着力提升利用规模提出的相关政策导向和鼓励措施。适度利用农林业生产废弃的生物质资源生产高品位能源替代化石燃料消耗符合我国可持续发展、坚持走低碳路线的大政方针，符合人类谋求长期健康发展的初衷。本技术方向的任何进展和成果都是为这个最终目的服务的。

5. 海洋能发电技术

国家战略需求是海洋能发展的内在需求与主要驱动力，也是未来海洋资源争夺提出的迫切需求以及人类生产生活场所的重大转移提出的迫切需求。当前，针对我国海洋国土资源的争夺已日趋激烈，海洋石油、矿物、生物资源的勘探、开发、生产离不开能源支持，且具有远离大陆、浪高水深、环境恶劣、工作场合变动频繁等特点，传统能源包括部分新能源均难以适应该类海洋国土资源开发活动的特点。海岛既是开发海洋的重要战场，也将是国防、海防与维护祖国海洋权益的战略支点。我国大量岛屿远离大陆，单纯依靠大陆供应能源、淡水，导致用电用水困难。另外，海上石油平台与深海矿业、生物等资源的大型开发，也将需要大量电力能源与其他资源补给。海洋能的规模化开发利用，将是满足上述重大战略需求，解决海上能源供给的唯一有效途径。

6. 地热能发电技术

通过科学认识地热能在可持续发展中的地位和作用不难看出，地热能是我国未来绿色能源的重要组成部分。从能源革命的角度来看，加强并促进地热能发电技术的研究在致力于改变以煤为主的传统能源格局、转向多元化供给模式中占据重要地位。

（二）影响发展的因素分析

1. 风力发电技术

技术和经济性不足是风力发电技术面临的最大挑战。按现有的技术水平和产业基础，大多数可再生能源产业还处于成长阶段，开发利用的成本仍然较高。目前我国能源价格定价机制尚没有体现环境外部性、资源稀缺性等要素，实际的能源产品价格也没有真实体现化石能源的环境污染及不可持续等特点。

尚未建立适应风力发电技术发展需要的能源管理体系和市场机制。现有能源管理和运行机制主要是按常规能源的特性而建立的，引导市场参与者行为的电价、电力交易、需求侧管理等市场机制性设置，主要是以优化常规能源发展为主，没有把接入和运行可再生能源作为优先，火电在与新能源争夺可再生能源的调度优先权时，都没有意愿为可再生能源进行调峰等辅助服务的意愿。

具有核心竞争力的技术创新体系尚未形成。总体而言，我国可再生能源的技术和产业化能力，主要是通过国外引进和消化吸收、再创新的方式建立起来的，原创性不足，基础研究和应用技术研究力量和体制性安排仍然不足。

2. 太阳能光伏发电技术

经过今年来的发展，太阳电池技术研发活跃，技术不断成熟导致太阳能电池技术竞争性不断增加，但总体来看还需加大研发力度，开发新技术新装备新材料，进一步提高转换效率。另一方面，之前制约光伏系统的安全性、可靠性问题将随着系统控制技术和电力电子技术的提高而大幅提高，同时，高穿透水平的分布式、微网、智能电网技术的成熟也将极大地扩展光伏技术的应用市场。光伏发电成本也是至关重要的因素，随着技术水平的进一步提高和成熟，光伏组件、系统及上网电价也会逐步下降，并在不久的未来实现光伏平价上网。

3. 太阳能热发电技术

我国太阳能光热发电影响因素主要体现在三个方面：一是核心设备上与国外相比有很大差距，导致转换效率低，若使用国外产品，则成本更高；二是投资成本过高，导致进展缓慢；三是政策方面，由于热发电成本过高，需要国家给予一定的政策补贴。

4. 生物质能发电技术

我国生物质发电技术方向的发展主要是受产业发展支配，相关研究充分体现了来源于产业，服务于产业的特性。影响生物质能发展的主要因素是国家对产业发展的重视和扶持，生物质能产业发展的现状是日益增长的可再生能源需求推动的结果，生物质的燃烧发电一方面解决了废弃生物质的污染问题，另一方面又提供了可循环的绿色能源，国家政策宜加强支撑生物质能发电技术的发展。

5. 海洋能发电技术

我国海洋能的早期发展过程中未设有专门学科与专门人才，我国高校已逐渐注意到该领域的快速发展趋势，在可以预见的未来，我国将更多地出现投身于海洋能领域的专门学科与人才。我国已在多所高校与科研院所形成了具备一定国际影响力的研究力量，随着人财物的不断加大投入，学科支撑能力建设不断完善，但我国尚缺乏专门针对海洋能的国家级实验室与实海况测试场，严重制约了海洋能产业化发展与工程示范。

6. 地热能发电技术

当前我国地热技术积累少与国际差距较大，要重点解决地热能开发过程中的关键科学技术问题，建议以国家财政扶持和企业投入结合的方式，实施地热发电示范工程。结合可再生能源有关政策，参照太阳能、风力、生物质能发电国家补贴的方式，结合全国地热资源情况，编制全国地热发电规划，制订优惠扶持政策，推动地热发电产业化。

（三）发展战略与建议

1. 风力发电技术

建立优先发展风力发电技术的战略规划和法律支撑体系。在法律层面要全面地、更明确、具体地规定优先发展的战略地位，以法律保障推进风力发电技术发展和能源转型。

建立适应风力发电技术的能源管理体制和运行机制。在当前电力市场机制改革的背景下，实现以风力发电技术为代表的可再生能源优先上网。其次是加快推进售电侧电力体制改革，形成促进微电网发展的市场机制。三是加强电力需求侧管理，探索动态可调节负荷管理新模式，与风电等随机性电源相协调。

加强技术创新和产业体系建设。充分整合利用现有研究的技术和队伍资源，组建国家可再生能源技术研发平台，解决产业发展的关键和共性技术问题，鼓励具有优势的地方政府建立可再生能源技术创新基地，支持企业建立工程技术研发和创新中心，形成国家可再生能源技术创新平台和若干个国家与地方及企业共建的联合创新技术平台。

2.太阳能光伏发电技术

为促进我国能源结构向清洁化、多元化转型，坚定不移地扩大国内光伏市场规模。加强我国光伏产业的国际竞争力，持续支持我国自主技术研发和平台建设。为实现我国光伏发电有效融入电力系统，大力推动智能电网的发展，出台长效明确的光伏电价政策体系。为形成我国光伏产业良性发展机制，适时启动可再生能源配额、碳税等组合激励政策，建立市场准入、检测认证等行业规范机制，营造良好的金融环境。

3.太阳能热发电技术

（1）建立分阶段的激励政策。太阳能热发电不同技术的发展程度与成本都有不同，建议对光热发电采取在融资、投资、税收等方面优惠的方式作为激励太阳能光热发电发展的手段。

（2）质量保证体系建设（标准、检测、认证）。我国太阳能热发电处于起步阶段，相关检测标准仍不健全，因此建议逐步建立我国太阳能发电产业标准化体系，实质性参与国际间标准和检测的技术交流，争取在国际标准化活动中更多的主动权和发言权。

（3）人才队伍建设。将太阳能热发电技术课程纳入高等院校教育、职业教育和技术培训体系，建立高端人才培养体系，积极推动不同层次及领域的太阳能热发电人才队伍建设。

（4）国际合作与市场拓展。太阳能热发电技术在国外已经成熟，我国企业亟须与国外有经验的企业合作，以快速形成具备集成工程化经验和能力。同时，应该积极鼓励我国在关键装备设计与批量化制造领域的企业积极新兴国际市场迈进，以培育太阳能热发电产业链建设，消纳装备制造产能，与我国太阳能热发电商业化发展形成内外结合的技术、产能与商业化健康发展机制。

4.生物质能发电技术

建议国家在政策层面应该加强监管，严厉打击不合规掺配煤炭骗取电价补贴的现象，以确保正常运营生物质电厂的经营环境，对于电价补贴的发放宜减少审批环节和其他附加条件，争取迅速足额发放到位以确保电厂的正常运行。建议会同林业农业部门对废弃物类生物质资源的收集、运输存储进行统一规划和先进经验示范，以利于生物质发电厂的燃料组织工作，降低燃料成本。从生物质能源利用的角度，建议国家考虑对混烧技术路线进行适度扶持，考虑鼓励生物质发电供热联产的生产方式，这都有利于提升我国生物质发电技术的竞争力和促进生物质能的开发利用。

5.海洋能发电技术

（1）建立海洋能勘查与评价标准。全面探明海洋能资源状况，对海洋能资源区进行分类并做出选址建议，对各资源区进行水深、地质、动力要素、生态环境勘测。

（2）利用国家科技资金与民间资本投入海洋能技术。尤其是在产业化发展初期须投入大量风险资金，国家宜利用经济杠杆，通过税收、补贴等手段来推进海洋能的产业化进程。

（3）加强基础设施与公共平台建设。包括海洋能试验场和海洋能技术测试公共平台，完善针对海洋能工程的相关港口设施与其他基础设施。

（4）加强政策法规引导作用。从国家层面将海洋能纳入国家战略，制订长期的发展计划，设立各阶段目标，以法规政策形式保障计划的实施。

6. 地热能发电技术

（1）建立地热人才培养体系。现代地热能技术的综合性强，长期以来我国地热人才资源缺乏，与地热能快速开发的步伐极不相符。要建立我国地热人才培养体系和科研梯队，国家宜设立地热专业课程，纳入教育部培养计划，使地热技术人才的引进和培养制度常规化、制度化。

（2）建立国家级研发平台。重新整合国内优势力量，建立地热关键技术研发平台。鼓励有条件的企业对关键技术进行联合攻关，提高地热能科技自主创新力和核心竞争力。依托地热能利用示范项目，加快地热能利用关键技术产业化进程，形成对我国地热能开发利用强有力的产业支撑。

（3）设立国家地热发电专项基金。支持地热能发电的产业发展和国家级公共研发、测试认证、信息平台、示范工程建设。

（4）规范市场保障机制。建立健全地热能发电相关产品、技术、装备制造等标准体系建设，建立相应的质量检测认证体系，制定、实施的地热发电的标准、规范。

—— 参考文献 ——

［1］国家发改委能源研究所，国家可再生能源中心，等. 中国风电发展路线图 2050（2014 版）［R］.

［2］Lewis, A., S. Estefen, J. Huckerby, W. Musial, T. Pontes, J. Torres-Martinez. 2011: Ocean Energy［C］// In IPCC Special Report on Renewable Energy Sources and Climate Change Mitigation, Cambridge University Press, Cambridge, United Kingdom and New York, NY, USA.

［3］Krewitt, W., K. Nienhaus, C. Kle.mann, C. Capone, E. Stricker, W. Graus, M.Hoogwijk, N. Supersberger, U. von Winterfeld, S. Samadi. Role and Potential of Renewable Energy and Energy Efficiency for Global Energy Supply［R］. 2009: 336-345.

［4］Tesler J, Blaekwell D, Petty S, et al. The Future of Geothermal Energy: An Assessment of the Energy Supply Potential of Engineered Geothermal（EGS）for the United States［C］// Thirty-Second Workshop on Geothermal Reservoir Engineering, Stanford University, Stanford, CA, USA, 2007.

［5］郑克棪，等. 中国加速地热资源的产业化开发［C］. 2015.

［6］汪集暘，等. 从欧洲地热发展看我国地热开发利用问题［J］. 新能源进展，2013，1（1）:1-6.

［7］中国可再生能源学会风能专业委员会. 2014 年中国风电装机容量统计［J］. 风能，2015，2: 36-49.

［8］中国循环经济协会可再生能源专业委员会. 2014 中国风电发展报告［R］.

［9］IEA International Energy Agency IEA INTERNAannual report［R］. 2014：47-51.

［10］中国可再生能源学会. 2015 年中国光伏技术发展报告［R］. 2015：48-51.

［11］《中国电力百科全书》编辑委员会. 中国电力百科全书 第三版 新能源发电卷［M］. 北京：中国电力出版社，2014: 214-218.

［12］文忠. 太阳能光伏技术与应用［M］. 上海：上海交通大学出版社，2013:14-55.

［13］中国电力百科全书编委会. 中国电力百科全书 – 新能源卷［M］. 北京：中国电力出版社，2014.

［14］王志峰，等著. 太阳能热发电站设计. 北京：化学工业出版社，2014；8–11.

［15］李廉明. 生物质流态化燃烧过程理论和实验研究［D］. 浙江大学，2013.

［16］沈国章，等. 流化床燃烧麦秸床料团聚结渣研究［J］. 中国电机工程学报，2011（23）：14–20.

［17］沈国章，等. 流化床燃烧稻草床料聚团及灰行为［J］. 清华大学学报（自然科学版），2011（05）：651–656.

［18］滕海鹏，等. 生物质流态化燃烧床料流化特性研究［J］. 工程热物理学报，2014（04）：714–717.

［19］Yu, C.J., et al., Experimental determination of agglomeration tendency in fluidized bed combustion of biomass by measuring slip resistance［J］. Fuel, 2014. 128: 14–20.

［20］赵志华，等. 生物质电厂炉前给料方案分析［J］. 电力建设，2012（11）：62–65.

［21］王正峰. 生物质电厂锅炉炉前给料设备的研究［J］. 科技视界，2013（03）：50–51.

［22］汤子锋，等. 生物质直燃发电配套炉前给料技术的研究与发展［J］. 能源工程，2014（04）：23–27.

［23］李廉明，等. 中国秸秆直燃发电技术现状［J］. 化工进展，2010（S1）：84–90.

［24］Srikanth, S., et al., Nature of fireside deposits in a bagasse and groundnut shell fired 20 MW thermal boiler［J］. Biomass & Bioenergy, 2004. 27（4）：375–384.

［25］国家海洋技术中心. 中国海洋能技术进展［M］. 北京：海洋出版社，2014:14–55.

［26］骆超，龚宇烈，马伟斌. 地热发电及综合梯级利用系统［J］. 科技导报，2012，30（32）.

［27］蔺文静，等. 中国地热资源及潜力评估［J］. 中国地质，2013（1）.

［28］罗兰德·洪恩，李克文. 世界地热能发电新进展［J］. 科技导报，2012，30（32）.

［29］黄少鹏. 中国地热资源开发机遇与挑战［J］. 地质科学，2014（9）.

［30］梁楠，王彬. 干热岩高温钻探关键器具及工艺研究［R］. 2013.

［31］王中华. 国内外超高温密度钻井液技术现状与发展趋势［J］. 石油钻探技术，2012（2）.

［32］中国可再生能源学会. 中国太阳能发展路线图 2050［R］. 2014.

［33］中国可再生能源学会. 中国太阳能热发电发展路线图 2050［R］. 2014.

［34］王志峰，等. 中国太阳能热发电产业政策研究报告［R］. 2014.

［35］多吉，等. 我国地热资源开发利用战略研究［R］. 中国工程院，2015，（7）.

［36］郑克棪，潘小平. 中国地热发电开发现状与前景［J］. 中外能源，2009（14）.

［37］朱家玲，李太禄. 基于有机朗肯循环的地热发电系统改进与热力学优化［R］// 第二届中深层地热资源高效开发与利用，2013.

［38］庞忠和，等. 中国地热研究与展望［J］. 地质科学，2014，（3）.

撰稿人：王伟胜　吴金城　许洪华　王志峰　骆仲泱

史宏达　朱家玲　石文辉　王文卓

核能发电技术发展研究

一、引言

核能发电是我国能源战略的重要选择，是满足我国能源发展需要、解决我国环境污染、实现温室气体减排目标的重要途径。安全发展核电，对保障国家能源安全、保障电力供应、调整能源结构、保护生态环境、带动产业发展、促进科技进步和增强综合国力具有重要意义。

多年以来，我国核能发电事业得到了快速、健康发展。2007 年，我国提出了坚持发展百万千瓦级先进压水堆核电技术路线，实施热中子反应堆 – 快中子反应堆 – 受控核聚变"三步走"的核电技术发展战略。2011 年 3 月日本福岛核事故后，国务院提出了"安全高效发展核电"的要求。十八大以来，党中央、国务院出台了一系列重要指示和要求。2014年 6 月 13 日，习近平总书记主持召开的中央财经领导小组第六次会议提出了"在采取国际最高安全标准、确保安全的前提下，抓紧启动东部沿海地区新的核电项目建设"的重要指示。2014 年 8 月 27 日，李克强总理主持召开了国务院常务会议，进一步部署了"大力发展清洁能源，开工建设一批沿海核电项目"的重大决策。

2015 年 5 月 7 日，"华龙一号"已在福建福清核电厂正式开工建设，"华龙一号"拥有完全自主知识产权、满足第三代核电安全性能要求。CAP1400 目前也通过了我国核安全监管部门的核安全审评。在先进核能系统方面，我国积极推动快堆、高温气冷堆、浮动堆、热核聚变装置等研发，我国实验快堆已于 2011 年 7 月并网发电，高温气冷堆示范工程于 2012 年年底开工建设，热核聚变装置、小堆和浮动堆研发也取得了积极进展。

截至 2014 年年底，我国在运核电机组共有 21 台，装机容量达到了 1902 万 kW。目前在建核电机组有 27 台，装机容量为 2953 万 kW，是世界上在建机组数量最多的国家。但核电装机占我国电力总装机的比重不到 2%，远远低于全世界 15% 的平均水平。未来我国要继续坚持引进消化吸收再创新的战略，积极推进华龙一号、CAP1000、CAP1400、高温气冷堆、快堆等核电领域的技术创新，加快建设大型先进压水堆、高温气冷堆重大示范工程。2014年6月发布的《能源发展战略行动计划（2014—2020年）》明确提出到2020年，我国核电装机容量要达到5800万kW，在建容量达3000万kW以上。

核能发电技术的核心是核反应堆技术。本专题重点介绍了近年来我国核电技术研发和工程应用的最新进展；结合世界核电技术发展趋势，对压水堆、高温气冷堆、快中子增殖反应堆及聚变反应堆等技术的发展趋势进行了展望；通过比较分析国内外核电技术的发展路线及技术水平，提出了适合我国国情的核电技术发展战略和对策。

二、核能发电技术最新研究进展

（一）压水堆核电技术

我国核电从自主研发第一个核电型号CNP300（秦山一期）开始，就确定了我国核电将主要采用压水堆的技术路线，压水堆核电技术趋近成熟，建立了一套较为完备的自主研发、设计、制造、建造、运行及核监管体系，培养了一批有经验的压水堆核电技术人才队伍。

经过一段时期的核电技术引进阶段（法国M310技术、重水堆技术和VVER技术），2006年底，我国政府基于"采用先进技术、统一技术路线"的要求，经过两年半的国际招标，最终决定引进采用非能动先进理念和技术的美国AP1000三代核电技术。同时将AP1000消化吸收、标准化设计和研发具有自主知识产权的CAP1400列入国家科技中长期发展规划中的16个重大专项之一的压水堆专项中。这标志着我国与国际核电发展水平趋于同步，进入了第三代核电建设时期。

1. AP1000 核电技术及自主化

AP1000是美国西屋公司开发的三代核电技术，2003年美国电力研究院（EPRI）论证了其与三代核电技术要求URD的符合性。AP1000在传统成熟的压水堆技术的基础上，采用"非能动"理念的安全系统。安全系统"非能动"理念的引入，使核电站安全系统设计发生了革新的变化。"非能动"安全系统在设计中采用了非能动的严重事故预防和缓解措施，简化了安全系统配置和安全支持系统，大幅度地减少了安全级设备和抗震厂房，提高了可操作性并降低了维修要求；取消了1E级应急柴油机系统和大部分安全级能动设备以及明显降低了大宗材料的需求。"非能动"安全系统的引入使得核电站设计、系统设置及工艺布置得到了简化，产生了核电站施工量减少、工期缩短等一系列效应。此外，还减少了事故情况下对操作人员的相应要求，大大降低了人因错误造成事故扩大的可能性，最终使AP1000的安全性能得到显著提高。

为实现三代核电自主化，我国正在建设世界上首批AP1000机组，于浙江三门和山东海阳各建设2台AP1000机组。截至2014年底，浙江三门一期施工量完成超过99%，大部分核岛关键设备已经安装就位，主泵问题基本解决，工程建设有序开展。

为了更好地满足国内批量化建设需求，实践我国引进、消化吸收、再创新"三步走"的战略，国家核电技术公司开展了 CAP1000 自主化标准设计。在三门、海阳项目中引进了美国西屋公司 AP1000 的关键技术，通过消化吸收、再创新，实现了核电技术自主化（CAP1000）。通过 CAP1000 自主化标准设计，进一步检验 AP1000 消化吸收的成果，并为 AP1000 后续项目建设提供支撑，同时也为下一步先进压水堆核电站重大专项创新工作的全面推进打下坚实的技术基础。CAP1000 标准设计已经全面完成，相关成果已开始应用于三门二期、海阳二期和陆丰一期等后续项目，并正在开展推广工作，有力支撑了三代核电在我国的自主化发展和建设。首批 CAP1000 待建项目已经提交了安全分析报告，正在开展安全审评，核电项目公司正在开展厂址准备工作。

相比于 AP1000，CAP1000 的设计具有适应我国国情、设计自主化、设备材料自主化和国产化等方面的特点，CAP1000 自主化工作主要如下：

（1）基于依托项目的改进与优化。

CAP1000 在全面吸收依托项目经验反馈的基础上，结合我国国情和内陆厂址特性，进行了设计改进和优化。改进和优化包括附属厂房控制区出、入口方案的调整，辅助厂房中放废液储罐房间增设钢覆面，辅助厂房消防疏散通道优化，放射性废液处理工艺修改，控制室设计优化及沿海与内陆设计差异（包括内陆厂用水系统设计、大型冷却塔研发设计等）等方面的内容。

（2）设备自主化和大宗材料代换。

结合国内企业制造研发水平，开展关键设备自主设计，优先选择国内设备，提高设备国产化率，设备国产化目标不低于 80%。通过研究相关材料的国内外技术规范、标准，自主研发具有等效的或较高性能要求的材料，提高材料与装置的国产化水平。

（3）公英制转换工作。

实施了公英制转换工作，针对设备设计、工程设计和单位制转换制定了详细的实施细则并实施相应设计，涉及设备尺寸、管径、标高、物理单位等。

（4）福岛核事故后的设计改进。

根据国家核安全局的"福岛核事故后改进行动通用技术要求"和相关技术政策，在长期补水保障、长期电源保障、乏燃料水池液位监测、环境监测等方面针对 CAP1000 核电厂安全性采取了裕度增强措施。

2. CAP1400 核电技术

CAP1400 是基于我国 20 多年的核电站运行经验，通过引入 AP1000"非能动"理念安全系统和消化吸收国外先进核电技术形成的具有自主知识产权的世界领先的压水堆核电型号。CAP1400 实现了高机组出力、参数得到了总体优化，通过平衡电厂设计、关键设备创新设计，在满足安全性好于 AP1000 的前提下，经济性得到显著提高。

CAP1400 是具有自主知识产权的大型先进压水堆核电技术。CAP1400 遵守国内最新有效的核电法规（如 HAF102 等）、导则和标准，满足国际原子能机构、美国核管会相关法规和导则以及国际工业标准（如 ASME、IEEE 等）等相关要求，充分反映 AP1000 依托项目过程中的设计变更及改进。同时充分考虑了福岛事故经验反馈，通过设计改进进一步提高电厂安全裕量和延伸事故缓解能力，充分利用可靠性设计理念确保在低维护要求下获取电厂的高可靠性。此外，CAP1400 充分考虑了辐射防护最优化和放射性废物最小化原则，提高环境相容性与友好性。采用先进的三废处理工艺，严格遵循国家最新的辐射防护标准，并在设计上考虑了适应未来更严格环保要求的接口。CAP1400 单机容量大，通过设计自主化和标准化、设备自主化和国产化，模块化施工等措施进一步提高经济性，满足国家节能和标杆电价要求，提升市场竞争力。CAP1400 技术方案主要特点如下：

（1）自主研发的 1400MW 级大容量"非能动"压水堆核电厂，具有良好的经济性和安全性。

（2）重新设计反应堆，堆芯采用 193 盒高性能燃料组件，降低线功率密度，并具备 MOX（铀钚混合）燃料装载能力。

（3）自主设计蒸汽发生器，采用自主知识产权的干燥器，提高蒸汽品质。

（4）采用 50Hz 的反应堆冷却剂泵，避免变频器长期运行，提高主泵运行可靠性，减少能耗。

（5）重新设计主系统和辅助系统，优化总体参数，提高可靠性。

（6）重新设计钢安全壳，提高安全裕量，改善系统布置，优化可达性。

（7）自主设计钢板混凝土（SC）结构屏蔽厂房，具备抗大型商用飞机恶意撞击能力。

（8）采用基于 FPGA（现场可编程门阵列）技术的反应堆保护系统。

（9）使用自主开发的国产大型半速汽轮发电机。

（10）按最新标准，重新设计放射性废物处理系统，改善工艺，实现废物最小化。

（11）进一步增强核电站抗击地震、外部水淹等极端自然灾害的设防，"非能动"安全系统具备 72 小时后的补给能力，确保电站安全。

（12）完善事故管理规程，增强事故后监测，提高电厂应急能力。

目前 CAP1400 在研发、设计、设备制造、试验验证、安全审评等方面均取得了重大进展。CAP1400 六大关键验证试验已经全部圆满完成，有效支持了工程设计和安全审评工作。2014 年初，CAP1400 初步设计通过了国家能源局组织的专家评审；2014 年底，CAP1400 示范工程项目施工设计完成 75%；CAP1400 关键设备基本都实现自主化设计和国产化制造，国产化率有望突破 85%，示范工程项目长周期设备已经完成采购；CAP1400 示范工程核安全审评工作基本结束，示范项目（山东荣成石岛湾）的现场准备工作满足开工条件，2015 年 4 月 13 日，3600 吨级重型履带大吊车载荷试验圆满完成。继"华龙一号"之后，CAP1400 即将开始建设。

3."华龙一号"核电技术

"华龙一号"是在借鉴与吸收国外先进核电设计理念的基础上，充分利用我国核电已有的研发设计能力，通过持续改进、自主创新，由中核集团和中广核集团联合开发的具有自主知识产权的三代核电技术。

2013 年 4 月 25 日，国家能源局主持召开了自主创新三代核电技术合作协调会。会上提出了关于自主创新核电技术合作的目标、原则和遵循的标准，确定了由中核集团和中广核集团联合研发具有自主知识产权的三代百万千瓦级压水堆核电技术"华龙一号"。要求"华龙一号"在 ACP1000 和 ACPR1000+ 的基础上，融合并优化 177 组燃料组件堆芯和三个安全系列。"华龙一号"融合方案原则为：①满足我国最新核安全法规要求和国际、国内最先进的标准要求，同时参考国际先进轻水堆核电厂用户要求（URD 和 EUR），满足三代核电技术的指标要求；②采用经过验证的技术，并充分利用我国目前成熟的装备制造业体系，具有技术成熟性和完整的自主知识产权，满足全面参与国内和国际核电市场的竞争要求。

"华龙一号"充分汲取三哩岛、切尔诺贝利和福岛核事故经验教训，考虑完善的严重事故预防和缓解措施，强化"纵深防御"，提高了系统与设备多样性、多重性和独立性。充分借鉴国家引进 AP1000 先进安全设计理念，采用了"非能动"技术作为能动安全措施的补充，设置多重冗余的安全系统，提高了系统的安全可靠性。此外，通过应用"纵深防御"的设计原则，丰富和完善事故预防和缓解手段，充分保证核电厂的安全性、先进性和成熟性。

"华龙一号"以福清 5、6 号机组和防城港 3、4 号机组为示范工程，福清 5 号机组已经获得国家核准，于 2015 年 5 月 7 日正式开工建设，防城港 3、4 号机组正在进行安全审评工作。

4. M310+ 核电改进技术

自 2011 年福岛核电事故后，国家核安全局会同有关部委对我国在役和在建核电厂开展了核安全检查。根据检查的要求以及福岛事故的经验教训，对我国现有的 M310 设计又进行了设计改进。以中广核的辽宁红沿河核电站 5、6 号机组（CPR1000）为代表，主要改进侧重于长期阶段的非能动冷却，共增加了三个非能动冷却系统，分别是：蒸汽发生器二次侧非能动余热排出系统、非能动应急高位冷却水源系统、非能动堆腔注水系统。具体的设计特点如下：

（1）蒸汽发生器二次侧非能动余热排出系统。

蒸汽发生器二次侧非能动余热排出系统作为正常二次侧排热系统的备用，通过非能动手段将堆芯热量导出至环境最终热阱。具体设计为增设 1 个冷凝水池，3 个蒸汽发生器分别对应 3 列换热系统，始发事件后，二次侧蒸汽通过换热系统在冷凝水池内被冷却成液相，再返回蒸汽发生器，形成自然循环将堆芯热量带入冷凝水池。

（2）非能动应急高位冷却水源系统。

非能动应急高位冷却水源系统通过非能动方式为蒸汽发生器二次侧非能动余热排出系统、辅助给水系统、乏燃料水池、反应堆和乏燃料冷却和处理系统换料水箱补水。具体设

计为在绝对标高 ≥ +50m 的位置，设置总量为 3200m³ 的钢筋混凝土水塔（非核抗震，抗震设防烈度 8 度），再通过抗震性能良好的管道为以上系统补水。

（3）非能动堆腔注水系统。

在堆芯出口温度达到 650℃时，启动非能动堆腔注水系统，确保压力容器完整，防止堆芯熔融物与安全壳底板反应，保障安全壳的完整性。具体设计为在安全壳外设计高位水箱，当堆芯出口温度超过 650℃时，启动非能动注水，可以维持 6 个小时，在长期阶段非能动注入管线隔离，采用能动设备取水注入堆腔。

目前，红沿河核电站 5、6 号机组已经完成相关的设计、安全审评和工程准备工作，2015 年 3 月已经获得国家核准并开工建设。

5. EPR 核电技术

EPR 是法马通和西门子联合开发的三代核电技术（2001 年 1 月，法马通公司与西门子核电部合并，组成法马通先进核能公司）。EPR 核电技术为单堆布置四环路机组，电功率约为 1750MW，设计寿命 60 年。EPR 采用双层安全壳设计，外层采用加强型的混凝土壳抵御外部灾害，内层为预应力混凝土，较适合大规模电网的地区以及人口密度大、场址少的地区。

EPR 是在法国 N4 和德国的 Konvoi 反应堆的基础上开发的，充分吸取了核电站的运行经验，属于渐进型而非革命型的产品。EPR 主要通过安全系统 4 列布置（分别位于安全厂房 4 个隔开的区域），简化系统设计，扩大主回路设备储水能力，改进人机接口和系统考虑停堆工况来提高安全水平。同时设计了严重事故的应对措施，保证安全壳短期和长期功能，将堆芯熔融物稳定在安全壳内，避免放射性释放。

2007 年中法签署《关于合作建设广东台山核电项目 1、2 号机组的总体协议》、《中广核集团公司与法国电力公司合资经营台山核电合营有限公司合同》等一系列合作协议，启动 EPR 在我国的建设。2009 年底台山核电站一期工程正式开工，2014 年 10 月，台山核电 2 号机组反应堆已经吊装就位。

（二）重水堆核电技术

重水堆是世界三大商用核电堆型之一，现役商用重水堆机组有 40 多座（其中我国在运机组 2 座），在建机组有 7 座，其中印度 4 座，罗马尼亚 2 座，阿根廷 1 座。与其他堆型相比，重水堆具有中子经济性好、燃料管理灵活、可大规模生产同位素等特点，并可以回收利用压水堆的乏燃料（回收铀）和钍资源。此外，重水堆还是目前大规模生产钴 –60 和氚等同位素的唯一途径。

中核集团联合加拿大坎杜能源公司开展和完成了压水堆回收铀在重水堆应用示范验证试验，该试验项目为国家"十二五"核能开发科研项目。2009 年 12 月，国家核安全局批准了等效天然铀燃料入堆示范验证试验项目的实施，2010 年 3 月开始装入等效天然铀燃料棒束进行示范验证试验，2011 年 3 月全部等效天然铀燃料棒束卸出堆芯，2014 年 10 月，中国核动力研究设计院完成了辐照后检查工作。通过示范验证试验，进一步确认了等效天然铀型燃料的核特性以及辐照性能均与天然铀燃料相当，重水堆利用回收铀是合理可行的。上述研究及成果为我国重水堆利用压水堆回收铀打通了一条经济高效之路，为我国发展压水堆－后处理－重水堆－快堆联合的核燃料闭式循环打下了技术基础，对提高铀资源利用率、保障核燃料供应、促进后处理产业发展和维持我国核能可持续规模发展意义重大。

近年来，中核集团积极推动等效天然铀型回收铀燃料在重水堆全堆应用，取得了经济社会效益。目前，已围绕全堆应用等效天然铀型回收铀燃料开展了安全论证、生产线改造设计、现场改造设计、回收铀采购等一系列工作。具备全堆应用条件后，将使用等效天然铀型回收铀燃料替换天然铀燃料发电，每年可为国家节省 200 吨天然铀资源，相当于国内的一个中型铀矿。同时，中核集团联合加拿大坎杜能源公司，结合我国后处理产业发展规划，开发了满足三代要求且可更加经济高效利用回收铀的先进燃料重水堆堆型。该堆型采用 CANFLEX 燃料结构形式，回收铀燃料丰度更高、燃耗更高、乏燃料量更小，具有更高的安全性能。

重水堆是目前唯一能大规模生产钴 –60 同位素的商用堆型。为满足国内日益增长的市场需求，秦山第三核电有限公司联合上海核工程研究设计院，自主开发了重水堆生产钴 –60 技术，填补了国内空白，打破了国外垄断。自 2008 年投产以来，已累计生产约 4000 万居里的钴同位素，为我国相关核技术产业的发展做出了贡献。目前已经启动了医用钴 –60 同位素生产的技术研发工作。另外，重水堆可规模化生产同位素氚，可作为"核能三步走"之聚变堆核燃料的来源，对我国核能长期可持续发展具有重要意义。

中核集团与加拿大坎杜能源公司联合开发了更加具备燃料灵活性优势的三代先进燃料重水堆堆型，已经完成了总体概念设计和初步安全分析评价工作。2014 年 11 月 5 日，中国核能行业协会组织召开了先进燃料重水堆技术专家审查会。专家组经充分讨论后一致认为，先进燃料重水堆具有燃料选择的灵活性，通过回收铀应用，可与压水堆、商用后处理厂合理衔接发展，符合我国核能发展的整体策略。该堆型能够满足最新安全要求和三代核电技术要求，技术可行且具有良好的安全性。该堆型在利用回收铀发电、生产钴等同位素的同时，还可作为钍资源核能利用的研发平台，具有进一步发展和应用的前景。

自我国从苏联引进第一台重水堆以来，国内就开始了重水堆技术的相关科研工作。随着秦山第三核电有限公司的两台商用核电机组的投产，重水堆核电站的相关技术得到了进一步的发展。目前，国内逐步具备了商用重水堆的燃料制造和工艺流程、核岛工艺系统及乏燃料暂存装置等方面的设计能力。为保障重水堆相关技术研发工作的顺利推进，2014 年 9 月，中核集团成立了中国核电重水堆先进燃料技术研发中心，推进重水堆相关技术或课题的研发，促进重水堆的科学发展。

（三）高温气冷堆核电技术

高温气冷堆是一种采用陶瓷型包覆颗粒燃料元件，以化学惰性的氦气作冷却剂、耐高温的石墨作慢化剂的全陶瓷型堆芯结构的核电技术。模块式高温气冷堆排除了由于反应堆剩余发热导致堆芯熔化的可能性，具有固有安全性。且反应堆出口温度高，可用于高效发电，也可用于大规模工艺热应用。由于单一模块反应堆功率规模较小，可通过灵活组合多个模块适应不同能源市场的需求。

随着国家重大专项（2006年）"大型先进压水堆及高温气冷堆核电站"顺利完成，"高温气冷堆核电站"（简称 HTR-PM）作为该重大专项中的一个分项，在以下几个方面取得重大突破。

（1）关键设备研制：反应堆压力容器、主氦风机、蒸汽发生器、控制棒及其驱动机构、备用停堆系统、反应堆控制与保护系统等；

（2）重要辅助系统：燃料装卸系统、乏燃料贮存系统、氦净化与氦辅助系统等；

（3）物理热工设计分析、系统模拟、安全分析及验证；

（4）燃料元件生产设备和工艺、辐照实验及性能评价；

（5）氦气透平发电、高温制氢等前瞻性技术。

在 10MW 高温气冷实验堆的基础上，通过我国高温气冷堆科技重大专项的研发，形成了在先进核能系统设计与核心装备技术上的一系列自主创新成果。年产 10 万球形燃料元件中试生产线研发并试生产成功，冷态测试与辐照考验的结果表明其主要指标达到世界最高水平；年产 30 万球形燃料元件生产厂工程施工总体进展顺利，将为 HTR-PM 示范工程提供燃料元件；我国于 2012 年建成了世界上规模最大的高温氦气回路试验平台——大型氦气试验回路，作为高温气冷堆核电站示范工程关键部件和系统工程试验验证的关键平台，为高温气冷堆示范工程的设备验证和未来科研工作提供了重要保障；高温气冷堆反应堆压力容器制造技术取得突破；高温气冷堆核电站的心脏装备——世界首台大功率电磁轴承主氦风机工程样机研制成功，无论功率还是技术水平都属于世界领先，这是世界上首次将电磁轴承技术用于反应堆设备。

高温气冷堆核电站示范工程是我国核电重大专项的重要成果之一，预期在 2017 年左右建成具有自主知识产权的 20 万 kW 级模块式高温气冷堆示范电站，为发展第四代核电技术奠定基础。通过示范工程的设计与建造，我国已掌握了商业规模模块式高温气冷堆核电站的总体设计和建造技术。示范工程的总体技术方案采用球床模块式高温气冷堆，单区球床堆芯，两个反应堆模块通过两台蒸汽发生器配一台汽轮发电机组，功率规模为 20 万千瓦级。目前，高温气冷堆核电站示范工程初步设计已完成，初步安全分析报告已经通过安全审查，施工图设计已经接近尾声，已于 2012 年底在山东荣成正式开工建造，核岛主厂房土建施工已顺利完成，进入设备安装阶段。

在 HTR-PM 示范工程的基础上，已经完成商业化规模的 60 万 kW 模块式高温气冷堆热电联产机组总体方案研究，预概念设计工作正在开展。其目标是发展商业化规模的多模块高温气冷堆，用于安全、高效、经济的热电联产，既可发电，又可提供高温蒸汽用于区域供热、稠油开采、石油化工等多种工艺热应用领域。这是当前国际高温气冷堆研发与应用领域的主流方向之一。机组采用与 HTR-PM 相同的球床模块式高温气冷堆，6 个反应堆模块通过 6 台蒸汽发生器配 1 台汽轮发电机组，功率规模为 60 万 kW 级；汽轮机设置抽汽接口，可抽取不同温度和压力的蒸汽用于工艺热应用。

在当前模块式高温气冷堆技术的基础上，已制定超高温气冷堆技术的进一步研发计划并启动预研工作。超高温气冷堆技术未来进一步提高反应堆堆芯出口温度，可用氦气透平循环实现更高效的安全发电，同时可用于煤气化、天然气重整等更多领域的工艺热应用，并可实现大规模核能制氢，以替代交通和金属冶炼领域的化石能源。正在进行的研究有：耐更高温的燃料元件技术、氦气透平技术、高温氦/氦中间换热器技术、高温电磁轴承技术、高温核能制氢技术等。

（四）钠冷快堆核电技术

进入 21 世纪以来，快堆技术在世界范围内得到进一步的发展，俄罗斯、印度、法国、中国、日本等国均有在建的快堆项目或提出了新的快堆发展计划。全球第四代核能论坛提出六种堆型作为第四代先进反应堆，其中有三种是快中子反应堆，钠冷快堆作为其中技术最成熟的一种，除了技术先进性之外，也具备进行大规模工业开发的基础。我国实验快堆的建成标志着我国核能发展"压水堆 – 快堆 – 聚变堆"三步走战略中的第二步取得了重大突破，也标志着中国在四代核电技术研发方面进入国际先进行列，成为世界上少数拥有快堆技术的几个国家之一。中国已经启动了示范快堆的开发和建造工作。

中国实验快堆（CEFR）核热功率 65MW，实验发电功率 20MW，是目前世界上为数不多的具备发电功能的实验快堆，2010 年 7 月实现首次临界，2011 年 7 月实现 40% 功率并网发电，2014 年 12 月达到满功率。CEFR 采用了负反馈设计、非能动安全系统等安全设计，其安全特性指标部分已达到第四代先进核能系统的安全目标要求。CEFR 已经成为我国快堆燃料材料考验和研究的核心平台，通过 CEFR 技术研发、工程设计、建造、调试和运行，也基本形成了自主研发我国快堆电站的技术体系和能力，包括功能与技术指标体系、技术评价体系、性能评价体系、知识产权以及供应商体系，初步形成了适合于实验快堆的准则、标准和规范。

基于 CEFR 形成的技术基础和我国核能发展战略，目前已经启动了 60 万 kW 示范快堆（CFR600）的研发和建造工作，其目标是在 2023 年实现快堆电站的工业化示范，为快堆电站的商业化规模推广打下必要的基础。截至 2014 年底，已经完成了 CFR600 主工艺系统的概念设计。初步确定的 CFR600 的主要性能参数与 CEFR 对比如表 1。

表 1　CFR600 与 CEFR 总体性能指标比较

序号	参　　数	CEFR	CFR600
1	热功率 / 电功率，MW	65/20	~ 1500/600
2	堆芯进 / 出口温度，℃	360/530	380/550
3	燃料	UO2 → MOX	MOX（UO2）
4	燃料区重金属装量，t	0.376	10.8
5	富集度	64.4%	~ 20%
6	增殖比	0.7（转换比）	1.2
7	换料周期，天	80	160
8	负荷因子	65.7%	≥ 80%
9	设计寿命，年	30	40

CFR600 将充分利用 CEFR 建立的技术基础、专业人才队伍和我国现有的工业基础进行自主设计与建造。快堆产业联盟是 CFR600 工程技术的核心载体，尤其是示范快堆关键设备将立足国内自主研发，必将对相关的材料技术、制造技术、集成设计能力、甚至研发分工体系产生深远的影响。

在 CEFR 的研发和试验验证过程中，形成了一批针对钠冷快堆电站技术的研究试验设施，这些设施包括各种钠冷却剂试验回路、水介质热工流体试验台架、专门的安全工艺技术验证台架、专门的安全设备试验研究台架等。示范快堆的功率比实验快堆增大了 30 倍，性能指标也有较大的提升，设备能力也有数倍至数十倍的提升，因此对系统、设备的验证与鉴定提出了更高的要求。针对示范快堆关键设备与系统的验证和鉴定要求，涉钠设备验证与鉴定试验设施、热工水力试验验证设施、钠火与安全试验验证设施以及用于燃料与材料研究的 MOX 热室等能力建设项目的建设已经启动，这些验证与鉴定设施将在 2017 年前后投入使用，MOX 热室将在 2020 年前投入使用。

快堆核电站技术具有高度的复杂性，研发和建造周期长，利用信息技术的发展成果，在梳理和优化技术流程的基础上，正在构建的示范快堆协同设计平台和虚拟仿真平台，有利于缩短示范快堆的设计研发周期和工程建造周期。

（五）其他核电技术

1. 小型模块化反应堆技术

自 20 世纪 80 年代，我国就开始了民用核能领域的小型反应堆技术研究，提出了多种不同型号的小型模块化反应堆设计方案。清华大学在早些年完成了 NHR200 低温供热堆的开发，它主要用于城市集中供暖或者海水淡化等非电用途。经过 5MW 低温供热试验堆将近 20 年的长期安全运行，充分验证了低温供热堆的技术可行性。然而，由于经济性等原因，该技术并未得到推广应用。

近几年，中核集团正进行 ACP100 小型模块化反应堆技术的开发，目前已完成了概念设计和部分验证性试验，初步具备工程应用条件。国家核电技术公司推出了热电联供的 CAP150 小型模块化反应堆设计方案并完成了概念设计。中广核集团提出了 ACPR100 小型模块化反应堆方案。上述堆型都采用了一体化结构，相对于常规回路式反应堆，一体化反应堆系统结构更简单、固有安全性更好。然而一体化反应堆的主设备设计与制造可行性、工程应用经验及成熟度还需要大量的论证和验证工作，仍是小型模块化反应堆工程应用的难点技术和下一步研发重点。

近两年，我国核能研究机构在继续开展发电、供热等多用途领域的陆基小型模块化反应堆的同时，也特别关注海洋开发领域的能源需求，纷纷开展了海上核能浮动平台的研究。国家核电技术公司从我国海洋发展战略出发，提出了满足南海岛礁开发的海上核动力水电联产平台方案，开发了紧凑型布置的小型模块化反应堆。中核集团、中广核集团等也正开展了海上核能平台小型反应堆的研究，以用于核动力货船、浮动核电站、石油钻井平台等领域。目前，我国有关海洋领域的小型模块化反应堆技术的研发工作还处于初步型号开发和方案设计阶段。虽然相关研究不少，但各种类型小型模块化反应堆的实际工程应用并不多，除了低温供热堆技术已有试验堆工程验证外，其他堆型还处于原型开发阶段，有待示范堆建设来验证该技术的可行性。

针对小型模块化反应堆的研究，除了借助现有大型反应堆研发中已建立的实验平台外，我国各研发机构针对小型模块化反应堆的某些特征技术也开展了专门的实验研究并建立了相关实验设施，比如直流式蒸汽发生器的性能测试实验装置、一体化稳压器功能验证试验装置等，这些实验研究对于进一步弄清小型模块化反应堆的技术特性、掌握其关键设计技术具有很强的指导性。

2. 核聚变技术

核聚变是轻核聚合成较重的原子核释放出巨大能量的过程，聚变反应可释放出大量的能量，产物是比较稳定的氦。由于核聚变的固有安全性、环境优越性、燃料资源丰富性，因此聚变能被认为是人类最理想的清洁能源之一。20 世纪 50 年代初，人类就实现了核聚变反应（氢弹的爆炸）。人类要把聚变时释放出的巨大能量用于社会生产和人类生活，必须对剧烈的核聚变反应加以控制，这就是受控核聚变。根据对高温等离子体的不同约束方式，受控核聚变可分为磁约束、惯性约束等核聚变，而磁约束核聚变又有托卡马克、磁镜、仿星器等类型。当前国际聚变能开发的主流路径是磁约束托卡马克核聚变。

我国的受控核聚变研究始于 1958 年，目前，从事磁约束聚变能源开发的单位主要有两家，分别是中国核工业集团公司的核工业西南物理研究院和中国科学院合肥物质科学研究院的等离子体物理研究所。

核工业西南物理研究院现在运行的磁约束托卡马克核聚变实验装置是"中国环流器二号 A（HL–2A）"装置，正在建设"中国环流器二号 M（HL–2M）"新的核聚变实验装置。"中国环流器二号 A（HL–2A）"装置是中国第一个具有偏滤器位形的托卡马克装置，其使命是研究具有偏滤器位形的托卡马克物理，包括高参数等离子体的不稳定性、输运和约束，探索等离子体加热、边缘能量和粒子流控制机理，发展各种大功率加热技术、加料技术和等离子体控制技术等。HL-2A 装置主要运行参数见表 2。

表 2　HL-2A 装置主要运行参数

大半径 R/m	1.65	安全因子 qψ	3.3 ~ 3.5
小半径 r/m	0.4	等离子体电流平顶时间 tf/s	5.0
等离子体电流 Ip/kA	480	低杂波电流驱动功率 PLHCD MW	2
中心磁场 Bt/T	2.8	电子回旋加热功率 PECRH/MW	3
等离子体密度 /m-3	8×10^{19}	中性束注入功率 PNBI/MW	2 ~ 3

　　HL-2A 装置在聚变研究方面，取得了许多具有创新性和里程碑意义的成果。一是首次在国内大型磁约束核聚变装置上实现了 MW 级中性束注入加热和 MW 级电子回旋加热，电子温度达到 5500 万摄氏度、离子温度达到了 3000 万摄氏度，并保持着国内核聚变研究最高等离子体温度记录。二是在国内首次实现了具有里程碑意义的高约束模式，使我国成为国际热核聚变实验堆（ITER）计划七方中继欧盟、美国和日本后，在磁约束核聚变装置上实现高约束模式运行的国家。三是在国际上首次观测到测地声模（GAM 模）和低频带状流的三维结构。四是在国际上首次发现了自发粒子输运垒的存在，首次观测到高能量电子激发的比压阿尔芬本征模（e-BAE 模）。五是在国际上原创了超声分子束或团簇加料关键技术；高能粒子驱动模、电阻壁模等前沿物理问题研究取得创新成果等。

　　正在建设的"中国环流器二号 M（HL-2M）"装置，其建造目的是瞄准和 ITER 物理相关的内容，研究近堆芯等离子体物理及发展聚变堆关键工程技术，为下一步建造聚变堆奠定科学技术基础。装置磁体由 20 个环向场线圈，中心螺线管线圈和 16 个极向场线圈（PFC）组成；环形真空室截面呈 D 形，配置上、下两个偏滤器；真空室内部安装有随机磁场线圈（RMP）、原位低温泵、第一壁等；周边设计有总功率达 29MW 的各种等离子体加热和电流驱动设备和约 40 余套诊断系统。HL-2M 装置主机总体重量约 500t，总体高度 8.39m，装置直径 8m，其主要设计参数见表 3。

　　HL-2M 装置等离子体体积是现在 HL-2A 的 3 倍，等离子体电流约为现在的 6 倍，加热及驱动功率将大幅增加。HL-2M 装置现已完成工程设计，2014 年全面进入制造加工阶段，装置建成后

表 3　HL-2M 装置主要设计参数

等离子体电流 IP/MA	> 2.5（3）
等离子体大半径 R/m	1.78
等离子体小半径 a/m	0.65
环向磁场（R=1.78m）BT/T	2.2（3）
环径比，R/a	2.8
拉长比，k_LCFS	1.8 ~ 2.0
三角变形，d_LCFS	> 0.5
磁通变化量，DF/Vs	> 14

将与美国、日本、欧盟等国的研发平台处在同一量级水平。

HL-2M 装置具备更高的装置参数及更强的二级加热功率，尤其是中性束注入加热，结合 HL-2M 装置先进偏滤器位形，可开展高参数运行下边缘及偏滤器等离子体物理研究。HL-2M 装置是我国开展与聚变能源密切相关的等离子体物理和聚变科学研究不可或缺的实验平台，充分发挥和利用装置平台灵活、可近性好的特点，结合 ITER 工程建造和即将开展的物理实验研究以及国际聚变能研究发展的最新最近成果，将在该装置上开展与聚变能研究相关的物理实验。

中国科学院等离子体物理研究所现在运行的磁约束托卡马克核聚变实验装置是先进实验超导托卡马克（Experimental Advanced Superconducting Tokamak），又名东方超环（EAST）。EAST 装置的目标是研究托卡马克长脉冲稳态运行的聚变堆物理和工程技术，构筑今后建造全超导托卡马克反应堆的工程技术基础；瞄准核聚变能研究前沿，开展稳态、安全、高效运行的先进托卡马克聚变反应堆基础物理和工程问题的国内外联合实验研究，为核聚变工程试验堆的设计建造提供科学依据。

EAST 装置是中国自行设计研制的国际首个全超导托卡马克装置，主机总重 400t，主机高 11m，直径 8m，由超高真空室、纵场线圈、极向场线圈、内外冷屏、外真空杜瓦、支撑系统等六大部件组成。EAST 装置的主要设计指标见表 4。

表 4　EAST 装置主要设计指标

指标名称	技术指标
等离子体大半径 R/m	1.90
等离子体小半径 a/m	0.45
等离子体电流 I_p/MA	1
脉冲长度 t/s	1000
低杂波 LHCD/MW	3.5 ~ 4
离子回旋波 ICRF/MW	3 ~ 3.5
电子温度 T_e/ 万度	10000
环向磁场强度 B_t/T	3.5
电子密度 N_e/m^{-3}	$1 ~ 5 \times 10^{19}$

近年来，通过 EAST 装置实验取得了多项重要成果。一是获得了稳定重复的 1MA 等离子体放电，实现了 EAST 的第一个科学目标，这也是目前国际超导装置上所达到的最高参数，标志着 EAST 已进入了开展高参数等离子体物理实验的阶段；二是获得超过 400s 的 2000 万摄氏度高参数偏滤器等离子体，EAST 装置针对未来 ITER 400s 高参数运行的一些关键科学技术问题，如等离子体精确控制、全超导磁体安全运行、有效加热与驱动、等离子体与壁材料相互作用等，开展了全面的实验研究，通过集成创新，成功实现了 411s、中心等离子体密度约 $2 \times 10^{19} m^{-3}$、中心电子温度大于 2000 万摄氏度的高温等离子体；三是获得稳定重复超过 30s 的高约束等离子体放电，是国际上最长时间的高约束等离子体放电，标志着中国在稳态高约束等离子体研究方面走在国际前列；四是成功开展离子回旋壁处理，利用 EAST 超导装置在多种器壁条件下开展了离子回旋清洗，独立发展了一系列离子回旋壁处理的研究，取得了一系列令国际瞩目领先的前沿性、创新性研究成果；五是等离子体自发旋转的实验研究获得重要进展，对国际上重要装置上的 H 模旋转速度和等离子体内能和电流之间的关系提出了比较一致的关系，对预测未来 ITER 上的旋转速度提

供了重要参考。

正在法国卡达拉奇建造中的国际热核聚变实验堆（ITER）是世界上第一个聚变反应堆，它是磁约束托卡马克型可控热核聚变实验堆。我国是 ITER 计划的七方之一。在建造阶段，我国承担 9.09% 的费用，贡献形式主要为实物贡献；在其他三个阶段，我国承担 10% 的费用。我国通过参加 ITER 装置的建造和运行，可全面掌握磁约束核聚变研究和技术成果，锻炼、培养一支高水平聚变科研和工程技术人才队伍；带动我国其他相关领域的技术发展（包括材料技术、超导技术、复杂系统控制技术、等离子体技术、大功率微波技术、成套设备制造技术等）；推进我国核聚变能源的研究发展。

2013 年 6 月，由中国科学院等离子体物理研究所研制完成的 ITER 极向场 PF5 导体成功交付 ITER 现场，PF5 是中方首件交付 ITER 现场的产品，也是 ITER 七方中首件交付 ITER 现场的大件产品。ITER 是世界上第一个热核聚变实验堆，不仅可用来集成验证聚变能源的科学可行性，而且也提供了一个真实的氘–氚聚变中子环境，可用来验证聚变示范堆（DEMO）的关键工程技术。为此，作为 ITER 计划七方之一的中国参加了 ITER 测试包层模块（TBM）实验计划。中国的 TBM 技术方案是采用高温高压氦气作冷却、$Li4SiO_4$ 陶瓷球床作为氚增殖剂、金属铍球床作为中子倍增剂、低活化铁素体／马氏体钢作为结构材料的氦冷固态实验包层模块（HCCB TBM）。通过设计、研制 HCCB TBM 模块和配套的辅助系统，在 ITER 不同的运行阶段（氢–氢、氘–氘、低参数氘–氚、高参数氘–氚）完成四种不同功能模块的实验以及后处理，掌握聚变堆氚增殖包层的设计、材料、制造、运行、测量、涉氚技术、能量提取等关键工程技术，培养一支高水平的技术队伍，为建造示范聚变堆奠定坚实的技术与人才基础。

2014 年在中国国际核聚变能源计划执行中心牵头下，由核工业西南物理研究院作为主要承担单位联合相关单位，开展了中国 ITER 氦冷固态实验包层模块的设计，现已完成概念设计（CD），并于 2014 年 7 月通过了 ITER 组织的概念设计评审（CDR）；目前，已进入 TBM 项目的初步设计（PD）阶段。

在核聚变研究及聚变能源开发方面，中国高校的核聚变研究获得了国家的大力支持。中国科学技术大学承担大量的 ITER 计划专项国内配套研究项目，除在小托卡马克装置 KT-5D 开展实验研究外，正在设计建造科大反场箍缩（KTX）装置，其主要的目标之一就是从实验上进一步检验磁约束等离子体演化的新理论。华中科技大学的 J-TEXT 托卡马克装置具有偏滤器位形和电子回旋共振加热系统，其运行区间从欧姆加热模式、低约束模式和限制器下高约束模式，扩展到了偏滤器运行模式、射频加热下的高约束模式等，并开设了"托卡马克等离子体磁流体活性研究"与"托卡马克等离子体湍流与输运研究"两个研究方向。大连理工大学、北京科技大学、北京大学、清华大学、西安交通大学、浙江大学、四川大学、东华大学等在 ITER 计划国内专项的支持下，也在聚变等离子体物理、球形托卡马克、中国聚变工程实验堆和聚变堆材料等方面开展相关聚变研究工作。

2011 年国家科技部基础司成立磁约束聚变堆总体设计组，开始了中国聚变工程实验堆（CFETR）的研究。到 2013 年 3 月，总体设计组已经确立了 CFETR 装置的超导磁体托卡马克堆和铜导体托卡马克堆 2 种设计方案，其设计参数如下：

表 5　CFETR 设计参考参数

CFETR 设计参考参数	超导体	铜导体
等离子体大半径 R（m）	5.6	3.7
等离子体小半径 a（m）	1.6	1.2
等离子体拉长比 k	1.6 ~ 1.9	1.8 ~ 2.0
中心纵场场强 B_t（T）	5	4.0 ~ 4.5
三角形变 d_x	0.4 ~ 0.8	0.6 ~ 0.8
等离子体电流 I_P（MA）	8 ~ 10	8 ~ 10
等离子体位形	DN，SN	DN
等离子体体积（m³）	500	210
中子壁负荷（MW/m²）	0.3（按 200MW 设计）	0.3（按 100MW 设计）

CFETR 的定位是在我国已经具有设计和运行多个托卡马克经验和已经加入 ITER 的基础上，在建造聚变电站之前，设计和建造一个聚变工程实验堆。CFETR 的科学目标是：实现聚变功率 50 ~ 200MW（按 200MW 设计）；实现全年有效满功率聚变（燃烧）时间 ≥ 50% 年；通过自己的包层实现聚变燃料氚自持；对第一壁、偏滤器和包层等关键部件在堆环境下进行功能和材料实验研究，积累数据、改进设计、研发材料，为建造聚变电站奠定工程技术基础。

3. 铅基快堆核电技术

我国的铅基快堆研究开展时间较短，近年来，陆续承担了国家相关项目，取得了一定的成果。中国原子能科学研究院牵头的两期"973"项目、中科院的战略性先导科技专项"未来先进核裂变能——ADS 嬗变系统"研究项目、中科院牵头的"十二五"国家重大科技基础设施——"加速器驱动嬗变研究装置"（CIADS）等。目前，国内由中科院兰州近物所牵头实施的 ADS 先导科技专项，已开展大量研究与实验工作，项目计划"十三五"期间在惠州建成 $10MW_{th}$ 装置。在 ADS 战略先导科技专项的基础上，中科院提出了创新性的 ADANES 核能系统，采用干法后处理和加速器驱动核能系统实现核燃料循环，用以取代传统的"分离－嬗变"核燃料循环过程，具有经济性好、可实现性高的特点。目前 ADANES 燃烧器的加速器部分已达到国际领先水平，高功率靶已形成多种概念设计，次临界堆燃料组件研究与反应堆设计进展顺利，高温挥发排出法与稀土提纯法相结合的新型干法后处理流程实验进展良好。

三、核能发电技术国内外研究进展比较

（一）压水堆核电技术

目前第三代核电已经成为国内外核电发展的主流，第三代核电是指在总结三哩岛和切尔诺贝利事故教训基础上，基于美国核电用户要求文件（URD）或欧洲核电用户要求文件（EUR）要求而开发的具有完备的严重事故预防和缓解能力的新一代核电站。在 20 世纪 90 年代，URD 和 EUR 就已经提出了第三代核电站的安全和设计技术要求，其共同的特征是：采用更安全的非能动 / 能动专设安全设施；采取了严重事故应对措施实现熔融物包容和防止蒸汽爆炸；更高的建造和运行经济性。在第三代核电技术的发展上中国已经处于世界前列，全球首台非能动第三代压水堆核电站 AP1000 将在中国建成。目前国际上主流的三代机型中，中国引进了两种代表性的压水堆机型 AP1000 和 EPR，并在此基础上进一步研发了具有自主权的 CAP1400。

我国基于 30 多年的核电设计、设备制造、建设和运行经验以及技术能力，开发出了拥有完全自主知识产权的"华龙一号"，已于 2015 年 5 月 7 日在福清 5 号机组开工建设，并将在国外开始建造；标志着我国在三代核电建设和自主研发上走在了世界的前列。

福岛事故对整个核能行业的发展造成了极其深远的影响，至今仍远未平息，后续影响尚待评估。此次事故促使行业对超设计基准事故的预防及其缓解措施开展了更为全面深入的研究，提出了具体的要求，而不仅仅满足于 PSA 分析的良好结果，国内外已经针对这些方面开展研究。我国的《核电中长期发展规划（2005—2020 年）》、新提出的第四代核电站的性能要求以及美国最近颁布的新的能源政策等，都贯穿了增强安全性的要求，消除核电厂大量放射性物质的释放。在核电安全及相关政策上，我国与世界保持一致。

通过国家重大专项的政策和资金支持，我国也基本实现了三代核电产业链的国产化建设，具备了自主研发、设计、制造、建造和运行的全产业能力，目前国内具备年产 6 ~ 8 台三代非能动核电设备的制造和供货能力。产业链的建设和完善，为我国成为世界核电强国，也为核电"造船出海"奠定了坚实的基础。

在核电基础领域和前瞻技术研究上，我国也通过近几年国家的大力扶持、各企业的充分重视和型号开发的强力驱动，加强了软件研发和试验平台的搭建和能力建设、材料和标准的研究和创新等工作，形成了一批丰硕的科研成果，极大地提高了国内型号和局部技术的原创能力。但相比诸如美法等世界核电强国的研发能力，中国在核电体系、基础研究等方面还需进一步的工作，以提升中国核电的原创能力。同时，需要在较为成熟的压水堆领域上具备寻找突破点的能力，进一步提升压水堆型号的先进性和安全性。

（二）高温堆核电技术

高温气冷堆因其突出的安全特性和出口温度高的优势，既可用于安全高效发电，又可

提供高温工艺热和实现核能制氢，国际核能界广泛重视。

第四代核能系统国际论坛（GIF）是由美国政府于本世纪初发起的，共有美、法、日、欧盟、韩、加、南非、南美、俄、瑞士和中国等十多个国家和国际组织参加。在其技术路线图选定的六个堆型中，高温气冷反应堆（或者超高温气冷堆）（Very/High Temperature Reactor，V/HTR）被公认为是有望率先实现商业推广应用的堆型之一。

GIF 框架内各国合作开展的高温气冷堆研发工作包括：燃料与燃料循环、材料、制氢、计算方法和标准例题验证、设备和高性能涡轮机械、设计集成与评估、高温工艺热应用等。近期集中在出口温度为 700 ~ 950℃高温气冷堆的应用上。下一步通过材料和燃料研发，实现堆芯出口温度达 1000℃及以上，燃耗达 15 ~ 20 万兆瓦日 / 吨铀，验证燃料耐受事故工况下 1800℃高温的能力。

2005 年美国能源政策法案批准了"下一代核电厂"（Next Generation Nuclear Plant，NGNP）项目，其目标是 2021 年前建成利用高温气冷堆技术的核能电 / 热（或氢）联产厂，使核能利用延伸到更宽广的工业和交通领域。

NGNP 项目前期的技术研发主要集中在燃料、石墨、高温换热器材料、控制棒导向管材料、设计和安全分析方法等方面。美国能源部（DOE）还安排了堆型比较等专题研究。设计方面，DOE 委托核能工业集团进行了预概念设计研究。美国核管会（NRC）还开展了 NGNP 执照审批策略研究。

随着工作深入，NGNP 项目的方向和目标也做了调整。由原来的产氢和发电目标改为工业供热和发电。当前紧迫和现实的目标则被设定为：利用高温气冷堆向美国的工业蒸汽用户（诸如石油化工、化肥生产、煤炭液化以及稠油热采等工业）提供高温蒸汽以替代天然气燃料。由于这一目标的调整，NGNP 项目的堆芯出口温度降低到 750 ~ 850℃，目的就是早日将这一技术商业化，实现大规模应用。

南非：1999 年在政府的支持下，由南非国家电力公司 Eskom 牵头，成立了政府—企业合资的 PBMR 公司，开始了球床式高温气冷堆直接耦合氦气透平发电系统的研发。由于不掌握自主知识产权，总体技术方案选择不当，技术方案历经几次重大变动。2009 年，技术方案转向利用高温气冷堆进行电热联产；2010 年项目停止。

日本：在上世纪末建成 HTTR 高温气冷实验堆的基础上，日本原子能机构（JAEA）着手开始高温气冷堆电——氢联产项目（GTHTR300C）研发。其采用气体透平发电，碘—硫热化学水解工艺制氢。目标是 2020 年左右建成一个原型厂，2030 年左右实现商业化。

韩国：在高温气冷堆制氢方向开展了大量研发工作。2006 年韩国原子能研究院就开始了核能制氢的研究。2008 年政府批准了核能制氢的关键技术研发国家计划以及"核能制氢研发演示项目（NHDD）"长期计划。项目目标是设计并建造一套核能制氢系统，演示其安全性和可靠性。计划于 2022 年完成建设、2026 年完成原型演示。

欧盟：2000 年启动了 HTR-TN 计划，在欧盟框架计划（FP）的支持和统一协调下，各国合作开展高温气冷堆的研发工作,包括设计方法和工具,燃料、材料、氦系统技术,耦合技术等。工业界成立了"核热电联产工业计划"联盟(NC2I)。

(三)钠冷快堆核电技术

俄罗斯是最早开始发展快堆的国家之一,也是目前世界上运行快堆核电站数目最多的国家,积累了 140 堆年的快堆运行经验(包括实验堆),占世界快堆运行堆年数的 35%。俄罗斯大型商用示范电站 BN-800 已于 2014 年 8 月达到临界,BN-800 将作为 Beloyarsk 核电站的 4 号机组投运,其热功率为 789MW_{th},投运后将成为世界上功率最大的在运快堆核电站。俄罗斯正在进行 1200MW_e 大型快堆电站 BN-1200 的概念设计。随着 BOR-60 实验堆的退役,俄罗斯计划设计并建造一座多功能的钠冷实验快堆 MBIR,计划于 2019 年投运,届时将成为国际化的快堆试验及研究平台。

日本一直致力于快堆技术研究,建成了常阳实验快堆和文殊示范快堆,并完成了一系列燃料及材料辐照试验,并示范了核燃料循环的可行性。2007 年 6 月,由于堆芯上部燃料操作系统的设计问题,实验组件 MARICO-2 在转运过程中发生弯折并卡在堆内,反应堆停堆处理,计划于 2015 年完成恢复工作。2005 年日本最高法院批准了文殊堆的重运行申请,2010 年 5 月,文殊堆开始了系统启动测试,但 2010 年 8 月,堆内转运机发生故障,2012 年 8 月完成转运机的维修工作。福岛核事故后,日本仍在对文殊堆进行新一轮的安全审查,同时日本在快堆技术发展战略上作了一定的调整,强调进一步提高快堆的安全性,以满足第四代堆安全设计准则的要求。

印度制定了有别于其他国家的快堆技术发展战略,即发展钍铀(Th-233U)循环,可称为印度的"快堆发展三步走战略",在其实验快堆 FBTR 上创立了世界上第一次成功使用混合碳化物燃料作为驱动燃料的纪录。印度在 20 世纪 80 年代就开始了原型快堆 PFBR 的设计,并于 2004 年开始建设,PFBR 的设计热功率为 1250MW_{th},电功率为 500MW_e,一回路布置方式为池式,燃料拟采用铀钚混合氧化物燃料,计划于 2014 年临界。印度计划在 PFBR 设计改进的基础上,再建设六个快堆机组 CFBR(6×500MW_e,MOX 燃料),目前正在开展概念设计。

美国是最早开始研究快堆技术的国家,先后建成并运行 7 座快堆电站,采用过金属燃料及 MOX 燃料,在快堆技术领域积累了大量宝贵经验。从 20 世纪 90 年代开始,出于能源需求增长缓慢、防止核扩散等多种原因,美国的建堆工作中途停止,但其对快堆技术的研究却一直在进行。当前,美国快堆技术的发展重点在闭式燃料循环、核不扩散及国际合作方面。由于核电站乏燃料已积累了 5 万多吨,美国发展快堆的主要目的不是为了燃料的增殖,而是焚烧和嬗变高放废物。2000 年,美国能源部牵头组织了 GIF,建议了六种堆型作为第四代先进核能系统发展的方向,其中便包括钠冷快堆。

法国建设了三座快中子反应堆,是世界上第一个建设并运行过大型商用快堆的国家,在大型快堆的设计、研发及运行方面处于国际领先水平。凤凰堆于 2010 年关闭,运行了约 37 年时间，其热功率为 563MW$_{th}$，电功率为 250MW，热效率高达 45.3%。目前法国发展快堆的主要目的已由增殖转向嬗变，2006 年，法国政府提出重新开始发展钠冷快堆技术，并立即启动了第四代先进钠冷原型快堆 ASTRID 的预先研究及初步设计工作，预计于 2020 年建成。目前，法国正在进行 ASTRID 的概念设计。ASTRID 的研发、设计及建造，一个重要目的就是对钠冷快堆在燃料循环方面的作用进行示范验证，为其以后闭式燃料循环的建立打下基础。法国当前围绕 ASTRID 原型堆设计开展的项目包括概念设计研究、燃料制造试验、闭式燃料循环技术研发、全尺寸设备测试、严重事故试验等方面。

韩国也制定了以燃料循环为目的的第四代原型钠冷快堆（PGSFR）的研发战略，电功率 150MW$_e$，采用金属燃料，两环路池式布置，计划 2015 年完成概念设计。

尽管我国在 20 世纪 60 年代就开始了快堆技术的研究，但与上述掌握快堆技术的国家相比，无论从运行经验还是技术掌握上，仍然存在较大的差距。

（四）小型模块化反应堆技术

国际原子能机构（IAEA）将电功率在 300MW 以下的反应堆称为小型反应堆[1]。近年来，采用模块化设计思想的小型反应堆受到国内外广泛关注。实际上世界第一台反应堆即是小型反应堆。一般来说，反应堆的单堆功率越大，其经济性越好。然而采用模块化设计思想的小型反应堆由于功率小、占地少、布置灵活、用途广泛等特征和优势，设计理念在安全性、经济性方面也有所突破，不仅体现了反应堆技术的革新，而且可满足多样化的核能市场需求，具有良好发展前景。紧跟国际小型模块化反应堆（Small Modular Reactor，SMR）技术的研发热潮，我国近几年在该领域也取得了积极进展。

除了单一的发电功能以外，小型模块化反应堆还有许多其他工业用途，如热电联产、工业供热和海水淡化等。相比大型核电站一次性投资大，小堆可采用滚动发展、资金分阶段逐步投入的方式进行核电建设，逐步增加核电站装机容量。亦可采用单元堆组合的方式，一次性获得加大的装机容量。小堆的选址也有灵活性，能因地制宜，受地基承载能力和周边运输条件的限制比大型核电站少。同时，小堆的安全性很高，可简化场外应急行动。

在近半个世纪以来，国际上各核能研发机构提出了数十种小型模块化反应堆概念，它们不仅功率大小不同，而且在反应堆本体结构、设备设计方面存在很大差异。美国、俄罗斯、韩国、阿根廷在小型模块化反应堆技术方面走在前列，但各个国家开发小型模块化反应堆的市场目标和技术思路不完全相同。美国为促进小型模块化反应堆技术发展，政府拨款 4.5 亿美元支持两种堆型的设计和取证。目前，获得资助的 NuScale 和 mPower 堆型完成了概念开发和某些关键技术论证，但至少还需 3 ~ 5 年才能投入实际工程应用。俄罗斯开发小型模块化反应堆旨在为其广阔的靠近北极和远东偏远地区提供能源，基于小型模块化反应堆技术的浮动式核电站正在建造中，并预计于 2016 年建成投产。俄罗斯小型模块化反应堆技术发展主要沿袭了其军用船舶核动力及核动力破冰船技术。韩国开发小型模块化反应堆主要是为技术出口做准备，尽管其开发的 SMART 堆型已经取得设计认证，但目前还没有获得国际订单，故也没有实际工程应用。阿根廷自主研发了 CAREM 小型模块化反应堆，其缩小功率的原型示范工程已经开工建设。除此之外，法国、日本等核电大国也进行了大量小型模块化反应堆技术的研究。由于经济性较差以及市场推动力不足等原因，除了基于传统技术的小功率反应堆，上述大部分堆型目前仍处于概念或初步设计阶段，世界范围内尚没有真正意义上的小型模块化反应堆投入商业运营。实际上，世界各国对于小型模块化反应堆技术还处于探索、研发阶段，其技术可行性、技术成熟度距离批量化工程应用仍有很长的路要走，其中还有大量问题需要攻关。

经过近几年的快速发展，我国小型模块化反应堆技术的研发进展与国际该领域基本保持在相近水平。需要特别说明，小型模块化反应堆技术的发展与各国国情有较大关系，我国各核能研发机构提出的小型模块化反应堆技术也契合了我国的实际国情和需求情况。然而，我国在这种新型反应堆技术开发过程中的原创能力有所欠缺，在一些关键设备的设计与制造，如内置式蒸汽发生器、小型主泵等方面还存在一定差距。

（五）核聚变能发电技术

在聚变能源技术方面，目前国内外的关注点都集中在国际热核聚变实验堆（ITER）计划上。ITER 是世界上第一个聚变反应堆，建造技术难度高，加上需要巨额的投资，使各国认识到，依靠国际合作、依靠各国科学家和工程技术人员共同努力是最佳方式。2006 年 11 月 21 日，参加 ITER 计划的七方——中国、欧盟、印度、日本、韩国、俄罗斯和美国正式签署了联合实施 ITER 计划的两个协定即《联合实施国际热核聚变实验堆计划建立国际聚变能组织的协定》（简称《组织协定》）和《联合实施国际热核聚变实验堆计划国际聚变能组织特权和豁免协定》（简称《特豁协定》）；2007 年 10 月 24 日，ITER 国际聚变能组织（简称 ITER 组织）正式成立，ITER 计划进入实验堆建造阶段；2008 年 10 月，国内机构——中国国际核聚变能源计划执行中心成立，中国参加实施 ITER 项目的工作全面展开。

ITER 设计总聚变功率达到 50 万 kW，是一个电站规模的实验反应堆。ITER 计划的目标：在和平利用聚变能的基础上，探索磁约束聚变在科学和工程技术上的可行性。其作用和任务：用具有电站规模的实验堆证明氘氚等离子体的受控点火和持续燃烧，验证聚变反应堆系统的工程可行性，综合测试聚变发电所需的高热流和核部件，实现稳态运行，从而为建造聚变能示范电站奠定坚实的科学基础和必要的技术基础。ITER 实验堆的基本参数如表 6。

表 6　ITER 实验堆的基本参数

总聚变功率（MW）	500（700）
Q（聚变功率 / 加热功率）	> 10
14MeV 中子平均壁负载（MW/m²）	0.57（0.8）
重复持续燃烧时间（s）	> 500
等离子体大半径（m）	6.2
等离子体小半径（m）	2.0
等离子体电流（MA）	15（17）
小截面拉长比	1.7
等离子体中心磁场强度（T）	5.3
等离子体体积（m³）	837
等离子体表面积（m²）	678
加热及驱动电流总功率（MW）	73

ITER 计划的实施分四个阶段：建造期 10 年，运行期 20 年，去活化阶段 5 年，最后阶段装置交由东道国退役。ITER 七方承担经费情况为：在建造阶段，东道方欧盟承担总费用的 45.56%，其他六方各承担 9.09%；在其他三个阶段，东道方承担 34%，日本和美国各承担 13%，其他各方各承担 10%。

ITER 计划是目前全球规模最大、影响最深远的国际科技合作项目之一，与先进的 ITER 实验堆相比，我国目前正在运行的 HL–2A、EAST 以及在建的 HL–2M 托卡马克实验装置，无论在规模上还是在运行参数上都有相当的差距，但目前我国托卡马克装置的实验目标都瞄准了 ITER 相关的堆芯等离子体物理实验和聚变堆关键技术研究。HL–2A 作为我国第一个具有偏滤器位形的托卡马克装置，其偏滤器位形是现代高性能托卡马克中的一个重要特征，偏滤器也是聚变堆的一个重要部件，它的部分研究成果能够支持 ITER 所需要的数据库，增强我国磁约束核聚变研究参与国际合作的能力。在建的 HL–2M 作为常规的托卡马克装置，建成后可充分发挥装置灵活、等离子体可近性好的特点，大幅度提高等离子体参数，充分发展装置的等离子体辅助加热系统（29MW）和工程关键技术，如先进加料、先进的聚变堆诊断技术、第一壁材料和结构材料等，提升装置实验水平。EAST 作为全超导托卡马克装置，目前已获得了稳定可重复的 1MA 等离子体放电，实现了 EAST 的第一个科学目标，获得 411s 的 2000 万度高参数偏滤器等离子体，这也是目前国际超导装置上所达到的最高参数，EAST 将进一步探索等离子体稳态先进运行模式，其工程建设和物理研究可为 ITER 项目的建设提供经验。中国的托卡马克装置实验研究作为 ITER 的先行实验，充实了 ITER 物理数据库，为将来 ITER 实验运行提供技术支持，为 ITER 开展物理相关问题研究提供了新方法和新思路，推动我国更好地参与 ITER 项目的国际合作。

ITER 计划其他参与方的磁约束聚变装置研究概况如下。

美国的 D Ⅲ –D 托卡马克装置是世界公认的取得成果最多的装置之一。D Ⅲ –D 开展支持 ITER 的研究，内容涉及 ELM 减缓、破裂减缓、电阻壁模的控制、NTM 致稳、ITER 等离子体启动、ITER 运行模式的验证等；开展稳态先进托卡马克研究，研究涉及高 βN 下全非感应运行、验证其他可能的稳态运行模式、控制稳态等离子体密度等；对科学认识的发展，涉及整数 $q_{\min}$ 条件下的芯部输运垒、高 k 湍流、"固有旋转"物理学、高能粒子驱动引起的不稳定性产生的快离子输运、取决于环向旋转的 L–H 功率域值等。

俄罗斯 T–10 装置是在托卡马克的发源地库尔恰托夫所中最大的一个托卡马克装置，该装置对粒子输运问题进行了广泛研究、采用 1MW 大功率回旋管进行了电子回旋共振加热实验、研究了等离子体芯部的电势能、开发了锂尘埃喷流（lithium dust jet）技术等，近期的重大新成果是鉴别辅助加热的等离子体放电的最佳停止条件以及在电流崩塌最初阶段使用 2D CdTe 层析射线以鉴定非热 X 射线扰动。

欧洲联合环（JET）是当今世界上最大的聚变实验装置，其独特的特点是 D 形环向场线圈和真空容器以及大体积强电流等离子体。其主要技术成果体现在：实现了全域约束、MHD 稳定性、发展了边缘和偏滤器物理；D–T 聚变反应实验创造了聚变性能新的世界纪录（在 $Q_{in} = Q_{fus}/Q_{in} = 0.62$ 时瞬态聚变功率为 16 MW，在 $Q_{in} = 0.18$ 时稳态聚变反应功率为 16 MW，长达约 4 s），D-T 实验首次实现了 ITER 装置和聚变堆所需要的某些最重要工艺的真正试验，特别是氚的安全处理以及远距离处理与维修工艺。

日本 JT-60 是以实现临界等离子体条件（能量倍增系数超过 1.0）为目的的大型托卡马克点火装置，是世界三大托卡马克之一，JT-60 后改造成 JT-60U。其特点是具有长脉冲放电、圆截面等离子体的高 β 化、磁孔栏设备和第一壁材料等。JT-60 及 JT-60U 取得的主要技术成果包括：研制成功了高屈服强度线圈、非圆截面 U 型成形波纹管，开展了应力分析手段的研究，开发了钼等碳化钛涂覆技术，研制了大功率速调管、空芯变流器线圈电源用的直流断路装置、中性粒子注入装置用离子源等。

韩国超导托卡马克 KSTAR 是迄今为止世界上建造的第一个采用新型超导磁体（Nb_3Sn）材料产生磁场的全超导聚变装置，其产生的磁场是之前采用铌钛系统产生磁场强度的 3 倍多，稳定性也很好。其主要研究成果是：在 KSTAR 实验中成功实现了 2000 万摄氏度的等离子体和核聚变，并将其稳定维持了 6s，并且成功探测到氘氘聚变反应生成的带有 2.45MeV 级能量的中子。

印度的托卡马克研究经过了 30 多年的发展，已经比较成熟，其代表性的托卡马克类型的装置有：等离子体研究所（IPR）的常规托卡马克装置 ADITYA 和超导托卡马克装置 SST-1。印度目前在核聚变研究领域达到的技术包括：大型真空室和低温恒温器、大型超导磁体和低温系统、辅助系统（离子回旋共振加热、电子回旋共振加热、低杂波电流驱动和中性束注入器）、调节高电压电源（RHVPS）系统以及高压电源等技术经验，这些技术为印度参与 ITER 提供了技术支撑和保障。

（六）其他核电技术

1. 重水堆

目前，发展商用重水堆的国家主要有加拿大、印度、罗马尼亚和阿根廷。加拿大拥有全套的设计和建设商用重水堆核电技术，在坎杜 -6 的基础上继续开发了加强型坎杜 -6 机组并获得了加拿大核管会的审查认可。20 世纪 60 年代，印度在加拿大的帮助下建成了自己的第一台重水堆机组，此后开始自主设计和建设重水堆核电站，目前共有 18 台在役重水堆核电机组和 4 台在建重水堆机组。通过重水堆利用钍资源，印度目前已经处于世界钍堆技术发展的前列。罗马尼亚和阿根廷暂时还不具备全面设计重水堆核电站的能力。我国暂时还不具备独立设计重水堆核电站的能力，但已与加拿大联合开发了共有知识产权的先进燃料重水堆，同时具备部分核心的核岛工艺系统的设计能力。

2. 铅基快堆核电技术

新版 GIF 路线图显示铅基快堆（LFR）是首个有望实现工业示范的四代堆，目前俄罗斯、欧盟、美国、韩国、日本等主要核能发达国家和地区均提出了铅基快堆技术发展路线图。俄罗斯小型铅铋快堆 SVBR 计划于 2018 年建成发电，BREST300 铅冷快堆计划于 2020 年建成发电；欧盟开展了 ELSY、LEADER、SEARCH 等项目研究，计划建造 ALFRED、ELFR 等铅冷快堆；美国、日本、韩国也在铅基快堆方面开展了大量工作，铅基快堆研发已逐渐成为国际先进核能研发的热点。此外，目前国际上的 ADS 项目大多采用铅基快堆作为次临界堆，主要项目包括欧洲 PDS-XADS 设计和 MYRRHA 计划、美国 ADTF 以及法国 MUSE 计划等。

四、核能发电技术学科发展趋势及对策

（一）轻水堆技术

当前世界核能总的发展路线是：现有核电机组在确保安全的前提下延长使用寿命 → 新建第三代轻水堆机组 → 开发第四代核能系统 → 核聚变堆。从长远来讲，我国核电发展执行"热堆—快堆—聚变堆"三步走的方针。快堆是满足第四代反应堆燃料增殖要求的、使用快中子能谱及能充分利用天然铀资源的堆型。聚变堆可以解决人类的能源问题，并且不会产生放射性废物，是目前科技发展的追求目标。

近期世界核电的发展主要还是热堆的发展，我国当前核电的技术路线为：通过引进、消化、吸收和再创新的方式，实现我国自主知识产权的第三代核电技术，如"华龙一号"和 CAP1400，同时着手研发第四代核电技术（如高温气冷堆、快堆、熔盐堆和超临界水堆等）。

从国内和国际的核电技术走向和市场需求角度来看，世界和我国核电后续发展呈现以下几个方面的趋势：

1）核电安全性有更高的要求。核电站的安全问题是核电发展的根本保障，十多年来，指导第三代核电技术发展的用户要求文件（URD、EUR）提出了一系列先进核电的安全性目标和指标。福岛事故再次敲响了安全警钟，核电安全更加受到关注，IAEA 和 NRC 等机构提出了更高的安全要求；我国也明确国内新建核电厂采用三代核电技术路线，满足最高安全标准；并提出了实际消除大量放射性物质释放的要求。如何解读并切实满足"十三五"核电安全要求，进一步提升核电站设计与运行安全水平，是核电技术最重要的研究与发展方向。

2）深化三代核电技术，提高核电经济性。在市场经济条件下，在满足安全法规要求，解决了工程可行性及运行维修可实现性之后，经济性起决定作用。通过优化机组性能、实现标准设计，提高设备制造能力、构建三代核电供货商体系，提高施工管理与运行维护水平等方式，降低核电站设计、制造、建造和运成本，进一步提高核电经济竞争力。

3）核电共性技术科技创新持续发展。开展覆盖核电厂全寿期的先进技术研究，包括数字化电厂平台研发、先进燃料设计、乏燃料贮存技术等，保证核电技术的可持续发展。如数字化电厂是通过对电厂物理和工作对象的全生命周期量化、分析、控制和决策，提高电厂价值的理论和方法，其可应用于核电厂生命周期的各个阶段，包括设计研发、制造、

建造、安装、调试、运维、退役等。

4）核电型号技术发展呈现多元化发展趋势。从市场需求和电网能力角度，系列化型号开发（同一技术体系、不同电厂容量）已成为核电发展的重要战略选择；小型非能动反应堆概念逐渐受到国际核电市场的青睐，其固有安全性更容易提升，用途更为广泛。

5）结合世界核电发展需求，我国政府也逐步将核电"走出去"上升为国家战略，通过核电技术"走出去"，带动国内相关装备制造业与技术服务高附加值产品出口。

"华龙一号"已签订了两台机组的出口合同，并签订了多台机组的出口框架协议。作为压水堆专项成果，我国自主核电品牌CAP1400在南非和土耳其市场已经取得了阶段性进展，南非方面已经签署了中南政府间核能合作框架协议；土耳其方面已经签署企业合作备忘录并进入排他性协商期。因此，核电产业自主化和技术国际竞争力也应成为国内核电发展的重点方向。

6）由于沿海核电场址有限，开发内陆核电将被提上议事日程。

由此，引申出当前以压水堆为代表的轻水堆的主要技术发展趋势。

（1）增强安全性。

1）非能动安全能力增强。通过非能动技术的运用，核电厂的安全性能得到了很大程度的提升。进一步增强非能动安全能力是后续发展的重要方向，主要体现在两个方面：一是非能动安全能力方面的增强，非能动安全系统本身的能力可以应对设计基准事故，即使丧失任何动力也可以将堆芯余热排入环境中；二是非能动安全时间方面的增强，非能动安全没有时间限制，发生事故后无需厂外救援。最新的第四代核能技术路线图（OECD）在分析福岛事故后，强调了长期非能动安全性。目前国际上正在研发的新型反应堆（NuScale小堆、ESBWR等）都具备非能动安全特性。

2）严重事故缓解增强。目前针对严重事故缓解的措施主要有长期冷却的多样性、开发完善严重事故缓解导则SAMG、强化堆芯熔融物滞留能力、实质性消除大量放射性释放要求等，更为先进的堆型需要考虑更好的固有安全性。

3）内陆核电设计增强措施。对于内陆核电厂，结合其厂址、外部环境等因素，考虑到其一旦发生事故的影响更大、更深，为避免在事故后对环境产生大的影响，在现有措施的基础上，进一步从保证安全壳完整性以及事故废液滞留、封堵、处理、隔离等方面增加工程措施，以实现电厂即使发生严重事故也能达到对人无伤害、对环境无实质性影响的目标。

（2）提高先进性。

1）采用一体化技术。主要体现在小型反应堆，代表型号有美国巴威公司的mPower、西屋公司的W-SMR及美国纽斯凯尔电力公司的NuScale，这些小堆与当前环路式压水堆相比，将冷却剂泵、控制棒驱动机构、稳压器、蒸发器与压力容器相结合，实现一体化，降低了始发事件数（尤其是LOCA）和堆芯损伤频率，增强了安全水平，降低了中子对压力容器的影响，延长了压力容器的寿命。

此外，设计分析技术的一体化也是国内外研究的重点方向，代表性的有美国CASL数值反应堆技术。

2）进一步简化设计。简化包括系统部件的简化、人员操作的简化、人因工程的简化等，主要体现在简化核电系统，比如简化堆芯冷却系统及支持系统、简化辅助系统和 BOP 等，可以达到降低造价、简化运行和降低人因事件概率的目的。在美国纽斯凯尔电力公司的 NuScale 的设计中，不仅安全系统采用简化设计，可以实现无时限的长期非能动冷却，主回路也采用自然循环带出堆芯热量，取消了主冷却剂泵，简化了设计。

3）优化安全壳设计。安全壳的功能扩展是要可靠地包容放射性物质，增强抵御外部事件能力，分为钢制安全壳和预应力混凝土安全壳。目前钢制安全壳的代表有 AP1000/CAP1400，钢制安全壳不仅可以作为安全屏障，还可以形成巨大的空气热阱，发生事故后安全壳内部工质蒸发冷凝形成自然循环，将堆芯热量带到安全壳，安全壳再通过水膜冷却和空气冷却将热量排入大气，钢制安全壳外设置有屏蔽厂房，具有抗商用飞机撞击的能力。预应力混凝土安全壳现在发展为双层设计（代表为 EPR 和"华龙一号"技术），同样具有多重释放屏障、多重包容措施和抗商用飞机撞击的能力。部分预应力混凝土双层安全壳还另外设计了非能动安全壳冷却系统，如"华龙一号"和 VVER 等。目前的部分小堆概念设计中由于安全壳较小，也有安全壳在地下布置的设计。

4）运用模块化设计。模块化的发展可以分为大型核电的模块化建造和模块化小型反应堆两种，主要特点有反应堆工厂组装、整体运输、模块式建造、现场同步施工、全场模块式组合、可分期建造等。通过模块化可以实现缩短建造周期、降低造价、减少一次性投入、降低金融风险等。

5）建立数字化设计体系。信息技术的飞速发展，使得设计本身的数字化和智能化成为可能，也使得核电研发、设计、验证、制造、建造、调试和运行的数字化体系成为目前的前沿方向。通过使核电不同环节的数据在数字化平台上交互共享，提高核电各环节的效率和可靠性。结合在线智能化监测、诊断和评价系统的开发和应用，将积累海量的数据，通过对这些数据进行挖掘和分析，将为后续的研发提供丰富的技术选项和基础数据，同时为电厂的技术改进提供大数据支持，进而促进大设计理念的实现。

6）乏燃料储存技术。目前乏燃料的处理方式分为一次通过或者再循环，而再循环处理的能力有限。目前世界乏燃料主要采用水池贮存，部分采用干式贮存。福岛事故凸显水池贮存的隐患。我国近中期内乏燃料存量将远大于后处理能力。我国乏燃料现存约 2600t，目前年产约 300t，未来约 1000t（2020 年 /48 台机组）。当前，我国乏燃料后处理能力约 60t/ 年，计划 2030 年建设后处理厂约 800t/ 年，尚未进入商用阶段。我国多个核电厂（大亚湾、田湾等）已经面临乏燃料水池贮存能力不足问题。

从世界范围看，干式贮存有可能成为以后较长时间内的一种安全有效的解决途径，需要重点关注的技术有：非能动传热技术、临界安全技术、辐射安全技术、设备试验验证技术以及基础材料开发。乏燃料干式贮存很长时间后，如果仍然需要运走，则需要考虑不同贮存时间后运输相关的技术要求以及运输容器完整性的无损检测技术等。

7）退役技术。商用核电站在永久停堆之后，为了解除法规上要求的部分或全部放射性安全管制，必须在行政或技术上采取一系列措施，从而使厂址可以无需安保措施便可自由用作他途。这是相关国际组织及各核能国家核安全监管当局的共通要求，也是核能在未来可持续发展的必要前提。截至目前，实践证明安全退役技术是可行的及安全退役目标是可达的。近期需要关注：核电厂安全退役相关技术及管理体系的建立、核电厂退役工程的设计技术研究、核电厂退役申请相关的安全评价技术、核电厂退役实施计划的制订、退役核电厂放射性水平调查技术及开展核电厂退役成本估算研究等。

（3）开发新型燃料。

燃料研发的热点是事故容错燃料（ATF，EATF）的发展。2012年12月OECD/NEA ATF工作组召开会议启动了事故容错燃料的发展。目前，美国能源部会同美国国家实验室、核能开发公司和大学已经制定了相关研究计划并准备了相应设备，进行ATF芯块和包壳的候选材料的评价工作，并支持了以三家公司和三所大学牵头的ATF研发，规划在2022年以前实现ATF燃料完成堆内辐照考验并得到小规模应用。

在我国，国家能源局推荐中广核代表我国以观察员身份加入OECD组织，2013年12月在深圳组织召开了关于ATF技术研发的研讨会；2014年1月向国家能源局提交了关于ATF研发的重大专项项目申报书，正式启动了重大专项课题的申报。

ATF的研发和应用，将从根本上提高燃料和反应堆对严重事故的抵抗能力，有效缓解严重事故后果，为新建核电厂"从设计上实际消除大量放射性物质释放的可能性"的目标提供切实可行的解决方案，显著提高电厂的安全性能，并形成新的核电安全标准。另一方面，由于ATF从本质上消除了反应堆在事故工况下的氢气产生来源，可简化新建核电厂的安全及辅助系统，有效提高核电的经济性。

（二）高温堆技术

1. 高温气冷堆未来发展

主要包括多模块高温气冷堆热电联产和超高温气冷堆技术两个层次。

（1）多模块高温气冷堆热电联产。

第一层次是近期到中期目标，目的是以现有模块式高温气冷堆技术为基础，保持反应堆出口温度不变（700 ~ 750℃），用蒸汽循环实现安全发电，充分发挥模块式高温气冷堆的安全性和对电网的适应性等优势；除发电外，通过抽取适当比例蒸汽做高参数供热、稠油热采等实现热电联产，从而可在除发电以外的工业和民用能源市场替代化石燃料，减少 CO_2 排放和环境污染。该层次的研发可充分利用现有成熟的模块式高温气冷堆技术，研究不同温度区间的工艺热应用要求，研究通过多反应堆模块灵活组合以满足不同容量的能源需求，通过汽轮机抽汽方案实现高效发电和高参数蒸汽输出的热电联产方式。

（2）超高温气冷堆技术。

第二层次是中远期目标，目的是发展超高温气冷堆技术，产生更高的反应堆出口温度，从而用氦气透平循环（包括联合循环）实现更高效的安全发电和更大范围工艺热应用（如煤气化、天然气重整等），同时实现大规模核能制氢，可在交通和金属冶炼领域替代化石燃料。该层次的研发领域包括新型耐高温燃料技术、新型耐高温耐辐照石墨材料、高温氦气透平发电技术、高温电磁轴承技术、高温氦/氢热交换器技术、高温核能制氢技术等。

国际核能界高度重视高温气冷堆在高效发电和高温工艺热应用等领域的发展潜力，目前国际上高温气冷堆的研发正围绕以上两个层次的应用目标开展。第四代核能系统国际论坛（GIF）在 2014 年发布的升版术路线图中，把上述两个层次作为超高温气冷堆在下一个十年的主要发展目标；美国"下一代核电厂"（NGNP）项目把近期目标设定为：利用高温气冷堆向美国的工业蒸汽用户提供高温蒸汽以替代天然气燃料；日本和韩国均在继续推动高温气冷堆制氢的研发工作。

2. 对策

我国历经国家"863"计划 10MW 高温气冷实验堆（HTR-10）的建造运行和国家科技重大专项高温气冷堆核电站示范工程（HTR-PM）的商业化示范推动，已在商业规模模块式高温气冷堆核电站技术上走在国际前列，拥有国际上最为活跃的高温气冷堆技术研发项目和团队。以示范工程为基础，我国最有可能首先在国际高温气冷堆产业化应用上取得突破。为了在国际先进核能技术发展激烈竞争中继续保持我国在该领域的领先地位，加快实现我国能源结构调整、推动核能在更广泛能源市场需求中的替代作用。

在国家科技重大专项框架下，积极开展 HTR-PM 示范工程的后续产业化机组研发，依托 HTR-PM 经过验证的模块化反应堆技术，实现热电联产，进一步推动高温气冷堆的市场应用和技术进步，着力建设一个国际一流、具有自主知识产权的高温气冷堆产业体系，在国内外市场的产业化应用上取得突破。重点研究的领域包括：石墨国产化、电磁轴承技术、多模块协调控制技术、热电联产技术等。

加快发展超高温气冷堆技术，为高温气冷堆技术的更高效率发电和更广泛领域的工艺热应用、特别是大规模制氢技术奠定基础。重点研究的领域包括：超高温气冷堆总体设计技术、高温氦气透平发电技术、高温电磁轴承技术、高温氦/氢中间换热器技术、高温核能制氢技术等。

积极参与并领导国际合作，围绕高温气冷堆热电联产和超高温气冷堆等领域的关键技术开展合作研究，解决高温关键材料、高性能燃料、工艺热应用、高温制氢技术、总体设计和安全分析技术、关键设备等方面的问题，使我国的高温气冷堆技术引领国际先进核能技术发展潮流。

（三）快中子堆技术

当前全球钠冷/铅冷快堆技术发展趋势有以下几个方面：钠冷/铅冷快堆技术是闭式燃料循环技术的重要组成部分，开发闭式燃料循环技术，缓解核废料给环境带来的长期压力；重视反应堆安全性能的提升，致力于降低发生堆芯熔化及大规模放射性释放的频率，提高反应堆应对严重事故的能力；提高包括快堆电站在内的核燃料循环系统的经济性。

在乏燃料后处理方面，快堆可以对水堆乏燃料中的次锕系核素和长寿命裂变产物进行分离嬗变，大大减少核废料的体积及需要地质储存的时间，从而缓解核废料给环境带来的长期压力，是形成闭式燃料循环的一个重要环节。俄罗斯、美国、法国、日本等核电发达国家积累的水堆乏燃料越来越多，乏燃料储存及后处理的压力日益增大，其发展快堆的一个重要目的是对长寿命放射性废物进行嬗变，以形成闭式燃料循环，有效管理核废料，减轻环境压力。乏燃料后处理、次锕系核素及裂变产物在快堆堆芯的嬗变、一体化快堆设计等技术将持续成为未来的重要发展方向。

在安全性能提升方面，主要有以下发展趋势：提高安全设计标准，增加对设计扩展工况（Design Extension Conditions）的考虑，符合第四代先进核能系统安全指标要求，以降低堆芯熔化概率及大规模放射性释放概率；增强反应堆的固有安全性，如将钠空泡效应设计得尽量小、增大自然循环流量等；非能动安全技术的研发和应用，如在堆上采用非能动停堆系统、非能动余热排出系统、堆芯熔化收集器等；开展严重事故理论及实验研究，增强反应堆抵御严重事故风险的能力；降低钠泄漏概率，以降低发生钠水反应及钠火的风险。

从提高燃料循环系统经济性的角度，为进一步减轻后处理的压力，发展高燃耗的金属燃料快堆有可能成为快堆中长期的发展趋势，具体时间表取决于高性能的包壳材料技术和金属燃料后处理技术的突破，目前有代表性的技术概念有行波堆、驻波堆等。

针对全球快堆发展趋势和我国的核电发展现状与规划，建议如下对策：

在国家《核电中长期发展规划（2005—2020年）》的指导下，坚定我国快堆发展技术路线，自主开发包括钠冷/铅冷快堆技术在内的闭式燃料循环技术。

利用CEFR平台和计划建造中的MOX热室等研发平台，全面开展燃料材料的技术研发。

通过自主设计、建造示范快堆工程，全面掌握快堆设计与建造技术，为提高快堆经济竞争能力奠定技术基础。

重视国际合作的开展，积极发展双边及多边国际合作，降低研发成本，共享科研成果，缩短研发周期。

（四）其他核电技术

1. 重水堆核电技术

重水堆核电技术的优势在于其可以高效利用回收铀以及大规模生产同位素，并可作为钍资源核能利用的突破口。在回收铀利用方面，既可以解决后处理产生的回收铀产品的利用问题，又可以使核燃料来源多样化、保障核燃料供应。在钍资源核能利用方面，既可解决钍的潜在环境污染问题，又可发展钍铀循环，作为铀钚循环的备用手段。考虑继续推进重水堆技术的发展，建设先进燃料重水堆，在经济高效利用回收铀的同时为钍资源核能利用创造研发平台，实现钍资源核能利用的突破。

2. 小型模块化反应堆技术

尽管世界各核能研发机构纷纷推出各自的小型模块化反应堆以期抢占未来"潜在核能市场"和技术制高点，不过由于经济性等因素，实际核能市场反响并不热烈。这也导致了国际上某些企业，如美国巴威公司、西屋公司等削减或暂停了对小型模块化反应堆的研发投入和开发计划。小型模块化反应堆发展是否会如同 20 世纪 80 年代中小反应堆兴起以来的再一次转折，尚不明朗。

鉴于我国国情，小型模块化反应堆作为单纯发电用途可能不具备经济竞争力，然而小型模块化反应堆可满足我国北方城市集中供热、沿海缺水城市海水淡化的需求，可满足我国海洋大国的发展战略和海洋经济开发中的能源和淡水需求。因此，针对上述特定市场，发展陆基多用途小型模块化反应堆和开发海洋小型模块化反应堆在我国仍具有实际工程应用价值。我国小型模块化反应堆技术的研发重点在于解决内置式蒸汽发生器设计和制造技术、紧凑型堆套管连接技术以及其他共性技术问题。

3. 核聚变

经过半个多世纪的不懈努力，受控热核聚变的研究已在托卡马克装置上取得了突破性的进展。对高温等离子体的基础问题做了大量研究，如影响磁约束及造成能量损失的各种机理，以及摸索出克服这种不稳定性及能量损失的对策等。

20 世纪 90 年代，欧盟的 JET、美国的 TFTR 和日本的 JT-60 这 3 个大型托卡马克装置在磁约束核聚变研究中获得许多重要成果：等离子体温度达 4.4 亿摄氏度，这一温度不仅大大超过氘氚反应达到点火的温度要求，而且已接近了氘氦-3 聚变反应堆点火对温度的要求，脉冲聚变输出功率超过 16MW，聚变输出功率与外部输入功率之比 Q（能量增益）等效值超过 1.25。在实验上验证了托卡马克途径实现聚变的科学可行性，研究表明了托卡马克是最有可能首先实现聚变能源商业化的途径。

目前，国际磁约束聚变研究的前沿问题包括：燃烧等离子体物理、先进托卡马克稳定运行和可靠控制、ITER/DEMO 工况下的等离子体与材料的相互作用、长脉冲和稳态条件下的物理和技术、聚变等离子体性能的预测、反应堆核环境条件下的材料和部件、示范堆的集成设计等。

针对上述前沿问题以及需要解决的科学技术问题，世界主要聚变研究国家都在积极研究制定聚变发展战略。为尽快促使聚变能源在中国的早日利用，中国确定的聚变能开发的战略步骤为：聚变能技术—聚变能工程—聚变能商用三个阶段，即以建立接近堆芯级稳态等离子体实验平台，吸收消化、开发与储备后 ITER 聚变堆关键技术，设计并筹备建设 200 ~ 500MW 的中国聚变工程实验堆 CFETR 等为近期目标（2010 ~ 2020 年）；以建设、研究、运行聚变堆为中期目标（2020 ~ 2035 年）；以发展聚变电站为长远目标（2035 ~ 2050 年）的三阶段计划。

我国聚变能开发的规划目标是：以现有中、大型托卡马克装置为依托开展国际核聚变前沿问题研究，利用现有装置开展高参数、高性能的等离子体物理实验和氚增殖包层的工程技术设计研究；扩建 HL-2A 和 EAST 托卡马克实验装置，使其具备国际一流的硬件设施并开展具有国际先进水平的物理实验；开展聚变堆设计研究，建立聚变堆工程设计平台；发展聚变堆关键技术，如包层技术、材料技术等；通过完成 ITER 计划任务，培养一批高水平专业人才，为建造聚变工程实验堆奠定基础。

五、创新发展机制分析与建议

（一）驱动力分析

在全球低碳发展趋势下，掌握先进核能发电技术是一个国家核心竞争力的标志。发展自主知识产权的核能发电技术符合我国的国家安全和能源战略，其驱动力主要来自以下三个方面。一是国家能源安全的需要。我国人均能源资源占有率较低，分布也不均匀，为保证我国能源的长期稳定供应，化石能源比例将减少，核能将成为必不可少的替代能源。二是优化能源结构，改善大气环境的需要。我国一次能源以煤炭为主，长期以来，煤电发电量占总发电量的80%以上，适当增加核电比例，不但可以减少煤炭的开采、运输和燃烧总量，而且是减少排污的有效途径，也是缓解全球温室效应的重要措施。三是核电的创新促进国家科技进步和产业升级。核电站技术含量高，质量要求严，产业关联度高，涉及上下游几十个行业。加快核电技术自主创新，有利于带动相关产业的高新技术研发，尤其是促进基础产业科技进步，对提高我国整体装备水平将发挥重要作用。

（二）影响因素分析

首先理顺核电发展的机制，出台有利于创新的体制机制和产业政策是创新发展的基本保障和前提条件。

从核电产业链的构成上，我国核电产业目前尚没有形成完整的产业链条。核电的研发与装备制造等各板块之间尚未完全打通，科研成果难以有效转化，产业链内组织体系较为松散，还没有形成一个强有力的产业链条，这是我国核电技术创新的瓶颈之一。

基础产业还落后于发达国家，核电的核心技术研发能力落后于核电发达国家，关键设备例如主泵等，成为制约项目建设的关键因素。核电学科具有综合性和系统性特点，基本上可以把国民经济中的所有行业门类和学科内容囊括进来，核电的技术创新能力也受相关学科门类的发展影响。

（三）发展战略与建议

一是构建完整的核电研发—设计—建造—运营—后处理产业链，核电技术的科研开发要能够得到产业化应用。以对核电项目投入带动基础产业，以基础产业进步促进核电技术创新，组建一个技术密集型、强大资金流的核电技术创新平台，在这个平台上可实现各项科研成果的有效转化。由大型核电企业或核电企业集团作为主体，加强与政府、研究机构、大专院校等其他主体之间的合作与联系，构建我国核电创新发展平台，研发具有自主知识产权的核电技术，逐步完善核电一体化产业链。

二是完善适用于核电技术发展创新的政策环境，在政府大力支持和积极引导下，制定相应的政策法规，在技术研发、技术转化以及人才培养方面配套支持政策，积极促进核电技术创新。

三是大力培养核电领域相关人才。核电站所需要的人才并非仅仅限于核专业，所需人才涉及机械设备、热能、自动化控制等60多个相关专业，目前，许多高等院校都设立了核电专业，随着我国核电发展，将需要更多的核电相关领域的人才。

—— 参考文献 ——

［1］ IAEA. Advances in Small Modular Reactor Technology Developments［R］. 2014.

［2］ 中国电气工程大典编辑委员会. 中国电气工程大典. 第6卷，核能发电工程［M］. 北京：中国电力出版社，2009.

［3］ 郑明光. AP1000依托项目和CAP1000/1400研发设计情况［R］. 2014.

［4］ 郑明光. CAP1400研发与型号性能介绍［R］. 2014.

［5］ AP1000状况回顾［R］. 2002.

［6］ 汤博. "实际消除大规模放射性释放"概念的探讨［J］. 核安全，2013，12.

［7］ IAEA. Energy, Electricity and Nuclear Power Estimates for the Period up to 2050［R］. 2014.

［8］ IAEA. Advances in Small Modular Reactor Technology Developments［R］. 2014.

［9］ IAEA. Developing infrastructure for new nuclear power programmes［R］. 2014.

［10］ ICAPP. Integral inherently safe light water reactor concept: Extending SMR safety features to large power output［R］. 2014.

［11］ IAEA. Passive safety systems and natural circulation in water cooled nuclear power plants［R］. 2009.

［12］ IAEA. Technology roadmap update for generation IV nuclear energy system［R］. 2014.

［13］ Advanced light water reactor utility requirements document［Z］. 1999.

［14］ IAEA. Advances in Small Modular Reactor Technology Developments – A Supplement to: IAEA Advanced Reactors Information System（ARIS）［R］. 2014.

［15］ 张振华，陈明军. 重水堆技术优势及发展设想［J］. 中国核工业，2010（02）.124–129.

［16］ 马文军. 小堆的"热"与"冷"［J］. 中国核工业，2013（10）：14–15.

［17］ 孙勤. 在海洋经济中推广小型堆［J］. 中国核工业，2014（3）：33–34.

［18］ Yican WU. Development Plan and R&D Status of China Lead–based Reactors（CLEAR）for ADS, LFR and Fusion, IAEA TM on LMR［C］. 2013.

［19］ 江绵恒，徐洪杰，戴志敏. 未来先进核裂变能——TMSR核能系统［J］. 中国科学院院刊，2012（03）.

［20］ 樊申，孟智良，陈明军，等. 压水堆回收铀在重水堆应用示范验证试验［J］. 原子能科学技术，2013（第47卷增刊）.128–131.

［21］ 乔刚. 重水堆科学发展的思考与实践［J］. 核科学与工程，2014（第34卷增刊）：277–281.

［22］ S. Kuran, C. Cottrell, Gang Qiao, et al. Technical and Commercial Summary Report of an Advanced Fuel CANDU Reactor（AFCR）in China［R］. 2014.

［23］ The Ux Consulting Company LLC. Small Modular Reactor Market Outlook（SMO）［R］. 2013.

［24］ IAEA. Advances in Small Modular Reactor Technology Developments［R］. 2014.

［25］ Technology Roadmap Update for Generation IV Nuclear Energy Systems［R］//Generation IV International Forum, 2014.

［26］ Zuoyi Zhang, et al. Current status and technical description of Chinese $2 \times 250MW_{th}$ HTR–PM demonstration plant［J］. Nuclear Engineering and Design, 2009（239）: 1212 – 1219.

［27］ Fast Reactor Database 2006［EB/OL］. 2007.

［28］ Status of Fast Reactor Research and Technology Development［EB/OL］. 2013.

［29］ Assessment of Nuclear Energy Systems based on a Closed Nuclear Fuel Cycle with Fast Reactors［EB/OL］. 2012.

［30］（英）加里·麦克拉肯，彼得·斯托特，著. 核工业西南物理研究院翻译组，译. 宇宙能源—聚变［M］. 北京：原子能出版社，2008.

［31］ 罗德隆，刘永，等. 国际核聚变能源研究现状与前景［M］. 北京：原子能出版社，2015.

［32］ 罗德隆，等. 国际大科学工程—ITER 计划外部审核管理［M］. 北京：科学技术文献出版社，2012.

［33］ 刘向阳. 我国核电技术发展现状及存在的问题［J］. 电器工业，2010（6）：59–66.

撰稿人：汪映荣　俞卓平　郭　宇　王煦嘉　曹学武

王明政　董玉杰　姜卫红　刘　宏

输电技术及系统发展研究

一、引言

我国能源资源与用电需求呈逆向分布，随着大煤电、大核电、大型可再生能源基地的集约化开发，需采用大规模远距离输送电力以满足能源资源大范围优化配置的要求。"十二五"期间，伴随特高压大容量交直流输电工程建设的推进，电力系统运行呈现出许多新特点，对大电网的安全运行与协调控制能力、智能分析和决策能力、保护系统可靠运行能力等方面提出了更高的要求。输电技术及系统是保证电网安全、可靠、高效运行的基础支撑技术，近年来，我国在特高压交直流输电技术、大电网仿真计算技术、智能电网构建技术、电力系统保护与控制技术等方面取得了长足发展，与国外先进技术水平之间的差距日趋缩小，攻克解决了多项电网生产运行中面临的实际问题。

在特高压交直流电网规划与分析技术研究方面，建设以特高压电网为骨干网架的坚强智能电网是解决能源和电力发展深层次矛盾的治本之策，是满足各类大型能源基地和新能源大规模发展的迫切需要[1]。我国侧重于大电网基础理论和安全稳定分析方法的研究，建立了大电网构建的时序及规模的理论分析方法，开发了具有基础数据库，涵盖针对可再生能源的电网可靠性、安全性、经济性分析模块，提出了大区联络线功率波动理论及抑制技术、多 FACTS 设备灵活控制技术等提升电网稳定水平的先进控制技术，常规机组特高压直流外送系统与间歇式新能源接入稳定性分析初步完成，大型水电、核电机群网源协调关键技术研究初步开展。但在更有效接纳大规模可再生能源，建立适用于未来电网特征的系统综合评估方法，将系统论、复杂性等新理论新方法引入电网规划分析，超导、储能、直流电网等新技术应用对未来电网形态的影响等领域，还需借鉴国外经验开展相关研究。

在电网调度控制及市场运营技术方面，相比国外而言，国内的研究起步较晚，但发展迅速，形成了可全面支撑电网调控业务、标准统一的一体化支撑平台，建立了完整的特大电网调度控制技术支撑体系。由国家电网公司研发的智能电网调度控制系统被列入2012年国家重点新产品计划战略性创新产品清单，并推广到国家电网所有省级以上调控中心以及多个地级调控中心。"十二五"期间全国统一电力市场技术支撑平台已推广至国家电网公司系统内所有国、分、省级交易中心。从整体来看，国内在电网调度控制及市场运营技术的研究及应用上已处于国际领先地位，但仍有上升空间。未来电网调度控制技术将朝着高效集约协同的系统平台、基于态势感知的前瞻安全调度控制、支撑"源－网－荷"全面互动运行经济调度的方向发展；电力市场运营技术将朝着面向日前、实时等多交易周期的电力生产运行与市场运营一体化运营支撑的方向发展。

在特高压交流输电技术研究方面，解决了过电压与绝缘配合、潜供电流、无功补偿、雷电防护、外绝缘及电晕特性、系统调试等多项关键技术难题，取得了一批创新型科技成果，并在首个特高压同塔双回工程商业化运行、首个特高压串补装置投运等多个方面实现了"中国创造"和"中国引领"。为满足未来我国远距离、大容量输电以及大范围互联电网的发展需求，提升特高压交流输电技术的先进性、经济性、创新性，需要结合我国特高压交流电网的发展规划，在过电压差异化设计、过电压深度抑制、潜供电流抑制措施优化、高海拔地区绝缘配合、可扩展式串补、高补偿度串补等技术领域开展创新研究，针对相控合闸断路器、可控避雷器、高速接地开关、新型串补快速过电压保护等新技术、新设备开展攻关，为特高压交流输电技术的推广应用和先进性、经济性提升提供技术保障。

在特高压直流输电技术研究方面，在 ±1100kV 特高压直流输电工程研究和建设领域我国走在世界前列。大容量的功率汇集送出和馈入对送受端电网的安全稳定提出更大挑战，应该大力推进相关领域研究，解决大容量功率的送出和馈入问题。针对我国越趋复杂的交直流系统混联型式，适应性优化直流系统控制策略和参数，将对改善故障下交直流系统恢复特性起到关键作用。在多端高压直流输电技术研究方面，需要深入研究能够实现工程应用的高压大容量直流断路器、多端直流输电各换流站之间的协调控制以及站间通信技术等，并对多端直流输电技术的应用场景进行合理规划。

在电压源换相直流输电技术研究方面，目前电压源换相直流输电（VSC-HVDC）技术存在的主要问题是电压等级，特别是容量还没有达到特高压常规直流的水平，以及无法实现抑制直流线路瞬时故障。目前，国内在高压直流断路器以及直流变压器等设备研制工作上，也取得了重大突破。特别是 ±200kV 高压直流断路器已经基本研制完成，并具备实际应用的能力，对于今后多端直流输电系统，甚至直流电网的规划建设，具有重大影响和意义。为了在电压源换相直流输电（VSC-HVDC）技术上取得进一步的突破和发展，需要开展电压源换相直流输电（VSC-HVDC）系统电压等级系列的标准化、适用于架空线输电的电压源换相直流输电（VSC-HVDC）系统等方面的研究。

在灵活交流输电技术研究方面，"十二五"期间我国取得了长足发展，与国外相比的技术差距逐渐缩小。在大容量 STATCOM、750kV 可控高抗、短路电流限制器等研发与应用方面，达到了国际领先水平，实现了电网运行控制灵活程度的大幅提高，解决了电网实际面临的稳定控制问题，提升了新能源的消纳水平。但也应看到，国内在 FACTS 控制器研发方面原创性不足，还不能完全满足电网未来发展的技术需求，需要在大功率电力电子设备制造、FACTS 控制器原理性设计以及多 FACTS 控制器协调控制技术等方面加大研发力度。

在交直流电力系统仿真计算技术研究方面，国外在传统的电力系统仿真和建模技术方面相对成熟，已经建立了较为完善的技术体系和完整的仿真工具。我国也取得了一些关键的突破，在直流、发电机及其控制系统的建模已经比较成熟，开发完成大规模交直流电力系统电磁暂态、机电暂态和中长期动态过程统一的多时间尺度全过程仿真软件，完成了电力系统实施仿真装置 ADPSS 的研究开发，建立了在线稳定评估系统的基本架构。但是，我国的发展相对较晚，还需要在模型的精细化仿程度、大规模电磁暂态仿真、大规模实时仿真以及在线智能分析方面继续深入研究和实用。

在交直流电力系统保护与控制技术研究方面，提出了智能变电站层次化保护控制体系，并在层次化保护控制关键技术研究、设备研制和工程应用方面取得了大量成果。提出了含微电网的配电系统继电保护与自动重合闸策略的改进方法、适应微电网短路特性的故障识别和保护方法以及微电网分层分区协同保护的保护方案。研究了超/特高压交流系统、新能源接入系统和微电网方面的故障特征及对电网保护的影响，研究了智能变电站继电保护系统构成及功能集成优化技术、保护智能分析及预警技术，开展了基于 WAMS 信息的广域协调控制和多 FACTS 协调优化控制技术研究。总体上电力系统保护与控制技术的理论研究与实用化成果显著。

在智能变电站技术方面，截至 2015 年中旬，我国建设的智能变电站已达 2000 多座。智能变电站技术在一次设备智能化技术、二次设备集成技术、一体化监控系统及高级应用、检测调试及运维技术、模块化设计等方面取得突破，建立了智能变电站技术标准体系，基本实现了全站信息数字化、通信平台网络化、信息共享标准化、高级应用互动化。国外虽然最早提出自动化系统的体系标准 IEC61850，但由于建设需求不足等因素，对智能变电站技术研究较少。未来，国内智能变电站技术将在实现安全可靠、控制灵活、运维简便、经济环保的目标基础上，进一步推动一二次设备之间深度融合，实现变电站设备和系统的即插即用以及变电站对主站的整体即插即用，从而达到无人自治和远程运维的水平，并结合能源互联网的发展，进一步实现协同互动、态势感知、适应多类能源接入，进入更加高阶技术发展阶段。

在电网防灾减灾技术研究方面，为了应对日益频发的各种电网灾害的破坏，国内在电网主要灾害发生机制、灾害区域分布规律、防灾减灾技术及灾害预警技术等方面开展了大量研究工作，初步建立了电网主要灾害的防治技术体系，提出了系统的防灾设计和改造技术措施，绘制完成电网主要灾害分布图，建成雷电及覆冰预警平台，极大地提升了电网防灾减灾水平。

总体来看，输电技术及系统的未来发展将服务于更大范围内电力传输需求，提高远距离能源送端与负荷中心之间的协调能力，以电能为主载体优化提升多种能源形式的利用效率，提升大规模新能源的消纳水平，支撑智能电网发展的技术需要，增强电网安全稳定运行水平，为建设智能、绿色、低碳、高效电网做出更大的贡献。

二、输电技术及系统最新研究进展

（一）特高压交直流电网规划与分析技术

自 2009 年 1 月，我国首个 1000kV 特高压晋东南—荆门交流试验示范工程建成投运以来，已建成"两交四直"特高压工程，在运在建特高压线路超过 1 万千米。特高压交流、直流输变电在大电网控制保护、智能电网、清洁能源接入等领域取得一批世界级创新成果。建立了系统的特高压与智能电网技术标准体系，已制订企业标准 363 项、行业标准 145 项、国家标准 66 项，编制国际标准 19 项，中国的特高压交流电压成为国际标准电压。高压直流、大容量可再生能源接入电网等 4 个分技术委员会秘书处设在中国国家电网公司。中国特高压工程的成功，使中国首次在电网科技领域实现"中国创造"和"中国引领"，实现从追赶到超越的历史性转变[2]。

特高压交直流电网规划与分析技术分支包括大电网规划技术、交直流混合电网运行控制技术、新能源并网控制技术、源网协调技术等 4 类关键技术方向，涵盖规划理论和优化方法实现、规划量化评估技术应用、新技术对电网形态的影响、安全稳定特性和机理分析、运行安全风险评估与防控决策、新能源并网的稳定性及控制策略研究、发电机控制与电网协调优化、大型能源基地协调控制等多维角度，需要发展能够提升新能源接入比例、提高电网安全稳定运行水平、保障网源协调运行、适应未来电网发展特征的特高压交直流电网规划与分析技术。

1. 大电网规划技术

国内方面，我国在大电网规划技术方向取得了一系列研究成果。针对我国电网发展建设面临的重大问题，以特高压同步电网、酒泉风电和新疆光伏发电并网、华东多直流馈入大受端电网为工程背景，提出大规模同步电网构建原则和安全稳定保障策略[3]，提出受端电网受入高压直流规模和安全稳定保障措施[4]，提出大规模间歇式电源集中接入电网、远距离外送情况下电源配置、送电方式和电网规划原则[5]，为构建经济合理的国家电网，实现能源资源更大范围优化配置提供电网规划理论和规划原则。我国侧重于对交直流特高压大电网开展基础理论研究，大电网规划评估技术指标体系和指标计算分析方法等研究达到了国际先进水平[6]。开发了国家电网一体化电网规划研究平台，实现了公司系统规划数据的归集。特高压交、直流输电，灵活交流输电等技术领域已走在国际前列[7]。掌握了特高压可控电抗器的系统适应性，为特高压可控电抗器示范工程的后期投产提供了技术保障，该技术填补了国际空白。

国外方面，在规划理论和方法研究方面，国外学者率先开展了考虑不确定性因素、可再生能源接入、经济性、电力市场环境的电网规划方法的研究。2011 年 5 月，IEEE 风能容量值课题组推荐了一种计算风电容量置信度的方法[8]。基于投资运行费用一体化（Totex）的动态规划方法已在英国国家电网公司和美国 MISO 得到了不同程度的应用。国外在电网规划技术实现和综合应用方面起步较早，目前已有一些相对成熟的规划软件应用于电网规划工作中。在新型输变电技术方面，国外在柔性输电技术、轻型直流输电技术、多端直流输电技术、超导输电、气体绝缘管道输电、大容量储能技术、直流电网等方面已有多年的研究[9-13]，并有一定的工程应用经验。

总体上看，我国在大型规划电网综合分析能力方面达到国外研究水平，在部分新型输变电技术应用研究领域，由于起步较晚而落后于国外先进国家。针对目前世界各国能源和电力面临的问题和挑战，未来电网的发展方向很大程度上以接纳大规模可再生能源电力和智能化为特征，具有崭新特点的未来电网规划技术方面还需开展相关理论研究。国内在大电网规划技术的应用研究方面大多还停留在理论和学术研究阶段，急需借鉴国外的可靠性、充裕性评估理论和优化方法，并结合我国电网实际情况，研究不确定性规划方法等在电网中应用的技术问题。我国在新型输变电及控制技术方面的研究尚不全面，从电网发展需求看，超导输电、大容量储能技术、直流电网等新技术在国家电网中都将得到一定的应用，应开展深入系统的研究工作。新型技术对电网形态的影响方面的研究工作尚未展开，还需在相关领域开展研究工作，做好技术储备。

2. 交直流混合电网运行控制技术

交直流混合电网运行控制技术方向包含了大电网稳定性理论研究、交直流混合电网安全稳定特性研究、交直流混合电网安全稳定分析技术研究。国内外在基于广域信息的控制技术、智能优化控制技术和多 FACTS 设备协调控制技术[14-15]等方面已经取得了一系列成果。随着我国特高压交直流工程的投运、新能源的大规模接入、柔性直流和交流等新型输电技术的逐步应用[16-18]，电网安全稳定特性发生着深刻变化，对运行控制技术的要求越来越高。

国外，在交直流混合电网安全稳定机理方面，开展了大量基于 WAMS 的电力系统稳定控制研究；交直流混合电网安全稳定特性方面，在分布式可再生能源接入系统、FACTS 技术应用对电网安全稳定性的影响，以及多馈入直流对受端电网安全稳定特性的影响、电力市场环境下的电网安全稳定性等方面进行了研究；交直流混合电网安全稳定分析技术方面，开展了大电网连锁故障分析防御研究，开展了基于 WAMS 的电力系统在线监控和分析技术研究，以及基于人工智能的电力系统在线安全稳定分析技术研究等[19-21]。

国内，交直流混合电网安全稳定机理方面，研究了稳定性的理论和算法，研究了功率波动的机理及计算方法[22-23]，以及大容量直流馈入受端电网电压稳定机理，基于复杂系统理论研究了连锁故障机理及分析方法，研究了面向坚强智能电网的安全稳定控制技术；安全稳定特性方面，研究了特高压交流工程投运后交流输电和直流输电的各种稳定特性，研究了大规模清洁能源接入系统后电网的稳定特性；安全稳定分析技术方面，结合全国联网、特高压交直流输电工程研究了安全稳定协调控制理论、方法及控制策略，研究了大电网运行安全风险评估与防控决策等，研究了基于灵活交流输电技术的协调控制方法。

交直流混合电网安全稳定机理方面，国内外的研究基本同步，没有明显差距。交直流混合电网安全稳定特性方面，国外主要侧重于分布式可再生能源接入、电力市场环境下的电网安全稳定特性研究，国内侧重于大规模新能源的集中接入、特高压交直流工程投运后的电网安全稳定特性研究。交直流混合电网安全稳定分析技术方面，国内外研究基本同步，没有明显差距。

3. 新能源并网控制技术

随着风力发电、光伏发电系统规模的持续扩大和新能源接入电力系统的渗透率不断增加，新能源并网控制技术越来越值得关注和深入研究。目前，国内外学者对于新能源并网控制技术开展了一系列研究，主要集中在新能源并网发电参与电力系统调频、调压以及振荡抑制和阻尼控制技术研究，新能源并网在电网故障（尤其是不对称故障）时的响应特性及控制策略研究和新能源并网发电技术的故障穿越技术研究。

国内，在新能源并网发电参与电力系统调频、调压以及振荡抑制和阻尼控制技术研究方面，提出了通过调节接入风电系统变流器直流环节的储能设备的输出有功功率，来抑制电力系统中的功率振荡[24]；结合储能装置施加惯量控制，使风电、光伏等分布式电源模拟同步发电机，以对系统进行阻尼控制[25]；提出了利用电池储能系统的 SOC 反馈信号对电力系统施加附加调频控制的控制方法[26]。

在新能源并网在电网故障时的响应特性及控制策略研究方面，研究了风电机组和光伏系统在电网不平衡或非理想状况下的运行特性和控制策略[27-28]。

在新能源并网发电技术的故障穿越技术研究方面，提出了综合考虑暂态过程中风电机组和无功补偿装置动态无功响应能力的大规模风电场全过程无功电压紧急控制策略[29]；提出利用惯量控制和串联网侧变流器实现不同风电机组低电压穿越控制的策略[30-31]。

总体来看，在新能源并网控制技术研究方面，国内外的研究基本同步，没有明显差距。国内在大规模集中式新能源并网控制技术研究方面处于世界领先水平。

4. 源网协调技术

"十二五"期间，我国在源网协调技术方面取得了丰富的研究成果。大电网低频振荡阻尼控制技术基础理论体系初步建立，大电网低频振荡在线监测与扰动源定位技术核心技术取得突破，机组涉网保护协调优化技术初见成效，中长期动态仿真技术取得进步，网源协调仿真能力得到提升[33]，发电机参数辨识技术初步得到应用[34]，常规机组特高压直流外送系统与间歇式新能源接入稳定性分析初步完成[35]，大型核电机组网源协调关键技术得到应用[36]。

在发电机控制与电网协调优化技术方面，国内外有关学者提出多种用于 PSS 的协调控制方法，研究了互联电力系统中常规 PSS 的全局协调问题。上世纪 70 年代 IEEE 委员会曾对应用于电力系统分析计算的各类型汽轮机、水轮机及其调速器系统的数学模型进行归纳，给出典型模型框图，80 年代国外开始将辨识技术用于原动机和调速系统的动态建模，美国相继用最小二乘法及辅助变量法建立汽轮机调速系统模型。在大型能源基地的协调控制方面，集中电网外送系统包括伊泰普水电的输电系统，美国犹他州南部凯帕罗韦茨燃煤电厂到加利福尼亚南部的输电工程等。国外类似工程建设时间较长，能源形式单一，在运行中的源网协调问题已经得到较好解决。

在发电机控制与电网协调优化技术方面，我国学者提出了发电机组励磁系统、PSS、调速系统各控制环节的优化协调技术，主要包括：电力系统低频及超低频振荡阻尼的新型分频段 PSS 优化控制技术；基于广域量测信息的大电网低频振荡抑制策略；改善系统阻尼性能的调速系统优化控制技术；提高局部电网暂稳水平的暂态过程五阶段励磁控制技术等。在大型能源基地的协调控制方面，目前已经在发电机机组控制系统协调运行、特高压交 / 直流外送能源基地不同电源组织方案下的安全稳定控制策略、千万千瓦级风电基地涉网保护与电网二、三道防线协调配合技术研究等方面进行了研究，并且对大型能源基地发生的涉网保护相关的事故进行了专门的分析，对问题获得了初步的认识。

（二）电网调度控制及市场运营技术

电网调度控制系统作为电力行业专用的一种控制和信息管理系统，具备电力系统运行状态的信息采集、信息传递和安全监控等功能，并能够对状态信息进行实时分析处理，为调度人员提供决策支持，已成为调度现代电网的重要技术手段，在保证可靠地持续供电、保证良好的电能质量、保证电网运行的经济性等方面发挥着不可替代的作用。电力市场运营技术为我国电力市场建设与电力交易运营提供技术支撑，也为我国电力市场的下一步发展提供了技术储备。

电网调度控制及市场运营技术主要由调度支撑平台、电网实时监控、调度计划与安全校核、系统检测与试验验证、电力市场运营支撑、电力市场分析与评估等技术方向构成。总体来看，国内在电网调度控制及市场运营技术上已处于整体国际领先地位，但在调度计划与安全校核、系统检测与试验验证、日前及实时电力市场运营等方面仍有较大提升空间。

1. 调度支撑平台技术

标准化、一体化调度支撑平台是整个电网调度控制系统的基础，通过标准化实现调度支撑平台的高度开放性，为系统功能的集成打下基础，为开发系统新应用、扩充功能和可持续发展创造条件。

2008 年，国际特大电网运营商组织（Very Large Power Grid Operators，简称 VLPGO）发布了《新一代 EMS/MMS 体系结构》白皮书，提出了面向服务的架构、统一的消息总线、标准的数据模型、统一的人机界面、安全的体系结构等要求。TC57 WG13 工作组在 IEC61970 标准中曾提出采用分布式体系架构构建调度自动化系统。2005 年，美国 PJM 公司开始建设"先进控制中心"，在 2011 年投运了适用于区域电网的能量管理和电力市场功能。

国内方面，研发了高效的安全服务总线、动态消息总线、跨安全区邮件总线和具有广域流转功能的工作流，建立了安全高效的数据通信和信息交换机制；研发了面向电力系统设备和直接定位的基于 IEC61970/CIM 的实时数据库、具有高速访问能力的时间序列实时库、基于高效无损压缩算法的时间序列历史库；提出了电网通用模型描述规范 CIM/E 和电力系统图形描述规范 CIM/G；研发了调度安全标签、支持 ECC 的调度数字证书等技术，完善了电力二次系统纵深安全防护体系。

美国 PJM 公司建设的"先进控制中心"只包含了电网调度中心的部分应用功能（只具备 EMS 和电力市场功能），并且仅在本电网调度中心内部使用，尚未实现在广域范围内的使用和共享。我国自主研发的智能电网调度控制系统（D5000）已成功应用于国家电网 32 家省级以上主备调和 57 家地级调度，实现了国家电网范围内省级以上电网的实时工况共享和业务协同，与上述国外系统相比，在平台技术、应用范围、工程实施和市场竞争力等方面具有明显优势。

2. 电网实时监控技术

电网实时监控与预警技术是电网实时调度的核心业务，从时间、空间、业务等多个层面和维度，实现对电网运行全方位实时监视、在线故障诊断、智能报警和闭环调整控制。

国外方面，欧洲电网提出建设全欧洲电网运行状态的实时感知和告警系统。北美电力可靠性委员会（NERC）也在持续开展大电网状态感知技术研究。此外，广域相量测量应用仍然是国外研究的热点，研究方向包括基于 PMU 数据的动态监视、智能告警、广域控制和保护等。

国内方面，依托研发的智能电网调度控制系统一体化支撑平台，重点突破了大电网实时监控和安全协调控制、多级调度协同的电网故障综合分析与告警、全网联合在线安全预警和智能电网全维度快速仿真等关键技术；实现了调控设备故障诊断及异常情况下的智能分析与告警，提高了变电设备远方集中监控效率和调控一体化系统的智能化水平，成果达到国际领先水平；在互联大电网协调控制和优化调度方面，实现了在线分析和辅助决策软件功能与性能的整体提升，在特高压联络线功率控制的性能评价标准及协调控制策略等方面取得突破。

国内在电网运行动态监视、在线稳定分析、多级调度实时工况共享和协调控制等方面已经超过西方发达国家同类机构，在电网实时监控技术上总体已达到国际领先水平。

3. 调度计划与安全校核技术

调度计划和安全校核技术在适应能源发展格局、实现大范围资源优化配置、提高电力系统的间歇能源消纳水平、加快调度运行一体化建设等方面发挥着重要作用。

近年来国外电力市场发展迅速，国外主要电力市场如 PJM、纽约、德州等已在短期发电计划优化领域广泛应用了安全约束机组组合（SCUC）和安全约束经济调度（SCED）技术，能够在日前和实时市场中充分考虑各种电网安全约束，在计算速度和收敛性方面也取得了突破性进展，并且形成了一整套完成的优化调度体系和功能规范。世界各国的电力市场采用了不同的阻塞管理方案，并已实现实际应用。

国内开展了节能发电调度关键技术研究和应用推广工作，建立了适应节能调度、成本调度等不同调度模式的调度支持系统，研发并应用了 SCUC 和 SCED 等核心应用软件。开展了大电网多周期发电计划的协调滚动优化和适应风电等大规模能源接入的调度计划研究。安全校核技术实现了国、分、省三级调度计划的协调优化、安全校核。

国外研究主要针对市场模式，基于市场竞价模型建立调度计划的优化目标，而我国电力市场新一轮的改革刚刚启动，调度计划在模型建立和优化目标上与国外有较大区别。针对全国统一电力市场建设，国内对电力交易的安全校核、阻塞管理、辅助服务、实时平衡等问题尚缺乏深入研究。

4. 系统检测与试验验证技术

系统检测与试验验证是确保电网调度控制系统功能符合设计规范，提高系统运行稳定性和可靠性的重要技术手段。

国外的研究重点主要集中在系统仿真、电力设备试验和系统间的标准互操作试验等方面，尚未开展针对全系统的检测。最近几次国外的互操作试验都以美国、欧洲联合的形式进行，国内也进行了八次 IEC 61970 互操作和六次 IEC 61850 的互操作试验[37]。

自 2012 年起，我国开展了电网调度控制系统入网检测的第三方测试工作，建立了电网调度自动化实验室。基于国产的电力系统全数字实时仿真装置（ADPSS），实验室构建了全系统试验验证平台，并首次将白盒测试引入电网调度控制系统检测中，在实现对电网调度控制系统源代码、功能、性能、稳定性、兼容性、标准符合性、安全性检测的同时，实现了对多级系统协调闭环控制、雪崩环境模拟等典型复杂电网控制功能及性能的试验验证[38]。

在技术方面，目前国内已达到国际先进水平，但仍处于起步阶段，后续在相关标准规范制度、关键技术研发、检测及验证平台建设等方面仍有大量的工作需要开展。

5. 电力市场运营支撑技术

电力市场运营支撑技术主要包括电力市场运营支撑平台技术标准、交易运营技术、客户互动技术、平台支撑技术等 4 类关键技术，为电力市场的运营平台或系统提供了技术支撑。

国外方面，主要侧重日前、实时电力市场的运营技术研究。PJM 提出电网调度与市场运营的一体化平台架构，建立面向服务的双主电力市场运营平台软件架构，将能量管理系统与电力市场运营系统高度集成。在交易优化方面，建立了 SCUC 和 SCED 为核心的日前和实时电力市场出清优化引擎，支持发电侧、需求侧响应双向竞价，支持电能、辅助服务的多时段耦合联合优化。在市场成员接入方面，研制了市场成员接入系统，支持市场成员的一站式接入、管理和互动。

国内方面，2012 年研制适应总部分部一体化运作的集中部署电力交易运营系统，支持在同一个交易平台之上同时开展总部与多个分部组织的跨省跨区电力交易并行开展。2014年研制了面向电力用户与发电企业直接交易的全国统一电力市场技术支持平台，通过两级部署支持全国统一市场的协作运营，已推广应用至公司系统内所有国、分、省级交易中心。

国外电力市场技术支撑平台对日前实时市场的支撑能力较强，在标准化、可视化、互动化方面领先。而国内研究主要侧重对中长期电力交易运营的技术支撑，在日前、实时市场技术支撑方面与国外存在一定的差距。

6.电力市场分析与评估技术

电力市场分析和评估技术主要包括电力交易资源优化技术、电力市场实验评估技术、电力市场运营评估与风险分析技术等三类关键技术。

国外，通过SCUC和SCED技术，进行日前电力交易出清，实现电力交易资源优化；电力市场实验评估技术也发展迅速，包括电力交易机构的市场设计仿真和市场成员的辅助决策仿真。

国内，在电力交易资源优化方面，建立了中长期不同模式下的购电优化模型，开发了安全约束机组组合的多目标序列优化软件；在电力市场给实验评估技术方面，研发了基于固定市场模式的电力市场仿真软件，对仿真和评估进行了初步尝试；在电力市场运营评估与风险分析方面，初步建立风险评价模型及指标体系。

总体上看，国内对电力市场分析与评估技术进行了初步的摸索和部分尝试，但是还远不具备实用化条件，在电力市场实验评估技术上与国外差距较大。

（三）特高压交流输电技术

目前，我国已成功建成3项特高压交流输电工程，全面验证了我国在特高压技术领域的研究成果。与国外现有技术相比，近年来我国在特高压同塔双回输电、串联补偿、过电压抑制和绝缘配合技术方面取得多项创新性成果，进一步提高了特高压交流输电技术的先进性和经济性，并正在依托在建或规划的特高压交流输电工程开展新的工程实践[40-42]。

1.特高压同塔双回输电技术

我国在充分总结500kV、750kV交流超高压同塔双回输电技术和特高压试验示范工程输电技术研究成果的基础上，依托淮南—上海和锡盟—南京特高压交流同塔双回输电工程，完成了特高压交流同塔双回输电工程过电压与绝缘配合、雷电防护、外绝缘及电晕特性、无功补偿及潜供电流等多项关键技术的研究，取了一批科研成果，并实现了工程应用。然而，随着我国特高压电网的建设和发展，对工程建设的安全性、先进性、经济性提出了更高的目标和要求，特高压同塔双回输电系统的过电压与绝缘配合、电压控制、潜供电流抑制等技术领域将面临新的挑战。

20世纪60年代以来，苏联、日本和美国等国家相继建成了特高压输电试验室和试验场，对特高压输电可能产生的诸多技术问题，如过电压、可听噪声、无线电干扰、生态影响等进行了大量的研究，并取得了积极成果。另外，在特高压同塔双回输电技术领域，日本曾建设了特高压同塔双回线路，但无变电站，且线路短，线路建成后一直在 500kV 降压运行，没有成熟的技术和经验。针对特高压同塔双回输电线路的故障清除过电压及潜供电流问题，日本考虑过采用断路器分闸电阻和高速接地开关的控制方案。

国内，在系统过电压抑制方面，研究了特高压同塔双回线路不同工况下的工频过电压、操作过电压水平，系统分析了同塔双回线路特有的同名相、异名相等特殊故障形式，以及操作及故障暂态下同塔线路之间电气耦合对过电压的影响，提出了特高压同塔双回输电系统过电压抑制措施和控制水平。最终明确了特高压同塔双回线路断路器无须装设分闸电阻。

在潜供电流和恢复电压抑制技术方面，研究了特高压同塔双回线路潜供电流产生机理，分析了线路换位、相序排列对潜供电流的影响，建立了潜供电弧特性试验回路，获得了同塔双回线路的潜供电弧自灭特性，确定了特高压同塔双回线路潜供电流控制限值。优化选取了高抗中性点电抗阻值，可满足 1s 单相自动重合闸要求。

在线路断路器瞬态工作条件研究方面，针对皖电东送工程提出了断路器大短路电流试验时采用 120ms 的时间常数，并通过对零点漂移机理分析，提出皖电东送工程出现短路电流零点漂移的可能性极低，不需采取专门抑制措施，并提出对我国特高压断路器标准中的预期 TRV 试验参数允许偏差进行修改的建议。

在同塔双回线路相序布置方面，综合考虑电磁环境、电晕损失、线路参数的不平衡度、潜供电流与恢复电压、感应电压和感应电流、线路实施方案等影响因素，明确了 1000kV 同塔双回线路相序优化布置方案；在线路高抗中性点绝缘水平及中性点小电抗工作条件设计方面，提出高抗中性点参数研究应考虑的工况及计算条件、降低高抗中性点过电压水平的措施及中性点小电抗关键技术参数设计要求。

在特高压交流线路的潜供电流抑制方面，我国提出采用"高抗 + 中性点小电抗"措施，并通过特高压同塔双回输电线路潜供电弧的实验室试验以及特高压工程现场试验，掌握了潜供电弧的自灭特性，确定了潜供电流抑制措施及单相重合闸整定策略的有效性。而日本及一些国家采用快速接地开关（HSGS）加速潜供电弧的熄灭，但该方案仍然存在设计复杂、制造难度大、实现成本高的不足，且无特高压同塔双回输电线路的实际工程运行经验。快速接地开关可对无高抗补偿线路的潜供电流起到抑制作用，未来我国可能建设无高抗补偿线路，并且线路输送功率大，有采用该方案的技术需求，有必要开展研究。

2. 特高压串联补偿技术

我国依托特高压交流试验示范工程扩建工程研制了世界首套特高压串联补偿装置，掌握了特高压串补技术应用的全部核心技术，并于 2011 年成功付诸工程实践，取得显著经济效益。未来将在吸取国内外现有超/特高压串补技术研究及应用成果基础上，从新装备、新技术应用方面入手进一步开展特高压串联补偿技术研究。

目前国外研究及应用的最高电压等级为 765kV。瑞士 ABB 公司研发了一种基于名为

CapThor 新型串补后备保护装置的串补快速旁路技术，可降低对串补过电压保护装置、阻尼电路的电气应力要求，容易实现串补重投入功能，还可降低串补电容器过电压对断路器瞬态恢复电压（TRV）的不利影响；土耳其提出在断路器断口装设并联金属氧化物限压器（MOV）技术，可将 TRV 从 4.6p.u. 降至 3.2p.u.；加拿大魁北克水电局提出根据线路多相故障发生概率、高幅值 TRV 统计概率对 735kV 串补线路断路器损坏寿命进行评价的方法，明确可接受的寿命年限指标，按照该指标对已投运的断路器是否需要更换或采取新的 TRV 抑制措施进行评估。

我国 2009 年在世界上首次立项开展特高压串补技术研究，攻克了特高压串补技术应用的适用性分析、示范工程选点、装置基本设计、系统电磁暂态抑制等多项关键技术问题，形成了一整套特高压串补的规划设计与应用的理论分析方法与技术体系，并于 2011年成功投运世界首套特高压串联补偿装置，创造了特高压单回线长期稳定输送 500 万千瓦电力的世界纪录。我国研究明确了特高压串补技术应用的一般适用性条件、我国特高压串补技术的应用前景以及特高压串补示范工程的选点及配置方案，并提出了特高压串补线路沿线电压分布特性的精确计算方法以及确定串补装置布置方式的技术方案；提出了特高压串补装置电容器额定电流及过负荷能力的确定原则，明确了特高压串补装置采用"MOV–并联间隙组合"的过电压保护措施以及适应不同工况的过电压保护策略，提出了特高压串补装置各主要元件的关键参数设计要求，显著高于国内外现有超高压串补设备水平，为新设备研制提供了技术依据；提出采取"线路保护联动串补旁路"的对策，有效解决特高压线路装设串补后的潜供电流幅值高、衰减慢、过零点次数少、熄弧困难的问题，确保满足单相重合闸要求，并可对特高压串补线路断路器断开故障时的 TRV 峰值上升甚至超标的问题起到有效抑制作用，还首次提出提高特高压断路器耐受高幅值 TRV 开断试验参数，为形成国家标准及 IEC 标准提供了有力支撑。

我国在世界上首次攻克并工程实践了特高压串联补偿技术，取得的成果可以满足特高压长距离、大容量输电线路加装串补的技术需求。国外目前在超高压串补技术领域已取得多项领先成果，可为我国的特高压串补技术发展提供有益借鉴。但由于特高压串补的过电压水平、放电电流幅值、运行可靠性要求与超高压串补相比更高，因此，在特高压串补装置中采用新型快速旁路技术仍存在多项技术难题需要解决，另外特高压断路器采用 GIS 结构，断口数量多，在断口并联加装 MOV 的可行性和经济性有待进一步研究论证。

3. 特高压系统过电压抑制与绝缘配合优化技术

采用合理的措施将过电压限制在较低的水平，是影响特高压输电工程经济性的重要问题。在吸取国外经验的同时，根据我国的具体情况，在特高压系统的过电压抑制与绝缘配合优化技术方面得到了长足的发展。

为了限制合闸操作过电压、降低特高压输电设备的绝缘水平，在苏联、日本特高压工程中线路断路器均装设合闸电阻。日本特高压避雷器的额定电压为 826kV。我国在特高压试验示范工程中所用避雷器的额定电压与日本接近，为 828kV。GIS 中隔离开关投切短管线的操作会产生特快速瞬态过电压（VFTO）。隔离开关装设并联电阻是目前较为常用的抑制 VFTO 的措施。

随着特高压交流输电工程的不断推进，国内在过电压抑制与绝缘配合优化技术方面进展很快，主要有：①采用降低金属氧化物避雷器（MOA）额定电压及保护水平措施来深度抑制特高压系统的操作过电压、雷电侵入波过电压。特高压 MOA 的额定电压由 828kV 降低至 804kV、780kV，其保护水平降低 2.9%、5.8%。②针对部分特高压短路线路，提出通过采用一些深度限制操作过电压的措施，可以取消断路器合闸电阻，以节省设备投资及维护检修费用，并可提高设备可靠性。③为简化隔离开关设备结构、降低设备投资，提出论证取消特高压 GIS 隔离开关投切电阻的可行性的方法。④在特高压交流输电系统绝缘水平的优化技术方面，考虑到特高压线路的长度、MOA 性能的改进等因素，建议可按差异化原则确定线路和变电站的绝缘水平。

国内外已建成特高压交流输电线路断路器均装设合闸电阻。我国近期开展的特高压断路器取消合闸电阻研究表明，部分特高压短线路不装设断路器合闸电阻是可行的；我国在世界上首次开展通过降低避雷器额定电压的过电压深度抑制措施研究，目前已开展老化性能试验并开展带电考核试验，有利于提高输电线路和变电站的绝缘裕度，甚至降低其绝缘水平，对节省工程投资具有重要意义。然而，还有一些问题尚待解决，如高海拔地区特高压系统的过电压与绝缘配合问题；过电压限制措施的保护性能还有待于进一步提高，如采用相控合闸的断路器、可控避雷器的研制等。

（四）特高压直流输电技术

特高压直流输电（Ultra High Voltage Direct Current，UHVDC）是指 ±800kV 及以上电压等级的直流输电及相关技术。主要特点是输送容量大、输电距离远、电压高，可用于电力系统非同步联网。随着我国直流输电的快速发展，已有多回两端 ±800kV 特高压直流输电工程投入运行，为我国能源资源优化配置、国民经济快速发展起到了至关重要的作用。但是对于更远距离更大容量的电力输送需求，需要发展更高电压等级的直流输电技术，以进一步提升输电能力、降低损耗；交直流混联系统情况越趋复杂，需要对直流控制保护系统进行相适应地改进和优化，以利用直流系统快速调节能力改善交直流混联系统运行特性；建立多端高压直流输电系统，实现特大容量直流分散接入系统，能提升系统稳定性，并充分发挥直流输电的灵活性。下面对上述几个重要发展方向分别进行阐述。

1. ±1100kV 特高压直流输电技术

目前基于晶闸管的直流输电技术工程应用最高电压等级已经达到了 ±800kV，输电容量 8000MW，输送距离超过 2000km，但是对于更远距离更大容量的电力输送需求，当前电压等级的直流输电技术电压和功率损耗过大，难以满足实际需求。随着我国西南水电和西北风电以及火电和太阳能的开发，以及未来跨国和洲际电力输送的需求，需要发展更高电压等级的直流输电技术，±1100kV 直流输电技术因此提上日程。为了论证 ±1100kV 直流输电技术的应用可行性，我国在过去 ±800kV 直流输电工程的成功基础上对 ±1100kV 特高压直流输电技术进行了大量研究，在主回路、过电压及绝缘配合、系统运行方式及控制策略、主设备技术研究等关键技术方面取得了重大进展。

±1100kV 特高压直流输电技术主要瞄准未来超远距离超大容量电力输送需求，适用于国际联网和洲际互联，可以从更大范围内优化资源配置，目前国内对其研究已经取得了很大进展，亟待示范工程的检验。

目前巴西已经开展了特高压直流输电工程的建设，巴西美丽山水电送出项目是巴西第二大水电站——美丽山水电站（设计装机容量 1100 万千瓦）的送出工程，输送距离 2092km，额定电压等级 ±800kV，该项目为南美第一条特高压直流输电工程。除了巴西，印度目前也在建设 ±800kV 特高压直流输电工程，以将印度东北部的水电输送到 1700km 外的阿格拉（Agra）地区，并且未来几年印度规划了多条 ±800kV 电压等级的特高压直流输电工程。无论是巴西还是印度，对于特高压直流的规划目前仅限于 ±800kV 电压等级，世界范围内当前也只有中国规划了 ±1100kV 电压等级的特高压直流输电工程，并开展了设备的研制和系统设计。

±1100kV 特高压直流系统在国内外尚属首次提出，没有工程建设和运行经验可供借鉴，需依靠从 ±800kV 特高压直流工程积累的设备研发经验。国家电网公司组织的 ±1100kV 直流输电技术研究已经取得丰硕成果，尤其在换流变压器、换流阀、穿墙套管等关键技术领域取得突破。

目前我国已经掌握 5000A/8500V 6 英寸大功率晶闸管的研制和生产工艺，达到世界领先技术水平，并且开展了 ±1100kV/5000A 的换流阀设计和试验研究，对其电气回路、触发与监控系统、冷却系统、阀塔结构进行了详细设计，并通过了绝缘和运行型式试验的验证。

2012 年国家电网公司组织研发的 ±1100kV 特高压直流输电工程换流变压器模型样机和穿墙套管通过型式试验，各项技术指标优良，符合 ±1100kV 特高压直流输电设备研制技术规范要求。

在 ±1100kV 特高压直流输电工程研究和建设领域我国走在世界前列，目前已经在主回路设计、设备选型、设备制造标准以及过电压与绝缘配合等相关研究中取得一系列成果。但是在 ±1100kV 特高压直流设备研发领域，国外的电气设备商因其在电气设备制造领域百年或者数百年的技术积累，其设备研发质量和可靠性方面具有一定优势，尤其是换流变压器、直流套管和直流场开关器件等关键设备方面，具有技术优势。

2. 改善系统稳定运行能力的直流控制保护优化技术

不同类型的交直流混联系统，如大容量直流接入弱交流系统、直流送端孤岛运行、多直流馈入或送出、交直流并列运行等，交直流系统对扰动的抵抗能力和故障恢复特性不同，交流系统对与其连接的直流系统的暂态响应需求也不尽相同，而当前各直流工程控制保护系统的控制策略和参数并未针对特定的接入条件进行相应调整，难以适应日趋复杂的电网结构、完成特定交流系统的控制目标。

直流输电系统的运行性能由直流控制保护系统决定，适当的控制策略和参数不仅可以改善直流系统本身运行特性，并能提高与之相连的交流系统的稳定性能。针对不同的送端和受端交流系统情况，如弱受端系统、孤岛等，相应地优化直流系统控制策略，调整控制参数，对交直流相互影响以及故障下的交直流系统恢复特性都会起到决定性的作用[43]。

目前我国已建成世界上最复杂的交直流混联电网，世界上其他国家的直流输电工程并未面临像我国一样复杂的接入系统条件，没有太多对直流控制保护系统进行相应调整和优化的需求，故国外针对直流控制保护系统的优化工作开展得并不多。

中国电力科学研究院依托国家电网公司重大科技项目，与工程实际紧密结合，在对运行中典型问题进行分析解决的基础上，提出了直流控制保护系统关键环节的优化配合策略和参数优化原则，能适应接入特定交流系统需求，可在一定程度上改善交直流系统稳定运行能力。

直流线路故障是直流系统常见故障之一，对于改善直流线路故障发生时交流系统的稳定性，可以通过修改直流线路控制保护逻辑中的移相时间和重起动次数，减小多次重起对交流系统的冲击。在与安稳装置配合方面，对于受端接入弱交流系统的情况，需要优化极间功率转移控制逻辑，避免长时间的功率缺失。在抑制换相失败方面，工程中应用的换相失败抑制措施通常有：①减小多馈入交互因子；②增大超前触发角或关断角的整定值；③提前发出触发脉冲，即减小触发角；④使用新型直流输电技术；⑤使用较大的平波电抗器。除此以外，现有研究成果还系统提出了针对交直流并列系统、多直流馈入系统的直流控制保护解决方案。

随着我国电网的快速发展，需要针对工程实际问题，对直流工程控制保护系统进行相应优化，以提高系统稳定运行的能力。

3. 多端高压直流输电技术

多端高压直流输电系统是由 3 个或 3 个以上的换流站及其连接换流站之间的高压直流线路所组成，能够实现多个电源区域向多个负荷中心供电。多端直流输电系统中的换流器既可以作为整流站运行，也可以作为逆变站运行，能够充分发挥直流输电的经济性和灵活性；多端直流系统能实现分散接入，可以解决单回大容量直流接入交流电网引起的短路比下降等稳定性问题[44-46]。根据接线型式的不同，多端直流输电系统可以分为并联型、串联型以及串并联混合型。并联型多端直流输电系统的各换流站的直流电压等级相同，通过改变各换流站的电流来实现功率分配；串联型的各换流站流经的直流电流相同，通过改变各站的直流电压来实现功率分配；既有并联又有串联的混合型则增加了多端直流接线方式的灵活性。与串联型相比，并联型具有线路损耗小，调节范围大，绝缘配合相对容易，扩建灵活以及经济性更高的特点，因此，目前已运行的多端直流输电工程均采用并联型接线方式。高压直流断路器能切断故障电流并使故障部分退出运行，是多端直流输电系统的关键设备。由于直流电流无自然过零点，需强迫过零，同时要综合考虑燃弧时间以及抑制直流断路器上产生的过电压，开断直流电流相比交流电流要困难很多，因此高压直流断路器是目前多端高压直流输电系统需要解决的核心问题之一。

多端直流输电系统中的交直流系统间具有复杂的动态相互作用。交流系统或直流系统的故障对整个多端系统均存在影响。对于多端直流输电系统，可能存在电气距离相近的多个落点，当受端为弱交流系统时，交直流系统间和直流子系统间的相互作用很强，系统的无功功率调节问题和电压稳定问题较纯交流系统和单馈入系统更加突出和复杂。因此，受端交流系统的强度对多端直流输电系统的安全稳定运行尤为重要，加强受端交流系统能够大大降低系统电压失稳的风险。加强受端交流系统的网架建设，将是我国规划及建设多端直流输电系统的关键问题之一。

目前世界上已建成并运行的真正意义上的多端高压直流输电工程有5个，分别是意大利—科西嘉—撒丁岛3端直流输电工程、加拿大魁北克—新英格兰5端直流输电工程、日本新信浓3端直流输电工程、加拿大纳尔逊河以及太平洋联络线两个4端直流输电工程。

近年来，随着两端直流输电技术的日臻完善，包括中国、印度以及新西兰在内的多个国家已开始积极探讨和研究多端直流输电技术应用的可行性。可以预见，多端直流输电系统将在今后的远距离、大容量输电中发挥重要作用。

目前我国并未有基于晶闸管换流器的传统多端高压直流输电工程，国内科研院所和高校对于多端直流输电系统及其关键技术已经开展了广泛的研究工作，在多端直流输电系统拓扑结构及应用场景、运行控制与保护技术、交直流相互影响等方面均取得了一定的研究进展，并开展了高压直流断路器样机研制工作。

（五）电压源换相直流输电技术

目前直流输电领域的主流技术是电流源型换流器结构，需要依靠电网电流进行换相，在向弱交流电网送电时，面临换相失败问题；而且其有功功率与无功功率不能相互解耦，需要大量的无功补偿装置。近年来电压源换相直流输电技术发展迅速，特别是模块化多电平换流器的应用，使高压大容量电压源换相直流输电工程的建设成为可能。此项技术不依靠电网换相，甚至可以向无源网络供电，不存在换相失败的问题；而且有功功率与无功功率相互独立控制，不需要单独的无功补偿装置，极大地提高了交流电网的电压稳定性。

1. 高压大容量电压源换相直流输电技术

高压大容量工程的建设是目前电压源换相直流输电系统最为迫切实现的目标，力争在短期内可以替代 ±500kV/3000MW 的常规直流工程。

关于电压源换相直流输电系统的关键设备，主要是换流阀、控制保护装置与直流电缆，在这方面，世界上最先进的技术还是掌握在国外少数厂商手里。比如国外已经研发成功 ±500kV 直流电缆，并于 2015 年初，正式建成挪威—丹麦的 +500kV 电压源换相直流输电系统，代表了电压源换相直流输电技术的最高水平；另外高压大功率压接型全控型电力电子器件的制造技术也被外商垄断。

±200kV 多端电压源换相直流输电系统等工程的建成投运，为百万千瓦级的电压源换相直流输电工程的设计、建设、运行提供了坚实的基础。目前百万千瓦级的电压源换相直流输电技术在国内已经存在几个规划工程，如厦门 ±320kV 工程、大连 ±320kV 工程、云南罗坪 ±350kV 背靠背工程、海南 ±500kV 联网工程等。国内电压源换相直流输电系统的直流电流制造水平已经达到了 1600A，在国际上也处于较为领先的水平。

在电压源换相直流输电系统控制保护装置的开发上，国内也处于较为领先的水平。电压源换相直流输电系统控制保护系统的计算周期比常规直流要快得多，常规直流的计算周期一般是 1ms 左右，而电压源换相直流输电系统由于存在大量阀控系统，计算周期非常短，达到微妙级别，甚至纳秒级别。随着其直流电压等级不断提高，电平数也越来越大，±200kV 电压源换相直流输电系统的电平数已经达到 250，这些都为控制保护装置的开发研制提出了新的挑战。

电压源换相直流输电技术属于新兴的新一代电力技术，我国目前和国际先进水平基本处于同一水平，甚至在某些领域还引领了相关技术的发展。目前大容量电压源换相直流输电技术在向高压大容量方向快速发展，迅速接近常规直流输电工程的水平。目前国外电压源换相直流输电工程的发展水平为 ±320kV/400MW，最高发展水平为 ±500kV/700MW，我国的舟山电压源换相直流输电示范工程也达到了 ±200kV/400MW 的水平，而且为多端直流系统。下一步，我国计划在福建和辽宁建造千兆瓦级的电压源换相直流输电工程，电压等级计划达到 ±320kV。可以预见在不久的将来，我国将建设 ±500kV 电压源换相直流输电系统。

2. 混合直流输电技术

电压源型换流器的电压等级与传输功率发展迅速，目前已经接近了常规直流的水平，可以将电压源型换流器与常规直流输电技术结合起来，构成混合直流输电系统。不但可以节省大量经济成本，其性能也接近电压源换相直流输电技术。

国外已经建立了混合直流输电系统，由电流源型换流器和电压源型换流器组成的混合直流工程的典型实例是位于德国不来梅的电气化铁道与电力系统联网的电力变送工程。该工程实现交流系统的 50Hz 与电气化铁道的 16×2/3Hz 的频率变换。其系统的设计容量为 100MW，直流回路的额定电压为 10kV，直流电流为 10.5kA。

国内对于混合直流还处于研究阶段，但是历年来研究成果不断，应该说对于混合直流输电的应用已经不存在重大障碍。近年电网公司也开始关注混合直流输电技术，安排科研项目对于混合直流技术进行了较为细致的研究，将来有可能建设混合直流输电系统的示范工程，或者利用混合直流输电技术将现有直流进行改造。

自从电压源换流器直流输电技术问世以来，关于混合直流输电技术的研究工作从未停止，国内外基本处于同一水平。目前世界范围内，大规模的混合直流输电工程还没有开始建造，但是由于常规直流与电压源换流器直流输电技术的不断发展与成熟，其重大的技术瓶颈并不存在，即使 ±500kV 级别的混合直流输电系统的设备研制与外绝缘水平，也将不存在问题。在合适的应用场合，可以考虑采用混合直流输电技术解决能源传输以及电网运行的问题。

3. 直流电网技术

直流电网是一种不断发展中的技术，它的技术基础可以认为是多端直流系统。它和多端直流的不同之处在于多端直流一般只有一种直流电压等级，而直流电网可能包含多个直流电压等级。直流网络有两种基础拓扑结构，径向拓扑和网状拓扑。随着直流断路器、电力电子换流器等关键设备的不断出现，构建和发展直流电网成为可能，建成后的直流电网潮流控制高度灵活。

欧洲的相关科研单位和电网运行企业提出了建设基于直流输电网络化，即直流电网技术的欧洲超级电网（Super Grid）的宏大构想，成为欧洲电网发展的规划方向。CIGRE B4项目工作组专门针对直流电网（DC Grid）的运行进行了各方面的准备。欧洲的 ABB、西门子等先后开发了基于电压源换相的高压直流输电技术，并迅速得到了推广应用，并由此提出了直流电网的技术发展思路。

CIGRE "HVDC Grid Feasibility Study（直流电网可行性研究）"工作组报告中给出直流电网的定义是：换流器直流端互联所构成的网格化结构电网。欧洲北海沿岸国家与德国也先后提出了超级电网计划、非洲撒哈拉沙漠中大型太阳能发电厂向欧洲送电等直流电网设想与规划。欧洲超级电网制定了三个阶段的发展目标，其中第一阶段从 2010—2020 年，在北海建设一个连接英国、德国、挪威、比利时和荷兰的海上电力联络网络。通过大容量的高速电力传输通道，实现未来北海地区的大规模风电接入和灵活跨国电力资源交易的高级电力市场。

国内对于直流电网的发展给予了空前的关注，认为此项技术将有可能改变未来的电网。各相关研究机构均投入人力物力进行技术攻关，国家和企业也建立了许多不同规模的基金和课题，推动它的发展。特别是在多端电压源换相直流输电领域，由于它是直流电网的基础，国内企业率先在世界范围内建设了多个示范工程，处于领先水平。

直流电网的研究工作还刚刚起步，研究内容涉及面比较广泛，但是从目前的研究思路可以看出：研究的重点已经从直流电网的可能性和必要性转化为如何实现其商业化和实用化。作为一种全新的输电形式，需要从技术、运行和安全等等各个方面进行实用化的前期研究和准备，需要进行针对电力系统的所有重要研究和设计工作。

4. 直流断路器技术

多端直流系统可以极大地提高系统运行的灵活性，十分有必要加大研发力度开发建设此项技术。未来可能出现 ±500kV 级多端直流，甚至出现特高压多端直流，而无论是多端常规直流系统，还是多端电压源换相直流系统，高压直流断路器必不可少，必须尽快开发更高电压等级的直流断路器。目前高压直流断路器研究方案主要集中于 3 种类型，分别是自激振荡式直流断路器、基于纯电力电子器件的固态断路器和基于二者结合的混合式断路器。其中混合式方案集成了机械式自激振荡断路器低损耗与固态断路器分断快速的优点，成为重点研究方案，其不但能在几毫秒内快速地切断故障电流，而且在正常工作状态下损耗较小，因而被看作最可能应用于直流电网的直流断路器结构，具有良好的发展前景。

在高压直流断路器研究方面，国外公司和研究机构的研究工作开展较早，并且已经成功地实现了理论设计向工程实践的转化。在基于常规机械开关和电力电子器件的混合式断路器研制方面，ABB 公司已经宣布开发出 ±320kV 级的直流断路器，并于 2012 年底成功完成了样机研制，并通过了试验，Alstom 公司也于 2013 年完成了样机研制。

ABB 公司的混合型直流断路器拓扑结构主要由两个支路组成。第一条支路包括一个机械隔离开关和辅助的直流断路器，辅助直流断路器具有较低的电压、电流耐受能力。第二条支路中电力电子直流断路器被分为几个部分，并单独与具有额定电压和电流切断能力的避雷器并联。断路器外部还配有限流电抗器和直流残压断路器。限流电抗器可以限制故障电流的上升速率，而直流残压断路器是在故障清除之后，把故障线与直流电网隔离来保护混合直流断路器中的避雷器使其不致过热。

国内方面，西安交通大学、南方电网公司、中国电力科学研究院等高校、企业和科研院所均在积极推进该项技术的发展，并在研制 ±200kV 级的直流断路器，计划今后安装在舟山多端直流工程中。

直流断路器具体技术方案国内外有所不同，国外发展水平稍高一些，但是国内厂家技术发展迅速。预计到 2017 年，将有成熟产品问世，投入工程实际应用。

（六）灵活交流输电技术

灵活交流输电（Flexible AC Transmission System，简称 FACTS）技术适应于交流电网灵活控制的需求，一直以来都是国内外电力工业界研究的热点。根据 FACTS 控制器的一般性分类，从串联型、并联型、串并联组合型三方面，对我国近年来取得突出进展的 FACTS 控制器技术进行介绍。另外，针对电网面临的短路电流超标迫切问题，介绍 FACTS 控制器在限制短路电流方面的应用，由于这方面的技术应用包含了超导型故障电流限制器技术，不能将其简单划为现有 FACTS 控制器中的某一类，因此将短路电流限制器技术与 FACTS 控制器技术进行并列论述。

1. 串联型 FACTS 控制器技术

串联型 FACTS 控制器技术以 TCSC 和 TCSR（晶闸管控制串联电抗器，Thyristor controlled series reactor）两种技术为代表。国外已有多套 TCSC 工程投入运行，如美国的 Kanawha River 变电站 345kV 单相串补投切工程，Slatt 变电站 500 kV TCSC 试验工程等。国内，2007 年投产的伊冯 500kV 可控串补装置将线路极限输送能力由 1460MW 提高到 2500MW，伊冯串补偿容量大、运行环境最复杂、设计难度大。

与国外相比，随着 500kV 伊冯可控串补的投运，我国已基本掌握了可控串补的关键和核心技术，具有独立进行系统技术设计的能力，TCSC 成套技术已实现国产化，在装备制造技术方面已实现了 TCSC 装备的出口。在基础理论和工程应用方面，与国外先进水平没有差距，部分核心技术达到了国际领先水平。

2. 并联型 FACTS 控制器技术

并联型 FACTS 控制器包括静止无功补偿器、静止同步补偿器、静止同步发电机、静止无功发生器、可控高抗等多种类型。以下介绍国内外在大容量 STATCOM 技术和可控高抗技术两方面取得的进展。

（1）大容量 STATCOM 技术。

国外，美国投运了百兆乏级的大容量 STATCOM，并证明了它在提高线路输送能力、阻尼功率振荡、增强系统稳定性等方面的优越性能。在研制大容量 STATCOM 装置方面，法国 ALSTOM 公司的技术优势较强。此外，西门子公司提出的一种模块化多电平换流器（Modular Multilevel Converter，MMC），该结构各子模块（Sub-Module，SM）采用半桥结构，由于半桥结构能输出双极性电压，因此每个桥臂各有 n 个上下对称的子模块串联组成。

我国对大容量 STATCOM 的研制工作，是从较小容量开始逐步发展起来。2011 年，中国电力科学研究院成功研制了基于 IGBT 的 35kV 移动式百兆乏级 STATCOM 工业样机，为国家骨干电网应用可灵活配置的大容量动态无功补偿装置提供了一种新的技术选择。

在大容量 STATCOM 技术研究和应用方面，"十一五"国家科技支撑计划中设立了"中高压、百 MVA 级链式及多电平变流器与静止补偿器（STATCOM）研制"的重点示范项目。2011 年 8 月，南方电网 500kV 东莞变电站 ±200Mvar STATCOM 工程投运[52-54]。该项目在直挂电压等级、设备容量、串联级数、响应时间等方面实现了世界领先的技术突破，填补了国际空白。装置容量达到 200MVA，是目前世界上容量最大的同步补偿装置，比世界上其他同类装置最大容量高出 20%；采用多个模块串联的独特技术，串联级数最多；是世界上首台基于最先进的功率器件 IEGT 制造的同类装置，反应时间在毫秒级。该项目实现了优化载波移相 PWM 技术、电流跟踪控制技术、切换冗余设计、系统接入方式、主电路拓扑结构、控制方式、保护与防误策略、冷却系统等多个方面的创新。

（2）750kV 可控高抗技术。

国外的高阻抗变压器型可控电抗器采用的都是晶闸管相控的容量连续可调形式，苏联以及欧美电网在此方面都进行了大量的研究。俄罗斯应用 MCR 基本上是与电容器组配合，其功能类似于 SVC，主要起到无功调节的作用，而在欧美国家，解决类似问题基本都采用 SVC。根据我国电网发展的特点，可控并联电抗器的应用主要是为了解决重载长线路抑制过电压和无功补偿的矛盾，因此，对于我国超 / 特高压电网应用可控并联电抗器并不能照搬国外的应用模式，全部采用连续可调的调节形式，必须经过全面科学的论证和研究。

我国西北电网 750kV 第二通道工程中，为了抑制系统电压波动问题，采用了可控高抗技术。新疆与西北主网联网 750kV 第二通道输变电工程起点选择为哈密变电站，落点为柴达木变电站，全程线路长度约为 939km，2013 年工程建成。该工程建成后输送功率大，输电距离长，线路充电功率大，且酒泉、哈密风电基地有大规模风电电源接入，风功率大范围高频率的波动造成联网通道上无功电压控制困难。经对第二通道输变电工程开展相关专题研究后，在联网第二通道上装设了多套 FACTS 装置。

750kV 可控高抗在西北电网一、二通道中的应用，显著抑制了电网电压和无功的波动范围，大大提高了西北电网风电集中接入的系统安全、经济运行水平。对于促进我国可再生能源的集约开发、长距离大容量电力外送以及提升电力设备制造水平，促进社会和经济发展意义重大，具有显著的推广应用前景，标志着我国在 750kV 可控高抗制造和应用方面达到了国际领先水平。

总体来讲，欧美电网所面临的交流长线路暂态过电压问题不及我国电网严峻，在可控高抗研发方面投入的力量不及我国。目前，我国在 750kV 可控高抗研究和制造方面处于国际领先水平。

3. 串并联组合型 FACTS 控制器技术

串并联组合型 FACTS 控制器包括统一潮流控制器、晶闸管控移相变压器（Thyristor Controlled Phase Shifting Transformer，TCPST）、相间功率控制器（Interphase Power Controller，IPC）等，其中以 UPFC 技术在实际电网中应用的技术优势最为明显[55-57]。

国外见诸报道的 UPFC 工程有：美国 Inez 变电站 UPFC 工程（容量 ±320MVA）、韩国 Kangjin 变电站 UPFC 工程（容量 ±80MVA）、法国 225kV 输电系统中的 ±7MVA 的实验装置。根据目前掌握的资料，国外已投产的 UPFC 工程均基于 GTO 器件。而采用 IGBT 器件基于电压源换相技术的 UPFC 已成为当前 UPFC 技术的发展趋势。

国外已投产的 UPFC 工程均基于 GTO 器件，我国正在开展基于电压源换相技术的 UPFC 的研制工作，首套示范工程位于南京西环网，工程拟采用模块化多电平技术，2015 年 12 月投产，额定参数 220kV/3×60MVA。工程投运后将有效解决南京西环网潮流南北分布不均衡的问题，节省新增大量新增输电走廊投资，提高供电可靠性，其技术水平将达到国际领先。

近年来我国在电压源换相直流技术方面的进步与创新，有效推动了 UPFC 技术研发的进展。南京西环网 UPFC 工程的投运，标志着我国在 UPFC 技术方面达到了国际领先水平。总体来看，我国 UPFC 技术与国外相比没有明显差距。

4. 短路电流限制器技术

在纯限流的电力电子型 FCL 研究方面，西门子公司基于 TPSC 技术开发了短路电流限制器（Short Circuit Current Limiter，简称 SCCL）。在超导型故障电流限制器研究方面，美国、欧盟、日本、韩国等国家和地区的学术机构都参与了研发竞争，ABB、西门子、东芝等公司都投入了大量研发力量。目前，实际挂网运行的超导型故障短路电流限制器均为配网电压等级，还未见 110kV 以上电压等级设备研发成功的报道。

国内在电力电子型 FCL 的研发方面，华东电网开展了基于 TPSC 技术的短路电流限制器的相关研究，并在 2009 年 12 月实现了 500KV 电网短路电流限制器示范工程的投运。国内在超导限流技术的研发方面，中科院电工所和英纳超导研发出了 10～35kV 的超导故障电流限制器。国家"863"计划对超导限流器的研发也给予了立项支持，2013年4月，由天津百利机电与英纳超导联合研发的220kV超导故障电流限制器并网成功，在天津电网石各庄变电站成功实现挂网运行，该台设备为世界上同类设备中电压等级最高、容量最大的超导型故障电流限制器，标志着我国在超导限流技术研发方面达到了国际领先水平。

总体来讲，在短路电流限制器研究方面，包括基于电力电子技术和超导限流技术的研究和设备研发，我国总体达到了国际先进水平。其中，在超导限流器研发等关键技术方面取得了国际领先水平。

（七）交直流电力系统仿真计算技术

电力系统仿真计算技术是电力系统研究、规划和分析的最基础性的部分，从电力系统及其元器件的基本特性研究出发，建立能够有效模拟物理设备及其控制系统的仿真模型，并进行仿真分析技术的研究和开发。基本上可以分为电力系统建模技术、电力系统仿真技术两个大的部分。随着物理设备和数字仿真相结合的仿真技术的发展，需要具备实时仿真的能力；同时，随着电力系统规模的扩大和复杂性的提升，需要提升在线系统稳定状态的掌握能力，具备在线自动仿真计算分析的能力。因此本部分主要从电力系统建模技术、电力系统仿真技术（基础的仿真技术）、实时仿真技术和在线仿真技术等几个方面进行介绍。

1. 交直流电力系统建模技术

需要开展电力系统元器件动态特性及其适应于仿真的模型的研究，随着技术进步不断持续推进，从简单到复杂，从理论到实际，逐渐精细化，伴随着整个电力系统的发展过程。"十二五"期间主要侧重于高压直流、新能源、负荷等，同时针对发电机、励磁调速等进行细化建模。

国外非常重视建模技术的研究，厂家发挥了积极的作用，不断发展跟进。ABB、SIMENS都建立了比较详细的高压直流控制系统电磁暂态和机电暂态模型，VISTAS、GE等主要厂家建立了适合自己风电机组特点的电磁、机电暂态仿真模型[58]，较早进行了比较深入的负荷建模研究，形成了比较标准的发电机及其控制系统实测、建模、验证体系，同时积极跟踪直流电网等未来新型技术的发展。

国内在建模方面采用的技术路线与国外基本相同，随着我国电网发展不断跟踪完善。开展了实际直流系统的电磁和机电暂态模型的研究工作，形成了比较完善的机电暂态模型；在风机的机电暂态仿真模型的研究方面取得了一定的突破；广泛开展了负荷模型的研究，取得初步成果；建立了比较完善的发电机、励磁、调速等传统设备的实测建模流程，形成了比较完整的体系。同时跟踪最新技术的研究。

在电力系统的建模技术方面，国内外在技术路线基本上没有太大的差异。由于建模工作与实际技术积累和发展情况有密切关系，对于不同设备建模的进展情况都不同。总体上来看，在高压直流、新能源等近年来比较新的建模方面，总体上还相对落后，但国内的整体研究积累已经达到一定水平，部分研究成果也比较成熟；在新型技术的跟踪方面，国内外起步差距不大，基本上处于同一水平。

2. 交直流电力系统仿真技术

电力系统仿真技术主要是采用数学方法将电力系统不同动态过程采用数学方法仿真模拟出来，为进行深入分析研究提供基础。电力系统动态过程按照电力系统受到扰动后的快速和慢速变化响应可分为电磁暂态（毫秒级）、机电暂态（秒级）及中长期动态（分钟级）三种时间尺度过程，各个过程独立进行研究，分别对应电磁暂态仿真、机电暂态仿真、中长期动态仿真。随着大规模交直流互联电力系统的快速发展，"十二五"期间仿真技术方面主要开展了多时间尺度动态过程的统一仿真方法的研究和软件开发。

国外在电力系统仿真技术方面研究比较早也比较深入。提出了隐式积分法的微分方程求解方法、求解非线性代数方程组的牛顿法、微分方程和代数方程的交替解法和联立解法、Gear 类变步长刚性积分方法等。开发完成了比较成熟的仿真软件，例如电磁暂态仿真软件 EMTPATP 和 PSCAD、机电暂态仿真软件 PSS/E、中长期动态仿真软件 LTSP 等，在国外得到了广泛的应用，部分软件也在我国得到应用。

国内在电力系统多时间尺度动态仿真技术仿真开展了大量的研究，提出了电磁－机电暂态－中长期动态统一仿真方法，并开发了仿真软件。提出了基于多步变步长后退欧拉法结合重算策略的事件处理算法、梯形积分法和变步长 Gear 法相结合的机电暂态－中长期仿真方法、快速求解大型方程组的分块直接求解算法等。开发完成了一系列的仿真软件，主要包括电磁暂态软件 EMTPE、机电暂态仿真程序 PSASP 和 PSD、机电－电磁暂态混合仿真软件 PSD－PSModel 和 PSASP–ADPSS、全过程动态仿真软件 PSD–FDS。广泛应用在我国电力系统的规划设计、调度运行、科研高校等众多部门，对我国实际电网启动了较大的支撑作用。

在仿真技术方法上，国外经过了比较长时间的技术积累，已经建立了比较完善的体系，提出了一些比较实用的方法，形成了一批比较具有代表性的软件，国外总体上来讲更加成熟。我国也经历了较长时间的技术积累，开始以引进消化吸收为主，逐渐过渡到技术方法的创新，也基本上建立了与国外基本一致的体系，并开发了一系列实用化的仿真软件。在一些具体的技术方面，国内针对我国实际开展了针对性的研究，取得了一些关键性的成果，部分甚至优于国外提出的理论方法。但是，在从整体上来看，国内仿真技术目前仍然处于发展阶段，许多关键技术虽然取得突破，但在仿真技术整体的成熟度方面和国外尚有差距。

3. 实时仿真技术

实时仿真技术主要是为了实现数字仿真和实际物理设备的联合仿真，为实际系统应用的有效的实验分析技术手段。实时仿真技术需要先进计算机技术和电力系统仿真技术有效结合，近年来主要针对实时仿真需要的硬件技术、软件技术等多方面开展了研究，开发了我国第一套实施仿真装置。

国外的实时仿真相对比较成熟，主流的实时仿真装置有 RTDS、RT-lab 等。RTDS 由加拿大 Manitoba 直流研究中心开发，采用基于精简指令集的 PowerPC 处理器。加拿大 OPAL-RT 公司研发的 RT-LAB 硬件平台采用基于 PC Cluster 的计算机集群。实时仿真普遍采用分网并行计算、基于长线模型的电磁暂态网络解耦方法等仿真方法，采用基于 Linux 的通用衍生版本的操作系统和通用或者专用的 MPI 软件接口。

国内实时仿真技术在多方面也取得关键突破，开展了全数字实时仿真装置 ADPSS。在硬件结构方面，采用高性能 PC 机群，节点机间通过两套网络互连，一套网络用于计算时数据交换，采用高速通讯网络 Infiniband，另一套网络用于管理各节点机运行，采用千兆以太网。在仿真算法方面，使用基于优化边界表法的自动分网算法、基于端口逆矩阵法的线性方程组求解方法等。ADPSS 采用新型的高实时性风河（Wind River）平台，改进了内核线程模型以及在 Linux 内核中本地 POSIX 线程库（NPTL）的实现。

在实时仿真方面，国外早已重视实时仿真技术的研究开发，多年来已经形成比较完善的技术体系，并开发形成了多个比较成熟的实时仿真装置。我国在实时仿真方面起步较晚，近年来国内完成了全数字实时仿真装置 ADPSS 的研究开发，在硬件技术、并行计算技术等方面获得关键技术突破，目前处于推广应用阶段。

4. 在线稳定评估技术

电力系统在线稳定评估技术核心功能已随智能电网调度技术支持系统的推广应用，部署于国内主要网省调控中心的 D-5000 系统中，在线数据整合合格率和系统运行率已成为各级电网调度工作月度考核的重要指标。在线稳定评估已成为特大电网调度不可或缺的主要技术手段。

国外研究开发了部分在线系统，例如欧洲电网的覆盖 34 个国家 42 个调度中心的 ENTSO-E 实现基于 IEC CIM/XML 的各国电网模型数据的共享及在此基础上的动态预警。目前尚处在数据准备阶段。国外还提出了涉及在线安全稳定分析的未来电网调度控制的 IntelliGrid、Grid 2030 和 GridWise 概念和计划。

国内主要结合智能调度技术支持系统建设，研究开发了在线稳定评估和预警系统[59]。在线安全稳定分析包含了静态、暂态、小干扰、电压稳定等多类稳定分析功能，及其同各类在线安全稳定分析对应的稳定辅助决策功能，已于 2012 年起在各级调控中心投入运行。

在线稳定评估技术方面，国内外都进行了相关的研究，但在技术路线不完全相同。国外开展比较早，并且进行了一些实验性的系统的研究开发，但近年来进展并不明显。国内近些年来开展了在线技术的研究和开发工作，研究开发进展比较快，并在许多电网公司都进行了系统的建设和运行，在数据处理、评估方法、推广应用等方面都具有相对的优势。但是，国内外在该技术方面都处于研究试用阶段。

（八）交直流电力系统保护与控制技术

电力系统保护与控制技术分支主要包括超 / 特高压交流系统保护与控制技术、智能变电站保护技术、新能源接入电网保护技术、微电网保护技术及电网的协调优化控制技术等。随着我国超/特高压线路的建设、智能变电站运行水平的逐渐提高、新能源并网规模不断增大以及微电网技术热点的出现，我国交直流电力系统的保护和控制技术取得了一系列新的发展。

1. 超/特高压交流系统保护与控制技术

理论研究与实用化技术成果显著，提出了一系列适应超/特高压交流系统的保护控制理论，研制了特高压系统控制保护设备并得到广泛应用，检验测试能力大幅提升，实现了控制保护系统在线监测、在线分析及控制保护设备的全寿命管理。

在理论研究方面，重点研究了超/特高压复杂拓扑结构电网的故障特征，提出适应不同拓扑结构的控制保护解决方案。研究了新型 FACTS 设备接入后的控制保护策略。提出了基于电压平面应对线路过负荷引发连锁跳闸的继电保护原理，形成了基于三道防线协调的电网故障隔离控制与系统恢复控制有机结合的保护控制架构。在实用化技术方面，研制了针对交流特高压工程中安装串补及同杆并架等特殊问题的继电保护控制设备，建立了带串补特高压交流输电工程及特高压同塔双回输电工程动模测试平台，并开展了特盖压控制保护系统的检验测试技术研究；开展了大电网整定计算一体化技术研究并形成技术规范，研究开发了大电网继电保护统计分析及运行管理系统，建立了继电保护专业全过程管理的继电保护运行评价体系，提出了继电保护设备全寿命周期信息管理方案。

我国在该方面的理论研究与设备研制处于国际领先水平，尤其是在特高压交流系统保护与控制方面，国外未有类似研究及成果，在特高压系统继电保护理论、特高压保护控制设备研制、特高压保护控制设备检验测试等方面的研究处于国际领先水平。在控制保护设备全寿命管理及运行分析技术方面取得了重大技术突破，建立了继电保护专业全过程管理的继电保护运行评价体系。

2. 智能变电站保护与控制技术

智能变电站保护与控制技术的研究主要包括以下方面：适应新网架、变电站新结构的继电保护系统构成及配置方案；智能变电站保护功能集成优化技术；保护装置就地化及与一次设备一体化实施方案、接口技术，提升装置可靠性与抗干扰能力的技术手段；基于多维信息综合应用的网络化后备保护关键技术；保护装置在线监测与智能预警技术；适应新型电力电子设备及全固态智能变电站一次设备应用的保护控制技术。

国外在智能变电站技术标准体系方面开展研究较早，建立了支撑智能变电站系统设备互操作功能实现的 IEC 61850 标准体系，目前已完成第二版标准的修订。国外智能变电站建设较少，变电站内保护控制配置主要采用传统配置方式，保护设备就地化技术发展比较快，特别是伴随一次设备智能化技术的发展，已有集成采集、控制终端的全数字化一次智能化设备，如 PASS 开关。美国 GE 公司研制了可以直接安装在现场的数据合并单元，取消了现场的汇控柜。

国内在智能变电站建设过程中提出了层次化保护控制的概念和技术体系，并已开展智能变电站保护、控制及通信技术的实用化研究，初步完成了提高保护装置就地化应用可靠性研究，并开展站域保护控制系统的技术研究。目前开展的就地保护研究主要从应用环境适应性角度开展，对站域保护控制系统的研究处于起步阶段，在试点工程中实现了就地化保护、站域保护控制系统的应用。

总体来看，国外在智能变电站数字化应用标准体系方面开展研究较多，在智能变电站实例化工程应用方面开展较少。国内在智能变电站应用技术研究方面新技术、新设备成果较多，已处领先水平，并形成了支持技术开发及工程应用的一系列的技术标准和设备标准。

3. 新能源接入电网的保护与控制技术

新能源接入电网的保护与控制技术主要包括：新能源接入电网的建模技术、新能源并网控制策略、新能源接入系统的故障特征、对电网继电保护的影响及适应策略等，国家也制定了针对太阳能光伏电站和风力发电站接入电力系统的设计规范、技术规定。

国外针对新能源电源接入配电网后对继电保护的影响进行了较多研究[60-63]。许多国家，如英国、美国、意大利、韩国、德国等，采用理论分析与实际工程项目相结合的研究方法，积累了较多的工程经验。近年来随着新能源并网容量的不断增大，德国、西班牙和意大利等根据工程总结对新能源并网标准进行了修改，以提高电网对大规模新能源接入以及故障处理方面的能力。

国内综合考虑新能源类型、容量和接入位置等因素，通过仿真模型搭建和动态模拟等试验方法[64-66]，重点研究了新能源系统发生不同类型故障时的故障特征、控制方法及其对电网保护的影响，提出了高压电网接入大规模新能源时的保护技术，在低压电网主要分析了对电网常规继电保护如三段式保护包括重合闸、非同期并网等的影响，研究了孤岛检测方法和防孤岛保护实现策略。

国内外普遍研究了新能源接入系统的故障特征和其对电网继电保护的影响，并以风力发电和太阳能发电接入配电网为主要研究形式。普遍讨论了新能源接入对配电网定时限和反时限电流速断保护的影响。与国外相比，我国在故障特征研究方面多基于软件仿真验证，少数研究结合动模实验或实际电网故障试验进行分析。

4. 微电网保护

针对微电网保护开展的研究可以归纳为两个方面：微电网自身保护和含微电网的配电系统保护，重要研究内容包括微电网的故障特性分析及对电力系统保护的影响与对策等。

国外研究起步较早，提出了改造 PMU、对馈线末端继电器增加通信模块、利用自适应保护原理等方法[67-69]。提出了集中式保护的思想，研究了基于广域信息的微电网保护策略。标准方面，（IEEE1547.4–2011）《分布式孤岛电力系统的设计、操作和集成指南草案》，对微电网保护提出了宏观的要求。

国内研究起步较晚。在微电网自身保护方面，研究了保护配置的难点与对策[70]。针对微电网独立运行时短路电流小、传统电流保护无法启动、分布式电源随机性使短路电流分布多变，造成保护阈值设定困难等问题，一种思路是通过设备控制改变微电网短路特性，从而实现保护手段的移植；另一种思路是基于微电网的短路特性研究新的故障检测及保护方法。在含微电网配电系统保护方面，研究了对配电系统的影响与对策[71]。微电网接入改变了配电系统的短路电流分布与分布式电源的孤岛效应，改变了保护的灵敏度。对此，考虑限制分布式电源的接入容量与位置、重新校核保护阈值和加装方向元件等措施。对于自动重合闸，当微电网故障后解开时，"不检重合"将造成非同期重合。对此，考虑更改自动重合闸时限、检同期重合以及完善 DG 反孤岛机制。研究了微电网分级、分层保护的方案[72]，提出了数据通信系统构建方案和集成化保护与暂态保护的思想。

总体来看，国外更注重科学研究与工程实践的结合，充分考虑配电网改造的经济性。我国在微电网领域的相关研究也取得了一些成果，但目前还没有一个被广泛接受并应用于实际系统的方案。

5. 电网的协调优化控制技术

研究主要集中在多断面协调控制、广域协调控制、智能优化控制、多 FACTS 协调控制等关键技术，研究成果完善了大电网在线安全稳定控制理论体系并提出了一系列解决策略。

欧美发达国家的研究主要有基于 WAMS 广域测量信息的控制、智能优化协调控制等方面。美国西北现在正在开发 WAMS 的第二代相量数据集中器，在已实现的系统动态扰动监视基础上提高整个系统的实时性。日本应用同步相量测量技术开发在线动态监测系统，估计发电机的阻尼系数和固有角频率，提高系统的控制效果。

国内研究的 WAMS 系统已经在东北、华北、华东、华南等地都有了区域性的应用，可以用于功角稳定检测、系统复杂扰动过程记录等；高等院校开展了利用 WAMS 辨识系统稳定状态和失稳模式及相应控制的研究，但是研究偏重于理论方面，在实践应用方面受限于研究条件。在多 FACTS 协调控制方面，提出了分析多个多控制功能 FACTS 控制器的交互影响的新方法，浙江大学等开展了多 FACTS 控制器交互影响分析及协调控制方面的研究。国家电网公司目前已在该方面开展了大量研究工作。在广域信息控制方面，研究了复杂多工况条件下的广域协调控制、基于广域同步实测轨迹的暂态特性深化分析、基于广域信息的安全稳定在线应用等。在多 FACTS 协调控制方面，研究了多 FACTS 元件交互影响及运行控制、基于 WAMS 的多 FACTS 协调控制等。

国内研究总体已达到国际领先水平。国外在基于 WAMS 信息的控制技术研究方面更注重工程实践，多重点开展某种特定稳定问题的控制技术研究，仍未形成电力系统的广域全局协调控制；我国研究成果丰富，试验效果显著，但距实际工程应用也还有一段距离。

（九）智能变电站技术

智能变电站技术包括一次设备智能化技术、二次设备集成技术、一体化监控系统技术、自动化设备和系统检测调试及运维技术等四类技术方向。一次设备智能化技术以主变压器、断路器、组合电气设备（GIS）等一次设备为主要对象，集成先进的传感器、执行器和智能组件实现电网与设备状态的数字化采集与自动化控制；二次设备集成技术针对数据源、间隔、功能的特点，研究二次功能在设备内的集成和配置模式，实现共享信息、减少设备数量的目的，如测控、计量、PMU 多功能集成装置；一体化监控系统技术涉及站内一体化业务平台，控制、告警、分析等高级应用以及主子站一体化技术等方面；变电站自动化设备和系统检测、调试、运维技术的研究主要集中在检测调试方法、调试工具和检测评估体系、自动化运维技术等方面。

1. 一次设备智能化技术

主变压器、GIS、断路器等主要设备智能化方案已基本实用化，集成传感器和智能组件实现了状态参量采集与数字化。220kV、110kV 电压等级断路器、GIS 实现与电子式互感器的集成，实现了电网数据采集的数字化。采用智能化变压器、集成式断路器、小型化 GIS、封闭式管母线、电子式互感器、充气式开关柜等集成化、智能化设备整体集成设计的智能变电站，优化了主接线结构及总平面布置，大幅减少了占地面积和建筑面积，户内站建筑面积减少 15% ~ 25%，户外站占地面积减少 42% ~ 46%、建筑面积减少 45% ~ 64%。

国外方面，ABB、SIEMENS、GE、AREVA 等公司具有一次设备、二次设备的生产能力，形成了一次和二次不断融合的科研产业，目前其大型一次设备在与二次设备融合的同时正逐步向智能化方面发展。ABB 和 SIEMENS 等公司实现了低压智能开关柜、智能组合电器的智能化，可对开关状态的在线监测和状态评估。

国内方面，我国已开始着手一次设备智能化的核心技术开发和关键设备研制。国内厂家通过在一次设备上外挂或内嵌监测传感器，实现对变压器、开关设备、避雷器等的状态监测，通过"一次设备 + 智能组件"，实现一次设备的智能化，在智能化变压器、智能化断路器、智能 GIS 等系列产品的研究上均取得突破。

总体上看，我国一次设备智能化技术水平有了显著提高，极大地缩小了与国外设备厂家的差距。但由于我国制造工艺整体水平相比国外厂家存在着较大的差距，设备的运行可靠性、使用寿命周期明显落后于国外厂家。另外，国内在一、二次设备融合和智能一次设备的发展上相对滞后，现阶段对一次设备状态监测数据的准确性缺乏检测手段，难以充分支撑设备状态的趋势性分析。

2. 二次设备集成技术

芯片处理和网络通信能力的不断提升，为智能变电站二次设备的集成整合提供了条件。这方面的主要发展方向是，研制面向单一间隔或特定设备范围、二次功能的不同种类集成式二次设备，提高二次设备集成度，实现二次设备信息集中处理，避免重复建设，减少设备安装和场地占用、改造更新等费用。研制多功能测控装置实现测控、PMU、计量功能整合；研制保护测控集成装置实现 110kV 保护、测控、计量一体化集成；研制合智一体化装置集成合并单元和智能终端；研制多合一装置在 35kV 及以下电压等级变电站集成测控、保护、计量、智能终端、合并单元等同源装置；研制预制舱式二次组合设备。

国外方面，随着 IEC 61850 标准的颁布，部分国家研制了遵循 IEC 61850 的二次设备。随着 IEC 61850 第二版的发布，IEC 61850 将其应用领域扩展到变电站之外，涉及水电厂、分布式能源、站间、变电站和控制中心之间。可以预见，国外变电站自动化系统研究仍然将是以 IEC 61850 标准为基础，并将其扩展应用于其他工业领域。从应用情况来看，国外设备厂家在二次设备方面并未做深度集成工作，只是通过数据化技术实现设备逻辑可配置，实现部分保护、测控等功能集成[73]。

国内方面，国内厂家虽然在标准的理论研究方面与国外存在差距，但工程实践方面步伐很快。目前应用 IEC 61850 的变电站已经达到 2000 座左右。特别是在数个高电压等级的试点工程中，应用了保测一体、合智一体、多功能测控、多合一等装置等集成化二次设备，实现了多个厂家的多种装置之间的互操作。

总体上看，国内智能变电站建设规模远超国外，对于二次设备集成技术研究更加广泛深入。智能变电站二次系统和通信网络等同采用了 IEC 61850 标准，建立了标准化的信息模型和通信服务，尤其是基本实现了工程实施的标准化，对于 IEC 61850 标准发展起到了重要推动作用，总体上处于国际领先水平。

3. 一体化监控系统技术

智能变电站一体化监控系统整合了站内各子系统分列形成的信息孤岛，建立了一体化的业务平台，支撑了电网运行、维护、检修、计量等多类业务的发展。一体化监控系统技术研究涉及监控系统架构和智能化高级应用方面。在监控系统架构方面，面向业务和信息安全需求，构建站内一体化业务平台及标准接口，研制监控主机、综合应用服务器、数据通信网关机等。在高级应用方面，顺序控制、自动电压无功控制、分布式状态估计、源端维护、智能告警与分析、设备状态可视化等功能应用进一步深化，基本实现接口标准化和软件模块化，提升了变电站监控系统的开放性和可扩展性。变电站与不同业务主站的信息交互和功能互动进一步受到重视，研究主要涉及主厂站信息模型协调、通信服务设计方面。目前，用以主厂站交互的通信服务协议框架已基本建立。

国外方面，国外发达国家尚未提出智能变电站一体化监控系统的概念，ABB 公司认为自愈功能是智能电网的主要功能之一，其关注的重点在于电网运行状态的采集，目前 ABB 公司已开始研究电网运行状态与设备状态一体化采集技术，但未综合考虑变电站自动化系统环境的集成整合技术。

国内方面，变电站监控系统技术研究的推动力主要来自智能电网业务的发展与管理模式的革新，强调变电站作为节点对智能电网的支撑作用，体现为监控系统结构、配置变化和全站信息的一体化采集与集成，将调度等主站的高级应用分布到变电站实现，实现变电站与主站之间协同互动[74]。

总体上看，由于国内外智能电网发展建设思路以及运营管理模式的差异，国外厂家变电站监控系统偏重与工业自动化的通用性，另一方面由于变电站新建或改造量小，对于提升主厂站交互能力的需求较少，因此针对变电站监控系统的研究力度不如国内。我国变电站一体化监控系统以及主厂站交互技术研究方面处于国际领先地位。但目前，变电站高级应用尚存在专业程度不足、配置复杂、与主站协同能力弱等问题，影响了实用化水平的提升。

4. 自动化设备与系统检测调试技术

智能变电站检测调试技术目的是为保障智能变电站高效建设和稳定运行。通过建立完整的IEC61850标准一致性及其工程应用标准化检测、产品性能及质量检测体系，覆盖过程层、间隔层、站控层设备及变电站通信网络。在调试技术方面，研制各类针对IEC 61850标准及网络通信特点的仿真系统与调试工具，在工具的适用性、便携性和虚拟回路可视化等方面支撑智能变电站二次系统厂内、现场和检修各阶段的调试需求。

国外方面，国外大型检测机构均已开展过不少试验验证工作，具有较好的研究基础。国际权威的KEMA（荷兰）认证实验室，是最早获得UCA颁发的A级认证资质的检测机构之一。TUV南德意志集团服务范围覆盖测试、认证、检验、资讯及专家指导等多个领域。国外电力自动化检测机构开展的工作均是以常规变电站领域的试验验证为主，同时也支持IEC 61850标准的一致性检测。

国内方面，自IEC 61850标准发布后即启动了IEC 61850一致性检测技术研究工作，特别是在工程建设推动下，强化了智能变电站自动化产品的专业化检测技术和检测标准的研究工作。初步建立了IEC 61860一致性检测平台，形成了包括性能质量检测和工程标准化检测的智能变电站自动化产品检测体系。此外，初步建立了统一的设备模型、工程配置管控标准化流程和管理系统。

总体上看，在自动化设备和系统IEC 61850标准一致性检测水平和权威性方面，国内检测机构与国外还存在一定差距。但国内在相关自动化设备及系统专业检测体系建设、调试技术及工具研发方面远领先于国际检测机构，特别是在设备模型、工程配置管控方面根据智能变电站建设需求形成了独创性的标准化管控流程。

（十）电网防灾减灾技术

受地理和气候环境影响，在恶劣环境条件下，雷击、污秽、山火、强风、覆冰、舞动、地震、滑坡和泥石流等灾害可能导致电网运行故障，甚至造成大面积停电事故，严重威胁电网系统的安全稳定运行。近几年，随着电网灾害的频繁发生，电力部门联合气象、地质等相关单位从电网主要灾害机理、防治技术、预警及评估、灾后抢修等方面开展了深入的研究工作，取得了丰硕的成果，有力地支撑了电网的安全稳定运行。

1. 电网主要灾害的基础理论研究

在山火导致闪络机理方面[75]。明确了输电线路在山火条件下发生闪络的几种主要原因。①空气热游离。山火火焰直接接触到输电线路的可能性不大，但是火焰的温度高达1000 ~ 1177℃，地面附近空气游离出带电粒子，导线表面在高温时游离出电子；地面附近的电荷区随着火苗向高处发展，同时大量的浓烟和微粒会大大降低空气的绝缘性能，最终导致空气被击穿。②局部空气密度下降。输电线路下方发生山火时，随着温度的升高，空气密度将会大大降低；输电线路周围的局部低气压，将降低导线－地间隙的击穿电压，导致空气易被击穿。③发生森林火灾时，在燃烧的过程中，地面的灌木和乔木中蒸发出来的水分夹杂着大量盐离子以及烟尘微粒，这些物质会大大降低空气的绝缘性能，导致空气易被击穿。④电场畸变导致颗粒的触碰放电。火焰中的带电电荷，能畸变周围的电场；带电颗粒在高温和空间电荷的共同作用下，加速流注放电的发展，火焰化学电离和热游离产生的电荷以及颗粒触发流注放电产生的电荷逐渐聚集到放电通道形成电弧，最终导致空气被击穿。

在雷击跳闸机理方面。研究了反击雷击和绕击雷击的发生原因。反击闪络主要是由于塔顶电位升高，造成塔顶电位高于绝缘子串的耐雷水平，放电方向从塔身沿绝缘子串放电，造成单相接地故障；绕击闪络主要是雷电流绕过避雷线，直接击在导线上造成的绝缘闪络。造成雷击故障的原因包括杆塔接地体电阻不合格、接地通道有锈蚀、避雷线保护角偏大、雷电过电压时绝缘子串风偏角过大、雷击时雷电流超过设计水平、防雷措施针对性不强等[76]。

在污秽发生机理方面。输变电系统中运行的绝缘子、套管等设备，由于长时间受其周围存在的各类污染源的影响，外绝缘表面都会逐渐积污。在干燥气候条件下，污秽对绝缘强度的影响不显著；但在雾、露、毛毛雨、雪等比较潮湿条件下，若污秽度较重，而绝缘配置又不足以承担运行电压时，绝缘表面就有可能发生闪络，造成污闪[77]。

在输电线路强风灾害机理方面。强风是导致机械过载和风偏闪络的直接原因；设计裕度小是造成风偏放电的内在原因；雷暴雨导致空气间隙的放电电压过低，增大了风偏跳闸的概率；微地形微气象存在风速明显高于一般地区的情况，容易引起风偏跳闸[78, 79]。

在电网覆冰机理方面。研究了冻雨的形成条件和机理。由于逆温层的存在，一些直径较大的过冷却水滴会遇到尘埃，尘埃可作为凝结核，水滴就会变成冰粒落至地面，形成"冻雨"。这种过冷却水滴在风的作用下运动，一旦与地面上较冷的物体如导线或杆塔发生碰撞，在导线表面凝结成雨凇或雾凇等形式的覆冰。

在导线舞动机理方面。舞动是指架空输电线路导线不均匀覆冰时，在持续风的激励下有可能发生的低频、大振幅的振动。主要机理包括垂直舞动机理、扭转舞动机理、惯性耦合机理和稳定性舞动机理。其中，舞动垂直激发机理认为覆冰导线起舞是由于导线横向振动出现负阻尼引起的；舞动扭转激发机理认为导线起舞是因为导线自身的扭转振动和横向振动的耦合作用激发的[80]。

在滑坡和泥石流发生机理方面。滑坡是土、岩石或两者的混合物在滑动面上发生的沿边坡向下的运动，可分为旋转式滑坡和平移式滑坡；泥石流是一种高速的块体运动形式，其中的松散土、岩石，有时还有植物等有机物与水混合，形成顺坡向下的泥浆流。无粘聚力的砂质堆积物有可能会发生干燥条件下的流动（砂流）。

2. 电网主要灾害防治技术研究

我国建成了新一代雷电监测网，共计 32 个中心站，447 个雷电探测站，满足了交直流特大电网运行需要，实现了对华北、华中、华东区域的高精度覆盖以及对东北、西北区域的有效覆盖。研发并部署了差异化防雷评估系统，在 2345 条 220 千伏及以上等级交流线路上安装避雷器共 45282 支，安装 ±500kV 直流线路避雷器 162 套，显著降低了线路雷击闪络风险；开展 35kV 及以上线路应用并联间隙试验研究，确定 500kV 线路安装并联间隙技术条件，提升了电网抵御雷击灾害的能力。

国家电网公司在"十二五"期间修订完善了电网防污闪的各项技术标准，并在此基础上完成了污区分布图（2014 年版）的修订、评审与统一发布。以推广应用复合绝缘子和 RTV 防污闪涂料为主的防污闪技术，在近些年我国雾霾形势严重的情况下杜绝了电网大面积污闪的发生。完成了"输电线路覆冰舞动防治技术"框架研究，提出了系统化的防舞改造及运维管理技术，建成了河南尖山舞动真型试验线路，完善了舞动试验体系。累计完成输电线路防舞改造 1000 多条，使用包括相间间隔棒、双摆防舞器、线夹回转式间隔棒在内的防舞装置 26 万多套，编制完成《输电线路舞动治理工作指导意见》和《国家电网公司输电线路防舞差异化改造技术要求》等标准规范，有效提升了电网防舞动能力和防舞运维管理水平。绘制完成电网主要灾害分布图，直接支撑了电网防灾设计及防灾改造工作。

3. 电网主要灾害监测预警及风险评估技术研究

研制了雷电预警装置，并研发了基于大气电场、雷电地闪、卫星云图、雷达回波等多种数据监测与预警技术的电网雷电风险预警系统。开展了复奉、锦苏、宾金 3 条 ±800kV 特高压直流输电通道，以及江苏、湖北、安徽、浙江电网重点关注区域的雷电预警试点应用工作，提高了电网雷电灾害预警水平。

我国在"十二五"期间建设了极轨卫星国家级直收站，建成了输电线路智能山火监测预警中心，覆盖国家电网所有 500（330）kV 及以上电压等级输电线路，累计发现火点 50000 多个，发布山火告警 3000 多次。编制了《架空输电线路防山火工作指导意见》和《输电线路山火应急处置工作指导意见》，开发基于工农业用火因素、气象因素、卫星监测热点数和输电线路附近山火隐患点的"四要素"输电线路山火预报方法，开展了湖南等山火易发省份的山火预测工作，累计发布山火预报报告 100 余份，有效指导了线路运维单位提前部署电网防山火工作。

"十二五"期间，我国研制了系列直流融冰装置，累计建设了固定式直流融冰装置 20 套、移动式直流融冰装置 30 套，覆盖了国家电网公司重覆冰区域，成功实施了 100 余次线路融冰，大幅提升了电网冬季抵御冰灾能力。

4. 电网重大灾害决策指挥与快速修复关键技术研究

目前国内抢修杆塔主要为铝合金和玻璃钢两种材料，结构型式多为双柱Ⅱ型拉线抢修杆、双柱悬挂式和Ⅱ型玻璃钢杆。中国电科院针对 500kV 单回双回、±800kV 和 1000kV 的直线塔和转角塔，研究超硬铝合金材质的快速抢修塔，编制了《输电线路杆塔基础修复加固技术导则》，出版了《国家电网公司输变电工程通用设计输电线路快速抢修杆塔基础分册》，提出了输电线路灾后杆塔基础快速抢修工程应急保障体系。

三、发展趋势分析与展望

（一）特高压交直流电网规划与分析技术

大电网规划技术向新能源接纳更高效、规划技术指标和评估方法更实用、适应未来电网特征和不确定因素的规划分析能力更强的方向发展；交直流混合电网运行控制技术向机理实用化、分析精细化、控制广域化方向发展；新能源并网控制技术向协调控制和主动参与系统控制方向发展；源网协调技术向基础理论研究更深入，仿真建模分析更精细，协调控制手段更智能实用方向发展。

1. 大电网规划技术

一是至 2020 年，针对新能源发展的不同规模、不同系统环境，从技术要求和电网适应性方面开展研究，实现更大规模、更有效的接纳新能源；二是至 2025 年，结合新技术的发展状态和趋势，滚动调整对未来电网发展形态的预判，推动新的电力技术的实用化研究，如直流组网技术，开展示范工程的关键技术及工程应用研究；三是至 2030 年，将系统论、复杂性等理论，以及计算机科学领域的数据处理和分析方法引入电网规划分析中，挖掘电力系统复杂性、脆弱性等特征，揭示电网发展规模、结构强度、电网特征和电网安全、经济性等联系，高效处理与日俱增的海量数据需求。

2. 交直流混合电网运行控制技术

随着交直流电网规模的不断扩大，新设备、新技术的不断应用，电网运行和控制的复杂性也不断提高。交直流混合电网安全稳定机理方面，重点研究基于响应的电流系统广域控制技术，构建电力系统稳定超级防线。交直流混合电网安全稳定特性方面，需要重点开展特高压交直流混联电网过渡期运行控制技术、大规模直流异步联网交流系统交互影响特性机理及控制技术、大容量直流馈入受端电网的电压稳定机理及直流换相失败防御技术等研究。交直流混合电网安全稳定分析技术方面，需要重点开展跨多区域安全稳定协调控制技术研究，同时应开展直流及 FACTS 装置控制能力定位研究及相关标准的修订。

3. 新能源并网控制技术

关于不同类型新能源机组的稳定性机理、与常规同步机组的交互作用与协调控制等关键性问题仍然未得到实质性结论；另一方面，新能源发电技术主动积极参与电力系统附加控制的需求也逐步提升，如参与系统调频和阻尼控制、系统故障时的有功调节和无功支撑等方面，都需要开展进一步研究。

4. 源网协调技术

网源协调技术面向未来需要解决调压、调频、阻尼提升等多方面的问题，最大限度地发挥各类电源对电网的支撑作用。主要关键技术方面，一是继续开展发电机控制系统协调优化技术，加强大型水电站、火电站对电网的调峰、调频能力。二是深入开展机组涉网保护协调优化技术研究，逐步开展涉网保护协调性测试，研究涉网保护的配置原则和校核方法。三是深入开展特大型交直流电网联络线功率和频率协调控制技术研究，优化控制策略及参数，充分发掘直流系统控制联络线功率和系统频率的能力。四是深化大电网低频振荡抑制策略及扰动源定位技术的研究，力争实现电力系统振荡的"即测、即辨、即控"。五是深入研究次同步振荡／次同步谐振风险评估与抑制技术，为解决风火打捆送出系统振荡问题提供理论支撑和解决方案。

（二）电网调度控制及市场运营技术

随着特高压互联大电网建设的稳步推进，电气联系更加紧密，高渗透率新能源的大量接入和消纳，客观上要求各级调度一体化运作。现有电网调度技术手段尚不能完全适应电网调度一体化及智能化发展新要求，需要探索构建适应未来电网发展的"物理分布、逻辑集中"的新一代智能电网调度控制系统。同时，"十三五"期间，我国电力体制改革进入新的阶段，亟需提升我国多商品市场规模化、集约化运营的支撑能力、电力市场实验能力及电力市场运营评估分析能力。具体来看，近期至 2020 年，各技术方向的发展趋势如下：

1. 调度支撑平台技术

构建逻辑上高度一体化的大电网调度控制系统平台，将是我国未来电网调度支撑技术发展的必然趋势。为解决传统分层分区调度模式存在共享和协调方面的困难，未来电网调度控制系统的支撑平台将具备"物理分布、逻辑统一"的技术特征，既继承分布式控制系统可靠、灵活等传统优点，又强化全系统信息的综合应用，形成集中决策与分布监控相结合的一体化调度体系。

2. 电网实时监控技术

大电网的一体化运行特征客观上要求各级调度一体化运作，实现多级调度协同运作和大电网整体协调控制，逐步实现自动智能调度控制运行，增强调度驾驭大电网能力和事故风险防控能力。因此，基于精确模型全网一体化分析，提供完备的监视、预警和优化控制决策手段，实时把握电网运行状态及未来变化趋势，将成为未来电网调度智能化发展的重要方向[39]。

3. 调度计划与安全校核技术

随着电力体制改革的深化，需要探索电力市场发展带来的调度模式变化。研究适应不同市场模式的安全约束发电计划，建立具有良好适应性和扩展性的发电计划模型和算法，研究适应市场机制下的阻塞管理技术。为应对大规模间歇性能源的接入和高度耦合的交直流混联线路给电网运行带来的巨大挑战，需要深入研究一体化调度计划预测和编制、多元能源的协调优化调度以及各时间维度调度计划的协调等关键技术；深入研究间歇式能源不确定性对安全校核的影响，在安全校核中实现潜在连锁故障隐患的快速分析。

4. 系统检测与试验验证技术

随着电网调度控制系统数字化、集成化、标准化、综合化程度的不断提高，需要建立完善的系统试验验证技术与电网调度控制技术发展的跟踪联动机制，根据电网调度控制系统的发展动向，完善系统检测和试验验证体系。

5. 电力市场运营支撑技术

为适应日前和实时市场交易出清及资源优化配置需要，电力市场运营技术向着面向日前与实时市场的市场出清计算、节点电价计算模型与算法、安全校核技术等电力生产运行与市场运营一体化的运营支撑技术方向发展。同时，为实现跨区跨省交易、辅助服务交易等多种交易在电力市场中协调开展，电力市场运营支撑技术将从支撑电能市场的单一运营支撑技术，向支撑清洁能源接纳的辅助服务市场运营支撑技术、电能与辅助服务联合出清计算、多商品市场结算技术等方向发展。

6. 电力市场运营分析与评估技术

随着电力体制改革的深化，迫切需要研究构建支撑全时间尺度、多市场产品联合运营的电力市场全景实验环境，需要研究支撑多级协调、考虑复杂输电路径的交易优化与安全评估技术体系，需要提升电力市场运营的实验和量化评估能力，构建电力市场建全景实验环境，实现对电力市场运营新技术的验证和成果孵化的一体化支撑。

2020 年至 2030 年左右，电网调度控制技术将朝着主动灵活调度的方向发展，为全面实现自动智能调度奠定基础。电网运行在线分析与安全控制的主动性与前瞻性水平将逐步提高，电网柔性开放接入能力和灵活调节控制能力将显著增强。通过发展适应市场机制的优化调度技术，电网对各种能源的主动式消纳能力和各种资源的高效优化配置能力将不断提升。"统一、开放、有序"的电力市场运营技术支撑体系将逐步建成。电力市场运营将覆盖中长期、短期、日前和实时等不同时间周期，并将实现更有效的衔接。参与市场的主体种类将不断丰富、数量将显著增加。

（三）特高压交流输电技术

根据现有的发展水平及对未来需求的预测，下列一些研究方向值得关注：

1. 特高压同塔双回输电技术

随着特高压线路的增长，输送功率增大（特高压装设串补后双回输送功率超过10GW），考虑线路双回和单回运行时，高抗中性点采用固定阻值的小电抗很难兼顾将潜供电流都限制在较低水平。潜供电流问题仍非常突出。特高压同塔双回线路较短时，当线路上不装设高抗时，由于对潜供电流没有限制手段，潜供电流会比较大。为了提高线路杆塔的经济性，特高压杆塔也有缩小塔头尺寸的趋势，但使得同塔双回线路相间和回路间耦合会进一步加强，不利于潜供电流的熄灭。因此，需解决不同线路长度下对潜供电流进行深度限制，提出合理的限制措施，研究采用 HSGS 等新措施限制潜供电流的可行性及设备技术要求，以满足快速单相重合闸的要求。此项技术有望在 2020 年前实现突破。

2. 特高压串联补偿技术

目前提出的特高压串补技术在适应系统变化、易扩展等方面存在不足，目前常用的"间隙 +MOV"的串补过电压保护技术还存在对断路器 TRV 等电磁暂态问题抑制效果有限的问题，未来有必要开展可扩展式特高压串补配置技术及新型串补过电压保护技术研究，目前有课题已立项开展研究，包括研究适应系统变化、灵活高效的特高压串补设计方案、应用原则、过电压保护技术、平台主设备优化布置技术以及测量和控制保护技术等。预期可在 2020 年前掌握关键技术，2030 年前完成样机研制，并可结合特高压电网建设需要，依托实际工程开展工程实践和优化提升研究。

未来特高压电网发展，对提升通道输电能力的需要使采用特高压高补偿度串补技术成为可能。目前有课题正在从系统运行及经济性、过电压及电磁暂态、断路器开断瞬态工作条件及继电保护等方面开展特高压高补偿度串补系统关键技术研究，并将在 2020 年前针对远距离、大容量特高压交流输电需求结合可控高抗、大容量 SVC 等 FACTS 技术开展进一步攻关，可在 2030 年前根据电网发展开展工程示范应用。

3. 特高压系统过电压抑制与绝缘配合优化技术

在特高压输变电工程中，设备的绝缘造价较高，是制约我国特高压电网发展的因素之一。为此，研究特高压交流线路过电压水平深度控制措施，优化绝缘配合方法，对降低工程造价和提高特高压输电的经济性具有重大意义。

采用具有选相合闸功能的断路器可成为特高压工程限制合闸操作过电压的一种新思路。近年来，随着断路器制造工艺、现代测控技术的不断提高，断路器选相分合闸技术日益受到制造部门与用户的关注，成为智能化电器的研究热点。研制特高压可控避雷器也是深度抑制操作过电压的有效措施。其中，可控开关可采用电力电子开关或可控间隙。在瞬态情况下，当避雷器本体上的电压高于设定的动作阈值时，可控开关导通，从而降低了避雷器的残压。该措施有望在 2020 年前得到长足的发展。

2030 年前，我国高海拔地区（如西南地区）可能将建设特高压交流输电工程。对于高海拔的特高压线路和变电站，考虑到空气间隙放电电压随气压降低而显著降低的基本特性，其绝缘造价所占的比重很大。为此，须进一步降低特高压输电线路和变电站的过电压水平，以期降低线路和变电站的绝缘要求，避免特高压输电工程在高海拔地区的绝缘造价大幅提升。

（四）特高压直流输电技术

1. ±1100kV 特高压直流输电技术

（1）±1100kV 特高压直流输电技术的应用方向。

±1100 kV 特高压直流输电技术将朝着输送容量更大、电压等级更高、输送距离更远的方向发展，以适应未来国际联网和洲际互联的电力输送需求，从更大范围内优化资源配置。预计 2020 年前会开展工程建设和运行，积累工程设计、建设和运行管理经验，到 2030 年开展国际和洲际输电应用。

（2）±1100kV 特高压直流输电技术设备发展方向。

±1100kV 特高压直流输电核心技术设备技术壁垒高、制造难度大。未来的特高压直流工程其容量可能会继续提升，对于换流阀、变压器和套管等主回路设备通流和散热能力提出更高要求，未来适用于特高压直流输电技术设备将会向耐压更强、通流能力更大的方向发展。

（3）±1100kV 特高压直流输电技术交直流系统接入和控制技术。

±1100kV 特高压直流输电技术输电容量超过 10000MW，如此大容量的功率接入交流系统对于系统收纳能力、潮流控制和故障控制提出严峻挑战。我国 ±1100kV 特高压直流输电工程送端一般位于西北和西南电网薄弱地区，弱送端问题突出，甚至某些工况下面临孤岛送电，电压稳定问题突出。另外，由于 ±1100kV 特高压直流输电工程送电容量大，对于受端电网接纳能力提出巨大挑战，未来需要发展与大容量直流相适应的弱送端交流系统送出控制保护技术，以接纳更多的可再生能源；发展大容量直流功率馈入交流电网控制保护技术，以确保交直流系统稳定运行，对于直流功率无法消纳的情况，可以考虑采用直流多受端落点送电，即多端直流技术，以将直流功率分送到不同的交流网架。

2. 改善系统稳定运行能力的直流控制保护优化技术

近期至 2020 年，随着特高压直流输电工程的建设和交流电网的发展，直流接入交流系统条件的不同将导致交直流系统之间的耦合问题更加复杂，对交直流系统耦合机理的深入研究能进一步指导直流规划、建设、运行和直流控制保护系统的优化。

交 / 直流输电系统混联类型日趋复杂，交直流并列运行特征的混联系统、多直流送出/ 馈入系统、大规模新能源直流送出系统、大容量直流接入的弱受端系统对直流系统控制特性提出新的要求，适当调整和优化其控制保护系统的策略和参数，不仅提升直流系统本身抵抗扰动的能力，并能适应相应交流系统需求，充分发挥直流输电系统的控制性能，提高与之相连的交流系统的稳定性。远期至 2030 年，对高压直流换相失败风险及抑制措施方面开展研究和应用，在设备方面，如改善晶闸管元件关断特性，提高其对换相失败的抵御能力等，在控制方面，如进一步优化换相失败预测功能，降低交流故障引起换相失败发生的几率。

3. 多端高压直流输电技术

近期至 2020 年，研究多端高压直流输电应用场景，根据具体电网需求规划设计多端直流输电系统接线型式、结构、接入系统方式；深化多端高压直流输电运行控制技术研究，包括各换流站之间的站间通信、协调控制技术、保护配置等，以及充分利用多端直流输电在故障情况下的调制优势，研究各直流间以及安控措施间的协调优化技术；加快多端高压直流输电关键设备研制，高压直流断路器是多端直流输电系统的关键设备，是目前多端高压直流输电系统需要解决的核心问题之一，技术难点在于开断暂态故障短路电流以及电压等级。远期至 2030 年，实现多端高压直流输电在我国的工程应用。

（五）电压源换相直流输电技术

毫无疑问，由于自身具备的优异性能以及技术的快速发展，电压源换相直流输电技术必将成为未来直流输电技术的主要发展趋势。目前电压源换相直流输电技术的发展主要在两个核心方面：高压大容量电压源换相直流输电以及多端直流 / 直流电网技术。

1. 高压大容量电压源换相直流输电技术

电压源换相直流输电系统实现高压大容量输电的关键核心技术主要包括两个，第一是开发高压大电流的全控型电力电子器件，第二是解决架空线传输问题，避免使用造价高昂的直流电缆。预计到 2020 年，额定直流电流为 3000A 的器件可以在工程中得到应用，可以建造 ±500kV 架空线电压源换相直流输电工程；预计到 2030 年，额定直流电流为 5000A 的器件可以在工程中得到应用，可以建造特高压架空线电压源换相直流输电工程。

2. 混合直流输电技术

混合直流输电系统主要存在两种类型：VSC-LCC 和 LCC-VSC，前者主要应用于新能源送出的新建工程，后者主要应用于现有常规直流的改造工程。目前来看，后者得到应用的可能性要大得多，因为这样可以节省大量投资，经济效益明显；可以直接消除常规直流必须面对的换相失败问题；可以通过加装阻流二极管的方法解决直流线路短路电流消弧问题，可以采用架空线传输。

国内的常规直流工程主要建造于 2000 年之后，早期的工程，如天广、三常、三沪等，目前均已运行十年以上，逐步面临升级改造的要求。而且这些直流工程的落点主要位于华东电网或南方电网，多馈入直流连续换相失败问题严重，所以 2020—2030 年完全可以利用升级改造的机会，将现有常规直流工程改造为混合直流输电系统，技术上并不存在太大的技术难度，所需资金相对较少，性能上基本可以达到电压源换相直流输电技术的水平。

3. 直流电网技术

直流电网的核心装备主要有三个：直流断路器、直流变压器以及高压大容量电力电子元器件与换流器。预计 2020 年前后，在配电领域以上各装置能够达到实用程度，2030 年前后，在输电领域以上各装置能够达到实用程度。

4. 直流断路器技术

目前直流断路器发展的主要趋势是开发新型拓扑结构，以实现具有实用价值的高压直流断路器。预计在 2020 年就可以开发出 500kV 直流断路器，2030 年之前可以开发出特高压直流断路器。同时由于多端直流系统线路结构复杂，需要大量高压直流断路器，所以对于其工程造价提出了很高的要求，无论哪种技术路线，造价太高的直流断路器不具备工程实际应用的可行性。远期来看，200kV 的高压直流断路器造价不应超过 1 亿元，500kV 的高压直流断路器造价不应超过 2 亿元，800kV 的高压直流断路器造价不应超过 4 亿元，这样才具备工程可行性。

（六）灵活交流输电技术

结合我国近年来有突出进展、电网未来发展迫切需要的几种 FACTS 技术，包括大容量 STATCOM 技术、1000kV 可控高抗技术、统一潮流控制器技术和短路电流限制器技术，对其技术发展趋势进行分析与展望。

1. 大容量 STATCOM 技术

随着 IGBT 器件单体容量和耐压水平日趋接近极限，STATCOM 的容量提升将更依赖于主电路结构设计技术的创新和进步。为适应电网对 STATCOM 直挂电压等级、容量及响应速度等的要求，近期应研究大容量 STATCOM 电压参与区域电网 AVC 系统控制策略，中长期应在 STATCOM 级联结构的优化技术方面开展研究，以进一步提升 STATCOM 的容量。

2. 1000kV 可控高抗技术

750kV 示范工程使我们在磁控式并联电器技术上取得了突破性的进展，但仍有许多问题需要进一步研究，可控电抗器的一些缺点需要设法改进，着眼于对磁控式可控电抗器、阀控式可控高抗技术的完善提高，对 1000kV 可控电抗器的研究开发，继续开展科研创新和攻关，争取近期在三相容量调节平衡技术、本体制造技术等方面取得突破。

3. 统一潮流控制器技术

目前，采用 IGBT 器件基于电压源换相技术的 UPFC 设计成为未来的发展方向，为提升 UPFC 的容量和电压等级，需要在器件模块设计、主电路结构优化设计、控制策略的分层设计等方面开展研究工作。

4. 短路电流限制器技术

FACTS 技术在限制短路电流应用方面，未来主要是向更大通流量、更高电压等级方向发展，随之地，需要解决阻抗快速转换过程中产生的暂态过电压、谐波等问题，相应地开展理论研究、工程设计等研究工作。

超导限流器技术与超导材料技术的发展息息相关，随着高温超导材料技术的发展，超导限流器技术的工程应用的造价和技术门槛将降低。因此，未来基于超导材料的发展，需要在超导限流的新原理方面开展研究工作。

（七）交直流电力系统仿真计算技术

电力系统仿真计算技术是基础性技术，需要随着系统的发展需求变化不断进行深入研究。在电力系统建模方面，需要提高建模工作的精细化程度、广度和深度；在电力系统仿真方面，需要关注提升计算精度、规模效率、开放建模灵活性等方面；在电力系统实时仿真方面，需要提升实时仿真的规模、仿真精度和效率；在在线稳定评估技术方面，需要在评估方面取得关键性突破，并建立下一代电力系统全动态过程在线仿真分析及决策软硬件支撑系统。

至 2020 年，建立高压直流、风电、光伏等设备的详细电磁暂态仿真模型，完成发电机保护、安全自动装置、低励过励、AGC 等的中长期动态仿真模型研究；提升远距离大容量特高压交直流输电系统的中长期仿真能力、电磁 – 机电暂态 – 中长期相互影响的仿真能力，实现成熟应用；提高电力系统仿真建模的开放性，研究适应于大规模电力系统的开放式仿真平台；实现对较大规模系统电磁暂态和大规模机电暂态的实时仿真能力；结合各级调度运行部门的业务需要和在线运行的大数据背景，发展和实现以多元信息分析为对象的调度运行大数据挖掘应用技术，在线分析兼具开放的、高性能、海量在线信息处理能力，将传统由离线计算指导的电网调度运行功能方式变革为基于在线知识发现的智能化和精细化运行方式。

至 2030 年，建立新型直流、直流电网、新能源等新型电力电子设备的电磁暂态、机电暂态仿真模型，并适应大规模电力系统仿真的需要；实现大规模交直流电网全部采用电磁暂态进行详细仿真的能力，并实现不同时间尺度仿真之间的有效融合，提升万节点级大规模电网仿真方法的稳定性、收敛性和计算速度；超大规模集成电路设计能为电力系统计算提供定制化核心，对部分高频开关元件使用 VLSI 仿真将成为发展趋势，实现大规模电磁暂态仿真的实时仿真能力；进一步提高在线动态安全评估系统的信息化、智能化、集成化和自动化水平，其功能由安全功能发展为安全与经济的协调；由局部控制发展为全局分层控制；由开环控制发展为闭环控制，人们向往的智能调度机器人系统将会逐步变成现实。

（八）交直流电力系统保护与控制技术

我国超 / 特高压交流线路不断建设，智能变电站水平逐步提高，新能源并网规模不断增大，微电网理论研究逐渐深入，电网的协调优化控制技术需求明显，电力系统的保护与控制技术面临新的发展趋势。需要不断深入研究故障特征，提高其识别和仿真验证能力。

1. 超 / 特高压交流系统保护与控制技术

故障特征分析方面，从基于工频量等少量电气特征向基于暂态信息和工频量信息结合的多电气特征方向发展。保护控制原理方面，随着超 / 特高压电网结构的复杂程度不断增加，电网控制保护原理向高容错、强鲁棒、自适应方向发展，适应我国电网不断发展需求。保护控制新设备方面，向可靠性高、易维护、智能化的方向发展，应进一步提高控制保护设备在恶劣环境下的运行可靠性；研制具有接口标准化、功能模块化、信息透明化的控制保护设备及其软硬件平台，实现设备在现场"即插即用"及免维护。

2. 智能变电站保护与控制技术

我国目前从全站角度考虑就地、站域保护优化配置技术尚有待提升，应立足于应用，建立符合信息驱动发展思想的层次化保护控制系统，提升就地、站域、广域保护控制核心理论和设备可靠性水平，满足智能电网对提升保护灵活适应性、简化变电站保护配置及免维护的应用需求，完善层次化保护控制设备高效运维支撑技术，全面提升变电站整体保护水平，支撑电网协调运行。

3. 新能源接入电网的保护与控制技术

建模方面，随着研究的深入和建模技术发展，模型将更加精细化；故障特征分析方面，从单机特征分析向场群特征更接近电网实际的方向发展；新能源电源的控制策略将更加优化，实现稳态最大功率输出、故障时保障设备安全，和保护技术协调实现对设备的控制与保护；新能源电源场站内保护与控制技术将基于通信技术的发展，实现场站内设备及区域的快速保护和故障隔离。

4. 微电网保护

在含微电网的配电系统保护方面，随着高速通信网络的建设，依据多同步数据源信息来实现故障定位与清除。考虑继电保护与配电自动化的配合，实现故障跳闸、孤岛检测、恢复供电一体化。在自身保护方面，以有限广域通信为基础，与微电网控制功能相结合，实现集成化保护将是微电网保护控制技术的主要研究与发展方向。基于微电网及其内部微源的故障特性和运行特点，开展微电网故障识别和故障区域定位、微电网区域协同保护、基于全网信息的微电网保护策略等研究。

5. 电网的协调优化控制技术

如何充分应用先进控制及信息技术，对智能 PSS、FACTS、SEDC 等各种先进、智能的设备进行协调优化控制，达到对网络潮流和母线电压等网络参量的快速、平滑控制，是电网协调优化控制技术的发展趋势；电网协调优化控制技术理论研究成果应用于工程实践也是未来发展趋势。

（九）智能变电站技术

安全可靠、控制灵活、运维简便、经济环保是智能变电站长期的发展目标。在一次设备智能化技术方面，一次设备与传感器、智能组件将实现一体化设计与集成；在二次设备集成技术方面，将呈现自动化设备标准化与功能集成模式创新交叉发展的趋势，自动化设备种类、数量进一步减少；一体化监控系统继续向开放性、可扩展方向发展，站端高级应用专业化、实用化水平显著提升，并实现与主站业务的灵活互动；随着智能变电站信息化和标准化研究的推进，自动化设备与系统自动化检测调试技术将实现突破。

1. 一次设备智能化技术

一次设备智能化技术研究主要解决设备可靠性和集成化需求，建立设备全寿命周期管理体系。解决传感器与一次设备寿命不匹配、智能化整体设计不完善、设备状态数据正确性缺少评估及分析利用不充分等问题，进一步优化设备的结构设计，提高设备环境适应性及防护水平以及设备潜在缺陷分析能力，实现设备免维护或按需维护。

近期（2016—2020 年），需要重点研究高可靠传感器制造技术、多特征量传感器部署策略和配置方案、传感器（电子式互感器）与一次设备的集成设计技术、计及传感器的一次设备可靠性评估模型、智能一次设备精确控制技术、智能一次设备整体运维检修技术及模式，一次设备及电网运行状态数据标准化采集技术、智能一次设备与二次系统标准化接口技术、高压设备运行状态实时监测及数据综合分析评估技术等。远期（2020—2030年），基于电力电子技术的一次设备将逐步推广应用，一、二次技术将深度融合。智能一次设备物理形态、设备、电网运行状态的监测、控制技术将实现重大突破。

2. 二次设备集成技术

在计算机、通信、传感采集技术快速发展的背景下，二次设备集成将进一步减少设备种类和数量，实现与一次设备现场安装，提升自动化系统建设的经济性。集成技术将推动变电站自动化系统体系架构的革新，但需要同时解决二次设备集成带来的可靠性、运维便利性和标准化等方面的需求。

近期（2016—2020年），二次设备集成技术需重点研究集成设备及系统整体性能的分析评估方法，研究标准化的自动化系统架构和二次设备集成模式，研究二次设备现场运行可靠性保障技术，研究二次设备输入/出接口、通信接口、时间同步接口及电源接口标准化技术，实现集成化二次设备标准化应用。研究二次功能与通信集成平台技术，实现功能部署和信息路径的集中定义。研究二次功能动态迁移技术，实现二次设备缺陷快速恢复。远期（2020—2030年），将在功能与通信平台整合、二次设备与一次设备融合方面进一步发展，二次设备信息模型和通信服务高度一致，实现统一的时间同步、数据访问和设备管理。

3. 一体化监控系统技术

电网规模扩大以及运行管理模式变革对变电站一体化监控系统提出了新的需求，调度等主站的部分应用功能在变电站内分布实现，将推动监控系统应用功能的实用化和专业化。站内一体化业务平台将进一步整合监控、保护、计量、设备状态监测、辅助监控和生产管理等业务。变电站与调度等主站的交互技术将取得突破，实现与主站的即插即用。特别是随着能源互联网研究与建设的推进，智能变电站作为核心节点，一体化监控系统还将接入来自配电、分布式发电、电动汽车等新业务，并对外提供更为丰富的数据和服务。

近期（2016—2020年），需要深化主厂站数据及服务协调建模、统一描述技术研究，重点突破主厂站通信服务架构及协议设计、变电站一体化业务平台数据、模型集成技术、基于SOA标准的应用功能服务化技术，实现主厂站业务应用的一体化，同时研究应用功能流程、业逻辑、监控的标准化技术及高级应用模块化设计技术、提升高级应用的实用化。远期（2020—2030年），重点研究智能变电站分布式数据中心技术、多类电源、用户信息采集及统一建模技术、电网与变电站设备的远程监控和态势感知技术，实现变电站与能源互换网的协调互动。

4. 自动化设备与系统检测调试技术

高度信息化为实现变电站便捷高效调试运维提供了技术基础。智能变电站一方面提出了自动化设备"即插即用"的理念，实现设备与系统的快速接入、调试、检修；另一方面，变电站无人值守带来了远程运维需求。自动化设备检与系统检测将由工程标准化检测升级为设备接入系统的兼容性认证，高度自动化的调试、检修对设备内在和外在标准化提出了更高要求。

近期（2016—2020年），需要加快标准化二次设备验证技术的研究和检测环境的建设，研究面向运维检修的设备健康状态、模型数据、功能逻辑自检、采集、整合、分析与可视化展示技术，研制自动化巡检设备，实现现场智能巡检及远方虚拟现实巡检维护。远期（2020—2030 年），结合二次集成设备、一体化监控系统设计，研究自动化设备功能、接口兼容性检测技术，突破"即插即用"技术，实现设备与系统自动化配置调试。

（十）电网防灾减灾技术

电网防灾减灾技术将向智能化、自动化和精细化的方向发展，适应坚强智能电网建设和运行的要求，构筑灾害机理明晰、灾害监测准确、灾情预测正确、防灾措施有效、应急处置及时的电网防灾减灾综合支撑体系。

1. 近期电网防灾减灾技术发展趋势分析（到 2020 年）

（1）电网主要灾害形成机理和演化规律。

电网主要灾害的形成机理是防灾减灾技术研究的基础，但由于电网灾害的致灾机理和灾害演化规律非常复杂，目前的研究成果还较为薄弱，亟须开展深入的研究工作。电网主要灾害形成机理和演化规律方面，需要重点开展多因素影响条件下电网主要灾害形成机理研究、影响电网灾害的主要气象特征提取及预报技术研究、微地形微气象条件下电网灾害特性研究、全球气候演化背景下电网主要灾害风险变化规律研究等，为灾害预警、防灾措施及灾害应急处置提供理论支持。

（2）电网主要灾害监测预警能力建设。

灾害监测和预警是电网防灾减灾技术发展的关键环节，也是提升电网灾害主动防御能力的关键技术，目前亟须建立电网主要灾害监测预警体系，提升电网灾害监测预警的准确度和智能化水平。电网主要灾害监测预警能力建设方面需研究的关键技术包括：电网灾害故障辨识技术、基于卫星遥感技术的输电线路广域监测、电网主要灾害监测方法可靠性、电网主要灾害短期和中长期预警预报技术、微地形微气象区电网灾害预警技术、电网主要灾害风险评估技术等。

（3）电网防灾减灾技术措施。

目前电网防灾减灾技术措施还主要停留在被动防御的阶段，防灾减灾技术措施的体系性不强。加强电网防灾减灾技术措施的研究，对于提升电网防灾减灾设计水平具有重要的意义。需要对各种防灾减灾措施进行规律总结，建设防灾减灾技术标准体系，提高防灾减灾的标准化水平；需要开展防灾减灾新材料、新产品和新装备研发，丰富电网防灾减灾的措施手段；需开展智能化防灾减灾技术研究，促进电网防治减灾技术由被动防御向主动预防转变。

（4）电网灾害评估、应急处置及智能决策技术。

提升电网防灾减灾智能化管控水平，需研究电网灾害评估方法和评估策略，提高灾害评估的科学化、标准化和规范化水平；需研究电网防灾智能决策技术，建立防灾智能决策示范工程。

2. 远期电网防灾减灾技术发展趋势展望（到 2030 年）

（1）多学科融合提升电网防灾减灾技术水平。

融合遥感、地理信息系统、导航定位、三网融合、物联网和数字地球等关键技术在防灾减灾领域的应用，推进防灾减灾科技成果的集成转化与应用示范，提升电网防灾减灾技术的智能化、自动化水平，提高电网防灾减灾措施的有效性和适应性。

（2）电网重大自然灾害预控技术。

融合电力气象、电网灾害预警、灾害评估和应急处置方法，研究电网重大自然灾害预控技术，提升电网抵御重大自然灾害的能力，确保电网的安全稳定运行。电网重大自然灾害预控技术包括电网本体设备灾害防治技术、电力气象预警技术、电网重大自然灾害预警和评估技术、现场可视化应急指挥技术及灾害应急处置综合指挥决策系统等。

（3）防灾减灾信息管理与服务能力建设。

需建设电网综合减灾与风险管理信息平台，提高防灾减灾信息集成、智能处理和服务水平，加强各级部门防灾减灾信息互联互通、交换共享与协同服务。需充分利用卫星通信、互联网、导航定位等技术和移动信息终端等装备，提高信息获取、远程会商、公众服务和应急保障能力，推进"数字减灾"工程建设。

四、创新发展机制分析与建议

（一）发展驱动力分析

总体来看，我国经济社会的发展对电网发展的客观需求、输电技术领域自身的进步，以及相关交叉学科的融合创新，都对输电技术及系统的发展产生了推动作用。输电技术及系统的发展驱动力可以归结为以下三个方面。

1. 电网发展对输电技术及系统发展的推动

我国主要能源资源产地与需求中心呈逆向分布，全国范围优化配置资源能力严重不足，中东部地区大气环境污染严重，能源可持续供应面临巨大挑战。发展大容量、远距离、高效率的输电技术，推动能源结构调整和布局优化，构建科学合理的能源综合运输体系，是我国能源发展战略的必然选择和重要战略途径。随着未来我国多条特高压交直流输电工程的投运，一方面，可大幅提升电网对新能源的消纳能力，并进一步提高能源利用效率，降低环境的承载压力。另一方面，对输电技术及系统的支撑能力提出了更高要求。

特高压交直流电网规划技术方面，需要采用中长期动态模拟的方式仿真其实际生产过程，建立从负荷、新能源到常规电源的变化波动及调节过程的长尺度仿真模型，分析存在的瓶颈，并提出有效措施。电网调度控制与市场运营技术方面，需要深入研究一体化调度支撑技术。特高压交流输电技术方面，需要研究解决系统运行、基本设计、过电压及电磁暂态、装置研制等多项关键技术问题。特高压直流输电技术方面，需要研究利用直流极控本地信息和可控状态量来优化直流控制保护系统的策略和参数，改善故障和恢复过程中直流系统的动态特性。仿真技术方面，要求建模不断精细化并具备电磁－机电暂态的联合仿真能力。交直流电力系统保护与控制技术方面，需要提升保护和控制技术对网络结构变化的适应性，基于广域多源信息研究多种控制设备的优化协调控制技术。

2. 输电技术领域自身进步对学科发展的推动

作为支撑电能安全可靠传输的基础性技术，"十二五"期间，我国在输电技术及系统领域内取得多项进步性成果，直接地提升了我国在该领域内的成果应用和技术创新水平。在灵活交流输电技术方面，随着更高电压等级、更大额定容量的潮流、电压控制设备的研制，可进一步提高电网灵活控制的能力。在电压源换相直流输电技术方面，过去全控型电力电子器件的耐压耐流能力有限，所以电压源换相直流输电（VSC-HVDC）系统的电压等级与功率传输能力都处于较低水平，无法和常规直流相比，但是近几年随着全控型电力电子器件的耐压耐流能力的不断增强，其输电能力已经逐步接近常规直流，这也为其今后大规模使用提供了基础。智能变电站技术方面，围绕"安全可靠、控制灵活、运维简便、经济环保"的发展需求取得多项突破。

3. 交叉学科融合对输电技术及系统发展的推动

随着通信、计算机、电力电子等相关交叉学科的发展，以及控制、数学等相关基础学科的进展，众多相关学科的融合为输电技术及系统发展注入新的动力。规划技术方面，由于现代电网的动态特性复杂多变，隐性故障与连锁故障难以辨识，系统特性与设备特性深度耦合，亟须利用新理论、新方法对这些问题进行深入研究，以储能技术为例，面临着规模化、灵活化、可快速充放、经济性等一系列瓶颈，所以其发展趋势仍不明确，尚未对其应用场景有清晰的定位，源、网、荷侧的适应性也有待进一步研究；电网防灾减灾技术方面，近些年，随着全球环境气候的演化，特别是我国极端天气条件的频发，电网灾害时空分布、损失程度和影响深度广度出现新变化，各类灾害的突发性、异常性、难以预见性日显突出。随着气象条件的变化，电网灾害的类型、灾害发生机制、灾害破坏程度、防灾技术等方面都在不断发生变化，电网自然灾害的风险进一步加大，现有的研究成果已经无法满足不断变化的电网抗灾技术发展的需求，需要进一步在电网防灾减灾技术方面开展系统深入的研究工作。

（二）影响发展的因素分析

影响输电技术及系统发展的因素包括技术层面、体制层面等多方面，以下从 10 个技术分支的角度分别予以分析。

特高压交直流电网规划与分析技术方面，影响本技术分支发展的因素包括三方面。一是，传统研究思想约束，新能源跨大区消纳原有的送端单一调峰将转变为送受端共同参与调峰，直流的调节控制方式、送受端电网的适应性将接受考验，现有的静态的电力电量平衡分析显然不能完全反映这种动态特性，因此需要借助更好的动态分析方法。二是，与其他专业学科沟通融合不足，近年来，交叉科学在电力系统中获得了较大的应用，目前，系统论、复杂性理论的应用已经开始延伸到电力系统领域中。三是，对国外先进思想采纳应用不够，欧美等发达国家率先启动了对电网未来形态的构想和预测，我国专家学者也进行了一些尝试，提出了大规模储能、直流组网和高温超导技术是未来电力革命性技术，但对基于上述技术的我国未来电网形态没有进行深入研究。

电网调度控制及市场运营技术方面，从电网调度控制及市场运营技术的发展现状和整体趋势来看，主要存在以下影响因素。一是，基础数据质量。现有电网调度控制基础数据质量仍不能完全满足在线分析计算要求。二是，我国未来电力市场的具体模式。电网调度控制系统及市场运营系统的发展需要适应我国电力市场化改革进程，根据电力市场的具体模式和机制，研究相应的技术支撑手段。三是，计算机通信技术的发展。需要真正将先进适用的计算机通信技术应用于电网调控运行各个环节，实现计算机通信技术与电力系统客观规律的有效结合。四是，平台及实验室建设。未来需要进一步加强调度主站与变电站信息交互和协同互动检测能力，建设"源－网－荷"互动运行控制仿真实验室和电网调度控制系统闭环测试平台。五是，人才培养和资金投入。需要充分重视各方面的人才梯队建设，并通过积极申请国家、电网企业、科研院所等各类型科研和产业项目，寻求获得技术研究和系统研发所必需的资金。

特高压交流输电技术方面，为了提高特高压同塔双回线路的经济性，特高压杆塔也有缩小塔头尺寸的趋势，但使得同塔双回线路相间和回路间耦合会进一步加强，不利于潜供电流的熄灭。因此，优化潜供电流抑制措施可能为特高压同塔双回输电技术推广应用的前进方向；未来需要通过装设大量串补来进一步提升特高压交流输电通道的送电能力，而现有特高压串补技术在适应电网结构变化、参数易扩展等方面存在不足，应用场景受到一定限制。另外，特高压串补技术应用使得系统过电压、断路器开断故障时的 TRV 问题更加突出，有必要提升现有串补过电压保护措施的动作速度，需要集合相关科研、设计、制造、试验等多方面机构的优势力量开展高效合作，以期取得新的技术突破，延展特高压串补技术的应用前景；特高压系统的过电压控制水平和绝缘水平的优化与过电压限制措施的保护性能密切相关。为了提高特高压输电工程的经济性、合理性，对避雷器等保护设备性能提出了更高的要求。目前，正在研究中的降低 MOA 的额定电压、断路器采用相控合闸、可控避雷器等技术，都是进一步提高保护性能的有效途径。

特高压直流输电技术方面，±1100kV 特高压直流输电技术在国内外尚属首次研发和工程应用，关键设备研发制造相关技术难度大，设备的制造水平决定了 ±1100kV 特高压直流输电工程能否可靠运行，目前虽然设备都已经研制出来并通过型式试验，但是还缺少实际工程的检验；多端直流输电发展过程中，高压大容量的直流断路器目前还无法完全满足实际工程快速切断直流故障电流的应用需求，多端直流输电的控制保护技术复杂，不仅在于换流站内部控制环节和参数的配合，还涉及所有换流站之间的协调控制以及站间通信技术，对于多端直流的建模以及仿真分析也存在着一定的完善需求和上升空间。

电压源换相直流输电技术方面，目前国内电力工程界对于电压源换相直流输电技术给予了高度的关注，对于其在未来智能电网中所发回的作用寄予厚望。各相关生产厂家与科研单位均投入比较大的人力物力进行研究开发，并普遍建立了动模仿真平台、数模混合仿真实验室以及高压装置实验室等，同时也根据前期的几项示范工程积累了大量的工程经验，培养了一支全面包含科研、设计、工程、运行的高素质人才队伍，有力地促进了电压源换相直流输电技术的发展。

灵活交流输电技术方面，目前，我国灵活交流输电技术的研发总体处于国际先进水平，部分关键技术已达到了国际领先水平。但是也应看到，一方面，在灵活交流输电技术的基础——电力电子设备制造技术，尤其是大功率 IGBT 器件的制造技术方面，我国与国际先进水平还有差距，关键器件的使用基本依赖进口，从而导致整套设备的成本不易控制；另一方面，在灵活交流输电技术的核心—— FACTS 控制器的原型设计技术方面，我国还缺乏有学术影响力的原创性成果，目前国内电力行业所采用的 FACTS 控制器，从技术角度讲基本上都为舶来品。

交直流电力系统仿真计算技术方面，电力系统仿真技术是属于基础性的研究领域，其发展依赖于长期的技术积累，同时依赖于相关领域的发展情况，我国很多方面的技术都处于发展期。国外在电力系统仿真方面已经发展了数十年，已经形成了一些研究时间很长、非常专业的技术团队。而我国现有成熟的仿真技术也已经积累了 30 余年，近些年来，针对仿真技术开展了大量的研究开发，取得了一些关键技术的突破，但距离真正的成熟还有待较长时间的积累。相关领域的发展对仿真技术也对有较大影响。

交直流电力系统保护与控制技术方面，国内各大院校建立了相应的研究方向，对于培养电力系统保护与控制人才提供了条件，科研成果和工程实践丰富。但在超 / 特高压交流系统和新能源并网系统的故障特征分析方面，传统的故障特征分析方法及保护控制分析理论无法完全满足电网发展需求，故障特征分析手段多局限于软件仿真，且多数仿真模型未能与实际工程数据相验证。在微电网保护方面，还缺乏国家层面的技术标准与管理规范；微电网建设的投资成本较高也是制约微电网及其保护技术发展的重要因素。智能化程度的提高也增加了电力系统本身的复杂性，大量控制设备的应用可能产生的负交互影响为协调优化控制带来更大的难度和不确定性影响；电网协调优化控制还需要考虑如何从实时海量信息中提取有效信息。该方面技术的发展还依赖于多个学科诸如计算机技术、通信技术及数学理论的不断发展，为超 / 特高压电网交流系统、智能变电站、微电网系统的保护及电网控制设备的协调优化控制提供条件。

智能变电站技术方面，从智能变电站的发展现状和整体趋势来看，主要存在以下影响本技术分支发展的因素。一是，基础工业制造水平影响变电站设备可靠性。由于我国一、二次设备厂商分离，制造工艺整体水平相比国外厂家存在着较大的差距，在变电站智能设备的发展上相对滞后，设备的运行可靠性、使用寿命等方面明显落后于国外厂家。二是，变电站监控系统开放程度制约了高级应用实用化水平。目前变电站各类高级应用缺少与主站系统的互动，难以达到对主站提供支撑的预期目标，设备和系统缺乏通用性和开放性，未形成良性的竞争机制，不利于高级应用功能的推广应用，难以形成可实用化的高级应用功能。三是，设备私有特征制约了自动化检测和调试技术发展。现有的检测调试技术在遵循国际检测标准和规范的同时，结合自身特点进行了扩展和完善，标准正在不断修订和完善的过程中，导致设备不断地升级更新，给自动化检测和调试带来不确定因素，制约了变电站自动化调试和检测技术发展。

电网防灾减灾技术方面，从电网防灾减灾技术的发展现状和整体趋势来看，主要存在以下影响因素。一是，全球气候条件的演化规律不明确，目前，气象部门关于未来电力气象的演化规律还不明确，相关预警预报信息的精度和准确性也不能满足电网防灾减灾的需求。二是，我国未来电网对差异化防灾减灾技术提出更高的要求，特别是微地形微气象区的天气规律、灾害规律更加复杂，需开展深入的研究工作。三是电网灾害监测站网密度及信息传递水平和时效性不足。电网主要灾害预警及评估需要足够的监测数据作为支撑，目前符合要求的电网灾害监测站点及监测信息传递设备较为匮乏，不能满足电网灾害预警及评估的需求。

（三）发展战略与建议

1.特高压交直流电网规划与分析技术

2020年以后，特高压电网预计将出现多负荷中心格局，负荷水平进一步提高，一次能源开发范围更广，跨区输电规模提高，国际间电力合作进一步加强，更大范围资源配置不仅要满足中东部负荷需求，还要兼顾中间新兴负荷中心的供电，要求电力输送实现接续传递；同时，间歇式能源发电规模进一步增加，能源利用形式呈现多元化，电动汽车、友好型负荷、大容量储能技术、微网技术等得到一定应用，在增加了电网复杂性的同时也提供了更为灵活地控制空间。为适应电力系统发展的新形势，一方面电网规划理念和技术需要继续适应新的形势，另一方面在输电技术方面应具备可行的技术储备供选择并实现示范应用，如多端直流输电技术、柔性直流输电技术、直流网络技术、超导输电技术等。通过中长期阶段的研究，充分发挥特高压电网输电能力，积极采用先进适用技术，为超远距离电力输送提供技术手段，保证大规模清洁能源的高效可靠应用。

2.电网调度控制及市场运营技术

未来电网调度控制技术的发展战略为：适应智能调度发展需要，巩固调度自动化基础设施，提升完善智能电网调度控制系统的各类应用功能，在此基础上实现调度控制系统体系架构、智能调度应用、技术支撑体系和互动调度模式等方面突破，引领调度控制技术的未来发展方向。调度控制系统体系架构方面，结合未来特大电网一体化运行的技术需求，突破调度控制系统体系结构的制约，改变目前的调度控制系统本地化独立部署的模式，构建逻辑统一的调度控制系统新体系；智能调度应用方面，以基于运行轨迹的大电网分析控制方法、基于互动的优化调度计划等关键技术为突破口，实现由经验分析型调度向自动智能型调度转变；技术支撑体系方面，实现调度系统验证由传统的在线粗放方式向精确规范方式转变，实现运维模式由本地独立维护向集约高效的三线分责专项维护转变；互动调度模式方面，以"源 - 网 - 荷"互动运行理论为导向，发展发电和负荷双向协同互动的调度新模式。

未来市场运营技术的发展战略为：电力市场运营支撑方面，全国统一的多周期、多商品市场机制将逐步建立，需要深入研究支撑多商品市场规模化、集约化运营的关键技术。电力市场运营分析与评估方面，为响应政府深化改革的大方向，需要提升我国电力市场实验能力、电力市场运营评估与风险分析能力，为我国电力市场机制的科学设计与量化分析评判提供决策支持。

3. 特高压交流输电技术

在特高压同塔双回输电技术方面，为降低杆塔造价从而提升输电经济性，潜供电流抑制措施优化等技术手段有望成为特高压同塔双回输电技术推广应用的前进方向，需要科研、设计及设备制造单位联合攻关。

对于特高压串联补偿技术而言，未来则需要系统规划、设计及设备制造单位在提升串补配置方案的灵活性、提高串补装置的过电压保护性能、降低串补对系统电磁暂态及断路器瞬态工作条件不利影响、构建适应高补偿度串补的继电保护体系方面取得突破。

对远距离、大容量以及高海拔特高压交流输电系统的过电压限制目标，需要相关科研、设备制造及工程运行管理单位在特高压断路器、避雷器方面进一步加强新技术、新产品（如采用相控合闸的断路器、可控避雷器等）的研发与应用。

4. 特高压直流输电技术

±1100kV 特高压直流输电技术能够适用于输电距离 3000km 以上、输电容量 10GW 以上的超远距离超大容量的输电需求，积极发展我国西北廉价火电、风电和西南水电等电力能源并发展与之配套的特高压直流输电工程将是未来 ±1100kV 特高压直流输电技术发展的主要方向之一，另外应该大力推进相关领域研究解决大容量功率的送出和馈入问题。在国际和洲际输电领域，需要积极发展同周边国家的友好合作关系，引导其参与国际能源合作。

针对不同交流系统运行需求的直流控制保护系统控制策略和参数优化方法，覆盖科研、规划、建设、生产运行等重要部门，需对我国电网中特殊交直流混联系统的直流控制保护优化设立专项研究课题，并与特定工程的实际需求紧密结合，充分发挥科研、应用单位的协同攻关作用。

多端直流输电在我国具有广阔的应用前景，能将部分优质电源在受端电力市场进行优化配置，以及加强电网间的互联。研究表明，在"十二五"末或"十三五"期间，在金沙江二期水电、呼盟火电基地建设工程，甚至在更远景规划中的西藏水电送出工程中都有多端直流输电技术的应用需求。多端直流输电发展的关键在于选取适宜的应用场景以及深化对其控制保护技术、关键设备的研究。

5. 电压源换相直流输电技术

为了使电压源换相直流输电技术得到更快更好地发展，需要科学规划，合理安排，制定未来发展的关键策略，主要包括：

系统梳理电压源换相直流输电（VSC-HVDC）系统发展中面临的最主要问题与关键技术。包括电压源换相直流输电系统架空线传输技术、换流器并联技术、直流断路器与直流电网构造技术以及电压源换相直流输电与交流电网的相互影响分析等。

分析各项关键技术的发展水平与实现难度，合理规划发展顺序。目前来看，电压源换相直流输电系统架空线传输技术在 2018 年左右即可实现突破，具备建造实际示范工程的能力；±500kV/3000MW 等级的电压源换相直流输电工程在 2018 年之前估计可以实际建造，±800kV/4500A 等级的电压源换相直流输电工程在 2023 年左右估计可以实际建造；低成本的高压直流断路器与直流电网构造技术力争在 2025 年之前实现突破。

合理布局，在电压源换相直流输电（VSC-HVDC）技术发展的不同阶段，根据合适的应用领域与场合，积极开展不同规模示范工程的建设，带动此项技术的发展。

6. 灵活交流输电技术

为推动灵活交流输电技术的发展，应在大力促进大功率电力电子器件制造、大容量 FACTS 控制器设计等技术发展的基础上，"十三五"期间，结合电网发展的需求，重点突破系列关键技术。

在大容量 STATCOM 技术研究方面，应在设备拓扑结构、挂网电压等级方面寻求突破，开展与既有 AVC 系统的协调配合。在可控高抗技术研究方面，应以现有 750kV 磁控式和磁阀式可控高抗研发技术为基础，推动 1000kV 可控高抗技术的研发。在统一潮流控制器技术研究方面，应结合电网需要，推动 500kV 电压等级统一潮流控制器的关键技术研发。在短路电流限制器技术研究方面，研究提出基于新型原理的电力电子型故障电流限制器，研究降低超导型故障电流限制器损耗、提升其容量的新技术。

7. 交直流电力系统仿真计算技术

夯实底层基础技术建设，着力解决源头型技术难点问题。与此同时，紧密跟踪业内及相关学科新兴技术发展成果，开拓思路，为我所用，打破传统的学科界限。针对仿真计算技术中已经存在和可能存在的瓶颈效应，建议参考类似生物领域的杂交优势现象，组织多专业、多学科的技术优势进行交叉研究，才能产生重大技术创新。

8. 交直流电力系统保护与控制技术

在超/特高压电网、新能源并网系统和微电网系统的保护与控制技术方面，故障特征分析、保护控制理论及实用化技术是未来的发展关键，需要建立能够真实模拟大规模电网的仿真系统，并采用动态模拟实验甚至工程实验进行验证。要提升保护控制理论成果转化水平，实现保护控制理论与实用化技术的有效结合。电网的协调优化控制技术研究还应开展超前期研究，同时在新设备不断投产后能够进行可持续研究。层次化保护控制体系是智能变电站保护控制技术的发展核心之一，需要不断深化支撑层次化保护控制技术体系完善的各项关键技术研究和设备研制。研究数量众多、接入灵活的新能源发电系统对低压配电网保护控制的影响并提出实用的解决方法，具有重要的实际意义。微电网保护技术应与微电网规模的扩展和配电网结构的改造相适应，做到循序渐进。

9. 智能变电站技术

智能变电站作为电网智能化的基础支撑，为适应未来电网发展需求，应以"新设备、新材料、新技术"为拓展点，在设备集成及标准化设计、自动化系统整合及信息综合应用、变电站与主站之间的深度交互与即插即用、远程维护和自动化检测调试等四个方面取得突破，满足智能电网深入发展的需求，智能变电站技术未来发展战略包括以下几个方面：一是，加强对新材料的应用攻关，积极开展基于超导、碳化硅、大功率电子器件等新材料的变压器、开关和保护测控设备的研制，改善电力设备性能，推进智能变电站设备的换代升级。二是，提升设备制造工艺水平，优化设备的物理结构、应用策略，精细化设备制造过程管控，应用新工艺，提高设备环境适应性及防护水平，提高设备与系统整体可靠性水平和使用寿命，保障变电站的安全、经济、高效运行。三是，推动一、二次设备深度融合，鼓励一、二次厂家进一步推动变电站设备的集成，实现变电站一、二次设备朝着多维度和跨专业方向发展，逐步推进信息传输和接口的标准化、统一功能配置，实现一次设备与二次设备的即插即用，二次设备与自动化系统的即插即用。四是，推动标准国际化，及时归纳总结国内智能变电站理念和技术，建立包含规划设计、工程建设、设备材料、试验检测、运行检修、安全环保、信息与通信等的智能变电站技术体系，争取制定国际标准，实现智能变电站标准输出，引领变电站建设发展方向。

10. 电网防灾减灾技术

面对日益严峻的电网防灾减灾形势，需要统筹规划电网防灾减灾技术的发展，考虑各类自然灾害和灾害过程各个阶段，综合运用各类资源和多种手段，不断完善防灾减灾综合技术体系，全面加强电网综合防灾减灾能力建设，确保电网的安全稳定运行。

一是，加强自然灾害监测预警能力建设，完善电网主要灾害监测网络，加快建立电网主要灾害监测预警体系。二是，加强电网主要灾害形成机理和演化规律研究，完善电力气象在微地形微气象尺度的预报精度，加强遥感、地理信息系统、导航定位、三网融合、物联网和数字地球等关键技术在防灾减灾领域的应用研究，建立全球气候变化背景下的电网主要灾害风险评估体系。三是，加强电网主要灾害应急处置与恢复重建能力建设，完善电网灾害快速抢修技术体系，建立健全统一指挥、综合协调、分类管理、分级负责、属地管理为主的灾害应急管理体制和协调有序、运转高效的运行机制。四是，加强电网主要灾害工程防御能力和风险管理水平，建立健全电网主要灾害评估体系，不断提高风险评估、应急评估、损失评估的水平，完善重特大自然灾害综合评估机制，提高灾害评估的科学化、标准化和规范化水平。

── 参考文献 ──

［1］国家电网公司. 国家电网发展规划（2013–2020年）［R］. 2013.
［2］刘振亚. 特高压交直流电网［M］. 北京：中国电力出版社，2013.
［3］刘振亚，张启平. 国家电网发展模式研究［J］. 中国电机工程学报，2013，33（7）：1–10.

［4］ 周勤勇，覃琴，等. 国家电网规划方案研究［R］. 北京：中国电力科学研究院，2012.

［5］ 白建华，辛颂旭，贾德香，等. 中国风电开发消纳及输送相关重大问题研究［J］. 电网与清洁能源，2010（1）：14-17.

［6］ 柳璐，王和杰，程浩忠，等. 基于全寿命周期成本的电力系统经济性评估方法［J］. 电力系统自动化，2012，36（15）：45-50.

［7］ 王建明，孙华东，张健，等. 锦屏—苏南特高压直流投运后电网的稳定特性及协调控制策略［J］. 电网技术，2012，36（12）：66-70.

［8］ Keane, M. Milligan, C. J. Dent, B. Hasche, C. D'Annunzio, K. Dragoon, H. Holttinen, N. Samaan, L. Soder, M. O'Malley. Capacity Value of Wind Power［C］// IEEE Transactions on Power Systems, 2011, 26（2）：564-572.

［9］ Akshaya Moharana, P. K. Dash. Input-Output Linearization and Robust Sliding-Mode Controller for the VSC-HVDC Transmission Link［J］. IEEE Transaction on Power Delivery, 2010, 23（1）：1-8.

［10］ PRIETO-ARAUJO E，BLANCHI F D，JUNYENT-FERRE A，et a1. Methodology for droop control dynamic analysis of multiterminal VSC-HVDC ds for offshore wind farms［J］. IEEE Transactions on Power Delivery，2011，26（4）：2476-2485.

［11］ Ecroad S. Superconducting DC cables for high power transport over long distance［C］// IASS Brain-storming on Transporting Tens of Giga-Watts of Green Power to the Market, Potsdam, Germany, 2011.

［12］ Winter A, Kindersberger J. Transient field distribution in gas-solid insulation systems under DC voltages［J］. IEEE Transactions on Dielectrics and Electrical Insulation, 2014, 21（1）：117-128.

［13］ CIGRE B4-52 Working Group. HVDC grid feasibility study［R］. Melbourne：International Council on Large Electric Systems，2011.

［14］ 黄柳强，郭剑波，等. 适用于多工况的多 FACTS 广域协调控制研究［J］. 电力系统保护与控制，2013，41（18）：1-8.

［15］ CF Lu, CH Hsu, CF Juang. Coordinated Control of Flexible AC Transmission System Devices Using an Evolutionary Fuzzy Lead-Lag Controller With Advanced Continuous Ant Colony Optimization［J］. IEEE TRANSACTIONS ON POWER SYSTEMS, 2013, 28（1）：385-392.

［16］ 刘吉臻. 大规模新能源电力安全高效利用基础问题［J］. 中国电机工程学报，2013，33（16）：1-9.

［17］ 顾益磊，唐庚，黄晓明，等. 含多端柔性直流输电系统的交直流电网动态特性分析［J］. 电力系统自动化，2013，37（15）：27-34，58.

［18］ 左玉玺，王雅婷，邢琳，等. 西北 750 kV 电网大容量新型 FACTS 设备应用研究［J］. 电网技术，2013，37（8）：2349-2354.

［19］ Ramtin Hadidi, Benjamin Jeyasurya. Reinforcement Learning Based Real-Time Wide-Area Stabilizing Control Agents to Enhance Power System Stability［J］. IEEE Trans. on Smart Grid, 2013, 4（1）：489-497.

［20］ 安军，王孜航，穆钢，等. 基于 WAMS 测量和戴维南等值的电力系统动态仿真误差溯源及可信度验证方法［J］. 电网技术，2013，37（5）：1389-1394.

［21］ 刘克天，王晓茹. 基于广域量测数据的电力系统动态频率分析方法［J］. 电网技术，2013，37（8）：2201-2206.

［22］ 汤涌，何剑，孙华东，王安斯，林伟芳. 两区域互联系统交流联络线随机功率波动机制及幅值估计［J］. 中国电机工程学报，2010，（19）：1-6.

［23］ 汤涌，孙华东，易俊，林伟芳. 两大区互联系统交流联络线功率波动机制与峰值计算［J］. 中国电机工程学报，2012，32（19）：30-35.

［24］ Guoyi Xu, Lie Xu, John Morrow. Power oscillation damping using wind turbines with energy storage systems［J］. IET Renewable Power Generation, 2013, 7（5）：449-457.

［25］ Toshinobu Shintai, Yushi Miura, Toshifumi Ise. Oscillation damping of a distributed generator using a virtual synchronous generator［J］. IEEE Transactions on Power Delivery, 2014, 29（2）：668-676.

［26］ Jie Dang, John Seuss, Luv Suneja, et al. Soc feedback control for wind and ESS hybrid power system frequency regulation［J］. IEEE Journal of Emerging and Selected topics in power electronics, 2014, 2（1）: 79-86.

［27］ 胡书举, 孟岩峰, 龚文明, 等. 非理想电网条件下双馈式风电机组的运行控制策略［J］. 电工技术学报, 2013, 28（5）: 99-104.

［28］ 刘伟增, 周洪伟, 张磊, 等. 电网不平衡条件下光伏并网控制策略研究［J］. 太阳能学报, 2013, 34（4）: 647-652.

［29］ 王伟, 徐殿国, 王琦, 等. 大规模并网风电场的无功电压紧急控制策略［J］. 电力系统自动化, 2013, 37（22）: 8-14.

［30］ Dongliang Xie, Zhao Xu, Lihui Yang, et al. A comprehensive LVRT control strategy for DFIG wind turbines with enhanced reactive power support［J］. IEEE Transactions on Power Systems, 2013, 28（3）: 3302-3310.

［31］ Jun Yao, Hui Li, Zhe Chen, et al. Enhanced control of a DFIG-based wind-power generation system with series grid-side converter under unbalanced grid voltage conditions［J］. IEEE Transactions on Power Electronics, 2013, 28（7）: 3167-3181.

［32］ 董超, 刘涤尘, 廖清芬, 王波, 李文锋, 等. 基于能量函数的电网低频振荡及扰动源定位研究［J］. 电网技术, 2012, 36（15）: 175-18.

［33］ 宋新立, 吴国旸, 王茂清, 艾东平, 李文锋, 等. 电力系统中长期动态元件仿真建模技术研究［R］. 北京: 中国电力科学研究院, 2012.

［34］ 李志强. 同步发电机暂态及次暂态参数辨识方法研究［R］. 北京: 中国电力科学研究院, 2013.

［35］ 徐式蕴, 吴萍, 任大伟, 赵兵, 等. ±800千伏哈密-郑州特高压直流输电工程安控策略研究［R］. 北京: 中国电力科学研究院, 2012.

［36］ 濮均, 吴国旸, 等. 大容量新型核电机组仿真建模和实测技术［R］. 北京: 中国电力科学研究院, 2013.

［37］ 贺春, 张冉. IEC 61850国际互操作试验经验总结［J］. 电力系统自动化, 2012, 36（2）6-10.

［38］ 杨清波, 李立新, 李宇佳, 等. 智能电网调度控制系统试验验证技术［J］. 电力系统自动化, 2014, 39（1）: 194-199.

［39］ 姚建国, 杨胜春, 单茂华. 面向未来互联电网的调度技术支持系统架构思考［J］. 电力系统自动化, 2013, 37（21）: 52-59.

［40］ 郑彬, 项祖涛, 班连庚等. 特高压交流输电线路加装串联补偿装置后的断路器开断暂态恢复电压特性分析［J］, 高电压技术, 2013, 39（3）: 605-611.

［41］ 郑彬, 秦晓辉, 班连庚, 等. 淮南—皖南特高压同塔双回串补偿线路的电磁暂态研究［R］. 北京: 中国电力科学研究院技术报告, 2010.

［42］ 郑彬, 班连庚, 项祖涛, 等. 锡盟—北京东特高压同塔双回串联补偿线路电磁暂态研究［R］. 北京: 中国电力科学研究院技术报告, 2010.

［43］ 刘明松, 张文朝, 呙虎. 弱受端系统直流再启动方案［J］. 电力系统自动化, 2013, 37（17）: 130-135.

［44］ 张文亮, 汤涌, 曾南超. 多端高压直流输电技术及应用前景［J］. 电网技术, 2010, 34（9）: 1-6.

［45］ 雷霄, 王华伟, 曾南超. 并联型多端高压直流输电系统的控制与保护策略及仿真［J］. 电网技术, 2012, 36（2）: 244-249.

［46］ 雷霄, 王华伟, 曾南超. LCC与VSC混联型多端高压直流输电系统运行特性的仿真研究［J］. 电工电能新技术, 2013, 32（2）: 48-52.

［47］ 汤广福, 贺之渊, 庞辉. 柔性直流输电工程技术研究、应用及发展［J］. 电力系统自动化, 2013, 37（15）: 3-14.

［48］ 马为民, 吴方劼, 杨一鸣, 等. 柔性直流输电技术的现状及应用前景分析［J］. 高电压技术, 2014, 40（8）: 2429-2439.

［49］ 梁少华, 田杰, 曹冬明, 等. 柔性直流输电系统控制保护方案［J］. 电力系统自动化, 2013, 37（15）: 59-65.

［50］ 汤广福，罗湘，魏晓光，等. 多端直流输电与直流电网技术［J］. 中国电机工程学报，2013，33（10）：8-17.

［51］ 江道灼，张弛，郑欢，等. 一种限流式混合直流断路器方案［J］. 电力系统自动化，2014，38（4）：65-71.

［52］ 黄剑. 南方电网 ±200 Mvar 静止同步补偿装置工程实践［J］. 南方电网技术，2012，6（2）:14-20.

［53］ 李春华，黄伟雄，袁志昌，等. 南方电网 ±200 Mvar 链式 STATCOM 系统控制策略［J］. 电力系统自动化，2013，37（3）:116-121.

［54］ 郭郅闻，张建设，胡云，等. 大容量分布式 STATCOM 对南方电网交直流系统影响的实时仿真研究［J］. 高电压技术，2014，40（8）：2586-2592.

［55］ 中国工程院"能源中长期发展战略研究"项目组. 中国能源中长期（2030、2050）发展战略研究报告［R］. 2010.

［56］ 王旭，祁万春，黄俊辉，等. 柔性交流输电技术在江苏电网中的应用［J］. 电力建设，35（11），2014，92-96.

［57］ 张曼，张春朋，姜齐荣，等. 统一潮流控制器多目标协调控制策略研究［J］. 电网技术，2014，38（4）:1008-1013.

［58］ Proposed Changes to the WECC WT3 Generic Model for Type 3 Wind Turbine Generators［R］. 2012.

［59］ 郑超，侯俊贤，严剑锋，等. 在线动态安全评估与预警系统的功能设计与实现［J］. 电网技术，2010，34（3）：55-60.

［60］ Khederzadeh, M. Integration of renewables into the distribution grid needs new software tools for coordination of protective relays［J］. Integration of Renewables into the Distribution Grid, CIRED 2012, 1-4.

［61］ Kar Susmita, Samantaray Subhransu R. Data-mining-based intelligent anti-islanding protection relay for distributed generations［J］. IET Generation, Transmission and Distribution, 2014, 8（4）: 629-639.

［62］ Xyngi Ioanna, Popov Marjan. An Intelligent Algorithm for the Protection of Smart Power Systems［J］. IEEE Transactions on Smart Grid, 2013, 4（3）: 1541-1548.

［63］ J. A. Sa'ed, S. Favuzza, M. G. Ippolito, et al. Investigating the Effect of Distributed Generators on Traditional Protection in Radial Distribution Systems［J］. Proceedings of IEEE/POWERTECH, 2013, 1-6.

［64］ 冯希科，邰能灵，宋凯，等. DG 容量对配电网电流保护的影响及对策研究［J］. 电力系统保护与控制，2010，22:156-160+165.

［65］ 郑涛，贾仕龙，潘玉美，等. 基于配电网原故障定位方案的分布式电源准入容量研究［J］. 电网技术，2014，08:2257-2262.

［66］ 赵威. 含分布式电源配电网的继电保护方法的研究与仿真［D］. 长沙：湖南大学，2011.

［67］ VENKATA S S, SORTOMME. Using advanced measurement systems for microgrid protection［C］. Conference on innovative smart grid Technologies，2012.

［68］ SORTOMME E, VENKATA, MITRA J D. Microgrid protection using communication-assited digital relays［J］. IEEE Transactions on Power Delivery, 2010, 25.

［69］ DANG K, HE X, BI D Q, et al. An adaptive protection method for the inverter dominated microgrid［C］. Conference on Electrical Machines and Systems（ICEMS），2011.

［70］ ZHANG Zhao-yun, LI Yan-xin, CHEN Wei. Research on the microgrid protection relay［C］. IEEE Innovative Smart Grid Technologies – Asia（ISGT Asia），2012: 1-6.

［71］ 刘健，张小庆，同向前，等. 含分布式电源配电网的故障定位［J］. 电力系统自动化，2013，37（2）：36-42.

［72］ 胡汉梅，等. 基于配电网自动化的多 Agent 技术在含分布式电源的配电网继电保护中的研究［J］. 电力系统保护与控制，2011，39（11）:101-105，144.

［73］ Mladen Kezunovic, Yufan Guan, Chenyan Guo, et al.The 21st century substation design: Vision of the Future［C］// 2010 IREP Symposium– Bulk Power System Dynamics and Control – VIII（IREP），2010, Buzios.

［74］ 张文亮，汤广福，查鲲鹏，等. 先进电力电子技术在智能电网中的应用［J］. 中国电机工程学报，2010，
30（4）：1–7.

［75］ 叶立平，陈锡阳，何子兰，等. 山火预警技术在输电线路的应用现状［J］. 电力系统保护与控制，2014，
42（6）：145–152.

［76］ 赵淳，陈家宏，王剑，等. 电网雷害风险评估技术研究［J］. 高电压技术，2011，37（12）：3012–3021.

［77］ 宿志一，李庆峰. 我国电网防污闪措施的回顾和总结［J］. 电网技术，2010，34（12）:124–130.

［78］ 王少华，叶自强. 恶劣气候对浙江电网输电线路的影响［J］. 中国电力，2011，44（2）：19–22.

［79］ 张文福，谢丹，刘迎春，等. 下击暴流空间相关性风场模拟振动与冲击［J］. 2013，32（10）：12–16.

［80］ Z. H. Qin, Y. S. Chen, X. P. Zhan, B. Liu, K. J. Zhu. Research on the galloping and anti-galloping of the transmission line［J］. International Journal of Bifurcation and Chaos, 2012, 22（2）：1–34.

撰稿人：汤　涌　姚建国　卜广全　周泽昕　倪益民　申旭辉　周勤勇　汤必强
　　　　郑　彬　雷　霄　孙　栩　侯俊贤　杨国生　姚志强　刘　彬

智能配用电技术发展研究

一、引言

配电网直接面向用户，是保证供电质量与客户服务质量、提高电力系统经济效率的关键环节。智能配电网的发展主要源于技术上的推动和商业需求的拉动，技术推动以分布式发电技术、通信与信息技术的发展为主要动力，商业需求拉动则以发达国家原有的配电网设备更新换代，以及发展中国家新建智能配电网系统需求为主。在智能配电网建设过程中，各国都将配电系统深入到用户侧，通过高级量测体系和智能配电信息系统的建设，将智能用电和智能配电两者更紧密地联系在一起。

智能配电是以配电网高级自动化技术为基础，通过应用和融合先进的测量和传感技术、控制技术、计算机和网络技术、信息与通信技术等，集成各种具有高级应用功能的信息系统，利用智能化的开关设备、配电终端设备等，实现配电网在正常运行状态下监测、保护、控制和优化，并在非正常运行状态下具备自愈控制功能，最终为电力用户提供安全、可靠、优质、经济、环保的电力供应和其他附加服务。智能用电则强调将供电侧到用户侧的重要设备，通过灵活的电力网络和信息网络相连，形成高效完整的用电信息服务体系和服务平台，构建电网与用户电力流、信息流、业务流实时互动的新型供用电关系。智能配用电技术在资源优化配置、电能合理使用、节能降耗和提高能效等方面存在巨大的潜力，已成为国内外智能电网研究中备受关注的领域。

当今经济社会的快速发展和科学技术的不断创新，给配用电技术带来了许多新的问题：①高科技设备的大量应用、自动化生产线的增加，对供电可靠性和电能质量提出了更高的要求。一些对供电质量十分敏感的负荷，如半导体集成电路生产线、体育场馆的照明系统，哪怕持续几秒的短暂停电也会造成严重的经济损失和混乱。②大功率冲击负荷、非线性负荷的增加，未来大量电动汽车充电站数量的增加，使电能质量控制难度更大。③可再生能源发电、储能装置等分布式电源在电网中的渗透率日益提高，其固有的波动性和随机性将对供电质量带来影响，给配电网设计、保护控制、运行管理带来困难。④城市中日益紧张的空间资源，促使配电网主设备的资产利用率需要得到较大的提升。⑤随着配电网智能化水平的提高以及与用户交互程度的逐步深入，使配电网自动化与设计分析系统面临海量数据的处理、共享问题，而分布式电源、柔性配电设备等的加入，更增加了问题的复杂性。

为解决上述智能配用电发展过程中的问题，需要诸多新技术的支撑。作为解决从变电至用电之间电能传输和管理环节，智能配用电系统简化的技术架构可如图 1 所示。"十二五"期间，解决各种分布式清洁能源的消纳和充分利用的微电网技术、促进电动汽车发展的充放电设施规划与运行技术、满足并引导用户多元化负荷需求的智能用电技术，以及实现含可再生能源、储能与电动汽车的新型多源配电网自愈运行与控制、保障配电网安全可靠运行的配电系统智能控制技术，受到国家及企事业、科研单位的重视，并取得了较大进展。

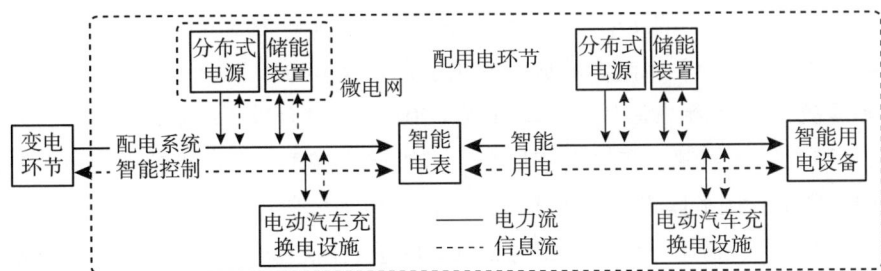

图 1　简化的配用电系统技术架构

在配电系统智能控制技术方面，主要体现在智能终端、配电自动化和配电调度等方面。我国智能终端技术水平由最早用于监控的配电远动装置发展到基于光纤以太网通信技术的分布式智能终端设备。采用 IEC61850 协议提高了配电终端的标准化、互操作和即插即用能力，广泛采用嵌入式操作系统技术以提高终端可靠性、可扩展性以及实时响应能力。整个"十二五"期间，全国总计约有 200 余个城市启动配网自动化建设。基于新一代智能电网调度控制系统基础平台已经开始了示范应用，在配抢一体、信息集成和应用功能实用化等关键技术方面得到了验证，初步实现高级配电自动化和智能调度，故障处理时间由建设前的数十分钟乃至数小时下降到建设后的 10 分钟以内。

在微电网技术方面，我国先后资助了多个微电网领域的 973/863/ 科技支撑计划课题，基本覆盖了微电网规划设计、能量管理、运行控制及保护、仿真及平台建设等方向，从理论研究和关键技术方面取得了一系列重要进展。目前我国正在建设或建成的微电网示范工程已达数十个，研究目标与验证的关键技术各有侧重，边远地区示范工程主要解决缺电问题，海岛微电网示范项目主要解决独立自主供电问题，城市地区主要解决节能减排和可再生能源高效利用问题。

在电动汽车充换电设施规划与运行方面，我国在杭州、青岛、北京、天津、重庆等多个城市开展了电动汽车充换电设施示范工程建设，集中体现了我国在本领域的最新研究成果。从技术发展水平上看，尽管我国在充换电设施方面进行了大量投资，但与欧美发达国家比，尚无法有效匹配充电需求与充电设施的规模，存在覆盖率和利用率偏低的问题。我国也开展了将电动汽车通过V2G技术与电网互动的研究，但目前尚处于仿真分析与实验室验证阶段，与欧美已经完成示范应用的发展水平有一定差距。

在智能用电方面，主要通过智能电表的安装及高级量测系统的建设提高用电环节的智能化，到2015年底，我国各行业共累计安装智能电表有望突破5亿大关。"十二五"期间我国启动了多项智能用电相关领域研究课题，覆盖了智能用电关键技术、信息通信支撑技术、智能园区技术等方面，并开展了一系列的智能小区、智能楼宇和智能园区的试点工程建设，集中体现了智能用电的发展成果。需求侧管理也在多个试点城市展开，目前主要是通过传统营销业务体系，体现在有序用电、可中断负荷响应等负荷控制技术方面，尚难以适应灵活多变的互动用电场景。未来需要进一步与配用电侧电力市场机制改革相衔接，在需求侧管理、市场环境下的互动技术和用能评测管理技术等方面开展系统性研究。

2014年以来，智能配用电领域成为我国能源发展和电力系统改革的重点。2014年6月7日国务院发布《能源发展战略行动计划（2014—2020年）》，提出大力发展分布式能源，建设低碳智能化城镇；在用电侧加强需求管理，推动城乡用能方式变革。2015年3月15日中共中央、国务院发布《关于进一步深化电力体制改革的若干意见》，其中配售电分开、电力交易市场化等措施，成为新电改的重点内容。2015年7月4日国务院发布《关于积极推进"互联网+"行动的指导意见》，在"互联网+"智慧能源部分中，强调通过互联网促进能源系统扁平化，推进能源生产与消费模式革命，提高能源利用效率，推动节能减排。2015年8月，国家能源局印发《配电网建设改造行动计划（2015—2020年）》，提出在"十三五"期间，我国配电网建设改造投资将不低于2万亿元，用于提升配电网的供电可靠性和智能化水平。2015年7月7日国家发改委和能源局发布《关于促进智能电网发展的指导意见》，详细地指出我国智能电网的发展目标，其中四个发展目标中三个涉及配用电系统，包括：①构建可靠灵活的主动配电网，实现各种分布式清洁能源的消纳和充分利用；加快微电网建设，推动分布式光伏、微燃机及余热余压等多种分布式电源的广泛接入和有效互动，实现能源资源优化配置和能源结构调整。②提升配电网络的柔性控制能力，增强电网在高比例清洁能源及多元负荷接入条件下的运行安全性、控制灵活性、调控精确性、供电稳定性，且供电可靠率处于全球先进水平。③满足并引导用户多元化负荷需求，建立并推广供需互动用电系统，实施需求侧管理，引导用户能源消费新观念，实现电力节约和移峰填谷；适应分布式电源、电动汽车、储能等多元化负荷接入需求，打造清洁、安全、便捷、有序的互动用电服务平台。

本专题结合我国智能电网的发展目标，从配电系统智能控制、微电网、电动汽车充换电设施规划与运行、智能用电等 4 个方面，阐述"十二五"期间智能配用电领域内重点及核心技术的研究和应用情况，并指出未来智能配用电技术领域的技术瓶颈，通过国外研究进展情况的深入对比，展望了我国智能配用电技术的创新发展前景。

二、智能配用电技术最新研究进展

智能配用电作为智能电网最为活跃的领域，从常规的配电自动化系统建设，到与发电和电源侧相关的分布式资源（太阳能、风能，储能）的接入；从与用电和负荷侧相关的需求侧管理，到电动汽车充放电技术、微电网、直流配电技术的研究；从智能家居、智能建筑和智能园区的研究，到智能电网和智慧城市的建设；从智能用电系统到智能能源系统；从物联网、云计算到大数据和能源互联网，涉及面广，且新技术层出不穷。本部分重点对配电系统智能控制、微电网、电动汽车充换电设施规划与运行、智能用电等技术进行详述，配用电系统中其他方面的技术，在阐述过程中将有所涉及，但未单独列出，这些技术同样有必要得到重视，并将在后续的学科发展滚动修编中陆续展开论述。

（一）配电系统智能控制

配电网的智能化是一个持续的过程，在实现配电自动化的基础上，持续提高智能化应用水平，逐步推广高级配电自动化，最终形成智能化的配电网。配电系统的目标是实现灵活、可靠、高效的配电网网架结构、高可靠性和高安全性的通信网络、高渗透率的分布式电源接入。作为配电系统智能化发展的重要技术支撑，配电系统智能控制在智能终端、高级配电自动化以及智能配电调度方面得到广泛关注和快速发展。

1. 配电系统智能终端

配电终端是安装在一次设备运行现场的自动化装置，其应用的对象主要有开关站、配电室、环网柜、箱式变电站、柱上开关、配电变压器、线路等。根据应用的对象及功能来分类，配电终端包括馈线终端（FTU）、站所终端（DTU）、配变终端（TTU）、远动装置（RTU）、综合自动化装置、具备通信功能的故障指示器、具备通信功能的无功补偿控制器等多种类型。同时，根据不同的应用场合，配电终端合理地配置了遥测、遥信、遥控、保护、数据存储、无功补偿、通信等功能。配电系统智能终端可视为传统的 RTU、FTU、TTU 等设备的继承和发展，但功能集成度和智能化程度更高，更符合智能配电网的要求。

国外配电终端的研究与开发始于 20 世纪 80 年代中期，我国在 20 世纪 90 年代初开始研制配电终端，最早的配电自动化终端装置一般都依赖进口设备。随着我国投资数千亿巨资对配电网进行大规模改造，国产配电终端经过不断地改进和完善，产品制造成本不断降低，其性能与可靠性逐步能够满足了工程应用需求，已成为我国配电网的主流产品。近年来，智能终端设备由早先的具有监控功能的配电远动装置逐步发展过渡到具有故障诊断功能的集中式配电终端装置，再到现在的基于光纤以太网通信技术而实现的分布式配电智能终端设备。针对配电终端易出现稳定性、可靠性差的问题，西安、天津、宁波等地的配电自动化示范系统采用蓄电池、超级电容等作为储能元件，为配电终端、开关设备提供备用电源，可以在电网停电情况下完成传输信息和开关操作。伴随着软硬件技术的发展，智能终端设备软硬件实现也不再是基于简单CPU扩展结构和中断加循环的软件结构模式，而是应用嵌入式操作系统以提高配电智能终端的可靠性、可扩展性以及实时响应能力等。天津、宁波、福州、南京等多家配电系统试点单位的配电终端采用标准化设计的二次接插件技术，将DTU、光纤配线架、配电通信终端等整合至同一屏柜内，统一柜体布置及设备端子排排列顺序，提升了终端安装效率，便于运行维护，降低了建设及运维成本。

配电系统的智能终端是配电自动化系统的基本组成单元，也是实现配电系统智能控制的重要技术基础，其性能与可靠性直接影响到整个配电网的安全可靠运行。当前，国内外在配电系统智能终端设备本身的研发和制造能力方面日趋成熟，智能终端在配电网的高效、合理应用成为近年来研究探索的重要内容。

（1）配电系统智能终端的即插即用：配电自动化系统的监控对象应依据一次设备及配电自动化的实现方式合理选择，各类信息应根据实时性及网络安全性要求合理分层。同时分布式配电智能终端的结构设计要求任何一个智能终端必须与系统主站建立高效的连接，然而传统的通信协议只解决了数据传输问题，数据之间缺乏必要关联和说明，配电终端与配电主站之间的调试工作需要由人工制作并传送三遥（遥信、遥测、遥控）信息点表，大量配电终端的接入导致配电自动化系统施工、维护的工作量都非常巨大。为解决海量数据的接入和智能终端之间的互联互通能力，基于IEC61850协议的配电智能终端自描述功能有效解决标准化、互操作和即插即用问题。我国大连供电公司研究并应用了这种具备自描述和即插即用的配电系统智能终端设备。

（2）配电系统智能终端的合理配置：当前的配电智能终端包括具有遥测、遥信和遥控功能的"三遥"配电终端，只具有遥测和遥信功能的"二遥"配电终端（例如故障指示器）以及具有本地保护功能的分界开关等。若每个环网柜、每个柱上开关都配置"三遥"配电终端会导致巨额投资，不利于大范围推广和提高覆盖面。配电自动化系统应根据实际网架结构、设备状况和应用需求合理选用"三遥"智能终端。对网架中的关键性节点，如架空线路联络开关，进出线较多的开关站、配电室和环网柜，采用"三遥"配置，部分重要配电室还可以配置"遥视"功能；对网架中的一般性节点，如分支开关、无联络的末端站室，可采用"两遥"配置；对配电网分支线上，可安装看门狗、故障指示器等设备，有效扩大配电自动化实时信息覆盖范围，为配电网生产指挥和调度运行提供可靠的数据支撑。国家电网公司2012年重大科技项目"提高配电网故障处理能力的关键技术研究"对智能终端的合理配置进行了研究，从配电系统投入产出、配电网所要达到的供电可靠性、人工故障区域隔离时间、故障修复时间和故障率等指标出发讨论了智能终端的合理配置问题，为科学地进行配电自动化系统规划设计提供了参考。

2. 高级配电自动化

配电自动化系统（Distribution Automation System，DAS）先后经历了基于自动化开关设备相互配合的配电系统自动控制初级阶段；基于通信网络、馈线终端以及后台计算机网络的传统配电自动化系统阶段；以及集配电网数据采集与监视控制系统（SCADA）系统、配电网地理信息系统（GIS）和智能终端等共同构成并实现的高级配电系统自动化阶段。近年来技术发展主要是完善配电自动化功能的实用性，并向高级配电自动化方向发展。

近年来，国内外配电系统自动化技术主要体现在以实用化为主要目标的工程建设中。荷兰 Stein 电力公司研究并实施了基于分布式智能控制器的配电网故障自愈控制技术，智能控制器通过通用分组无线业务（GPRS）网络实现点对点对等交换故障检测与控制信息，完成配电网的故障隔离与供电恢复控制。美国配电自动化以提高系统的运行效率、供电可靠性、优化资产运行以及适应分布式电源并网为目标展开。其中节能降压、电压无功综合控制、故障检测、隔离和恢复等一些新的配电自动化功能得到广泛关注，通过这些解决方案，可降低负荷需求，降低能耗，延迟电力系统投资，提高可靠性和用户服务质量。美国 S&C 公司在已有的配电自动化系统中增加了面向自愈配电网的分层智能控制功能。新加坡电力公司、日本东京电力公司在中压电网基本全面实现了配电自动化的基础上，积极开展多层次环网运行控制、网络重构等自愈控制等功能。埃及、伊朗、芬兰、希腊等国也在配电网中对重合器与自动分段器在故障隔离中的应用、基于脉冲合闸技术的故障隔离与供电恢复方法、基于光纤以太网的闭环运行中压电网故障自愈（保护）系统等进行了工程实践。

我国配电自动化建设与改造遵循"标准化设计，差异化实施"的原则逐步开展。"十二五"期间，我国开展了一系列配电自动化试点工程，国家电网公司第一批试点工程在北京、杭州、银川、厦门 4 个城市的中心区域进行，试点工程建设情况如表 1 所示。主要目标是针对不同可靠性需求，采用合理的配电自动化技术配置方案，提高配电自动化技术水平。之后国家电网公司和南方电网公司在天津、青岛、成都、广州、深圳、南宁、东莞、佛山等城市陆续开展了配电自动化建设，并编制完成了《配电自动化规划设计导则》和《配电网运行控制技术导则》等标准。一些城市的配电自动化系统的规模很大，如绍兴配电自动化系统，安装终端近 5000 套，基本覆盖了整个城区的配电网。一些城市的配电自动化系统取得技术突破，如成都电力公司研究并实施了集中型馈线自动化系统，该系统能根据采集到的配电终端故障信息，监视配电线路的运行状况，及时发现线路故障，迅速诊断出故障区间并将故障区间隔离，快速恢复对非故障区间的供电；天津电力公司基于 GIS、PMS 等信息整合互动化应用，从管理制度入手，对配电网络合理划分，通过信息交互总线实现配电自动化系统与营销管理系统、电网 GIS 平台一体化应用集成，对计划停电、故障停电、抢修指挥等业务进行一体化管理，实现了配电运行相关系统之间的互动。

表 1　第一批配电自动化试点工程建设情况

试点城市	试点区域面积/km²	10kV线路数量/条	基础设施技术改造内容	通信系统建设情况	主站系统建设情况
北京	57	542	对环网连接点的末端站室、线路汇集或分支的站室和变电站出线中的架空线路开关进行改造。安装"三遥"终端373套、"一遥"终端边实现自动化线路542条、开关站24座、环网柜744座、柱上开关108台	新建光通信网络30km，GPRS接入站点1208点	对原有主站升级改造，实现配网全电压等级的调控一体化，通过与GIS集成，高度整合SCADA实时数据、电网拓扑、设备信息、用户资料及地理信息。接入智能小区的光伏发电运行数据，实现对分布式电源的监视与控制
杭州	120	161	对环网柜的进线开关进行"三遥"改造，对出线开关进行"一遥"改造。安装"三遥"终端380套，实现自动化线路161条，环网柜380座	新建无源光通信网络（EPON）429km，通信设备终端380套	对原有主站升级改造，实现了配电SCADA、FA、分布式电源接入等功能，基于CIM信息交互总线与EMS、GIS、PMS系统互联。初步实现网络重构、故障定位、隔离及非故障区域恢复供电等功能
厦门	134	448	新增1589套配电终端，其中一遥、二遥和三遥终端分别为402套、809套、378套；实现自动化线路448条、开关站77座、环网柜344座、配电室567座、箱变199座	新敷设光缆234km，安装375套光通信终端，25套子站光通信设备	将四个分散主站整合为一套集中的主站系统，实现了配电SCADA、馈线自动化、网络拓扑、统计分析等功能，整合配调机构，统一了配网调度管理。基于IEC61968标准建立ESB（企业服务总线），实现GPMS（基于地理信息的生产管理系统）与配电自动化及相关应用系统的互联。重点开发了馈线故障处理和设备故障分析与抢修指挥管理功能
银川	120	186	加装电动操作装置446套，加装1256套故障指示器；在15座110kV变电站内建设15套配电子站，加装526套配电终端；实现自动化线路186条、开关站26座、环网柜368座、柱上开关126台	新建无源光通信网络（EPON）610km，配置15个通信子站	建设配电自动化系统主站一套。以SCADA为基础，以配网调度作业管理为应用核心，实现了馈线自动化、拓扑分析、负荷预测等功能。通过基于IEC61968标准的企业统一信息交换总线，实现配电自动化系统数据源端维护

　　高级配电自动化是对传统配电自动化技术的继承和发展，更多融入了现代电力电子技术、信息与通信技术、分布式计算与仿真技术等新技术，更关注解决分布式电源、储能装置、微电网、电动汽车充电装置、负荷需求侧响应等给配电系统保护、控制、调度和管理带来的新问题。面对未来可能更大容量的分布式电源接入配电系统，相应的配电自动化系

统进行了相应的升级和完善。2015 年 1 月，国家"863"计划课题"智能配电网自愈控制技术研究与开发（2012—2014）"课题在广东佛山成功验收。该项目在现有的配电自动化基础上，研发了自愈控制统一支撑平台和自愈控制系统，示范区内配电网 2 秒内可实现转供电，供电可靠率达 99.999%，并有效解决分布式能源大量接入配电网带来的控制保护、运行问题。

当前配电自动化建设的主要任务是实现"看得见、管得了"，提高"遥测"、"遥信"的实现范围，尽可能多地实现开关的"遥控"，充分发挥配电自动化系统的规模化效益，有效降低故障停电时间。与此同时，在持续扩大配电自动化实施范围的基础上，对拥有特别重要用户、对供电可靠性特别敏感的区域开展高级配电自动化建设，推进负荷预测、网络重构、快速仿真与模拟、广域电压无功调节、保护定值全局优化再整定等高级配电自动化功能的应用，努力实现"控得好"的目标。

3. 配电系统智能调度

配电网的智能调度，主要依靠配电网调度系统（Distribution Dispatching System）实现。配电网调度是利用现代电子技术、通讯技术、计算机及网络技术与电力设备相结合，将配电网在正常及事故情况下的检测、保护、控制、计量和供电部门的工作管理有机地融合在一起，实现配电企业远方实时监视、协调和操作配电设备。智能调度能够为配电网运行管理提供全维度、精益化服务，包括量测处理、信息建模、分析计算、数据挖掘与智能化的运行状态评估、安全预警、辅助决策和控制等。

近年来由于城市电网的持续扩张，用电用户也相应增加，配电网日趋复杂，因此配电调度的研究与应用得到高度的重视。与输电网相比，国内外在配网调度方面的应用大多停留在简单的运行监控与故障隔离上，其他安全经济运行方面的高级应用仍较为缺乏。传统配电网多采用放射式结构或环网结构开环运行方式，潮流单向流动，保护控制的配置相对简单。伴随着大量分布式电源深度渗透、DFACTS 的大量应用，配电网转变为功率双向流动的智能配电网，给其运行调度提出了新的挑战，而可再生能源发电的间歇性与随机性更是加剧了问题的复杂程度。

配电网智能调度的核心是在线实时决策指挥，包括系统快速仿真与模拟、智能预警技术、优化调度技术、预防控制技术、事故处理与恢复技术等。目前配电网调度仍面临一些问题，诸如配电网量测信息不全、应用功能实用化程度不高、新能源并网管理不完善等一系列问题。英国电力网络（Power Networks）公司实施了旨在支持分布式电源即插即用的配电网调度管理试点项目，建设了基于无线通信网络与 IEC61850 标准的配电网监控与自动化系统，实现潮流管理、动态容量管理、自动电压控制等配电网控制与管理功能，从而消除分布式电源对配电网的不利影响。西班牙 Galicia 和德国 Bavaria 地区的配电网针对分布式发电的输出功率大于负荷峰值功率的情况，通过配电网智能调度实现向上一级高压电网倒送功率，并保证系统的安全可靠运行。基于实时全景信息的配电网智能调度研究与应用也是近年来配电网智能调度的研究重点。用配电自动化系统提供的实时全景信息，整合处理来自不同系统的模型、图形以及实时和非实时数据，实现模型、图形管理以及丰富的数据管理、展现、挖掘，为配电网调度高级应用提供数据资源储备。国家电网公司根据调度控制机构设置和业务的需求，在北京、杭州、宁夏和南京等地开展了配电系统调控一体化平台的试点工作，实施方案是：从 EMS 获取高压配电网信息，从 PMS/GIS 系统导入 10kV 配电网图形模型信息，构建完整的配电网图模信息，运行结果表明该方案能够加快配电故障响应及处理速度，优化配电网调度管理流程，提高了配电管理工作效率和工作质量。

工程建设方面，"十二五"期间，我国在实现配电自动化系统基本功能的基础上，拓展了配电网状态估计、分布式电源接入、自愈控制等配电自动化高级应用功能，结合"大运行"、"大检修"体系的建设，逐步实现配电网调度、运行监视、检修操作、故障抢修等业务信息的精益化管理，为配电网生产指挥和调度运行提供有效的技术支撑。但实践过程中也暴露出我国配电自动化系统的诸多问题，如主站系统智能化应用软件有待深化、配电终端可维护性和智能化功能不强、配电自动化信息交互的标准化有待加强、通信网络及信息安全措施需要加强等。同时，试点单位普遍尚未实现本地区配电自动化系统图形的全覆盖，配电自动化所需基础数据覆盖不足，影响了配电自动化系统功能的使用效果。

（二）微电网

智能配电网发展的目标之一就是解决大量分散的分布式电源在配电网中的运行问题，但如果由智能配电网直接管理网络中的分布式电源则可能由于数量巨大而导致难以调度，同时电源的不同归属也无法保证调度指令能够被快速、准确、有效地执行，微电网技术可能是解决这一矛盾的有效途径。微电网是指由分布式电源、储能系统、能量转换装置、负荷、监控和保护装置等组成的小型发配电系统，是一个能够实现自我控制、保护和管理的自治系统，既可以与外部电网并网运行，也可以孤立运行。未来智能配电网可能并不直接面向各种分布式电源，而是通过微电网实施对分布式电源的有效管理。通过微电网可实现大量分布式电源的接入，既保证了对配电网的安全运行产生尽可能小的影响，又能够实现分布式电源的"即插即用"，同时可以最大限度地利用可再生能源和清洁能源。相对于传统配电网，智能配电网具有高度信息化、自动化和智能化的特点，对分布式电源将能够做到"看得见，管得了，用得好"。

当前微电网的相关研究和实践活动日益广泛和深入，在城市供电可靠性要求较高的区域和偏远农村、海岛等不同地区，在建及投入运行的微电网示范工程已超过 400 个。"十二五"期间，微电网相关技术获得了巨大的发展，主要包括微电网的关键技术研发和工程实践应用两个方面。

在微电网关键技术研发方面，我国重点基础研究发展计划（973 计划）和高技术研究发展计划（863 计划）资助支持了一批微电网关键技术研究和集成示范项目，包括"分布式发电供能系统相关基础研究"、"含分布式电源的微电网关键技术研发"、"微电网群高效可靠运行关键技术及示范"、"含可再生能源的孤立电网的运行控制技术及示范"、"基于分布式能源的用户侧智能微电网关键技术研究与集成示范"等。研究工作解决了微电网技术的一些关键问题，在微电网优化规划设计技术及软件支持平台、分布式电源和储能的协调控制技术及中央运行监控系统、能量管理技术及系统、微电网动态模拟实验平台建设和示范工程建设等方面取得了重要的突破和一系列成果，为推进我国微电网技术的发展和应用做出了重要的贡献。下面主要从规划设计、运行优化、保护控制和仿真实验四个方面分别进行介绍。

1. 微电网规划设计技术

微电网的规划设计就是通过合理确定微电网的结构与容量配置，从而保证微电网以较低的成本取得最大的效益，进而达到示范、推广的目的。相对于传统电网，微电网建设运行更为复杂，需要考虑风/光/气/冷/热/电等不同形式能源的合理配置与科学调度，这使得微电网规划设计的不确定性和复杂度都显著增加，尤其是目前微电网还面临着分布式电源成本高、技术经验不足、标准缺乏、行政政策障碍以及市场机制不健全等一系列挑战。因此，研究和发展合理可行的微电网规划设计方法对保证其顺利的建设与运行至关重要。

当前，国内外已有很多学者针对微电网规划设计方法进行了广泛研究，并从新的应用场景、新的建模方法、新的求解算法以及个性化的规划设计软件开发等方面不断完善微电网的规划设计工作。建模方面，建立了含多种分布式能源、多种储能系统、可满足用户综合能源需求的复杂微电网优化规划模型，并考虑了系统运行策略影响以及可再生能源间歇性与不确定性等问题，进而可实现微电网全生命周期的优化规划；算法方面，为求解微电网规划设计问题，对枚举法、混合整数规划方法、启发式算法和混合算法等都分别进行了应用研究；软件方面，为了便于实际微电网规划设计的应用研究，已涌现出多种微电网规划设计软件，如美国国家可再生能源实验室（National Renewable Energy Laboratory）开发的HOMER，以微电网全寿命周期成本最低为优化目标，利用枚举法可确定微电网中分布式电源的最优容量配置、微电网与电网的最优交换功率上限以及相应的运行计划等；并提供了灵敏度分析功能，方便用户考虑设备单价、电价等的不确定性；同时支持气象与负荷的历史小时级数据和月均值2种方式，采用序贯分析法对微电网的配置进行全年的运行分析。

我国在微电网规划设计方面的起步较晚，仍有许多关键技术已经有了初步成果，但仍需继续深入和系统化研究。具体为：①微电网自身的规划设计研究，现有的成果在考虑分布式电源选址、可再生能源的长期波动性、负荷需求的增长、设备全寿命周期内的经济性、社会效益等方面的研究还相对简单，全面系统科学的规划设计方法亟待建立。②针对含冷热电联供系统微电网的规划设计，微电网规划设计将是一个能源－时空－指标多维度一体化的设计过程，如图2所示，对于具有综合能源网特征的微电网，其不同结构对应的最佳冷热电配比与不同能流之间的耦合特性尚缺乏详尽的分析。③配电网与微电网协调规划，如何建立合理实用的含微电网配电系统的综合性能评价体系和综合规划理论仍需要进行深入的探讨和研究。④储能系统经济性分析与规划，在市场环境下储能系统的长期经济性分析以及寿命对其经济性的影响尚缺乏合理论证。⑤直流微电网、交直流混合微电网的规划设计，现有研究主要集中在交流微电网规划设计方法的探讨上，采用直流方式系统化组织电源、储能、负载及监控装置构成的直流微电网及有效的交直流混合微电网的规划设计方法尚属空白。

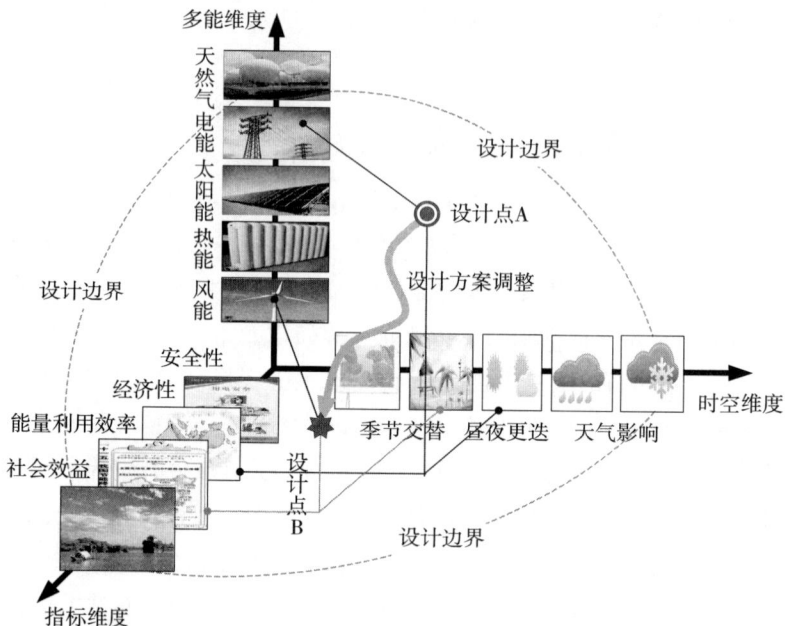

图2　微电网基于能源－时空－指标多维度的规划设计

2. 微电网能量管理与运行优化技术

微电网的能量管理与运行优化技术是指根据分布式电源出力预测、微电网内能源需求、市场信息等数据，按照不同的优化运行目标和约束条件做出决策，实时制定微电网运行调度策略，通过对分布式电源、储能设备和负荷的灵活调度来实现系统的优化运行。由于微电网集成了多种能源输入、多种产品输出（冷、热、电等）、多种能源转换单元，微电网内能量的不确定性和时变性很强，其能量管理与大电网的优化调度将会有很大不同，是对电／气／冷／热协调，综合控制的过程。

目前，国内外已兴建了不少微电网示范工程和实验基地，其中大部分微电网示范工程和实验基地配置了相应的能量管理系统：①美国电力公司和美国电力可靠性技术协会CERTS在俄亥俄州首府哥伦布建造了CERTS微电网示范平台。该示范平台主要由蓄电池、燃气轮机、可控负荷和敏感负荷组成，其能量管理采用自治管理方式，不需要中央控制器统一安排分布式电源的发电；分布式电源根据下垂特性共享频率或电压，实现自治管理，即插即用；能量管理系统的一些必要控制信息通过以太网传输给分布式电源控制器。②欧盟资助的荷兰Bronsbergen假日公园微电网能量管理系统采用集中控制的方式，微电网中每条馈线的功率由监测系统传送至中央控制器，中央控制器通过全球移动通信系统

（GSM）与调度中心交流，此外，中央控制器还负责微电网并网和孤网的无缝切换。③日本新能源综合开发机构 NEDO 建造的 Kyotango 微电网工程，其能量管理由基于因特网的中央控制器控制，采用标准的 ISDN 或 ADSL ISP 接入因特网。

国内针对微电网能量管理也已开展了相应的研究。中国浙江电力试验研究院搭建的微电网能量管理采用分层式控制，其主站层负责监测系统运行、管理历史数据、绘制图形、控制运行方式等；其协调层主要负责微电网并网和孤网的状态切换。合肥工业大学所建的微电网实验平台的能量管理采用 2 层控制的方式，分为中央控制器和局部控制器；中央控制器为分布式电源制定提前 1h、30min、1min 的发电计划；局部控制器负责控制馈线潮流、电压频率、无缝切换、电能质量和控制保护；该能量管理系统遵照 IEC61970 标准执行，由数据采集与监测系统、自动发电控制系统和其他能量应用软件构成。

从国内外的微电网能量管理研究情况可以看出，微电网的能量管理主要包括发电侧和需求侧的管理。发电侧管理包括分布式电源、储能系统、配网侧的管理，需求侧管理主要为分级负荷的管理。从管理的结构来看，北美微电网采用自治控制，为分散式控制，而亚洲的微电网倾向使用集中控制。在欧洲主要有集中控制和基于代理的控制这 2 种方式。目前集中控制在微电网工程中仍属于主流的能量管理方式，其在顶层决策中采用各种优化算法安排机组出力，而底层控制器则按上层指令控制机组出力。但随着技术的成熟，分散式控制将逐渐成为微电网能量管理控制结构的发展方向。分散式控制使得分布式电源能够即插即用，任何分布式电源或储能设备在任何时间都可以连接到微电网中，从而可以大幅提高用电的灵活性。

3. 微电网保护控制技术

由于微电网系统中电源类型多、运行特性复杂，微电网有时作为配电系统的负荷运行，有时又作为电源向配电系统供电，这种角色的轮换大大复杂化了配电系统的保护与控制，需要更高水平的配网保护及控制系统与之相适应；微电网由于既能并网运行又能够独立运行，并且需要在不同运行模式切换过程中尽可能地平稳过渡，其保护与控制将变得十分复杂；此外，微电网中存在的大量电力电子逆变并网装置也使得电能质量的控制问题更加令人关注。微电网及含微电网配电系统的保护和控制问题是目前微电网系统广泛应用的主要技术瓶颈之一。

国内外学者针对微电网保护控制方面的研究主要分为 3 类：①通过改造或者研发出新的检测装置或保护控制装置实现微电网保护控制功能，但新型设备的研发周期长，前期投入大，实用效果和普及程度还需要进一步的提升；②微电网集中保护控制，即将微电网保护功能与微电网控制模块逐步融合，单独设立中央微电网保护单元和控制单元或是将微电网保护功能集成到微电网控制单元，但还处于理论构想之中，功能的完善和实现需要更多的研究；③以通信为基础构建保护控制方案，能够充分利用微电网的广域信息，从全局角度建立微电网的保护控制策略。

我国对于微电网保护控制所面临新问题的探索刚刚起步，对微电网保护控制技术的研究正逐步展开。虽然国际上已有学者研制出微电网保护控制的硬件装置，但人们仍在对更加完善的保护控制策略进行积极探索。以微电网的有限广域通信为基础，将微电网保护功能与控制功能相结合，实现微电网的集成化保护控制将是主要研究方向。实现微电网控制策略的最优化、微电网信息采集的广域化以及微电网保护控制功能的集成化是未来微电网保护控制的发展目标。

4. 微电网仿真实验技术

微电网的仿真实验技术分为数字仿真与物理实验两部分。数字仿真对于研究微电网运行机理、规划设计、优化运行、保护控制等问题提供了必要的工具和强有力技术支撑，但微电网的强非线性、强刚性等特点对数字仿真技术从计算能力、数值稳定性和计算速度方面提出了更高的要求，传统的数字仿真工具有时不能满足各种情况下微电网全过程仿真的需要；而物理实验不仅可以借助真实的物理装置进行实验，甚至可以按 1∶1 的比例构建微电网实验系统，从而可以真实地再现研究对象。

国内外针对微电网仿真实验技术的研究主要包括针对不同的研究目的建立各种元件在不同时间尺度下的仿真模型，以提高仿真速度为目的的微电网非线性部分的化简或降维方法，面向仿真快速性、准确性、数值稳定性等需求研发一系列仿真计算方法，搭建包含多种分布式电源及储能设备的微电网实验平台等。近年来，在欧美、日本等微电网发展较早的国家陆续建立了多个微电网实验平台，早期的微电网实验平台大多结构简单，功能单一，针对性较强。雅典国立大学建立的 NTUA 微电网是最早一批的欧洲微电网实验平台。该微电网为单相低压系统，其目的主要是对分层控制的微电网结构进行验证。美国电力可靠性技术协会（CERTS）为验证其微电网概念，在威斯康星大学麦迪逊分校建立了一个包含 3 台分布式电源的微电网实验平台。通过相关实验验证了在微电网中能够利用分布式电源的下垂控制策略，实现微电网的暂态电压和频率调整，以及微电网并网和孤岛模式间的模式切换。美国国家可再生能源实验室（NREL）建立了包含三个子微电网的交直流混合微电网平台，在此基础上进行了各种分布式发电系统的可靠性测试、并网技术研究，并在此基础上参与了美国分布式发电和微电网相关的导则制定工作。我国也相继进行了微电网仿真实验的开展，国家电网公司、天津大学、合肥工业大学、上海电气集团、中科院电工所等一批单位都建立了高水平的研究实验平台。

5. 交直流混合微电网技术

交直流混合微电网技术是近年来微电网技术研究的热点，它将交流配电网和直流配电网通过功率变换器相连接，不仅保留了交直流电网的优势，同时减少了多重交直流变换造成的能耗和电器设备中的多余电力电子转换器件，具有易于可再生能源接入、直流负荷匹配性好、能源利用效率更高的优势，可解决分布式电源并网带来的多电源网络结构复杂、源端影响电压波动、电网运行方式多保护方案制定困难、电能质量治理难度大等问题。2015 年 7 月，国网浙江省电力公司承担了国家 "863" 计划课题 "高密度分布式能源接入交直流混合微电网关键技术" 启动，该课题主要任务是攻克交直流混合微电网系统的网架配置优化理论与技术、稳定控制理论与技术、综合保护理论与技术、电能质量治理理论与技术、能量优化理论与技术等研究。

6. 分布式电源自适应并网技术

分布式电源的大规模接入带来了一个新的电能质量问题，就是电压谐波的问题。国外学者在这一方面已取得了一些显著的成果，一个很自然的解决办法就是引入负反馈控制器。重复控制（repetitive control）是一种基于内模原理的学习控制方法，能够消除动态系统中周期性的误差和干扰。这种闭环控制系统可以同时应对大量谐波，已经成功应用于恒压恒频 PWM 逆变器、与电网连接的逆变器和有源滤波器。

在分布式能源大规模接入时，不可避免地会有许多逆变器并联运行。如何实现多个逆变器的协调控制并在多个逆变器间合理分配负荷是一个技术难题。并联运行有两种控制方式：主从控制和自主控制。前者需要在主从控制器之间进行通信，这大大限制了系统的运行性能以及可并联运行的逆变器数量。自主控制则不需要通信，各逆变器根据各自的端口变量进行控制。传统的下垂控制（droop control）就属于这类。下垂控制方法得到了广泛的研究，如用电压带宽下垂控制（voltage bandwidth droop control）实现非线性负荷的分配，用小信号注入法（small signal injection method）改善无功的分配精度等。但是，如何实现有功和无功的准确分配一直是困扰学术界和工业界的一大难题。逆变器并联运行的另一个问题是逆变器的输出电压会因为下垂控制而降低。尽管对下垂控制增加积分环节可提高连接于电网的逆变器的负荷分配精度，但该方法对孤岛运行的逆变器不适用，且在运行方式转换时会出现问题。传统下垂控制器存在的三个本质的缺陷：①要求所有逆变器有相同的标幺值阻抗；②所有控制器要产生相同的电压设定值；③功率分配精度与负荷电压的稳定度成反比。前两个条件在实践中极难满足，这是造成功率分配误差的原因。第三个条件使得系统不能满足正常工作的基本要求。目前国内的一些科研院所和生产厂家正致力于这方面的研究，厦门的科华、武汉的能创等公司都已开发出相应的并机产品。当前所采用的并联技术难以实现分布式电源输出功率和电压的自动控制，并且在控制理论、系统功能性及稳定性等方面还需要进行更深入的研究。中国电科院已开展了"基于虚拟同步发电机的分布式能源并网关键技术研究"项目攻关，研制出具有快速同步功能和无缝并离网的同步逆变器，处于国际领先水平。

在微电网工程实践应用方面，微电网技术和应用在全球范围内广泛扩展，各国根据自身国情和需要建设以一批微电网示范工程，形成了各具特色的微电网发展格局。依托微电网重大工程实践，突破微电网核心技术，进一步提高电网友好接纳能力和间歇式可再生能源的利用效率并优化配电网运行方式，改善配电系统供电可靠性和灵活性。

美国是全球微电网发展的引领者，拥有全球最大的微电网市场——截至 2014 年，美国在建或投运的微电网工程超过 200 个，约占全球微电网工程数量的一半。美国能源部将微电网视为未来电力系统的基石技术并将微电网列入美国"Grid2030"计划，资助了包括"可再生能源与分布式系统集成项目"等在内的众多微电网研究和工程项目。欧洲也是开展微电网研究和示范工程较早的地区，欧盟在第五、第六和第七框架计划的"能源、环境与可持续发展"主题下开展了一系列关于发展分布式发电和微电网技术的研究项目和示范工程，例如希腊基斯诺斯岛微电网示范工程、德国曼海姆微电网示范工程、丹麦法罗群岛微电网示范工程、英国埃格岛微电网示范工程等。在亚洲，日本是研究和建设微电网较早的国家，新能源与工业技术发展组织（NEDO）是推动其微电网研究和实践的主要机构，其资助了"含可再生能源的区域性电网"示范性微电网的建设，并核准了多个示范项目，这些项目的实施为分布式发电技术的成熟化、规模化应用奠定了良好基础。

"十二五"期间，我国正在建设或投入运行的微电网示范工程已达数十个，主要应用于边远地区、海岛和城市地区。

（1）边远地区微电网旨在解决边远地区缺电问题，包括西藏阿里地区狮泉河微电网、青海玉树藏族自治州玉树县巴塘乡10MW级水光互补微电网、内蒙古呼伦贝尔市陈巴尔虎旗微电网等，如表2所示。以内蒙古呼伦贝尔市陈巴尔虎旗赫尔洪德移民村微电网工程为例，其配置了100kW光伏、75kW风电和25kW×2h储能系统，接入0.4kV电压等级，风光储发电站作为电源点，为线路的正常供电提供了保障，截至2014年4月，赫尔洪德风光储互补发电站自从投运以来已累计发电55万kW·h，其中风力发电8万kW·h、光伏发电47万kW·h，整个微电网系统运行稳定、可靠，为农村可再生能源分散接入配电网相关技术研究搭建了很好的平台。

表2　我国部分边远地区微电网示范工程

名称/地点	系统组成	主要特点
西藏阿里地区狮泉河微电网	10MW光伏电站，6.4MW水电站，10MW柴油发电机组，储能系统	光电、水电、火电多能互补；海拔高、气候恶劣
西藏日喀则地区吉角村微电网	总装机1.4MW，由水电、光伏发电、风电、电池储能、柴油应急发电构成	风光互补；海拔高、自然条件艰苦
西藏那曲地区丁俄崩贡寺微电网	15kW风电，6kW光伏发电，储能系统	风光互补；西藏首个村庄微电网
青海玉树藏族自治州玉树县巴塘乡10MW级水光互补微电网	2MW单轴跟踪光伏发电，12.8MW水电，15.2MW储能系统	兆瓦级水光互补，全国规模最大的光伏微电网电站之一
青海玉树藏族自治州杂多县大型光伏储能微电网	3MW光伏发电，3MW/12MW·h双向储能系统	多台储能变流器并联，光储互补协调控制
青海海北藏族自治州门源县智能光储路灯微电网	集中式光伏发电和锂电池储能	高原农牧地区首个此类系统，改变了目前户外铅酸电池使用寿命在两年的状况
内蒙古额尔古纳太平林场微电网	200kW光伏发电，20kW风电，80kW柴油发电，100kWh铅酸蓄电池	边远地区林场可再生能源供电解决方案
内蒙古呼伦贝尔市陈巴尔虎旗微电网	100kW光伏发电，75kW风电，25kW×2h储能系统	新建的移民村，并网型微电网

注：表中除陈巴尔虎旗微电网为并网型微电网外，其余均为独立型微电网。

（2）海岛微电网旨在解决海岛供电问题，包括广东东澳岛、担杆岛，浙江东福山岛、南麂岛、鹿西岛，海南三沙市永兴岛等微电网工程，如表3所示。以广东珠海东澳岛风光柴蓄微电网项目为例，其为2009年国家"太阳能屋顶计划"政策支持的项目之一，该微电网压等级为10kV，包括1MW光伏、50kW风力发电、1220kW柴油机、2MW·h铅酸蓄电池和智能控制，多级电网的安全快速切入或切出，实现了能源与负荷一体化，清洁能源的接入和运行。

表3　我国部分海岛微电网示范工程

名称／地点	系统组成	主要特点
广东珠海市东澳岛兆瓦级智能微电网	1MW光伏发电，50kW风力发电，2MW·h铅酸蓄电池	与柴油发电机和输配系统组成智能微电网，提升全岛可再生能源比例至70%以上
广东珠海市担杆岛微电网	5kW光伏发电，90kW风力发电，100kW柴油发电，10kW波浪发电，442kW·h储能系统	拥有我国首座可再生独立能源电站；能利用波浪能；具有60t/天的海水淡化能力
浙江东福山岛微电网	100kW光伏发电，210kW风力发电，200kW柴油发电，1MW·h铅酸蓄电池储能系统	我国最东端的有人岛屿；具有50t/天的海水淡化能力
浙江南麂岛微电网	545kW光伏发电，1MW风力发电，1MW柴油发电，海洋能发电30kW，1MW·h铅酸蓄电池储能系统	能够利用海洋能；引入了电动汽车充换电站、智能电能表、用户交互等先进技术
浙江鹿西岛微电网	300kW光伏发电，1.56MW风力发电，1.2MW柴油发电，4MW·h铅酸电池储能系统，500kW×15s超级电容储能	具备微电网并网与离网模式的灵活切换功能
海南三沙市永兴岛微电网	500kW光伏发电，1MW·h磷酸铁锂电池储能系统	我国最南方的微电网

　　注：表中除浙江鹿西岛微电网为并网型微电网外，其余均为独立型微电网。

（3）城市地区微电网应用则重点各异，包括天津中新生态城微电网、北京延庆智能微电网、国网河北省电科院光储热一体化微电网等，如表4所示。

表4　我国部分城市微电网及其他微电网示范工程

名称／地点	系统组成	主要特点
天津生态城二号能源站综合微电网	400kW光伏发电，1489kW燃气发电，300kW·h储能系统，2340kW地源热泵机组，1636kW电制冷机组	灵活多变的运行模式；电冷热协调综合利用
天津生态城公屋展示中心微电网	300kW光伏发电，648kW·h锂离子电池储能系统，2×50kW×60s超级电容储能系统	"零能耗"建筑，全年发用电量总体平衡
江苏南京供电公司微电网	50kW光伏发电，15kW风力发电，50kW·h铅酸蓄电池储能系统	储能系统可平滑风光出力波动；可实现并网／离网模式的无缝切换
浙江南都电源动力公司微电网	55kW光伏发电，1.92kW·h铅酸蓄电池／锂电池储能系统，100kW×60s超级电容储能	电池储能主要用于"削峰填谷"；采用集装箱式，功能模块化，可实现即插即用

续表

名称/地点	系统组成	主要特点
河北承德市生态乡村微电网	50kW 光伏发电，60kW 风力发电，128kW·h 锂电池储能系统	为该地区广大农户提供电源保障，实现双电源供电，提高用电电压质量
广东佛山市微电网	3台 300kW 燃气轮机	冷热电三联供技术
北京延庆智能微电网	1.8MW 光伏发电，60kW 风力发电，3.7MW·h 储能系统	结合我国配网结构设计，多级微电网架构，分级管理，平滑实现并网/离网切换
国网河北省电科院光储热一体化微电网	190kW 光伏发电，250MW·h 磷酸铁锂电池储能系统，100kW·h 超级电容储能，电动汽车充电桩，地源热泵	接入地源热泵，解决其启动冲击性问题；交直流混合微电网
江苏大丰市风电淡化海水微电网	2.5MW 风力发电，1.2MW 柴油发电，1.8MW·h 铅碳蓄电池储能系统，1.8MW 海水淡化负荷	研发并应用了世界首台大规模风电直接提供负载的孤岛运行控制系统
新疆吐鲁番新城新能源微电网示范区	13.4MW 光伏容量（包括光伏和光热），储能系统	当前国内规模最大、技术应用最全面的太阳能利用与建筑一体化项目

注：表中除江苏大丰市风电淡化海水微电网为独立型微电网外，其余均为并网型微电网。

以天津中新生态城公屋展示中心微电网试点工程为例，其配置了 300kW 光伏、648kW·h 锂离子电池储能系统和 2×50kW×60s 超级电容储能系统，电压等级为 380V，该建筑采用智能照明系统由建筑表面的光伏发电系统供电，用地源热泵采暖与制冷，让该建筑成为一座"零能耗零排放"的绿色建筑。该微电网工程在引领节能减排，促进新能源、可再生能源循环利用等方面具有示范意义。新疆吐鲁番新能源微电网示范工程作为全国首个商业化运行的微电网示范项目，以太阳能利用为重点，将城市规划、绿色建筑、智能微电网、绿色交通等领域高度整合，推动可再生能源在城市建筑中的综合利用，建立新型城市能源体系和管理模式，是当前国内规模最大、技术应用最全面的太阳能利用与建筑一体化项目。该项目中光伏等新能源发电量占到微电网区域内用电量的 30% 以上，通过本地能源管理系统对发电、负载、储能进行区域调度管理，满足微网内用户对电能质量的要求，同时在微电网向大电网馈送功率时，保证大电网对电能质量的要求。

从各国对微电网技术的研发与工程实践可看出，我国与欧美等发达国家对微电网发展的侧重点有所不同：①美国微电网地域分布广泛、投资主体多元、结构组成多样、应用场景丰富，主要用于集成可再生分布式能源、提高供电可靠性及作为一个可控单元为电网提供支持服务。军事应用和防范极端灾害是近年美国微电网发展的新方向：美国于 2011 年开始总计投入 3850 万美元开展"蜘蛛"示范工程（面向能源、可靠性和安全性的智能电力设施示范工程），研究探索适用于军事基地应用的微电网标准和模板。此外，美国政府于 2013 年发起总值 1500 万美元的微电网资助贷款试点计划，以防范飓风等极端灾害天气对电力供应带来的负面影响；②欧洲则重视环境保护、气候变化和可再生清洁能源的发展，希望通过优化从电源到用户的价值链来推动和发展分布式电源，以使用户、电力系统及环境受益。③日本由于其本土资源匮乏，其对可再生能源的重视程度高于其他国家，在微电网方面的研究更强调控制与电储能，日本拥有全球最多的海岛独立电网，因此发展集成可再生能源的海岛微电网，替代成本高昂、污染严重的柴油发电是日本微电网发展的重要方向和特点。目前我国微电网主要用于可再生能源集成和解决边远及海岛地区供电问题，未来可重点研究和发展其向电力用户提供多样化电能质量服务和向电力系统提供辅助支持服务的相关技术和应用，并可向军事应用和防灾应用方面拓展。

（三）电动汽车充换电设施规划与运行

电动汽车充换电设施的建设不仅要满足规模化、多样化、智能化、信息化等高标准的需求，还涉及规划及运行等多领域的核心理论与关键技术，是智能用电技术的重要组成部分之一。当前世界各国均根据自身国情和需要开展电动汽车充换电设施规划与运行技术研究和实践活动，形成了各具特色的充换电设施建设格局。美日欧等世界主要发达国家和地区凭借自身强大的汽车工业基础，通过政府发起、资助或公用事业公司与相关技术厂商合作等形式，率先开展了电动汽车充换电设施的研究、建设与示范，已形成了较为完善的发展框架、核心技术及理论体系。我国同样高度重视电动汽车充换电设施的规划与运行、推广和应用。继"十城千辆"工程之后，四部委在2013年9月发布《关于继续开展新能源汽车推广应用工作的通知》，又于同年11月及2014年1月，分别确定了第一批及第二批新能源汽车推广应用城市或区域名单，由此标志着我国电动汽车的推广进入实质性阶段。随后在2014年7月国务院印发了《关于加快新能源汽车推广应用的指导意见》；2014年11月中央四部委正式颁布《关于新能源汽车充电设施建设奖励的通知》，明确至2016年中央财政将安排资金对新能源汽车推广城市或城市群给予充电设施建设的奖励。

1.电动汽车充换电设施的建设规模

美国能源部实施了The Electric Vehicle Project计划，免费为电动汽车用户建设家用充电桩；联邦政府制定了"全美充电站计划"等一揽子措施，鼓励在交通系统及社区建设完善的充电网络，截至2013年5月，全美充电站数量达到了20138座。德国采用充换电相结合的方式展开建设，截至2014年12月，德国约建有100座快速充换电站与4800座交流电充电站。日本电动汽车采取私人充电与公共场所充电相结合、普通充电与快速充电相结合的整车充电模式，截至2015年2月，日本公共场所充电桩和家用充电桩数量已高达40000个，超过了34000座的加油站总数量。此外，英国、法国、法国、丹麦、韩国等国家也积极推进充换电设施的投资与建设，已形成了一定的规模效应。

我国在杭州、青岛、北京、天津、重庆等地建设了大量的电动汽车充换电设施示范工程，涵盖了充电（快充/慢充）、换电等多种模式，集成应用了各类型先进量测、通信与控制技术，是我国电动汽车充换电领域最新研究成果的集中体现，如杭州的智能充换电服务网络示范工程、青岛薛家岛充换储放一体化电站、盐城松江路乘用车底盘换电站、苏沪杭电动汽车城际互联工程、北京高安屯电动汽车充换电站、北京奥运充电站、上海世博充电站、天津海泰充换电站、重庆空港电动客车专用充换电站、瑶海大型直流充电站等，从不同技术及应用角度进行了诸多尝试。在"十二五"期间，初步统计我国建设充换电站超过 2000 座，充电桩超过 22 万个。至 2020 年，估计将建设充换电站超一万座，充电桩 50 万个，在电动汽车充电站方面的投资总额将达到 323 亿元，在电动汽车充电桩方面的投资规模也将超过 125 亿元。南方电网公司着力于服务区域内的电动汽车充换电基础设施项目，以大力促进电动汽车和可替换电池箱在中国的发展。中石化与北京首科集团共同投资 5000 万元，成立石化首科新能源科技有限公司，用中石化已有的终端网络，将部分加油站改建成加油充电综合服务站，以推动电动车市场化，计划采取"以油带电、油电结合"的发展运营模式解决纯电动车充电设施运营问题。中海油与普天集团合资成立了普天海油新能源动力有限公司，与众泰汽车合作在杭州建设充换电站试点工程。

从规模对比来看，我国电动汽车充换电设施尽管近年来投资较大、增长迅猛，但与欧美发达国家相比，存在覆盖率低，利用率低下等问题。我国目前充换电设施主要集中于北上广、天津、重庆、浙江省、太原等中东部局部区域；而美国充换电设施在东西海岸各个州均有广泛分布。我国充换电设施无论是覆盖国土面积还是单位面积覆盖率与美国相比都存在较大的差距。同时，我国还存在有车找不到充换电设施，充换电设施大量长期闲置的问题。据统计，上海电动汽车充换电设施利用比例仅为 6.76%，究其原因主要是现有的充换电设施空间分布较为集中，分布的地点大多集中在非居民住宅中心区，消费者充电不便利。

2. 充换电模式选择

电动汽车充换电模式的选择是世界各国长期探索的一个难点问题。争论的焦点曾长期集中于换电模式（以以色列 Better Place 等公司为代表）与充电模式（以美国 Tesla 等公司为代表）两大阵营之间。表 5 给出了当前电动汽车充/换电模式的优劣对比。充电模式在获得能源便利性、标准统一、安全性、建站成本、技术革新、市场化可能等角度具有一定优势；而换电模式在充电时间、构成成本、电池寿命、续航能力、电网压力等环节具有更好的适用性。Better Place 公司的破产表明，当前换电模式已陷入困境。究其主要原因首先在于换电模式需要大量的电池储备，产业规模巨大，产业链协调较难，不利于电动车推广；其次，换电模式需要统一的技术标准，包括统一的电池制造技术、标准化建设、能源补给网络建设、国家智能电网建设、城市规划、车辆准入标准等一系列问题，而在现阶段这些问题无法得到妥善解决；同时换电会增加电池与车辆连接结构的不稳定性风险，电极插头易磨损打火花，产生安全问题，并且频繁搬动电池会对车架会造成损伤；更重要的是换电模式直接面临电池控制权的利益博弈，电池是电动车动力技术的核心，各家汽车生产厂商不会轻易把核心技术让其他公司来掌握。目前在美国、日本、欧洲等电动车发展相对较快的国家，大多使用充电模式为电动车补给能源。两种充换电模式在我国均存在一定的分布，普遍认为对公交车等集团车辆采用换电模式，而对社会车辆则推广应用充电模式，换电模式的发展受到一定限制。然而，随着电池技术未来的不确定性发展，标准体系的不断完善以及国家政策的导向性引领，未来充/换电模式在不同地区的优选问题需要结合当地经济、交通、电网等实际情况开展进一步的研究和探索。

表 5　充换电模式优劣对比

模式选择对比	充电模式	换电模式
获得能源便利性	充电站快充，停车场慢充	换电站方可换电池
标准统一难易	统一接口较为简单	统一电池规格，难度较高
安全性	相对高	相对低
建站成本	相对低	相对高
技术革新动力	革新技术动力强	垄断可能性大，革新动力小
市场化可能	短期更为可行	短期无法盈利
充电时间长短	现行技术下较慢	方便快捷
消费者购车成本	初次购车成本高	初次购车成本低
电池寿命	快充缩短电池寿命	集中充电电池寿命长
续航能力	续航受限制	续航增强
电网功率压力	快充对电网造成巨大压力	集中慢充，压力较小

当前我国尚未提出一个成熟的、能被广泛接受的电动汽车充换电服务模式。从整个电动汽车的价值链来看，当前电动汽车制造商、电池制造商在价值链中有了明确的定位并具备较清晰的业务模式。而在充换电服务这一环节，虽然国家电网、南方电网、中石化等企业都已经介入，但在角色定位、业务模式、价值链、与其他参与者的关系等方面仍有待进一步明晰。充换电技术是影响我国电动汽车充换电模式选择的关键因素，然而充换电技术的发展不单纯是由技术驱动的，还受到电动汽车制造企业战略的影响。特别是换电技术，如果得不到电动汽车制造企业的支持，也就无法得到广泛应用，这在一定程度上制约了我国电动汽车产业的发展。

3.充换电规划与运行技术

电动汽车的产业化、商业化成功与否，将取决于电动汽车充换电设施的规划运行及智能化的电力供应系统的发展。在规划领域，当前多基于点需求模型、截流选址模型及续航选址模型等来解决电动汽车充换电设施的选址与定容问题，然而此类研究多源于加油站等成熟交通服务终端的规划方法，仅关注了电动汽车的交通服务属性，未能充分考虑电动汽车的电力负荷属性。美国 Charging Station Siting Analysis Project（充电站选址计划）与欧盟第七框架 MERGE 项目综合考虑电动汽车的出行特征与充放电特性，构建了完善的充换电设施规划理论体系。欧美日等发达国家和地区的充换电设施通过完善的规划理论开展优化选址与定容，区域分布合理、结构组成多样，不仅可充分满足电动汽车的交通属性，还可充分计及充换电设施的电力属性。我国电动汽车充换电设施规划理论尚不完善，各地的充换电设施的建设尚处于定点示范建设阶段，没有建立与电网规划、城市规划相结合的充换电设施优化布局理论，面临供电／服务能力与城市用地紧张的矛盾。

在运行控制领域，研究集中于电动汽车有序充电和电动汽车与电网互动技术（Vehicle-to-Grid，V2G）两个领域，其中电动汽车有序充电通过对电池充电时间、充电功率大小的优化调整可有效缓解规模化电动汽车充电对电网影响；V2G则更注重电动汽车与电网之间实现功率的双向流动。V2G是有序充电技术发展的高级阶段，可以合理实现电动汽车与电网之间的电力交换，既可以通过电网为汽车进行智能充电控制；也可以将汽车上贮存的电能，根据需要向企业或家庭的用电设备回送电力，通过智能电网控制系统实现高水平的电力融合，在保证汽车用电的需要与安全性的前提下，最大限度地提高电网的工作效率。

欧盟第七框架 Grid for Vehicles 项目在电动汽车有序充电、V2G控制、通信解决方案等领域提出了诸多富有成效的研究成果；丹麦 Edison 项目提出了一种基于虚拟发电厂理论的电动汽车V2G控制策略，通过对电动汽车车载电池的定向充放电来辅助消纳丹麦高比例的风电资源；苏黎世联邦理工学院提出一种 Energy Hub 的模型构架，期望在统一综合能源系统框架下，通过充放电优化控制来达到电动汽车与可再生能源相协调的目的。在实践中，美国特拉华大学成功将一辆电动汽车接入电网并接受调度命令，成为调峰发电设备；丹麦在 Bornholm 岛利用V2G技术，在强风时，使用电动汽车蓄电池来存储多余的电力；当无风时，将电力回馈到电网，这是迄今为止V2G技术全球最大的示范应用；日美正共同研究推动新一代智能电网运用的V2G技术，并在横滨进行实证。

我国近年来开展了诸多电动汽车规划与运行控制领域的研究。国家自然科学基金委员会（NSFC）在电动汽车领域与英国工程与自然科学研究理事会（EPSRC）联合启动了一系列国际合作研究项目，包括："电池特性的测量与管理——智能电网与电动汽车接入的关键"，"接入智能电网的汽车环保充电"，"电动汽车与智能电网的接口及网络交互"，以及"电动汽车接入的电网经济、规划与商业模式"。上述研究对电动汽车充换电设施的规划及运行领域的基础理论进行了全方位的探索。国家"973"计划资助了"源－网－荷协同的智能电网能量管理和控制基础研究"，对电动汽车随机接入电网的集聚特性和双向能量自律调控机制进行了深入研究。从关键技术来看，国家科技部"863"计划资助了一大批电动汽车充换电技术研究和集成示范项目，包括"电动汽车智能充放储一体化电站系统及工程示范"、"电动汽车充电对电网的影响及有序充电研究"、"电动汽车与电网互动技术研究"、"电动汽车充放电设施智能用电技术研究"、"电动汽车充放电及与电网互动关键技术"、"电动汽车运营系统关键技术研究与应用"、"电动汽车充换电站建设标准技术研究"等。其中"电动汽车充电对电网的影响及有序充电研究"课题研究成果表明，有序充电是解决规模化电动汽车充电对电网影响的重要技术手段，通过分析电动汽车充电需求及负荷特性，获得规模化电动汽车充电对电网的影响，提出了规模化电动汽车有序充电控制策略，开发了电动汽车有序充电控制管理系统，构建了面向多层级多目标的有序充电试验系统，并在北京地区示范应用，有效提高了区域电网接纳电动汽车的能力和电能使用效率，为电动汽车行业的快速和健康发展提供了有力的技术支撑。我国V2G技术刚刚起步，尚处于仿真分析与实验室验证阶段，国家电网公司在上海试制了两台支持V2G技术的快速充电桩，但仅用于实验测试，尚未出现可供实际运行的V2G示范工程。

（四）智能用电

智能用电建设的好坏直接关系到电网能源的使用效率、经济运行和有序用电，对电网建设、节能环保、电能质量管理将产生深远的影响。智能用电关键技术主要体现在高级量测体系（Advanced Metering Infrastructure，AMI）及终端技术，双向互动运行模式及支撑技术，用户用电模式及能效管理技术等三个方面。

1. 高级量测体系及终端技术

实现电网的信息化才可能实现电网的智能化，而高级量测体系则是智能用电实现信息化的关键。AMI 是一个用来测量、收集、储存、分析和运用用户用电信息的完整网络和系统，利用智能电表、智能用电终端及智能家电，通过公用电力和数据网络实现电力用户与电力企业之间的双向信息流通，并基于相应的支持平台，实现需求响应、用能管理、分布式电源管理等互动用电业务，起到优化用户用电行为、加强能效管理、节约电费支出等效果。AMI 核心技术主要包括智能电表、用电信息的通信网络和传输、量测数据管理系统三个部分，是多种技术和应用集成的解决方案。

（1）智能电表。

智能电表的核心是微控制单元（Micro controller Unit，MCU）和计量芯片，是实现智能电表智能测量和双向计量功能的关键。

在微处理器方面，目前朝着提高安全性和精确性方向发展。美国的飞思卡尔半导体公司（Freescale）开发了性价比较高的单相表用 9S08MZ60、MZ96、MZ128 和三相表用 MCF51EM256 等 MCU 产品，内部集成高精度的模 – 数转换器，使产品以最少外部元件提供安全性和精确性，并针对中国国家电网公司推出的智能电表新标准，在充分研究有关电表设计要求的基础上为国家电网公司量身定做了 MCU 解决方案。荷兰 NXP（恩智浦半导体）公司推出了基于 ARM Cortex 的 MCU 解决方案——LPC1700 系列，该系列 MCU 针对智能电表优化系统设计，并具有防窃电功能。LPC1700 系列 MCU 在智能电表系统中的应用主要包括三相智能、多功能电表、单相复费率、多功能表和多功能终端。德国 ADI 公司生产的具备数字信号处理器（Digital Signal Processor，DSP）和 MCU 功能的 Blackfin 处理器，特别适合于实时数据高速处理、大量数据通信和软件升级，并对不同通信标准具有较好的适用性。由于智能电表中对微处理器芯片的要求很严格，微处理器芯片的工艺生产质量直接决定了智能电表的实用性能，而国际上主流的芯片厂家都被国外占有。我国目前电能表厂家有 400 多个，各种电表年产量接近 2 亿台，但是大多集中居民小用户上，由于微控制单元技术的限制，高端产品所占比率很小。

在计量芯片方面，国际上主要由 ADI、Cirrus Logic、SAMES、TDK 等国际公司占据。目前计量芯片朝着集成化和智能化方向发展，并实现完整的片上系统 SoC（System on a Chip）解决方案。如 ADI 公司的 ADE7100 和 ADE7500 电能表系统芯片把电能测量内核与微处理器、片内闪存、LCD 驱动器、实时时钟和智能电池管理电路结合在一起，允许电能表保持时间、检测温度变化、读出 LCD 数据并且完成其它的重要系统功能，并还支持远程抄表系统、计时收费以及卸负载（当电源超载时切断某条输电线的电流）等高级服务。近年来，我国计量芯片设计公司成长迅速，逐渐掌握电能计量芯片的核心技术和产品可靠性设计技术，并开发出一批低成本自主产品，他们已开始在中国和国际电表市场上崭露头角。国内生产电子电度表芯片，如上海贝岭股份有限公司的单相多功能 BL6523B 计量芯片，深圳市锐能微科技有限公司的 RN8209G 计量芯片，钜泉光电科技有限公司的 ATT7053A/B 计量芯片等，在输入动态工作范围（3000∶1）内非线性测量误差小于 0.1%，且输出频率波动小于 0.1%，性价比较高。

（2）用电信息的通信网络和传输技术。

为了实现智能电能表的全抄读功能，智能电表必须具有统一的通信方式和模块化的通信接口，具体采用何种通信方式，各国由于电网实际状况等因素的不同，技术发展的侧重点也有所不同。法国电力于 2009 年启动了当前世界上最大的智能电表项目 Linky，计划到 2017 年在法国部署 3500 万个智能电能表。该项目为智能电表到数据集中器之间的通信选择了 PLC 技术，然后再利用通用分组无线业务（GPRS）技术将数据传送到该公司的数据中心。美国加利福尼亚州部最大的电力与燃气运营商——太平洋天然气与电力公司（Pacific Gas and Electric，PG&E）采用多种类型的无线通信方式，并配备 RF 电路模块等，支持使用 2.4GHz 频带及 900MHz 频带的 ZigBee 标准。我国当前主要通过 RS485 总线方式组建抄表网络，实现采集终端与表计之间的通信。国家电网公司发布的智能电表技术规范中包括使用红外光口、RS485、载波和 GPRS/CDMA 无线公网等通信方式。国内智能电表厂商生产的智能电表的通信接口基本上配置的都是红外光口和 RS485，主要支持的通信协议是 DL/T645-2007 多功能智能电能表标准，如深圳浩宁达公司研制的 DSZ22/DTZ22 系列、宁波三星电气研制的 DSZ188 型等三相智能电能表。深圳科陆电子研发了基于 IEC62056 系列标准的光纤端口智能电表和集中器设备。目前包括光纤、工业以太网在内的网络通信技术在我国智能电表中应用也在逐步增多。

在 AMI 的通信技术标准方面，由于电力系统多种类型的数据采集和通信系统各自独立，若数据无法实现有效共享，则数据无法体现出其应有价值，因此国内外很关注统一全面的技术标准和规范建设。目前 IEC 已经发布了电能计量、数据采集、分布式能源并网等系列标准。如 IEC 62056 系列电能计量数据交换标准、IEC 15418-2009 自动识别和数据采集标准、IEC 61850-7-420 分布式能源信息模型、IEC 61727-2004 光伏系统—电网接口模型等标准。我国电力行业标准化技术委员会修订了 DL/T 698 标准。该标准系统地规范了电能信息采集主站、信道、终端的功能和性能，其范围涵盖所有上网关口、变电站关口、各类电力用户、公用配电变压器考核点等所有计量点，构成了一个从发电上网到用户消费的全过程电能信息采集系统。目前已制定了电子式电能表、电力负荷控制、用电信息采集等标准，如 GB/T 17215 和 GB/T15284 等多功能多费率电能表标准、DL/698 电能信息采集与管理系统，以及 DL/T614 和 DL/T645 多功能电能表标准。

（3）量测数据管理技术。

配用电信息具有类型多种多样、复杂度很高、数量巨大的特点，需要一个有分析能力的管理数据库，将数据信息与其他系统进行交互。量测数据管理技术通过自动数据收集系统，按照预先设定的时间或由事件触发的任何时间把智能电表的计量或报警信息取回数据中，通过企业服务总线（ESB）将数据与其他系统分享。如加拿大 BC 省水电公司（BC Hydro）尝试通过量测数据管理技术，对实时性要求较高的系统，如停电管理系统、调度管理系统、能量管理系统、配电自动化和其他运行方面的应用系统，采用直接转发的形式将需要的信息提供给相关系统；对实时性要求不高的系统，如用户信息系统（CIS）、计费系统、企业资源计划、电能质量管理、负荷预测系统等，采用从 ESB 取得数据后，对其进行处理和分析，然后按要求和需要转发的形式。由于配用电需要处理的数据量大、复杂度高，需要数据管理系统的数据处理能力足够强，如何解决海量数据的储存、检索、分析处理、计费差错更正、用户投诉处理等需要，是该方面研究和关注的重点。

2013 年，美国 EPRI 启用了 2 项大数据项目，其中之一是配电网现代化示范项目（Distribution Modernization Demonstration，DMD），以解决配用电系统面向大数据的应用程序、架构和流程，以及对大数据应用的成本效益分析；美国加州大学洛杉矶分校、加州可持续发展社区中心、洛杉矶水电部及政府规划研究办公室共同开发了洛杉矶电力地图，将街区平均收入、建设时间、占地面积等信息全部集合在一起，以加州地图形式展示了 2011 年 1 月到 2012 年 6 月之间街区层级的月均耗电量；法国电力公司（EDF）开发了基于大数据的用电采集应用系统，其大数据的构成来自于电表数据，结合气象数据、用电合同信息及电网数据等。我国也开展了诸多配用电大数据的应用需求和场景分析研究，如国网江苏省电力公司从 2013 年初开始建设营销大数据智能分析系统，已经建立包含气象、行业、电压等级等 9 个维度的数据分析模型和多项关联性分析模型，对全省电力用户数据进行多视角分析。南方电网正在开展"营配贯通"工作，对生产系统和营销系统的基础数据进行融合和共享，来支撑配电用电业务，以全面实现配电和用电智能化管理。

2. 智能用电双向互动运行模式及支撑技术

智能用电的双向互动是建立在开放系统和共享信息模式的基础上，在用户之间、用户与电网公司之间形成网络互动和即时连接，实现实时、高速、双向的数据读取，从而整合电网数据，优化电网管理，将电网提升为互动运转的全新模式，形成全新的服务功能，提高整个电网的可靠性、可用性和综合效率。基于以上需求，当前开展的工作主要集中在需求侧管理技术和双向互动支撑平台建设两个方面。

（1）需求侧管理技术。

需求侧管理（Demand Side Management，DSM）的具体形态和表现形式与其所处电力市场的发展阶段紧密相关。当电力市场化改革还处于初级阶段时，需求侧管理倚重于各种行政手段的使用，当出现电力缺口时，往往通过制定限电计划方案来加以应对，通常表现为有序用电技术；而当电力市场化改革逐步深化并走向成熟，需求侧管理的重心将渐渐地倾向于经济手段的使用，更多地倚重于市场的价格杠杆作用，也就是所谓的需求响应（Demand Response，DR）。

由于各国在融资问题、能效、机制和政策方面不同，需求侧管理采取的方法和技术手段各有不同。美国宾夕法尼亚、加州地区以及太平洋天然气与电力公司、南加州爱迪生等电力公司相继应用需求响应、用能管理、分布式电源管理等互动业务系统，鼓励用户主动参与基于价格信号和激励机制的需求响应，有效降低了高峰负荷。欧洲开展的多国参与需求侧响应的 Address 项目，目标是使居民用户和小型商业用户更好地参与电力市场，并为参与者提供更多服务。澳大利亚等国家针对居民用户开展了负荷特性的引导转变，作为 DSM 研究的延伸；日本针对大企业开展可精细和可操作的 DSM 研究；泰国则主要是对大量节能产品进行了推广。部分国家需求侧管理措施与应用情况如表 6 所示。

表 6　部分国家需求侧管理措施与应用情况

国家	运作模式	具体措施	应用情况
美国	电力公司主导	1）通过法律明确，通过系统效益收费等方式为开展 DSM 筹集资金； 2）消除 DSM 实施障碍	蒙大拿州等已成功应用
	中介机构主导	非政府、非盈利的节能投资中介服务机构来直接管理专用资金并负责项目管理	俄勒冈州、佛蒙特州、马萨诸塞州已成功应用
	政府主导	1）州政府设置的一个非盈利的准政府机构来负责 DSM 项目管理； 2）政府的电力监管部门负责审批 DSM 项目计划和专用资金支出	加州、纽约州已成功应用
德国	修订《能源法》	引入市场竞争机制，为电力公司推行需求侧管理创造条件	企业从税收优惠中获得补偿，提高企业推行需求侧管理措施的积极性
	鼓励节电	州政府与电台联合开展节电特别奖励活动	推选最节能家庭给予适当奖励，将其使用的电器品牌和种类加以推广
澳大利亚	降低成本提高经济型	1）制定温室气体标准； 2）电力市场规划设计	南威尔士州、维多利亚州、南澳大利亚州已成功应用
加拿大	中断负荷方式	1）对工业企业进行 DSM 审计、计量、负荷分析、可行性研究等信息支持，同时电力公司对于这些工作给予一定的经济补贴； 2）对商业用户，推广照明节电技术； 3）对居民用户，协助政府制订房屋节能标准，会同建筑业和建材制造商执行节能标准	安大略电力公司对每移峰 1kW 的项目，一次性补贴达 400 加元；安大略电力公司对于用节能灯取代白炽灯项目，每盏灯给予 0.3 加元的补贴
日本	三层管理结构	1）颁布《有关能源使用合理化的法律》； 2）节能项目和节能产品还能享受到政府的财政补贴、税收优惠、低息贷款等优惠	松下电工东京本部大楼的节能运行、福同市综合图书馆的节能
泰国	设立能源节约基金	针对造成电力需求量大幅增长的照明用具、空调、冰箱、制冷设备、镇流器和电动机等 6 种主要电器实施需求侧管理	全国范围内推行节能政策，开发、制造和使用节能高效型设备和技术

我国当前多种类型的需求侧管理技术并存。在电力供应紧张的网省公司，仍以传统的有序用电方式为主。该方面的技术进展主要体现在有序用电预案的科学编制和可靠实施，包括有序用电指标和指令的自动下达，有序用电措施的自动通知、执行、报警、反馈；分区、分片、分线、分用户的分级分层实时监控的有序用电执行体系建立；有序用电效果自动统计评价，确保有序用电措施迅速执行到位，保障电网安全稳定运行的实现等方面。随着电力系统的发展，以及新型配电侧电力市场的建立，需求响应成为我国市场机制下配电网与用户灵活互动的重要方式。我国已经开展了一系列用户侧资源主动参与配电网运行的关键技术研究和示范建设，包括基于激励的需求响应技术（如直接负荷控制、紧急需求响应、可中断负荷和容量辅助服务计划等）和基于价格的需求响应技术（如分时电价、尖峰电价、实时电价等）。如北京电网公司促成政府出台尖峰电价、蓄热蓄冷电价、可中断负荷电价等激励措施，通过经济手段引导用户避峰；上海电网公司试行了绿色电力认购机制，支持新能源产业的发展；江苏省部分城市进行了错峰补偿方式试点，均取得了一定成效。2012 年 7 月，我国财政部、国家发改委联合下发了《电力需求侧管理城市综合试点工作指导意见》，标志着电力需求侧管理城市综合试点工作的正式启动实施。2015 年 4 月，又印发了《关于完善电力应急机制做好电力需求侧管理城市综合试点工作的通知》，进一步明确了电力需求侧管理的方向。以国家发改委需求侧管理城市综合试点首批 4 个城市之一的江苏苏州为例，建设主要目标包括：①有效降低全市电力最高负荷，实现有序用电、科学用电、节约用电；②打造需求侧管理应用示范园区；③打造苏州电能公共服务平台；④建立重要行业（企业）的科学用电标准；⑤培育壮大现代电能服务产业。

（2）双向互动支撑平台建设。

智能用电双向互动平台是实现智能用电的基础，为互动业务开展提供基础软硬件支撑平台和相应配套设施，以满足用户多元化需求，强调用户的主动性，并能够对用户进行科学的用能评测、精细的能效管理。近年来，国内外进行了不同层次的双向互动支撑平台建设。美国科罗拉多州的波尔得市是全美第一个智能电网城市，构建的互动服务系统，能够使变电站采集每户的用电信息，同时使用户可以获得电价信息，自动调整用电时间。法国构建的双向互动平台，使超过 1000 万用户可以通过网站、邮件、电话、专门的电子接收装置，获得最大关键峰荷电价信息，实时调整用电方式。美国太平洋煤气电力公司（PG&E）提供了名为"我的家"的多语言互动服务网站，建立了功能较强的电力呼叫中心，使业务代表的服务更加快捷、友好。意大利 ENEL 公司共投资 21 亿欧元改造和安装智能电表，并开发了双向互动支撑平台，使用电侧和用户的用电信息实时互动，对电网削峰填谷具有积极作用。售电公司也在通过互动平台提供综合能源服务，例如澳大利亚的 AGL 公司，按照电费支出额度，将目标用户划分为中小型用户、大用户。针对中小型（电费支出小于 3 万美元）用户，主要通过旗下专门网站（能源在线主体网站）提供定制用电套餐、能源报告（用电量和电费）服务和能效咨询，用户也可通过官方网站或客服专线获取太阳能电站建设、运维服务；针对大型用户（电费支出大于 3 万美元），用户可以通过云平台获得能源监测服务，通过能源专家库获取能效审计服务和解决方案，通过购买安装 AGL 功率因数矫正器获得高效电能服务，通过专业技术团队获得 7*24 小时技术支持和运维服务。

我国北京、上海、天津、江苏、四川等部分省市的电力公司以营销业务应用系统为依托，开展了多种收费方式建设和应用，并建立了 95598 用户服务网站和呼叫中心，为用户提供专业化互动服务。已开展的用电互动业务包括用电报装服务，故障抢修服务，咨询查询服务，投诉、举报和建议受理服务，用户信息更新服务，缴费服务，账单服务，用户欠费停电告知服务，用户校表服务，用电指导服务，信息公告服务，重要用户限电告知服务，信息订阅服务，电力光纤入户服务申办，智能家居服务申办，电动汽车充电设施申办，用户侧分布式电源及储能装置接入申办，能效管理服务申请以及能效合同签订服务申办，绿色电力申购，用电设备远程控制申办，VIP 大用户服务申办等业务办理过程中的信息互动、营销互动的互动业务模式等。

在国家层面上，国家发改委委托国家电网公司等单位开发了"国家电力需求侧管理平台"，该平台于 2014 年 6 月 25 日正式发布，采用大数据和云计算技术，以省为单元接入负荷、用电、发电、经济、人口、气象、政策、DSM 等各类信息，具有经济分析、电力供需形势、分析、有序用电管理、需求响应、DSM 目标责任考核、企业在线监测、网络培训、信息发布等功能，旨在向政府有关部门、电力企业、电力用户、电能服务商等各类群体提供全面、权威决策支撑和技术服务，促进我国节能减排事业的发展。

3. 用户能效管理技术及用电模式实践

（1）用户能效分析及能效管理技术。

用户用电模式受多种因素制约，并且不同因素对负荷变化规律的影响互不相同，从而导致负荷变化的波动性。近年来，用电环境与用电负荷变化之间的影响因素分析，特别是温度、风速、湿度等气象因素对用电负荷的影响，受到关注并获得较多成果。美国 C3Energy 公司开发了 C3 能源分析引擎平台（C3 Energy Analytics Engine），并且分别面向配电网和工业、商业和居民三类电力用户开发了能源分析工具。美国能源部（Department of Energy，DOE）和劳伦斯·伯克利国家实验室（Lawrence Berkeley National Laboratory，LBNL）在两大能耗分析软件 DOE2.0 和 BLAST 的基础上，开发了 Energy Plus 软件，为用户用电环境和用电模式的分析提供支持。该软件能够分析气象条件对电力负荷的影响关系，有针对性地利用专业气象服务，对电力部门提高用电率、节约能源、实现合理调度有重要意义。

能效分析及用能管理成为节能减排的重要手段，相关技术得到各国重视。美国西太平洋国家能源实验室提出了"电网友好"技术，它包括电网友好的频率响应、电压响应和价格响应技术，其研制的"电网友好控制器"可安装在冰箱、空调等家用设备中，促进了需求响应机制的实现。美国 OPOWER 公司开展的家庭能源服务业务，包括四个方面：①为居民和商业用户提供能源消费数据查询，比较和诊断服务，提供私人订制的用能套餐；②为各类用户提供需求侧响应服务，提前通知用户避开高峰电价时段；③为高耗能居民和商户提供智能家居产品（主要是智能恒温器），用户可以通过移动终端远程控制并设定最优运行模式；④为能源公司（主要是电力供公司）提供用户行为分析信息，帮助能源公司提高服务质量和效率。截至 2014 年，已经超过 95 家能源公司（包括美国前 50 大电流公司中的 28 家）和 5000 家庭及商业用户使用了 OPOWER 的服务，累计为用户节约电费 7.1 亿美元，节约用电量 61.6 亿千瓦时，减少二氧化碳排放量超过 400 万吨。

我国科研单位和企业同样进行了相关家庭能源管理系统（HEMS）的研究。如国家电网公司信息通信分公司，以及深圳科陆电子等企业，研发了不同类型的家庭用电监控系统，能够对电力用户家庭中的电器设备进行实时的用电量分析，借助该家庭用电监测系统，电力用户可以实时收集、存储和分析家庭电能使用的详情，有效降低电能源的损耗。随着需求侧管理的普及，能源管理技术将在节能减排和削峰填谷等方面发挥更大作用。

（2）智能小区、智能楼宇和智能园区的用电模式。

智能小区、智能楼宇和智能园区的建设是智能用电模式的集中实践，近年来各国开展了不同侧重点的工程示范及技术的研究。智能小区实践的关注点是利用融合通信技术建造覆盖小区的通信网络，综合运用智能家居、双向互动、配电自动化、电动汽车和储能装置有序充放电、分布式电源接入控制等技术，对用户主/被动负荷进行监测、分析和控制，提高终端能源利用效率，为用户提供优质双向互动服务。智能楼宇实践的关注点是采用测量、通信、自动控制及能效管理等先进技术，将所有与用能相关的系统进行集成，实现与楼宇公共管理、设备管理等系统的互联互通，通过科学选择和制定用能控制管理方案，为楼宇用户提供全方位的能源智能化管理和双向互动服务；用户可以自行定制用电策略，实时控制用电系统的运行状态，从而有效改变终端用户用电方式，引导用户优化用电结构，提高能源利用效率。智能园区是实现供电优质可靠、服务双向互动、能效优化管理的现代工业园区或工业企业集群，提升了智能用电的技术水平，拓宽了智能用电的比重，是智能电网建设成果的集中体现。智能园区通过各种智能采集装置，实现对园区企业的多种信息的采集；依托于高速可靠的通信网络，实现园区的互联互通；以园区智能用电综合管理系统为支撑，对电力系统信息、采集数据与园区及企业信息等数据信息进行统一存储、分析与处理，实现园区的各类智能化应用。

在工程实践方面，日本的经济产业省（METI）开展了"下一代能源和社区系统"发展计划；韩国政府在济州岛上开展包括智能用电、智能交通、可再生能源和智能电力服务的示范工程。2010 年，国家电网首次在河北、北京、上海和重庆 4 个省市开展智能楼宇和小区试点工程建设；2011 年，甘肃白银、山东东营以及江苏南京等地区开始建设国内首批智能园区，开展大用户能效监测、管理方案的实践；2012 年，霍尼韦尔与天津泰达经济技术开发区共同开展并完成中国首个智能电网需求响应项目，其中分布式电源接入、用电设备的监测及有序用电指导等技术，在开展的工程项目中得到集中展示和应用。当前智能园区、智能楼宇和智能家居示范工程和应用目标，主要是通过智能化建设，实现电网与电力用户能量流、信息流、业务流实时互动，逐步构建形成电力用户广泛参与、市场响应迅速、服务方式灵活、资源配置优化、管理高效集约、多方合作共赢的新型供用电模式。

4. 智能用电的专项研究和工程实践

近年来，我国根据自身国情和需要开展了多项智能用电方面的专项研究。2011年，国家电网公司完成"智能用电小区关键技术研究"项目，在智能用电小区功能模型、通信方式、商业模式、关键设备、软件架构等关键技术上达到国际先进水平，为智能用电小区的研究、建设、推广和运营奠定了理论和实践基础。2012年至2015年间，国家科技部启动了多个"863"计划项目，涉及智能小区、园区的运行模式、配用电信息采集及通信、高级量测体系、双向互动服务平台的建设等技术。

由广西电网公司承担的"灵活互动的智能用电关键技术研究"课题于2015年通过验收，该课题完成了"灵活互动的智能用电体系架构及高级量测关键技术"、"需求响应理论及支撑技术"、"智能用电支撑设备和平台"三个关键技术研究，制定了系列智能用电技术标准和规范，研制了基于IEC62056规约的智能电表、智能交互终端、智能空调等支撑设备，开发了灵活互动的智能用电技术系统。广西南宁智能用电示范工程已投入实际运行，总计智能用电户数10256户，采取模拟分时电价和参与削峰激励等措施，进行了系列的需求侧管理互动试验，为智能用电的开展和推广进行了有益的探索。

由国家电网信通有限公司承担的"智能配用电信息及通信支撑技术研究与开发"研究课题，对智能配用电信息及通信体系与建模方法，智能配用电系统海量信息处理技术，智能配用电信息集成架构及互操作技术，复杂配用电系统统一数据采集技术，智能配用电业务信息集成与交互技术等进行研究，提出了智能配用电分层异构通信网络体系，致力于解决"最后一公里"问题，并完成了适合智能配用电的复合组网技术，包括宽带PLC、电力专用XPON、TD–LTE、光纤低压复合电缆等多种通信技术，为解决智能配用电系统大范围、多测量点通信技术问题奠定基础。

由天津市电力公司承担的"智能配用电园区技术集成研究"项目，对智能配用电示范园区规划优化和供电模式优化方法，用电信息采集系统与高级量测系统、智能用电互动平台的集成技术，智能用电小区用户能效管理系统与智能家居的集成技术，以及智能楼宇自动化系统与建筑用电管理系统的集成技术进行了研究。该项目在智能配电网可靠高效供电、用电集成技术有所创新，显著提高了配电网供电安全可靠性和接纳新电源的能力，改善了供电质量，降低了配电网损耗，并实现了电网与用户的友好互动。

三、发展趋势分析与展望

未来的智能配电系统将是一个高度融合的物理信息系统，其结构将具有多样化特征，可以是交直流混合的复杂配电网，可能接有各种分布式电源、分布式储能、可控负荷、微电网和虚拟电厂等，通过各层次的能量管理系统实现集中和分布式自治相结合的控制管理模式。传统的配电网正在发生根本性的变革，逐步表现出一些新的特征。

（1）灵活互动且类型多样的用户侧。智能配电系统中将会有大量分布式电源、分布式储能系统、电动汽车充电设施及各类可控智能电器设备接入。这些设施具有灵活可控的运行特性，并能够与配电系统进行双向互动，通过调整自身的运行计划和状态满足用户和电网双方面的需求。相比传统配电网中被动用电的用户侧，智能配电系统中的用户同时具备发电、储电、用电的特性，能够作为一种响应资源主动参与智能配电系统运行。

（2）多层次的自治运行区域管理。不同于传统的辐射状配电网，智能配电系统可能包含多层次的自治运行区域，在局部可环网运行。例如，智能配电系统可以划分为多个独立运行的控制区域（Cell），可接有大量规模不同的虚拟电厂和微电网等。这些自治运行区域规模各异，或相互独立，或相互嵌套；既具备一定的独立运行能力，又可以互相交换功率、在紧急情况下相互支援，既可以满足用户多样化的电能质量要求，又可以提高供电可靠性。

（3）灵活多样的控制方式和运行模式。智能配电系统采用分层协调控制方式，具备集中式控制与分散式控制的优点，在局部区域自治和相互协调的基础上，实现监测管理。局部区域自治中心以众多能量管理系统为依托，如：用户侧的智能家居能量管理系统、商业楼宇能量管理系统、社区能量管理系统、微电网能量管理系统、Cell 控制系统、虚拟电厂控制系统等。这些区域自治控制中心除负责自身日常的控制之外，还可以在相互之间进行双向通信和协调互动；配电网管理系统与这些区域自治控制中心双向互动，实现对整个智能配电系统的主动、有效管理。通过对各自治运行区域的灵活控制和网络重构，智能配电系统具有灵活多变的运行模式，既能提升配电系统正常运行期间的电能质量和运行经济性，又能在故障发生时迅速反应、降低故障造成的负面影响。

（4）交直流混合特性。由于分布式电源、储能设备和负荷中有大量直流设备，智能配电系统将从传统单纯的交流配电网进化成交直流混合的配电系统。在微电网层面，根据实际需要，微电网可以是交流微电网，也可以是直流微电网，还可以是交直流混合微电网；在配电系统网架层面，中低压配电系统可以既有交流馈线，也有直流馈线，交直流线路间通过电力电子装置连接、控制。交直流混合智能配电系统能够根据实际需求决定采用交流或直流供电，有助提升系统效率和适应性。

（5）高级量测体系和智能配电信息系统。配电系统海量信息的量测采集、双向流动和管理处理是智能配用电系统区别于传统配用电系统最基本的特征之一，也是其发展的基础，需通过高级量测体系和智能配电信息系统实现。高级量测体系建立在先进的传感量测技术和信息通信技术的基础上，主要包含智能电表、双向通信网络、计量数据管理系统和用户室内网等，实现配用电系统信息的采集、传输、存储与分析。智能配电信息系统实现对配电信息的整合与综合管理、设备管理、营销策略制定、业务管理及调度管理，为智能配电系统的规划设计、运行调度和综合管理提供数据支撑。

图 3 给出了一个远景概念的智能配电网综合架构，该图形象说明智能配电系统的网架／

通信结构、组成和控制方式。值得注意的是，由于实际智能配电系统须从传统的配电网逐步发展而来，考虑到实际情况、具体需求、建设和运维经济性等因素，智能配电系统在不同地点、不同发展阶段均会有具体的形式和特点，不一而足。实际智能配电系统形式多样，并不囿于图中所示的形式。

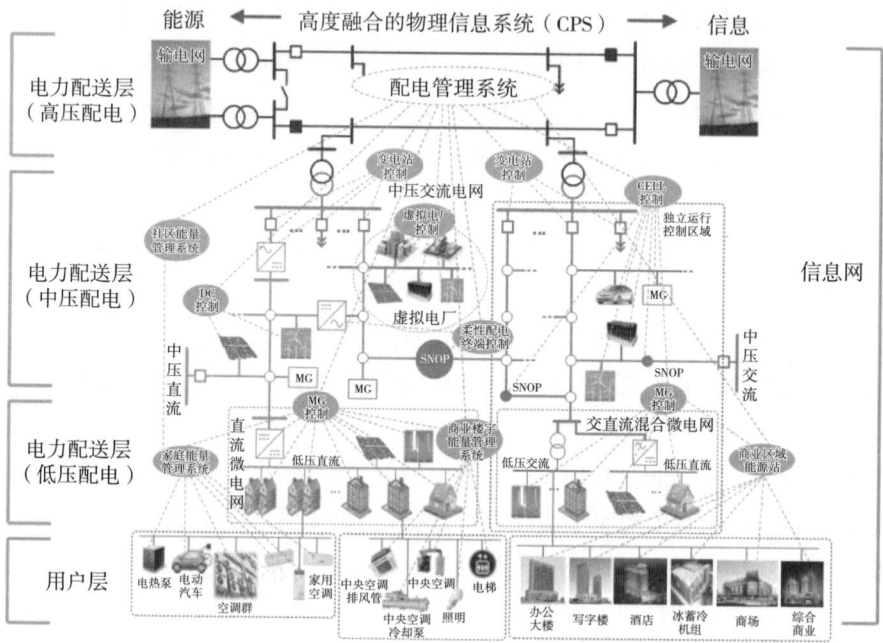

图3　智能配电网综合架构

智能配用电技术作为电力系统科技创新和工程应用的前沿，需要结合我国能源发展战略和电力改革的实施，有步骤有重点开展相关技术的研究，为未来配用电领域的发展提供坚实的技术基础和实施条件。

（一）配电系统智能控制

全球配电网的发展都面临进一步提高供电可靠性并接纳逐步增长的分布式可再生能源的难题。发达国家配电网的负荷已进入平稳发展期，试图以智能电网方面的技术来解决配电网发展面临的新问题，而我国配电网的负荷仍处于持续快速发展期，因此需要在满足负荷快速增长、考虑大规模可再生新能源接入的情况下发展配电系统智能控制技术。智能终端、高级配电自动化和智能调度作为配电系统智能调度的基础，需要优先获得发展。

1.配电系统智能终端

从配电系统智能终端所要实现的系统功能来看，高级配电自动化系统功能的实现离不开分散安装在各测量点的配电智能终端。配电系统智能终端的未来发展需要具备以下特点：①通用性：目前配电终端的建模方法主要面向配电网已有的传统终端设备，而智能配电系统的智能终端需要实现若干新的功能，因此有必要在定义新型智能终端功能的基础上，注重智能终端之间的信息共享和互操作，开展面向新型智能终端的标准化建模方法研究，提出计及分布式智能控制需求的配电智能终端设备的技术要求与规范。②自主性：智能终端须遵循 IEC61850 标准，实现配电智能终端的即插即用。使智能终端对外具有一致的服务接口，可以实现相关节点的智能对等通信、安全防护与身份认证技术，完成自主决策。③适应性：智能终端须具有较高的智能化，能够较好地适应智能配电网结构特点，完成测量、保护、控制等多种功能，满足运行要求。例如配电网参数和运行方式的在线自动识别技术，智能配电终端定值和参数自动整定与根据不同运行状态的自适应调整技术等。

从配电系统智能终端设备本身的角度来看，配电系统智能终端能够完成数据采集与计算、操作控制命令执行、通信、故障检测及自愈控制等多种功能，其性能及在电网中的配置主要取决于配电系统所要达到的供电可靠性指标、故障自愈时间等技术要求。未来将进一步研究开发基于现代嵌入式技术的低成本、低功耗、高可靠性配电智能终端的通用开放式硬件系统、软件支撑平台及其应用程序接口，实现智能配电终端与高级传感器的接口、配合技术。此外，配电智能终端设备的通信应优先考虑利用已有的光纤通道资源，兼容电缆屏蔽层载波、GPRS/CDMA 等灵活多样的通道方式，优选出安全、经济性最佳的通信方式组合。智能终端设备可采用系统供电和蓄电池或超级电容等其他储能方式相结合的供电模式，提高工作电源寿命和系统免维护运行水平。随着我国配电网的不断升级改造，配电系统智能终端在自身动作性能、工作可靠性、运行寿命等方面需要进一步提升。

2. 高级配电自动化

作为智能配电网发展的高级技术阶段，配电网将是一个集合了各种形式 DG、储能、电动汽车充换电设施和需求响应资源（即可控负荷），具有主动控制和运行能力的主动配电网。因此，在加强配电网一次网架的基础上，配电系统自动化将以信息化为基础，逐步提高自动化和互动化水平，实现高级配电自动化的高级应用功能，主要包括配电系统数据采集与监控、自愈控制、保护装置整定与协调、电压无功控制、电能质量监测、实时状态估计与配电网快速仿真、分布式电源集成与监控等方面。高级配电自动化是一系列配电网运行、控制与管理技术的综合，其功能与相关技术将处于不断发展之中。在"十三五期间"，高级配电自动化需要在以下方面深入研究和发展：

（1）配电网广域测控体系：该体系由实时数据采集、传输与管理系统以及相关的信息与通信服务模型、通信规约、实时数据库结构，实时数据访问接口等一系列标准、规范构成，为配电自动化主站、子站与智能终端装置中的应用软件提供数据采集、传输与管理服务，能够支持分布式智能控制应用。主要研究内容包括：时间同步技术，同步数据采集与相量测量技术；实时数据存储与管理技术，实时数据库结构与接口技术；配电网信息与通信服务模型，数据传输规约与通信服务映射；快速对等数据交换与控制技术；安全访问控制技术；通信网络与系统管理技术等。

（2）主动配电网分布式智能控制与监视技术：主要包括分布式智能控制技术需求分

析、基础理论与技术体系；分布式智能控制终端间的任务分配与协调机制，实时数据快速对等交换、控制算法与应用程序接口技术等；基于广域测控体系的分布式电源、DFACTS设备及微电网运行状态可视、可测、可控技术；基于广域测控体系的配电网运行状态相关数据的分析与监视技术；基于广域信息的主动配电网电压无功优化算法和控制技术；利用就地与广域测控信息的分布式电源灵活接入及控制技术等。

（3）分布式电源高度渗透的主动配电网保护技术：配电网保护技术可分为基于装置安装处测量信息的就地保护控制技术和基于广域信息的集中保护控制方式。就地保护控制技术动作速度快，但利用的信息有限、控制性能不完善。集中控制技术利用全局信息、能够优化控制性能，但对通信网依赖大、响应速度慢。现代通信技术的发展，为研究基于对等通信技术的分布式智能保护测控技术创造了条件。分布式保护测控装置能够通过通信网实时获取其他节点测量信息，且不依赖于主站，兼备了集中测控与就地测控的优点，有利于实现配电网广域保护测控功能。

（4）故障自愈技术：主要包括传统单向潮流配电网与双向潮流主动配电网短路故障自动定位、隔离和供电恢复技术；基于分布式智能控制的快速故障自愈与无缝故障自愈技术；中性点非有效接地系统的单相（小电流）接地故障自愈（消弧）控制技术，接地线路选择与故障定位技术等。

3. 智能调度

传统配电调度的能量管理方法是由电业部门或独立发电单位实施抑制负荷增长、改善负荷曲线形状（包括削峰、填谷和错峰）等。由于大量分布式电源接入配电网以后，电源模型的多样化及运行方式的复杂化将会对配电网调度控制系统带来深刻影响，对系统的运行监控、故障处理以及协调控制技术提出新的要求。未来配电智能调度中的能量管理将由目前的电力部门（供方）单方面管理用户负荷，向设法调动用户（需方）积极性并密切配合，共同实现能量管理的目标发展，并逐步与新兴的需求侧管理系统融合。在这一领域，应重点关注以下几方面的研究：

（1）智能配电网分析技术：考虑配电网三相不平衡、分布式电源接入导致的双向潮流、DFACTS的影响、配电线路分支多、信息不完整等特点，研究适合配电网特点的潮流分析算法、短路故障和小电流接地故障分析方法及应用软件。发展谐波计算和电能质量分析技术，为电能质量调节控制提供依据。

（2）快速仿真与模拟技术：主动配电网建模、实时运行分析、运行方式识别、状态识别与估计方法。研究实时计算工具，快速预测配电网运行状态变化趋势，对配电网操作进行仿真并进行风险评估，向运行人员推荐调度决策方案。

（3）智能调度运行技术：分布式电源功率输出、需求侧响应预测方法。研究虚拟发电厂技术，实现分布式能源与配电网的有机集成。研究主动配电网电压无功优化控制、经济运行调度算法及应用软件。研究辅助决策技术，实现配电网的智能调度、快速调度。

（4）可视化调度技术：3D可视化技术在主动配电网调度自动化中的应用，通过接入视频信息、3D 图形展示等手段，为调度员了解配电网的运行状态提供多种方式。

（二）微电网

微电网将促进我国可再生能源的发展利用，在提高我国电网的供电可靠性、改善电能质量方面起到重要作用，对于发展热电联供有极大的指导意义，此外，微电网与大电网间灵活的并列运行方式可使微电网起到削峰填谷的作用，从而使整个电网的发电设备得以充分利用，实现经济运行。随着微电网技术的成熟和发展，未来微电网的结构将趋于复杂，微电网将具备如下新特征：

（1）自愈特征。提高配电网可靠性是智能电网发展的一项关键目标，而微电网技术的发展也为以提高配电网可靠性为基本目标的配电网自愈控制技术的实现提供了不可或缺的技术基础和保障。配电网自愈技术是指在配电网的不同层次和区域内实施充分协调且技术经济优化的控制手段与策略，使其具有自我感知、自我诊断、自我决策、自我恢复的能力，实现配电网在不同状态下的安全、可靠与经济运行。智能配电网自愈控制以传统配电自动化技术为基础，依托智能配电网完善的量测通信体系，在系统的可观性、可控性、智能化及快速响应方面得到极大改善，有效解决大量分布式电源、储能装置并网运行给配电网带来的控制问题。

（2）市场交易特征。微电网将与配电网实现更高层次的互动。微电网接入配电网后，配电网结构、保护、控制方式，用电侧能量管理模式、电费结算方式等均需做出一定调整，同时带来上级调度对用户电力需求的预测方法、用电需求侧管理方式、电能质量监管方式等的转变。为此，一方面通过不断完善接入配网的标准，微电网将形成一系列典型模式规范化建设和运行；另一方面，将加强配网对微电网的协调控制和用户信息的监测力度，建立起与用户的良性互动机制，通过微电网内能量优化、虚拟电厂技术及智能配网对微电网群的全局优化调控，逐步提高微电网的经济性，从而实现更高层次的高效、经济、安全运行。

（3）能源与信息互联网特征。微电网将承载信息和能源双重功能。未来智能配电网、物联网业务需求对微电网提出了更高要求，微电网靠近负荷和用户，与社会的生产和生活息息相关。以家庭、办公室建筑等为单位的灵活发电和配用电终端、企业、电动汽车充电站以及物流等将在微电网中相互影响，分享信息资源。承载信息和能源双重功能的微电网，使得可再生能源能够通过对等网络的方式分享彼此的能源和信息。

针对未来微电网出现的新特征，我国微电网关键技术水平将得到不断的提高，微电网市场规模将不断扩大，功能将更加强大和多样化，应用前景广阔。世界各国和我国微电网示范工程的开展为我国今后微电网的发展提供了宝贵经验，基于此，对我国"十三五期间"微电网的主要发展方向作如下展望。

（1）微电网规划设计技术。

微电网的规划设计技术仍有一些关键问题需要进一步研究解决。例如：现有的成果在考虑分布式电源选址、可再生能源的长期波动性、负荷需求的增长、设备全寿命周期内的经济性、社会效益等方面的研究还相对简单，特别是针对可以满足用户冷／热／电综合能量需求、具有综合能源网特征的微电网的规划设计问题，由于不仅涉及电的供应，还需要考虑供冷、供热等情况，当考虑到多种能源综合管理时，相关的优化工作在模型和方法上都还需要进一步深化。

（2）微电网能量管理技术。

随着微电网的发展，能量管理系统的功能也将不断发展和完善。从未来微电网"即插即用"功能的要求出发，微电网能量管理系统还要具备适应新设备接入和系统扩展的能力，因此对其通用性和鲁棒性提出了更高要求。微电网的能量管理系统实际可以看作是智能配电系统能量管理系统的重要组成部分，随着配电网中分布式电源与微电网接入数量的增加，需要更加综合性的能量管理系统，以支持分布式电源、微电网、配电系统的协调优化运行，这也是未来能量管理系统的重要发展方向。

（3）微电网保护控制技术。

在微电网控制技术方面，对已有的频率、电压控制方法在微电网中进行适用性校验，针对不同类型的微电源研究更加先进、智能的控制策略；在微电网保护技术方面，积极探索更加完善的保护策略，研究不同类型发电机和负荷容量对保护的影响，以及微电网不同运行方式和不同设计结构对保护的影响等问题，都是微电网保护控制研究中所关注的重点。

（4）微电网仿真实验技术。

在微电网仿真实验技术方面，建立微电网系统的全过程数字仿真方法，构建灵活、模块化、通用性强的综合仿真实验平台是未来微电网仿真实验的发展目标。

（5）交直流混合微电网技术。

在交直流混合微电网技术方面，未来发展的热点在于交直流混合微电网系统的稳定控制技术，通过构建合理的交直流侧功率分配机制和系统阻尼控制方法，维持系统交直流母线电压稳定。交直流混合微电网的规划设计方法、电能质量控制技术、保护技术也是研究的热点，需要研制适应交直流混合微电网的直流固态断路器、直流变压器及继电保护设备。

（6）分布式电源自适应并网技术。

在分布式电源自适应并网技术方面，未来发展的热点在于研发适应分布式电源即插即用的新型分布式电源变流器，包括模拟发电机型储能变流器、支持 PCS 和 SVG 复合的储能变流器、低电压小容量组串储能变流器；研究直流组网用 DC/DC 变换器技术，主要包括：DC/DC 变换器需求分析、高压大功率 DC/DC 变换器拓扑技术、控制技术、变换器系统等效方法；研究分布式发电及电力电子器件多模式故障分析技术；研究多变流器并联功率精确分配技术，实现分布式电源的即插即用。

（三）电动汽车充换电设施规划与运行

电动汽车充换电设施是连接电动汽车与电力系统的纽带，其规划与运行是智能配用电领域的重要环节。电动汽车充换电设施未来的规划与运行需朝着智能化、网络化、标准化的方向协调发展。

（1）智能化。电动汽车充换电设施的发展与智能电网技术密切相关。一方面，电动汽车充换电设施可在运营系统的管理下实现有序充电，平衡充电负荷，降低充换电设施建设的资金投入。另一方面，规模化电动汽车可作为潜在的移动储能单元，通过V2G技术有效地参与电力系统负荷管理及系统调峰，实现与电力系统的良好互动，从而提高系统整体运行效率。在智能电网的基础上，通过运营管理系统与物联网技术紧密结合，利用物联网自动感知技术，可实现基于物联网技术的多渠道支付收费管理、充换电设施资产管理、电池仓储及物流配送管理、智能车载终端管理、车辆监控及基于地理信息系统（GIS）的增值服务等功能，可为电动汽车用户提供更加方便、快捷、优质的服务，同时有效降低充换电设施的运维成本。

（2）网络化。电动汽车的推广运营，需要构建基于统一信息管理平台的充换电服务网络和运营管理系统。充换电设施的网络化建设需要能够适应电动汽车用电对移动性和多样性的要求，有利于促进充换电服务产业规范有序发展，有利于发挥规模效益，降低系统运营维护成本。运营管理系统是服务于充换电服务网络建设的信息管理系统，其建设规划可随充换电服务网络规划逐步开展，最终形成区域内电动汽车充换电业务及功能的互联互通，实现统一化管理。

（3）标准化。电动汽车能源供给基础设施需要实现建设与运营的标准化。通过加快制定针对商业化充电装置与电动汽车的相关技术标准和接口规范，建立规范一致的充换电服务体系。同时，在充换电设施和通信网络逐步建立的硬件平台基础上，利用各种信息化手段，通过运营系统的总体管理，有机协调网络中各个环节，构建一个资源配置合理、服务标准统一及信息高度共享的电动汽车能源供给服务网络，切实提升电动汽车充换电站的标准化服务水平。

电动汽车未来的普及应用是缓解能源危机，减轻环境压力，实现交通系统低碳可持续发展的重要手段之一。推动电动汽车充换电设施的建设与发展，符合我国建设资源节约型、环境友好型和谐社会的基本目标。为了适应上述发展趋势，在今后若干年内，我国电动汽车充换电设施方面需着重研究以下关键技术：

（1）智能电网与电动汽车充电设施协同规划技术。

电动汽车不仅是一种新兴的交通工具，也是近年来电力系统出现的一种新兴移动式负荷。电动汽车的规模化接入引入大量的不确定性因素，如负荷的时空分布特性、电动汽车电池充放电物理特性、用户充放电行为，以及电动汽车与电网、分布式电源之间的互动特性等，这些相互交织的不确定性因素使得传统电网规划方法变得不再适用。与此同时，未来电动汽车的规模化普及需要相应基础设施相配套：如不同类型电动汽车充/换电站的建设除了需要考虑电力系统的约束因素（容量、区域电能平衡、潮流分布、规划方案经济性与可靠性等）之外，还应当充分计及电动汽车出行的时空分布特性、道路交通流量信息，以及充换电站选址的便利性等因素，以满足电动汽车交通出行的需求；通信及信息系统的建设应当以覆盖区域广、通信高效、可靠、灵活为宗旨，为电动汽车与电力系统之间的友好协调互动提供强健的通信及信息网络。电网规划与电动汽车基础设施规划之间的关系密不可分，电网规划时需要充分考虑电动汽车基础设施的需求；反之，电动汽车基础设施的建设需要考虑电网的承受能力。因此，迫切需要研究智能电网与电动汽车充电设施协同规划技术，寻求满足可靠性、经济性、可持续发展等多种优化目标的协调规划方案。

（2）电动汽车充换电设施的商业运营模式。

随着《关于进一步深化电力体制改革的若干意见（中发〔2015〕9号）文》的出台，电动汽车充换电设施商业运营模式对充换电站服务网络建设，规模化发展，电动汽车与电力系统 V2G 互动具有重要意义。首先，作为一种灵活的储能设备，电动汽车可以在满足充换电站技术要求的前提下同时参与电力平衡（如能量套利）和提升电力系统安全服务（如调频调峰等），通过充换电设施对规模化电动汽车开展充放电的有序管理将为电网的运营创造收益；同时，合理的商业化运营模式可有效推动并促进电动汽车充换电技术（如无线充电技术）的突破和产业化发展。因此针对电动汽车充换电设施从示范运营到完全市场化商业运营的各个发展阶段，制定其在不同运营场景下的运营模式，是未来的重点发展方向。

（3）信息融合的智能一体化电站新型并网控制与优化调度技术。

信息融合技术凭借其快速精确的优势对电动汽车充换电站的信息流处理具有重要意义。电动汽车充换电站作为电动汽车重要的能源供给设施，伴随着能量流动也会产生大量的信息流。为确保充换电站内部设备的可靠经济运行和充换电过程的顺利进行，实现充换电站与电网的协调互动，有必要对其内部信息流动进行充分分析，明确充换电过程中产生的诸多信息量特征及信息流的分布概况，同时对采集的信息进行融合处理，根据当前电网状态和充换电站储能水平，制定合理的并网控制策略与优化调度策略，从而实现电动汽车可靠充换电和电网安全可靠运行。

（四）智能用电

作为互动服务体系的核心，智能用电是连接供电部门与用户的枢纽，其建设的好坏直接关系到电网能源的使用效率、经济运行和有序用电，对电网建设、节能环保、电能质量管理将产生深远的影响。电力系统的发展使用电服务内外部环境发生显著变化，传统用电服务模式面临较大冲击，未来智能用电将会具有如下特征：

（1）用电设备及通信方面：大量可以感知的用电设备及海量数据的出现，促使具有双向通信和海量数据分析的高级量测系统取代现有单向的数据采集系统。

物联网及能源互联网逐步形成，电网用户端将存在大量可以感知的用电设备，用户与电网之间、用户与设备之间以及设备与设备之间要进行信息交换，需要利用高级量测技术和物联网技术感知、测量、收集各类信息（如设备状态、用电信息等），通过互联互通的通信网络传输给智能电网控制中心。为满足能源互联网及智能用电环节灵活互动的要求，应综合考虑互动服务、信息采集、用能管理、家电控制等功能和可靠运行、高速采集、快速控制等性能，使整体设计具有开放性和兼容性。互联互通的高速实时通信系统是实现智能用电的基础支撑条件，通信系统要和电网一样深入到用户内部，覆盖所有的用户和设备。通过安全、可靠、低成本的通信网络，解决用户"最后一千米"接入问题，实现电网和用户之间的双向互动。

（2）社会对供电服务的需求日趋多样化，更多的供用电业务模式及服务将会出现。

随着社会经济的发展，用户对电网企业的服务理念、服务方式、服务内容和服务质量不断提出新的更高要求，除希望降低用电成本、安全可靠用电外，还希望享受更加个性化、多样化、便捷化、互动化的服务。与此同时分布式发电及储能设备的发展，电网购售关系和售电侧管理发生变化，用电用户可能转变为既向电网购电，又向电网售电，供电服务将从单一的售电服务，向多元的购售电服务转变。因此，未来将有更多新型的业务模式出现，解决电网企业在发展智能用电互动业务所面临的难题。

（3）能源互联成为用能趋势，将在"用电节电"方面起到重要推动作用。

国务院发布了《关于积极推进"互联网+"行动的指导意见》，"互联网+智慧能源"作为11项重点行动之一，被提上国家战略，其中"促进能源系统扁平化，推进能源生产与消费模式革命，提高能源利用效率，推动节能减排"，成为该项行动的核心目标。推广电能替代以及电力需求侧管理的新模式，是推动"能源生产智能化"、提高能源利用效率的有效手段；发展以智能电网为配送平台、以电子商务为交易平台的绿色能源网络，是"能源消费新模式"的重要一步。能源智能化管理的将以信息化为依托，采用先进的物联网技术以及云计算平台通过智能电网对新能源进行合理有效的应用；同时通过信息化手段提高传统能源的使用效率。

针对上述智能用电发展趋势，未来有必要对如下技术进一步开展研究：

（1）针对智能用电发展情况构建AMI的系统架构、功能及业务模型，并解决好与现有的营销系统、集抄系统融合措施，其中AMI系统交互接口及信息模型，以及满足分布式电源"即插即用"等智能用电需求的技术标准体系的建设是重点。

（2）针对当前需要应用大量传感器，并对原有线路进行改造，才能深入了解到实际负荷运行情况，及时准确地获知用户的负荷构成及其特性的现状，开展基于非侵入式的电力负荷监测与分析技术，为用电行为识别、违规用电稽查与客户服务提供支撑。

（3）基于国家能源战略和新电改方向，研究双向互动的电力营销业务流程和运行模式，建立健全需求响应工作机制和交易规则，鼓励探索灵活多样的市场化调剂交易模式，出台尖峰、可中断、高可靠性或季节电价，充分反映成本和供需关系。

（4）加快建设需求侧管理平台，引导、鼓励用户实现用电在线监测，实现对负荷的能量优化管理，同时以智能电表为载体，开展智能计量系统建设，支撑用户信息互动、分布式电源接入、电动汽车充放电等业务。

（5）依托智慧城市、需求侧试点城市建设，应用互联网技术，进一步开展智能用电园区、楼宇、小区的示范／试点工程建设，鼓励用户参与电网削峰填谷，实现与电网协调互动，构建智能服务平台，全面提升用电服务互动化、智能化水平。

（6）依托信息技术、计算机技术、人工智能技术等在传统电网上应用，开展"互联网＋用电节电"技术研究，利用大数据技术的知识挖掘了解不同用户的用电规律和特点，从而为不同用户制定特殊的智能用电和节电的指导方案，并实现电网信息化、智能化、清洁化等高层次的运营和管理需求。

四、创新发展机制分析与建议

未来配电网将支持大量分布式可再生能源，实现智能化运行和一体化信息管理，成为能量流、信息流、业务流融合的能源互联网，为用户提供实时交易和自由选择，实现能源供需模式的科学平衡。然而，这一发展目标受到技术、经济、体制和政策等多方面因素的综合影响。因此，有必要对配电网的发展驱动力、影响因素进行分析，进而为我国配用电技术的创新发展提出建议。

（一）发展驱动力分析

"十三五"是中国全面建成小康社会的关键时期，是深入贯彻落实科学发展观、构建社会主义和谐社会的重要时期。这一阶段是中国工业化后期和城镇化加速发展的黄金时期，电力需求仍将持续增长。作为城乡公共基础设施的配电网，其发展也将面临更多的机遇和挑战。智能配用电的发展驱动力主要包括以下几个方面：

（1）城镇化建设及新的电力改革启动，将促进配用电技术的发展。

2014年3月，国务院印发了《国家新型城镇化规划（2014—2020年）》，提出中国新型城镇化发展的战略性指导意见。2015年8月，国家能源局印发《配电网建设改造行动计划（2015—2020年）》，通过实施配电网建设改造行动计划，有效加大配电网资金投入。新型城镇化和农网改造将成为我国拉动内需的重要引擎，同时也对配电网提出智能化和协同化的新要求。一方面要推进新能源示范城镇建设和智能微电网示范工程建设，支持分布式能源的接入，推动智能电网的发展，推进居民和企业用电的智能管理；另一方面配电网规划要与城镇规划协同推进，相互衔接，并且配电网要与水路气等其他基础设施协同发展，形成共建共享格局。2015年3月，中共中央下发《关于进一步深化电力体制改革的若干意见》，配用电成为改革的关键，售电侧市场改革也成为电力改革中的关键点。由于已经明确提出配售分开，新的电力改革有望破除垄断，加快基于市场因素的技术发展。随着智能电网进入全面建设的重要阶段和我国城镇化建设的进一步推进，城乡配电网的智能化建设全面拉开，以及新一轮电改方案逐步落实，我国配用电技术将得到进一步的发展。

（2）节能减排和对终端能源综合利用效率急待提高的要求。

未来中国经济即使进入新常态，仍将处于中高速的增长。而中国环境的恶化，部分地区 $PM_{2.5}$ 严重超标，经常出现大范围雾霾天气，减少燃煤产生的 SO_2、NO_x 和烟尘、推动能源消费电气化成为未来清洁发展的必然要求。城镇地区的第三产业和居民生活用电将快速增长，也对配电网供电可靠性提出了更高要求。我国与世界先进水平相比，能源利用效率差距较大。电能作为最主要的一种终端消费能源，在提升能源效率中的地位举足轻重。目前，我国电力用户用电效率较低，电能浪费现象大量存在，同时用电峰谷差不断拉大，发电和供电设备利用效率较低，节电潜力巨大。如何利用经济、技术等手段，落实需求侧相应策略，充分调动各方积极性，优化用电方式，提高终端用电效率，提高发供电设备利用效率，改变片面依靠扩大电厂、电网建设满足用电增长的模式，进一步推动节能减排、保护环境是智能用电服务面临的新任务。

（3）分布式能源与多元化负荷迅猛发展将促进配电网的发展并提出新要求。

发展分布式电源已经成为国家能源发展战略之一，预计到 2015 年、2020 年，中国各类分布式电源装机总容量将分别达到 7400 万 kW 和 18350 万 kW。分布式电源中，光伏、风电等具有随机性、间歇性和波动性的特点，大量接入配电网，将对电网调峰调频、电能质量控制提出较高要求；而分布式天然气、生物质、综合利用、小水电等对配电网短路电流水平、继电保护配置、电压水平控制均会造成一定影响。配电网的规划设计、运行检修、安全管理等方面采取积极措施全方位应对分布式电源的接入。同时，电动汽车的快速发展将促使局部地区配电网要承载快速增长的电动汽车充电负荷，要求加强规划设计、接入管理和标准化建设等工作，提高电网适应能力。

（4）电力用户对供电服务需求日趋多样，对供电可靠性提出更高要求。

随着社会经济的发展，电力用户对电网企业的服务理念、服务方式、服务内容和服务质量不断提出新的更高要求，除成本更低、安全可靠的用电需求外，还希望享受更加个性化、多样化、便捷化、互动化的服务。可通过有效手段实现与电网企业的互动，了解实时用电价格，参考电网企业提供的数据和用能策略，实现远程控制及动态自主调配用电设备，降低用电成本。可通过多种灵活、方便、透明的途径和交互方式，详细了解自身电力消费情况、方便进行产品选择、缴费结算、信息查询、故障报修、业扩报装、电动汽车充放电预约服务等。同时，随着分布式发电及储能设备的发展，电网购售关系和售电侧管理发生变化。用电用户可能转变为既向电网购电又向电网售电，供电服务将从单一的售电服务，向多元的购售电服务转变。需要进一步丰富服务渠道，拓展服务内涵，改变服务模式，提升服务效率，是智能用电服务面临的新要求。

综上所述，智能配用电需要面对新形势，突破发展瓶颈，提升效率效益。

（二）影响发展的因素分析

配电网直接面向电力用户，是智能电网建设的关键环节，也是改善民生的重要基础设施。中国新型城镇化和新农村建设正在加快推进，电力负荷持续增长，将使电网的功能和形态发生显著变化，对供电安全性、可靠性、适应性的要求越来越高。但就目前情况看，一些因素制约配用电的发展。

（1）配电网基础数据管理欠缺，规范化与标准化有待加强。

我国配电系统信息化手段虽已初步建立，但手段应用与数据的精细化水平还较低。由于配电系统设备类型多、数量巨大、量测信息不全、管理模式不规范等，使得配电系统的信息化水平远不能满足配电系统高效运行和管理的要求。配电系统中大量的信息系统还处于实验性应用阶段，包括 GIS 系统、配电调度系统等等，而这些系统间信息难以共享，信息孤岛现象尤为突出。主要表现在：①基础资料精细化水平不高（如线路、设备投运年限等信息缺失）。传统的数据维护方式造成基础数据收集困难、更新不及时、不同步，与现场实际不符，特别是系统图的管理不规范，存在多个版本并存的现象。②数据维护未能全口径运转，流程建设与执行有待加强。部分配网基础数据管理缺乏技术支撑手段，基础资料精细化水平不高。另外，现已开发的配网地理信息系统（GIS）与配网 PMS、DSCADA等系统之间缺少统一的接口规范，各类模块功能交叉、重叠，数据格式不统一、维护量大，急需进行规范和统一。③配网技术体系规范化与标准化有待加强，运行、管理的粗放模式有待改善。与输电网相比较，配电网由于地域差别、覆盖面广、设备数目巨大，在规划设计、设备选型、建设标准上参差不齐。

（2）缺乏配电系统与电力用户间的互动机制和手段，制约了配电系统与用电系统间通过互动实现节能。

从用户的角度看，电力消费是一种经济行为，他们希望通过参与电网的运行和管理，调整其使用和购买电力的方式降低电费支出。在未来电网中，用户将根据电价的变化调整其消费；电网通过需求侧响应计划使得用户在能源购买中有更多的选择，并引导用户调整电力消费方式，进而减少或转移高峰负荷时的用电需求，提高负荷率，达到提高电力系统资产利用率的目的。电网在运行中与用户设备和用电行为进行交互，可以促使电力用户发挥积极作用，获得提高电力系统运行效率和环境保护等多方面的收益。但这一切是建立在电网和用户之间具备双向实时的通信系统、透明电价和市场化的营运机制的基础上。在我国电力经营相对垄断的条件下，电网缺乏使用户能够积极参与电力系统运行和管理的软硬件设施和环境，用户不能及时获取其电力消费成本、实时电价、电网目前状况、计划停电信息以及其他一些服务信息，更不能根据这些信息定制自己的电力使用方案。

（3）相应的国家政策、配套法规及管理模式对新技术应用的制约。

我国电网的规模已经达到了世界第一，相应的城市配电网也已经达到了相当大的规模。对于这种特大规模的配电网，迫切需要标准化、制度化、信息化的科学管理模式。是否能从战略高度去谋划配用电新技术对电力行业业务扩展、经营模式、运行管理模式等方面的影响，是否能主动策划，积极引导，并通过与相关产业链的互动合作以及政策方面的影响来主导这些技术的推广应用，都将影响配用电技术的发展和模式的推广。同样，智能用电的运行需要国家政策的支持，虽然国内一些试点城市已经出台了峰谷分时电价政策，但峰谷电价执行范围有限且峰谷价差偏小，价格杠杆的作用有待进一步发挥。《电力需求侧管理办法》明确了电力需求侧管理专项资金来源渠道，但未以文件的形式落实项目资金分配比例及额度标准，需进一步完善、引入合理的激励机制降低投资风险，从财政、税收、贷款等方面对发展智能用电与需求响应给予充分的政策和资金支持，充分发挥价格等优化配置需求侧资源能力，以创建各利益相关方共赢的局面。

（三）发展战略与建议

智能配电与用电系统本身涉及的领域很广，不仅仅是电力技术的问题，与社会体制、市场机制、政府运作方式、企业运营与管理模式、人民生活习惯、社会发展水平、制造业水平等都有很大的关系。应与当前电力系统发展趋势及电力改革的方向相配合，通过互联网促进能源系统扁平化，推进能源生产与消费模式革命，提高能源利用效率，推动节能减排。加强分布式能源网络建设，提高可再生能源占比，促进能源利用结构优化。加快发电设施、用电设施和电网智能化改造，提高电力系统的安全性、稳定性和可靠性。

（1）在配电侧，以提高供电可靠性和电能质量、解决分布式能源分散化小容量多数量接入问题、为用户和电网之间的互动提供便捷的平台为目的。在该层次，突破分布式发电、储能、智能微网、主动配电网等关键技术，构建智能化电力运行监测、管理技术平台，使电力设备和用电终端基于互联网进行双向通信和智能调控，实现分布式电源的及时有效接入，逐步建成开放共享的能源网络。建设以太阳能、风能等可再生能源为主体的多能源协调互补的能源互联网，开展一些体现多元化和多样性的智能电网建设试点，包括微电网技术、用户侧互动技术等示范工程，多吸引社会力量的参与，引入市场化机制，鼓励开展有序竞争，在对涌现出的各种新方案通过实践检验并进行科学比较论证的基础上，逐步实现规范化并加以推广应用。

（2）在用电侧，探索能源消费新模式，开展绿色电力交易服务区域试点，推进以智能电网为配送平台，以电子商务为交易平台，融合储能设施、物联网、智能用电设施等硬件以及碳交易、互联网金融等衍生服务于一体的绿色能源网络发展，实现绿色电力的点到点交易及实时配送和补贴结算。进一步加强能源生产和消费协调匹配，推进电动汽车、港口岸电等电能替代技术的应用，推广电力需求侧管理，提高能源利用效率。基于分布式能源网络，发展用户端智能化用能、能源共享经济和能源自由交易，促进能源消费生态体系建设。

（3）在电网通信设施和公共服务平台建设方面，推进电力光纤到户工程，完善能源互联网信息通信系统；统筹部署电网和通信网深度融合的网络基础设施，实现同缆传输、共建共享，避免重复建设；结合电力供需形式的变化和发展低碳经济概念，电力需求侧管理工作的重心更多地转向提高用电效率、能效水平方面；国家和省发改委建设统一的电能服务平台，完善需求响应运作机制和功能建设；鼓励依托智能电网发展家庭能效管理等新型业务。

（4）在技术标准方面，智能配电与用电系统涉及方方面面的先进技术和相关标准体系的建设，为了在相关技术领域的国际竞争中获得先机，必须重视技术标准建设，以在技术发展和体系建设方面增强在国际上的话语权。应加强国内标准推广应用力度，支持和鼓励企业、科研院所积极参与国际行业组织的标准化制定工作，加快推动国家标准国际化。

（5）在政策制度方面，我国目前配电与用电侧的智能化水平还处于初级发展阶段，许多关键支撑技术还不够成熟，特别是在可靠性与经济性方面还不具备大量推广应用的条件。因此，要特别注意政策法规的制定，电价机制的改革，能源管理运营模式的创新对智能配用电实施和技术的影响。通过政府的主导，调动全社会参与节能的积极性，以实现社会整体效益的最大化为目标，通过健全电力法律法规、完善技术标准、加强监督指导，引导并规范智能配用电技术的推广应用工作。在现阶段，我国工业用电比例较大，其节能潜力也比较突出，实施需求侧管理以达到提高能效的目标更加迫切，可以作为重点加以关注。

（6）对配用电技术发展认识方面，需要明确智能配电与用电技术的实施不仅仅是技术层面的问题，同样涉及运行模式和政策制度等因素。先进的技术需要有强大的市场需求作支撑才能够获得广泛应用。目前制约我国智能配电与用电技术实施的关键因素不仅仅是技术层面，我国电力的市场化机制、电力与能源企业的运营模式、有助于全社会积极主动参与的电价机制等的改革措施应该更加受到政府部门的关注。

—— 参考文献 ——

［1］Jesus Varela, Lisandro J. Puglisi, Thomas Wiedemann, et al. Large-Scale Smart Grid Demonstrations for European Distribution Networks ［J］. IEEE Power & Energy, 2015, 13（1）：84-91.

［2］马钊，周孝信，尚宇炜，等. 未来配电系统形态及发展趋势 ［J］. 中国电机工程学报，2015，35（6）：1289-1298.

［3］周孝信，鲁宗相，刘应梅，等. 中国未来电网的发展模式和关键技术 ［J］. 中国电机工程学报，2014，34（29）：4999-5008.

［4］马钊，梁惠施. 2014 年国际大电网会议学术动态系列报道之配电系统和分布式发电技术 ［J］. 电力系统自动化，2015，39（3）：1-5.

［5］徐丙垠. 2013 年国际供电会议系列报道运行、控制与保护 ［J］. 电力系统自动化，2013，37（18）：1-6.

［6］徐丙垠. 2011 年国际供电会议系列报道运行、控制与保护 ［J］. 电力系统自动化，2012，36（3）：1-9.

［7］王成山，王丹，周越. 智能配电系统架构分析及技术挑战 ［J］. 电力系统自动化，2015，39（5）：2-9.

［8］王成山，李鹏. 分布式发电、微电网与智能配电网的发展与挑战 ［J］. 电力系统自动化，2010，34（2）：10-14，23.

［9］范明天，张祖平，苏傲雪，等. 主动配电系统可行技术的研究 ［J］. 中国电机工程学报，2013，33（22）：12-18.

［10］范明天，张祖平. 主动配电网规划相关问题的探讨 ［J］. 供用电，2014，31（1）：22-27.

［11］郭建成，钱静，陈光，等. 智能配电网调度控制系统技术方案 ［J］. 电力系统自动化，2015，39（1）：

206-212.

［12］陈飞, 刘东, 陈云辉. 主动配电网电压分层协调控制策略［J］. 电力系统自动化, 2015, 39（5）: 61-67.

［13］高孟友, 徐丙垠, 范开俊, 等. 基于实时拓扑识别的分布式馈线自动化控制方法［J］. 电力系统自动化, 2015, 39（5）: 127-131.

［14］刘健, 林涛, 赵江河, 等. 面向供电可靠性的配电自动化系统规划研究［J］. 电力系统保护与控制, 2014, 42（11）: 52-60.

［15］孙辰, 刘东, 凌万水, 等. 配电自动化远程终端的可信研究［J］. 电网技术, 2013, 38（3）: 736-743.

［16］倪益民, 杨松, 樊陈, 等. 智能变电站合并单元智能终端集成技术探讨［J］. 电力系统自动化, 2014, 38（12）: 95-99.

［17］石文江, 冯松起, 夏燕东, 等. 新型智能配电自动化终端自描述功能的实现［J］. 电力系统自动化, 2012, 36（4）: 105-109.

［18］韩国政, 徐丙垠, 索南加乐, 等. 配电终端自动发现技术的实现［J］. 电力系统自动化, 2012, 36（18）: 82-85.

［19］丛伟, 路庆东, 田崇稳, 等. 智能配电终端及其标准化建模［J］. 电力系统自动化, 2013, 37（10）: 6-12.

［20］刘健, 程红丽, 张志华, 等. 配电自动化系统中配电终端配置数量规划［J］. 电力系统自动化, 2013, 37（12）: 44-50.

［21］宋若晨, 徐文进, 杨光, 等. 基于环间联络和配电自动化的配电网高可靠性设计方案［J］. 电网技术, 2014, 38（7）: 1966-1972.

［22］董旭柱, 黄邵远, 陈柔伊, 等. 智能配电网自愈控制技术［J］. 电力系统自动化, 2012, 36（18）: 17-21.

［23］徐丙垠, 薛永端, 李天友, 等. 智能配电网广域测控系统及其保护控制应用技术［J］. 电力系统自动化, 2012, 36（18）: 2-9.

［24］张远来, 易文韬, 樊启俊, 等. 基于调度运行管理系统的配电网故障研判方案［J］. 电力系统自动化, 2015, 39（1）: 220-225.

［25］尤毅, 刘东, 钟清, 等. 多时间尺度下基于主动配电网的分布式电源协调控制［J］. 电力系统自动化, 2014, 38（9）: 192-198, 203.

［26］尤毅, 刘东, 钟清, 等. 主动配电网优化调度策略研究［J］. 电力系统自动化, 2014, 38（9）: 177-183.

［27］王成山, 武震, 李鹏. 微电网关键技术研究［J］. 电工技术学报, 2014, 29（2）: 1-12.

［28］王成山. 微电网分析与仿真理论［M］. 北京: 科学出版社, 2013.

［29］曹相芹, 鞠平, 蔡昌春. 微电网仿真分析与等效化简［J］. 电力自动化设备, 2011（5）.

［30］刘一欣, 郭力, 李霞林, 等. 基于实时数字仿真的微电网数模混合仿真实验平台［J］. 电工技术学报, 2014（2）.

［31］武星, 殷晓刚, 宋昕, 等. 中国微电网技术研究及其应用现状［J］. 高压电器, 2013, 49（9）: 142-149.

［32］N W A Lidula, A D Rajapakse. Microgrids research: A review of experimental microgrids and test systems［J］. Renewable and Sustainable Energy Reviews, 2011（15）: 186-202.

［33］杨新法, 苏剑, 吕志鹏, 等. 微电网技术综述［J］. 中国电机工程学报, 2014, 34（1）: 57-70.

［34］C Gerkensmeyer. Technical Challenges of Plug-in Hybrid Electric Vehicles and Impacts to US Power System: Distribution System Analysis［J］. PNNL, 2010.

［35］穆云飞. 含风电场及电动汽车的电力系统安全性评估与控制研究［D］. 天津: 天津大学, 2012, 6.

［36］国家电网公司. 国家电网公司2011年电动汽车智能充换电服务网络建设运营指导意见［R］. 北京: 国家电网公司, 2011.

［37］Yunfei Mu, Jianzhong Wu, Nick Jenkins, et al. A Spatial - Temporal model for grid impact analysis of plug-in electric vehicles［J］. Applied Energy, 2014, 114: 456-465.

［38］ Monitoring and Measurement Report III: Customer Applications Stream: Electric Vehicles［R］. 2012.

［39］ 严弈遥, 罗禹贡, 朱陶, 等. 融合电网和交通网信息的电动车辆最优充电路径推荐策略, 中国电机工程学报, 2015, 35（2）: 310-315.

［40］ Yunfei Mu, Jianzhong Wu, Janaka, Ekanayake, et al. Primary frequency response from electric vehicles in the Great Britain power system, IEEE Transactions on Smart Grid, 2013, 4（2）: 1142-1150.

［41］ 陈良亮, 张浩, 倪峰, 等. 电动汽车能源供给设施建设现状与发展探讨［J］. 电力系统自动化, 2011, 35（14）: 11-17.

［42］ 李同智. 灵活互动智能用电的技术内涵及发展方向［J］. 电力系统自动化, 2012, 36（2）: 11-17.

［43］ 田世明, 王蓓蓓, 张晶. 智能电网条件下的需求响应关键技术［J］. 中国电机工程学报, 2014, 34（22）: 3576-3589.

［44］ 霍沭霖, 单葆国. 欧洲智能用电发展综述及启示［J］. 中国电力, 2012, 45（11）: 91-95.

［45］ 王继业, 季知祥, 史梦洁, 等. 智能配用电大数据需求分析与应用研究［J］. 中国电机工程学报, 2015, 35（8）: 1829-1836.

［46］ 黄惠. 电力市场环境下用电大户的电力需求侧管理探讨［D］. 广州: 华南理工大学, 2013, 5.

撰稿人: 王成山　闵　勇　李　斌　李　鹏　穆云飞　孔祥玉

电力电子技术发展研究

一、引言

电力电子技术是使用功率半导体器件，通过信息流对能量流的精确控制以实现电能有效变换与传输的技术，包括电力电子器件、电力电子装置和系统应用三个方面，涉及电力电子器件（上游）、电力电子设备和系统（中游）、电力电子技术在各个行业的应用（下游）三个领域。与以信息处理为主的微电子技术不同，电力电子技术主要处理电磁能量的变换，具有广泛的应用领域。

近年来，随着电气节能、新能源发电、电力牵引、智能电网以及军工装备等应用领域的高速发展，对电力电子装置和系统的需求越来越大，无论是传统产业，还是高新技术产业，都迫切需要提供大容量、高质量、可靠及可控的电能。电力电子装置和系统已经成为弱电控制与强电运行之间，信息技术与先进制造技术之间，传统电气产业与智能电气产业之间的桥梁，被广泛应用于能源、交通、工业制造、航空航天等领域，特别在面向我国新一代电力系统和大型电力牵引系统应用中（如高铁、舰船等），随着中高压直流变换技术、分布式新能源发电技术以及电力传动技术的长足发展，电力电子变换装置和系统正成为大幅提升柔性交直流电网输送能力和电力牵引控制能力的关键装置和核心接口设备。图 1 为近几年来我国电力电子市场总量（包括器件与装置）增长图示。

从图 1 可以看出：我国电力电子市场总量近几年来快速发展，2007—2010 年每年增长 15%，2010—2014 年每年增长 21%。电力电子器件增长以 IGBT 和 SiCMOS 为主，装置增长的电路结构以 H 桥级联式、二极管 NPC 多电平和模块化多电平为主，主要应用在柔性直流输电、电力牵引、无功补偿、电机拖动、风力发电、光伏发电及全电化船舶电力驱动等领域。

从应用需求发展的角度来看，电力电子技术的关键问题主要体现在两个方面：即电力

（亿人民币）

9,420

+21% p.a.

+15% p.a.

6,480

5,770

5,070

4,420

3,790

3,280

| 2007 | 2008 | 2009 | 2010 | 2011 | 2012 | 2013 | 2014（年） |

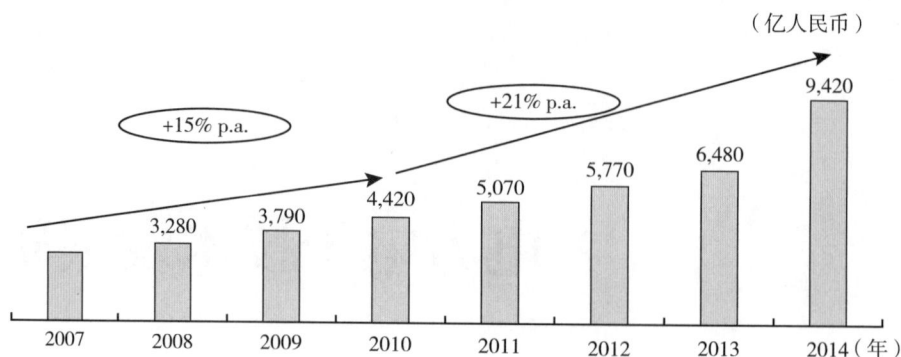

图 1　我国电力电子市场总量增长图示

电子器件的功率处理水平与电力电子装置容量和性能需求之间的矛盾问题，电力电子装置的电能变换能力与系统应用需求之间的矛盾问题。需要有不断的技术创新去解决这两个问题。目前主要做法是：发展以大功率电力电子器件为核心的装置分析和设计技术，提高装置的电能变换能力；发展以拓扑和控制为核心的组合式电力电子技术，提高系统在不同领域的应用潜力。

电力电子技术从一开始就定义为交叉学科技术，包括电力电子器件，功率变换电路，以及对器件与电路的控制，同时需要考虑电磁场、热力、机械等多种学科的融合，它的诞生和发展是对整个电气工程学科内涵的深化和外延的扩展。发展的关键是处理好电磁能量可控变换，主要涉及电磁能量变换瞬态过程及其平衡，需要处理好器件与装置、控制与主电路、分布参数与集中参数等关系的问题。电力电子技术目前还处于一个基于功率半导体技术、电子电路技术以及控制技术的简单合成应用技术层面，其自身理论体系还在动态发展过程之中。从系统集成、能量变换以及电磁瞬变的角度进行电力电子技术（特别是针对大容量电力电子装置与系统）的应用基础理论研究是当前的主要发展方向。

二、电力电子技术最新研究进展

基于"动力与电气学科"特点，本章主要从大功率电力电子器件和大容量电力电子装置两个方面来概述电力电子技术的最新研究进展。

（一）电力电子器件

电力电子器件是电力电子技术的基础。近几年来，国内外主要在高压大容量功率半导体器件和宽禁带半导体器件方面有长足的进展。

1. 高压大功率 IGBT 器件及模块

绝缘栅双极型晶体管（Insulated Gate Bipolar Transistor，IGBT）具有驱动控制简单、开关频率高、导通电压低、通态电流大、损耗小等优点，是自动控制和功率变换的关键核心部件。自从上世纪 80 年代初发明之后，通过不断的更新换代，已实现"导通压降 – 开关时间"的优化。在穿通型 IGBT 基础上，通过工艺及器件结构的改进，发展了多代 IGBT 技术，包括第二代的非穿通型 IGBT 技术、第三代的沟槽栅技术、第四代的软穿通技术、第五代的电场停止（Field-Stop）技术等。2010 年国家发改委发布的《关于组织实施 2010 年新型电力电子器件产业化专项的通知》以及 2012 年工信部发布的《高端装备制造业"十二五"发展规划》都明确支持 IGBT 芯片、模块和封装的设计研发及产业化，为我国自主研发 IGBT 芯片和模块打下了良好的基础。

（1）高压 IGBT 芯片的设计和制造。

IGBT 是由 BJT（双极型晶体管）和 MOSFET（金属 – 氧化物 – 半导体场效应晶体管）组成的复合全控型电力电子器件，兼有 MOSFET 的高输入阻抗和 BJT 的低导通压降两方面的优点。对于单个 IGBT 芯片来说，主要由中间的元胞与边缘的终端结构两部分组成。边缘的终端结构是为了减小边缘的曲率效应、增加结击穿电压，以保证器件不在边缘提早击穿。而元胞结构是 IGBT 芯片中的关键结构，也是芯片中的重复单元，直接决定了器件的性能。

国内政策的扶持为 IGBT 的发展提供了有利地推动，1700V 及以上的大功率 IGBT 芯片设计研制及工艺开发取得了较大进展。2012 年，中科院微电子研究所与华虹 NEC 合作，在华虹 NEC 的 8 寸制造工艺平台上实现了 6500V Trench FS IGBT（沟槽栅场停止型）产品。

2008 年，株洲南车时代电气股份有限公司公司收购了英国丹尼克斯电力电子股份有限公司（Dynex），在大功率 IGBT 和高压直流输电晶闸管方面的技术能力得以明显加强。此后开始向国内市场提供英国丹尼克斯公司同样规格的 IGBT 产品。2011 年 5 月 25 日，原中国南车大功率 IGBT 产业化基地在株洲奠基，经过三年的建设，2014 年 6 月，世界第二条，也是中国首条 8 英寸 IGBT 专业芯片生产线正式投产，并于当年 10 月成功通过功率考核试验，装载至昆明地铁 1 号线的城轨车辆。新生产线首期设计年产 12 万片 8 英寸 IGBT 芯片生产规模、配套生产 100 万只大功率 IGBT 模块，产品电压等级从 600V 到 6500V，原中国南车成为国内唯一自主掌握 IGBT 芯片设计 – 芯片制造 – 模块封装 – 系统应用完整产业链的企业。

2011 年，中国北车永济电机公司攻克三款 3300V 至 6500V 大功率 IGBT 封装技术，并对外发布了 11 类处于国际领先水平的 IGBT 产品，其中六种产品可以替代同类进口产品。由此，中国北车成为世界第四个、国内第一个能够封装 6500V 以上大功率 IGBT 产品的企业。2013 年 9 月，由中国北车集团所属的上海北车永电电子科技有限公司设计，上海先进半导体公司制造的 3300V/50A IGBT 芯片及其配套 3300V/100A FRD 芯片研制成功。中国北车的 IGBT 器件封装技术迈开了使用自主 IGBT 高功率"芯脏"替代进口的步伐。2015 年 8 月 5 日，南车集团与北车集团合并成为中国中车集团公司，强强联合使得其在大功率 IGBT 的研发、设计、制造实力在国内一枝独秀。此外，国家电网智能电网研究院也在积极地进行着高压大功率 IGBT 的研究和开发，其研发的 1700V/400A 和 3300V/1200A IGBT 模块样品在国内处于先进水平。

（2）高压大功率 IGBT 模块及封装。

高压大功率 IGBT 模块基于多芯片混合封装技术，有焊接式封装和压接式封装两种形式。焊接式封装的高压大功率 IGBT 模块多用于轨道交通领域，而压接式封装的 IGBT 模块则用于全新的智能电网中。焊接式封装结构采用回流焊接技术和引线键合技术为主导的互连工艺，而压接式封装结构经常采用烧结技术或弹簧接触等精巧结构实现模块内部结构的互连。

焊接技术用来进行芯片焊接、衬板焊接和母排及辅助电极端子的焊接，主要有钎焊焊接、低温连接及超声焊接等几种方式。

钎焊是采用比母材熔点低的金属材料作钎料，在加热温度高于钎料但低于母材熔点的情况下，利用液态钎料润湿母材，填充接头间隙，并与母材相互扩散实现连接焊件的方法。在 IGBT 模块内部，芯片背面电极与衬板正面金属化面、衬板背面金属化面与基板正面以及衬板正面金属化面与电极端子的连接一般都采用钎焊来完成。由于环境保护和欧盟《RoHS 指令》的关系，目前大功率 IGBT 模块制造商正逐步采用无铅焊料，但对轨道交通用高压大功率模块仍然普遍采用有铅焊料。

随着 IGBT 模块的功率密度的提高，其工作结温要求也更高，人们采用更高熔点的钎料来进行芯片或衬板的焊接，开发了新的焊接工艺——低温连接技术（Low Temperature Joining Technique，LTJT），又叫低温键合（Low Temperature Bonding，LTB）技术，或者烧结（Sintering）技术。由于该技术不再采用含锡的金属钎料，因此又称之为无焊料连接（Solder Free）。所谓低温连接技术，就是在空气环境中，在 230 ~ 250℃下，对焊接材料（纳米银粉）施加 30 ~ 50 MPa 压力并维持 1 ~ 2 min，从而实现焊接材料与焊接界面连接的一种技术。相对于钎焊依靠钎料在金属界面处形成金属间化合物实现连接，低温连接技术则完全是靠银粉向金属内扩散而形成连接，可以大大提高焊接质量，也比钎焊具有更高的可靠性。SEMIKRON 公司已经建立了一条基于低温连接技术的生产线，并推出了世界上第一款无焊料封装的 IGBT 模块。

键合技术用来进行芯片电极之间的互连及引出，IGBT 模块内部芯片正面电极互连一般采用超声引线键合技术实现互连。目前普遍采用的是粗铝线键合的方式，也有使用铝带键合。虽然铝带不能像铝线一样在平面内实现 360° 的弯曲，但铝带具有优良的导电性能，芯片表面接触好，且具有很高的热疲劳能力，很强的电流冲击能力，较低的寄生电感以及很好的抗振动能力，非常适合大电流应用。另外，还有人提出一种铝包铜线进行键合的办法，铝包铜线是在铜线的外围包裹一层铝，该线的铜体积含量为 60% ~ 70%，使用铝包铜线键合兼容了芯片的铝金属化工艺，具有优异的电与热特性，可以大大提高键合点的可靠性。

IGBT 模块的另外一种封装形式是压接式封装，压接式 IGBT 具有无焊层、免引线键合、双面散热和器件损坏时表现出短路失效模式的特点，广泛应用在智能电网上，尤其适合应用于串联型电压源换流器场合，在电力系统应用领域具有独特的优势。压接式封装主要有 ABB 和 WESTCODE／东芝两种方式。ABB 器件独有的 StakPak 系列，采用内部弹簧压接封装；WESTCODE ／东芝采用传统的陶瓷压接封装形式，外形与普通压接式晶闸管无异，其内部结构形式为栅格状分布，IGBT 与 Diode 芯片先分别封装在安装子模块中。在完成子模块后，将芯片盒与子模块进行装配，最终，将芯片盒与封装壳全组合完成整体封装。目前国内能够进行 IGBT 压接式封装的单位仅有原中国南车和国内智能电网研究院两家。原中国南车研发的一种新型全压接式 IGBT 模块，采用银烧结技术实现模块内部互连，不仅避免了焊接或引线键合的可靠性问题，而且也给单独装配与测试提供了便利。

互连技术是 IGBT 模块封装中最重要的技术，涉及功率芯片的固定、芯片电极的互连以及电极端子的固定和引出，它是影响模块长期可靠性的最主要因素。对于焊接式 IGBT模块而言，互连技术包括焊接连接与键合连接。对于压接式 IGBT 模块而言，互连技术需要着重考虑如何保证模块内部所有芯片获得准确的定位、良好的接触和均匀一致的压力。

（3）高压大功率 IGBT 器件国内外研究进展比较。

IGBT 是目前电力电子领域应用的固态主流器件，关断电压最高可达到 6500V。高压大功率 IGBT 通常指击穿电压 1700V 以上，电流在 100A 以上的 IGBT 器件，这类器件被广泛应用在轨道交通、电力系统、工业变频、风电等产业中。IGBT 芯片的设计与制造技术汇集了当代微电子科技的最高成就，目前世界上只有少数几家大公司掌握该相关的先进技术，每一个公司都有各自独特的技术特征。国内通过最近几年的快速发展，已经运行或正在建设多条 IGBT 芯片和模块加工生产线。600V 和 1200V IGBT 芯片已可以批量生产，但耐压更高、电流更大的工业级和牵引级的高压大功率 IGBT 芯片基本上依赖进口。虽然有多个公司的芯片生产线制造出了 1700V 以上的 IGBT 芯片样品，但是目前能够进行 1700V以上 IGBT 量产的生产线只有南车一条，中国当前在这一领域还有相当大的差距。

国际上知名的 IGBT 生产企业虽然都有各自独有的 IGBT 结构技术特征，但基本的元胞结构是相似的，即正面 MOS 结构、中间的耐压层及背面集电极的 PN 结构三个部分。对于 IGBT 性能的改善主要也是围绕这三个部分元胞结构的改进来做的。

对于正面 MOS 结构，现在大多数性能优良的 IGBT 芯片大都由沟槽栅结构代替平面栅结构，因为沟槽栅结构不但使元胞尺寸减小，也消除了平面栅中存在的 JFET 结构引起的挤压效应，提升了正面近表面处载流子浓度，从而提高这部分区域的电导调制作用，以减小通态电阻。目前，采用的主要措施包括：①加宽 PNP 管横向间距；②使用空穴阻挡层，即载流子存储层（CS）；③平面增强（EP）技术。对于高压 IGBT 的元胞来说，中间的漂移区承担着 IGBT 的高阻断电压，其宽度和电阻率决定器件的阻断电压，对器件的导通压降也有较大的影响，为实现阻断电压与导通压降的折中，经常需要对其进行载流子寿命控制。另外为进一步优化导通压降，引入了超结（Superjunction）的结构。在背面的集电极结构上场停止结合透明集电区技术是目前的主流方向。该技术最早由英飞凌公司开发，之后三菱的轻穿通（Light Punch Through）技术和 ABB 的软穿通（Soft Punch Through）技术虽然在命名上不一样，但结构与原理都是相似的，即采用梯形电场来减小中间漂移区的宽度效应，即在 N 型漂移区和 P 型集电极之间引入很薄的一层 N+ 层，使电场在 N+ 层上终止，这样在相同的阻断电压下，漂移区宽度会显著减少，从而使导通压降显著减小。

最近几年提出逆导型 IGBT（RC-IGBT）的新结构，是将传统的 IGBT 芯片反并联封装在一起的快恢复二极管（KRD）集成在同一芯片上，这样可以降低芯片面积，制造成本和封装的成本。这种器件在正向导通时是 IGBT 模式，反向导通时是 Diode 模式，因此 ABB 公司也把这类产品称为 Bi-mode Insulated Gate Transistor，简称 BIGT。

近年来，随着国家的重视及投入，我国在 IGBT 模块的封装技术也上了一个大台阶，国产品牌在形成之中，已与国际品牌展开竞争态势。在模块封装技术方面，国内基本掌握了传统的焊接式封装技术，其中中低压 IGBT 模块封装厂家较多，高压 IGBT 模块封装主要集中在南车、北车等少数几家公司。与国外公司相比，技术上的差距依然存在，一些封装的关键零部件还需要进口。基于传统封装技术相继研发出多种先进封装技术，能够大幅提高模块的功率密度、散热性能与长期可靠性，并初步实现了商业应用。IGBT 的器件转换功率（器件额定阻断电压与器件额定特征电流的乘积）比较如表 1 所示。

表 1 国内外主要大公司 IGBT 模块主要参数比较

公司	阻断电压	器件额定电流	转换功率
Infineon	3300V	1500A	4.95 MW
	4500V	1200A	5.40 MW
	6500V	750A	4.88 MW
Mitsubishi	3300V	1500A	4.95 MW
	—	1200A	5.40 MW
	6500V	750A	4.88 MW
ABB	3300V	1500A	4.95 MW
	4500V（StakPak）*	2000A	9.00 MW
	6500V	750A	4.88 MW
南车	3300V	1200A	3.96 MW
	6500V	600A	3.90 MW
北车	3300V	1200A	3.96 MW
国家电网	3300V	1200A	3.96 MW

* 注：StakPak 为 ABB 公司压接式封装 IGBT 模块。

从表中可以看到，国内 IGBT 模块的最大转换功率在 4MW 左右，而国外公司的 IGBT 模块的转换功率可以达到 5MW 以上，ABB 公司压接封装的 StakPak，其最大转换功率达到 9MW。因此我国在高压大功率 IGBT 封装方面，与国外公司相比，还存在一定的差距。

2. 碳化硅电力电子器件

在半导体材料中，一般将硅、锗等基础性半导体列为第一代半导体材料；将砷化镓（GaAs）、磷化铟等功能性半导体列为第二代半导体材料；而将宽带隙（禁带宽度

EG>2.3eV）的 SiC、GaN、氮化铝和金刚石等高能量半导体列为第三代半导体材料。材料的物理特性在很大程度上决定了器件的性能，如表 2 所示。作为第三代半导体材料的 SiC 和 GaN 在禁带宽度、击穿电场、电子饱和速度、热导率等方面，比硅材料具有明显的优势，由此带来了器件性能的大幅度提升。

表 2　几种半导体材料物理性能的对比

特性指标	4H–SiC	GaN	Si	GaAs
禁带宽度（eV）	3.2	3.4	1.12	1.43
击穿电场 E_c（MV/cm）	2.2	3	0.25	0.5
饱和速度 v_s（cm/s）	2×10^7	2.5×10^7	1×10^7	1×10^7
热导率（W/cm·K）	3～4	1.3	1.5	0.5

（1）碳化硅单晶及外延生长。

低缺陷密度材料是电力电子器件的基本材料要求，器件的性能和可靠性严重受到材料影响。在 SiC 器件方面，高品质的衬底和外延材料是首先需要解决的技术问题。根据理论计算结果，化学计量比的 SiC 只有在压力达到 10^5atm，温度达到 3200℃时才能熔融，如此苛刻的生长条件是极其不易达到的。目前生长 SiC 单晶的方法主要有物理气相传输（PVT）法、高温化学气相沉积（HTCVD）法、液相法等。其中物理气相传输法是目前最成熟、最有效、最成功的，其具体生长过程为处于高温处的 SiC 原料升华分解成气相物质（主要组分为 Si、Si_2C、SiC_2），这些气相物质输运到温度较低的籽晶处，结晶生成 SiC 单晶。SiC 单晶生长质量的好坏受多种因素的影响，如 SiC 籽晶的晶型（影响 SiC 晶体的生长类型、缺陷结构以及电学性质等）、SiC 粉源、温度梯度、载气气压等。

国内中国科学院物理研究所和山东大学经过十几年的发展，在低微管密度基体材料方面技术成熟，已经量产 2 英寸和 3 英寸基体，4 英寸基体也已经开始产品化，质量稳定性不断提高。河北同光晶体有限公司通过引进国外先进技术也在迅速建立一条超大 SiC 基体生产线，2014 年投产生产直径 2 英寸的碳化硅晶片。2014 年 11 月，中国科学院物理研究所 / 北京凝聚态物理国家实验室与北京天科合达蓝光半导体有限公司合作，成功解决了 6 英寸扩径技术和晶片加工技术，研制出了 6 英寸 SiC 单晶衬底。这一成果标志着中科院物理所的 SiC 单晶生长研发工作已接近国际先进水平，为高性能 SiC 基电子器件的国产化提供了材料基础。

当前，SiC 衬底缺陷密度较高，通过晶体的外延，不仅可以生长出适合功率器件制造所需要特定掺杂和厚度的晶体层，同时还可以减少一些衬底晶体所包含的缺陷，提高晶体质量，提升表面形貌，进而得到良好的器件性能。SiC 外延薄膜生长方法包括：液相外延生长（LPE）、分子束外延生长（MBE）、升华再结晶法和化学气相淀积（CVD）等。液相外延生长虽然设备要求较低，但是获得的晶体质量相对最差，生长速度也很低；分子束外延对真空度的要求比较高，系统比较复杂，同时生长速度也较低，但是获得的外延材料质量最好；升华再结晶方法存在许多问题，它所需要的温度在2300℃以上，工艺控制困难，缺陷比较多，掺杂浓度和均匀性也不好；化学气相淀积作为最常用的外延方法，获得的材料质量和生长速度也较高，外延之后的衬底可直接用于器件制造，另外，其设备结构简单，自动化程度很高，最适合于工业生产。

（2）碳化硅电力电子器件。

SiC 肖特基二极管是最早商业化的 SiC 电力电子器件，比硅同类器件的导通电阻要低两个数量级，在关断电压 600～1500V 的范围内可替代硅的 PiN 二极管，肖特基势垒周边注入形成高阻保护环终端技术，使 SiC 可以达到 1000V 以上的耐压，采用高势垒的 Ni 和 Pt 金属，可以改善 SiC 肖特基二极管的电流密度。随着外延技术的提高，肖特基二极管的击穿电压也在提高，采用多级结终端扩展技术可以制作出击穿电压达到 10 kV 以上的肖特基二极管。

关断电压大于 3kV 时，SiC PiN 二极管具有优于 Si PiN 二极管的特点：高电流密度下导通压降低，开关速度快和高温稳定性好。经过接触电阻和结终端技术（JTE）的改善，PiN 二极管的耐压可以达到 10kV 以上。东京大学采用 268μm 的厚外延，通过载流子寿命增强工艺及改进空间调制的 JTE 终端新结构，使器件的反向击穿电压达到了 26.9kV，比导通电阻为 $9.7 m\Omega \cdot cm^2$。

SiC 结势垒肖特基二极管（JBS）在结构上结合了 SBD 和 PiN 二极管两者的优点。SiC JBS 二极管正向压降吸收了 SiC SBD 的优点，比 SiC PiN 二极管有大幅下降；其反向性能和 SiC PiN 二极管相似，具有高关断电压和低反向电流。南京电子器件研究所在 2011 年与 2013 年研制成功了 2700V、4500V 的 JBS；浙江大学在 2014 研制了 6000V 点 JBS 芯片；2014 年北京泰科天润公司研发出 3300V/10A SiC 肖特基二极管（JBS），比导通电阻为 $7.77 m\Omega \cdot cm^2$。

SiC JFET 利用 PN 结耗尽区来控制沟道电流，可全面开发 SiC 的高温性能，适合高温高功率开关。SiC JFET 一般是常开的，关断需要加负栅压，其具有本征安全的栅驱动控制，因此具有低开关损耗、高开关频率的特点。但是负栅压导致其在电力电子应用当中极为不利，无法与目前通用的驱动电路兼容。美国 Semisouth 公司开发出常断型的 JFET，通过引入沟槽注入式或者台面沟槽结构的器件工艺，避免了外延再生长过程和严格的光刻对准要求，这种结构除了可以准确控制沟道长度，还可以通过对于注入倾斜角的调整精确地控制沟道宽度以达到控制阈值的目的。由浙江大学牵头，联合中电集团第五十五所和山东大学等单位，于 2012 年开发了 1300V/5A SiC JFET，比导通电阻 $8.9 m\Omega \cdot cm^2$；2013 年又研制出 1700V/3.5A 常开型和常关型 SiC JFET，其中常关型 JFET 的夹断电压为 0.9V，比导通电阻 $4.2 m\Omega \cdot cm^2$。基于这些芯片，成功研制出了 4500V/50A 的 JFET 功率模块，缩小了我国 SiC 功率器件与国际领先水平之间的差距。

SiC BJT 器件是常关的快速开关器件，由于存在基区电导调制效应，BJT 的导通电阻比较低，与 Si 的 BJT 相比，由于电流临界密度提高了 100 倍，因此不存在二次击穿现象；在相同的击穿电压下，SiC BJT 的集电区厚度只有 Si BJT 的 1/9，大大降低了器件的导通电阻；SiC BJT 在饱和时，基区—发射区结和基区—集电结的电压均已消除，提供了一个非常低的集电区—发射区结的饱和电压，和器件的导通电阻成正比关系，这意味着为了得到非常低的导通损耗，强导通调制是不需要的，由此 SiC BJT 具有非常快而无拖尾电流的开关特性。自从 SiC BJT 研制成功后，在击穿电压、正向电阻、电流增益等指标方面正在不断地取得突破。2011 年研制了高电流增益的 4H-SiC BJT，该器件优化了器件几何结构设计以减小表面复合，采用可减少深能级密度的热氧化工艺，改善 p-SiC 基的载流子寿命，其漂移层厚 10um，在 SiC（0001）Si 面上研制的 BJT 电流增益为 257，SiC（0001）C 面上研制的 BJT 电流增益为 335。在 2012 年报道的小芯片面积的 SiC BJT 的 N- 漂移层厚为 186μm，掺杂浓度为 $2.3 \times 10^{14} cm^{-3}$，采用两区结终端扩展（JTE）和空间调制环的边缘终端技术，基极开路关断电压为 21kV，电流增益为 63，比导通电阻为 $321 m\Omega \cdot cm^2$。

SiC 功率 MOSFET 适合高电压开关工作，它和 Si 功率 MOSFET 相比，具有更低的导通电阻，更快的开关速度和高温工作能力。SiC MOSFET 的主要问题是沟道电子迁移率非常低，开启电压不稳定，200℃高温工作的可靠性差，这都和氧化层界面有关。4H-SiC 的氧化层界面态密度高达 $10^{13} cm^{-2}eV^{-1}$，比 Si 的氧化层界面态密度大 1000 倍，一般认为是 C 原子的热氧化层在 SiC 界面附近的堆积导致界面态高。为解决栅氧化层的问题，进行了很多的尝试，包括利用淀积氧化层制作 MOSFET、利用埋沟 MOSFET 结构和高温气氛氧化等方法。其中高温气氛氧化法因为相对简单而且经过了多个科研机构的长期验证，因此成为广泛接受的工艺。这种方法是利用特殊的氧化气氛和提高氧化温度来抵制 C 原子造成的缺陷，改善 SiC MOSFET 热氧化层界面性质。当前，国际上 SiC MOSFET 器件的栅氧化层界面态的问题已经逐步得到解决，其平面栅结构设计已趋于成熟。

（3）碳化硅电力电子器件国内外研究进展比较。

SiC 功率器件的研发以德国的英飞凌、美国的 Cree 公司、GE 电气和日本的罗姆、三菱、丰田公司等为代表，主要包括功率二极管和晶体管，SiC 功率二极管主要包括结势垒肖特基功率二极管（JBS）和 PiN 功率二极管，SiC 晶体管主要包括金属氧化物半导体场效应晶体管（MOSFET）、结型场效应晶体管（JFET）、双极型晶体管（BJT）、绝缘栅场效应晶体管（IGBT）和晶闸管（GTO）等。2010 年业界发布了 6 英寸碳化硅晶圆，这将降低碳化硅器件制造成本，并且为碳化硅功率器件的发展提供基础。SiC 新一代电力电子器件正处于快速发展时期，目前是我国发展 SiC 电力电子器件的极好机遇。

Cree 公司的零微管技术一直在国际上一枝独秀，目前正在推广 6 英寸基体和外延，逐步取代 4 英寸材料。Dow Corning、Si Crystal 等公司也推出 6 英寸材料，从技术参数来看，都能够达到零微管或近微管。SiC 材料的价格每年以大约 30% 的速度在下降。

CVD 是 SiC 外延主要的技术手段，当 SiC 化学气相淀积的气体，如 SiH_4（作为 Si 源），

C_3H_8（作为 C 源）被传输到加热晶片上分解时，发生化学反应并淀积形成 SiC 外延。N 型或 P 型 SiC 一般通过掺氮或铝实现。CVD 方法的生长速度通常为 10μm/h，要得到制造高压器件厚度一般为 50μm 的外延层，最少要 5 小时，这明显会增加制造 SiC 器件的周期和成本。在 SiC 外延生长方面，在不含氯气的水平热壁 CVD 中，最高生长速度可达到 20μm/h，可重复生长速度 15μm/h。使用高温 CVD 在 2200℃下生长速度可达到 220μm/h，同时外延层的质量也较好。使用垂直热壁 CVD 在温度 1700 ~ 1800℃的条件下，生长速度可达 50 ~ 70μm/h。CREE 公司使用的热壁行星气相反应炉，增大了外延片的产量，生长速度达 20μm/h，加热和降温时间小于两小时，缺陷密度 0 ~ 4cm^{-2}。在 6 英寸的衬底上生长了 115μm 厚的外延层。美国陶氏化学公司在 3 英寸 4°偏角的衬底上长出 80 ~ 100μm 外延层，缺陷密度 5 ~ 6cm^{-2}，掺杂浓度 $10^{15}cm^{-3}$。

国内方面，中国电子科技集团公司十三所、五十五所，中科院半导体所，山东大学，西安电子科技大学，南京大学等几家单位都对 SiC 外延生长有一定的研究。中科院半导体研究所使用国产低压化学气相沉积设备，在 4°偏角的碳化硅衬底上，进行厚膜同质外延的生长，生长速率可达 4020μm/h，表面粗糙度（RMS）仅为 0.8nm，可以满足器件制作的要求。2011 年，国内还同时成立了 2 家主要 SiC 同质外延的公司：东莞天域半导体科技有限公司和厦门瀚天天成电子科技有限公司，都已经能够量产厚度 150μm，4 ~ 6 寸外延片及耐压 3000V 外延材料。SiC 外延材料在国内是否能够实现产业化还要依赖于器件技术上的突破。

在 SiC 器件研制方面，CREE 公司生产的 SiC JBS 其耐压达到 10kV；在国内方面，目前多集中于仿真计算方面，成功制作器件的阻断电压普遍较低。美国罗格斯大学报道的常关型 JFET 器件的阻断电压已达到 11kV，比导通电阻 130mΩ·cm^2，品质因子 930MW/cm^2。此外，由于 JFET 在应用当中需要反并联二极管，因此他们开发出把 SiC JFET 和 JBS 器件集成在单个芯片中的器件结构。国内做 SiC JFET 器件研究不多。国内的 SiC BJT 大多处于仿真建模的研究阶段，2012 年，中国电子科技集团第十三研究所使用自行开发的 SiC 双极晶体管工艺，研制出 SiC BJT 击穿电压达到 200V，电流增益为 3。西安电子科技大学研制的 SiC BJT 的击穿电压仅为 120V，电流增益为 17，这与国外的器件比较还有很大的差距。CREE 公司相继推出其 10A/10kV、67A/1200V、20A/1200V、30A/3300V 等系列 SiC MOSFET 产品，标志着 SiC MOSFET 已进入商业化进程。为进一步优化器件设计，埋入式 P 基区（Buried P-base）和超结（Superjunction）等结构引入到 SiC MOSFET 中。国内 SiC MOSFET 的研究不多，且主要还处于仿真建模的阶段，只有西安电子科技大学研制出沟槽栅结构的 SiC MOSFET，耐压 880V，比导通电阻 181 mΩ·cm^2；中科院微电子所 2015 年研制出 1200V 和 1700V 的 SiC MOSFET 器件样品，其中 1200V 器件，输出电流在 V_{DS}=2V 时接近 4A；1700V 的器件，输出电流在 V_{DS}=2V 时接近 3A。而国外最新的 1200V SiC MOSFET 的比导通电阻已经达到 2.3 mΩ·cm^2，且已经拥有耐压等级从 900V 到 15kV 的全系列 SiC MOSFET，我国目前的水平只相当于国外 10 年前的工艺水平，差距较大。此外，在高电压大电流密度的 SiC 器件如 SiC IGBT 和晶闸管这些器件的研发上，国内目前仅停留在器件设计与仿真阶段，还没有成型的器件样品制造出来。

（二）电力电子装置

电力电子装置是电力电子技术终端应用的体现，它由电力电子器件、电路结构及控制等多要素构成。近几年来，电力电子装置正向着大容量、高电压、高性能等方向发展，在变频调速、新能源发电、电力牵引以及新一代电网应用中得到广泛应用。

1. 电力电子装置的应用基础理论研究

电力电子装置设计与分析技术的发展基于电力电子学科的基础理论研究的发展。长期以来，"理想开关、集中参数和信号 PWM 调制"一直是其主要的设计、分析和控制方法，实际应用中存在"器件模型理想化、拓扑结构线性化、瞬态过程不清、分析方法欠缺、失效机理模糊"等基础理论问题。近两年，国家自然科学基金、国家"863"及国家支撑项目都给予了极大的支持，在电力电子学科的基础理论研究方面取得了有意义的进展。

2008—2011 年，由清华大学和海军工程大学分别承担的国家自然科学基金中的重点项目"大容量电力电子系统电磁瞬态过程及其对可靠性的影响"和"大容量特种高性能电力电子系统理论和关键共性技术研究"就从电磁能量变换、瞬态换流回路以及系统可靠性的新视角，提出了一整套大容量电力电子变换系统电磁瞬态分析方法。项目深入研究了大功率器件开关瞬态建模与应用特性、分布杂散参数的提取及影响、不同时间尺度的电磁脉冲过渡过程、系统瞬态能量平衡关系等问题；建立了器件与装置、集中参数与分布参数以及控制与主回路之间的定量关系，提出了大容量电力电子变换系统设计、分析和控制的新思路：如提出了系统安全工作区概念和基于能量平衡控制的方法。采用这些理论研究成果先后研制了 650 ~ 5000kW/6kV 高压大容量多电平变换频器、15 ~ 315kW/400V 系列低压高性能牵引变换器、2MW 直驱式风电变流器、3 ~ 500kW/400V 系列高性能光伏并网逆变器等，并走向了国内外市场，取得了良好的经济效益和社会效益。基于这些研究成果，2010—2013 年分别获国家科技进步奖一等奖、军队科技进步奖一等奖、国防科技进步奖二等奖和第十九届全国发明展览会金奖等。这些研究成果对大容量电力电子变换系统的研究具有重要的理论意义和实用价值。

2014 年，国家自然科学基金委公布了"十二五"期间第四批 21 个重大项目指南，"大容量电力电子混杂系统多时间尺度动力学表征与运行机制"成为我国第一个国家自然科学基金立项的大容量电力电子领域的重大项目。由清华大学、中国人民解放军海军工程大学、浙江大学、中国科学院微电子研究所、原中国南车株洲电力机车研究所有限公司联合申报的该自然科学基金重大项目获得批准资助。该项目将依托两个国家重点实验室、三个国家工程中心，重点研究"电力电子器件及其组合混杂系统多时间尺度的动力学表征"、"多时间尺度下电力电子混杂系统运行匹配规律"以及"电力电子混杂系统动力学行为的控制规律"。

2. 通用和专用变频器

近年来我国变频器行业发展迅速，涌现了上百家企业，已掌握中小功率变频器的集成组装和制造技术，在大容量变换器中取得长足进步，我国用于风机水泵节能的高压大容量变频器的研制和应用取得新进展，国产高压大容量变频器的市场份额已经超过国外同类产品的份额，国产高压大容量变频器的性价比和可靠性逐步得到用户的认可。在超大功率变频调速应用中处于国际领先地位。如 2012 年我国自主研制的基于 IEGT 大功率高压变频器，功率达 32MVA/10kV，已经应用于我国南水北调工程。中石油西气东输二线工程采用 3 套国产化的 25MVA 大功率变频系统，其三线工程采用了 6 套国产化的 25MVA 大功率变频系统。2014 年，86MVA 的国产变频器已用于中航风洞试验台。

目前在高压大容量变频器中广泛使用组合式电力电子变换装置，如器件串并联和多电平技术等。比较有代表性的是 H 桥级联型多电平变换器，其通过对相同的 H 桥单元的不断级联，可以实现更高电压等级的输出，从而能够提高变换器的输出功率，H 桥级联型多电平变换器以其结构模块化、冗余程度高以及易于实现高压多电平等优点成为应用最广泛的多电平拓扑结构之一。同样，组合式电力电子变换装置中的三电平、五电平、混合多电平变换器都得到广泛应用。2013 年国家科技部科技支撑计划项目"新型 15MVA 四象限变流器研制"完成。该支撑计划项目以磁悬浮电力牵引系统为研究对象，研究了高压大功率变流系统串并联结合的新型拓扑，突破了低开关频率、宽输出频率范围的大功率变流系统的串、并联运行控制技术，研制了单机容量达 18MVA 的 IGCT 四象限大功率变频驱动装置和实时分布式驱动控制系统，并获得工程应用。

3. 电力牵引变流器（高铁、舰船等）

电力牵引包括高铁牵引、地铁轻轨牵引、电动汽车电驱动等，它们都是采用电力电子变换器作为转矩转速控制器来驱动旋转电机。变换器的负载为旋转电机，具有牵引、制动、变速等复杂的运行工况，要求精确控制。

（1）高铁牵引变流器技术。

我国高速列车采用动力分散编组形式，目前主要有 CRH1、CRH2、CRH3 和 CRH5 四种类型。高速列车的牵引变流器包含两部分结构：四象限整流器和牵引逆变器。四象限整流器、牵引逆变器，除了 CRH2 型高速列车采用二极管钳位式三电平拓扑结构外，其他车型都采用两电平拓扑结构形式。对于传动系统结构方式，CRH1 车型采用架控方式，一台逆变器带两台电机并联运行；CRH2 和 CRH3 车型均采用车控方式，一台逆变器带四台电机运行；CRH5 车型体悬式连杆轴与动力轴相连，一台逆变器带一台电机。IGBT 开关器件是高速列车牵引变流器的核心器件，目前的技术趋势是采用 6500V 取代 3300V 的高压 IGBT。

高速列车变流器的最新研究进展有两个方面：电力电子牵引变压器的应用和永磁同步电机驱动技术的应用。原中国南车和北车都在开展这两个方面的研究。

电力电子牵引变压器可将一次侧的工频交流经过变流器变换为高频交流，经高频变压器耦合到二次侧后，再变换成直流或变频交流输出。由于采用高频变压器代替了常规的工频变压器，整个系统的体积和重量大大减小。并且由于列车的主电路结构特性，输出逆变器可以直接接在电力电子变压器输出直流侧，使得系统更加简化，质量减轻，进一步提高了变压器工作效率。电力电子牵引变压器虽然有诸多优点，但是目前还存在如下问题：①成本较高，电力电子牵引变压器与传统变压器系统相比成本增加了30%；②装置可靠性问题，电力电子牵引变压器与传统的变流器系统相比，功率半导体器件的数目增加了很多，这带来了可靠性方面的问题。

国外 ABB 公司已经研制了采用电力电子牵引变压器的电力机车，已经在瑞士联邦铁路投入运营。原中国南车和北车目前正在开展电力电子牵引变压器的研制，预计 2016 年装车试验运行，主要的技术难点有以下三个方面：高频变压器本体的设计与制造、电力电子牵引变压器的高压绝缘设计和故障导向安全的整机控制策略。

国外多家公司已经完成了轨道交通永磁同步电机牵引系统的开发和试验，进入了工程化生产。永磁同步电机由于采用永磁体励磁，不需要额外电流励磁，所以在整个调速范围内有较高的效率和功率因数。此外，由于永磁同步电机功率密度高，应用于高速列车牵引系统时，可以降低列车的动拖比。原中国南车已经完成高速列车永磁同步牵引电机系统的现场装车试验，通过了国家铁道检测试验中心的试验考核。测试结果显示，比异步电机牵引系统相比，永磁同步电机牵引系统节能效果十分明显。中国北车目前由下属的青岛四方车辆研究所牵头研制永磁同步电机牵引系统，也已经开始装车试验。

（2）舰船牵引变流器技术。

船舶电力推进代表着船舶动力的发展方向，具有机动性能好、推进效率高、机舱小、布置灵活等优点。目前船舶电力推进系统主要分两类：一类是电力推进与其他发动机推进结合的混合推进；另一类是全电力推进，使用一个电站供电给推进装置和其他辅助装置。目前研究关注点有如下方面：一是变流器模块、发电模块、配电模块等各个模块之间的相互协调控制，以发挥系统最佳效能。二是为了提高变流系统的供电可靠，保障船舶安全运行。当电力总线为某一设备提供电功率时，为避免对其他电气设备的影响，使用中间储能设备来维持总线的稳定性。三是永磁电机推进技术应用，充分发挥永磁电机体积小、重量轻、效率高的优点。

大型舰船的推进系统采用大功率变流驱动，海军工程大学研制的十五相推进电机变频驱动系统整流变压器采用三相三绕组结构，二次侧两套移相30°的绕组经串联三相整流器形成 12 脉波整流，提供直流母线电压；同时，各逆变模块中 IGBT 按闭环控制策略所定规则进行开断，保证供给十五相电机绕组的基波电压幅值和频率按预先设定进行调节，驱动推进电机按照指令工作。

4. 柔性交直流输电和现代电网中的电力电子装置

（1）柔性交流输电系统中的电力电子装置。

柔性交流输电系统（Flexible Alternative Current Transmission Systems，FACTS），是指

采用电力电子技术或者其他静止控制器为控制核心，来提高系统容量、增强系统可控性的交流输电系统。电力电子装置在FACTS中起着举足轻重的作用，典型的FACTS电力电子装置有统一潮流控制器（Unified Power Flow Controller, UPFC）、线间潮流控制器（Interline Power Flow Controller, IPFC）、静止同步并联补偿器（Static Synchronous Compensator, STATCOM）、静止同步串联补偿器（Static Synchronous Series Compensator, SSSC）、静止无功补偿器（Static Var Compensator, SVC）、静止无功发生器（Static Var Generator, SVG）、晶闸管投切串联电容器（Thyristor Switched Series Capacitor, TSSC）、可变静止补偿器（Convertible Static Compensator, CSC）等。

目前，SVC、SVG、STATCOM、TSSC均已实现产业化应用，国内南瑞继保等公司在SVC、SVG等装置的制造水平已达国际前列。2013年，由清华大学、中国南方电网有限公司共同承担的"十一五"国家科技支撑计划重点项目——全球最大容量的35kV±200MVA STATCOM在南方电网成功投运，这也是世界首例基于IEGT技术的STATCOM，填补了国际空白，并且项目实现了优化载波移相PWM技术、电流跟踪控制技术、切换冗余设计、系统接入方式、主电路拓扑结构、控制方式、保护与防误策略、冷却系统等多个方面的创新。同年，南瑞继保承担的韩国KEPCO（韩国电力公司）±200MVar SVC工程成功实现并网，这是迄今为止韩国国内最大容量的SVC工程，也标志着我国电力电子解决方案在发达国家市场得到了充分认可。UPFC在国外已应用多年，国内也即将付诸工程实践，2014年，南京220kV西环网UPFC示范工程可行性研究报告通过评审，该工程是我国首个UPFC工程，也是在世界范围内首个使用模块化多电平（Modular Multilevel Converter, MMC）技术的UPFC工程，工程计划于2016年建成投产。2015年4月，由南瑞继保承担的"PCS-8200统一潮流控制器（UPFC）"项目通过中国电机工程学会专家组鉴定，与会专家一致认为PCS-8200 UPFC的研制成功填补了行业空白，满足工程实施需要，达到国际领先水平。

（2）柔性直流输电系统中的电力电子装置。

柔性直流输电技术（Voltage source converter based high voltage direct current transmission, VSC-HVDC）也称轻型直流输电技术（HVDC Light），是以电压源换流器（VSC）、可关断器件（IGBT、IGCT、GTO等）和脉宽调制（PWM）技术为基础的新一代直流输电技术。

根据桥臂的运行特性，可将目前适用于柔性直流输电的VSC拓扑大致分为三类："可控开关型"拓扑、"可控电源型"拓扑和结合上述两者特点的"可控开关电源型"拓扑。这三类拓扑分别是ABB、Siemens和ALSTOM公司实现柔性直流输电的主要技术路线。

1）可控开关型拓扑，即两电平和三电平换流器，该类拓扑结构与运行控制相对简单，2010年以前投运的VSC-HVDC工程均采用这两种换流器（如Directlink、Cross Sound Cable等工程），但这两种换流器开关频率相对较高，换流器损耗较大。此外，所用开关器件需通过串联技术来实现其高压大容量的目的，但是开关器件串联的动态均压技术一直是比较难解决的问题，世界上只有少数厂商如ABB掌握该技术，故2010年以前的VSC-

HVDC 工程大都由 ABB 承建。

2）可控电源型拓扑的典型代表为 MMC，MMC 拓扑由于使用子模块（Sub Module，SM）级联的方法，避免了大量开关的直接串联，不存在动态均压和一致触发等问题，尤其适用于高压直流输电场合。根据子模块内部构造的不同，可将 MMC 拓扑分为三种基本类型：半桥子模块（Half Bridge Sub-Module，HBSM）型 MMC（H-MMC）、全桥子模块（Full Bridge Sub-Module，FBSM）型 MMC（F-MMC）和箝位双子模块（Clamp Double Sub-Module，CDSM）型 MMC（C-MMC）。三种拓扑的结构如图 2 所示，基本特性比较如表 3 所示，虽然 H-MMC 拓扑相比于其他两种拓扑不具有直流故障自处理的能力，但由于其结构最为简单、所需开关器件最少，目前已投运或正在建设的 MMC 型柔性直流输电工程大都采用这种拓扑。

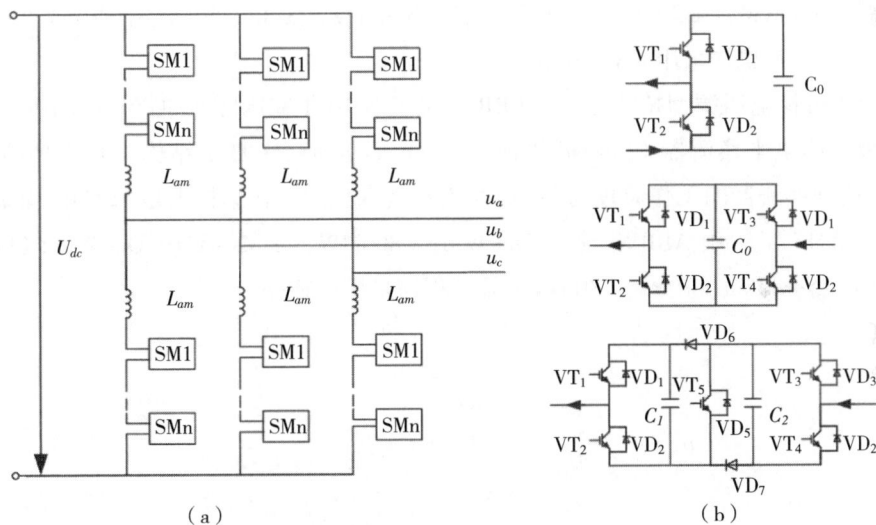

图 2　采用不同子模块的 MMC 拓扑

（a）MMC 拓扑主电路　（b）子模块拓扑（从上至下依次为 HBSM、FBSM、CDSM）

表 3　H-MMC、C-MMC 和 F-MMC 特性比较

	H-MMC	F-MMC	C-MMC
能否处理直流故障	否	能	能
子模块数 / 每桥臂	N	N	N/2
IGBT（含反并联二极管）数 / 每桥臂	2N	4N	2.5N
阻断二极管数 / 每桥臂	0	0	N
子模块电容数 / 每桥臂	N	N	N
最大电平数	N+1	2N+1	N+1

自 2011 年以来，基于 MMC 的 VSC-HVDC 发展极为迅速，我国在这一领域走在世界前列。2011 年，亚洲首条柔性直流输电示范工程——上海南汇风电场柔性直流输电工程投入正式运行，该工程总容量为 20MW，直流电压 ±30kV，采用半桥子模块式 MMC，其换流阀设备由中国电科院自主研制；2013 年年底，世界首个多端柔性直流输电示范工程——南澳岛多端（三端）柔性直流输电示范工程投入运行，工程容量为 200/100/50MW，直流电压 ±160kV，换流站单端 MMC 子模块数最大达到 1320 个；2014 年，世界上电压等级最高、端数最多、单端容量最大的多端柔性直流输电工程——浙江舟山 1000MW 级 ±200kV 五端柔性直流输电科技示范工程正式投运。2014 年 7 月，世界上第一个采用真双极接线、电压和容量双双达到国际之最的厦门柔性直流输电科技示范工程正式开工建设，工程额定电压 ±320 千伏，额定容量 1000MW，于 2015 年 12 月投产。

此外，世界范围内近年来已投运或在建的工程如 INELFE（2000MW，±320kV）、Hel Win1（350MW，±320kV）、Hel Win2（350MW，±320kV）、Syl Win1（864MW，±320kV）等工程也均采用 MMC 拓扑。

除上述可控电压源型拓扑之外，ABB 公司于 2010 年在国际大电网（CIGRE）会议上提出了级联两电平换流器（Cascaded Two-Level Converter，CTL）结构，其拓扑结构如图 3 所示。这种换流器的工作原理与 MMC 换流器基本相同，在结构上也与 MMC 非常相似，自 2013—2015 年，由 ABB 承建的 Dol Win1（800MW，±320kV）、Dol Win2（900MW，±320kV）、Nord Balt（700，±300kV）等工程均采用该拓扑。

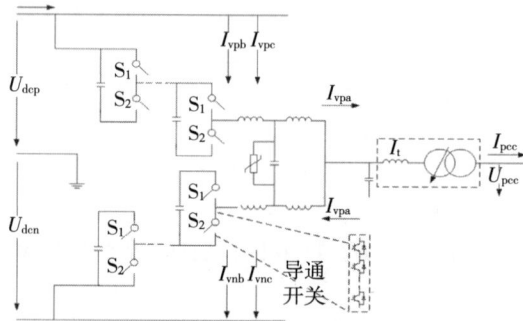

图 3　级联两电平换流器拓扑图[56]

3）可控开关电源型拓扑的典型代表为 ALSTOM 公司于 2010 年在 GIGRE 会议上提出的混合级联多电平换流器（Hybrid Cascaded Multilevel Converter，HCMC）和桥臂交替导通换流器（Alternate-Arm Multilevel Converter，AAMC）结构，其拓扑示意图如图 4 所示。

HCMC 中整形电路对导通开关输出的两电平电压进行整形，形成交流侧高质量正弦电压波形。因而所需子模块数量约为 MMC 的一半，而子模块电容是决定换流器尺寸的关键因素，因此这种结构有利于构建更为紧凑的换流站。

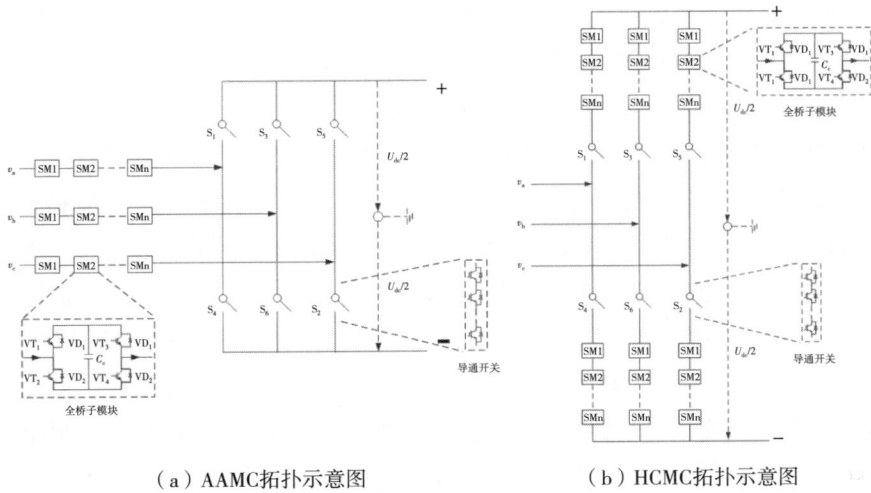

（a）AAMC拓扑示意图　　　　　　（b）HCMC拓扑示意图

图 4　可控开关电源型拓扑示意图

AAMC 中导通开关承受一部分直流电压，从而可以减少子模块数量。极限条件下，导通开关可以承受一半的直流电压，因而子模块数量与 F-MMC 相比减少了一半。同时，若在子模块数量足够多时，已无需利用导通开关来承受直流电压，此时，AAMC 等效为 F-MMC。

2014 年，由该公司承建的 Super Station（750MW，±345kV）、South-West（1320MW，±300kV）工程均采用这两种换流器。这两种换流器的优点是具有直流故障的自清除能力并且可以减少子模块的应用数量，不足之处是需要大量的开关管直接串联，并且控制较为复杂。

（3）其他现代电网中的电力电子装置。

除上述柔性交直流电力系统中的电力电子装置外，在现代电网中，还存在一些其他类型的电力电子设备，如有源滤波器（Active Power Filter，APF）、动态电压恢复器（Dynamic Voltage Restorer，DVR）、直流断路器（DC Breaker）、固态变压器（Solid State Transformer，SST）等。APF 研究较为成熟，世界范围内已取得广泛的应用。DVR 在国外已有应用，我国在 2011 年已研制出基于超级电容器的 DVR，但离大规模产业化还有距离，高压直流断路器（10kV 以上）已经有了实验室样机研制的突破。

5. 新能源并网发电中电力电子装置

随着地球常规资源的逐渐枯竭，新能源应用已经成为当前热门课题。在诸多新能源中，太阳能和风能是可再生能源利用的重点，燃料电池由于诸多优点也备受关注。而电力电子装置是实现这些新能源向电能转换的桥梁，下面分别以光伏发电系统、风力发电系统和燃料电池发电系统为例，介绍近几年新能源发电中电力电子装置的发展状况。

（1）光伏发电系统。

近年来，国内外优秀的光伏逆变器生产企业愈来愈重视行业技术突破和市场研究，在逆变器单机容量、效率、拓扑以及新器件应用方面取得了快速的进展。

1）逆变器集成度越来越高，单机容量也不断提升。2014年，德国SMA公司推出单机容量为2457kVA的逆变器，其直流侧电压可达1500V，在行业内处于领先水平。2015年4月，在上海举办的SNEC2015太阳能展会上，万银电力电子科技（北京）有限公司在展示了"全球最大单机3.2MW太阳能逆变器"产品。随后于2015年6月在德国慕尼黑举行的Intersolar2015太阳能展会上，西班牙的Helios Systems公司推出了4.5MW室外型中压SKID系统平台，刷新了光伏逆变器最大单机容量记录，该平台采用液冷技术，最多4路MPPT，也可并联为单路运行。另外，在Intersolar2015太阳能展会上，SMA推出了采用20尺集装箱的2.5MW系统，其采用全套西门子中压设备且变压器采用敞开式设计。

2）直流电压有上升至1500V的趋势。由于高效率和系统成本的降低，1500V系统的将可能成为今后大型光伏电站的标准系统。在SNEC2015和Intersolar2015太阳能展会上包括阳光电源、TEMIC等多家公司推出了1500V直流电压的光伏逆变器，2015年7月13日，国家能源太阳能发电研发（实验）中心顺利完成我国首台1500V电压等级直流输入的并网光伏逆变器（阳光电源产品）全性能测试，测试依据国家标准GB/T 19964–2012《光伏发电站接入电力系统技术规定》，测试项目包括零电压穿越、有功无功控制、电压适应性、频率适应性和电能质量。

3）逆变器效率不断提升。2012年，德国Refusol公司推出了集中式逆变器REFUsol333KW，并网转换效率高达98.5%。2014年，我国阳光电源和华为推出的组串式逆变器，转换效率均能达到99%。

4）逆变器的拓扑结构由传统的两电平和三电平向四电平、五电平甚至更多电平发展。图5和图6分别是美国PowerOne公司（2013年被ABB公司收购）的四电平拓扑结构和德国SMA公司的五电平拓扑结构。

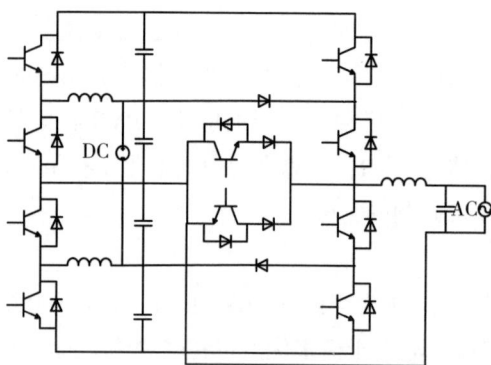

图5　PowerOne 四电平拓扑结构　　　　图6　SMA 五电平拓扑结构

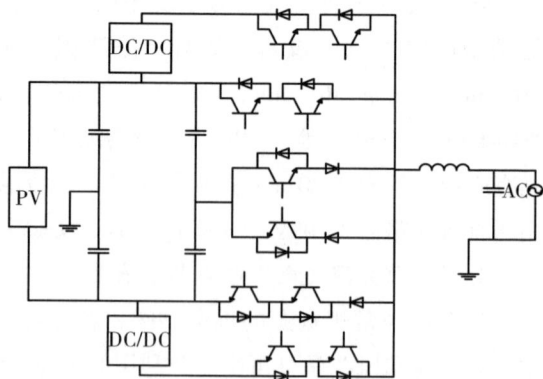

5）基于分布式MPPT（DMPPT）的集散式光伏逆变系统。该系统采用将分散式MPPT控制器与集中式逆变器相结合，前端采用多路DC-DC变换器进行MPPT和升压（700～850V），在有效提高系统MPPT性能的同时，也提高了集中式逆变器的运行效率，其系统结构如图7

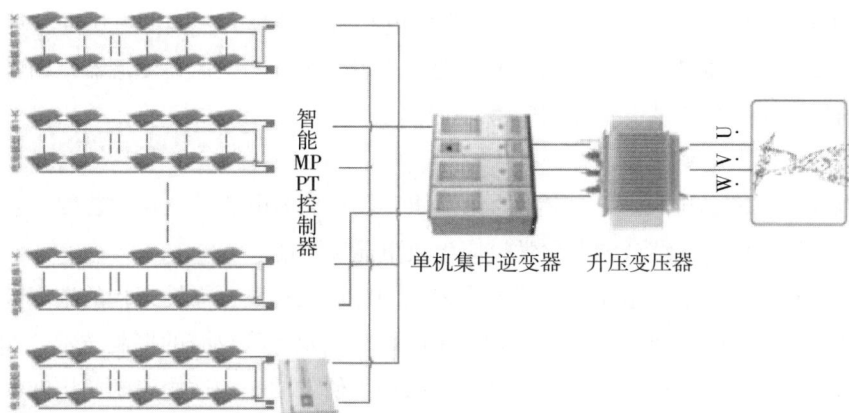

图 7　基于分布式 MPPT（DMPPT）的集散式光伏逆变系统

所示。目前，我国禾望电气与上能电气均推出了 1MW 集散式光伏逆变系统。

6）新型功率器件（如 SiC、GaN）快速在光伏逆变器中得到应用。由于新器件具有耐高温、电流密度大、热导率大、通态损耗低、耐压高等优点，近几年备受青睐。2013 年，德国 SMA 公司推出了一款 20kW 无变压器隔离型的逆变器 ST20000TL，采用了最新的 SiC 器件，其最大转换效率达到 99%。

（2）风力发电系统。

随着电力电子和变频调速技术的快速发展，电力电子技术在风力发电中的应用越来越广泛。近几年，为了满足风力发电并网要求，纵观国内外风力发电变流器的发展，主要集中在以下几个方面：

1）风电变流器单机容量稳步上升，输出电压等级也逐步提高。为适应海上风电机组，风电变流器容量不断增大，单机容量已超过 5MW。例如科孚德机电的 MV7000 系列中压全功率风电变流器支持 3 ～ 8MW 风力发电机组，而 ABB 的 PCS6000 全功率变流器支持 4 ～ 12MW 风力发电机组。2014 年 10 月，阳光电源公司推出了应用于海上风电的全新样机—— WG7500KFP 全功率风能变流器，主要针对 5MW 海上风力发电机组，其输出电压等级提升到中压 3300V。

2）高功率密度、通用模块化设计。风力发电机组容量增长要求风力变流器功率密度不断得到提高，同时海上风场环境也要求系统有很高的可靠性和方便的维护性。随着变流器容量的增加，功率等级更高的 IGCT 逐步得到推广应用。2011 年，ABB 公司推出的 PCS6000（5MW）全功率变流器采用了积木式模块，该模块集成了 8 个 IGCT 单元，其可靠性和可维护性达到相当高的水平。

3）拓扑结构更加灵活多样。目前，世界范围内从事大功率风力发电变流器和高压变频器研制的一些公司，均采用多电平的产品方案：ABB 用于风力发电的变流器 PCS6000 采用四象限二极管钳位三电平结构，器件采用 IGCT；法国 ALSTOM 公司采用飞跨电容型四电平拓扑，功率器件采用 IGBT，另外还基于 IGCT 开发出了飞跨电容型五电平变频器。

4）低电压穿越问题研究逐步深入。风力发电装机容量越大，其低电压穿越能力对电网影响越大，而变流器是实现这一功能的主要承担着。国外一些风力变流器厂商都相继建立了专门的低电压穿越测试设备和实验室。

（3）燃料电池发电系统。

燃料电池（Fuel Cell）是将反应物的化学能直接转化为电能的电化学装置。它通过燃料（通常是氢气）和氧气结合的电化学反应生成电能和热能。

目前，针对燃料电池发电系统的研究主要集中在高效率高可靠性架构的选取，包括高效率电力电子变换器拓扑研究、能量管理策略的研究以及低频纹波的抑制技术。2014年7月，德国弗劳恩霍夫陶瓷技术与系统研究所（IKTS）研发的一种适用家庭使用的燃料电池发电装置已进入市场化批量生产前的试运行阶段。这种燃料电池发电装置外形与常见的燃气取暖器相仿，单台设备功率为1kW，可基本满足一个4口之家的生活用电需求。

近几年，燃料电池的另一个重要应用领域就是新能源车。日本丰田汽车宣布，全球第一款商业化燃料电池轿车 Mirai 已于2014年12月上市，售价仅为723.6万日元（约合人民币38万元），且一次加氢可以行驶700km，而加氢时间只需3~5分钟。丰田燃料电池系统（TFCS）包含了丰田自主开发的丰田燃料电池组、燃料电池升压斩波电路（FC boost converter）以及高压储氢罐。随着燃料电池在汽车行业的应用，必然会带动燃料电池发电技术的进一步突破。可以预期，在不久的将来，燃料电池并网技术也会得到快速的发展。

6. 电动汽车中的电力驱动系统

我国在《节能与新能源汽车产业发展规划（2012—2020年）》中提出，"以纯电驱动为新能源汽车发展和汽车工业转型的主要战略取向"，计划到2015年，纯电动汽车和插电式混合动力汽车累计产销量力争达到50万辆；到2020年，纯电动汽车和插电式混合动力汽车生产能力达200万辆、累计产销量超过500万辆。

永磁同步电机具有功率密度高、全速范围内效率高、动态性能好等优点，是电动汽车车用电机的首选，但是近年来随着永磁材料价格的上升，高效异步电机与开关磁阻电机在电动客车驱动系统中得到了一定的应用。

目前，电动汽车车用变流器多采用三相全桥拓扑或者增加前置双向 DC-DC 变换器，提高电机端的电压，增加永磁同步电机在高速下的输出功率。受到车辆空间限制和使用环境的约束，要求电动汽车车用变流器功率密度更高，环境工作温度更高，因此，其技术发展趋势为电力电子集成，最近的技术进展如下：①将多个车载 DC-AC 和多路 DC-DC 变换器集成在同一箱体内，部分母线及直流支撑电容共用，减少了线缆使用量，并改善对外的电磁辐射；②将直流母排与支撑电容集成，并采用可靠性较高的膜电容，通过双面冷却技术，提高变流器的功率密度；③在国产汽车专用 IGBT 模块封装方面，采用 EconPack+ 封装形式，在芯片布局与互连设计基础上，优化设计模块的铜基板布局，使得 IGBT 芯片温度均衡、流道流速统一，降低模块热阻。④SiC 和 GaN 宽禁带电力电子器件的高导热率、高临界电场、低导通电阻等优异性能使其成为车用变流器中的理想器件，可以显著减小变流器体积、重量和成本，提高其整体功率密度。但是，由于器件材料与工艺的制约，目前，只有采用 Si 基 IGBT 和 SiC 二极管混合封装的模块在车用变流器中得到了应用。由于其应用前景明确，国内多所高校与研究单位正在从器件模型建模、逆变器拓扑、驱动电路设计等方面开展基于新型器件的新一代车用变流器研究。

7. 国防现代化中电力电子装置

近年来，随着电力电子技术的快速发展，电力电子装置已经广泛应用到现代化国防的特种供电电源、电力驱动、推进、控制等领域中，如表 4 所示。较为典型的有舰船综合电力系统、电磁弹射器、电磁炮和激光武器等。

表 4 电力电子装置在国防中的应用

电力电子装置	国防应用领域
全电化综合电力系统	舰船、飞机
电力推进系统	电磁弹射器、潜艇、鱼雷
脉冲功率电源	电磁炮、激光武器、粒子束武器、微波武器
大功率变流器	快中子堆、磁约束核聚变、航空航天、航母
高压开关电源	雷达

（1）舰船综合电力系统。

舰船综合电力系统（Integrated Power System，IPS），是伴随现代电力电子技术的发展产生的一种新型船舶推进系统。IPS 将电力系统和推进系统有机结合起来，实现能源综合利用和统一管理。

在 IPS 中，发电机将高速原动机的旋转机械能量转换为电能，通过电力传输线将电能传递到舰船后部的推进电机，驱动推进电机工作，其典型配置见图 8。

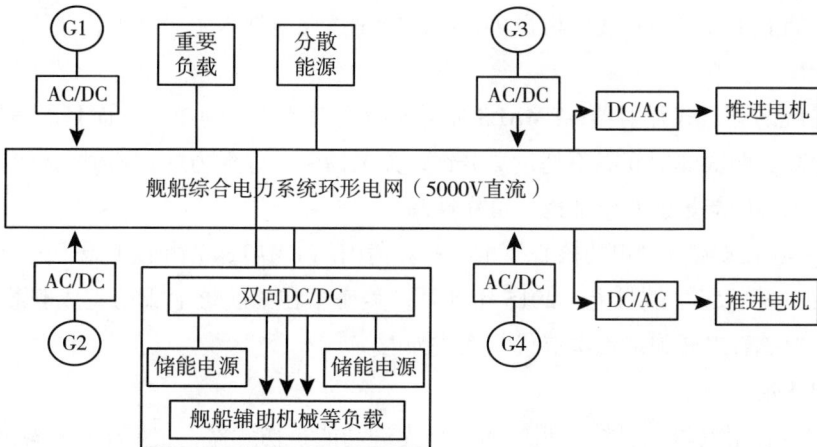

图 8 IPS 的典型配置

IPS 中涉及电力电子的关键技术主要有：①交直流发电模块化技术。重点要研究大功率高密度的交直流电力集成多绕组发电机发电技术，以及中高压多相交流发电机整机集成发电技术。②推进电机及其变频调速技术。主要研究大功率推进电动机，如永磁电机的结构、性能以及变频调速控制策略和控制技术。③大容量电能变换技术。实现大容量电能变换的技术关键在于配套的电力电子器件，要求配置可靠性高的直流变换器。

采用 IPS 的优点主要有：①系统各组件容易实现模块化和系列化，在总体布局上具有灵活性，比机械式推进系统更为方便；②具有良好的调速特性，无需配置传统的减速齿轮箱，可以大大降低舰船的自身噪声，提高隐蔽性；③可靠性好、可维修性强、生命力强，可提高舰船的在航率和战斗力；④大大增加舰上电站容量，为装备新概念武器（激光武器、电磁武器、粒子束武器等）提供足够的电能储备。

随着电力电子技术的发展，全电力战舰得到了迅速的发展。美海军 DDG-1000 "朱姆沃尔特" 级驱逐舰是首艘应用 IPS 系统的水面战舰，于 2014 年 9 月 23 日点火启动。英国的 45 型驱逐舰和 "伊丽莎白女王" 级航空母舰也都采用了 IPS 系统。2013 年，我国中船重工武汉 712 研究所在船舶综合电力推进系统的自主创新中取得了重大进展，实现了单轴推进功率 20MW 以下船舶电力推进系统的全部国产化。2015 年，原中国南车株洲所自主研制的船舶电力推进变频驱动系统成功应用在被誉为 "海上叉车大力神" 的 5 万吨半潜船上，这是中国自主品牌在大吨位级海洋工程船舶上的首次应用。

（2）电磁弹射器。

电磁弹射系统（Electromagnetic Aircraft Launch System，EMALS）是航空母舰上的一种舰载机起飞装置，主要包括储能系统、电力电子系统、直线电机、控制系统等。EMALS 将航母上供给的电能通过某种储能装置储存起来，然后在弹射过程利用直线电机快速转化为飞机的动能进行释放。

EMALS 中的电力电子装置用来精确控制、供给直线电机的电脉冲电压和频率，由于电能瞬态功率大，需要对高压大电流进行调节。直线电机主要有永磁直线电机和直线感应电机两种。储能系统是给直线电机提供瞬时高能量，储能技术主要有飞轮储能、电容储能和超导储能。

相比传统的蒸汽式弹射器，EMALS 弹射能量更大，高出约 29%，而且能量转换率高；弹射频率更高，两次弹射间隔不超过 2 分钟；能灵活调节弹射力度，弹射飞机的重量变化范围更宽；采用四能量链冗余结构，可靠性高。

EMALS 是未来航空母舰的核心技术之一。美国的 EMALS 是由通用原子公司开发，并首先装备在 "福特级" 航母上。2015 年 5 月，美海军在该航母上成功完成舰载、全速的弹射试验，标志着电磁弹射首次取代蒸汽式弹射。

（3）电磁炮。

电磁炮是利用电磁发射技术制成的一种先进动能杀伤武器，主要由电磁轨道发射器、电枢和射弹、高功率脉冲电源和控制开关组成。脉冲电源为电磁炮中最主要的部件，承担着输出脉冲成型电流，提供发射能量的任务。具备高储能密度、大储能量及快速充电特性的高功率脉冲电源及其开关控制是电磁发射技术的应用基础，决定着其研究进展和应用步伐。

与传统火炮先比，电磁炮的优势有：①利用电能精确可控的特点实现弹丸的恒定加速；②初速高，动能大，可达 7 倍音速；③射程远，超过了主力舰炮，可达 160km；④炮弹头装有制导装置，具有很高的射击精度；⑤炮管可以设计成方形、椭圆形，并可采取灵活的炮弹结构形式。

美海军采用的电磁炮由 BAE 系统公司开发研制。2012 年 2 月，美海军进行了首次全威力射击试验。美海军正在计划研制 DDG51 Flight IV 型新一代大型水面舰艇，装备低成本的电磁轨道炮。我国的电磁发射技术近年来得到了迅速发展，已经完成 10MJ 级脉冲电源的发射平台，具备 3000m/s 级的发射实验能力。

（4）激光脉冲武器。

激光武器是一种以大功率辐射能量毁伤目标的定向能武器，可以分为战术激光武器和战略激光武器两大类。通常采用的激光器有化学激光器、固体激光器、CO_2 激光器等。脉冲激励电源是大功率激光器中的关键性装置，其性能和指标决定着激光器的技术水平。脉冲功率电源中的核心技术问题是研究高储能密度和高功率密度的脉冲功率储能系统，常用的储能方式主要有：电容器储能、电感储能、机械储能和化学能等方式。超级电容器具有高功率密度、使用温度范围宽、安全和可靠性高的优点，非常适合应用于激光武器中。

激光武器的优点主要有：①激光束是速度最快的武器，命中精度高。②发射一次的成本"低于 1 美元"。如果每次发射 10 万瓦功率固体激光、每次照射数秒计，系统直接消耗仅为几度电。③光子的静质量为零，不产生后坐力。④杀伤可控，操作员可调制激光武器的输出能量，选择令目标致盲、瘫痪或摧毁。⑤威力大，不受电磁干扰。

2014 年美海军公布了部署在波斯湾的"庞塞"号激光武器，"庞塞"号也成为第一艘搭载激光武器的舰船。2014 年，中国"神光"项目的主要参与方上海光机所研制的超短超强激光器，实现了 1000 万亿瓦激光脉冲输出，这是全球同类激光器迄今最大功率的输出，其问世标志中国高功率激光科研和激光核聚变研究已进入世界先进行列。神光 -3 装置是一台输出 48 束激光的高功率固体激光器，2011 年 7 月实现了"首束出光"，2015 年 2 月实现了六个束组能量输出，标志神光 -3 主机基本建成。

8. 消费类电子和家电中的电力电子装置

消费类电子和家电产品种类繁多，有手机、电子书、平板电脑、摄影器材等数码产品，还有空调、智能电视、投影仪、音箱设备、液晶显示器、智能冰箱、烤箱、LED 照明等家用电器，此外还有电动自行车、平衡两轮车等等。以上电器产品功率从几瓦到几千瓦不等，通常采用交流 220V 市电供电，经过消费类电子和家电中的电力电子装置转换为所需的电源类型后为负载供电。

消费类电子和家电产品中电力电子装置的发展方向主要有以下几点：

（1）LED 室内照明成为各供应厂商追逐的热点，逐步向高发光效率、低制造成本发展。无电解电容器的高压恒流电源应用于 LED 室内照明，解决了电解电容器的寿命问题，并缩减了电源的体积。

（2）蓄电池充放电控制及蓄电池能量管理是手机、平板电脑以及电动车中不可或缺的一部分，研究热点集中于蓄电池能量管理系统优化，以及高效充电、放电电力电子装置的设计等方面。

（3）无线能量传输技术是目前电气工程领域热点研究方向之一，在小功率家用电器领域开始得到应用。电动牙刷、手机、相机等小家电的无线充电主要采用电磁感应实现近距离（毫米级）和小功率的能量传输。目前研究的关键技术包括初级、次级电磁转换装置的设计、电磁耦合线圈与磁芯设计、快速高效的反馈设计等。

（4）随着技术的发展和对能源效率要求的日益提高，以变频空调器、变频冰箱、变频洗衣机为代表的变频家用电器逐步进入我国消费市场。采用永磁无刷直流电动机及其控制器取代过去单相异步电动机或 VVVF 变频器供电的异步电动机，实现由"交流变频"向俗称的"直流变频"转变，使变频家用电器在节能高效、低噪声、舒适性、智能化等方面都有新的提高。

9. 电力电子装置国内外研究进展比较

（1）交通领域。

牵引变流器作为列车的心脏，决定了列车的启动、制动和最高运行速度等性能。机车车辆（动车组）技术的发展，集中地反映在牵引变流器的发展上。

目前在世界重载和高速牵引领域，主要有三种系列牵引变流器，庞巴迪公司 MITRAC TC3000 系列牵引变流器、西门子公司的 SIBAC 系列牵引变流器、阿尔斯通公司的 ONIX 系列牵引变流器，其采用的都是专用 IGBT 变流器单元，这一领域长期被国外垄断。2014年 11 月，南车株洲所生产的首批 8 英寸 1600 安 /1700 伏特 IGBT 芯片牵引变流器模块，成功通过功率考核试验，具备上车考核的质量，芯片的量产可大幅度降低轨道交通对进口 IGBT 产品的依赖度，从而打破国外芯片的垄断。

（2）高压变频调速。

高压大功率变频调速装置被广泛地应用于大型矿业生产厂、石油化工、市政供水、冶金钢铁、电力能源等行业的各种风机、水泵、压缩机、轧钢机等。采用高压变频器对泵类负载进行速度控制，不但对改进工艺、提高产品质量有好处，又是节能和设备经济运行的要求，是可持续发展的必然趋势。

2011—2014 年我国高压变频器技术发展迅速，变频器容量有了很大提升。2012 年 7月 26 日，国内首台超大功率高压变频器在北京国电四维清洁能源技术有限公司启运，运往河北唐山一钢厂，高压变频器功率达到了 15500kW。采用 MV-IGBT 元件、移相级联式多电平逆变技术，控制系统芯片采用DSP算法硬核＋并发控制硬核[43]。2012 年 11 月 19 日，首批首台国产天然气管道 20MW 级电驱压缩机组在西气东输二线高陵分输压气站试车、投产开车一次成功。其采用功率单元串联多电平技术，功率元件为 IGBT，采用无速度传感器矢量控制。控制系统采用 DSP+FPGA 全数字控制方式。2014 年，86MVA 的国产变频器已用于中航风洞试验台。国际上，2014 年 ABB 集团为德国能源企业意昂集团交付全球最大功率的牵引变频器系统，用于装备德国达特尔恩铁路枢纽换流站。这一牵引变频器系统能力达到 413MW，该系统是由 4 个完全相同的变频器模块组成。随着技术研究的进一步深入，在理论上和功能上国产高压变频器已经可以与进口变频器相比肩，但是受工艺技术的限制，与进口产品的差距还是比较明显。

（3）新能源领域。

1）大容量储能变流器（PCS）。

PCS 是直流电池系统与交流电网的电力电子接口，除了进行电池充放电管理外还要实现储能系统各项并网功能。近几年，国内大容量储能变流器（PCS）发展比较快。2011 年 10 月，南方电网兆瓦级电池储能站试点项目顺利通过结项评审，本期规划为 5MW，远期容量为 10MW，是目前世界上容量最大的投入运行的锂离子储能电站。

2012 年 6 月，中国第一个兆瓦级电池储能站——南方电网深圳宝清储能站投运。这个设计规模为 10MW 的储能站，目前已投运了 4MW。2013 年 12 月 11 日位于青海省玉树藏族自治州的世界最大离网型光伏电站在 2013 年 12 月 11 日成功运行，采用汇川 IES100T500 双向储能变流器作为电站核心的储能发电设备，不带任何其他电源，储能总容量为每小时 25.7MW。

2014 年 12 月，阳光电源具有虚拟同步发电功能的兆瓦级储能变流器成功应用于海拔 4800m 的高原微电网示范工程。该发电站包括水电、光伏发电、风电、柴油发电、锂电储能和铅酸储能等多种电源设备，其中储能变流器共计 1000kW，储能电池容量 2700kW·h，是接入能源类型最多，系统复杂程度最高，使用环境最恶劣的微电网工程之一。

2014 年 11 月，北美最大纯商业模式运营储能电站项目正式开建，此次建造开发的两个储能系统分别由 11 个完全相同的能量存储单元模块组成，每个独立的储能系统都由成千上万个独立的电池，电力空调设备及安全监测系统组成，项目总容量为 19.8MW，每个系统功率为 7.8MW·h。

2）电动汽车驱动和控制技术。

目前，电动汽车上应用的驱动电机有直流电动机（DCM）、永磁无刷电动机（PMBLM）、感应电动机（IM）和关磁阻电动机（SRM）等。永磁无刷电动机可以分为由方波驱动的无刷直流电动机系统（BLDCM）和由正弦波驱动的无刷直流电动机系统（PMSM），且 PMSM 类电机具有较高的能量密度和效率，其体积小、惯性低、响应快，非常适应于电动汽车的驱动系统。2014 年 12 月，北汽新能源公司推出的纯电动汽车 EV200 搭载全新研发的高性能轻量化永磁同步电机，最大扭矩可达 102/180N m，0 ~ 50km/h 加速时间仅需 5.3 秒。2012 年 6 月上市的德国奥迪 Q5 混合动力汽车的驱动电机采用了永磁同步电动机，其最高转速为 12500rpm，最大输出功率 40kW，每百公里综合油耗仅为

7.1L，二氧化碳排放量为 159g/km。其燃油经济性和排放性能比普通的 Q5 提高了许多。我国永磁同步电机驱动系统已形成了一定的研发和生产能力，开发了不同系列产品，可应用于各类电动汽车；产品部分技术指标接近国际先进水平，但总体水平与国外仍有一定差距；基本具备永磁同步电机集成化设计能力；多数公司仍处于小规模试制生产，少数公司已投资建立车用驱动电机系统专用生产线。

三、发展趋势分析与展望

（一）电力电子器件

1. 高压 IGBT

随着电力电子技术应用的不断发展，要求电力电子器件具有更大的电流密度、更高的工作温度、更强的散热能力、更高的工作电压、更低的导通压降、更快的开关时间。在未来一段时间内，以各种电力电子器件为主的电力电子装置将展开竞争且共同发展。在电动机驱动装置、中频电源领域，IGBT 将更进一步地取代达林顿晶体管，从而进一步改善变频电源输出波形，以 IGBT、IGCT 为主功率器件的电力电子设备将逐步取代晶闸管和GTO。对于高压大功率 IGBT 模块来说，IGBT 芯片的设计与制造工艺设计仍旧是其核心问题，在改善短路电流能力、提高频率特性、终端结技术及栅极结构技术上还需要得到很大提升；而未来 IGBT 模块会向等高结温、高密度、高集成化和智能化进一步发展。

对于 IGBT 器件来说其发展趋势主要由以下的四个方向：①优化器件的元胞结构；②与其他器件结构的结合，以改善其性能；③改进生产工艺以减小生产步骤及材料成本；④使用新的材料进行生产。

IGBT 的设计与制造技术汇集了当代微电子科技的最高成就。目前世界上只有少数几家大公司掌握该相关的先进技术，中国当前在这一领域还有相当大的差距。

随着 IGBT 芯片技术的不断发展，芯片的功率密度及最高工作结温均在不断地提高，这要求高压大功率 IGBT 模块的封装技术也不断改进。在未来，IGBT 模块技术将围绕芯片背面焊接固定与正面电极互连两方面不断改进，有望将无焊接、无引线键合及无衬板 / 基板等先进封装理念及技术结合起来，将芯片的上下表面均通过烧结或压接来实现固定及电极互连，同时在模块内部集成更多其他功能元件，如温度传感器、电流传感器及驱动电路等，不断提高 IGBT 模块的功率密度、集成度及智能度。

我们国家自主设计制造的 IGBT 芯片性能要赶上或超过国外的大公司，还需要做很多的工作。尤其是在 IGBT 的制造领域，一个关键工艺的研发经常经历不断试错的过程，关键工艺的完全标准化又需要原材料、设备、人员多方面的配合才能逐步实现。要实现 IGBT 芯片性能的改善，背面电场停止结构制造工艺的开发是必不可少的，预计我们国家还需要花费至少五年时间，才能完全掌握此项工艺并应用到 IGBT 芯片的量产中。到 2025 年 IGBT 芯片的主要性能可以接近或达到国外大公司相关产品的性能。

2. SiC 器件

在 SiC 材料领域，美国 Cree 公司是 SiC 领域成立时间最长、技术最领先的公司，几乎85% 以上的 SiC 衬底由 Cree 公司提供，90% 以上的生产在美国。

在国家科技项目的支持下，国内多家科研院所开展了碳化硅电力电子器件和工艺的研发，在技术研发方面有了较好的积累。从 2000 年以来，国内多家科研院所开展了 SiC 功率器件的研发。中国电子科技集团公司第五十五所、中国电子科技集团公司第十三所建成了 SiC 外延生长线和工艺线，研发出的 SiC 功率二极管样品；浙江大学和西安电子科技大学等科研单位组建了 SiC 功率器件研发团队并建成了 SiC 器件工艺线；电子科技大学等科研单位也开展了较多的 SiC 功率器件的设计和仿真的研究。在 2011 年以前，由于国内未重视对 SiC 功率器件的扶持，国内的研究进展缓慢，研发目标基本以 SiC 功率二极管为主，电压等级在 600V ～ 1200V，电流容量在 5A 以下。

2011 年，国家科技部 863 主题项目支持"能源高效转换高压大容量新型功率器件研发与应用"，该项目是国内宽禁带电力电子领域第一个国家级大型科研项目。在该项目的支持下，浙江大学、中电集团第五十五所及山东大学等单位，经过 1 年多的努力，使我国 SiC 功率器件的研发水平得到提升，主要表现在：①研发的产品领域扩大，SiC 功率二极管水平进一步提高，SiC 晶体管（JFET）也得到了良好的发展；②器件的电压大幅度提升，从 1200V 提高到 4500V；③电流容量明显提升，从 5A 左右增加到 30A。目前，我国已经掌握了 3 英寸的 SiC JBS 二极管和 SiC JFET 晶体管的整套工艺，研发的 1900V JBS 二极管单芯片达到 30A，4500V JBS 二极管单芯片达到 2A 以上，JFET 晶体管单芯片达到 4500V/2A，缩小了我国 SiC 功率器件与国际先进水平的差距。目前教育部、国家科技重大专项（01 专项和 02 专项）也纷纷立项支持 SiC 功率器件的研发和应用，支持力度也越来越多，以上举措必将大大提高我国该领域的发展速度和研发水平，为追赶国际先进水平打下基础。

碳化硅电力电子器件率先在低压领域实现了产业化，目前的商业产品电压等级在 600 ～ 1700 V。随着技术的进步，高压碳化硅器件已经问世，并持续在替代传统硅器件的道路上取得进步，在诸如高电压整流器等领域已经有了商业应用。

SiC 基器件虽然在二极管应用上取得了巨大成功，国际大公司也不断推出 MOSFET、JFET、BJT，甚至 IGBT 等开关管器件样品，但是开关管器件都没有真正被广泛应用。除了价格因素之外，应用方案公司对于 SiC 材料、工艺技术的成熟度和可靠性仍然缺乏信心。SiC 器件在几个关键技术，比如杂质注入 / 激活，提高 MOS 导通沟道迁移率等，仍然要显著提高后才能够真正与 Si 基器件进行全面的竞争。也正是由于这些技术问题，SiC 基开关管的技术路线在国际上仍然存在分歧，其中，Cree 公司和日系厂商坚持走 MOS 型器件（如 MOSFET 和 IGBT）道路；而其他一些厂商选择 JFET 和 BJT 技术路线。这些技术路线差异又为控制 IC 和模块的解决方案提出了技术挑战。总而言之，面对技术成熟可靠并早已被市场认可的 Si 基器件，SiC 基器件市场化还要面临巨大的市场挑战。

SiC 等宽禁带器件的普及，将对电力电子技术的进步起到革命性的推动作用，掀起节能减排和绿色能源开发领域的巨大变革，包括智能电网、太阳能发电、风力发电、混合动力/全电汽车、轨道交通、开关电源、各种工业自动化中的电机驱动以及家用电器等。可以预见，高性能宽禁带半导体材料及以其研制的各种器件，将对我国国民经济的发展和进步产生持续而深远的影响。

未来五年，国内有实力的公司能够推出基于4英寸碳化硅晶片大批量生产的SiC二极管，如PiN二极管和肖特基二极管。全控型器件仍然是SiC器件的发展重点，尤其是SiC MOSFET在可再生能源逆变器、电动汽车充电系统等高频电力电子应用前景广泛，是SiC电力电子的未来发展方向。

（二）电力电子装置发展趋势

电力电子装置的发展是和电力电子器件的进步休戚相关的。近年来，高性能的高压IGBT和宽禁带功率半导体器件开始获得应用，使得电力电子装置具有体积小、高能效的优点，不仅能在更高的温度下稳定运行，而且在高压、高频状态下，更为耐用和可靠。这意味着更小、更快、更便宜和更高效的电力电子装置将应用于消费电子设备、电动车辆、可再生能源并网和更为智能、灵活的输电网络等。随着高压IGBT和宽禁带功率半导体技术的发展和应用，电力电子装置正在经历较大的改变。

电力电子装置发展的另一方向是变换器主电路拓扑的优化和创新。传统的电力电子拓扑中包含了多个电力电子器件及大容量的LC储能、滤波单元，体积庞大、快速性差，且硬开关方式的功率损耗较大，限制了开关频率的提高。研究适用于新型功率半导体器件的新型拓扑，利用谐振软开关技术降低开关损耗及开关噪声，可提高开关频率、功率等级、使用温度范围，并大大缩减电力电子装置的体积。

使用新型器件、新型拓扑可以提高电力电子装置的开关频率，缩小磁性元件体积，但高频场合中的磁性元件有许多基本问题亟待研究。磁性元件的效率影响整个电力电子装置的效率，提高开关频率后磁性材料的铁损会增大，导致变换器效率降低，必须使用新的磁性材料和绕制工艺。同时，高频下磁性元件的漏感和分布电容等寄生参数对电路的影响不可忽略。高频磁技术理论作为学科前沿问题，如高频磁元件的计算机仿真建模、磁芯损耗的数学建模和磁滞回线的仿真建模等，开始受到人们的关注。

先进的封装技术和优良的热设计是电力电子器件和装置在高频、高温和高功率密度条件下稳定可靠运行的必要条件。目前的平面封装结构和引线键合工艺已经无法满足需求，新型大电流高功率密度封装结构和互连方法，如无引线键合的顶部功率连接、最小引线键合、动态匹配和芯片双面散热等工艺需要进一步研究，以达到改善散热条件、降低寄生参数、提高功率模块的电气坚固性和可靠性的目的。此外，还应当重视系统热设计，以优化装置散热结构，提高散热能力，减小散热重量和体积。

电力电子装置的智能性与灵活性需求越来越高，控制系统向更加智能化方向发展，如采用专家系统获得优化的实时性和系统容错性控制、接收多个终端实时反馈数据后控制电力电子装置实现电力智能调度，以及在传动系统中采用自主学习与自适应调节控制器等。

事实上，当前国内外电力电子装置研制和系统工程应用都处在一个攻坚阶段，主要面临三大严峻挑战：①提升电力变换能力。由于单个功率半导体器件的通流和耐压能力有限，由单个功率器件承压而构成的两电平变流器不能直接满足高压大电流的需要。同时即使单个功率器件耐压通流能力满足电压电流需求，由于器件处于开关调制状态，功率损耗大，浪涌电压和电流高，也不能直接采用单个器件进行直接变换。一般需要采用多个功率半导体器件或变流单元串并联组合方式构成混合式变流器。这中间的静动态均流均压问题成为严重制约瓶颈。②系统优化设计问题。由于电力电子装置总是工作在电磁脉冲调制模式，它产生大量的非线性和不确定性问题，难以用显性的数学模型来描述，甚至难以准确量测输入输出电量波形。因此，难以准确定量设计，更谈不上优化设计。一般采用"大马拉小车"式的裕量设计方法，或者仅凭经验，估计加统计进行设计，以致装备效率低、经济性差、参数不匹配、适应性差。③装置与系统的可靠性。电力电子装置和系统中的瞬态换流回路、线路中杂散参数、电磁能量脉冲瞬态过程、di/dt 和 dv/dt 的影响、开关损耗以及散热冷却等，这些问题常使得器件和装置突然失效，它们是目前电力电子装置和系统研制和应用中最大的瓶颈问题。

面对这些挑战，电力电子装置与系统发展的另一重要趋势是加速开展电力电子基础理论研究。电力电子装置与系统仅在经验和有限实验的基础上进行系统集成技术和工程应用层面来研究和攻关是远远不够的，必须从电力电子装置的物理特性和运行机理来研究，必须将器件、电路及其控制作为一个有机结合的系统来研究。需要研究功率器件及单元在装置和系统运行中失效机制，揭示功率器件的组合特性及其与装置中其他元素间互动规律；探索具有多时间常数换流回路中的电磁瞬态能量与可靠运行间内在制约规律，建立电磁瞬态分析模型和瞬态能量的吸纳与平衡机制；研究电磁能量脉冲的传递规律和脉冲形态分布特征，探求复杂拓扑中电磁能量脉冲组合特性及其与控制算法的关联性。形成一套电力电子装置和系统的电磁瞬态能量变换的分析方法和控制方法，为提高电力电子装置和系统的输变电能力及其可靠性提供理论基础和技术支撑。

如前所述，2014 年由清华大学、海军工程大学、浙江大学、原中国南车机车研究所和中国科学院微电子研究所联合申报的国家自然科学基金重大项目"大容量电力电子混杂系统多时间尺度动力学表征与运行机制"获得批准。该项目的实施将有助于推进大容量电力电子装置和系统有效应用，以获取更大社会经济成果，研究目标和研究内容符合国际上的发展趋势，适应了我国当前对高端装备的迫切需求和我国大能源的战略需求。

四、创新发展机制分析与建议

（一）电力电子器件

国际上 IGBT 产业发展走的是设计制造一体化的模式。一是因为 IGBT 本身只是一个器件，没有电路，所以不存在电路设计问题。二是各大公司 IGBT 的设计与制造技术也各不相同，都有自己的技术秘密，不便于统一代工。国内目前是依托在集成电路的模式基础上发展 IGBT，IGBT 的特点是系统应用、器件设计和工艺加工密切结合，而绝大部分系统厂家还没有能力独立发展功率半导体芯片生产线。因此，要发展高压大功率 IGBT 器件及模块还是需要设计、制造、封装、应用各个单位互相整合与协作，共同提高。电力电子器件发展的主要驱动力来源于电气节能、新能源发电、电力牵引、智能电网以及军工装备等应用领域的高速发展而日益增加的对电力电子装置和系统应用的迫切需求，尤其是对大容量高电压的变换装置的需求。而目前在用的电力电子器件满足不了这种迫切需求，因而近几年高压 IGBT 和宽禁带器件成为国内外器件发展的主要趋势。然而我国在电力电子器件科研和产业领域长期处于弱势，材料和工艺技术不尽如人意，一直制约我国电力电子器件的发展。

对于我国高压大功率 IGBT 模块的发展建议：

（1）建议由政府牵头，组织业内外专家制定我国 IGBT 器件及模块的中长期发展规划。

（2）制定科学合理、相对稳定的技术政策，加强对 IGBT 芯片、制备工艺和封装的研发和产业化的宏观引导。在核心元器件的发展基础上，强调以市场带动应用。重点布局研发下一代前沿核心元器件技术，同时引导突破高压大功率 IGBT 器件的产业技术瓶颈，大力支持国产高压大功率 IGBT 器件在我国重大工程中的示范应用，培养电力电子产业的产业链。

（3）鼓励自主创新，促进产学研用结合。积极支持建立全国性的产学研用公共平台，共同参与协同创新，鼓励平台内部技术合作；加大引导和促进功率器件与微电子结合的力度，发挥各自的优势，进行资源共享、技术共享，加速 IGBT 芯片制造工艺的发展。

（4）加强 IGBT 产业领域标准的制定和知识产权保护。

经过近几年努力，我国 SiC 半导体材料技术已经积累了较好的基础。但是由于我国在该领域起步较晚，其产业化水平还相对较弱。为了抢占国际先进技术的制高点，打破发达国家对下一代半导体材料产业的垄断，加大对我国具有自主知识产权的 SiC 半导体材料和器件产业的支持已成当务之急。

基于我国 SiC 材料和器件的现状和未来发展趋势，提出如下建议：

①政府规划，制定中长期发展计划；②以应用需求为导向，以企业为创新主体，形成规模化产业；③坚持"产学研用"结合，构建协同创新发展体系；④建设完整的产业链，实现产业链上下游的紧密沟通和合作；⑤充分发挥行业协会和产业联盟的桥梁和纽带作用。

（二）电力电子装置

当前，电力电子装置存在的主要问题包括：

（1）电力电子产品以低中端产品为主，缺乏高端产品，特别是先进的全控型电力电子器件大多依赖进口。许多关系到国民经济命脉和国家安全的若干关键领域中的高端产品、核心技术和软硬件，国外均是对我国进行控制和封锁的。

（2）电力电子产业链亟须进一步加强和完善，以形成行业竞争力。经过多年发展，国内电力电子企业在一些技术环节取得一定的突破，但是由于在整个产业链中无法凝聚成合力，所以无法将技术进步转变成行业的竞争力。

（3）在电力电子最先进、最核心的现代电力电子器件行业中，高频场控电力电子器件的许多关键核心技术还未突破，其产业链还未形成，市场基本上被国外垄断。同时由于该行业中设计、流片、封装和测试四个环节的发展不均衡，严重影响了产业化的进程。

（4）在下一代宽禁带电力电子器件领域，我国还处于初级阶段，与国际上的研发和产业化水平差距巨大。国际技术先进国家对宽禁带电力电子器件进行了长期的大力投入，在新一代宽禁带电力电子器件产业中，我国处于全面落后、亟须跨越式发展的紧急时期。

（5）应用基础研究跟不上。我国许多研究院所乃至高校，由于转制、经费来源等方面的原因，将大部分研究力量从应用基础研究转向产品试制、开发，而忽视了我国电力电子技术应用基础的研究。需要在新型元器件、可靠性，以及高压、大功率变换技术的基础研究方面加强投入。

由于电力节能、新能源发电、电力牵引以及新一代电网的巨大需求，面向这些应用的电力电子装置正朝着大容量、高电压、高性能以及集成化、智能化、模块化方向发展，将在下面几个方面体现出其发展特色：

（1）以各种电力半导体器件为主功率器件的电力电子设备和系统将展开竞争且共同发展，将更多地采用常规硅基功率半导体模块组合和宽禁带功率半导体器件作为电力电子装置对半导体功率器件的选择。

（2）着力提高器件和装置的应用极限以及提高应用的可靠性将是未来电力电子装置设计和应用的重点。电力电子装置的设计将逐步从定性设计过渡到定量优化设计，进一步提高电力电子装置的效率、减小体积，增加功率密度、提高运行可靠性。

（3）针对不同应用领域和工作要求对电力电子装置进行定制设计将是今后装置研发的主要模式。由于电力电子装置应用越来越多，功能要求越来越细，差异化定制设计将成为电力电子装置的重要特色。

（4）电路拓扑型设计方法逐步过渡到模块组合型设计方法，各种连接方式和连接界面成为装置电磁设计的重点。

（5）电力电子装置和系统的测试更具标准化和系统性。

（6）电力电子装置和系统的应用热点是：工业自动化、电力牵引、智能电网、电力储能、大数据中心电源、新能源发电及能源互联网等方面。

基于我国电力电子装置的现状和未来发展趋势，提出如下建议：①在已有应用实践和理论研究基础上，重点发展新器件、新装置和相应的关键技术和基础理论；②依托重点工程或企业单位，将理论研究成果有效地转化为产品之中；③重点支持和鼓励学科交叉联合攻关；④建立产、学、研联合研究与协同创新体系；⑤开展国际合作，研究引进国际先进技术；⑥加强对电力电子基础理论和关键技术的研究；⑦加快推动对新型大功率器件和装置的关键技术研究；⑧加强对组合式的大容量电力电子模块和组合方式的研究；⑨开展 VSC-HVDC 基础理论和关键技术的专题讨论；⑩建立国家级大容量电力电子技术研究与示范水平。

综上所述，"十二五"期间，我国电力电子学科和产业得到了快速的发展。

在电力电子器件方面：①全面开展了对高压 IGBT 器件及模块的研发，攻克了 3300 ～ 6500V 大功率 IGBT 封装技术，发布了 11 类处于国际领先水平的 IGBT 产品，六种产品填补了国内空白；2014 年，中国首条 8 英寸 IGBT 专业芯片生产线正式投产；首期设计年产 12 万片 8 英寸 IGBT 芯片生产规模、配套生产 100 万只大功率 IGBT 模块，填补了国内相关技术领域的空白。IGBT 国产品牌正在形成之中，已与国际品牌展开竞争态势。②宽禁带器件研发正在加紧研发之中，针对 SiC 的低微管密度基体材料已经成熟，已经量产 2 英寸、3 英寸基体，4 英寸基体也已经开始产品化，国产直径 2 英寸的碳化硅晶片已经投产生产。2014 年，我国成功解决了 6 英寸扩径技术和晶片加工技术，成功研制出了 6 英寸 SiC 单晶衬底，标志着我国的 SiC 单晶生长研发工作已接近国际先进水平，为高性能 SiC 基电子器件的国产化提供了材料基础。

在电力电子装置与系统方面：①通用和专用变频器行业发展迅速，国产高压大容量变频器的市场份额已经超过国外同类产品的份额，在超大功率变频调速应用中处于国际领先地位，如功率达 32MVA/10kV 的国产大功率高压变频器，已经应用于我国南水北调工程。②高铁牵引变流器技术进入世界先进水平行列，中国中车集团研制的四象限整流器、牵引逆变器以及永磁同步电机驱动技术获得了突破性进展。③柔性交直流输电系统中的电力电子装置与系统跻身于世界前列，如 2013 年年底，世界首个多端柔性直流输电示范工程——南澳岛多端（三端）柔性直流输电示范工程（200MW/±160kV）投入运行，2014 年，世界上电压等级最高、端数最多、单端容量最大的多端柔性直流输电工程——浙江舟山 1000MW 级 ±200 千伏五端柔性直流输电科技示范工程正式投运。④风力、光伏发电并网逆变器装机总量已经位于世界第一。2014 年 10 月我国推出了应用于海上风电的全新样机——WG7500KFP 全功率风能变流器，主要针对 5 兆瓦海上风力发电机组，其输出电压等级提升到中压 3300V。光伏逆变器效率不断提升。我国推出的组串式逆变器，转换效率高达 99%。

值得重视的是：电力电子学科是一门交叉综合性技术，包括电力电子半导体器件，功率变换电路，以及对器件与电路的控制，同时需要考虑到电磁场、热力、机械等多种学科综合。电力电子技术发展目前还处于一个基于功率半导体技术、电子电路技术以及控制技术的简单合成应用技术层面，其本身的关键技术和基础理论还在动态发展之中，针对电力电子基础科学研究将是未来的重要研究内容。

近几年来，我国电力电子学科在国家重大工程和国防重大装备等持续驱动下，发展迅速，已成为国家科技战略中的诸多重点研究领域的基础性学科和支撑性技术之一。作为未来发展的重要课题，要特别注重开展下面四个方面的研究：

（1）继续全面开展以 IGBT 为典型代表的全控型电力电子器件研究，重点研究高压 IGBT 芯片和模块，研究 IGBT 模块开关瞬态及其器件组合特性；加速研发以碳化硅为代表的新型宽禁带电力电子器件，重点突破高电压、大容量、高可靠碳化硅电力电子器件的复杂性和脆弱性的双重挑战。

（2）研究以 MMC 柔性直流输电换流器为代表的高电压、大容量、组合式电力电子装备的形态结构和瞬态能量多尺度深度耦合特性，深入探索电力电子装备内部关键元部件的电－磁－热－力的多场域多尺度耦合机理，重点揭示关键元部件的应力分布规律和相互作用关系，形成大容量电力电子装备的多物理场实时联合仿真理论和方法，以指导高可靠电力电子装备的工程设计和先进制造。

（3）研究电力电子装备的高效化、集约化和标准化的设计理论和方法，开展大容量电力电子器件/装备/系统的全寿命在线健康管理和延长服役周期的主动干预机制研究，揭示电力电子装备和系统的高效节能和适配运行规律，为可再生能源的低成本接入和工业应用提供理论和技术支撑。

（4）注重电气科学与工程学科内部的交叉与融合：融合电力系统和电力电子学科，共同构建电力电子化电力系统，服务于国家能源产生和消费革命的长期国家战略；融合高压电器和电力电子学科，挖掘电力电子器件快恢复能力和高动态响应的固有特征，共同研发电力电子高压电器，服务于特种电工装备等国家重大需求；融合电机和电力电子学科，实现电机本体与变流装备的协调优化运行，共同构建高效能高品质电机系统，服务于"中国制造2025"的国家战略目标。

可以看到，随着我国国民经济和社会的迅速发展，对电力电子装置和系统的需求越来越高，将更进一步推进我国电力电子学科和产业的快速发展。

—— 参考文献 ——

［1］工业和信息化部. 高端装备制造业"十二五"发展规划［Z］. 2012.

［2］http://www.lgbt8.com.

［3］Y Miki, M Mukunoki, T Matsuyoshi, et al. High speed turn-on gate driving for 4.5kV IEGT without increase in PiN diode recovery current［C］// 2013 25th International Symposium on Power Semiconductor Devices and ICs（ISPSD），2013: 347-350.

［4］Z Chen, K Nakamura, A Nishii, et al. A Balanced High Voltage IGBT Design with Ultra Dynamic Ruggedness and Area-efficient Edge Termination［C］//2013 25th International Symposium on Power Semiconductor Devices and ICs（ISPSD），2013: 37-40.

［5］F Bauer, I Nistor, A Mihaila, et al. SuperJunction IGBTS: An evolutionary step of silicon power devices with high impact potential［C］//2012 International Semiconductor Conference（CAS），2012: 27-36.

［6］ Z Chen, K Nakamura, T Terashima, et al. LPT（Ⅱ）–CSTBTTM（Ⅲ）for High voltage application with ultra robust turn–off capability utilizing novel edge termination design［C］//2012 24th International Symposium on Power Semiconductor Devices and ICs（ISPSD），2013: 25–28.

［7］ L Liutauras, A Kopta, M Rahimo, et al. The Next Generation 6500V BIGT Hipak Modules［C］//2013 International Exhibition and Conference for Power Electronics, Intelligent Motion, Renewable Energy and Energy Management（PCIM），2013: 337–344.

［8］ 丁荣军，刘国友. 轨道交通用高压IGBT技术特点及其发展趋势［J］. 机车电传动，2014，1: 1–6.

［9］ S Hartmann, V Sivasubramaniam, D Guillon, et al. Packaging Technology Platform for Next Generation High Power IGBT Modules［C］// 2014 International Exhibition and Conference for Power Electronics, Intelligent Motion, Renewable Energy and Energy Management（PCIM），2014: 1–7.

［10］ U Scheuermann. Extension of Operation Temperature Range to 200 ℃ Enabled by Al/Cu Wire Bonds［J］// Power Modules, Power Electronics Europe, 2012, 4: 18–20.

［11］ 窦泽春，R Stevens，忻兰苑，等. 新型压接式IGBT模块的结构设计与特性分析［J］. 机车电传动，2013，1: 10–13.

［12］ 徐凝华，吴义伯，刘国友，等. 混合动力/电动汽车用IGBT功率模块的最新封装技术［J］. 大功率流变技术，2013，1: 1–6.

［13］ 彭同华，刘春俊，王波，等. 宽禁带半导体碳化硅单晶生长和物性研究进展［J］. 人工晶体学报. 2012.41: 234–241.

［14］ A Burk, M O'Loughlin, M Palmour, et al. SiC Epitaxial Layer Grouth in a 6x150 mm Warm–Wall Planetary Reactor［C］//Materials Science Forum. 2012, 717: 75–80.

［15］ M Loboda, E Sanchez, G Chung, Progress in Grouth of Thick Epitaxial Layers on 4 Degree Off–Axis 4H SiC Substrates［C］//Materials Science Forum. 2012, 717: 137–140.

［16］ http://epiworld.com.cn/cn/index.asp.

［17］ N Kaji, H Niwa, J Suda, et al. Ultrahigh–voltage SiC PiN Diodes with Improved Forward Characteristics［J］. IEEE Transactions on Electron Devices, 2015, 62（2）: 374–381.

［18］ Y Du, J Wang, G Wang, et al. Modeling of the High–Frequency Rectifier with 10–kV SiC JBS Diodes in High–Voltage Series Resonant Type DC–DC Converters［J］. IEEE Transactions on Power Electronics, 2014, 29（8）: 4288–4300.

［19］ 黄润华，李理，陶永洪，等. 4500V碳化硅肖特基二极管研究［J］. 固体电子学研究与进展，2013，33（3）: 220–223.

［20］ 倪炜江. 3300V–10A SiC肖特基二极管［J］. 半导体技术，2014，39（11）: 822–825.

［21］ G Chen, X Song, S Bai, et al. 5A 1300V trenched and implanted 4h–SiC vertical JFET［C］//Applied Mechanics and Materials, 2012, 229–231: 824–827.

［22］ 陈刚，柏松，李赟，等. 高压SiC JFET研究进展［J］. 固体电子学研究与进展，2013，33（3）: 224–228.

［23］ S Harada, M Kato, T Kojima, et al. Determination of optimum structure of 4H–SiC trench MOSFET［C］//2012 24th International Symposium on Power Semiconductor Devices and ICs（ISPSD），2012: 253–256.

［24］ Song Qing–Wen, Zhang Yu–Ming, Han Ji–Sheng, et al. The fabrication and characterization of 4H–SiC power UMOSFETs［J］. Chinese Physics B, 2013, 22（2）: 027302.

［25］ J Palmour, L Cheng, V Pala, et al. Silicon Carbide Power MOSFETs: Breakthrough Performance from 900 V up to 15kV［C］// 2014 26th International Symposium on Power Semiconductor Devices and ICs（ISPSD），2014: 79–82.

［26］ D Disney, H Nie, A Edwards, et al. Vertical Power Diodes in Bulk GaN［C］// 2013 25th International Symposium on Power Semiconductor Devices and ICs（ISPSD），2013: 59–62.

［27］ 钱照明，张军明，盛况. 电力电子器件及其应用的现状和发展［J］. 中国电机工程学报，2014，34（29）: 5149–5161.

［28］ http://www.transphormusa.com/.

［29］ http://www.sinano.cas.cn/xwdt/kydt/201206/t20120611_3595798.html.

［30］ 肖向锋，郭彩霞. 电力电子技术和产业的发展及前景［J］. 变频器世界，2014，（04）：21-26.

［31］ 何志. 第3代半导体电力电子功率器件和产业发展趋势［J］. 新材料产业，2014，（03）：8-12.

［32］ 赵争鸣，贺凡波，袁立强，鲁挺. 大容量电力电子系统电磁瞬态分析技术及应用［J］. 中国电机工程学报，2014，（18）：3013-3019.

［33］ 华兴伟. 电力电子技术发展探析［J］. 电子制作，2014，（03）：96.

［34］ 饶宏，宋强，刘文华，罗雨，许树楷，黎小林. 多端MMC直流输电系统的优化设计方案及比较［J］. 电力系统自动化，2013，（15）：103-108.

［35］ 程晓绚，林周宏，刘崇茹，王清. MMC子模块中IGBT等效模型的仿真验证［J］. 中国电力，2013，（07）：47-51.

［36］ "十三五"国家自然科学基金电力电子学科相关讨论意见［Z］. 2015.5.

［37］ 赵争鸣，袁立强，鲁挺，贺凡波. 我国大容量电力电子技术与应用发展综述［J］. 电气工程学报，2015，第10卷，第4期：16-24.

［38］ 徐政. 柔性直流输电系统［M］. 北京：机械工业出版社，2014.

［39］ 林钟楷. 南澳多端柔性直流输电系统及其主接线［J］. 自动化应用，2014，10:76-78.

［40］ 吴浩，徐重力，张杰峰，等. 舟山多端柔性直流输电技术及应用［J］. 智能电网，2013，1（2）.

［41］ 吴方劫，马玉龙，梅念，邹欣. 舟山多端柔性直流输电工程主接线方案设计［J］. 电网技术，2014，10:2651-2657.

［42］ HVDC MaxSineTM［EB/OL］. http://www.alstom.com/products-services/product-catalogue/electrical-grid-new/hvdc/hvdc-solutions/hvdc-maxsinetm/.

［43］ http://www.chinanews.com/mil/2014/08-06/6466038.shtml.

［44］ http://hn.people.com.cn/n/2015/0312/c336521-24141329.html.

［45］ 张明元，马伟明，汪光森，等. 飞机电磁弹射系统发展综述［J］. 舰船科学技术，2013，35（10）.

［46］ 李军，严萍，袁伟群. 电磁轨道炮发射技术的发展与现状［J］. 高电压技术，2014，40（4）：1052-1064.

［47］ http://www.chinanews.com/mil/2015/04-15/7209575.shtml.

［48］ 商鹏. 激光武器的军事应用与发展动向［J］. 科技致富向导，2014，（36）.

［49］ http://zj.zjol.com.cn/news/48961.html.

［50］ http://www.guancha.cn/Science/2014_12_17_303600.shtml.

撰稿人：赵争鸣　盛　况　张　兴　游小杰

输变电装备及技术发展研究

一、引言

"十二五"期间，依托特高压技术推广和智能变电站规模建设，我国输变电设备取得显著技术进步，部分高端装备实现了"中国创造"和"中国引领"。

这一时期，为引领特高压技术进步和满足特高压工程需求，我国特高压新型设备研制取得重大进展，国际上首次研制成功的双柱式1000MVA、单台1500MVA以及可解体式1000kV变压器，±800kV平波电抗器，1000kV系统串联补偿成套装置及旁路开关和负荷隔离开关，1000kV罐式CVT，1000kV线路避雷器，1250mm^{2}大截面导线，550kN、760kN大吨位绝缘子等国际领先水平的产品先后投入运行；通过引进、消化、吸收，实现了1100kV/6300A额定开断短路电流63kA断路器、±800kV换流变压器等关键产品的国产化；自主研发成功的1000kV/200MVA可控高抗样机，±800kV、±1100kV线路避雷器样机、1000kV交流油–SF$_6$套管样机、±800kV换流变压器阀侧套管样机等产品达到国际领先或先进水平，具备了工程应用条件。

同期，随着智能变电站的规模建设、直流输电技术的发展和电网技术进步的驱动，高压、超高压电力设备取得显著技术进步，与国际领先水平的差距在逐渐缩小。自主研发的110～500kV智能变压器、±400kV换流变压器、10.5 kV/1.25 MVA高温超导变压器、110kV/240MVA高压并联电容器、±400kV直流SF6气体绝缘穿墙套管、126～363kV集成式智能隔离断路器、24 kV/25kA/160kA大容量SF6发电机断路器、±160～±320kV直流电缆、±500kV直流线路避雷器等国际先进水平的产品先后研制成功并投入安全运行。具有国际领先水平的±200kV直流断路器成套装置样机研制成功，为更高电压等级直流电网构建奠定了基础。

另外，我国在输变电设备基础研究、核心组部件研制、设备研发支撑软硬件平台建设方面取得较大技术进步。在油纸绝缘、环氧等绝缘材料直流特性研究、盆式绝缘子及直流套管材料配方及工艺研究、硅钢片性能改进研究；特高压变压器出线装置研制、特高压盆式绝缘子研制、高压电缆绝缘减薄优化、晶闸管辅助息弧变压器有载分接开关研制；特高压套管等设备试验平台、设计平台建设等方面取得众多成果，为高端装备研发提供了基础条件。

本章所涉及的输变电设备包括高压、超高压和特高压电力变压器、电抗器、开关、串联补偿装置、互感器、电容器、避雷器、电力电缆、绝缘子、套管以及用于超特高压输电系统的导地线、金具和杆塔。本部分将结合我国输变电装备最新研究进展、输变电装备发展趋势分析与展望、输变电装备创新发展机制分析与建议三个方面，及时总结我国近几年关于输变电设备发展所取得的成绩，发现存在的不足和面临的困难，展望未来的发展方向与对策，并提出相关发展建议。

二、输变电装备最新研究进展

（一）变压器类

"十二五"期间，我国变压器类装备研制在"十一五"的基础之上取得了显著进步，包括特高压电压高端装备、智能设备以及新型设备等方面。第一，在特高压变压器方面，1000MVA 特高压变压器在三柱结构基础之上实现了两柱结构，单柱容量 334MVA 提升至 500MVA；特高压变压器单台容量成功研制出 1500MVA 样机，并实现了局部解体和全部解体不同方式，解决了由于运输限制对于大容量特高压变压器的限制；第二，在特高压电抗器方面，在原有的双器身和单器身结构上实现了单柱 320Mvar 的提升，并且也成功研制了可控特高压电抗器样机；第三，在特高压换流变压器方面，高端换流变（±800kV）通过消化吸收，实现了国产化；第四，特高压出线装置成功实现国产化；第五，随着我国智能电网发展，也成功研制了 110 ~ 500kV 智能化变压器样机；第六，在超导变压器方面，完成了 10.5 kV/1.25 MVA 高温超导变压器的研制，并开始挂网运行。

1.特高压交流变压器

"十一五"期间，为解决并验证特高压变压器绝缘设计，验证绕组端部、引线等主、纵绝缘设计，漏磁和温升控制等设计方案有效性，2008 年，我国成功研制了 1000MVA、1000kV 变压器（三柱结构），并应用于晋东南—南阳—荆门特高压试验示范工程。"十二五"期间，在特高压变压器单柱容量 334MVA 研制成功基础之上，我国进一步开展单柱 500MVA 的特高压变压器设计，并于 2010 年成功研制 1000MVA、1000kV 变压器（两柱结构），成功解决了由于单柱容量提升带来的漏磁控制问题，并在晋东南—南阳—荆门特高压试验示范工程的扩建工程中投入应用，为后续进一步提高特高压变压器容量奠定了基础，同期，成功研制了 400MVA 的特高压升压变样机，并在后续工程中投入运行；2011 年成功研制了 1500MVA、1000kV 变压器（三柱结构），实现了特高压变压器容量的提升，与特高压输电线路输电容量更好的匹配；在此基础之上，为解决容量提升导致变压器运输受限的问题，我国于 2013 年和 2014 年分别成功研制了局部解体和全部解体式 1500MVA 特高压变压器，彻底解决了运输对于特高压变压器应用的限制。

特高压变压器单柱绕组容量的提升，在借鉴以往成熟的特高压大容量变压器设计和经验基础上进行，成功解决了由于单柱绕组容量增加所带来的漏磁控制、绕组温升，并解决了新设计的特高压变压器的主纵绝缘强度、抗短路能力、油箱强度、结构优化等方面难点。

我国研制成功的特高压变压器，绝缘水平、损耗值、噪声水平等技术性能指标全面超越了日本（上世纪 90 年代）及苏联的产品，并且实现了无局放绝缘结构设计，整体达到了国际领先水平。以损耗为例：与日本相比，空载损耗低近 50%，负载损耗低近 40%；与苏联相比，空载损耗低 40% 左右，单位容量的负载损耗低 10% 以上。国内外技术指标比较如表 1 所示。其中，日本制造的变压器指东芝研制的双体式变压器，即由两台 1000kV、500MVA 变压器现场组装而成。表中 OFAF 指强油循环风冷，ODAF 指强油导向油循环风冷。

表 1 特高压变压器主要技术指标国内外比较

制造国家技术指标			中国	日本	苏联	意大利
最高电压 U_m/kV			1100	1100	1200	1050
额定容量 /MVA			1500/1500/500	1000/1000/400	667/667/180	200/200/50
额定电压 /kV			$(1050/\sqrt{3})/$ $(525/\sqrt{3})/110$	$(1050/\sqrt{3})/$ $(525/\sqrt{3})/147$	$(1150/\sqrt{3})/$ $(500/\sqrt{3})/20$	$(1000/\sqrt{3})/$ $(400/\sqrt{3})/24$
一次分接			±5%（9 档）	±7%（27 档）	—	—
冷却方式			OFAF	ODAF	—	—
引出线方式			套管	GIS	套管	电缆
调压方式			中性点无励磁调压	中性点有载调压	—	—
绝缘水平	高压	（全波/截波）/kV	2250/2400	1950	2550/2800	2250
		操作冲击 /kV	1800	1425	2100	1800
		工频 /kV	1100（5min）	1100（5min）	1100（1min）	$1.5×1050/$ $\sqrt{3}$（1h）
	中压	（全波/截波）/kV	1550/1675	1300	1550/1650	1300
		操作冲击 /kV	1175	—	1230	—
		工频（1min）/kV	630	550（5min）	630	—
	低压	（全波/截波）/kV	650	750	—	95
		工频（1min）/kV	230	325	—	—
	中性点	（全波/截波）/kV	185	—	—	—
		工频（1min）/kV	85	185	—	—
空载损耗 P_0/kW			280	350	280	
负载损耗 P_k/kW			2270	2346	1100	—
短路阻抗 U_k/%			18	18	12.5	15

2. 特高压并联电抗器

特高压交流输电线路充电功率大约是 500kV 线路的 4 ~ 5 倍，为限制工频过电压、控制线路电压水平，长距离的特高压输电线路需要安装一定比例的高压并联电抗器，用以补偿线路的充电电流，并与低压无功补偿设备配合一起实现无功平衡。

苏联在特高压工程中采用了高压并联电抗器限制工频过电压、控制线路电压水平。日本在特高压工程未采取此类方式，因此并没有相关产品。

"十一五"期间，我国相继成功研制了 200Mvar、240Mvar 和 320Mvar 特高压并联电抗器，其中 320Mvar 单体容量世界最大，在此期间，我国不同制造厂，根据容量和技术等不同因素，成功研制了双芯柱带两旁轭和双器身不同结构型式的特高压并联电抗器，并在工程中得到应用。"十二五"期间，我国又成功研制出了单柱带两旁轭特高压并联电抗器样机，解决了漏磁控制，以及由于漏磁带来的振动等问题。图 1 给出不同的特高压并联电抗器铁心结构。

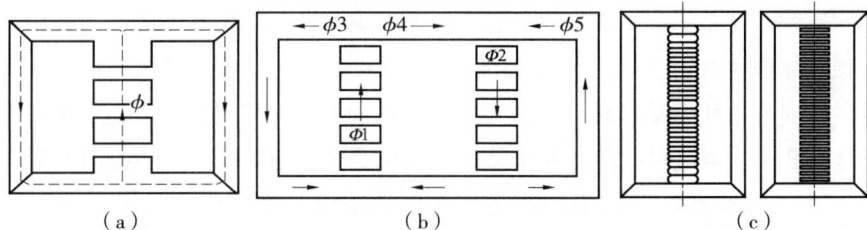

图 1　特高压并联电抗器铁心结构

（a）单柱带两旁轭结构；（b）双芯柱带两旁轭结构；（c）双器身结构

我国研制成功的特高压并联电抗器，损耗值等关键技术性能指标全面超越了国际上同类产品，整体达到了国际领先水平。以研制成功的 320Mvar 产品为例与苏联产品比较如表 2 所示。

表 2　特高压并联电抗器主要技术指标国内外比较

主要技术指标			苏联	中国
额定容量（Mvar）			300	320
额定电压（kV）			$1200/\sqrt{3}$	$1100/\sqrt{3}$
额定电流（A）			430	504
试验电压	工频（kV）		1100（1min）	1100（5min）
	雷电冲击	全波（kV）	2500	2250
		截波（kV）	2800	2400
	操作冲击（kV）		2100	2100
	中性点工频试验（1min）（kV）		120	230

续表

主要技术指标		前苏联	中国
损耗（kW）		900	580
整体设备尺寸（包括冷却系统）	长（m）	14.1	13.42
	宽（m）	7.2	10.54
	高（m）	15	18.4
设备整体重（t）		300	350
运输重（t）		215	198

3. 可控特高压电抗器

"十二五"期间，根据未来工程需求，为实现技术储备，我国成功研制了 1000kV/200MVA 特高压分级式可控高抗（单相）样机。

在国外，俄罗斯可生产磁阀式可控电抗器和高阻抗式电抗器，前者最高电压等级为 500kV，单相容量为 60Mvar；后者最高电压等级为 400kV，容量为 50Mvar。其中，磁阀式电抗器在独联体国家有所应用，包括 330kV、220kV 和 110kV 电压等级，但基本上是与电容器组并联，安装与变电站母线上，作为系统无功调节用；高阻抗式可控电抗器在印度有试点，也是安装于变电站母线侧。对于特高压电压等级，国外没有相关应用案例。

我国特高压可控高抗本体采用高阻抗变压器结构，是世界上电压等级最高、单台容量最大的高阻抗变压器型可控高抗本体，各项技术性能指标要求极高：损耗低、噪声低、局放小、振动低、可靠性高。由于单台容量大，漏磁通大，铁心绕组结构突破了 500/750kV 分级式可控高抗本体和特高压变压器的结构型式，研制的主要技术难点包括本体漏磁场控制、本体主纵绝缘结构和高压引线研究、本体损耗控制、本体降低振动和噪声研究、本体油箱机械强度和运输、本体冷却系统设计等。表 3 给出了该电抗器的主要技术参数。

表 3　1000kV/200MVA 分级式可控并联电抗器主要技术参数

名　称	项　目	参　数　值
额定值	型式或型号	户外、单相、油浸、铁心分级式可控并联电抗器
	a. 额定频率（Hz）	50
	b. 额定电压（kV）	
	高压绕组	1100
	低压绕组	63
	c. 额定容量（Mvar）	200
	d. 额定电流（A）	
	高压绕组	315
	低压绕组	3175

名　称	项　目	参　数　值	
额定值	e. 额定短路阻抗电压（%）及允许偏差（%）	额定短路阻抗电压（%）	允许偏差（%）
		91.22	−5 ～ +5
	三相偏差	2	
	f. 相数	单相	
	g. 联接方式	—	
	高压绕组	星形连接	
	低压绕组	星形连接	
	h. 中性点接地方式	—	
	高压侧	经中性点电抗器接地	
	低压侧	直接接地	
	i. 冷却方式	ONAN/ONAF	
励磁特性（100%额定容量下运行）U_N=1100/kV	1.4 U_N 下的电流不大于 1.4 倍额定电流的百分数	3%	
	1.4 U_N 和 1.7 U_N 的连线平均斜率不小于初始斜率的百分数	50%	
	当施加正弦波额定电压，电流的三次谐波分量最大允许峰值为基波额定电流峰值的百分数	3%	
	在 0 ～ 1.4 U_N 下，可控并联电抗器伏安特性	线性	
振动限值（限值，峰－峰）	平均值	40	
	最大值	90	
	油箱底部	30	

4. 特高压换流变压器

依托国内特高压直流工程建设，国外 ABB 和 SIEMENS 公司成功研制了特高压换流变压器，"十一五"期间在我国特高压直流工程得到应用。

国内变压器制造企业依托特高压直流工程建设，通过合作，引进了相关技术，也实现了特高压高端换流变制造，并在工程中得到应用和考核。

±800kV 换流变一般采用单相双绕组方案，铁心为单相四柱（或五柱）式结构，中间两个柱子上套绕组，外边两个旁柱作为磁通回路，不套绕组。两个主柱上的绕组在电气上并联连接，单相四柱式换流变压器的绕组见图 2。成功解决了阀侧绝缘，包

图 2　换流变压器线圈结构

括极性反转条件下的各部位的绝缘，漏磁控制等方面的问题，特高压换流变的绝缘水平和试验电压如表4所示。

表4　800kV 换流变绝缘水平和试验电压

名　称		网侧绕组（kV）	阀侧绕组（kV）			
			Y1	Δ1	Y2	Δ2
雷电全波 LI	端1	1550	1800	1550	1300	1175
	端2	185	1800	1550	1300	1175
雷电截波 LIC（型试）	端1	1705	1980	1705	1430	1293
	端2	—	1980	1705	1430	1293
操作波 SI	端1	1175	—	—	—	—
	端2	—	—	—	—	—
	端1+端2	—	1620	1315	1175	1050
交流短时外施（中性点）	端1+端2	95	—	—	—	—
交流短时感应	端1	680	—	—	—	—
交流长时感应＋局放	端1（U_1）	550[①]	178	307	178	307
	端1（U_2）	476[②]	154	265	154	265
交流长时外施＋局放	端1+端2	—	912	695	479	262
直流长时外施＋局放	端1+端2	—	1258	952	646	341
直流极性反转＋局放	端1+端2	—	970	715	460	205

注：① $U_1=1.7\times U_m/\sqrt{3}$，$U_m$ 为设备最高工作电压；② $U_1=1.50\times U_m/\sqrt{3}$，$U_m$ 为设备最高工作电压。

另外，在"十一五"期间，我国成功研制了世界领先的 ±800kV 平波电抗器（干式），并在工程中得到应用。

5. 智能变压器

"十二五"期间，国内主要变压器制造企业与二次设备制造企业、研究院所、高校企业密切合作，实现了电力变压器本体与相关测控、监测、保护等二次功能的融合设计，提升了有载分接开关（OLTC）、冷却器的智能控制水平，先后成功研制了国际领先水平的 110 ～ 500kV 智能电力变压器样机，并挂网运行，扩展了电网运行控制的决策信息维度。

智能电力变压器是由电力变压器本体、传感器和智能组件组成的有机体，本体集成了油温、油压、光纤绕组温度、局部放电、铁心接地电流、油中溶解气体等传感器，智能组件内各智能电子装置基于 IEC 61850 标准完成了传感器信息及合并单元电压、电流采样值等监测信息的高度共享；实现了 OLTC 的智能保护及控制、冷却器节能控制、非电量保护及运行状态的智能评估；具备了与电网调度控制系统进行信息交互的功能，其物理构成示意图如图3所示。

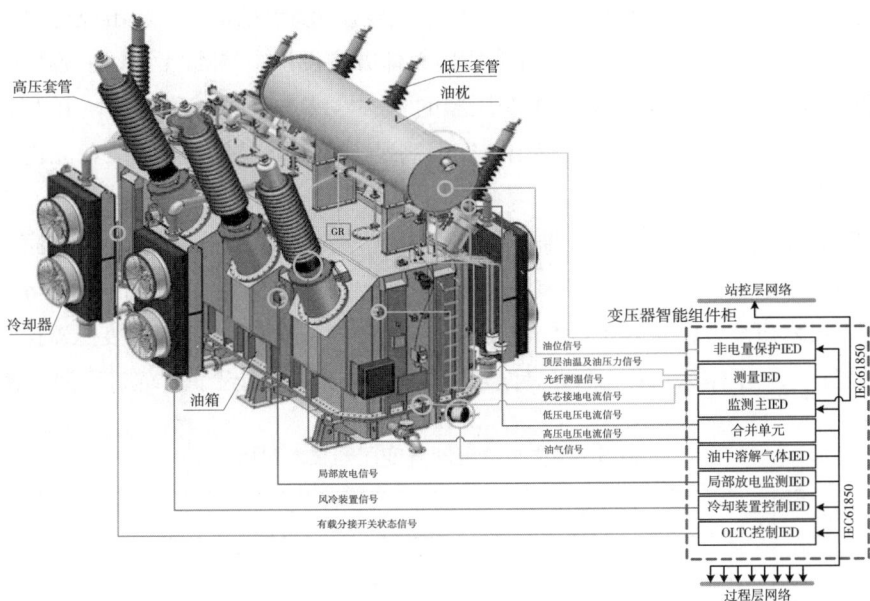

图 3　智能变压器示意图

OLTC 作为变压器本体中唯一可以动作的设备，是其智能化的重要环节。国内基于混合开断原理，提出了基于悬浮电位电极供能的晶闸管无源触发原理，通过将 KM 型开关的并联双断口改进为串联双断口，利用伸缩触头技术控制晶闸管门极与阴、阳极之间接通的时间差，创造性地实现了晶闸管模块的无源触发和晶闸管辅助熄弧混合式 OLTC 的切换时序控制。2012 年自主研发了国际上首台 35kV 晶闸管辅助熄弧混合式 OLTC 实验室模型，实现了微弧（mA 级，用于晶闸管的无源触发）开断，在此基础上 2013 年底又研制了 110kV 工程样机，通过了功能性及可靠性试验以及整套 OLTC 型式试验，其额定电流达到 600A，额定级容量达到 1500kVA，最大额定级电压为 330V。该技术的应用有效地解决了机械式 OLTC 电弧污染变压器油的问题，减少了原油消耗，延长了 OLTC 电气寿命，同时保留了原机械式触头的结构作为全功能后备保护，提高了切换可靠性。

智能电力变压器已经成为电网运行状态感知及智能控制的重要组成部分，大幅提升了变电站乃至电网的智能化水平。

6. 高温超导变压器技术

2014 年，我国完成了 10.5 kV/1.25 MVA 高温超导变压器的研制，实现挂网运行，验证了目前高温超导材料的实用性能和用于构造变压器的技术可行性，同时解决了高温超导多根带材并联饼式绕组绕制工艺和引线过渡接头难题，在真空绝热气冷电流引线、玻璃钢杜瓦制造等关键技术上取得了积极进展。2015 年，立足液氮环境下绝缘材料性能、绝缘结构设计和制作工艺的长期深入研究，输电电压等级变压器低温高电压绝缘技术获得突破，110kV 输电电压等级超导变压器绕组纵绝缘和高压套管通过性能测试；基于高载流超导复合化导体，通过电磁、传热、力学等多约束优化和绕组稳定性、冲击波过程等性能分析，现已完成 110kV/25 MVA 高温超导变压器总体方案设计。25MVA 及以上容量超导变压器体积和重量可减小至同容量的常规变压器的 40% ~ 60%，过载不会影响其寿命，减少了分接开关转换的需求，环保性能突出，能够满足了未来智能化变电站装备先进、高效集成、安全环保等技术要求。

与国际水平相比较，我国是除瑞士外唯一进行高温超导变压器工程示范的国家，截至目前运行容量世界最大，且考虑到制冷功耗系统综合效率达到 99.04%；在输电电压等级大容量超导变压器技术研发方面与国际同步，高载流复合化导体研发和限流超导变压器探索正在取得不断进展；这些工作标志着我国在高温超导变压器技术领域处于世界先进行列（表 5）。

表 5　国内外高温超导变压器技术对比

	国内水平		国外水平	
	工程示范	技术研发	工程示范	技术研发
额定电压	10.5 kV/0.4 kV	110 kV/10.5 kV	18.72kV/0.42kV	154 kV/23 kV
额定电流	69 A/1.8 kA	131 A/1.4 kA	11.2A/866 A	225 A/1.5 k A
容　　量	1.25 MVA	25 MVA	630 kVA	60 MVA
功能集成	无	限流功能	无	无
超导材料	BSCCO	YBCO 复合化导体	BSCCO	YBCO 并联

（二）开关类

"十二五"期间，特高压开关设备、智能开关设备等取得了重大技术进步。第一，额定电压 1100kV，额定电流 6300A，额定短路开断电流 63kA 的特高压交流 SF_6 气体绝缘金属封闭开关设备实现国产化；第二，额定电压 1100kV 特高压交流旁路开关、旁路负荷隔离开关在国际上首次研制成功；第三，额定电压 24kV，额定电流 25000A，额定短路开断电流 160kA 的大容量 SF_6 发电机断路器成套装置成功实现自主研制；第四，额定电压 126 ~ 363kV 集成式智能隔离断路器成功实现自主研制；第五，±800kV 直流转换开关、±200kV 直流断路器成套装置研制成功。

1. 特高压交流 SF_6 气体绝缘金属封闭开关

2011 年，国产额定电压 1100kV，额定电流 6300A，额定短路开断电流 63kA 的特高压交流 SF_6 气体绝缘金属封闭开关设备研制成功并挂网运行。产品采用双断口和四断口灭弧室方案，配用大功率液压或液压弹簧机构，开发中攻克了灭弧室开断性能、绝缘性能以及通流能力等技术难题。该项成果技术达到国际领先水平，与国外同类产品参数比较见表 6。该产品的研制成功标志着我国在该领域通过引进技术、消化吸收后实现了创新提升。

表6 国内外特高压交流 SF₆ 气体绝缘金属封闭设备参数对比

项　目	国内水平	东芝	三菱	日立
额定电压（kV）	1100	1100	1100	1100
额定电流（A）	6300/8000	6300/8000	6300/8000	6300/8000
额定短路开断电流（kA）	63	50	50	50
断路器断口数	2/4	2	2	2
额定工频耐受电压（kV）（对地）	1100	1100	1100	1100
额定雷电冲击耐受电压（kV）（对地）	2400	2250	2250	2250
断路器操动机构	液压机构/液压弹簧机构	液压机构	液压机构	液压机构

2. 特高压旁路开关、旁路隔离开关

2010 年，我国自主研发的特高压交流 1000kV 工程串联补偿用旁路开关研制成功，断口额定电压 252kV，对地额定电压 1100kV，额定电流 6300A，合闸时间小于 30ms，重投入电流 10kA，旁路关合电流 160kA。通过设计大容量灭弧室及其介质恢复强度和大功率液压操动机构等，解决了提高设备合闸速度和灭弧室开断水平等难题。旁路开关合闸时间短，避免了恢复电压幅值较高、持续时间较长对电容器组造成的危害，同时也满足了关合幅值和频率都较高的工频短路电流与电容器组放电电流叠加电流的要求。与国外同类产品参数比较见表7。

表7 国内外公司特高压交流 1000kV 工程串联补偿用旁路开关参数对比

项　目	国内公司产品	国外公司产品
灭弧室结构	双断口	单断口
断口额定电压（kV）	252	252
对地额定电压（kV）	1100	1100
额定电流（A）	6300	6300
合闸时间（ms）	< 30	< 35
重投入电压（kV）	390	390
重投入电流（kA）	10	10
旁路关合电压（kV）	430	430
旁路关合电流（kA）	160	160
短时耐受电流（kA/s）	63/2	63/2
短时候耐受电流峰值（kA）	170	170
操动机构	液压操动机构	弹簧操动机构

2010年，我国自主研发的特高压交流1000kV工程串联补偿用旁路隔离开关研制成功，其中串联隔离开关额定电压1100kV，额定电流6300A，短时耐受电流能力63kA/2s，短时耐受电流峰值170kA，采用三柱水平双断口和旋转翻转式触头结构，单侧或双侧可加装接地开关。并联隔离开关断口额定电压550kV或1100kV，对地额定电压1100kV，额定电流6300A，转换电流开合能力7kV/6300A，可采用三柱水平双断口和旋转翻转式触头结构、双柱水平断口折叠式结构。通过在主触头并联包含真空断路器的辅助熄弧回路，并设计辅助触头、真空断路器和主触头的动作时序，攻克了大幅度提高隔离开关转换电流开合能力的难题，满足了辅助旁路开关投入和退出串联补偿装置的需要。

综上，国产特高压交流1000kV工程串联补偿成套装置的研制并成功投入商业运行，标志着我国在该领域达到国际领先水平。

3. 大容量SF₆发电机断路器成套装置

2013年，我国自主研发的额定电压24kV，额定电流25000A，额定短路开断电流160kA的大容量SF_6发电机断路器成套装置研制成功。通过设计整体结构型式和配置触头侧冲击电容器、研制新型散热结构等，攻克了包含极强直流分量的短路电流开断能力、失步开断能力、延时电流零点短路电流开断能力等技术难题，可缩短故障恢复时间，提高机组可用率，简化厂用电切换及同期操作，提高系统运行可靠性。

该产品研制成功并投入商业运行，标志着我国已经成为世界上少数可以进行该类高端设备生产的国家之一。与国外同类产品参数比较见表8。

表8 国内外SF_6发电机断路器成套装置参数对比

项 目	国内公司产品	国外公司产品
额定电压（kV）	24	25.2/27.5/30
额定电流（A）	25000	28000/38000
额定短路开断电流（kA）	160	160/190/200

4. 智能开关

2015年，我国研制成功126 ~ 363kV集成式智能隔离断路器并实现了挂网运行。通过动静触头接触设计、静弧触头材料选用以及灭弧室电场结构优化，解决了E2级电寿命试验后的灭弧室仍满足隔离断口绝缘水平的难题，同时攻克了断路器支撑绝缘套管和电子式互感器传输光纤一体化制造技术，可实现将断路器、隔离开关、接地开关、有源或无源电子式电流互感器、SF_6气体和机械状态监测装置集成为一体，大幅减少了变电站占地面积和现场维护工作量，同时提高了设备集成度水平，可降低SF_6气体使用量，满足系统高度集成、结构布局合理、装备先进适用、经济节能环保的要求。

目前国内研制的集成式智能隔离断路器设备额定电压等级已达到国际最高水平，与国外同类产品参数比较见表9。它的研制成功并投运标志着我国在智能化开关设备领域走在世界的前列。

表9 国内外集成式智能隔离断路器参数对比

项　　目		国内水平	国外水平
最高额定电压（kV）		363	363
最高额定电流（A）		5000	4000
最高额定短路开断电流（kA）		50	50
电寿命能力		E2 级	E1 级
集成电子式电流互感器	原理	有源、无源	无源
	环境温度（℃）	− 40 ~ + 70	− 40 ~ + 40
	准确度等级	0.2S	0.2
集成状态监测		SF₆ 气体、机械状态	无

另外，2012 年开始，国内陆续研制成功将电子式互感器、传感器和二次保护、控制、通讯、诊断装置与传统 GIS 集成为一体的 126kV、252kV 智能化 GIS，并已在智能变电站中应用。它们的研制成功并投入运行标志着我国在该领域走在世界的前列。

5. 特高压直流工程配套的开关

2010 年，额定电压 ±800kV、转换电流 5300A 的特高压直流转换开关研制成功。通过研究直流转换开关电弧理论、分析和计算直流转换开关在直流输电系统运行方式转换过程或故障处理过程中承受的电流、电压及能量等电气参数、设计成套电气与结构、研究试验方法并建设试验能力，攻克了大电流转换能力的技术难题。解决了直流系统中线路电流从金属极线和大地回线之间的转换，由于直流电流没有过零点，所以采用自激振荡或强迫振荡方式叠加高频电流，以使直流转换开关的总电流出现零点并能在电流过零后熄弧。满足了我国 ±800kV、±1100kV 特高压直流输电示范工程建设的需要。

表10 国内外转流转换开关参数对比

项　　目	国内直流转换开关	国外金属回路转换开关（MRTB）	国外大地返回转换开关（GRTS）	国外中性母线开关（NBS）	国外中性母线接地开关（NBGS）
额定电流（A）	5300	4120	4120	4815	4815
换向电压（kV）	800	120	50	50	20

我国研制的特高压直流转换开关电流分断能力居世界领先水平，与国外同类产品参数比较见表10，标志着我国掌握了特高压直流输电系统直流场核心技术，使我国成为少数

掌握和拥有特高压直流转换开关设计、集成和试验技术的国家。

2014年,我国在国际上首次研制成功 ±200kV 高压直流断路器,可以实现 3ms 内开断 15kA 的故障电流。该直流断路器采用超高速机械隔离开关与大功率 IGBT 全桥级联组件相结合的混合式拓扑结构,具有双向通流、无弧、限流分断和低损耗等创新性特点,同时攻克了直流断路器高电位复合供能、毫秒级动作机械开关、快速故障检测等关键技术难题,采用电气与机械结构可协同扩展的模块化设计方案,可实现直流断路器在各个电压等级的灵活扩展。高压直流断路器能够快速清除直流系统故障,隔离故障区域,限制故障扩散范围,实现直流系统和设备的可靠保护。高压直流断路器的研制成功,解决了直流领域故障电流分断的百年技术难题。直流断路器可应用于多端直流输电系统、架空线柔性直流输电系统和未来直流电网,为我国直流输电向网络化发展奠定坚实的技术和装备基础。

我国研制成功的 ±200kV 高压直流断路器在国际上的同类产品中额定电压等级最高、开断电流最大、开断速度最快,整体技术达到世界领先水平。与国外同类产品参数比较见表 11。

表 11　国内外直流断路器参数对比

项　目	国内水平	ABB	ALSTOM
额定电压（kV）	±200	±80	±120
额定电流（kA）	2	2	1.5
开断电流（kA）	15	8.5	5.2
开断时间（ms）	3	5	5.5

（三）互感器

随着特高压和智能电网的建设,我国互感器与电容器设备实现了电压等级、运行可靠性的进一步提高,结构种类不断完善;研制出特高压罐式电容式电压互感器并已挂网试运行;包括全光纤电流互感器在内的电子式互感器可靠性较"十一五"有了很大提高,商业试运行已延伸至 500kV 至 750kV 智能变电站;110kV 高压并联电容器技术方面也取得了显著进步。

1. 罐式电容式电压互感器（罐式 CVT）

特高压电网是我国的主干电网,特高压电压互感器是其中的重要设备。我国特高压 GIS 设备采用罐式电磁式电压互感器（罐式 PT）,存在可能与电网发生铁磁谐振的风险,且陡波冲击耐受能力弱,有必要研制一种新型罐式电压互感器,解决可能与系统发生串联谐振的问题,并进一步提高绝缘可靠性。针对特高压 GIS 设备对罐式电压互感器的要求,我国科研单位发明了 1000kV 罐式电容式电压互感器（罐式 CVT）,并攻克了绝缘结构设计、关键技术参数确定、传递过电压抑制、等效试验方法、运行误差获取等一系列技术难题,完成了 1000kV 罐式 CVT 研制、型式试验及长期带电考核。形成了一套 1000kV 罐式 CVT 制造工艺、性能考核试验方法体系,编制及颁布了相应的行业标准,为后续推广应用奠定基础。

罐式 CVT 采用了一种高频波抑制技术，有效地降低了 CVT 传递过电压的幅值和等效频率，并在 220kV GIS 试验平台上进行验证试验，可将快速陡波（VFTO）的幅值衰减 50% 左右，最高行波频率降低 2 个数量级。理论计算表明，这一技术对多雷电冲击波也有很强的抑制效果。

国内研制的 1000kV 罐式 CVT，在国内外尚属首次，额定电压：$1000/\sqrt{3}/0.1/\sqrt{3}/0.1/\sqrt{3}/0.1/\sqrt{3}/0.1$kV，额定电容量：500pF，准确级：0.2/0.5/0.5（3P）/3P，该设备已挂网运行，至今运行情况良好。该设备的研制填补了国内空白，打破了国外在 1000kV GIS 用电压互感器制造领域的技术垄断。同时，其新型结构设计还可在 750kV 及以下电压等级的罐式电压互感器中应用，对低电压等级高压电气设备设计具有指导性作用。

2. 电子式互感器

智能电网是国家规划重点培育的战略性新兴产业之一，互感器是智能电网的基础核心设备。电磁感应原理互感器技术已经在常规输变电领域长期广泛应用，但其安全性、暂态性能等难以完全满足智能电网新的更高要求。电子式互感器融合了高电压、电磁场、传感器、微处理器、光通信、以太网等多学科技术成果，具有绝缘性能好、抗干扰能力强、准确度高等优点。

"十二五"期间，国家电网公司下属科研机构建立了电子式互感器模拟运行试验平台，模拟电网运行状态下的多种电磁干扰，在电子式互感器产品可靠性研究与模拟实际工况考核方面做了大量工作，电子式互感器在 110 ~ 750kV 智能变电站都已挂网投入运行。ECT 抗电磁干扰能力、抗温度变化干扰能力和长期运行性能得到了显著提升。ECT 在 1% ~ 150% 额定电流（63kA）范围内满足测量精度（0.2 级），在 150kA 范围内满足保护精度要求（5P），运行温度范围为 –40℃ ~ 70℃，运行性能在特高压断路器操作振动时仍满足工程技术要求。在已投运的特高压交流浙北—福州工程中，特高压全光纤电流互感器在浙北和浙中站中挂网试运行，电子式电流互感器在工程应用方面已达到国际领先水平。

EVT 方面，提出了带有等电位梯度屏蔽措施的小电容量耦合电容分压器，将额定电容量从 5000pF 降低至 200 ~ 1000pF 以内，同时保证了其抵御周边电场及临近效应干扰的能力，使得暂态过电压通过耦合电容分压器的脉冲电流降低了一个数量级左右，有效抑制了暂态地电位的升高、降低了暂态过程对 EVT 二次系统的侵扰程度。

（四）串联电容器补偿装置

"十二五"期间，在吸取国产 500kV 超高压串补研制和运行经验的基础上，研制了具有完全自主知识产权的 1000kV 交流特高压串联补偿装置。特高压串补主要解决了应用串补对系统特性影响、串补关键技术参数的优化选取、控制保护和测量系统的强抗电磁干扰能力、超大容量电容器组的设计和保护、串补火花间隙的通流能力及动作可靠性、限压器的压力释放能力及均流性能、旁路开关的快速开合能力以及阻尼装置、光纤柱、电流互感器的结构设计等关键技术问题；攻克了特高压、超大电流、超大容量条件下，串补主设备多项关键技术指标接近达到性能极限的难题，研制出成套特高压串补一次设备，并全部实现了国产化。

1. 电容器组

串补用电容器组是实现串补功能的基本物理元件，是串补装置的关键设备之一。单套特高压串补电容器数量多达 2500 台，为 500kV 串补的 3 ~ 4 倍。我国科研单位攻克了大补偿容量下电容器单元的大量串并联难题。首次提出了双 H 桥保护方案，结合花式接线技术，解决了电容器不平衡电流检测灵敏性和注入能量控制之间的配合难题，同时解决了串联电容器组可能群爆的技术难题。

2. 限压器

针对特高压串补提出的极为苛刻的可靠性要求，专门优化了电阻片的配片方法，使电阻片柱间分流系数从超高压串补的 1.10 降至 1.03。采用特殊设计的压力释放结构，在瓷外套限压器单元高度达 2.2m、内部无隔弧筒的情况下，压力释放能力达到了 63kA/0.2s。

3. 火花间隙

特高压串补用火花间隙的额定电压达到 120kV，远高于超高压串补用火花间隙的 80kV；电流承载能力达到 63kA/0.5s（峰值 170kA），是超高压间隙的 2.5 倍。研制的火花间隙具有精确、可控、稳定的触发放电电压以及足够的故障电流承载能力（63kA，0.5s），百微秒级触发放电时延，主绝缘快速恢复能力（在通过 50kA/60ms 电流后，间隔 650ms 时恢复电压达 2.17p.u.），强抗电磁干扰能力等性能。

4. 串补平台

研制出紧凑化、大载荷、高抗震等级的特高压串补平台，形成了国际独有的特高压串补真型试验研究能力；建立了复杂多设备三维力学和场强分析模型，提出了一体化、大包围结构的三段母线式平台设备紧凑化布置和支撑方案，解决了超重平台（200t）的抗震、绝缘配合及电磁环境控制等难题；建设了特高压串补真型试验平台，形成了串补平台大尺度外绝缘配合、电晕及空间场强、平台上弱电设备电磁兼容等试验能力，填补了特高压串补试验研究的空白。

5. 平台上弱电设备的电磁兼容

攻克了特高压串补平台上暂态过电压控制及弱电设备在高电位、强干扰下的电磁兼容等技术难题，研制出具有极强抗电磁干扰能力的串补平台测量系统、火花间隙触发控制箱。

2011 年 12 月 16 日成功投入运行的世界上首套特高压串补装置，装置额定电流达 5080A、额定容量达 1500Mvar，主要技术指标居世界第一，将特高压试验示范工程输送能力提高了 100 万 kW，实现了单回特高压线路稳定输送 500 万 kW 的目标。标志着我国已掌握了高可靠性特高压串补核心技术并形成了生产能力，带动了相关技术和产业的发展，为我国占领世界输电技术领域制高点提供了新的技术支撑。

（五）避雷器

"十二五"期间，我国避雷器行业在交流 1000kV 避雷器性能提升、高压及特高压直流系统避雷器研制、交流 1000kV 线路避雷器及 ±500kV 直流线路避雷器研制、1100kV 直流线路避雷器研发等方面取得了重大进步。

1. 交流 1000kV 避雷器

2012 年，交流 1000kV 避雷器抗弯和抗震性能大幅提高，具备了兼做支柱绝缘子的条件，特高压变电站高抗回路中原有的支柱绝缘子得以取消。这一改变不仅大幅降低了变电站高抗回路的占地面积，同时也提高了整个高抗回路的抗震能力。

2014 年，通过采用四柱并联、五个单元节串联的结构形式以及外部均压环和内部均压电容相配合等技术手段，解决了抗震、电压分布等多项技术难题，成功研制出 e 级污秽地区用交流 1000kV 避雷器。该避雷器统一爬电比距达 53.6mm/kV，轴向电压分布不均匀系数限制在 15% 以下，可通过 0.2g 水平加速度下的抗震试验。

2015 年，国内科研和制造单位联合攻关，通过采用"塔型结构、等应力设计"的结构设计方法，同时合理增大法兰胶装比以充分发挥高强瓷的机械强度，成功研制出了能够通过水平加速度为 0.3g 的地震试验，弯曲负荷耐受能力理论计算值不低于 80kN 的高强度交流 1000kV 避雷器。

图 4 给出了地震试验中的交流 1000kV 避雷器的典型电压分布试验曲线图。表 12 给出了高强度交流 1000kV 避雷器的关键参数。

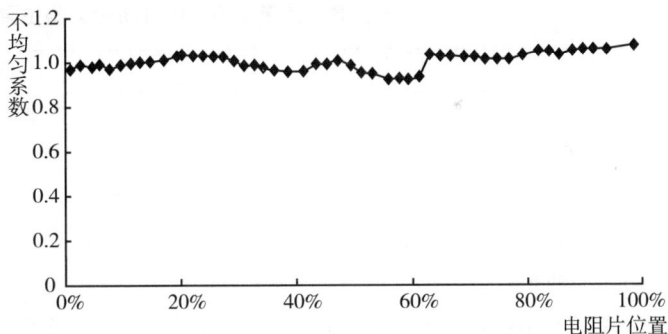

图 4　电压分布试验中的特高压避雷器

表 12　高强度交流 1000kV 避雷器的关键参数

瓷套	内径［mm］	壁厚［mm］	瓷套［mm］	瓷件［mm］	胶装比（上／下）
第 1 节	380	35	2810	2660	0.40/0.40
第 2 节	450	50	2810	2660	0.40/0.45
第 3 节	550	50	2810	2660	0.45/0.45
第 4 节	600	60	2810	2660	0.45/0.45

2. 直流系统避雷器

2009 年以来，针对直流避雷器在不同电压波形下电阻片的长期耐受能力、直流电压下外套的绝缘耐受（尤其是污闪）以及直流系统避雷器吸收能量大、保护水平要求高等问题和难点，我国在高性能电阻片的研发和直流背靠背老化试验验证方法、耐污能力强的憎水性复合外套研发、多柱并联均流技术等方面加大了研究力度并取得了较大成果。基于这些研究成果，我国相继研发出了具有自主知识产权的直流系统避雷器，包括换流阀用避雷器、直流母线用避雷器、MRTB用避雷器及中性母线避雷器等，电压等级最高至 ±1100kV。

3. 交流 1000kV 线路避雷器

2012 年，交流 1000kV 特高压线路避雷器在我国研制成功，属于世界首创；至今已相继在皖电东送工程和浙北福州工程中挂网运行，为线路安全运行提供了重要保障。目前，国内 750kV 交流线路避雷器也在研制中。

交流 1000kV 线路避雷器的研制成功，得益于在多个方面取得的突破：通过采用高性能高梯度电阻片，将避雷器整体高度降低到 4.6m 左右，有效降低了安装难度；通过 100 万次的振动试验，验证了长期微风振动下机械性能的高可靠性；通过对工程实际的调研分析，确定被保护对象由并联的绝缘子（最小间隙）转移为导线对下横担（最小间隙），绝缘配合更加合理准确。表 13 给出了交流 1000kV 线路避雷器的主要技术参数。

表 13   交流 1000kV 线路避雷器主要技术参数

项目名称	单位	参数
避雷器额定电压	kV，有效值	768
标称放电电流	kA，峰值	30
直流 2mA 参考电压	kV	≥ 1086
0.75 倍直流 2mA 下参考电压下漏电流	μA	≤ 100
30kA 雷电冲击残压	kV，峰值	≤ 2150
30kA 陡波冲击残压	kV，峰值	≤ 2365
4/10μs 大电流	kA，峰值	100，3 次
2ms 方波冲击电流	A，峰值	1500
本体工频湿耐受	kV，有效值	635
本体雷电冲击干耐受电压	kV，峰值	≥ 1.25 × Upl*
爬电距离	mm	≥ 10200
密封性能	Pa·L/s	<6.65 × 10⁻⁵
短路电流水平	kV，有效值	50
内部局部放电量	pC	≤ 10
雷电冲击 50% 放电电压	kV，峰值	≤ 2900
操作冲击耐受电压	kV，峰值	≥ 1600
本体正常时工频耐受电压	kV，有效值	889
本体失效短时路工频耐受电压	kV，有效值	700

注：Upl 表示避雷器本体的雷电冲击残压实测值。

4. 直流线路避雷器

2012 年我国成功研制 ±500kV 直流线路避雷器并于 2014 年实现批量挂网运行；2014 年，我国又成功研制出 ±1100kV 直流线路避雷器。直流线路避雷器的成功研制填补了直流输电线路避雷器的技术空白，为进一步降低直流线路雷击故障率提供了技术手段。表 14 给出了 ±500kV 和 ±1100kV 直流线路避雷器的主要技术参数。

表 14　±500kV 和 ±1100kV 直流线路避雷器的主要技术参数

序　号		项目名称		单位	±500	±1100
1	避雷器本体	系统标称电压		kV，有效值	±500	±1100
2		避雷器额定电压		kV，有效值	571	1247
3		标称放电电流		kA，峰值	20	30
4		直流参考电压		kV	571	≥1247
5	避雷器本体	0.75 倍直流参考电压下漏电流试验		μA	≤50	≤50
6		雷电冲击残压		kV，峰值	1200	2500
7		4/10μs 大电流耐受能力		kA，峰值	100	100
8		2mS 方波冲击电流耐受能力		A，峰值	1200	2000
9		绝缘耐受试验	整只直流湿耐受 1min:	kV，有效值	600	1683
			正极性雷电冲击干耐受:	kV，峰值	1560	1.4 倍残压
10		爬电距离检查		mm	11000	22440
11		压力释放试验	大电流试验电流值	kA，峰值	50	50
			小电流试验电流值	A，峰值	800	800
12		内部局部放电试验		pC	10	10
13	整只	雷电冲击放电电压（正极性）		kV，峰值	2100	3900
14		操作冲击耐受电压（正极性）		kV，峰值	980	2000
15		直流耐受	本体正常，耐受 1min:	kV，有效值	600	1683
			本体短路，耐受 1min:	kV，有效值	－	1122

（六）电缆

"十二五"期间，我国在超高压交联聚乙烯绝缘交流电缆和高压直流电缆及其附件的研究及制造技术领域取得显示进步。主要体现在：第一，500 kV 超高压电缆及附件实现国产化，并投入运行；第二，320 kV、200 kV 和 160 kV 直流电缆及附件实现国产化，并投入运行；第三，成功研制出了高输送高压电缆，降低了绝缘厚度，提升了载流能力；第四，模塑电缆接头的研制取得了一定进展。

1. 500 kV 超高压 XLPE 电缆及附件技术

近年来，国内电缆制造厂在采用立塔式生产设备结合三层共挤和干式交联生产工艺技术的基础上，优化三层共挤工艺专用软件，采用100%在线连续检测装置、金属异物专用检测装置、异物全景检测成像分析装置等生产检测设备，解决绝缘材料纯净度的指标、工艺中交联温度的控制、电缆各层的厚度、偏芯度等主要生产工艺指标的有效控制问题，保证了500kV电缆的质量，各项性能指标达到国际先进水平。

　　在电缆附件方面，国内电缆附件制造厂利用有限元电场仿真分析技术，解决500kV电缆附件核心部件预制型应力锥的设计技术问题，同时采用世界先进的液体泵料机、定量注射机、混料器和锁模装置等组成的成套生产设备，在至少300000级洁净车间内，采用一模多腔、立式结构的应力锥模具，优化了绝缘芯棒尺寸设计，保证了应力锥的成型问题，解决了沿轴线的开合线问题，提高了应力锥产品性能质量。采用科学的模具结构，优化硫化温度及硫化时间，控制内部气泡问题，解决了绝缘部分与导电部分界面的齐整度和黏合强度问题。

　　2014年国产500kV电缆线路（6.5km）投运。图5给出了国产500kV电缆及附件结构图。

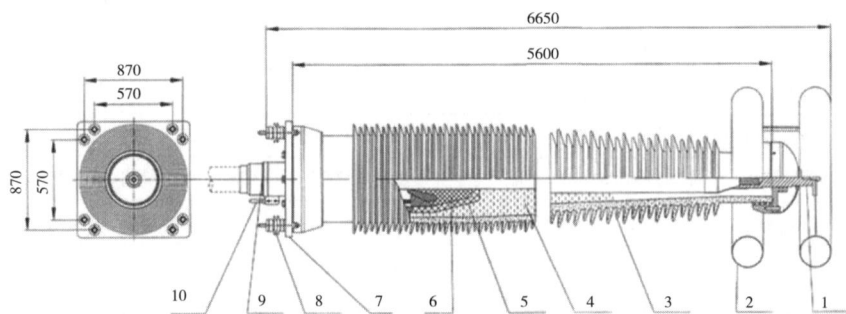

a）500kV电缆户外终端

图中：1出线杆，2屏蔽罩，3瓷套，4绝缘油，5绝缘罩，6预置橡胶应力锥，7安装底板，8支柱绝缘子，9尾管，10接地端子

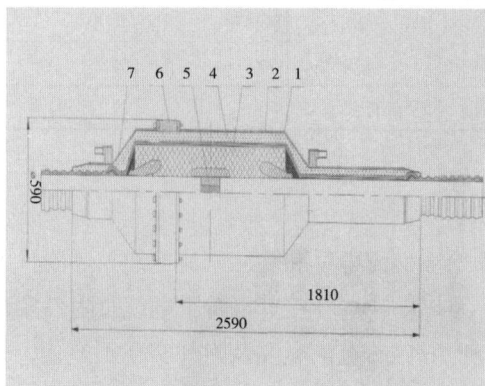

b）国产500kV电缆中间接头结构图

图中：1 PE护层，2铜壳长端，3预置橡胶应力锥，4密封胶，5连接管，6隔断，7铜壳短端

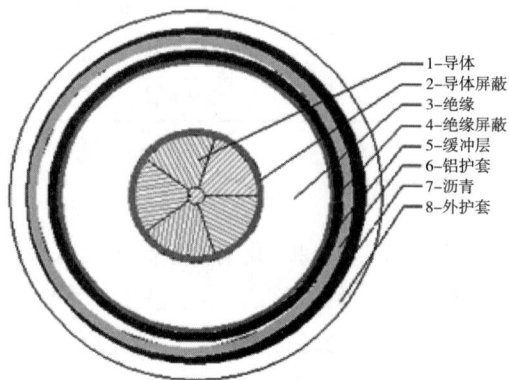

c）国产500kV电缆截面图

图5　国产500kV电缆及附件结构图

2. 直流电缆及附件技术

"十二五"以来，随着交联聚乙烯材料的应用，国内研究院所和电缆制造企业积极研究该材料的性能改进及直流交联电缆的制造技术，重点解决空间电荷积聚问题，并于2010年在上海建设了国内第一条 30 kV 直流交联电缆柔性直流输电线路。随后引进欧洲的电缆绝缘材料，提升了电缆料的纯净度，并对其性能开展了深入的研究，解决了直流电缆的电场控制阈值问题，并相继生产出了 ±160kV、±200kV、±320kV 电压等级的直流交联电缆。在电缆附件上，研究三元乙丙橡胶和模塑接头技术，减小了界面空间电荷的影响，提升了附件材料的击穿场强，解决了直流场下附件中电场随温度畸变的关键技术问题，相继生产出了对应电压等级的电缆接头和终端。自2013年开始，分别在南澳的 ±160kV、舟山的 ±200kV 和厦门的 ±320kV 柔性直流工程中采用了国产直流电缆及其附件，直流交联电缆技术已经达世界先进水平。表15给出了国内外同电压等级的直流交联电缆系统应用的对比表，图6给出了应用于舟山的 200kV 直流电缆结构示意图。

表15　国内外同等级直流电缆系统比较

国　　　外				国　　　内			
年份	地　　　点	电压等级	电缆绝缘类型	年份	地点	电压等级	电缆绝缘类型
1999	瑞典哥特兰岛	80kV	交联聚乙烯	无	无	无	无
2002	美国纽约长岛	150kV	交联聚乙烯	2013	南澳	160kV	交联聚乙烯
2010	美国匹兹堡	200kV	交联聚乙烯	2014	舟山	200kV	交联聚乙烯
2013	德国 HVDC DolWin1	320kV	交联聚乙烯	2015	厦门	320kV	交联聚乙烯

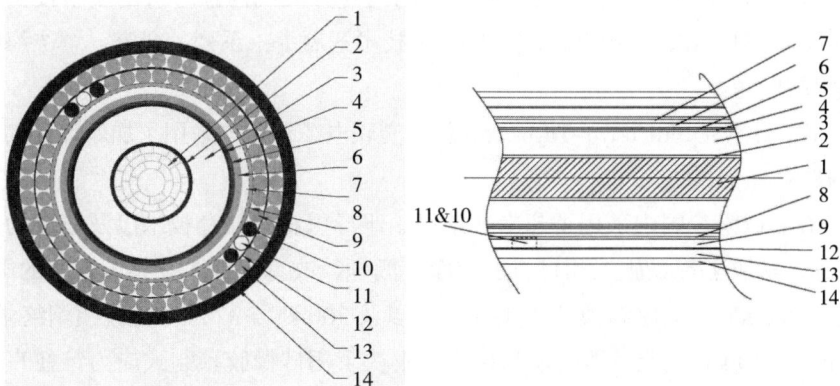

（a）横剖图　　　　　　　　（b）纵剖图

1 阻水导体，2 导体屏蔽，3 绝缘，4 绝缘屏蔽，5 阻水缓冲层，6 金属套，7 内护套，8 内衬层，9 光缆保护填充层，10 光缆保护合金丝，11 光缆，12 光缆保护垫层，13 铠装层，14 外被层

图6　舟山 200kV 直流海底电缆结构图

3. 交联电缆的绝缘优化技术

近年来，国内外电缆行业一直在研究交联电缆的绝缘优化技术，满足低碳环保的趋势和要求，同时提升电力电缆的可靠性与经济性。

欧洲、日本等地区和国家经过多年的研究，所生产的交联电缆绝缘厚度不断下降。作为典型代表的日本，其154kV、275kV和500kV电压等级的交联电缆，绝缘厚度由最初设计的23mm、27mm和35mm，经过多次优化，已经分别下降为17mm、23mm和27mm。

自2013年开始，国内研究机构通过开展110kV、220kV交联电缆的绝缘设计参数研究试验，获取了国产交联电缆的绝缘寿命指数和绝缘最小击穿强度，通过优化设计，研制出了绝缘厚度分别减薄至13.5mm和21mm的110kV和220kV交联电缆及其附件，并已通过了IEC 60840、GB/T 11017、GB/Z 18890标准规定的型式试验考核，产品各项性能指标达到了国际先进水平。目前，正在进行220 kV电缆系统的长期老化可靠性试验考核，正在规划于北京建设一条110kV 500mm^{2}的示范电缆线路。表16是国产绝缘优化后与国际上具有代表性的交联电缆绝缘厚度值。

表 16　当前国内和国际上 XLPE 绝缘电缆的厚度

	国产 110kV	国产 220kV	欧洲 110kV	欧洲 132kV	日本 500kV
导体截面 mm^2	500	800	500	500	2500
导体直径 mm	28.0	39.0	26.2	26.5	62.0
绝缘厚度 mm	13.5	21.0	13.0	15.0	27.0

4. 挤出模塑融合接头（MMJ）和模塑终端（EMT）

随着交联聚乙烯绝缘海缆的规模使用，国内外有关机构针对挤出模塑接头（国内为MMJ，国外称EMJ）和挤出模塑终端（EMT）技术开展了一系列的研究，解决海缆接头和现场模塑终端问题。

1991年，日本在Shinkeiyo-Toyosu 500 kV交联电缆线路上采用了加厚设计的挤出模塑电缆接头技术。

"十二五"以来，国内采用了超净式绝缘、半导电材料储存技术以及改进的便携式现场挤塑技术，解决了现场施工和材料的纯净度问题，改善了接头和终端模塑的电场分布，从而制造了220 kV交流电缆模塑接头和终端以及200 kV、320 kV直流模塑终端和接头。其中200 kV、320 kV直流模塑终端和接头，解决了用硅橡胶预制式应力锥在直流电缆附件中容易发生绝缘击穿的问题。

图7是直流±200 kV 1×1000海底电缆MMJ剖切照片。图8是±320kV 1×1600 EMT瓷套终端及应力控制体剖切图。表17是国内外在模塑电缆附件上的研发应用情况。

表 17　国内外模塑接头对比

国　　外			国　　内		
年份，国家	电压等级	类型	年份	电压等级	类型
1991 日本	275kV 交流	模塑电缆接头	2011	220kV 交流	模塑电缆接头
1991 日本	500kV 交流	模塑电缆接头	无	无	无
无	无	无	2012	200kV 直流	模塑电缆接头
无	无	无	2013	320kV 直流	模塑电缆终端

图 7　直流 ±200kV 1×1000 海底电缆 MMJ 剖切照片

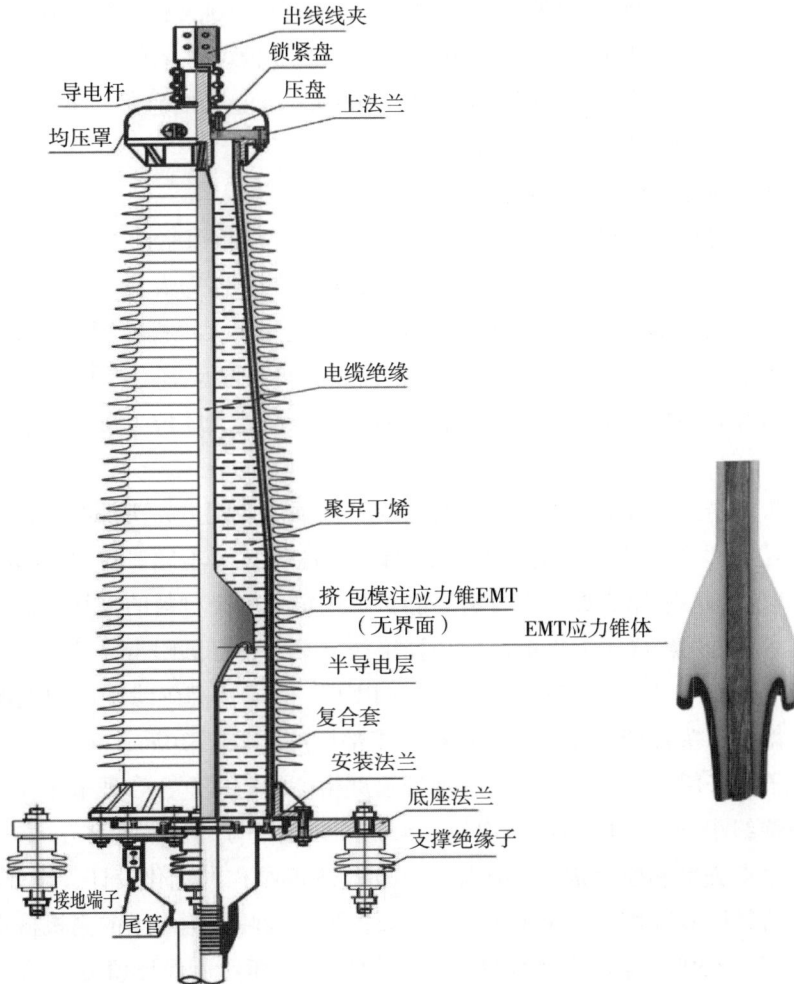

图 8　直流 ±320kV 1×1600 EMT 瓷套终端及应力控制体剖切照片

从理论上讲，MMJ/EMT 由于与电缆本体原材料完全相同，形成电缆绝缘和接头（终端）绝缘之间的无气隙界面，从而提升了电缆附件安全可靠性，特别是在海底电缆工厂接头和陆缆电缆故障后的紧急抢修时具有优势。但是这类附件对安装现场环境和制作工艺要求高，目前还不能大规模批量制作，而且其长期运行可靠性、接头的设计参数等还需要进一步汇总试验与运行数据从而进行深入研究。

（七）绝缘子

"十二五"期间，与特高压输电工程配套的线路绝缘子及站用绝缘子技术发展迅速。主要研究进展体现在：第一，420kN、550kN 等大吨位盘形悬式瓷和玻璃绝缘子完成了从自主研发到全部国产化的进程，大吨位绝缘子规模化生产格局已经形成；760kN 更大吨位绝缘子也已研制成功并开始在线路中试运行。第二，外伞形玻璃绝缘子在国际上首次研制成功。第三，交流 1000kV 和直流 ±800kV 的 420kN、550kN 棒形悬式复合绝缘子研制成功并大量应用于特高压工程，840kN 更大吨位的棒形悬式复合绝缘子也首次研制成功。550kN 复合绝缘子开始试用于耐张串。第四，1000kV 级瓷支柱绝缘子和复合支柱绝缘子研制成功并应用于我国特高压交直流工程。

1. 大吨位盘形悬式瓷和玻璃绝缘子

根据特高压输电线路综合荷载的要求，迫切需要使用 420kN、550kN 的大吨位绝缘子。2009 年向上特高压直流工程建设以来，420kN、550kN 等大吨位绝缘子完成了从自主研发到全部国产化的进程，并在我国特高压输电线路中大规模使用，550kN 绝缘子累计已在国内挂网运行超过 300 万片。此外，760kN 大吨位盘形绝缘子也已经研制成功并在锦苏、哈郑特高压直流工程中少量试运行。840kN 更大吨位盘形绝缘子正在研制进程中。

大吨位盘形悬式瓷和玻璃绝缘子主要解决了高强度瓷配方，头部结构设计，水泥胶合剂配方，绝缘件与铁帽、钢脚的强度协调一致性等技术难题。在 GB/T 8411.3–2009《陶瓷和玻璃绝缘材料 第 3 部分：材料性能》中规定了电瓷材料的电气强度值为不低于 20kV/mm。特高压用绝缘子采用的高铝质瓷绝缘件具有良好的耐击穿性能，其电气强度值不低于 30kV/mm，高于国家标准要求 50% 以上。为了提高绝缘子的内绝缘强度，大吨位绝缘子增加了头部瓷件厚度，即绝缘子头部厚度不低于 20mm。国内的大吨位盘形悬式瓷绝缘子均采用了圆锥头结构，在保证强度裕度的前提下，合理采用较大的头部曲率半径，使绝缘子头部的电场更加均匀。水泥胶合剂配方的压蒸膨胀率 ≤ 0.1%，提高了胶合剂的早期强度和胶合剂抗冻融能力。通过头部结构的优化设计，设计出绝缘件、铁帽、钢脚的最佳形状和受力面积大小，有效保证了大吨位绝缘子的高机械强度等级要求。目前，国内 550kN 盘形瓷和玻璃绝缘子的机械破坏负荷保证值分别约为 630kN 和 650kN。

国外大吨位绝缘子制造企业主要有日本 NGK 和法国 SEDIVER，且均在中国建有外资制造厂。从产品参数看，国内的大吨位绝缘子与国外产品几乎一致，但原材料的精细化处理、生产线的自动化水平、成品率等与国际一线企业还存在一定的差距。国内仅个别厂家的玻璃绝缘子的自爆率能低于万分之一，自爆率水平与国际领先产品还有一定的差距。我国的大吨位瓷绝缘子目前仍采用圆锥头结构，重量比 NGK 的重，目前我们尚未掌握大吨位圆柱头瓷绝缘子的制造工艺，对于发展 840kN 高吨位瓷绝缘子不利。此外，760kN 产品的标准尚未统一。

2. 外伞形玻璃绝缘子

由于外伞形绝缘子的积污特性优于钟罩型绝缘子，我国输电线路的运行环境更青睐于外伞形绝缘子。但是，玻璃绝缘子多年来受限于制造工艺，一直无法像瓷绝缘子那样制造出双伞形、三伞形绝缘子，且外伞形瓷绝缘子生产成本过高，因此制约了外伞形绝缘子在我国大面积推广。2013—2014 年，国内一线玻璃绝缘子厂在国际上首次研制成功外伞形玻璃绝缘子，正处于试运行阶段。

外伞形玻璃绝缘子的制造难度相当大，主要在于：第一，外伞形玻璃绝缘子属于比较重的产品，玻璃件形状复杂，玻璃液滴控制不稳定直接形成缺料等问题。第二，外伞形玻璃绝缘件翅部只能采取左右开模，容易在开模过程中产生裂纹、褶皱等表面缺陷。第三，伞形的复杂程度大大增加钢化的难度。因此，外伞形玻璃绝缘子的研发成功主要解决了料滴重量均匀性控制、生产模具的设计、玻璃件钢化成型等技术难题，包括模具的冷却方式、倾斜角度、排气间隙的确定，玻璃件不同部位的厚度确定、外加钢化风栅的放置和数量等。

目前，外伞形玻璃绝缘子的伞形外观已经接近于外伞形瓷绝缘子，但产品合格率相比同吨位的钟罩型玻璃绝缘子仍低 10% ~ 20%。

3. 特高压大吨位棒形悬式复合绝缘子

特高压输电线路对棒形悬式复合绝缘子提出了大吨位大爬距的需求，其结构高度超过 9m。2007 ~ 2011 年，在我国特高压输电工程的推动下，国内的棒形悬式复合绝缘子完成了 420kN、550kN、840kN 等大吨位绝缘子的自主研发（如图 9），解决了 420kN、550kN 等大吨位棒形悬式复合绝缘子的机械强度稳定性、超长绝缘子的制造技术、复合绝缘子场强控制和均压环的优化设计等关键技术。

为了提高大吨位棒形悬式复合绝缘子的机械强度稳定性，逐一突破了以下几项技术。其一，端部金具的球头和球窝内孔采用严格的精加工工艺，使金具内孔与芯棒的配合间隙控制在 0.05mm

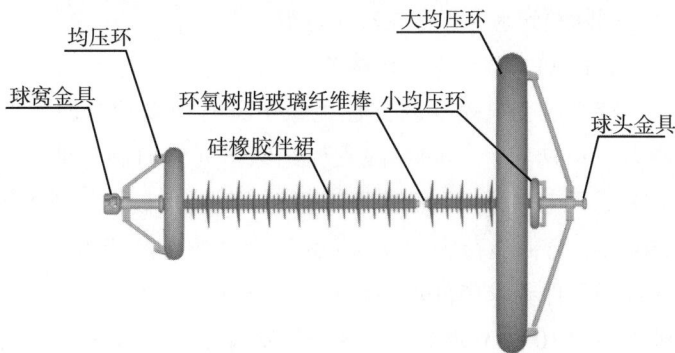

图 9 1000kV 特高压交流复合绝缘子外观示意图

之内，有效避免了机械强度的分散性。其二，端部金具和芯棒的连接采用压接工艺，这种工艺的优点是端部附件体积小，主要靠端部附件内腔与芯棒表面摩擦力和挤压力来承受负荷，可以保证芯棒受力均匀，提高产品机械强度的稳定性。其三，采用声发射装置监测压接过程，实现过压报警、欠压显示，每支绝缘子的压接数据均可永久追溯。经过监造及第三方抽样验收试验，420kN、550kN交流特高压棒形悬式复合绝缘子全部实现一次通过120%额定机械负荷24h耐受试验，这一标准远高于IEC 61109 1992和GB/T 19519 2004中额定机械负荷的1min耐受试验的要求，840kN复合绝缘子的机械破坏负荷超过1260kN，极大提高了特高压棒性悬式复合绝缘子的机械强度稳定性。

特高压棒形悬式复合绝缘子长超过9m，重超过100kg，给生产和转运过程带来诸多不便。挤包穿伞式复合绝缘子将原来的推进式穿伞改为过管式牵引穿伞结构，整体注射成型工艺的绝缘子采用防止产品偏芯的自动控制装置及一次硫化整体注射工艺，大幅提高了生产效率，解决了超长复合绝缘子制造难题。

特高压棒形悬式复合绝缘子的电压分布不均问题非常突出。其研制之初，采用有限元分析方法对复合绝缘子用均压环进行了优化设计。高压端采用大小双均压环结构，低压端采用中环结构。大环主要用于改善复合绝缘子沿串电位和电场分布，小环主要用于改善导线侧连接金具特别是金具、芯棒、护套界面处的电场分布，保护绝缘子端部密封不被电腐蚀破坏。中环同时兼顾了小环和大环的作用。通过整串高压电气试验，复合绝缘子安装均压环后，实现了可见电晕电压不小于760kV，700kV试验电压下的无线电干扰水平不大于500μV的线路设计指标。

此外，皖电东送、浙福、灵绍等特高压输电线路耐张串中还试运行了部分550kN大吨位复合绝缘子，复合绝缘子用于耐张串的数量逐步增加。但国内对于复合绝缘子用于耐张串仍存在机械强度的长期可靠性、耐踩踏性能的担心，因此相比国外，我国复合绝缘子用于耐张串的比例仍很低。

目前，我国的棒形悬式复合绝缘子的制造水平和生产规模在世界首屈一指，其综合技术性能处于国际领先水平。我国也成为特高压及常规工程用复合绝缘子的主要出口国，但复合绝缘子的主要原材料（如甲基乙烯基硅橡胶、气相法白炭黑等）的研发能力和制造水平与国际领先水平仍存在较大差距。

4. 1000kV级瓷支柱绝缘子

特高压变电站要求支柱绝缘子具有很高的弯曲破坏负荷（16kN）和很强的耐地震能力。2007年，1000kV级支柱绝缘子元件研制初期，国外仅西德罗森塔尔公司和日本NGK公司等能采用湿法成型工艺制造高弯曲破坏负荷绝缘子元件，具备长2m、最大杆径250mm、弯曲负荷为100kN·m的元件的生产能力。由于采用湿法成型工艺制造大直径绝缘子元件要求瓷件均匀致密，强度分散性小、合格率高，国内的湿法成型工艺水平还难以达到1000kV级支柱绝缘子的制造要求。而等静压干法成型工艺较湿法成型工艺工序简单、机械化程度高、生产周期短、尺寸和形位公差偏差小、机械强度分散性小、产品性能稳定、产品合格率高，可生产直径为 $\Phi630mm$、最大伞径 385 ~ 420mm、整体单元件为 2.5m 的 1000kV 支柱绝缘子。因此，国内的 1000kV 级支柱绝缘子均采用等静压干法成型工艺。

1000kV 级支柱瓷绝缘子的主要难点在于配方和烧成工艺。配方中要提高刚玉晶相的含量，减少熔剂，使产品的机械强度提高，烧成时变形拉伸量减小。烧成工艺上要降低坯件的吊烧高度，防止吊头断裂，烧成曲线上要保证氧化和还原充分完成，避免出现吸红和黄芯等缺陷，冷却时要延长时间，使出窑温度与环境温度差异不要太大，否则出窑会出现大面积炸裂。1000kV 级瓷支柱绝缘子在晋东南—南阳—荆门、锦苏、哈郑、溪浙工程中共应用了 370 柱。

国内支柱瓷绝缘子生产厂家比较多，500kV 以下的低强度支柱绝缘子以湿法工艺为主，超、特高压支柱绝缘子以干法工艺为主。国内支柱绝缘子的制造水平可以完全满足国内电力市场需求，此外另有 30% 左右出口到欧美发达地区以及南美、东南亚和非洲地区。我国的湿法工艺瓷支柱绝缘子与日本 NGK 的产品还存在一定的差距，主要在于原料加工、工艺控制、装备水平、制造经验以及研发实力的区别。

5. 1000kV 级复合支柱绝缘子

由于复合支柱绝缘子具有体积小、重量轻、防污能力更优的特点，2007 ~ 2011 年，我国开始了 1000kV 级高温硫化硅橡胶复合支柱绝缘子的研发。特高压支柱复合绝缘子对产品的结构高度及额定弯曲负荷要求较高，常规杆径不能满足工程要求。我国攻克了 280mm、320mm 等大直径复合芯体的制造技术，研发成功 ±1100kV 支柱复合绝缘子，其结构高度超过 15m，额定弯曲负荷强度 16 kN，已经达到了瓷支柱绝缘子的水平。±800kV 复合支柱绝缘子在哈郑 ±800kV 特高压直流输电线路中应用了 74 柱。

目前，国内的复合支柱绝缘子的制造能力已达到国际领先水平。但与棒形悬式复合绝缘子类似，其主要原材料（如甲基乙烯基硅橡胶、气相法白炭黑等）的研发能力和制造水平与国际领先水平仍存在较大差距。

（八）套管

"十二五"期间，我国在超 / 特高压交、直流套管方面都取得了重大的技术突破，主要体现在以下几个方面：第一，自主研制了国际上首支 1000kV 特高压交流胶浸纸油 –SF$_6$ 套管，同时实现了 1000kV 特高压交流油浸纸油 –SF$_6$ 套管的自主研制；第二，自主研制了 ±800kV 胶浸纸换流变阀侧套管样机和 ±800kV 油浸纸换流变阀侧套管样机；第三，自主研制了 ±400kV 纯 SF$_6$ 气体绝缘直流穿墙套管；第四，特高压交流套管关键组件——空心复合绝缘子实现了工程的全面应用，特高压交流空心瓷绝缘子实现了自主研制；第五，建立了国际上首个特高压交流套管全工况试验研究平台。

1. 特高压交流油 –SF$_6$ 套管自主研制成功

在 1000kV 特高压交流油 –SF$_6$ 套管的研制过程中，我国开发了具有自主知识产权的特

高压交流胶浸纸油 $-SF_6$ 套管主绝缘材料配方体系，解决了铝箔、导杆和环氧树脂界面无气隙粘接技术，有效减小了界面效应和边缘效应的影响。提出了基于全模型等局放裕度的电容芯体设计优化方法，实现了特高压套管主绝缘电场分布和局部放电裕度的均匀化。突破了大直径胶浸纸套管整张皱纹纸卷制技术、环氧树脂无气隙浸渗和无过热固化技术，提升了我国大直径胶浸纸套管的工艺制造水平，掌握了特高压交流胶浸纸和油浸纸油 $-SF_6$ 套管成套制造工艺。研制了特高压等级油 $-SF_6$ 套管试验系统，提出了特高压油 $-SF_6$ 套管型式试验方法。

在胶浸纸油 $-SF_6$ 套管研制领域，国外能制造最高电压等级为 800kV 的套管样机，与我国研制的胶浸纸油 $-SF_6$ 套管具体技术参数对比详见表 18。我国研制的 1000kV 特高压交流胶浸纸油 $-SF_6$ 套管，填补了国内外空白，整体性能指标达到世界领先水平。

在油浸纸油 $-SF_6$ 套管研制领域，国外可制造试验用 1000kV 特高压交流油浸纸油 $-SF_6$ 套管，额定电流为 2500A，我国研制的特高压油浸纸油 $-SF_6$ 套管，主要技术参数指标与国外同电压等级产品一致，套管整体性能指标达到国际先进水平。

表 18 国内外交流油 $-SF_6$ 套管参数技术参数对比

项目	交流胶浸纸油 $-SF_6$ 套管		交流油浸纸油 $-SF_6$ 套管	
	国内水平	国外水平	国内水平	国外水平
额定电压（U_r）	1100 kV	800 kV	1100 kV	1100kV
额定电流（I_r）	3150 A	—	3150 A	2500A
短时工频耐受电压	1200kV（5min）	915kV（1min）	1200kV（5min）	—
雷电全波冲击耐受电压	2400kV	1950kV	2400kV	2400kV
雷电截波冲击耐受电压	2760kV	—	2760kV	2760kV
操作冲击耐受电压	1950 kV	—	1950 kV	1950 kV
介质损耗因数	≤ 0.40%（$1.05\,U_r/\sqrt{3}$）	—	≤ 0.40%（$1.05\,U_r/\sqrt{3}$）	≤ 0.40%（$1.05\,U_r/\sqrt{3}$）
抗弯耐受负荷	5000N		5000 N	

2. ±800kV 换流变阀侧套管样机自主研制成功

2012 年，我国成功自主研制了 ±800kV 胶浸纸换流变阀侧套管，额定电流 3600A，填补了国内空白。

±800kV 胶浸纸换流变阀侧套管的研制解决了多物理场条件下主绝缘结构和整体结构设计难题，开发了具有自主知识产权的 ±800kV 胶浸纸换流变阀侧套管主绝缘材料配发体系，掌握了 ±800kV 胶浸纸换流变阀侧套管电容芯子卷制、脱气、浇注、固化等关键工艺技术。

2012 年，我国还成功研制了 ±800kV 油浸纸换流变阀侧套管，额定电流 5515 A，解决了油浸纸换流变阀侧套管内部电场分布均匀化难题和高压力气体的密封问题。套管产品已作为备用相用于哈密南—郑州 ±800kV 特高压直流输电工程哈密南换流站。

欧洲在直流换流变阀侧套管的研制领域一直处于世界领先水平，目前能批量制造 ±800kV 换流变阀侧套管，并已研制出 ±1100kV 换流变阀侧套管样机。我国研制的 ±800kV 换流变阀侧套管与国外 ±1100kV 换流变阀侧套管具体技术参数指标对比如表 19 所示，我国研制的 ±800kV 换流变阀侧套管整体性能指标达到国际先进水平，标志着我国已具备高端换流变阀侧套管的研制能力。

表 19　国内外换流变阀侧套管技术参数指标对比

项目	胶浸纸换流变阀侧套管		油浸纸换流变阀侧套管	
	国内水平	国外水平	国内水平	国外水平
额定电压	800kV	1100kV	800kV	1100kV
额定电流	3600A	5000A	5515A	5000A
雷电全波冲击电压	2090kV	2415kV	2145kV	2415kV
干操作冲击电压	1843kV	2205kV	1705kV	2205kV
直流耐受电压（2h）	1455kV	1920kV	1447kV	1920kV
极性反转电压试验	1124kV	1480kV	1116kV	1480kV
工频耐受电压	1100kV	1386kV	1200kV	1386kV

3. 直流穿墙套管

2012 年我国成功研制了 ±600kV/630A 胶浸纸直流穿墙套管，该套管已用于国内高压试验室。2013 年自主研制了 ±400kV 纯 SF_6 气体绝缘直流穿墙套管。

在直流穿墙套管研制过程中，我国开发了具有自主知识产权的 ±600kV 胶浸纸直流穿墙套管主绝缘材料配方体系，掌握了 ±400kV 纯 SF_6 气体绝缘直流穿墙套管用环氧浇注绝缘件结构设计及材料配方体系，攻克了交流与直流稳态电场、电－热耦合场分布的多物理条件下三维模型电场仿真计算难题，实现了套管内、外绝缘结构的优化设计。

国外对直流穿墙套管的研究起步较早，制造技术已比较成熟。目前国外已具备 ±800kV 穿墙套管批量生产制造能力，我国直流换流站内所用 ±800kV 直流穿墙套管基本被国外公司垄断，目前国际上直流穿墙套管的最高电压等级为 ±1100kV。我国直流穿墙套管研制能力与国外相比仍存在一定差距。为了打破国外对直流穿墙套管的技术垄断，国家高技术研究发展计划（863 计划）项目"±1000kV 级直流 SF$_6$ 气体绝缘穿墙套管核心技术研究及装置研制"正在深入开展技术攻关，通过该项目研究，将使我国全面掌握±1000kV 级直流 SF$_6$ 气体绝缘穿墙套管核心技术，研制出通过型式试验考核的环氧芯体 SF$_6$ 气体复合绝缘和纯 SF$_6$ 气体绝缘两种结构的 ±1000kV 级直流穿墙套管样机，进而全面提升我国直流穿墙套管的研制能力。

4. 特高压交流空心绝缘子实现了工程应用和技术创新

"十二五"期间，我国自主研制的特高压交流空心复合绝缘子实现了工程的全面应用。2014 年，我国实现了特高压交流空心瓷绝缘子的自主研制。

在特高压交流空心复合绝缘子技术优化过程中，解决了大直径空心绝缘管的铺层结构和固化工艺问题。通过特大型高精度全密封注射结构设计与制造技术、16 点冷流道注射系统及模具流道系统设计、特大型空心复合绝缘子整体真空注射成型工艺技术的研究，完成了特高压交流空心复合绝缘子注射成型工艺设计，实现了内外绝缘的可靠粘接。

我国特高压交流空心复合绝缘子处于国际领先水平。目前特高压交流空心复合绝缘子已大面积应用于我国各个特高压工程中，据粗略统计，"十二五"期间，近 122 支特高压交流空心复合绝缘子投运于我国特高压工程中，标志着我国已实现了特高压等级交流空心复合绝缘子的全面国产化。

国外对 1000kV 级空心瓷绝缘子研究起步较早，1981 年，国外就研制出了第一台 1000kV GIS 用空心瓷绝缘子。我国相关企业通过对无机粘接用粘接釉、接口研磨和配合、二次烧成工艺等核心技术的深入研究，掌握了较为成熟的无机粘接工艺，解决了 8m 以上特大型空心瓷绝缘子的生产制造、装配、起吊、试验和运输难题，成功自主研制了特高压交流空心瓷绝缘子。目前，我国自主研制的 1000kV 级空心瓷绝缘子平均直径可达 1260mm，比国外同类产品大 400mm，其他技术指标相当，标志我国特高压交流空心瓷绝缘子已达到了国际先进水平，但目前我国研制的特高压交流空心瓷绝缘子尚未应用于工程。

5. 建立了首个特高压交流套管全工况试验研究平台

我国于 2014 年建成了世界上首个特高压交流套管全工况试验研究平台，具备同时对 2 支特高压交流油 – 空气套管和 2 支特高压交流油 –SF$_6$ 套管进行额定电压和额定电流联合作用下的长期带电考核试验能力，为开展特高压套管性能考核和可靠性研究提供了全新手段，也为推动国产特高压交流套管的工程应用提供了坚实的技术支撑。

特高压交流套管全工况试验研究平台攻克了回路结构设计、关键主设备研制和状态监测系统开发等方面的诸多难点。突破了升流器大尺寸卷铁芯制造技术，研制成功了用于特高压设备全电压全电流试验的卷铁芯穿心式大电流发生装置，攻克了高电位、强屏蔽油域内温度测量和信号传输难题，开发了多参数化、高集成度的综合在线监测系统，实现了套管试品和试验回路运行状态的长期在线监测。平台主要技术如下：额定电压 1100kV、额定电流 8000A，升流系统额定容量 3040kVA，回路阻抗 23.2mΩ。

目前国外仅开展了特高压变压器和 GIS 的长期带电试验，升流系统容量 2000kVA，变压器长期试验电流仅为 1300A，并未对油 – 空气套管开展长期带电试验。我国研制的特高压交流套管全工况试验研究平台，填补了国内外空白，在回路规模、大电流发生系统参数、考核对象类别和数量等技术参数方面都达到了世界领先水平，与国外同类型带电考核场主要技术参数对比如表 20 所示。

表 20　特高压交流套管全工况试验研究平台与日本新臻名带电考核技术参数指标对比

序号	主要参数	特高压交流套管全工况试验平台	日本新臻名带电考核场
1	回路规模	120m	60m
2	主要设备	特高压电力变压器 大电流升流系统 油 – 空气套管：2 支 油 –SF₆ 套管：2 支 电流互感器：5 台 GIS 设备	特高压电力变压器 大电流升流系统 电流互感器 GIS 设备
3	长期带电运行电压	$945/\sqrt{3}$ ~ $1155/\sqrt{3}$ kV	$1050/\sqrt{3}$ kV
4	大电流发生系统	额定输出容量：3040kVA 额定输出电压：380V	额定输出容量：1920kVA 额定输出电压：192V
5	考核对象	油 – 空气套管、油 –SF₆ 套管、GIS 套管、GIL、GIS 互感器、罐式 CVT、隔离开关、盆式绝缘子、GIS 母线	断路器、隔离开关、盆式绝缘子、GIS 母线

（九）导线、金具

"十二五"期间，导线、金具在技术创新、新型材料应用、加工工艺改革等方面取得了重大进步。主要研究进展体现在：第一，研制出钢芯高导电率铝绞线、铝合金芯高导电率铝绞线和中强度铝合金绞线这三类节能导线，完全实现国产化并有大量工程应用，其中 L3 牌号硬铝线导电率达到 62.5%IACS，LHA5 牌号铝合金导电率达到 55%IACS；第二，研制出 1250mm² 等级大截面导线，其中 L1 牌号硬铝线导电率达到 61.5%IACS；第三，研制出多种规格扩径导线；第四，完成碳纤维复合芯导线国产化，复合芯主要技术指标达到国际先进水平；第五，研制出基于 35CrMo 高强材料的耐低温金具；第六，成功将固态模锻工艺锻造技术引用于悬垂线夹的生产，提高其机械强度，同时具备表面光滑、加工量小、所需材料少、节能环保等优点。

1. 节能导线

目前，适合进行大规模推广应用的节能导线主要包括钢芯高导电率铝绞线、铝合金芯高导电率铝绞线和中强度铝合金绞线。高导电率钢芯铝绞线、铝合金芯铝导线、中强度铝合金导线等三种新型节能导线，依据常规的钢芯铝绞线结构所研制，并实现节能，由于其性能近似，因此在施工、运行方面，三种新型节能导线与常规钢芯铝绞线导线差异不大。节能导线与钢芯铝绞线相比在等总截面条件下，可降低直流电阻约3%～8%，提高导电能力，减少输电损耗，达到节能效果。

我国于2012年开始应用钢芯高导电率铝绞线、中强度铝合金绞线和铝合金芯高导电率铝绞线三种节能导线，并在导线、金具、施工机具以及施工技术等方面研究取得重大进展，其应用关键技术已达到国际先进水平，建立了相关的导线标准，并将应用于980项工程。

我国节能导线技术整体达到国际领先水平。以高导电率钢芯铝绞线为例，IEC标准中钢芯铝绞线铝线导电率要求值为不小于61.0%IACS，我国铝线导电率为61.5%IACS至62.5%IACS钢芯高导电率铝绞线已完成研制，并有大量工程应用。

2. 大截面导线

近年来，我国先后完成了900mm²、1000mm²、1250mm²大截面导线的研制及工程应用研究工作。除钢芯铝绞线外，还研制了1000mm²大截面铝合金芯铝绞线JL1/LHA1-745/335-42/37，1250mm²级大截面钢芯成型铝绞线及铝合金芯成型铝绞线。我国大截面导线技术整体达到国际领先水平，大截面直流电阻等指标超越国外同类产品。大截面型线导线也已完成研发和工程应用，如1250mm²大截面导线中包含了两种钢芯成型铝绞线及一种铝合金芯成型铝绞线，均已应用于灵州—绍兴±800kV特高压直流输电线路工程。

3. 扩径导线

当导线选型受电磁环境限值控制，可以采用扩径导线有效降低表面场强、噪声等指标。采用扩径导线可节省导体材料，减少铁塔载荷和结构重量，节约本体工程投资约2%～4%。扩径导线在高海拔地区、人口密集区和电磁环境问题较突出的地区应用有较明显的优势。

近年来为满足交流特高压的需要，我国研发了疏绞型扩径导线JLK/G1A-530（630）/45-33.75、JLK/G1A-725（900）/40-39.9（跳线用），应用于浙北—福州1000kV交流线路工程。为满足西北高海拔地区750kV线路的需要，研发了疏绞型扩径导线JLK/G2A-630（720）/45，并应用于西北联网二通道等工程。目前在330kV、750kV、1000kV工程中应用扩径导线的线路长度已超过1000km。

我国扩径导线技术整体达到国际领先水平。对扩径导线截面稳定性的重要参数有较为深入的研究，正在进行相关标准的起草。

4. 碳纤维导线

国内近20个厂家完成了碳纤维复合芯棒的研制工作，碳纤维复合芯导线的工程应用研究也已完成。目前，国内自主研发的碳纤维复合芯导线，其技术性能已达到国外同类型产品的技术水平。目前我国挂线量达10000km，绝大部分用于线路改造工程。

目前我国碳纤维复合芯导线技术处于国际先进水平，并有大量工程应用，但由于生产碳纤维复合芯导线生产用碳纤维原丝需大量进口，因此我国碳纤维导线大量工程应用还面临着不小的问题，需进一步加快高强碳纤维的国产化水平。

5. 特高压输电线路金具

2011年，我国成功研制出基于PAF2#型复合材料的悬垂线夹和间隔棒，研制的新型材料间隔棒和新型材料垂线夹已应用于35kV和220kV实际线路中，运行良好。对数十种类工程塑料进行了调研和筛选，选用PA6（PA66）为基材。对基材进行数百个各种试验，反复试验测试优化配方，成功研制出PAF2#型复合材料，标志着我国在高效节能系列电力金具的自主研制方面已取得阶段性成果。研制的新型材料金具具有比重小、绝缘性好、耐辐射、节能环保、耐疲劳等优点，符合国家电网公司提出的"两型三新"电网要求。

2012年，我国成功研制出基于35CrMo高强材料的耐低温金具，并成功应用于哈密南—郑州±800kV特高压直流工程、川藏联网等国家重点工程。通过对低温材料比选、材料试件冲击试验、产品试制和试验、价格及材料采购等方面分析，并对金具结构尺寸进行优化设计，提高了西北地区高寒等严酷环境条件下金具安全可靠性。同时，对地线串型结构进行优化设计，设计了地线串槽型连接耐磨金具，相对于传统环形连接的地线串金具，其耐磨性得到提高，提高了大风沙等严酷环境下金具的耐磨性。

我国成功将固态模锻工艺锻造技术应用于悬垂线夹的生产中，提高了悬垂线夹的机械强度，同时使其具有表面光滑、加工量小、所需材料少、节能环保等特点。目前，固态模锻铝合金悬垂线夹已成功运用于晋东南、浙北—福州1000kV特高压交流、宁东—山东±660kV直流、锦屏—苏南和灵州—绍兴±800kV特高压直流工程。

（十）杆塔

"十二五"期间，随着新技术、新材料、新工艺的不断发展，以及在安全可靠、经济环保上更高的要求，新型杆塔正在不断地进行创新。主要研究进展体现在：第一，Q420和Q460高强钢在输电杆塔上得到大量推广应用；第二，钢管塔的设计、加工实现标准化，多级差带颈锻造法兰研制成功；第三，肢宽220mm和250mm大规格角钢成功实现国产化等。

1. 高强钢

高强钢在我国输电线路领域中的使用起步较晚，但发展迅速。我国《钢结构设计规范》GB50017—2003已正式将Q390、Q420列入可选材料范围。2004年Q420高强钢首次应用于750kV输电线路。"十二五"期间，Q420等级高强角钢已经形成了工业化生产能力，并且在特高压杆塔中广泛应用。《铁塔用热轧角钢》（YB/T 4163-2007）将我国热轧角钢钢材的屈服强度扩大到Q460，为Q460角钢的制造和工程应用提供了依据。国家电网公司于2007年启动了Q460高强钢试点应用工作，以进一步促进国内高强角钢供应厂商生产能力和工艺水平的提高，提高我国输电线路的科技水平。推广应用高强钢能够缩短我国与发达国家在输电线路塔材级别上的差距，有效降低钢材用量，促进钢铁行业的技术进步，节省线路建设投资，具有显著的社会效益、环境效益和经济效益。

2. 钢管

目前国内已经具备高强钢管塔用直缝焊管的加工能力，其供货规格、产能、周期、加工质量可以满足高强钢管塔的工程要求。塔厂在技术装备、能力等方面也已经具备生产高强钢管塔的能力，输电线路应用高强钢管塔已具备条件。2010年，形成了涵盖220～1000kV钢管塔系列化通用设计成果，基本满足国家电网公司220kV及以上大荷载杆塔应用钢管塔的需要，并研究制定了钢管塔设计、加工、施工方面4项公司标准，为推广应用钢管塔提供了技术标准保障[91, 92]。

与角钢塔相比，钢管塔构件风压小、刚度大、结构简洁、传力清晰，能够充分发挥材料的承载性能，适合在荷载较大的铁塔中采用。在大荷载杆塔中推广应用钢管塔可有效降低塔重、基础重量及造价，减小杆塔根开，压缩线路走廊宽度，减少拆迁、植被破坏和林木砍伐，有利于节约资源和环境保护，具有显著的综合经济效益和社会效益。

3. 带颈锻造法兰

2009年，中国电科院在国内首次开展Q420和Q460高强带颈对焊法兰节点的轴拉承载力试验研究，验证了其应用于输电线路钢管塔的可行性及安全性，并通过应用强度级差、结合锻造法兰选材及布置优化等综合措施，最大限度地降低锻造法兰的比重，为高强度带颈对焊法兰的工程应用提供了技术支撑[94, 95]。

"十二五"期间，国内输电钢管塔大量采用锻造法兰，并已形成输电线路钢管及锻造法兰的一系列规格，成功实现了锻造法兰的标准化设计和加工，编制了国家标准、行业标准等，为推广应用钢管塔提供了技术支持。

4. 大规格角钢

大规格角钢可以优化铁塔构造，大量减少连接螺栓和填板，减轻铁塔组立的施工量和施工难度，减轻工人劳动强度。国外大规格角钢在铁塔中应用已经非常广泛。在美国钢管塔应用较少，主要因为其生产供应的∠250×35高强度角钢，单肢角钢最大承载力可达到5000kN以上，能够基本满足同塔双回线路铁塔主材的承载要求。2009年9月22日，国家电网公司特高压建设部在北京组织召开了大规格Q420高强角钢在锦屏—苏南±800kV特高压直流输电线路工程试点应用研讨会，会上提出强度等级Q420肢宽220mm与250mm角钢在特高压工程中试点应用[96, 97]。

2011年12月，国家电网公司组织主编了《大规格角钢在输电铁塔中的应用》，总结了大规格角钢在输电工程中的结构设计特点和应用情况[98]。通过特高压直流工程的建设，大规格角钢已实现国产化，其制造技术已基本成熟，质量可得到保证，随着产能的增长，大规格高强度角钢具备了推广应用的基础条件。

5. 复合材料杆塔

复合材料杆塔是一种代替传统杆塔的新型环保复合材料杆塔，利用复合材料绝缘性、耐腐蚀性好且可设计性的优势，可降低杆塔因长期紫外线照射和恶劣气候环境的破坏程度，可有效减少输电线路雷击及污秽闪络事故发生率，缩减线路走廊宽度。

随着复合材料技术的飞速发展，老、旧输电线路中传统杆塔的缺陷逐步显露，对于减少所建输电线路走廊占地及提高线路运行可靠性的迫切需求，复合材料杆塔引起了电力行业极大的关注。在 2009 年 6 月 1 日国家电网公司召开复合材料杆塔项目启动大会后，各设计参与单位先后落实了复合材料杆塔应用的试点工程。2009 年以后，国网电力科学研究院、中国电力科学研究院及一些民营企业，如江苏神马等公司纷纷开展复合材料杆塔制备等技术的研究，部分单位已经在试点工程中使用复合材料杆塔和横担产品。

三、输变电装备发展趋势分析与展望

（一）变压器类

"十三五"期间，随着特高压技术规模推广以及电网智能化发展需求，变压器技术发展趋势及技术需求主要在以下几个方面；①特高压交流变压器可靠性提高技术及单柱大于 500MVA 更大容量技术。② ±1100kV 换流变成套技术。③特高压套管、出线装置、高性能硅钢片等关键组部件及原材料国产化研发及应用技术。④超高压变压器智能化技术。⑤高温超导变压器技术。⑥高压变压器节能技术。

1. 特高压交流变压器技术

在特高压交流变压器方面，具备了 1000kV 特高压交流变压器、电抗器的自主设计制造能力，研制出超特高压大容量变压器系列产品，为满足工程需求，需解决单柱容量进一步由 500MVA 容量向更高容量提升所带来的磁、热等问题。

2. ±1100kV 换流变成套技术。

在特高压换流变压器方面，我国掌握了 ±800kV 及以下换流变压器绝缘结构、套管、出线装置等关键组部件的设计制造技术，成功研制了 ±800kV 特高压直流输电工程用高、低端换流变压器并投入使用，但基础理论研究方面与国外还有较大差距。随着特高压直流工程的大规模建设，±1100kV 及以上特高压换流变压器将开展预研。

3. 关键组部件、原材料国产化研发及应用技术

对于交、直流特高压变压器的关键组部件，包括套管、出线装置，已经成功实现国产化样机研制，但需进一步提高工艺水平，满足批量生产的要求，实现工程应用的推广；对于原材料，特别是硅钢片，在高端变压器 / 换流变等线圈类设备中，我国使用的铁心材料硅钢片，长期为进口，尽管国内钢铁制造企业不断追赶，小批量生产的单片性能接近于国际领先水平，但对于批量化规模生产方面与国际上仍有较大差距，因此在工程应用方面一定程度仍受制于国外少数制造企业。在优质硅钢片制造方面亟待国内形成规模化批量生产能力。

4. 超高压变压器智能化技术

未来五年，应重点关注先进传感器技术与主动保护控制技术的发展，适量增加状态监测量，以便更好地为面向新能源与大数据的智能电网提供高级应用服务，实现基于变压器状态在线监测的调度辅助决策功能。

晶闸管辅助熄弧混合式 OLTC，应进行在对有载分接开关要求苛刻的工业用户尤其是金属冶炼厂试点应用研究和 220kV、500kV 变压器以及换流变压器中的应用技术研究。

智能电力变压器依然是发展中的技术，随着组部件技术、传感器技术、智能评估技术、主动保护控制技术的深化研究，将对电网的运行控制及继电保护带来深刻变化。

5. 高温超导变压器技术

结合目前已取得的经验，高温超导变压器的进一步发展，需开展研究内容包括：①大电流、低损耗技术，降低超导线材的交流损耗以提高效率；②研制高性能的高温超导材料，在提高高温超导线材的机械加工性能的同时，发展绕组制作技术；③高温超导材料的低温绝缘优化设计和高电压试验；④提高冷却系统的冷却效率。未来五年，国内将突破低损耗超导复合导体制备、大口径玻璃钢杜瓦制作、长寿命低温制冷系统构造等关键技术，实现输电电压等级大容量高温超导变压器的研制与工程示范，推动超导变压器在新一代智能变电站、大容量超导输电等领域的现实应用。

6. 高压变压器节能技术

在现有变压器设计技术基础之上，在不牺牲变压器可靠性的前提下，开展高压变压器的损耗降低技术研究，包括研发不同铁心结构，采用新型导线、新工艺实现对变压器空载损耗和负载损耗的降低。

（二）开关类

"十三五"期间，随着智能电网建设的推进和特高压技术的规模推广，开关设备技术发展趋势及技术进步需求主要在以下几个方面：①特高压开关技术的完善和参数提升。②环保型开关的研制。③±500kV 直流断路器研制。④智能化配电开关的研制。⑤大容量灭弧室研制。⑥特殊环境开关研制。

1. 特高压开关技术

特高压 GIS 将面临技术参数提高、深度国产化、可靠性提高以及成本降低等挑战。特高压 GIS 的陡波冲击试验技术能够有效检测电场集中缺陷，并能够在出厂和现场试验实施，应予以重视研究。

2. 环保型开关设备

对 SF_6 气体的限制使用引起了各国的普遍关注，温室气体效应与一次设备 SF_6 气体大量使用之间的矛盾日益突出。面对 126kV 及以上电压等级中 SF_6 断路器、GIS 和小型化配电开关设备一统天下的情况下，如何减少或替代 SF_6 气体的使用亟待解决。

主要研究方向为：新型 SF_6 替代气体的特性研究，应研制采用 SF_6 混合气体或替代气体的高压、超高压开关设备；研究真空介质在高电压等级开关设备的应用技术，关注温升、截流、重燃等技术问题，研制高压、超高压真空断路器；开展固体绝缘、环保型气体绝缘开关柜产品的适用性、技术经济性分析，并进行新型可循环使用或快速降解绝缘材料在中压开关设备中的推广应用。

3.直流、柔性直流工程配套直流开关设备

"十三五"期间，高压直流电网发展技术有望实现快速发展，对高压直流断路器提出新的需求，±500kV/2kA 高压直流断路器、±800kV/5kA 高压直流断路器研制应尽快启动研究。

4.智能化配电开关设备

"十三五"期间，配电系统将向分布式能源接入、灵活互供方向发展，智能配电网的坚强网架设置，配网、微网的系统规划，光伏发电、风力发电等各种新能源的接入方式，都将对配电开关设备提出新的智能化要求。新型智能化配电开关设备将传感器技术、数字技术、网络技术和通讯技术等融入设计中，提高系统的自动化程度，实现快速隔离故障区域，尽快恢复供电，极大地方便运行和维护。

5.特殊用途开关设备

"十三五"期间，需研究大容量新型灭弧室结构、大容量灭弧室用特殊材料及工艺、大容量断路器用大功率操动机构或新型限流开断方案等，额定短路开断电流 200 ~ 250kA 的更大容量发电机断路器成套装置，满足 1000MW 及以上发电机组的应用需要。

为满足我国极寒地区的需要，应加快研制应用于低温环境的敞开式开关设备等。

（三）互感器

特高压 CVT 方面，重点开展特高压 CVT 最佳电气参数设置、特高压 CVT 结构设计及工艺方法优化、阻尼或衰减进入特高压 CVT 本体暂态过电压措施等方法研究，重点解决特高压工程串补平台侧 CVT 内绝缘水平及耐过电压能力提高等问题，提高特高压工程串补平台侧 CVT 运行可靠性；继续开展特高压 CVT 特性及试验技术研究，主要是开展特高压 CVT 暂态特性及误差特性研究；开展高压电气设备抗震试验关键技术的研究，将针对高压电气设备提出支架设计要求、互连耦合效应、动力特性试验方法、地震台试验要求等指标，进一步提高变电站的抗震设防能力。

在直流电压分压器、直流电流测量装置和电子式互感器方面，需要加强电磁干扰、温度变化、振动影响等可靠性研究和长期运行稳定性能研究，实现接近或达到传统互感器的免维护和高可靠性。

（四）避雷器

为适应我国输电技术向更大容量、更高电压等级的发展趋势以及日益提高的电网安全运行要求，未来几年需要在以下几个方面开展研究工作：

（1）高性能电阻片。金属氧化物电阻片是避雷器的核心元件，基本决定了避雷器的整体技术水平。研发高性能电阻片，提高电阻片的通流能力、优化非线性特性、提高电阻片的长期耐老化性能是高性能电阻片的主要发展方向。

（2）降低避雷器的额定电压。进一步降低特高压避雷器的额定电压，能够达到取消特高压变电站断路器合闸电阻的目的，具有巨大的经济效益；另一方面，在后续工程中存在较短线路、过电压水平较低、存在降低避雷器的额定电压、取消合闸电阻的可能性。因此，特高压避雷器额定电压的降低已提上日程。降低避雷器的额定电压需要高通流能力、高允许长期荷电率电阻片技术的配合。

（3）提高多柱并联避雷器制造水平。串联补偿装置用金属氧化物限压器及直流系统MRTB避雷器和中性点避雷器都是典型的多柱并联避雷器，其突出特点是吸收能量大，对均流技术要求高。近年来多次出现多柱并联避雷器的压力释放事故，主要原因之一是由于多柱并联、个别电阻片的劣化将破坏均流特性，成倍放大可能的故障率。应进一步提高并联避雷器的均流水平和工艺控制水平，减小电阻片的分散性，降低故障率。

（4）高海拔线路避雷器。高海拔是我国输电系统面临的一个特殊问题，随着线路避雷器在高海拔地区的广泛应用，应深入开展不同电压等级下交直流线路避雷器在高海拔地区应用的研究工作。

（五）电缆

高压直流电缆的开发和应用只有十年左右历史，国内外尚未形成成熟的技术标准和成体系的知识产权。2014年，我国通过"973"计划，支持一些高校开展高压直流电缆基础研究联合攻关，取得了初步研究成果。

我国目前的电缆技术，最高电压等级为交流500 kV，直流320 kV。随着我国特高压交直流线路的建设，由于电力电缆在耐候性、环保性以及节约空间方面的优势，未来特高压交直流电缆技术将得到较大的发展，包括直流800 kV XLPE绝缘特高压电缆及附件、交流1000 kV油纸绝缘特高压电缆及附件。需要开展研究内容主要包括：①交流特高压油纸绝缘电缆与附件绝缘设计、工艺技术研究；②开展直流500 kV XLPE绝缘电缆及附件绝缘设计研究，改善空间电荷聚集特性，进一步开展直流800 kV XLPE绝缘电缆及附件的绝缘设计与制造工艺技术研究。

（六）绝缘子

随着全球能源互联网的建设需求，我国输电技术有更大容量、更高电压等级的发展趋势。"十三五"期间，将规划建设 ±1100kV 及以上更高电压等级的输电线路。根据线路输送容量和电磁环境的要求，输电导线直径将越来越大，$8 \times 1250mm^2$ 及以上截面导线将大量使用。如此大直径大重量的导线必然要求采用更高强度等级的绝缘子以提高线路的安全系数。因此，绝缘子技术有向大吨位进一步发展的趋势。此外，为了解决我国输电线路面临的重污染问题，可以预见复合绝缘子、防污闪涂料、复合瓷绝缘子等"复合化"产品在我国未来五年的输电线路中有广阔的市场空间。因此，绝缘子行业在未来几年需要在以下几个方面开展研究工作：

（1）圆柱头大吨位盘形悬式瓷绝缘子。圆柱头绝缘子比圆锥头绝缘子重量轻，有利于大吨位绝缘子的施工和运维。以 550kN 绝缘子为例，圆锥头绝缘子比圆柱头绝缘子重约 4kg。对于 760kN 及以上更大吨位的绝缘子，为了保证机械强度，圆锥头结构的绝缘子铁帽尺寸将增大很多，产品的结构高度、连接标记和重量都难以满足要求。因此，760kN 及以上更大吨位的盘形悬式瓷绝缘子必须采用圆柱头头结构。目前，国内各大绝缘子厂正在紧锣密鼓地研发圆柱头 840kN 绝缘子，760kN 及以上更大吨位绝缘子有望在我国后续特高压工程中规模化应用。

（2）提高自动化生产水平。我国绝缘子行业的自动化生产水平和成品率与国际一流企业还存在一定的差距。尤其是国内的盘形悬式瓷绝缘子制造厂，仍属于劳动密集型企业，绝缘子生产的自动化程度低，尤其是外伞形绝缘子几乎完全靠手工操作实现。自动化程度低也直接影响了产品的质量一致性和成品率。未来五年，绝缘子生产线的自动化改造将是瓷绝缘子的重点发展趋势。

（3）加强基础材料研究。我国是绝缘子制造大国，但并不属于绝缘子研究强国。关键在于我国对绝缘材料的基础研究薄弱。未来五年需加强基础材料性能研究，如用于高温硫化硅橡胶复合绝缘子的甲基乙烯基硅橡胶、气相法白炭黑、偶联剂，直接影响盘形绝缘子机械强度的水泥等。

（4）新型绝缘材料的绝缘子。高温硫化硅橡胶用于复合绝缘子，由于其憎水性优异而很好地解决了我国电力系统的防污问题。但对这种材料的老化问题、鸟啄问题需要关注并加大研究力度。未来五年，绝缘子行业需要探索一种新型绝缘材料，这种材料同时具有高温硫化硅橡胶的憎水性和无机瓷、玻璃绝缘子的优良耐老化性能，且其属于硬质材料，可以很好地解决鸟啄问题。

（七）套管

特高压直流套管方面，目前我国超、特高压换流站使用的直流换流变套管和直流穿墙套管均为国外进口产品，我国仅能自主研制 ±800kV 换流变套管和 ±400kV 直流穿墙套管。"十三五"期间，我国特高压直流输电工程输送容量将大幅提升，±800kV 直流输电工程输送容量提升至 10000MW，±1100kV 直流输电工程输送容量则提升至 12000MW。此外，我国正在研究更高电压等级（如 ±1500kV）直流输电技术的可行性。电压等级和输送容量的大幅提升将给我国特高压直流套管的研制带来更大的挑战。

因此，为了打破国外垄断、节约外汇，更是为了占领特高压直流套管研制技术的制高点，满足我国特高压直流系统电压等级和系统容量提升的需求，"十三五"期间我国直流套管发展趋势主要集中在三大方面：第一，开展 ±800kV/6250A 直流穿墙套管和换流变阀侧套管的自主研制；第二，开展 ±1100kV/5454A 直流穿墙套管和换流变阀侧套管的自主研制；第三，开展 ±1500kV 直流穿墙套管和换流变阀侧套管的自主研制。

特高压交流套管方面，目前我国已自主研制出 1000kV 特高压交流套管，但仅作为备品应用于我国特高压工程中。近年来，国内发生了多起由套管爆炸等故障引起的电力系统严重事故，不但造成了变压器严重损毁，而且严重影响了电网的安全稳定和供电可靠性，造成了巨大的经济损失和不良影响。整体来看，我国已具备特高压交流套管生产制造能力，但对套管运行可靠性缺乏理论及实践依据，并未实现工程批量应用。

因此，为避免套管爆炸而带来的严重后果，同时提高国产交流变压器套管运行可靠性，实现国产特高压交流变压器套管在工程中的批量应用，"十三五"期间我国交流套管发展趋势主要集中在两大方面：第一，开展 1000kV 特高压交流阻爆式套管技术研究；第二，开展特高压交流套管多参量状态诊断及全寿命周期管理技术研究，提高特高压交流套管长期运行可靠性。

（八）导线技术

从导线行业发展来看，未来几年需要在以下几个方面开展工作：

（1）提高导体导电率，减小线路损耗，进一步提高输电线路节能环保水平。

（2）研发出更大截面导线或高温运行条件下性能良好的增容导线，以提高线路输送能力。

（3）研发出超长跨距、低噪音、低风压等特种导线，保证输电线路在恶劣的条件下仍能正常供电，安全运行。

（九）杆塔

（1）高强材料。导线总截面大，导线垂直荷载和水平荷载显著增大，绝缘子串中大量采用 420kN 和 550kN 等级绝缘子，760kN 和 840kN 等级绝缘子也得到试用，与绝缘子串相匹配的连接金具的标称破坏载荷等级也相应提高，550kN、640kN、840kN、1100kN、1280kN、1680kN、2200kN、2520kN 已成为大吨位连接金具的主要标称破坏载荷等级。目前大吨位连接金具均采用抗拉强度 500MPa 等级的钢铁材料制造，金具普遍尺寸大、重量重，给制造、运输和施工都带来一定的困难。高强度材料的应用是线路用材料的发展趋势。

（2）耐候钢。耐候钢是介于普通钢与不锈钢之间的低合金钢。通过在钢中加入少量合金元素，如 Cu、P、Cr、Ni 等，使其在金属基体表面形成保护层，阻止大气中的氧和水向基体渗透，减缓腐蚀向材料纵深发展，从而提高钢材的耐腐蚀性能。耐候钢的研究需要针对不同的腐蚀环境，开展腐蚀环境分区划分，形成腐蚀环境分区图。针对腐蚀环境分区选用或开发不同的耐候钢种。研究耐候钢材料及构件的设计参数，开展承载性能试验，研究节点腐蚀防护技术。编制耐候钢输电铁塔材料、加工、设计系列技术标准。

（3）复合材料杆塔。国内复合材料杆塔以组合式电杆或横担居多，应用在少量的局部试点工程中，尚未形成规模性的全复合材料杆塔示范线路建设，因此复合材料杆塔的优势并未得到完全的体现，从发展趋势来看，复合材料若能大规模应用，杆塔的经济效益还是较为明显的。复合材料杆塔应用虽然取得了一定成果，但在材料选型、轻型化、节点连接和杆塔设计规范等技术层面，以及成本控制方面还需要进一步深化研究。

四、输变电装备创新发展机制分析与建议

依托"一带一路"和"中国制造 2025 规划"提供的契机，在已取得的基础之上，通过大力发展特高压输变电装备、常规输变电装备新技术、基础材料，实现电工高端装备序列国产化，为国内工程建设提供装备保障，并为走出国门打下基础。

（一）发展驱动力分析

在特高压输变电装备研制方面，国内交直流特高压建设处于大力发展阶段，多条交直流特高压线路获得建设批准路条；随着不同特高压工程建设，部分依托工程特殊需求的特高压装备逐步提出，需要结合具体工程特点，在原有特高压装备研制基础之上，进一步提升和优化；同时，在全球能源互联网提出的背景下，进一步提升电压等级的工程预研也已近开始启动，这就提出了更高电压等级下的输变电装备研究的现实要求。

在常规电压等级的输变电装备新技术方面，国内智能电网处于快速发展过程中，为具有新优势、新特点的各类输变电装备新技术应用提供了良好环境，但与传统输变电装备比较，新型的输变电装备在可靠性、易维护性等方面还需得到进一步改进和完善，这就使得该类技术在广泛应用之前需进一步解决相关技术难点。

在基础材料方面，由于国内基础材料工艺相对滞后，欠账较多，亟须提升基础材料的研制、生产等方面的技术，这也是我国输电装备落后于国外的重要原因之一。

（二）影响发展的因素分析

输变电装备研制涉及因素较多，包括系统规划、产品设计、科研攻关、基础研究等不同方面，仅仅依托单个企业或科研单位的"单打独斗"方式实现技术突破较为困难。实践表明，高端输变电装备研制和新技术的实现，需整合国内相关领域的各方面技术力量，"产学研用"的模式对于装备成功研制和技术突破提供了有力的保障。

在基础材料研制方面，历史欠账多、投资大、周期长、企业投入兴趣较小、科研单位依托科研课题也无力完全解决；而且基础材料研究也不是电力工业单个行业所能完全加以解决的，需更多不同行业的长期投入，才能取得基础材料技术的突破。因此，在基础材料研制方面需在国家层面上进行顶层设计，引导各方力量、资源投入到相关研究中。

（三）发展战略与建议

在输变电装备研制方面：

（1）我国的电网不断发展，规模日趋增大，大量的不同电压等级输电电装备在网运行，输变电设备设计、生产和试验等方面的关键技术逐渐掌握并在工程应用中得到检验，

输变电设备在长期运行寿命管理方面越来越受到重视，但其相关研究仍显不足；作为电网的物理基础，输变电装备从设计、生产到整个运行周期的有效管理，直接影响着电网稳定可靠、经济运行，但输变电装备全寿命管理包含设备状态评估、监测、检测和诊断等技术，材料的绝缘、热老化等基础研究等，需依托科研院所、制造企业和运行单位等相关部门合作研究，为我国电网大规模建设后的长期运行维护提供基础。

（2）输变电装备大型复杂模型的超级计算机仿真技术研究，为高端装备的精细化设计研发提供技术手段，改善产品研发中依托经验的不利局面，完善产品的标准化设计能力。

（3）更高电压等级的长期带电考核试验场建设，由于直流电压等级开展进一步提升，在装备研制的基础之上，需利用长期带电考核试验场进行检验，确保装备能够满足工程产品的应用。

（4）在具体装备方面：

1）单柱容量500MVA以上的特高压交流变压器研制；

2）新型快速开关技术研发；

3）直流开关技术，直流断路器是柔性直流输电技术应用于架空直流输电线路的核心装备。日本、意大利、瑞典等国家均已经研制出不同电压等级和不同开断能力的直流断路器样机。我国通过"863"计划，支持国网智能电网研究院研制出 ±200kV 直流断路器样机，开断电流15kA、开断时间小于3ms，整体处于国际先进水平。需进一步研究开发直流断路器等核心设备，突破以柔性直流为基础的大规模海上风电、陆上大型光伏集群直流接入、省级区域电网互联等技术，为未来我国超级直流骨干电网打下基础。

（5）在基础材料方面：

1）油纸绝缘材料的直流放电机理研究。在直流电压作用下，油纸复合绝缘结构的电场分布受到绝缘材料电阻率的影响，绝缘材料的电阻率又受温度、湿度、电场强度及加压时间等诸多因素的影响，在直流电压作用，油纸绝缘材料放电引起的一系列物理效应和化学变化，如带电质点的轰击、热效应、活性生成物、辐射效应、机械力作用等，造成绝缘性能的劣化，加速绝缘老化，导致绝缘材料击穿。研究这一击穿机理才可以提高油纸绝缘材料的直流耐受电压，从而提高依托油纸绝缘的特高压一次主设备（如换流变）的运行安全性，削减设备体积，降低制造成本，提高特高压输电系统的经济性和可靠性。

2）金属氧化锌电阻片是避雷器的核心元件，是避雷器技术水平的决定性因素。进一步优化电阻片的非线性特性，提高单位体积电阻片的能量吸收能力，提高电阻片批量生产的稳定性和控制水平，减小电阻片质量的分散性是避雷器技术进步的关键途径。建议建立专门的理化与高压相结合的综合性实验室，在电阻片原材料配方、工艺控制等方面开展深入研究，提高避雷器用电阻片的质量。

3）电缆绝缘材料。高压直流电缆的绝缘料和屏蔽料制备核心技术由北欧化工等公司垄断，目前，我国已具备生产320kV高压直流电缆的能力，但直流绝缘材料和屏蔽材料全部依赖于国外进口，应加大绝缘材料的研发投入力度，联合电力行业和化工行业的优势研发资源，开发更高电压等级电缆的绝缘材料，突破国外公司的垄断。

4）复合杆塔材料。目前国内复合材料耐漏电起痕性能基本维持在 2.5 级水平，与国外高绝缘特性复合材料相比还有较大差距，电绝缘性能及腐蚀老化性能有待进一步提升；复合材料的腐蚀老化特性与使用寿命之间的对应量化关系，有待通过人工加速试验和工程进一步验证，在试验数据基础上准确绘制寿命评估曲线，提高复合材料杆塔全寿命周期的精细化管理水平，提高运行可靠性和经济性。

5）绝缘子技术。近五年我国绝缘子行业取得的成绩主要驱动力来自于我国特高压工程的建设需求。根据我国未来五年特高压工程建设规划和全球能源互联网规划，为满足特高压、大容量输电对绝缘子的要求，大吨位、大爬距、高可靠性、高防污能力和轻量化仍是未来五年绝缘子的发展方向。

目前绝缘子行业集中度小，企业规模小，容易造成恶性竞争。全行业应尽快解决因为集中度小而造成"散"的问题。此外，虽然绝缘子国产化率较高，但白炭黑等关键原材料的国产化率仍较低，或者相比于国际先进的原材料还存在较大的技术差距。

建议建立电力系统绝缘材料研究试验室，加大绝缘材料的基础研究力度，提高原材料的国产化水平。此外，应加大绝缘子行业自动化生产装备的国产化投入。

—— 参考文献 ——

[1] 刘振亚. 特高压交直流电网［M］. 北京：中国电力出版社，2013.

[2] 中国电力科学研究院. 特高压输电技术交流输电分册［M］. 北京：中国电力出版社，2012.

[3] 中国电力科学研究院. 特高压输电技术直流输电分册［M］. 北京：中国电力出版社，2012.

[4] 刘光祺，钟力生，于钦学，李华强. 植物绝缘油研究现状［J］. 绝缘材料，2012：34–39.

[5] 张卫国. 非晶合金变压器铁心技术及发展前景［J］. 新材料产业，2011，7：6–9.

[6] 付珊珊，诸嘉慧，丘明，等. 高温超导变压器绕组的研究现状与设计技术展望［J］. 低温与超导，2014.10：36–41.

[7] 周世平，冯强，金涛，等. 高温超导变压器在电网中的应用［J］. 低温与超导，2013，04：55–59.

[8] 项阳. 浅谈植物绝缘油变压器［J］. 变压器，2014，12：23–27.

[9] 陈新周，林知音. 浅谈非晶合金铁心变压器的发展与应用［J］. 机电工程技术，2011，08：178–206.

[10] 周勤勇，郭强，卡广全，班连庚. 可控电抗器在我国超/特高压电网中的应用［J］. 中国电机工程学报，2007，7（27）：1–6.

[11] 崔博源，王宁华，王承玉，等. 特高压气体绝缘金属封闭开关设备用盆式绝缘子的质量控制［J］. 高电压技术，2014，12（40）：3888–3894.

[12] 袁艳红. 大学物理学［M］. 北京：清华大学出版社，2010.

[13] 颜湘莲，王承玉，宋杲，等. 气体绝缘开关设备中 SF_6 气体分解产物检测与设备故障诊断的研究进展［J］. 高压电器，2013，49（6）：1–9.

[14] 颜湘莲，王承玉，杨韧，等. 应用 SF_6 气体分解产物的高压开关设备故障诊断研究［J］. 电网技术，2011，35（12）：120–123.

[15] 唐炬，任晓龙，张晓星，等. 气隙缺陷下不同局部放电强度的 SF_6 气体分解特性［J］. 电网技术，2012，

36（3）：40-45.

［16］郑晓光，陈俊，王宇，等．基于SF₆成分分析的气体绝缘金属封闭开关设备潜伏性缺陷判断的研究及应用［J］．广东电力，2012，25（1）：30-35.

［17］张文亮，汤涌，曾南超，等．多端高压直流输电技术及应用前景［J］．电网技术，2010，34（9）：1-6.

［18］荣命哲，杨飞，吴翱，等．特高压直流转换开关MRTB电弧特性仿真与实验研究［J］．高压电器，2013，49（5）：1-5.

［19］高文．特高压直流输电系统用开关设备研发现状与结构分析［J］．高压电器，2012，48（11）：134-138.

［20］Liao Minfu, Cheng Xian, Duan Xiongying. Study on dynamic arc model for high voltage hybrid circuit breaker using vacuum interrupter and SF₆ interrupter in series［C］// 24th International Symposium on Discharges and Electrical Insulation in Vacuum, Mascow, 2010: 174-178.

［21］王荣华，刘云．直流开断方法分析比较［J］．电工材料，2011（4）：40-45.

［22］阮全荣，谢小平．气体绝缘金属封闭输电线路工程设计研究与实践［M］．北京：中国水利水电出版社，2011.

［23］刘元红，王俊鑫，朱存利．糯扎渡水电站500kV GIL的安装与试验［J］．云南水利发电，2013，29（1）：89-91.

［24］Hermann Koch. Gas-insulated Transmission Lines（GIL）［M］．UK：John Wiley &Sons, Ltd., 2012.

［25］王怡凤，李峰，马骏，等．世博站500kV电缆耐压试验方案研究［J］．华东电力，2009，37（11）：1902-1905.

［26］王恩德，仇天骄，朱占巍，等．500kV电缆送电工程技术研究与应用［J］．电网技术，2014，5：29-34.

［27］陈沛云．500kV交联聚乙烯绝缘电缆设计与制造技术［J］．电网技术，2014，5：29-34.

［28］吕庚民，杨黎明，周长城，等．500kV XLPE电缆附件的设计［J］．电线电缆，2013，2（1）：1-3.

［29］杨振先，王鹏宇，胡镇良，等．500 kV XLPE绝缘电缆在龙滩水电站的首次国产化应用［J］．水电站机电技术，2011，34（5）：39-43.

［30］罗俊华，蓝剑，苏勇，等．15 kV柔性旁路电缆的不停电抢修作业技术［J］．高电压技术，2009，35（4）：949-953.

［31］邓显波，欧阳本红，刘松华．10kV电缆不停电作业技术研究［J］．高电压技术，2014，3（增刊）：493-495.

［32］周浩，沈扬，李敏，等．舟山多端柔性直流输电工程换流站绝缘配合［J］．电网技术，2013，37（4）：879—890.

［33］赵林杰，赵晓斌，厉天威，等．多端柔性直流输电用±160kV XLPE绝缘电缆系统的设计选型与绝缘水平配置研究［J］．高电压技术，2014，40（9）：2635-2643.

［34］赵健康，陈铮铮．国内外海底电缆工程研究综述［J］．华东电力 2010，39（9）：1477-1480.

［35］D.H. Cho, D.S. Ahn, J.S. Yang, S.I. Jeon, Development of high-stress XLPE cable system［C］// CIGRE Session 2004 B1-105.

［36］A. TOYA K.KOBASHI Y. OKUYAMA, Higher-stress Designed XLPE Insulated Cable in Japan［C］// CIGRE Session 2004 B1-111.

［37］T. Tanaka , Interfacial Improvement of XLPE Cable Insulation at Reduced Thickness［J］．IEEE Transactions on Dielectrics and Electrical Insulation 1996, 3（3）：345-350.

［38］吴光亚．我国绝缘子的发展现状及应考虑的问题［J］．电瓷避雷器，2010，2：7-11.

［39］国家电网公司．国家电网公司物资采购标准（绝缘子卷）［M］．北京：中国电力出版社，2014.

［40］绝缘子避雷器行业发展报告［R］// 2012输变电年会论文集，2012.

［41］刘振亚．特高压电网［M］．北京：中国经济出版社，2005.

［42］黄豪士．高压输电线五十年发展历程上海电缆研究所［C］// 架空导线论文集，2008.

［43］黄豪士．我国架空导线的技术发展方向［C］//. 架空导线论文集，2008.

［44］毛庆传．我国高压输电网的发展及对架空线缆的需求上海电缆研究所［C］// 架空导线论文集，2008.

［45］黄国飞，蒋华君，等. 碳纤维芯软铝绞线的特性研究与应用［C］// 输电导地线学会论文集，2006.

［46］日本送电用新种导线专门委员会. 送电用新种导线［R］.

［47］CIGRE TASK FORCE B2.11.03, Results Of The Questionnaire Concerning High Temperature Conductor Fittings［R］.

［48］F. R. Thrash, Jr., ACSS/TW – An Improved Conductor for Upgrading Existing Lines or New Construction Member［Z］.

［49］尤传永. 架空输电线路钢芯软铝绞线的应用研究［J］. 电力建设，2006，27（5）：1-4，30.

［50］California Energy Commission, Development Of A Composite Reinforced Aluminum Conductor, 2000, 11.

［51］H. E. DEVE, R. CLARK, Field Testing of ACCR Conductor［A］, CIGRE 2006 SESSION.

［52］Alawar, E. J. Bosze and S.R. Nutt, A Composite Core Conductor for Low Sag at High Temperatures［J］, IEEE Transactions on Power Delivery November 3, 2004.

［53］Gianfranco Civili, Massimiliano Handel, New types of conductors for overhead lines with high thermal resistance, which Increase the current transmission capacity and limit the thermal expansion at high Current intensity［J］, Bulk Power System Dynamics and Control – VI, 2004.

［54］尤传永. 增容导线在架空输电线路上的应用研究［J］. 电力设备，2006，7（10）：1-7.

［55］国家电力公司东北电力设计院.《电力工程高压送电线路手册》第二版［M］. 北京：中国电力出版社，2004.

［56］司佳钧. 哈密南 – 郑州 ±800kV 特高压直流输电线路配套金具研究报告［R］.

［57］Krylov S.V., Rashkes V.S. Design, Mechanical Aspects And Other Subjects of Compact EHV OHL Technology, Plymouth, MN USA, 2004.

［58］曹现雷，郝际平，张天光. 新型 Q460 高强度钢材在输电铁塔结构中的应用［J］. 华北水利水电学院学报，2011，32（1）：79-82.

［59］赵连桂. Q420 高强钢在输电线路钢管塔工程中的应用［J］. 现代焊接，2012，4：35-37.

［60］常建伟，徐德录，张东英，等. 我国输电线路钢管塔制造技术现状综述［J］. 钢结构，2011，8（26）：46-50.

［61］刘泽洪. 大规格角钢在输电铁塔中的应用［M］. 北京：中国电力出版社，2011.

［62］杨建平. 架空输电线路钢管塔结构［M］. 北京：中国电力出版社，2015.

［63］吴静. 高强度柔性带颈锻造法兰的应用研究［J］. 建筑结构，2013，43（8）：36-39.

［64］李清华，吴静，邢海军，等. 特高压钢管塔锻造法兰优化设计研究［J］. 中国电力，2013，46（6）：52-56.

撰稿人：高克利　李庆峰　李　鹏　赵志刚　高　飞　冯　英

陈晓明　张搏宇　蒙绍新　邓　桃　胡　伟　张子富

ABSTRACTS IN ENGLISH

Comprehensive Report

Current Status and Development Trend of Power and Electrical Engineering

Electrical power is the basis of modern human civilization. The discipline of power and electrical engineering mainly studies the generation, transmission, distribution and application of electrical energy, which is one of the important and basic disciplines supporting the progress of energy and electrical technology. China has built and is operating the largest power system in the world with the fastest growing rate, extensive application of advanced technology, and complicated operation features, which drives the development of power and electrical engineering in China.

China has made significant progress in the field of efficient and clean power generation technologies during the period of "the 12th Five-Year Plan". In the field of coal-fired power generation, technology of ultra-supercritical coal-fired power generation has had major breakthrough; net efficiency of the unit has been improved remarkably and coal consumption rate has been reduced obviously; the world's first 600MW supercritical CFB unit has been built and put into operation; 1000MW ultra-supercritical direct air-cooling units have been developed and implemented for engineering applications; the first IGCC pilot power station in China has been built and put into operation; technology of ultra-low emission of pollutants has been realized for scale applications. In the field of hydropower generation, technology of hydropower generation has achieved significant development; 800 MW hydropower generating units have been developed and applied in real projects; key technologies of ultra-high dam design and construction in hydropower engineering have achieved great success and applied in real projects; key technologies of large underground cavern groups have achieved success and implemented for engineering applications. In the field of nuclear power generation, nuclear power generation has been chosen as one of the energy strategies in China; Mega-Watt scale nuclear power plant "Hualong No.1" that is developed independently has started to be built; technological achievements on the successfully built experimental fast neutron reactor and the realization of full-power generation and grid integration have further improved the core competitiveness in independent nuclear power generating and equipment manufacturing in China. In the field of renewable power generation, China has rapid development in wind power and solar power generation; the system of wind power generation equipment designing and manufacturing technologies have been established and realized large scale applications; solar photovoltaic power generation has also realized large scale applications, and the technology of solar thermal power generation has had breakthrough. Moreover, Zhangbei national demonstration project consisting of wind power generation, solar power generation, energy storage and power transmission system has been built and put into service, which provides the solutions for development and utilization of large scale renewable energy sources and friendly grid integration. In the field of power transmission and distribution, technologies such as ultra-high voltage (UHV) power transmission and smart grids have been developed rapidly; 1000kV UHV AC and ±800kV UHV DC transmission technologies have been significantly improved and realized scale applications. In addition, the new generation of intelligent substations have been largely constructed; ultra-large power grid integration dispatch and control system (D5000) and power grid ice and lightning disaster damage control system have been established; VSC-HVDC and high-capacity parallel dynamic reactive power compensators have been developed, all of these have made the AC power grid stronger and more flexible, greatly improving the ability of power transmission and energy allocation systems at all levels of power grids..

In face of the new situation of international pattern of energy supply and demand, the development of power and electrical engineering has to serve the overall strategy of energy development in China. The field of power generation should focus on the research and development of low carbon, clean and efficient fossil energy as well as the technology of development and utilization of new energy, especially that of renewable energies including wind power, solar energy and hydropower. Key technologies of development and utilization of unconventional oil resources, efficient application of clean coal and carbon capture, application of the new generation of nuclear energy and hydrogen production should also be the key research objects. In order to support long-distance and high-capacity power transmission, and large scale consumption of new energy sources, it is urgent to make new breakthrough in the fields of UHV AC/DC transmission technology and equipment, DC power grid key technology and equipment, global energy interconnection technology, DC grid networking technology at the bases of multiple renewable energy sources, and large power grid dispatching, operating and control technology. In the fields of power distribution and consumption, it should actively promote "electricity substitution", improvement of demand side response and user interaction; support high penetration of distributed photovoltaic grid integration; pay high attention to active distribution network with high proportion of distributed renewable energy sources, micro-grid technology, user interaction technology combined with energy internet and intelligent power consumption and energy-saving technology. In addition, the progress in relevant basic and supporting technologies may promote the development of the discipline. Special attention should be paid to the technology and application of a new generation of power electronic devices, electrical new materials and energy storage technology, integration of information and physics as well as safety, etc.

Reports on Special Topics

Current Status and Development Trend of Clean and Efficient Power Generation Technology

Coal will remain China's main primary energy for a long period of time in the future, and clean, efficient power generation technology will become a key technology in driving energy conservation and emission reduction, lessening environmental pressure, optimizing energy structure, and promoting sustainable energy development.

China has made significant progress in the field of clean and efficient power generation technologies during the period of "the 12th Five-Year Plan". Pulverized coal power generation technology is developing towards high parameter and large capacity, which remarkably increases the efficiency of energy utilization and reduces the pollutant emission. Currently, China is capable of independently designing and manufacturing 600MW and 1000MW ultra-supercritical thermal power generation units, with the main steam pressure reaching 25~31MPa and above, and the temperature of the main steam and reheat steam reaching 580~600°C and above. In 2013, the standard coal consumption rate of power supply for Shanghai Waigaoqiao Power Plant Phase III Project reached 276.8g/kWh, representing the highest level in the world. China has developed the double reheat power generation technology with independent intellectual property rights. In September 2015, China's first 1,000MW ultra-supercritical double reheat demonstration unit was put into operation in Guodian Taizhou Power Plant, with design coal consumption for power generation of 256.2g/kWh, and comprehensive parameters being the highest level in the world. In

2012, China's first Integrated Gasification Combined Cycle (IGCC) demonstration power station, Huaneng Tianjin 250MW IGCC demonstration power station, was put into operation, which means China has mastered the IGCC power generation technology and made major breakthroughs in the field of the clean coal power generation technology. In 2014, the world's first 600MW supercritical circulating fluidized bed boiler (CFB) was put into operation at Baima, Sichuan Province; Domestic Class E and lightweight gas turbine design platform has generally taken its shape and significant progress has been made in the development, processing and manufacturing of the new materials for high-temperature parts of gas turbine. Breaking through the conventional extraction heat supply mode, China has made progress in big generation unit direct heat supply with high back pressure circulating water, low-level heat supply with high back pressure steam turbine with air-cooled condenser, and condensing extraction back pressure heat supply technology. So far, China has been ready for demonstration of the first-generation CO_2 capture, utilization or storage (CCUS) technology, launched several 100,000-300,000 ton demonstration projects for CCUS and completed the construction of a 35MWth oxy-combustion demonstration project.

In the next 5-10 years, it will be the key objective of clean and efficient power generation technology to further improve the thermal efficiency of coal-fired units. China will focus on the research and development of efficient ultra-supercritical units and double reheat units and develop 600MW supercritical and ultra-supercritical CFB boilers. In the future, efforts will also be made to further develop gas turbine and gasifier technology as well as IGCC and distributed power generation technology. In the field of energy conservation and emission reduction technologies, it will be necessary to further optimize steam extraction parameters, develop large co-generation units' peak load regulation technology and low-cost CO_2 capture technology, and conduct CO_2 enhanced oil recovery technology demonstration and geological storage demonstration projects.

Current Status and Development Trend of Power Environmental Protection Technology

The repeated revisions of the Emission Standard of Air Pollutants for Thermal Power Plants has advanced flue gas pollution control technology of China's thermal power plants and the upgrading of relevant industries.

Currently, China's thermal power plants have developed the following fuel gas pollution control technologies: a) NO_x control technology pattern, featuring low NO_x combustion technology and Selective Catalytic Reduction (SCR) flue gas denitrification; b)dust control technology featuring all kinds of efficient electrostatic precipitator, bag filter, and electrostatic-fabric integrated precipitator; c) desulfurization technology featuring limestone-gypsum wet method and supplemented by sea water method, flue gas circulating fluid bed method, and ammonia process; and d) the technology of coordinated control of multiple pollutants for ultra-low emission featuring wet electrostatic precipitator. In addition, great importance is attached to the technology of mercury pollution monitoring and control over coal-fired flue gas.

"Ultra-low emission" has substantially pushed forward the R&D and application of China's flue gas treatment technology. In terms of nitrogen oxide control, the primary method is to control the generation of nitrogen oxide with advanced low NO_x combustion technology, and keep the concentration of nitrogen oxide below $50mg/m^3$ under all burden conditions through installation of modified catalyst, effective control of temperature field, optimization of flow field, precise ammonia spraying and the use of other innovative technologies. In terms of smoke control, the main method is to keep the concentration of dust at the outlet of the deduster below 30 or $10\ mg/m^3$ by using low-low temperature electrostatic precipitator powered by high-frequency power supply, super electrostatic-fabric integrated precipitator, bag precipitator. In terms of sulfur dioxide control, the main method is to strengthen the dedusting and defogging effect through double loop wet limestone-gypsum FGD technology, thus keeping the emission concentration of sulfur dioxide below $35mg/m^3$. Wet electrostatic precipitator shall be selectively installed behind or on top of the desulfurizer depending on the effect of control over the dust concentration at the outlet of the precipitator, in order to keep the particulate matter emission below $5\ mg/m^3$.

Due to varying coal quality, frequent mixed burning, changeable operating conditions and many other problems facing China's coal-fired power plants, it is necessary to further carry out the research and development of the following technologies: in-depth research on the effect of low nitrate combustion technology on boiler efficiency, content of fly ash and carbon residue among others, nitrogen oxide control and low-temperature SCR R&D and application for anthracite-fired power plant, high frequency pulse power supply for electrostatic precipitator, ash removal method for decrease of re-entrainment of dust, materials and structure of bag precipitator filter, among others, active coke, organic amine and other recycling flue gas desulfurization technology, research on technology related to removal of condensable and dissoluble particles, mercury pollutant control and multi-pollutant coordinated control in the flue gas as well as research on the energy conservation technology and low-concentration inspection technology related to flue gas treatment system so as to further reduce the operating cost and secondary pollution.

Current Status and Development Trend of Renewable Energy Power Generation Technology

Renewable energy sources include wind energy, solar energy, hydraulic energy, biomass energy, geothermal energy, marine energy among others, while renewable energy power generation technology means the power-generation technologies using renewable primary energy sources.

China has made significant progress in the field of renewable energy power generation technologies during the period of "the 12th Five-Year Plan". China has became the world's largest wind power production country, formed a technology system of massive equipment design and manufacture of 4MW and below wind turbine generator units, and achieved rapid development in the fields of wind site selection, wind energy resource numerical simulation and generated power prediction technology. Solar photovoltaic power generation and key grid connection technology have made breakthroughs and realized massive application, the competitive advantages of the industry chain has made remarkable progress, and the growth rate of grid connection capacity of centralized and distributed photovoltaic power generation is leading the world. China is in the initial stage of industrialization in terms of solar thermal power generation and has made breakthroughs in key technologies of design, manufacture and industrialization of the solar thermal power generation system and established a batch of research and test platforms and demonstration projects. Biomass power generation technology mainly focuses on and has made breakthroughs in biomass fluidization characteristics, combustion characteristics in fluidized condition, alkali metal-related migration and transformation, and sedimentation, ash deposition, scorification, corrosion and other key engineering problems. China started early in marine energy development and application and has maintained a development process and trend generally synchronic to that of the world, but is still in its initial stage of massive application. The most representative breakthrough of China's medium and low temperature geothermal power generation technology is the R&D and application of screw expansion power generator.

As there is a huge potential for improvement of China's renewable energy power generation technology, work needs to be done to a) further strengthen China's R&D capability of offshore wind power equipment, make breakthroughs in key generic technology of large-capacity wind power unit and support the massive development and application of offshore wind power;

b) popularize the demonstration application of solar thermal power generation system, realize the massive production of the solar thermal power generation industry, reduce the investment cost and grid purchase price of solar thermal power generation engineering projects, and promote the massive application of solar thermal power generation system; c) research and develop a new-generation renewable energy power forecast system with independent intellectual property right, foresee the operating uncertainty of renewable energy power generation, enhance the capacity of the grid in accepting renewable energy, and increase the operating safety and economy of high-proportion power system; d) develop the active control device for power generation with renewable energy and stored energy, research and develop renewable energy and stored energy coordination control system, ensure the safe and reliable operation of centralized and distributed renewable energy under complicated operating conditions; and e) research and develop renewable energy optimization and deployment system and risk prevention system, meet the optimal scheduling of highly renewable energy, and realize the maximum use of renewable energy while ensuring safe and reliable operation of the grid.

Current Status and Development Trend of Nuclear Power Generation Technology

Nuclear power is not only an important choice of China's energy strategy but also an important guarantee for energy security. China adheres to a technical route based on pressurized water reactor and adopts a technical development strategy featuring three steps, namely thermal neutron reactor, fast neutron reactor and controlled nuclear fusion.

During the 12th Five-Year Plan period, China made significant breakthroughs in the technologies of large advanced pressurized water reactor, high-temperature gas-cooled reactor and fast reactor, and is standing at the forefront of the world in terms of the design and construction level of pressurized water reactor. Construction has commenced on Hualong No.1, a proprietary nuclear power brand with independent intellectual property right and living up to three-generation nuclear power safety requirements; CAP1400 demonstration power plant project is ready for the commencement of construction as inland plant site standard design and CAP1400 standard system design has been completed independently through the overall mastering of AP1000 nuclear power key design, assembly and material manufacturing technologies; breakthroughs have been made in the key technology of high-temperature gas-cooled reactor and demonstration project construction has been started; the closed circulation of nuclear fuel was realized when the experiment fast reactor was put into operation, solving the nuclear fuel long-term supply problem. In addition, China has also made dramatic progress in the research and development of floating reactor and thermonuclear fusion device.

China started late in developing nuclear power technologies and is still weak at basic industries, with its advanced nuclear power technology lagging behind such developed countries as the U.S., Japan and Russia. The independently developed large advanced pressurized water reactor is mature in technology and will be deployed on a large scale; the 4th-generation nuclear power technology as represented by high-temperature gas-cooled reactor will provide safe nuclear power for China and even the world; International thermonuclear experimental reactor is an important technical approach to verifying the feasibility of fusion energy sources and realizing power generation with fusion reactor. In the future, it is necessary to further optimize the integrated nuclear power industry chain featuring guidance by the government, operation by nuclear enterprise groups and mutual cooperation among research institutions, institutions of higher learning and other relevant organizations, in a bid to build a nuclear power innovative development platform.

Current Status and Development Trend of Power Transmission Technology and System

With the rapid development of China's ultra-high voltage AC/DC power transmission technologies, China has made significant progresses in various power transmission technologies and systems, and ensured safe, reliable and efficient operation of all levels of grid during the 12th Five-Year Plan period.

China now has fully mastered the ultra-high voltage AC power transmission technology and made remarkable achievements in the theoretical research and practical application of ultra/super-high voltage AC system protection and control technology. China has developed the theoretical analysis method for the time sequence and scale of large power grid, put forward the regional interconnection tie power fluctuation theory and suppression technology, and preliminarily completed the access stability analysis on the ultra-high voltage DC delivery system and intermittent new energy resources for the conventional power units. China has also established an integrated support platform for the scheduling control system and a technical support platform in the national unified power market. Significant breakthroughs have been made in the development of high-voltage DC circuit breaker, DC transformer and other similar equipment. Breakthrough has also been made in several key technological directions of flexible AC power transmission technology. China has developed the ADPSS simulation device for the power system and the power system modeling technology is generally at an internationally advanced level. The theoretical research on WAMS information-based wide-area coordination control and multi-FACTS coordination and optimization control technology has achieved abundant results. Total information digitalization, communication platform networking, information sharing standardization, and advanced application interaction have been realized for intelligent substation. The intelligent substation testing capability has been formed at the device and system levels. China has conducted a lot of researches on the power grid from the aspects of major disaster occurrence mechanism, disaster area distribution law, disaster prevention and mitigation technology and disaster warning technology, preliminarily established a prevention and control technology system for major grid-related disasters, put forward the technical measures for systematic disaster prevention design and transformation and thus enhanced the disaster prevention and mitigation level of the grid.

In the next 5-10 years, China needs to carry out more in-depth research in such technical fields as overvoltage differentiated design, overvoltage depth suppression, secondary arc current suppression measures optimization, high altitude area insulation coordination, extensible series compensation, and high compensation series compensation. ±1100 kV ultra-high voltage DC power transmission technology will become the first choice technology for power transmission with large capacity and farther distance. To further promote the development of AC control protection strategy and parameter optimization technology, it is necessary to conduct in-depth research on coordination control and inter-station communication between various convertor stations of the multi-terminal AC power transmission system, and research on the standardization of the voltage grade series of voltage source converter based DC power transmission system, voltage source converter based DC power transmission system applicable for overhead transmission lines, etc. Work will be done to continue the research and development of large-capacity STATCOM technology, 1,000kV controllable high resistance technology, unified power flow controller, short-circuit current limiter with high flow capacity and other similar technologies, to promote the transformation of intelligent substation from primary equipment intellectualization to intelligent primary equipment and the in-depth fusion between the primary and secondary equipment, to research and develop an integrated scheduling control support system platform for "state-regional-provincial" and "provincial-local"—two-level main plants and stations featuring physical distribution and logic centralization, and build corresponding pilot projects.

Current Status and Development Trend of Intelligent Power Distribution and Utilization Technology

Intelligent power distribution and utilization technology is able to optimize the allocation of resources, promote reasonable use of electric power, save energy and reduce consumption, and increase energy efficiency, among others. Intelligent power distribution and utilization technology is a kind of power distribution network automation system integrating advanced measuring sensor technology, control technology, computer and network technology, information and communication technology and other similar technologies. The intelligent distribution grid integrates various information systems with advanced application functions, use intelligent switch device, power distribution terminal and other devices to carry out the monitoring, protection, control and optimization process necessary for the normal operation of the distribution grid, and is able to conduct self-healing control at the time of failure. Intelligent power utilization is about building an efficient and complete power utilization information service system and platform and building a new relationship between power suppliers and users featuring real-time interaction between the power grid and the power, information and business flows on the user's side, by connecting the key equipment from the supply side to user side to the flexible power grid and information network.

China made great progress in intelligent power distribution and utilization technology during the 12th Five-Year Plan period. Distribution network automation construction has been launched in about 200 cities. To enhance the reliability, scalability and real-time response capability of the distribution network terminals, embedded operating system has been widely used in the distribution network automation construction projects. Advanced power distribution automation and smart scheduling has been initially realized thanks to the commencement of demonstration application of the new generation basic platform of smart grid scheduling and control system. In remote areas in short supply of electricity, sea islands with independent power supply and urban areas committed to realizing energy conservation and emission reduction and efficient utilization of renewable energy resources, dozens of micro grid demonstration projects have been built and remarkable achievements have been made in the planning design, energy management, operation control and protection, simulation, and platform construction of the micro grid. China has implemented several charging/swap facility demonstration projects for urban electric automobiles covering multiple charging (fast/slow) and swap modes and featuring integrated application of many types of advanced measuring, communication and control technology, and carried out simulation analysis and experimental validation on electric automobiles and Vehicle-to-Grid (V2G) technology. Smart electric meter and advanced metering infrastructure (AMI) are widely used in intelligent communities, buildings and parks, which has significantly enhanced the level of information communication and energy efficiency management technology level of the power utilization field in China. In addition, load control such as orderly power utilization and interruptible load response has been realized based on the marketing business system and is gradually developing to include the supply side management technology adapting to flexible interactive power utilization.

With rapid development of Internet of Things, cloud computing, Big Data and Energy Internet, intelligent power distribution and utilization system will develop into a highly integrated complicated AC/DC hybrid physical information system with diversified structural forms which will include a lot of flexible and controllable distributed power supplies, distributed stored energy systems, electric automobile charging facilities and all kinds of intelligent power utilization equipment. Intelligent power distribution and utilization system will take advantage of the two-way interaction with the user to adjust its operating plan and status in real time in order to satisfy the needs of both sides, adopt multi-layer autonomous operation area management mode by dividing the area into multiple independent control areas, and put these areas under layered coordination and control.

Current Status and Development Trend of Power Electronics Technology

Power electronics technology mainly includes power electronics devices, equipment and system applications, which involves the comprehensive technology related to the integration of multiple disciplines such as electromagnetic field, thermodynamics, and mechanics, and have become one of the backbone technologies that support the development of modern industry.

In recent years, China has made remarkable progress in the development of power electronics technology. Significant progress has been made in the design, research and technological development of 1,700V and above high-voltage high power IGBT devices and modules. For example, China has developed 6,500V Trench FS IGBT, built the first domestic 8-inch IGBT professional chip production line, and successfully developed 3,300V/1,200A and 6,500V/600A high power IGBT modules. The voltage and current level of silicon carbide power electronic devices has been constantly increased, with 4,500V/100A for JBS devices and 4,500V/50A for JFET power modules having been developed. 1,200V and 1,700V SiC MOSFET samples have been developed, greatly narrowing the gap with the international advanced level. Developing towards large capacity and high voltage and performance, power electronic equipment is widely used in frequency control, renewable energy power generation, electric traction and new generation grid application and is generally at an international advanced level. Frequency-variable converters with a maximum power up to 86MVA, IGCT -based four-quadrant high power converters and real-time distributed drive systems all have been put into engineering applications. The high-voltage IGBT used for power electronic traction transformer on high-speed trains has reached 6,500V. Static var compensator (SVC), static var generator (SVG), static synchronous shunt compensator (STATCOM), and thyristor switched series capacitor (TSSC) have been put into industrial applications in the flexible AC transmission system (FACTS).

With the constant growth in the application of power electronics technology during the 13th Five-Year Plan period, IGBT modules will be further developed towards equal junction temperature and high density, integration and intelligence. SiC schottky diode will be used to substitute silicon-based diode while full-controlled devices, such as SiC MOSFET, are still an important part of SiC devices and enjoy broad prospects in the fields of renewable energy inverter, electric vehicle charging system, etc. Efficient and economic power electronic equipment will be widely used in the fields of consumer electronic devices, electric vechiles, renewable energy grid and more intelligent flexible power transmission network. We need to further conduct application-based research on a new generation power electronic devices and high-capacity power electronic transformation system, research and develop high-voltage, large-capacity, combined power electronic equipment represented by MMC flexible DC power transmission converters as well as the design theory and methods, and carry out further research on the integration between power electronics technology and other disciplines.

Current Status and Development Trend of Power Transmission and Transformation Equipment

Power transmission and transformation equipment involves many fields including materials, electrical insulation, and machinery manufacturing and covers many disciplines such as electrics, magnetics, thermology and mechanics. With the development of ultra-high voltage power transmission and intelligent grids, new demands have arisen in terms of materials research, product design, processing and manufacturing, testing and inspection, engineering application, etc.

In the past five years, China has achieved remarkable progress in the R&D, manufacture and testing of power transmission and transformation equipment, relying on engineering practices in ultra-high voltage power transmission and intelligent grid. The field assembly of large-capacity ultra-high voltage transformer and the design and manufacture of SF6 gas-insulated metal-enclosed switchgear, mutual inductor, capacitor, lightning arrester, poles and towers, hardware fittings, ultra-high voltage series compensation equipment and other similar equipment are world-leading; intelligent transformer samples have been successfully developed, isolated circuit breaker and new quick switch technology has been developed with great efforts, millisecond fast distribution mechanical switch and large-capacity sealed trigger gap have been successfully developed; electronic voltage transformer and all-fiber optical current transformer have been successfully developed and put into engineering application; ultra-high voltage converter transformer, converter transformer valve-side bushing, ultra-high voltage DC switch and ±200kV DC circuit breaker have been successfully developed in the field of converter transformer and DC switch technology; super-high voltage gas insulated metal enclosed transmission line (GIL) has been successfully developed and put into application; 500kV ultra-high voltage crosslinked polyethylene (XLPE) cable has been successfully developed; and high-strength steel power transmission tower and steel tube tower have been widely used. Constant breakthroughs have been made in new electrical engineering materials and other advanced technologies. For example, significant research findings have been achieved in amorphous alloy materials, vegetable insulating oil, and high-temperature superconducting transformer.

During the 13th Five-Year Plan period, China will have its power transmission and transformation equipment meet such new demands as larger power transmission capacity, higher voltage level, and upgrading of traditional equipment. In addition, further research and development work shall be done on ultra-high voltage AC transformer and bushing with 500MVA single-pole capacity, ±1100kV high and mid-end converter transformer, ±1100kV converter transformer valve-side bushing and wall bushing, ±500kV DC circuit breaker, 500kV cable, passive optical current transformer and other similar devices.

索　引

B

保护与控制技术　18，229，231，252–254，268，269，272，275，278

避雷器　19–21，30，230，240，241，247，256，260，264，274，277，364，365，379–381，399，400，404

并联型 FACTS 控制器　17，248

C

700℃超超临界　6，37，38，55，56，59，61，62，91，100，105

超超临界　5–8，37，38，55–57，59–65，76–78，83–87，91–94，100，101，103，105

超低排放　9，28，38，40，55，57，59，62，63，66，69，84，91，93，111，112，118–120，123，124，126，128，129，131，133，134，136，137，145，147–149，151，152

除尘器　8，9，62，77，110–112，122，124–132，137，140，142，144

串并联组合型 FACTS 控制器　17，249

串联补偿　15，20，45，238–240，263，277，342，364，365，373，374，377，400

串联型 FACTS 控制器　17，247

磁约束　15，207–210，216，217，225

D

大电网规划　17，33，232，233，261

袋式除尘器　8，112，122，128，131，132

等离子体　15，113，117，207–210，216–218，225，226

低氮燃烧　8，9，28，39，112–117，148，151

电除尘器　8，9，62，77，110–112，122，124–128，144

电磁暂态仿真　46，231，251，267，268

电袋除尘器　128–130

电动汽车与电网互动技术　303，304

电力系统建模　250，267

电压源换相直流输电　29，45，230，244–246，265，266，273–275，277，278

多端高压直流输电　230，241，243，244，265

多联产 7，37-39，58，59，69，70，73，74，78，81，82，89，95，97-100，103-107

多污染物控制 28，141-144，148，149，152

E

二次再热 6，37，55，56，59-61，76，83，84，86，87，91，100，102，103，105

二氧化碳捕集、利用和封存技术 8，58

F

防灾减灾 231，258，271，272，273，276，279

分布式电源 23，24，25，164，165，234，254，255，285-287，289-297，300，305，308，310-313，315-319，321，323，325

粉煤发电 6，55，59，66，69，91

G

高补偿度串补 230，264，277

高级量测体系 284，305，312，313

惯性约束 207

国际热核聚变实验堆 15，208，210，216

过电压保护 230，240，263，264，274，277

褐煤 6，37，38，39，56，59，63，64，87，91，93，102，103，105，116

互补发电 7，27，57-59，74，75，97，98，104，106，165，172，298

机电暂态仿真 18，250，251，268

J

绝缘配合 15，16，45，47，230，238，240-

243，264，378，380

K

可扩展式串补 230

快速修复 260

P

配电网调度系统 291

配电自动化系统 287-289，291，292，314

Q

全国统一电力市场技术支持平台 238

R

燃气轮机 7，8，28，37-39，56-59，69-74，82，93-97，100，103-106，111，294

燃气轮机联合循环（NGCC）和分布式发电 7，57，59，71，95

热电联供 7，37，49，58，59，78-80，81，98，99，103，104，106，107，207，293，317

S

湿式静电除尘器 62，112，144

实时仿真 18，231，237，250，251，252，267，268

受控核聚变 15，197，207

T

特高压直流输电 16，23，45，47，230，241，242，260，264，265，272，274，277，375，389，391，394，396，397，401

特快速瞬态过电压 241

托卡马克 15，207，208，209，210，211，

217，218，225，226

脱汞　28，40，140-144，149，152

脱硝　8，9，28，39，40，62，101，111-115，117-122，136，137，144，148，151

W

微电网　18，24，30，32，42，48，49，163，164，165，177，180，181，193，231，253-255，268，269，275，278，285-287，290，292-301，312，313，316-318，322，325，353

无烟煤　38，57，59，65-67，87，92，93，112

X

下垂控制　296，297

需求侧管理　25，192，193，286，287，295，307-312，316，317，321，325，326

需求响应　25，181，305，308-312，315，321，325

选择性催化还原　9，112，113，121，122

选择性非催化还原　9，113

循环流化床　6，8-10，27，38，56，57，59，66-69，87，88，92，93，100-103，105，112，118，119，133，136，137，143，144，169，170，184

Y

烟气脱硫　10，40，111，112，132-137，148

一体化调度支撑平台　235

一体化监控系统　231，255-258，269，270，271

"源-网-荷"互动运行　274，276

Z

灾害预警　176，231，260，271，272，276

在线稳定评估　18，231，252，267

整体煤气化联合循环　6，27，37，38，56，59，69，88，93，94，100，102

直流电网　16，17，36，45，46，229，230，232，233，246，247，250，261，262，266，268，272，273，276，278，296，329，364，376，399

直流断路器　16，30，45-47，230，243，244，246，247，265，266，274，277，278，345，364，372，376，398，399，404

直流控制保护系统　16，241，243，265，272，277

智能变电站　18-20，29，47，231，253-258，268-270，273，275，278，279，364，375-377，398

智能电网调度控制系统　18，24，230，236，262，276，285

中国聚变工程实验堆　210，225

准东煤　6，27，37，38，57，59，64，65，87，91，92，101-103，105

自动智能调度　262，263

阻塞管理　237，262